浙江省重点建设教材

鱼 类 学

（适用于水产类专业）

水柏年　赵盛龙
韩志强　胡成业　编著

同济大学出版社·上海

内容提要

本书为浙江省重点资助教材，内容主要包括鱼类的形态学、分类学、生物学及实验四个部分。本书借鉴了前人编写的教材、著作及学术论文，并吸收了近些年来最新的鱼类学研究成果。内容翔实、图文并茂，并配有DVD，以期使读者有更直观的感受。

本书可作为水产类、海洋科学类和水生生物类等专业的本科生及研究生的教材，也可供其他鱼类科学工作者和爱好者参考。

图书在版编目(CIP)数据

鱼类学/水柏年等编著. --上海:同济大学出版社,2015.9(2022.8重印)

ISBN 978-7-5608-5939-2

Ⅰ. ①鱼… Ⅱ. ①水… Ⅲ. ①鱼类学 Ⅳ. ①Q959.4

中国版本图书馆CIP数据核字(2015)第190672号

鱼类学(适用于水产类专业)

水柏年 赵盛龙 韩志强 胡成业 编著

责任编辑 姚烨铭 责任校对 张德胜 封面设计 潘向蓁

出版发行 同济大学出版社 www.tongjipress.com.cn

(地址:上海市四平路1239号 邮编:200092 电话:021-65985622)

经 销 全国各地新华书店

印 刷 常熟市大宏印刷有限公司

开 本 787mm×1092mm 1/16

印 张 22.25

字 数 549000

版 次 2015年9月第1版

印 次 2022年8月第4次印刷

书 号 ISBN 978-7-5608-5939-2

定 价 69.00元

前　言

鱼类学是水产类专业本科生和研究生教育重要的学科专业基础课程，也被一些高等院校与科研院所的生物类、海洋类、环境类等专业列为选修课程。2015 年 9 月，浙江省重点建设教材《鱼类学》在同济大学出版社出版，该教材在 7 年的使用过程中，深受广大读者欢迎，并提出宝贵的意见和建议。作者基于课程思政要求、读者回馈信息和自己教学心得对该教材作了进一步完善。

长期以来，鱼类学传统的专门教材几乎均为纸质教材。近些年，信息技术也已被广泛应用于鱼类学的理论与实践教学中，通过课程网站的学习目标、重点难点、微课视频、教学案例、讨论题、随堂在线测试、课后作业、多媒体课件、试题库、案例库、实验、实训、实习及拓展资料等教学资源开展鱼类学线上与线下融合教学。在教育信息化背景下，传统的课堂教学模式及学习方式已经悄然发生变化，本教材以纸质教材的形式为主，同时配套了浙江省精品在线开放课程网站，为读者学习提供服务。因此，该教材进一步修改、编撰和出版对鱼类学教学改革具有重要意义。

本教材由鱼类形态学、鱼类分类学、鱼类生物学与鱼类学实验四个篇章组成，依次是第一篇主要介绍鱼类的外部形态、皮肤及其衍生物和内部构造；第二篇主要介绍鱼类分类的基本知识、软骨鱼和硬骨鱼的系统分类和组成；第三篇主要介绍鱼类的种群、年龄、生长、摄食、发育、繁殖、集群和洄游等生物学基础；第四篇主要介绍鱼类学的生物学测定、系统比较解剖、分类等实验知识与专业技能。本教材配套电子文件中的鱼类图片尽可能采用鱼类原色图片，以期反映鱼类客观的体色和形态。另外，对部分理论和实验内容进行了摄像，作为上课实况上传到浙江省精品在线开放课程《鱼类学》课程网站，供读者学习参考。该教材的编写出版不但可为读者提供鱼类的理论与实践专业知识，而且帮助读者了解一些鱼类类群的生态、生产、生活——“三生”融合的知识，以利于促进课程思政改革。因此，《鱼类学》教材的再版以期促进教学的客观与直观、动态与静态的结合，促成实现鱼类学理论与实验教学的客观性、直观性、趣味性、高效性及先进性的教学目标，以飨读者。

本书的第一篇、第三篇、第四篇内容主要由水柏年教授编写，第二篇内容主要由赵盛龙教授编写，水柏年教授作了进一步的完善。韩志强教授、储张杰教授及胡成业博士参与收集、筛选与整理部分文字和图片等工作。

本书可作为水产类专业本科生和研究生教育的教材，也可作为生物类、海洋类、环境类等专业本科生、研究生教育选修课教材，还可作为水产类等相关专业研究人员的参考资料。限于编者的学识水平，书中不妥或错误之处在所难免，望读者提出批评与指正。

编者

2022 年 8 月

目　录

第三篇　鱼类生物学

第四篇　鱼类学实验

第一篇　鱼类形态学

第一章　鱼类的外部形态

鱼类是生活于水中的脊椎动物，为了克服水的阻力，适应各水层和各种水域环境，每种鱼类均具有各自特定的体形、体表以及外部的某一些器官。一般而言，为适应于不同的复杂环境(如大洋、沿岸和近海，强光照的表层和黑暗的深海底层环境条件)及生活方式(如滤食性和凶猛肉食性)，鱼类拥有各种不同的体形。但无论鱼类的体形如何变化，其主要部分及分区还是可以清楚地区别的。

第一节　鱼体的外部分区

鱼类的体形无论如何变化，均可以清楚地分为头部、躯干部(胴部)和尾部三个主要部分。对于没有鳃盖骨的圆口类和板鳃类等，头部和躯干部的分界在最后一对鳃裂处，而对具有鳃盖骨的硬骨鱼类其分界处则为鳃盖骨后缘。躯干部与尾部的分界一般以肛门或尿殖孔后缘为界，但有些鱼类的肛门或尿殖孔特别移向身体较前方(如比目鱼，鲳鱼等)，其分界处则以体腔末端或最前一枚具脉弓的尾椎骨为界。身体分区见图 1-1 所示。

全长(Total length)：从吻最前端到尾鳍末端的水平直线长度。鳎类鱼以全长为鱼体标准长，其他鱼多以全长为辅助观测的指标。

体长(Body length)：从吻的最前端到尾椎骨末端。尾椎骨易于观察的石首鱼类、鲷类、鲆鲽类等均以体长为标准长。

叉长(Fork length)：从吻最前端开始到尾鳍凹陷最深处的水平直线长度。尾叉明显的鱼类如青鱼、蓝点马鲛、鲳鱼、鳀鱼、鲐鱼、竹荚鱼、蓝圆鲹和金枪鱼等均以叉长为标准长。

肛长(Anal length)：由吻端至肛门前缘的水平直线长度。尾鳍或尾椎骨不易观测的鱼类(如带鱼等)皆以肛长为标准长。

头长(Head length)：吻最前端到最后一个鳃裂或鳃盖骨的后缘的水平直线长度。

吻长(Snout length)：吻最前端到眼前缘的水平直线距离。

体高(Bodyheight)：指躯干部最高处的垂直高度。

眼后头长(Postorbital head length)：指眼后缘到最后一个鳃裂或鳃盖骨的后缘的水平直线长度。

眼径(Eye length)：指由眼前缘到后缘的最大水平直线长度。

尾柄长(Length of the caudal peduncle):臀鳍最后鳍条基部到最末一个尾椎骨后缘或到尾鳍基部的水平直线距离。

尾柄高(Least depth of the caudal peduncle):尾柄体高最小的高度。

体周长:指鱼体背鳍起点前的体围大小。

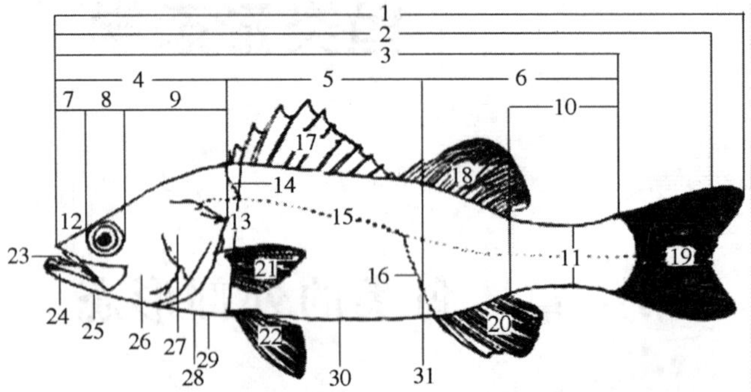

1. 全长　2.叉长　3.体长　4.头长　5.躯干长　6.尾长　7.吻长　8.眼径　9.眼后头长　10.尾柄长　11.尾柄高　12.鼻孔　13.体高　14.侧线上鳞　15.侧线　16.侧线下鳞　17.第一背鳍　18.第二背鳍　19.尾鳍　20.臀鳍　21.胸鳍　22.腹鳍　23.口　24.颐部　25.峡部　26.颊部　27.鳃盖　28.喉部　29.胸部　30.腹部　31.肛门

图 1-1　硬骨鱼类量度特征示意图

第二节　鱼类的体形

鱼类一般呈左右对称,可以根据鱼体作出几根轴,依据各轴线的长短及其比例关系分为各种体形。鱼类由于生活习性与所处的环境条件的不同,因而演化出不同的体形,这是鱼类对环境的选择和适应的结果。鱼类的体形一般可以分为纺锤形、侧扁形、平扁形和棒形(鳗形)四种基本类型。

图 1-2 所示,AA′为头尾轴(主轴),是指贯穿鱼体头部到尾部中央的轴;BB′为背腹轴(纵轴,矢轴),是指鱼体最高部贯穿背腹垂直通过主轴的体轴;CC′为左右轴(横轴),是指左右贯穿鱼体中心又垂直通过主轴的体轴。

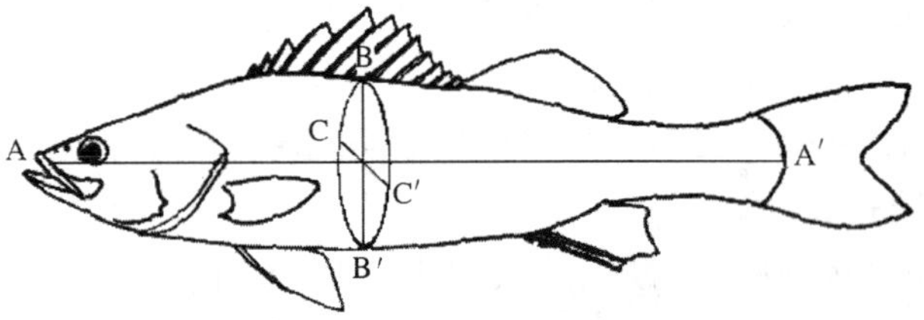

图 1-2　鱼类体轴示意图

一、纺锤形(Fusiform)

纺锤形是最常见的一种体形,鱼体中段大而两头尖小,AA′/ BB′的比值小于 AA′/ CC′的比值,具有这种体形的鱼类通常游泳速度快,如马鲛属、鲐属、金枪鱼属等鱼类。这样的体形可以减小水的相对阻力,使鱼以最小的能量消耗获得较快的游泳速度,以利于摄食和逃避敌害。一些高速游泳的鱼类,如金枪鱼、鲣鱼不仅体形呈纺锤形,且为流线形,身体表面光滑,吻部尖细,鳞片致密而细小,体表富含黏液,游泳时口可以完全紧闭,眼严密镶嵌,鳃盖合拢,使水的阻力减到最低,细小而强有力的尾柄,上下极端张开的新月形尾鳍,足以保证它们在需要时达到最大的游速,如图 1-3 所示。

图 1-3　几种纺锤形鱼类示例

二、侧扁形(Compressionform)

侧扁形在硬骨鱼类中较为普遍,左右侧扁,体高相对较高。AA′/ BB′的比值远小于 AA′/ CC′的比值。这种体形的鱼类通常游速慢,多栖息于水流缓慢的中下层水域,运动不甚敏捷,较少作长距离的洄游。如鲳鱼类、马面鱼类、蝴蝶鱼类等。如图 1-4 所示。

图 1-4　银鲳、绿鳍马面鲀和蝴蝶鱼图示侧扁形

三、平扁形(Depressiform)

平扁形背腹平扁,左右宽阔。AA′/ BB′的比值远大于 AA′/ CC′的比值。拥有这种体形的鱼类通常大多栖息于水底,如鮟鱇类、鳐类、魟类等。这些类群的鱼胸鳍十分发达,形如鸟翼状,有时会在中上层水域快速游泳,如图 1-5 所示。

图 1-5　鮟鱇、犁头鳐和魟图示平扁形

四、棒形(鳗形)(Anguilliform)

棒形的鱼类头尾轴特别延长,背腹轴和左右轴特别缩小,AA′/ BB′的比值近于 AA′/ CC′的比值,如黄鳝、海鳗、鳗鲡及烟管鱼等。这些类群的鱼适于穴居,穿游于水底礁石岩缝中,或者潜伏于水底泥沙中。它们行动不甚敏捷,腹鳍及胸鳍通常退化或消失,如图 1-6 所示。

图 1-6　黄鳝、海鳗、鳗鲡和烟管鱼图示棒形

除了以上几种体形外,鱼类还有一些适应其特殊生活环境和生活习性的特殊体形。常见的有:带形,总体属于侧扁形,但头尾轴特别延长,形如带状,如带鱼;箱形,体呈现长方形,外部为骨

质板所包被，形成一个两端开口的箱子，如东方鲀、刺鲀等；海马形，头部和躯干部几成直角相交，头形似马头状，尾部细小延长而卷曲，能缠绕在海藻或海草上，活动能力弱，行动迟缓；翻车形，体短而侧扁，体形庞大，背鳍和臀鳍向上下方伸长很高，尾部很短，仿佛切去了尾部和躯干，仅剩头部，如翻车鲀；箭形，吻部向前延长，头部和躯干部也相对延长，体略微呈现圆筒形，如颌针鱼、银鱼等；不对称形，原为侧扁体形，但由于从仔鱼期向幼鱼期过渡时进行了变态发育而沉底生活，长期一侧侧卧水底，体呈现左右不对称，两眼在同侧，口也偏歪，如鲆类、蝶类、鳎类和舌鳎类等。还有一些深海鱼类因其生活在黑暗、压强大、食物难求及求偶困难等特殊的环境里，体形非常特殊，通常会呈现头大、口大、胃大等，很难归纳为何种体形。如图 1-7 所示。

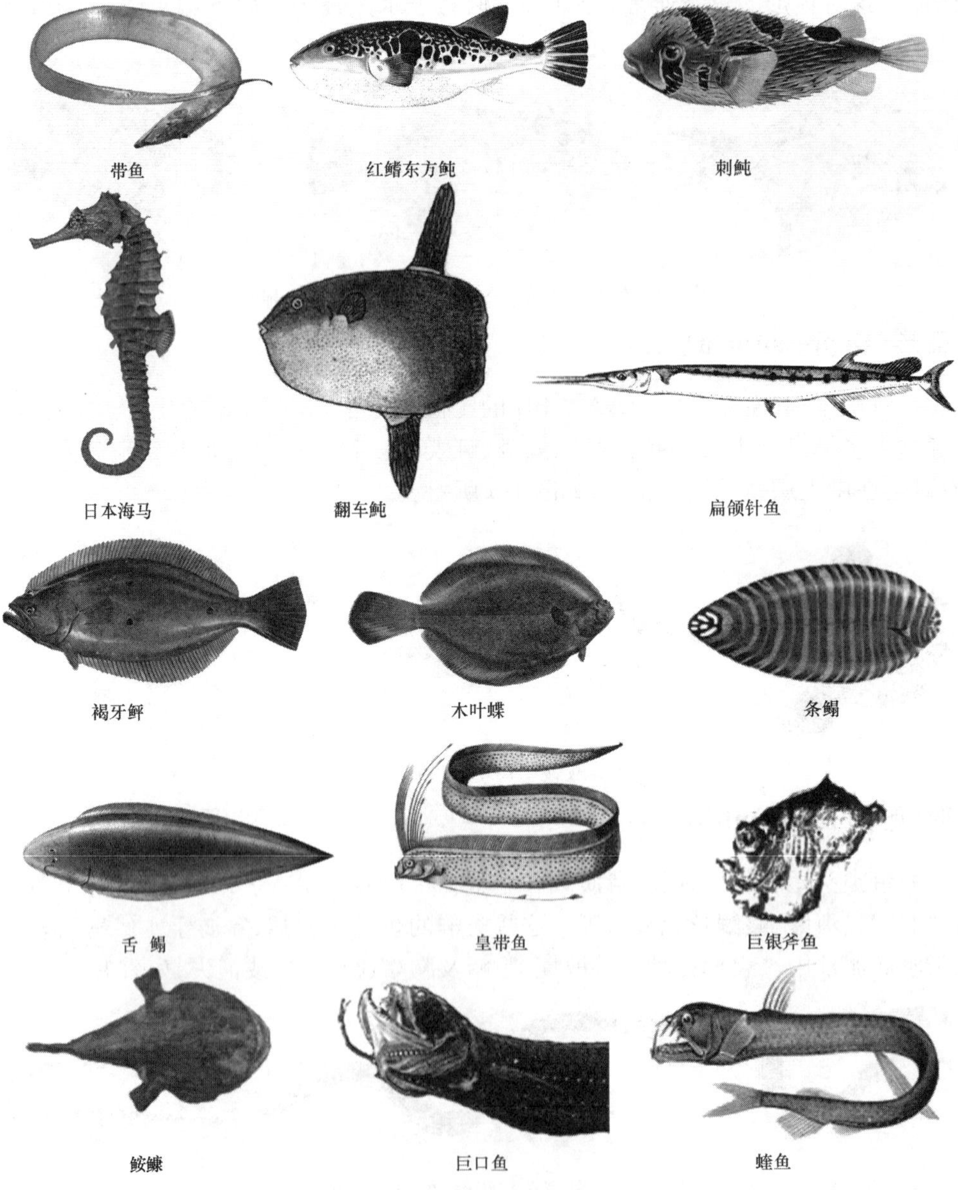

图 1-7　一些特殊体形的鱼

第三节 鱼类的头部器官

鱼类在水中游泳时，最先接触水的是其头部，因而鱼类的头部通常呈尖状，而后面部分逐渐增高增大。鱼类的头部是外部器官最为集中的部位。不同鱼类常常具有不同的生活习性和生物学特性，以至于头部的外形也有很大的变化。例如，鳐、魟的头部呈现三角形；颌针鱼的头常较尖，吻很长；鲳鱼的头呈短而高的侧扁状；双髻鲨的头部呈"T"字形。鱼类的头部主要器官有吻、口、须、眼、鼻、鳃孔(鳃裂)等。吻部(Snout)是头部的最前端到眼的前缘部分。眼后头部是眼后缘到最后一鳃裂或鳃盖骨后缘。枕部(Occipital region)是眼的上后方部分。项部(Nuchal region)是指枕部的直后部分，常常以一隆起为特征。眼间隔(interorbital space)是指两眼之间的距离。颊部(Check)是指眼的后下方至前鳃盖骨后缘的部分。鳃盖膜(Branchiostegal membrane)是指鳃盖后缘的皮褶。鳃条骨(Branchiostegal ray)是指支撑鳃盖膜的肋骨状骨骼。喉部(Jugular)指两鳃盖间的腹面部分。下颌联合(Mandibula symphysis)为下颌左右两齿骨的联合处。颏部(颐部 chin)为紧接下颌联合的后方。

一、吻(Snout)

各种鱼类的吻会有形态的差异，板鳃类和鲟类的吻一般比较发达，尤其是锯鳐的吻特别长，且吻上左右长满锐刺，是捕食的工具。锯鳐通常冲入鱼群，左右摇摆锯齿状吻，以吻刺伤、击昏或将对方的肌肉撕下，然后摄食之；锯鲨和鳐类以长吻挑拨泥沙，捕食埋栖于泥沙中的饵料生物。真骨鱼类中的箭鱼、颌针鱼、旗鱼的吻很长而尖，海龙、海马和烟管鱼等吻呈管状。如图 1-8、图 1-9 所示。

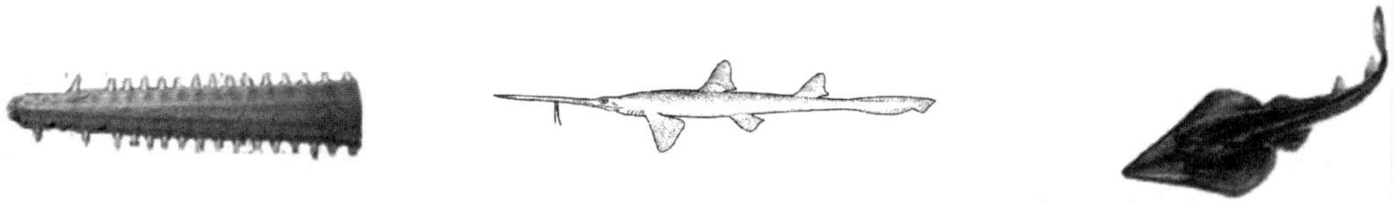

图 1-8 几种软骨鱼类的尖状吻

图 1-9 几种硬骨鱼类的尖状吻

二、口

口是鱼类的捕食工具之一，通常也是鱼类呼吸的进水通道。口的形状和位置与鱼类的生活方式、食物性质等有密切关系。

如图 1-10 所示，圆口类的口无上下颌，虽内有软骨支撑的漏斗状的口，其形态结构与其他鱼类的口不同,但在摄食功能上没什么不同。如七鳃鳗(*Lampetra japonica*)的口呈盘状,口腔内有角质齿的舌,口能作活塞样的运动,以角质齿刺破寄主的皮肤,吸吮其血肉为生,直至寄主失血过多而死,方才离去,寻找新的寄主。而盲鳗常钻入鱼体内,蚕食其内脏和肌肉。

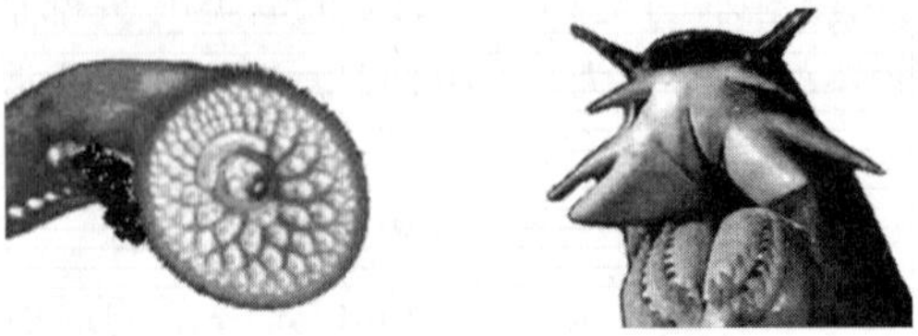

图 1-10　七鳃鳗(左)和盲鳗(右)的口

软骨鱼类中的鲨类,口一般位于鱼体的腹面,呈半月形,以利于口大幅度张开。口的前上方较大突出为吻部。鳐、魟的口也位于头端的腹面,呈裂缝状,以其宽大的胸鳍抱持食物吞食。大型的蝠鲼口接近头的前方,胸鳍前部在头尖突出,形成一对兔耳状的头鳍,能左右摆动驱赶饵料生物进口,或弯向口下,形成半圆形的漏斗,把小鱼吸入口中,如图 1-11 所示。

图 1-11　鲨(左)、鳐(中)和蝠鲼(右)的口形态

硬骨鱼类的口位置和形态变化较大,依据口的位置和上下颌长短可以分为三种类型,即上位口、下位口和端位口。上位口开口于吻的前上方,下颌长于上颌。上位口的鱼类大多为主食浮游生物的中上层鱼类,如鳓鱼、翘嘴红鲌等(图 1-12)。下位口开口于吻的前下方,上颌长于下颌。这类鱼通常生活于水的中下层,以底栖生物为食,如鲟、泥鳅、红娘鱼等(图 1-13)。端位口开口于头的最前端,上下颌等长,为典型的硬骨鱼类口,这类鱼大多为生活于水域的中上层,营捕猎性生活,如蓝点马鲛鱼、鲐鱼、青鱼和草鱼等(图 1-14)。口裂的大小和形状也与捕食习性有关。一般凶猛的肉食性鱼类口裂较大,如带鱼、大黄鱼、乌鳢等(图 1-15)。温和肉食性鱼类口裂较小,通常食小型动物,如烟管鱼、海龙、海马、银鲳和小黄鱼等(图 1-16)。在河川上游、山溪湍流中生活的鱼类,口均下位,呈吸盘状,借以吸附在岩石上,以抗急流,免遭冲走,如平鳍鳅等。颌针鱼和鱵鱼的上下颌延长成针状,可以刺透小鱼的身体摄食。鲭科鱼类的旗鱼和剑鱼上下颌强壮而突出成剑枪,上下颌上有许多细齿,可以攻击其他水生动物而摄食。

图 1-12　鳓鱼、翘嘴红鲌的上位口

图 1-13　鲟鱼、泥鳅和红娘鱼的下位口

图 1-14　马鲛鱼、鲐鱼、青鱼、草鱼的端位口

图 1-15　带鱼、大黄鱼、乌鳢等凶猛肉食性鱼类

图 1-16　烟管鱼、海龙、海马、银鲳和小黄鱼等温和肉食性鱼类

三、须

在口周围，有些鱼类常长有须，须上有味蕾，用以发现和搜寻食物。构造简单的须为一种触觉器官，复杂的须有感觉作用，其余的须可能有引诱的作用。鱼类的须依其着生位置可分为吻须、鼻须、颌须和颐须（颏须）四种。吻须着生在吻部，鼻须着生在鼻孔周围，颌须着生在颌部，颐须着生在颐部（颏部）。如泥鳅有吻须 2 对，颌须 1 对，颐须 2 对。鳕鱼有颐须 1 条，羊鱼科的鱼有颐须 1 对，黄颡鱼有鼻须 1 对，颐须 2 对。鲤鱼有颌须 1 对，吻须 1 对（图 1-17）。须的长短、位置、形状和数目等的变化很大，常为鱼类分类的特征之一。

图 1-17　泥鳅、鳕鱼、鲱鲤、黄颡鱼和鲤鱼须示意

四、眼

鱼眼比较简单，一般位于头的两侧，而底栖的平扁鱼类眼多着生在身体的背侧，如鳐、魟、鮟鱇等。有些虽然不是平扁体形，但因长期生活于海底而两个眼睛生在头的背方，如青騰、日本騰等。鲽形目鱼类在由仔鱼期向幼鱼期转化时，两个眼睛扭转到身体的左侧或右侧，适应贴底生活，如牙鲆、木叶鲽、条鳎等。弹涂鱼因其生活于滩涂中，两个眼睛突出，且能转动，特殊的生活环境需要其眼的特征有利于逃避敌害或摄食而隐蔽侦察。盲鳗的眼退化。鱼类的眼没有真正的眼睑，也无泪腺，故鱼眼不能真正闭合，只得裸露。一些鱼类的眼大部或一部分被透明的脂肪体覆盖，称为脂眼睑，这种眼睑不能活动，主要用来保护略为凸出头表面的眼球，如鲱形目的脂眼鲱和鲻形目的鲻鱼。有些鲨鱼的眼具有瞬膜，由生于眼内角上、下眼睑内面的黏膜皱襞组成，能向上方或斜向运动，以遮住角膜，有保护眼球的作用，如图 1-18 所示。

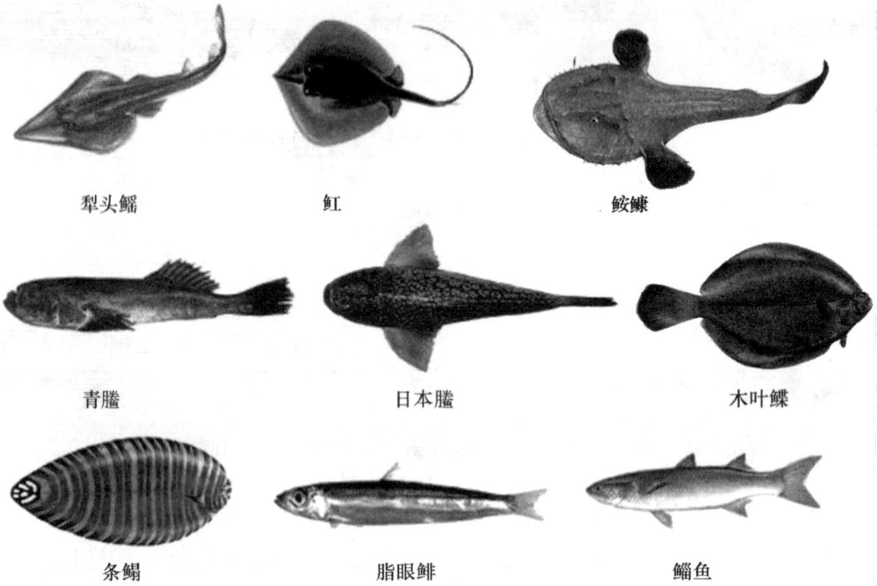

图 1-18　几种鱼类的眼

五、鼻孔

不同种类的鱼鼻孔形状、位置和数目是不同的。一般在眼的上方，左右各一个。圆口类的鼻孔只有一个，开口于头的背面中央。软骨鱼类的鼻孔开口于腹面，且有些种类具有口鼻沟，连通口隅与鼻孔，为水从外鼻孔通向口腔的原始通道。在鼻孔开口处常有皮状突起，内有软骨，可以启闭，以避免泥沙或其他有碍物进入鼻孔。硬骨鱼类的鼻孔在吻部，通常每侧有瓣膜隔开的前鼻孔和后鼻孔两部分，前鼻孔为进水孔，后鼻孔为出水孔。但也有少数鱼类的鼻孔只有 1 个鼻孔，如雀鲷、六线鱼等。有些鱼类的鼻孔可形成短管，如杜父鱼、鳗鱼等。鱼类的鼻孔为一盲囊，除了肺鱼和某些特化的鱼类外，内鼻孔与口腔不相通。

六、鳃裂或鳃孔

鱼类头部后方两侧常有一个或多个孔裂，即鳃孔或鳃裂，为鱼类同外界进行气体交换的鳃囊在体外的开孔。七鳃鳗的鳃孔有 7 对，板鳃类有 5～7 对，全头类的银鲛仅以 1 对鳃孔开口于外,有一对无骨骼的假鳃盖。硬骨鱼类均有1对鳃孔,鳃盖中有骨骼支持,鳃盖边缘有鳃盖膜,鳃盖膜是否在峡部相连是鱼类分类的依据。

七、喷水孔

大部分软骨鱼类和极少数硬骨鱼类的眼后常有一孔,称喷水孔,内通口腔,有喷水或吸水作用。喷水孔实为一退化的鳃裂,在胚胎期,其结构和其后的鳃裂一样,成鱼时,喷水孔中也常有部分鳃丝。板鳃类具有喷水孔,可能和呼吸有关,因其口在腹面,当在水底潜伏时,喷水孔就作为进水孔而充当进水通道;而在游泳时则改用口进水。一般鳐类的喷水孔发达,而鲨类的喷水孔小或退化。喷水孔通常见于低等鱼类,高等鱼类的喷水孔退化或消失,如图1-19所示。

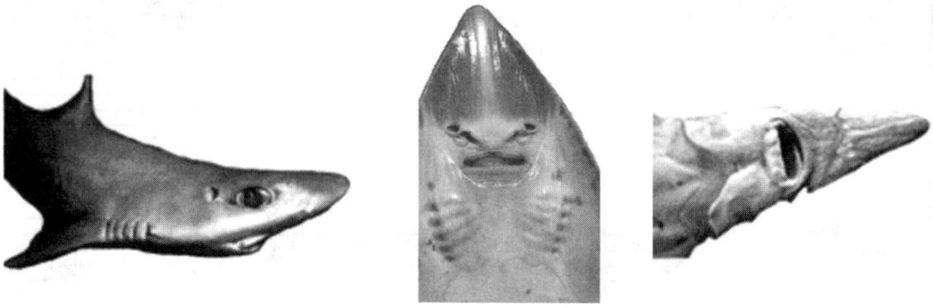

鲨鱼的鳃裂和喷水孔　　鳐的鳃裂　　鲟的口与鳃裂

图1-19　几种鱼的鳃裂和喷水孔

第四节　鳍

一、鳍的几种类型

鳍是鱼类体上的外部器官,内有附肢骨骼支持,通常分布在躯体和尾部上,是主要的运动和平衡身体的工具。鳍一般可分为二类,一类是不成对的奇鳍,位于背部、尾部和肛门后,包括背鳍、尾鳍和臀鳍;另一类是左右成对的偶鳍,位于体之两侧,包括胸鳍和腹鳍。

从鳍的进化观点看,一般认为先有奇鳍,后有偶鳍。根据鱼类的化石和胚胎发育,鱼类奇鳍起源于从头部经背部,然后绕过尾部以至于肛门位置的连续皮褶,因长期运动的关系,皮褶分裂为各种类型的鳍,后来鳍中演化出鳍条,支持和加强鳍的机能。偶鳍起源腹部两侧的两条长侧褶,随着鱼类的演化,其中部退化,仅留头尾两处,在头部后方者为胸鳍,在尾部前方者为腹鳍。

鳍一般由内骨骼和鳍条组成,外附肌肉及膜。鳍条为支持于鳍内的细长条,每一鳍内由左右二条合成,经水煮后可以分开。鱼类的鳍条可以分为两大类,一类是角质鳍条,既不分支也不分节,如软骨鱼类;另一类是骨质鳍条(又叫鳞质鳍条),由鳞片衍生而成的鳍条,硬骨鱼类具有骨质鳍条。有的既不分支又不分节且坚硬,水煮后不能分开,叫棘;有的分节但不分支且坚硬,水煮后左右可以分开,叫假棘;有的既分节又分支且柔软;有的分节但不分支且柔软。

(一) 背鳍(Dorsal fin)

背鳍是鱼类维持直立和平衡的器官,以保持身体的稳定,避免倾倒摇摆,起着类似船的龙骨作用。一些身体形态比较特别的鱼类,如东方鲀、比目鱼、海马、海鳗和带鱼等借助背鳍的波动而运动。背鳍的着生位置有前位(如鲶鱼)、中前位(如狗母鱼)、中位(如鲫鱼)、中后位(如银鱼)和后位(如七鳃鲨)。鱼类的背鳍因其种类的不同而形态、数量和大小不同,通常为 1 个,有的为 2 个或 3 个,甚至更多。有的种类背鳍和臀鳍后长有 1 个或若干个同样结构的细小的鳍,称为小鳍,或叫副鳍,也叫离鳍,可能具有辅助舵的作用,如鲐鱼、蓝点马鲛、金枪鱼等。有的鱼在背鳍后长有 1 个富含有脂肪的鳍状物,像一个肉片,内无鳍条,如大马哈鱼、鲶鱼、蛇鲻和龙头鱼等。如图 1-20 所示。

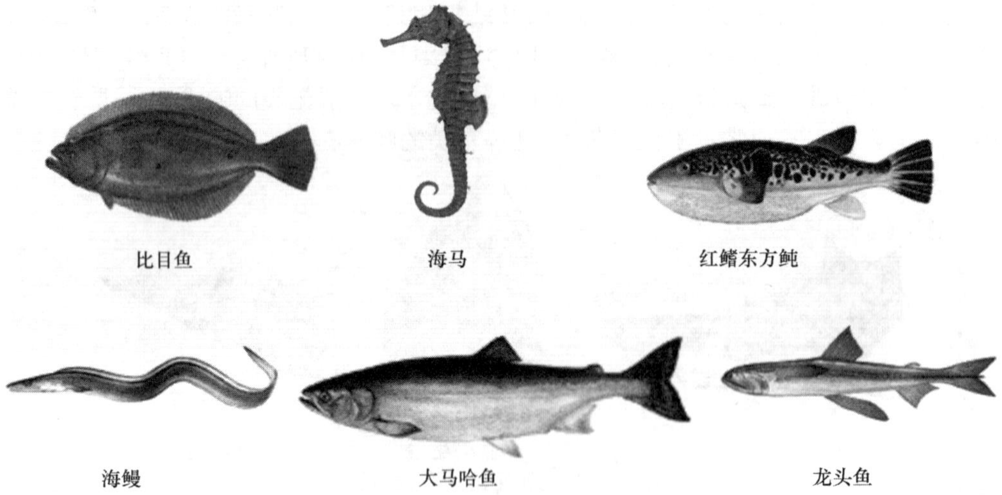

图 1-20　几种鱼类的背鳍示意

(二) 臀鳍(Anal fin)

臀鳍位于鱼体的肛门和尾鳍之间的后下方,形态与功能大体与背鳍相似,但其大小与形状因种类而不同,通常为 1 个,也有的为 2 个,如鳕鱼。尾鳍的位置有三种,即大部分鱼类均为后位;尾柄很长的鱼类臀鳍约据身体的中央或稍后,如花鱼骨;有的鱼类尾位,如翻车鱼和玻甲鱼。有的鱼类臀鳍基底较长,如电鳗、鳗鲡的臀鳍,且有协助运动的作用。臀鳍可以由鳍条组成,也可由若干坚硬程度不同的棘组成。

(三) 尾鳍(Tail fin)

尾鳍位于尾部最后部位,不同种类尾鳍的形态、大小、种类变化较大。鱼类静止时,尾鳍保持鱼体的平衡和稳定的作用;鱼类游泳时,尾鳍左右摇摆,起到推进和转向身体的作用。底栖生活的种类尾鳍退化或消失,如鳐类或魟类。海马的尾鳍退化,尾部卷曲挂在海草上。翻车鱼的尾鳍退化,尾部末端皮褶就像花边镶嵌于体后一样,已失去尾的作用。尾鳍依尾椎骨末端的位置及上下叶是否对称可以分为以下几种类型。

原形尾(Protocercal)或对生尾(Diphycercal):椎骨末端平直地伸进尾鳍中央,尾鳍被分成上下两叶,为最原始的尾鳍类型,现存仅见于圆口类,其他见于鱼类胚胎发育期及仔鱼期。

歪形尾(Heterocercal)或不等形尾(Uneaqual tail):椎骨的末端向背上弯曲,将尾鳍分为上下不对称的两叶,如鲨类和鲟类。

正形尾(Homocercal)或等形尾(Equal tail):尾鳍外表对称,但脊椎骨极度向下弯曲,末端成为一条细棒,为一尾椎骨愈合而成,称尾杆骨(Urostyle),前 1～2 节椎骨的髓弓变为少而细弱的尾上骨(Upural),脉弓成为尾下骨(Hypural);3～7 枚较扁而阔,为鳍片的主要支持物,直接衔接鳍条,鳍面完全由尾鳍的腹面部分构成。正形尾由歪形尾演化而来,如绝大多数高等硬骨鱼类,而鲤科和鲑科鱼类为最典型。如图 1-21 所示。

等尾鳍(Isoceral)或假尾鳍(Pseudoceral):这种尾鳍较特别,即椎骨末端和原来的尾鳍均消失,重新由背鳍和尾鳍的一部分向后延伸,会合于体后而形成第二尾鳍,如鳕鱼。这种尾鳍并非真正的尾鳍,而是最初的歪尾消失后,由背鳍和臀鳍的软条会合而成,外观对称,内部软条被直走的椎骨平分为上下两部分。

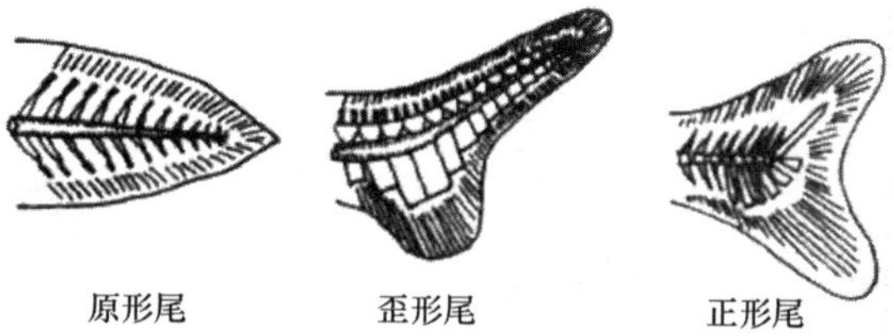

图 1-21　鱼类的三种尾形示意图

如图 1-22 所示,硬骨鱼类的尾鳍外形复杂多样,形状和大小变异很大,与游泳速度有关。半月形尾鳍的鱼类一般能作长距离洄游且游速快,如金枪鱼;叉形尾鳍的鱼类,如鲱鱼、鲭鱼等;凹形尾鳍的鱼类,如鲤鱼、鳟鱼、鲈鱼等;半直形尾鳍的鱼类,如鲽、鳕等;圆形尾鱼类,如鳎;尖形的尾鳍鱼类,如虾虎鱼;双凹形尾鳍鱼类,如金钱鱼。如图 1-22 所示。

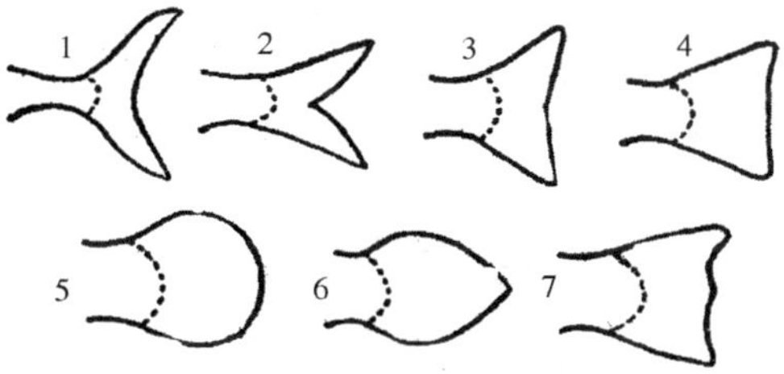

1. 半月形　2. 叉形　3. 凹形　4. 半直形　5. 圆形　6. 尖形　7. 双凹形

图 1-22　鱼类的几种尾鳍形态

(四) 胸鳍(Pectoral fin)

鱼类的胸鳍一般位于头部之后,鳃孔附近,很少种类没有鳍条。胸鳍的位置变化不大,仅略有高低之分,其位置可分为上位、中位、下位和腹位。胸鳍的主要功能是运动、转向和平衡,但也因不同种类而异。软骨鱼类和低等硬骨鱼类的胸鳍较大,接近腹面,且与体轴平行,是强大的平衡器官。鳐形总目的鱼类的胸鳍特别地扩大,与躯体构成体盘,成为主要的运动工具,在尾部成为鞭状的种类也可用以控制方向。高等硬骨鱼类的胸鳍一般较小,由于失去低等鱼类胸鳍固着于低位和斜位的肩带中心的中乌喙骨,因而胸鳍可向体侧的上方移动,因而与体轴成垂直关系,具有运动、转向、减速,使运动停止、突然刹车的作用,以及侵略性的炫耀和其他目的用途。

飞鱼的胸鳍特别发达,可以进行滑翔,飞行速度可达到 10～20m/s,一般可以飞行 12～13s,最长滑翔时间可达 30s,最长滑翔距离可达 200～300m。热带和温带地区的弹涂鱼胸鳍基部的肌肉特别发达,可使鳍前后运动,作用如脚,能离水在沙泥上行走,寻找食物。鮟鱇、棘茄鱼的胸鳍更发达,可以在海底爬行。有些鱼类的胸鳍的一些鳍条丝状延长,其上分布着味蕾和触觉器,有感觉作用,如四指马鲅、五指马鲅和六指马鲅的每个胸鳍依次拥有 4 枚、5 枚和 6 枚游离的丝状延长鳍条,具探测器作用。一些深海鱼类的眼已经退化,借助游离的丝状胸鳍鳍条和腹鳍的鳍条感觉周围环境,如红娘鱼、虎鲉、鲂鮄等的胸鳍下部均有 2 枚或 3 枚游离鳍条,具有爬行功能或者挖掘海底泥沙以寻找实物。如图 1-23 所示。

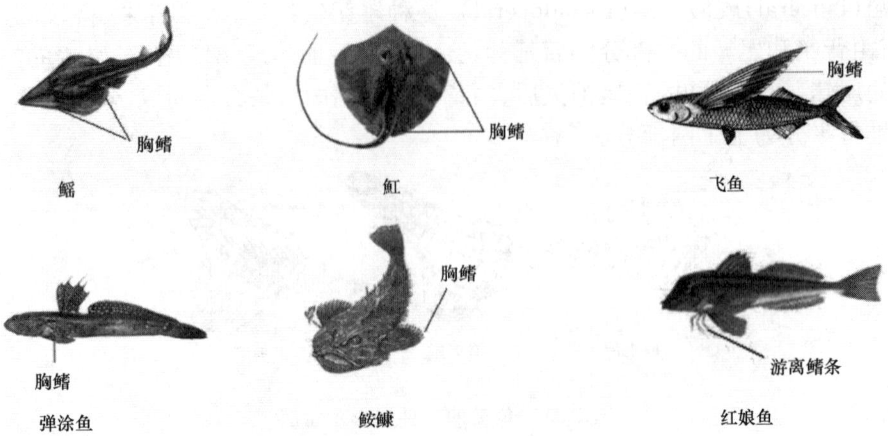

图 1-23　鱼类的几种胸鳍形态

(五) 腹鳍(Ventral fin)

鱼类的腹鳍位置在分类和演化上变化多种多样。有的位于腰位,为原始的特征,如软骨鱼类和大部分低等硬骨鱼类。许多较低级或原始鱼类的腹鳍腹位,这是低等特征,如鲱、鲤、鲟和鲨等。有的位于胸位或次胸位(亚胸位),是高等特征,如棘鳍鱼类。有的位于喉位和颐位,是底栖鱼类的特征,如鳕形目、鳚形目、鲽形目和鮟鱇目鱼类。如图 1-24 所示。

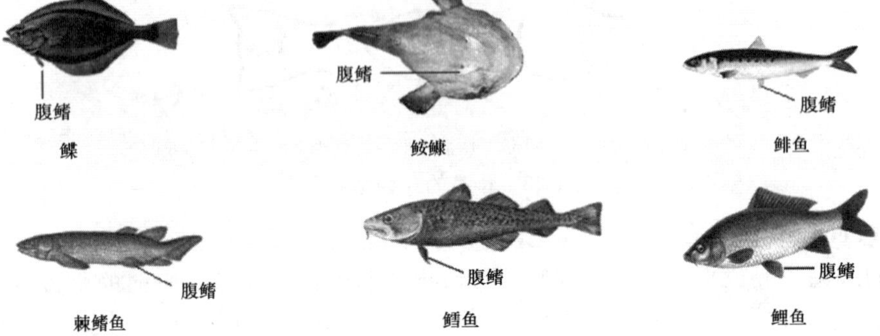

图 1-24　几类鱼的腹鳍形态

腹鳍主要起协助背鳍和臀鳍维持身体平衡的作用,和运动无关,不如胸鳍的作用重要。另外,腹鳍还具有辅助鱼类的转向和升降作用。

鱼类的腹鳍还有许多特殊的形态演化,有的腹鳍形态很小或者消失,如鳗鲡目、海龙科、箭鱼科等鱼类;有的演化成吸盘,如我国南方的爬岩鳅左右一对腹鳍和一对胸鳍演化合成一个椭圆形的吸盘,配合平扁的身体,以平伏于山岩上,不至于被湍流冲走;有的鱼类的雄鱼腹鳍内侧特化为复杂的器官称鳍脚,为雄性鱼类的交接器。如图 1-25 所示。

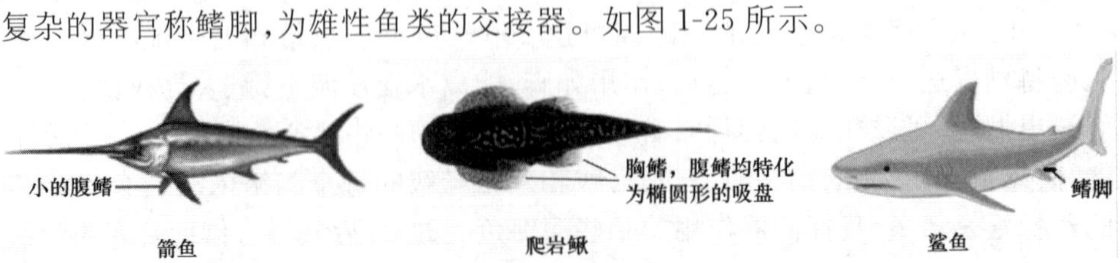

图 1-25　几种鱼的腹鳍特化形态

二、鳍式(Fin formula)

鱼类鳍的组成和各鳍的鳍条数目是鱼类分类的重要依据之一。在硬骨鱼类中,同种鱼类的鳍棘与鳍条数变化幅度很小,可以作为鉴定或描述鱼类的特征之一。鳍条有棘、假棘和软鳍条之分,记录其数量分别以罗马数字代表鳍棘或假棘数,以阿拉伯数字代表软鳍条数,这种以不同数字描述记录鳍条数的方式称为鳍式。一般以“D.”表示背鳍,“A.”表示臀鳍,“C.”表示尾鳍,“P.”表示胸鳍,“V.”表示腹鳍。鳍棘和鳍条分离时以“,”表示,鳍棘和鳍条连续时以“-”表示,鳍棘或鳍条数目范围以“～”表示。例如,大黄鱼的鳍式:D. Ⅷ～Ⅸ,Ⅰ-31;A. Ⅱ-9;P. 15;V. Ⅰ-5,其含义:大黄鱼的第一背鳍有8～9枚鳍棘,第二背鳍有1枚鳍棘,后连31枚软鳍条;臀鳍有2枚鳍棘,后连9枚软鳍条;胸鳍有15枚软鳍条;腹鳍有1枚鳍棘,后连5枚软鳍条。鲐鱼的鳍式:D. Ⅸ,Ⅰ-11,小鳍5;A. Ⅰ,Ⅰ-11,小鳍5;P. 19;V. Ⅰ-5;C. 17,其含义:第一背鳍9枚鳍棘,第二背鳍由1枚鳍棘后连11枚软鳍条,背鳍后有5个小鳍;臀鳍有1枚游离鳍棘,后有1枚鳍棘连着11枚软鳍条,臀鳍后有5个小鳍;胸鳍有19枚软鳍条;腹鳍有1枚鳍棘,后连5枚鳍条;尾鳍有17枚软鳍条。鲤鱼的鳍式:D. Ⅲ～Ⅳ-17～22;A. Ⅲ-5～6;P. Ⅰ-15～16;V. Ⅱ-8～9,其含义:背鳍有3～4枚鳍棘,后连17～22枚软鳍条;臀鳍有3枚鳍棘,后连5～6枚软鳍条;胸鳍有1枚鳍棘,后连15～16枚软鳍条;臀鳍有2枚鳍棘,后连8～9枚软鳍条。鲈鱼的鳍式:D. Ⅻ,Ⅰ-13;A. Ⅲ-7～8;P. 15～18;V. Ⅰ-5,其含义:第一背鳍有12枚鳍棘,第二背鳍有1枚鳍棘,后连13枚软鳍条;臀鳍有3枚鳍棘,后连7～8枚软鳍条;胸鳍有15～18枚软鳍条;腹鳍有1枚鳍棘,后连5枚软鳍条。

在很多资料中,尾鳍不记录在鳍式里。有的将分支鳍条与不分支鳍条分开,有的将胸鳍的指状鳍条或游离鳍条数以小写罗马数字表示。如短鳍红娘鱼的胸鳍鳍式为11+ⅲ,表示3枚鳍棘连着11枚软鳍条。

第二章 皮肤及其衍生物

鱼体的最外层是皮肤,皮肤还具有一系列的衍生物,即黏液腺、鳞片、色素细胞及发光器等。鱼类的皮肤基本上像其他脊椎动物一样,由外层的表皮和内层的真皮组成,表皮和真皮的位置、来源、构造和机能都不相同。而镶嵌于皮肤中的衍生物,构成鱼体的外被,使得它保护躯体免于被侵害,如黏液腺分泌黏液,皮肤衍生形成鳞片,色素细胞的色素协调体色以适应周围环境等。皮肤在维持内环境渗透压稳定性,保护机体免受外界环境的多余水分、盐分渗入体内也起到重要的作用。有些鱼类的皮肤还具有呼吸作用。

第一节 皮肤与腺体

一、皮肤(Skin)

(一) 皮肤的结构

鱼类的皮肤包括表皮(Epidermis)和真皮(Dermis)两层,表皮在外层,由多层上皮细胞组成,其层数的多少随不同的种类、部位和年龄而不同。

表皮起源于外胚层。表皮可分为生发层和腺层两部分,内层为生发层,外层为腺层。生发层为长柱形细胞,因分生增殖而致母细胞向表层位移,子细胞取代母细胞的原来位置,母细胞又因外表面细胞不断损伤脱落而移到表面时,逐渐形成扁平或鳞状。生发层细胞增殖所需要的营养物质由真皮层里的毛细血管提供,并借渗透作用通过细胞基质到达表面各细胞。腺层位于生发层上方,层数不等,因具有许多腺细胞分布而得名。表皮具有两个特点:(1)鱼类的表皮角质化程度极低或不会角质化;(2)表皮细胞分化出各种单细胞腺(unicellular gland)和多细胞腺(multicellular gland),腺细胞分泌大量黏液,保持鱼体体表黏滑。表皮衍生物有黏液腺、毒腺、棘、追星和发光器。如图 2-1 所示。

图 2-1 鱼类皮肤及腺细胞

真皮(Corium)位于表皮下面,来源于胚胎时期中胚层起源的间叶细胞。真皮层比表皮层厚,由纵横交错的结缔组织(胶原纤维和弹性纤维)构成,其间富有毛细血管和神经末梢。圆口类仅为一层,多数鱼类分为三层,即外膜层(Membrana externus)、疏松层(Stratum spongiosum)和致密层(Stratum compactum)。外膜层很薄,紧接在表皮下方,结缔组织纤维均匀一致。疏松层除了疏松而不规则排列的纤维结缔组织外,还含有色素细胞(Chromatophore)、成纤维细胞(Fibroblast)和变形细胞(Amoeboid)。致密层的纤维结缔组织排列致密,以胶原纤维为主,上下层呈直角相交紧密排列,通常不含色素细胞。

大多数鱼类在真皮的疏松层和致密层下面有一层疏松的皮下层(Subcutis),含有色素细胞和脂肪细胞。有些鱼类(如狮子鱼科、绵鳚科等)更富含淋巴腔。严格地说,此层非属于真皮层。在成鱼时真皮厚于表皮,且富含纤维结缔组织,经过化学处理后可以制革。

(二) 皮肤的机能

(1) 保护作用:这是最原始、最主要的机能,皮肤的衍生物(如鳞、骨板等)增强了这种保护作用,以遮盖和保护位于其下的柔嫩组织和器官。

(2)调节作用:皮肤可以协助调节身体内部的水分和盐分离子,具有体内环境渗透调节功能。而皮肤内的血管里血液流动又有调节体温作用。鱼类为冷血动物(变温动物),其体温随外界环境的温度变化而变化,当血液流速加快,血管扩张时,热量散发就加快,体温就会降低。反之,热量散发减慢。因此,皮肤起着体温调节作用。

(3) 感觉作用:体表有许多感觉器官,能接受和传递环境变化的各种物理和化学刺激,如温度感觉、触压感觉、痛觉、嗅觉及味觉等。

(4) 排泄作用:皮肤具有排泄机能,如海水鱼类的口腔、皮肤和鳃耙能排除身体多余的盐分离子,协助肾脏调节血液渗透压。广盐性鱼类皮肤的渗透度较小,有鳞鱼比无鳞鱼的渗透度也低。

(5) 分泌作用:鱼类的皮肤含有多种皮肤腺(如黏液腺、毒腺等),能分泌一种或多种的分泌物,具有保护作用。而鱼类也可以通过嗅觉感受一些分泌物,有助于鱼类的行为。

(6) 呼吸作用:有些鱼类的皮肤具有呼吸作用或者协助呼吸作用。体躯真皮中密布丰富的毛细血管,可依赖湿润的皮肤膜进行气体交换,如鳗鲡、弹涂鱼等鱼类的皮肤具有呼吸机能。

(7) 营养贮存:皮肤深层的皮下组织,常具有厚层脂肪,除可以御寒,维持体温,还可以在脂肪中贮存丰富的营养物质,以供应食物短缺时需要。

(8) 运动器官:皮肤可以作为运动工具,至少可以作为辅助运动工具。例如,鱼鳍即为皮肤包被着内部骨骼支持物的器官,具有运动功能。

(9) 繁殖作用:在繁殖期间,雌雄鱼体皮肤的形态和颜色出现不同,如追星和婚姻色。

(10) 吸收营养:鱼体的表皮很薄,水中的有机营养物质可以通过表皮到达真皮层。

(11) 修补创伤:鱼类的皮肤一旦受到损伤,立即由伤口边缘的细胞进行修补,皮肤分泌含有许多淋巴球的黏液,包围伤处,由细胞的滋生而形成保护性的表皮层,慢慢进行皮肤修复。

(12) 育儿作用:有些鱼类能利用皮肤的特化形成育儿囊,如海龙、海马;或者用以贮运和孵育卵子,直到幼体可以自由生活离开亲体的育儿囊,如胡子鲶。

二、皮肤腺(Skin gland)

鱼类的皮肤具有丰富的皮腺体,即为单细胞腺和多细胞腺,大多由表皮衍生而成。裸露无鳞的鱼类比有鳞鱼类皮肤腺体发达,能在陆上生活的鱼类(如攀鲈、塘虱鱼、鳗鲡和肺鱼等)较水中生活的鱼类腺体更发达。鱼类皮肤的排泄和分泌等许多重要的机能由皮肤腺完成。

(一) 单细胞腺(Unicellular gland)

鱼类的表皮层有许多单细胞腺,依据其形态结构不同和对各种染料的反应特点不同,分为如下几种类型的单细胞腺。

(1) 杯状细胞(Goblet cell):是一种常见的腺细胞,分泌黏液,是典型的黏液细胞,绝大多数鱼类均具有此类细胞，一般呈杯状，少数呈管状或球状，细胞核位于近基部。

(2) 颗粒细胞(Granular cell)：体积大，呈圆形或梨形，细胞内充满嗜酸性颗粒，七鳃鳗属的表皮中的颗粒细胞不产生黏液，而可以分泌一种保护性物质，以防凶猛鱼类的吞食。

(3) 棒状细胞(Club cell)：或称瓶状细胞、锥状细胞，在圆口类中呈棒状，而在真骨鱼类中呈圆形或椭圆形，位于表皮基部，体积较大，具有两个或两个以上的细胞核，基底较狭，与生发层的柱形细胞并列。鲤形目鱼类(裸背鳗亚目除外)、鲶形目鱼类的棒状细胞中含有一种蝶呤(Pterin)物质，当该鱼类受到敌害攻击而被咬伤时，棒状细胞就会将蝶呤物质释放到水中，同类警觉到水中的蝶呤物质存在时会迅速撤离危险区。故蝶呤是警戒物质，具有对同类警戒作用，所以，这种具有警戒物质的细胞又叫警戒细胞。

(4) 浆液细胞(Serous cell)：呈球形或卵圆形，细胞膜特别厚，细胞质很少，鲨类及一般硬骨鱼类具有此类细胞，圆口类和鳐类不具有。

(5) 线细胞(Thread cell)：盲鳗类所特有的细胞，其分泌物为螺旋状线形黏液。当鱼类遭到不大的机械压力时，首先破坏薄的最外一层细胞，暴露并分开了最上面的杯状细胞。当鱼体遭受较大机械压力时，更深的颗粒细胞损伤，细胞内含物便成黏液的小颗粒被游离出来。当鱼体遭受更大的压力时，黏液的组成中便有位于深处的棒状细胞参加在内。机械压力愈重，分泌出的黏液会愈多。鱼类的体表黏液可以减少水和鱼体表面的磨檫阻力，增加鱼的游泳速度，避免消耗不必要的体能；体表的黏液形成障碍可以减少细菌或寄生虫类的侵害；体表的黏液润滑，使鱼体不易被捕捉，或被捕后容易滑逃；体表的黏液尚能协调皮肤表面的渗透作用；有些鱼的黏液尚具有类似明矾的净水作用，如美洲肺鱼(*Lepidosiren paradoxa*)和豆齿鳗(*Pisodonophisboro*)。

如图 2-2 所示。

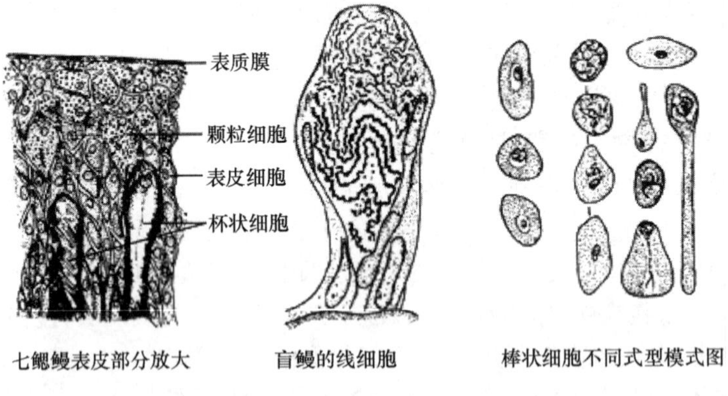

图 2-2　几种皮肤腺

(二) 毒腺(Poison gland)

鱼类的毒腺也是表皮所衍生的一种皮肤腺，有许多大小和形状相似的腺细胞排列在一起，分泌出腺液，完成共同的生理功能。毒腺有单细胞毒腺和多细胞毒腺两种。鱼类的毒腺没有管道和管壁，平常与鳍、尾、鳃盖上的棘刺相连，遇刺激毒液从排列在棘基旁边或附近沟道组织中的腺细胞中产生，或由同一位置所出现的小囊或组织中产生。如图 2-3 所示。

图 2-3　魟鳍棘的横切面
(示折损和完整的部分)

鱼类的毒腺有下列三种类型。(1)因咬伤而使其他动物中毒的毒腺:如海鳝(*Muraena helena*)的上下颌有粘膜组织的囊,囊内具有黏液腺,4 个能动的牙齿位于囊中,当咬住其他动物时,毒液从黏膜与牙齿之间流出。(2)具有毒性皮肤黏液腺的鱼类的毒腺:如有些七鳃鳗黏液细胞分泌的黏液对其他动物的肠胃有刺激作用。(3)具有毒刺鱼类的毒腺:毒腺与棘和刺巧妙地配合,毒腺中的毒物从棘基旁的棘沟或棘管把毒液注射到其他动物体内,以求自卫或攻击。自然界中具有毒棘和毒刺的鱼类数量不少,据调查,全世界有棘毒鱼类 500 余种。而我国刺毒鱼类有 100 余种,多数分布于海洋,约占 65%,少数分布于淡水,约占 35%。常见的有毒海水鱼类:如虎鲨类、角鲨类、魟类、银鲛类、海鲶类、鳗鲶类、篮子鱼、刺尾鱼类、螣类和鲉类等。常见的淡水鱼类:如鲶类、鳜鱼等。

毒腺常与棘或刺一起配合,以棘沟输送毒液。但分布于中美洲太平洋沿岸的龙螣鱼有管状的尖棘,有更高效的传毒功能。鱼类毒棘的着生位置、构造和长短因种类而异。软骨鱼类:如角鲨、虎鲨类均有两个背鳍,其前方各有一个强大的鳍棘,棘后有一纵沟,柔软的白色毒腺组织存在于纵沟里;魟类、燕魟类、鲼类和鳐鲼类等尾部有刺,刺的背面和腹面均有纵脊,两侧各有两条侧沟,沟内皮腺膜有毒腺组织。硬骨鱼类:蓝子鱼、毒鲉、龙螣和海鲶等均以有毒著称。如毒鲉的毒腺位于背鳍棘的皮下,各鳍棘每侧各具一前侧沟,沟内毒腺组织发达,以利于毒液的流出,该鱼毒液的毒性剧烈,经棘刺上后会有生命危险;又如龙螣鱼在鳃盖上每边有一长而锐利的毒棘,并为皮膜所盖,仅前端露出,棘的背腹各有深沟一条,沿沟有一梨形腺组织,无导管,细胞破裂时,毒液流入沟内。如图 2-4、图 2-5 所示。

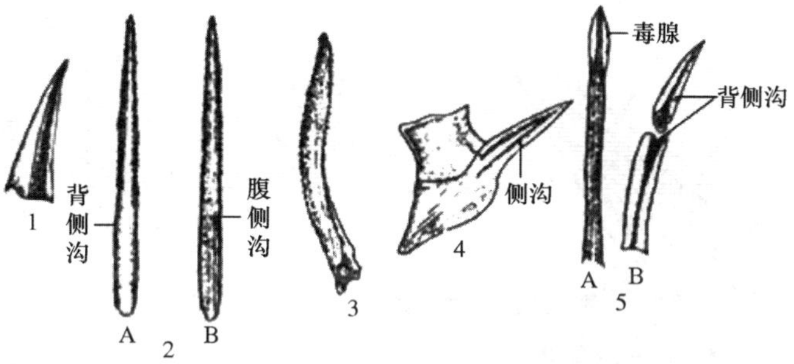

1. 白斑角鲨第二背鳍棘　2. 赤魟尾棘(A 背面,B 腹面)　3. 海鲇胸鳍刺
4. 日本腾胧棘　5. 日本鬼鲉背鳍第七棘(A 背面,B 除去毒腺后的侧面)

图 2-4　几种鱼的毒棘

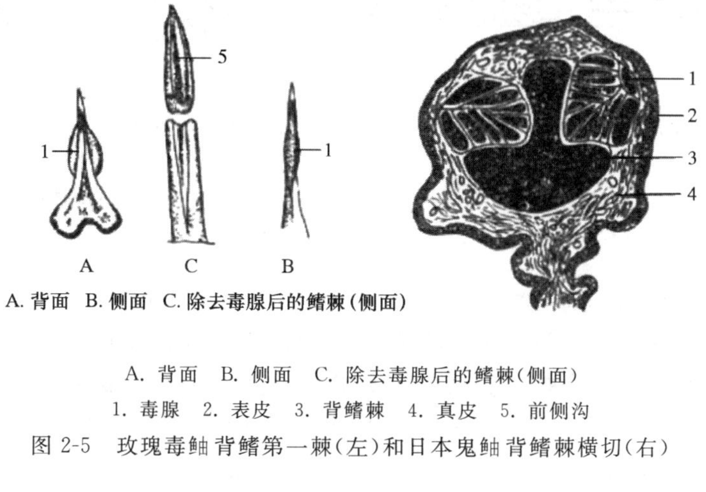

A. 背面　B. 侧面　C. 除去毒腺后的鳍棘(侧面)
1. 毒腺　2. 表皮　3. 背鳍棘　4. 真皮　5. 前侧沟

图 2-5　玫瑰毒鲉背鳍第一棘(左)和日本鬼鲉背鳍棘横切(右)

第二节 鳞片

在大多数鱼类的皮肤中有鳞片(Scale),鳞片是皮肤衍生物,是身体组织中的钙质沉淀积于真皮层所形成的,比较坚韧,被覆在鱼的全身或某一部分,具有保护鱼体的作用。鱼类的被鳞情况非常复杂,有的全身无鳞,有的头部无鳞,也有的仅侧线上或胸鳍附近有鳞。如圆口类、多数的鲶鱼和鳗鱼、刺魟及电鳐等全身无鳞,这属于进化中的次生现象。鱼鳞被覆的程度与黏液分泌的多寡恰成反比,即黏液多的鳞片少或完全裸露。根据鳞片的外形、构造和发生上的特点,可分为三类:即盾鳞、硬鳞和骨鳞。另外,还存在着一些特化类型的鳞片。

一、鱼类三种基本类型鳞片和鳞式

(一) 鳞片三种基本类型

1. 盾鳞(Placoid scale)

盾鳞系由表皮和真皮联合形成,成对角线排列。在外形上分为两部分,露在皮肤外面且尖端超身体后方的部分为鳞棘,埋没在皮肤内的部分为基板。鳞棘外层覆以类珐琅质(Enameloid),薄而坚硬,称为透明齿质或硫酸齿质(Vitrodentine),来源于中胚层的分化;内层为齿质(Dentine),中央为髓腔(Pulp cavity),腔内充满结缔组织、神经、血管等构成髓质,由一孔和真皮相通。由于盾鳞和牙齿为同源结构,因此又叫皮齿。如图 2-6 所示。

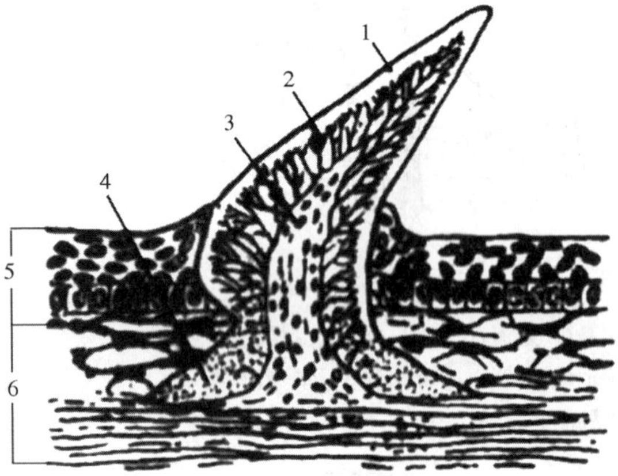

1. 釉质 2. 齿质 3. 髓腔 4. 基板 5. 表皮 6. 真皮

图 2-6 盾鳞构造模式

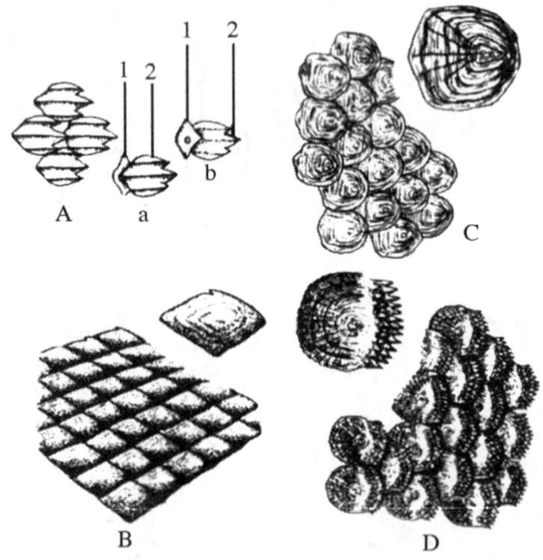

A. 盾鳞(a. 背面观 b. 腹面观 1. 基板 2. 鳞棘)
B. 硬鳞 C. 圆鳞 D. 栉鳞

图 2-7 鳞的类型及排列形式

2. 硬鳞(Ganoid scale)

硬鳞是硬骨鱼类中最原始的鳞片,发生于真皮,为某些硬骨鱼类所特有,深埋在真皮中的菱形骨板。最外层为一层厚的类似釉质的带闪光的硬鳞质(ganoin),下层由硬骨组织,坚硬而大。鳞片借长在其上的特殊齿槽(关节突)互相嵌接,略作复叠,平行排列若干行。具有硬鳞的鱼类种数不多,典型的代表为雀鳝、多鳍鱼。在我国,鲟和鳇是典型的硬鳞鱼类。如图 2-7 所示。

3. 骨鳞(Bony scale)

骨鳞是现生硬骨鱼类中最常见的鳞片类型,发生于真皮,略呈圆形,为透明富弹性的骨质薄片，彼此成覆瓦状排列于表皮之下，前端（插入部）插入真皮的鳞囊，后端（露出部）游离，覆盖在后一鳞片之上，有利于增加躯体的灵活性。骨鳞的构造分为上下两层，上层脆薄，由骨质组成，使鳞片坚硬；下层柔软，由交错的结缔组织构成，使鳞片柔软而便于活动。上下层的生长方式也不同，上层由中心至边缘一环一环地生长，即从原有的边缘再加生一圈新的。下层一片片地由中心向边缘生长，新长的一片总是重叠在原有一片的下面，而且比原有的一片长得大些，所以鳞片的最上面的一片最小，最下面的一片最大且是新生的。因此，鳞片的中心最厚，边缘最薄。

骨鳞从外形上可分为四个区，埋在真皮层里且被前面鳞片覆盖的部位称为前区，也叫基区；未被其他鳞片覆盖且外表可见到的部位叫后区，也叫顶区；前、后区之间的上、下两侧为侧区。在鳞表面看到的一圈圈同心圆状排列的隆起线，称为鳞嵴，或叫环片，环片围绕的中心区称为鳞焦。由鳞焦向周边辐射开区的沟纹称辐射沟，也叫鳞沟。鳞沟多分布于前区，有减少骨质层坚硬度、增加鳞片的韧性作用。

（二）鱼类鳞片的结构、年轮和鳞式

由于鱼类的生长因外界环境的季节性变化而呈现季节性变化，如温带性鱼类的生长表现为每年的春夏季节生长快速，鳞片上环片排列疏松且环片带宽广；而在秋冬季节生长缓慢，环片排列致密且环片带窄小。一个疏松环片带（宽带、夏轮）和一个致密环片带（窄带、冬轮）即表示一年的生长。这样，上一个致密环片带和下一个疏松环片带分界线即为一个年轮的位置。此即为鱼类年轮形成的原理，通过鱼类轮纹的分布情况即可观测鱼类的年龄。只有骨鳞上具有体现鱼类年龄的轮纹，因此仅骨鳞才可用以鉴定鱼类的年龄。鱼类的年轮有疏密型、明亮型、切割型、平直型和疏密乱纹型等。鱼类的鳞片上除了年轮外，尚有似年轮而非年轮的轮纹，即因非周期性偶然因素导致鱼类的鳞片、耳石、脊椎骨等出现的轮纹，叫副轮，如幼轮、产卵轮等。幼轮为鱼类鳞片上最近中心的一圈似年轮而非年轮的轮纹。而产卵轮（又叫产卵标志，产卵记号、生殖轮、生殖痕等）是由于生殖机能和生殖行为的影响，使得鱼类的一些鳞片受腐蚀和磨损，使得鳞片呈现三角形、马蹄形等各种复杂的形态。生殖后在鳞片的受伤部位又长出新的环片，这样在鳞片的受伤部位，新旧环片的排列就出现交叉、切割、转移等凌乱的痕迹，这就是产卵轮。

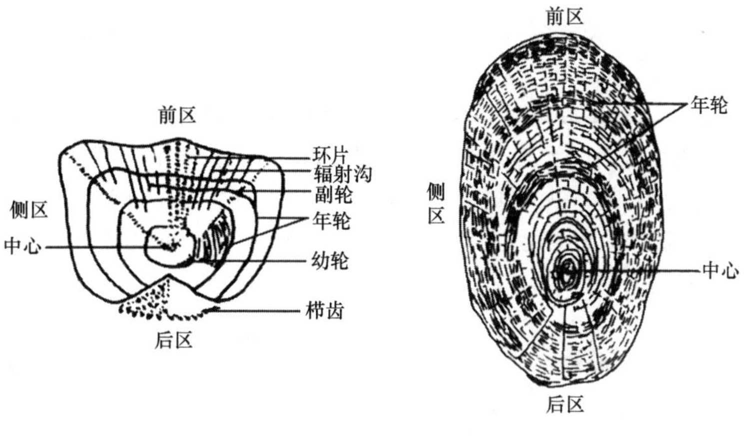

图 2-8 鱼的鳞片结构模式图

鱼类年龄的记号有如下几种类型：

骨鳞依据形状不同可分为两类，即圆鳞（Cycloid scale）和栉鳞（Ctenoid scale）。圆鳞后区光滑且边缘圆钝，手摸鱼体光滑，如鲱形目、颌针鱼目等，如图 2-8 右图所示。鱼类栉鳞在后区的边缘均密生细齿，由尾部向头部方向手摸鱼体会感觉非常粗糙，如鲈形目的绝大多数鱼类均具有栉鳞，如图 2-8 左图所示。一般而言，具有圆鳞的鱼类比较低等，而具有栉鳞的鱼类比较高等。但也并非绝对如此，有的种类身上既有圆鳞又有栉鳞，如有些鮨科鱼类和鲽形目的鱼类。有的幼鱼时被圆鳞，而成鱼时被栉鳞，如鲱鲤。

每一种鱼类鳞片的形状、大小、排列的位置和数目等在一定范围内是固定的，因此可以用来作为鉴别鱼类的主要依据。通常以鳞式来描述这种特征。鳞式包括侧线鳞数、侧线上鳞数和侧线下鳞数作为表述因素。如大黄鱼的鳞式为

$$57\,\frac{8-9}{8}$$

式中，57 为侧线鳞数（即鱼体两侧通常见到的具有一条或几条穿有侧线小孔的鳞片数），8—9 为侧线上鳞数（指背鳍起点到侧线的横列鳞排列行数），8 为侧线下鳞数（指臀鳍或腹鳍起点到侧线的横列鳞排列行数）。如图 2-9 所示。

某些鱼类（如鲱形目），体上无侧线鳞，计算鳞的数目时，自鳃盖后方数到尾鳍末端的一行鳞为纵列鳞，以及由背鳍起点数到腹部正中线的一行鳞为横列鳞。如图 2-10 所示。

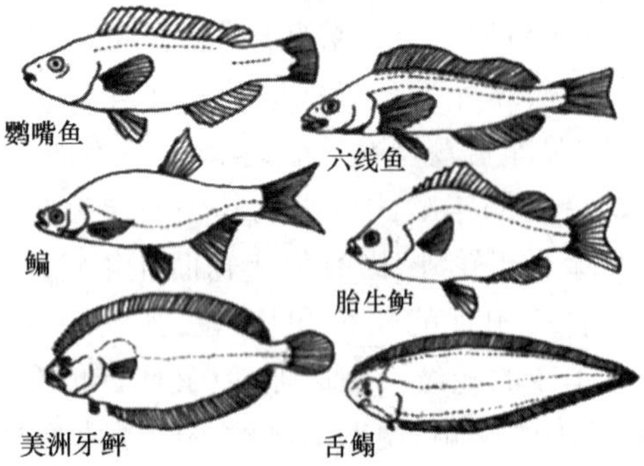

图 2-9　几种鱼类的侧线

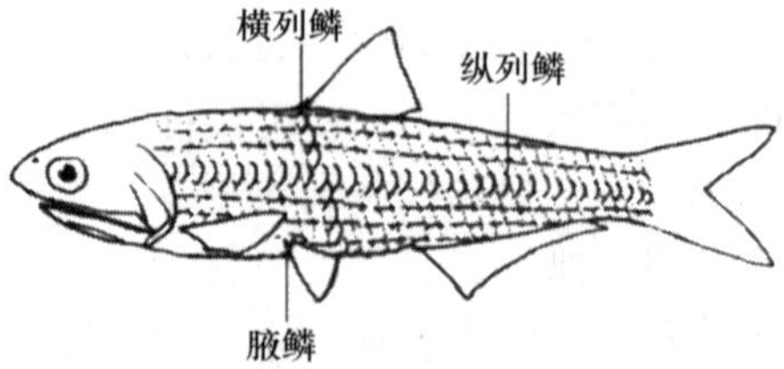

图 2-10　纵列鳞、横列鳞和腋鳞

二、鱼类鳞片的特化

由于鱼类多种多样，鱼类的鳞片除了上述几种常规类型外，还存在特化的多种类型。

（一）棱鳞(Scutes)

棱鳞也称嵴鳞，是一种坚硬的骨质鳞，鳞中尖伸向鱼体的后方，锐利似刀样的刺状突起，常常出现在鱼体的两侧和腹侧。大部分的鲹科鱼类，如竹荚鱼、大甲鲹等在侧线部位有一行盾状的棱鳞，愈到尾部的棱鳞，其中央的刺状突起愈大。鲱形目的鱼，如鳓鱼、鲥鱼、青鳞鱼和鲚等在腹部具有锯齿状的棱鳞。鲂鮄科的红娘鱼和绿鳍鱼的背鳍两侧各有一行尖锐的棱鳞。有些鱼的棱鳞为分类依据之一。如图 2-11 所示。

图 2-11　几种鱼类的棱鳞

（二）腋鳞(Axillary scale)

如图 2-12 所示，腋鳞也称副鳞(Accessory scale)，许多真骨鱼类的胸鳍或腹鳍的基部前缘

外角上常具有大于其原来鳞片,形如尖刀的鳞片,这叫腋鳞。有的鱼类腋鳞坚硬,而有的则柔软富有弹性,变化多端,如脂眼鲱。鲑鱼和鳟鱼的腋鳞外有一层脂肪组织,基部有一骨片支持。

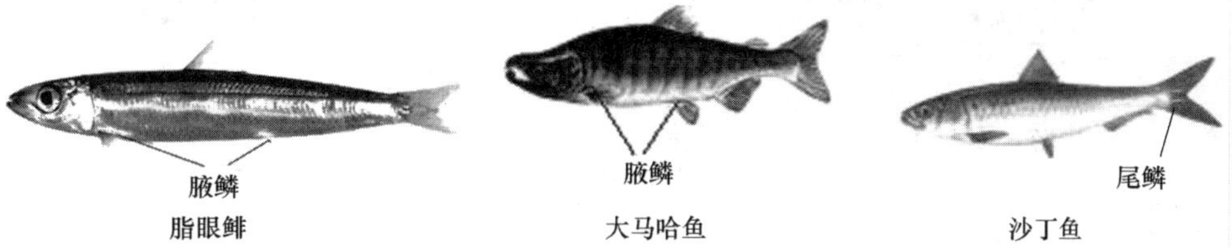

图 2-12　几种鱼类的腋鳞和尾鳞

(三) 尾鳞(Caudal scale)

尾鳞是位于尾鳍基部特化成尖刀状的特殊鳞片,如图 2-12 所示,沙丁鱼尾部两侧各有两枚尾鳞。

(四) 骨环(Scleroma)

海龙目的海龙头部以后均为鳞特化的分节的环状骨片所包被。海马的尾部也为类似的骨环所包被,但胸部则被有十字形的骨板,骨板的边缘有棘状或丘状的突起,如图 2-13 所示。

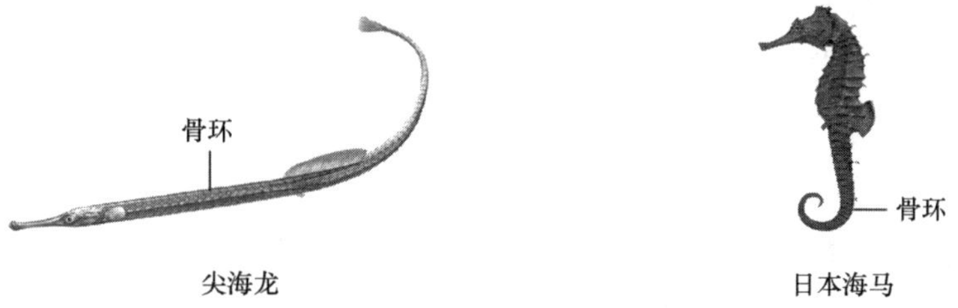

图 2-13　海龙和海马的骨环

(五) 骨板(Bony plate)

如图 2-14 所示,一些鱼类的鳞片特化成骨板,部分或全部覆盖在鱼体上,起保护鱼体作用。如箱鲀的全身为六角形骨板所包裹,形成一个坚硬的骨板箱,仅头部和尾部裸露。骨板箱有三边、四边、五边,在一边上或若干边上有坚强的棘。松球鱼体外的鳞也特化为多角形的骨板,彼此密接形成硬甲,包裹整个身体。玻甲鱼的鳞特化为薄而透明的骨板,包裹全身,其下缘锐利如刀。

这种骨板是由多数的薄骨片和肋骨愈合而成,这种结构类似于龟的甲板。

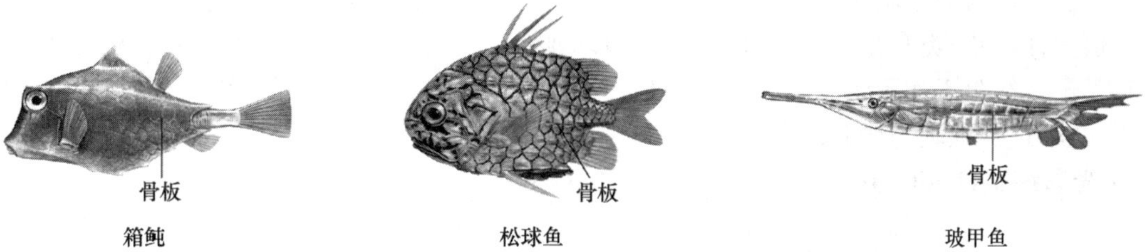

图 2-14　三种鱼类的骨板

(六) 骨刺(Spur)

鲀亚目的某些鱼类的鳞退化或特化为骨刺,多数鲀类鱼骨刺细小,长在全身或腹部。如图 2-15 所示,九斑刺鲀与棕斑腹刺鲀的鳞特化为坚硬的骨刺,长在全身上。

图 2-15　两种刺鲀的骨刺展示

（七）绒毛状鳞(Villous scale)

有的鱼类鳞片特化为绒毛状，手摸鱼皮感觉得粗糙，如绒杜父鱼（*Hemiptripterus villosus*）和某些毒鲉科鱼类等。

（八）短须(Stubble)

有些鳎类和舌鳎类头部下侧特化为小而膜状的短须，为一种感觉器。

第三节　体色及色素细胞

在大自然环境里，鱼类的体色多种多样，丰富多彩。这是由于鱼类在其皮肤的真皮层和皮下层里分布着无数色素细胞。鱼类的色素细胞有四种，即红色素细胞、黄色素细胞、黑色素细胞和光彩细胞。几种色素细胞的色素浓缩和扩散，共同协调，使鱼类呈现多种多样的体色。

一、色素细胞

（一）黑色素细胞(Melanophore)

黑色素细胞呈星芒状，周围有很多突起，细胞本身含有棕色的、黑色的或灰色的颗粒。鱼类体色的变化正是这些色素颗粒位移的结果。黑色素为不溶性的蛋白质色素族。黑色素细胞在鱼类中存在最为普遍。

（二）黄色素细胞(Xanthophore)

在鱼类皮肤中也像黑色素细胞一样，黄色素细胞普遍存在，结构大致相同，细胞具有二核，色素颗粒小，在透射光下呈淡黄色或深橙色，密集时甚至呈红色。黄色素为脂肪族色素，可溶于酒精、乙醚及其他脂肪溶剂。脂肪族色素在光线影响下会迅速褪色。

（三）红色素细胞(Erythrophore)

大多见于热带鱼类，在鱼体的局部分布。细胞结构类似黑色素细胞也有固定突起，细胞核仅一个。红色素为脂肪族色素，与黄色素同取自食物的色素，并由于物质代谢的结果所引起产生。例如，以甲壳类和胡萝卜来饲喂鲫鱼，可增加体内色素沉积。红色素在水中易分解褪色，甚至无色。红色素和黄色素化学特性相似，并可以互相转换。常在一种细胞内同时含有两种色素，故称这类细胞为脂肪族色素细胞。

（四）光彩细胞(Iridocyte)

也称虹彩细胞，细胞呈多边形或卵圆形，无突起，仅具有一个细胞核，内含鸟粪素颗粒(Guanin)。这种不透明的结晶体，并非是真正的色素，因有强折光性，故能把光线从表面反射出来，成闪光的白色彩。鸟粪素颗粒是鱼体代谢的产物，为体中核蛋白类分解产生的嘌呤基构成的衍生物，故来自血液。鸟粪素颗粒不溶于水、酒精、乙醚和醋酸等。由于强烈的折光作用，故在鱼体上能反射出一种闪光的银白色彩。光彩细胞在鱼体上很多，因而鱼类常有银色的虹彩，鳞片上的银白色也是这种色素。这种细胞常常分布于体腔膜、鳔、眼球的眼膜等处。

二、鱼类的体色类型、变化及其意义

(一) 鱼类体色的类型

四种色素细胞的色素颗粒浓缩与扩散，协调组成鱼类的各种体色。如鲐背部的绿色是由黑色素细胞和黄色素细胞协调而成。鱼类的体色根据对环境条件的适应，分为以下几种类型：

(1) 上层色：这种体色的特点是背侧深，常见为深蓝色、黑蓝色、深绿色等；而腹侧体色淡，常见的有银白色、白色或稍带淡黄的白色；体两侧由腹侧向背侧体色逐渐增浓，这种体色适应于大洋性洄游鱼类和中上层鱼类，如金枪鱼、马鲛鱼、鲐、蓝圆鲹、青鳞鱼和竹荚鱼等。

(2) 礁丛色：背侧颜色深，如褐色、红色、绿色，也有青黑色；腹侧颜色淡，通常体两侧有复杂的横条纹、花纹或花斑等，如石斑鱼、蝴蝶鱼类等。多数体色很艳丽，特别是热带鱼类。

(3) 深层色：栖息在近海中下层，有很多呈银白色，如带鱼；也有很多种鱼类带有红色，如真鲷、大眼鲷、笛鲷等。

(4) 底层色：一般是浅海或沿岸底栖鱼类的体色，背侧和体两侧的颜色较深，体上的花纹或斑点常同周围环境(如沙、泥、小石块和礁石等)的颜色相似。如须鲨身上有斑点，黑鲳等体色为紫褐色，魟、鳐、鮟鱇等背上的颜色和花纹均与所栖息的环境颜色相近。

(二) 鱼类体色的变化

色素细胞的形状及大小改变、色素颗粒扩散及浓缩等会导致鱼的体色易改变。当色素细胞收缩时，原生质及核位置不变，细胞色素颗粒集中到细胞中心，即该颜色变成圆形的斑点而缩小其所占的身体比面积，鱼的体色变浅，变得明亮；当色素颗粒扩散时，该种体色扩展而增大颜色所占身体的比面积，鱼的体色变深。

鱼类的体色变化与其神经系统的活动有关，譬如硬骨鱼黑色素细胞附近分布有丰富的神经末梢，受延脑亮化中枢及间脑的暗化中枢所控制。例如，斗鱼在斗争时颜色鲜明，受伤或不适时颜色变淡，恐惧、惊慌时变黑暗色。又如比目鱼类能通过视觉作用感受环境的颜色，由延脑的亮化中枢和间脑的暗化中枢调节控制，使得体色改变成与环境相似，以适应环境。硬骨鱼类的黑色素细胞色素调节除了受神经调节外，还受脑垂体产生的两种起亮化调节和暗化调节，起对抗作用的激素所控制。

黄色素细胞和红色素细胞的色素调节与神经无关，全由激素来进行调节。例如，对鲂注射垂体激素，会出现婚姻色，雄性激素注射鳑鲏也会使其出现婚姻色。婚姻色即为一些鱼类在生殖季节出现的鲜艳的特殊体色，以提高对异性的吸引力，提高受精率，有利于生殖，这种体色在生殖后会消失。软骨鱼类体色的调节主要由脑下腺分泌的激素控制。

另外，环境、年龄、性别、健康状况及情感冲动等因素也会促使鱼的体色发生变化。例如，水中缺氧会使鱼体褪色，温度改变会使鱼体颜色改变；营养和食物能改变鱼体的颜色，如鱼类饥饿时黄色素和红色素会被鱼类渐渐消耗，而导致鱼体黄色和红色逐步消失；鱼类食料长期缺少维生素或胡萝卜素时，红色素和黄色素被鱼类作为这些物质来源利用，皮肤会褪色。

(三) 鱼类体色的意义

鱼类的体色对于鱼类生存具有特殊的意义。鱼类利用体色利于捕食、隐蔽、警戒和生殖等意义。背部呈青黑色而腹部呈银白色的鱼类(如青鳞鱼、鲭鱼等)，栖息于大洋表层的鱼类(如蓝点马鲛、金枪鱼等)背部多为蓝灰色而腹部白色，中层鱼类体色多为白色(如带鱼、银鲳等)，背部多为黑棕色或紫黑色，腹部颜色白色或其他淡色的深海鱼类(如魟、鳐、鮟鱇等)，这些鱼类背部颜色与不同深度的海水颜色或海底环境等的颜色十分相近或相同，既有利于捕食，又有利于隐蔽避敌；有些鱼类(如鳞鲀、箱鲀、蛇鳗等)利用体色警戒，发出危险信号；还有些鱼类(如鲋类、丽鱼类、雀鲷类和龙头鱼类等)雄的多为青色、红色、绿色、黑色和银白色等，雌的颜色较为灰暗，雄的比雌的美丽，特别是有的鱼类(如不少鲤科鱼类)却仅在生殖季节其身体下部因感情兴奋出现这种体色，即婚姻色，生殖后又会消失，这种特殊体色的出现有利于同类的异性之间相互识别，有利于异性聚集生殖。

第四节　鱼类的发光器及发光

在大自然中，有很多陆生和水生生物能够发光，如原核生物界的一些细菌，真菌界的一些真菌，原生生物界的夜光虫，以及无脊椎动物中的一些管水母、水母、栉水母、光纽虫、毛沙蚕、海萤、刺虾、叩头虫、蚌、乌贼、章鱼、柱头虫及海鞘等的种类，而高等脊椎动物中仅鱼类中的某些种类能够发光。板鳃类中，仅有角鲨科和电鳐科两科发光。其他大多为鲱形目、鳕形目、鲈形目和鮟鱇目等鱼类和囊鳃目会发光。能发光的鱼类大约 240 种以上。发光鱼类大多数栖息于深海，栖息于 300m 水域的鱼类，具有发光器的鱼类约占 45%，但极深水域的鱼类发光器反而不发达；少数发光鱼类栖息于浅海。鱼类的发光器起源于腺细胞(皮肤中的腺细胞)的变态而形成，发光器官内的某些特殊化合物进行缓慢氧化过程而发光。这种生物光是化学性质的，没有热量，因而叫做“冷光”。发光器官的形状、大小、数目和位置随种类而异，但同种个体的发光器官的着生部位必相同。鱼类发光器官通常着生在体表、身体深处，有的成行，有的成片，有的分散成点，有的生于鱼鳍上等。

一、鱼类的发光器

(一) 发光细菌共栖类型

由生活在发光器内发光细菌所分泌的发光物质所发的光。这种发光器大多为管状、夹状、囊状的中空器官，器官壁为腺细胞所构成。发光细菌生活在器官内的中空处，由腺细胞为发光细菌供应营养，细菌在生活过程中分泌发光物质。发光器在通常情况下有导管开口于体表或消化管。发光腺的体内侧有反射装置防止光向体内扩散，体外侧的皮肤呈半透明，起透镜作用。发光腺有在体外，也有埋在体内。如，金眼鲷目的有些小鱼眼的下缘有豆大的发光器，器内寄生细菌，器外还可“关闭”，以控制光线；松球鱼在下颌有成对的发光器，内有细菌寄生，细菌分泌的发光液能贮藏起来，随时向外排出，可以发光达几小时；鲬鱼在食道周围的环状腺体上有发光细菌寄生，受到刺激即能发光；前肛天竺鲷的腹部肌肉囊里拥有具有 U 形发光腺，发光器有管，借肛门处与外界相通。

(二) 自体发光类型

如图 2-16 所示，这种类型的发光器由表皮和真皮演化而成，构造极其复杂，并且因种类而异。通常分为露于体外和藏于体内两种腺组织。由外向内包括晶体、发光细胞(腺体)、反射器和色素层等部分，有的还有遮光板，发光器前方肌肉透明，其后方有反射层。四周的色素层起着调节发光的颜色与强弱的作用。有的种类能以肌肉移动发光器或移动不透明体来遮光，以调节光的强弱。发光器在

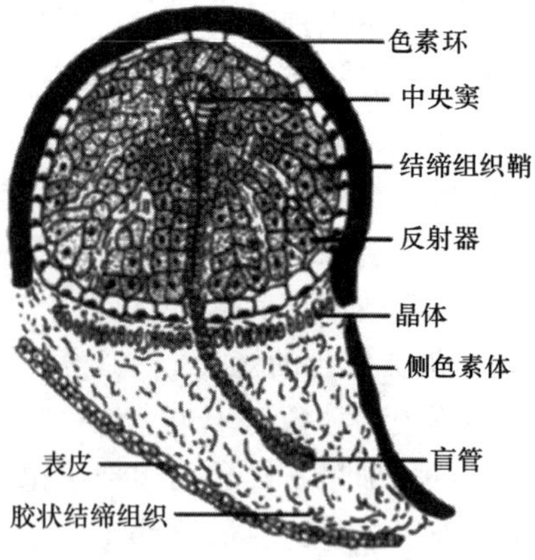

图 2-16　鱼类发光器构造

鱼体的分布各不相同,有的成行排列,有的按肌节排列。如鮟鱇在背鳍特化的钓竿顶端的皮瓣可以自由发光,又如猫鲨在体上排列着许多肉眼看不见的小型发光器,其构造很简单,仅有几个细胞排列而成,利用色素层的伸缩,调节光量,无反射装置。几种鱼类的发光器如图 2-17 所示。

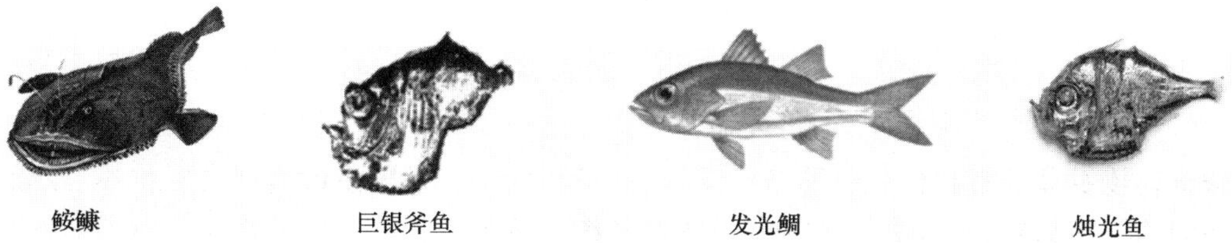

图 2-17 几种发光的鱼类

二、鱼类的发光机理

鱼类的发光本质上是化学发光,即化学能转化为光能。哈奈(Harney)于 1922 年首先指出鱼类的发光是由于腺细胞分泌一种含磷的能发光的液体荧光素,为一种叫杂环酚的物质,在荧光酶的催化作用下,荧光素氧化生成氧化荧光素,同时产生光。鱼类发光的化学反应过程表示如下:

(1) 荧光素＋能量＋$\frac{1}{2}O_2 \xrightarrow{\text{荧光酶}}$氧化荧光素*＋$H_2O$ (1-1)

(2) 氧化荧光素*＋荧光酶$\longrightarrow$氧化荧光素＋荧光酶* (1-2)

(3) 荧光酶*$\longrightarrow$荧光酶＋光 (1-3)

注:反应式(1-1)中,由荧光酶起催化作用,生出氧化荧光素,并带了一个量子的能(*);反应式(1-2)这个量子的能转移到荧光酶上;反应式(1-3)表示荧光酶上的能就变成光发出。鱼类发光物质的转化效率达到 95%以上。

三、鱼类发光的意义

鱼类的发光有利于鱼类间的识别。上层鱼类的色素细胞或颜色的分布有利于同种类个体间的识别,或者帮助雄鱼识别雌鱼,在黑暗的深海,雌雄鱼的发光模式有所不同,因此可供雌雄辨认之用。即使雌雄个体的发光器配置,发光的式样也不同,并以此作为雌雄识别。发光器在中上层鱼类体上不常见,在深海鱼类的身体上比较常见。深海鱼类的发光有利于照明黑暗的海底,或者引诱趋光生物,便于摄食。例如,鮟鱇鱼类的诱引须也可作为假饵来引诱其他鱼类等。有的鱼类以发光来警戒别的敌害动物以避敌。有的鱼类在尾部有发光器,在遇敌害动物追击时突然发光,可使捕食者一时眼迷以达到迷惑敌害的目的。某些鱼类在生殖季节发光以吸引异性,以利于生殖。

第三章　鱼类的内部构造

第一节　骨骼系统

脊椎动物身体的形状依赖骨骼系统支撑、维护和保护。骨骼系统包括脊索组织、软骨及硬骨等坚硬的支持组织，为鱼类一个重要的器官系统。鱼类的骨骼包括外骨骼(包括鳞片、鳍条、棘等)和内骨骼(包括头骨、脊椎骨、脊索和肋骨等主轴骨骼，肩带、腰带、支鳍骨骼等附肢骨骼)。

一、骨骼系统的功能与形成

(一) 骨骼系统的功能

最重要的功能是支持躯体，使得鱼类保持一定的体形。其次是保护鱼体，使之免受伤害。骨骼是鱼体躯干及四肢肌肉的附着点，与肌肉群一起产生杠杆运动，构成鱼类的运动器官。骨骼组织的主要成分是钙质，在调节血液中的钙质和磷质代谢，保持正常生理活动方面，起着十分重要的作用。鱼体骨骼的形状和性状不易因外界环境的变化而变化，因而常作为鱼类分类的重要依据之一。鱼类的骨骼(如脊椎骨、鳃盖骨、肩带骨等)都有年龄的标志，可以用来鉴定鱼类的年龄。骨骼通常也作为鱼类演化、肌肉系统研究的重要依据。

骨骼是特殊分化的结缔组织，也由细胞、纤维和大量的基质组成，只是其基质较硬而富有弹性的均匀质团的软骨或钙化的骨。鱼类的骨骼包括脊索、结缔组织、软骨和非骨鳞和齿的成分，如齿质和釉质、神经胶质(即神经系统的支持细胞)及鳍条等。

骨骼分为外骨骼和内骨骼两大类，分列如下：

外骨骼是由外胚层或皮肤所分泌的坚硬支持组织，即由钙质组成的鳞片、骨质的鳞板、鳍条和棘等皮肤衍生物；内骨骼为肌肉内部不易受外界的影响而损坏的骨骼，如头骨、椎骨和各种鳍的附肢骨骼。

(二) 骨骼的形成

骨骼是中胚层分化出的间叶细胞(Mesenchyme cells)所发展来的，一般经过三个阶段：

(1) 膜质期：游离的间叶细胞形成膜质状的间叶组织，骨骼的一部分或全部始终停留在这一阶段，不再向前发展进入成骨阶段。有些间叶细胞则形成联接各种构造的腱、韧带和薄膜。

(2) 软骨期：软骨的形成也起始于间叶细胞的积聚，随着细胞体失去原生质的分枝变成圆形并分泌出透明而凝滞的间质(即基质)出来，且积累而把细胞体间隔开来成为原始软骨细胞，造成软骨的基质称为软骨质。细胞的不断分泌与堆积，使基质累成软骨模样，此为胶化作用，从而消失了膜质区，形成软骨。

(3) 骨化期：硬骨细胞侵入软骨区域而代替软骨成为硬骨，这一代替过程称为骨化。硬骨形成有两种不同的来源和方式，可是在成鱼的形态结构、化学成分上很难区分，只能从胚胎发生方式上来区分。

① 软骨化骨：是由硬骨细胞侵入软骨区域，经过骨化作用渐渐替代软骨而形成的硬骨，如脊椎骨、耳骨、中筛骨等。

② 膜骨:也称为皮骨,这种硬骨是间叶细胞直接形成。真皮内间叶组织由于硬细胞的作用,在细胞间先形成不规则的薄膜状的致密纤维,接着分泌硬骨质和钙盐沉淀其中,形成硬骨,中间不经过软骨阶段。膜骨是由真皮和结缔组织直接骨化而成的硬骨。因此,从进化角度来看,这种间骨其实是鳞片的变态,它在某一时期埋在皮肤深处而和脑颅密接起来。颅顶、顶骨以及鳃盖骨均属于膜骨。

从发生角度看,硬骨比软骨复杂,故具有硬骨的真骨鱼类在进化上比软骨鱼类高等。

二、主轴骨骼

(一) 头骨

1. 头骨的来源

鱼类是明显具有头骨的脊椎动物,头骨也称为颅骨,是一个十分复杂和特化的结构,颅骨包括脑颅和咽颅两部分。脑颅是包围和保护脑及视、听、嗅等诸感觉器官的骨骼;咽颅为包围口腔和食道前部的弧状骨骼,因此又称为鳃颅或脏颅。从胚胎发育的角度来看,颅骨可分为软骨颅和膜骨颅两个阶段。在经历了软骨颅阶段后,软骨颅再被硬骨所代替;膜骨颅则是间叶细胞在皮肤结缔组织内直接产生硬骨,不经软骨阶段。头骨的发生过程比较复杂,仅以软骨脑颅发生过程为例说明一般的模式。

软骨脑颅的早期发生与脑的发育、感官的发育及脊索前段的发育互为影响。在原始的脑和感觉器官形成之后,头部的间叶细胞即在脊索的两侧聚集,构成两对软骨板。一对在脊索的前方,位于大脑和小脑的腹面的两侧,称为前索软骨(也叫底桥软骨);另一对在脑的后部下方两侧,为与脊索前端平行的侧索软骨。其他 3 对软骨板各延长包围在头部 3 个主要器官(嗅囊、视囊和耳囊),鼻囊、耳囊均与软骨脑匣最终结合在一起,成为一个整体。视囊则由于眼球要保持自由活动,而未参与软骨脑颅的形成。侧索软骨彼此自内扩展并最终汇合成一块基板,基板内包着脊索,并与耳囊和侧索软骨后方的枕软骨联合。侧索软骨前端通常与一横的顶索软骨相联,顶索软骨后方留有一开口,称为颅底窗。前索软骨前端也左右愈合成一块软骨板,称为筛板。筛板与鼻囊愈合,并在左右鼻囊之间形成一个垂直的鼻间隔。前索软骨后端左右之间留有一个很大的空隙,其后壁为顶索软骨。这个空隙称为脑下垂体窗。进一步发展,基板向外和向上增长,包围大脑形成脑颅的侧壁,当生长到达大脑的背面时,就左右合并,最后形成完整的软骨箱,除后方尚有枕骨大孔,以通过脊髓外,头骨乃完全封闭。

依据前脊索板的发展所形成不同的软骨脑颅颅底而有平底型和脊底型两种。平底型的脑匣内有宽阔的脑腔,向前直达鼻囊,头骨均比较低级,如软骨鱼类、原始腹鳍亚纲(鲟鱼、弓鳍鱼、多鳍鱼及鲤形目鱼)、肺鱼等。脊底型鱼类脑颅为在脑垂体裂隙以前的左右前索区于中央併合,构成眼眶间隔的基板,向前并与鼻间隔连续,如大多数枕骨鱼类均如此。

2. 头骨的结构

1) 脑颅(Neurocranium)

软骨鱼类的头骨完全为软骨,没有骨片的分化,由整块软骨构成,相当于高等脊椎动物的原始颅骨状态,故又称原颅。大多种类前部为吻软骨,两侧为鼻囊,内包嗅囊。鼻囊前有一前囟,后方的凹窝为眼囊,容纳眼球。眼囊后方为隆起的耳囊,内藏内耳,脑颅后端正中为枕骨大孔。耳囊间有一凹窝为内淋巴窝,有 2 对小孔,分别为内淋巴管孔和外淋巴管孔,与内耳相通。枕骨大孔下方两侧的突起为枕髁,与脊柱关节相连。脑颅上还有一些血管、神经的开孔。

如表 3-1、图 3-1、图 3-2 所示,硬骨鱼类的脑颅已骨化为许多小骨片,有软骨化骨,也有膜骨,比软骨鱼类复杂很多。硬骨鱼类的脑颅按各部分所在部位而可以分为鼻区、眼区、耳区和枕区 4 个区域,4 个区域分别包围嗅囊、眼球、内耳及枕孔。

(1) 鼻区(Olfactory region):又叫筛骨区,位于脑颅最前端,围绕鼻囊的区域,由一系列的筛骨组成,故也称为筛区。犁骨(Vomer)1 块,为该区最前方腹面的骨骼。形似锄头,在口咽腔上部前方可见此骨,并生有细齿。鼻骨(Nasal)1 对,位于鼻区背面最前方,内凹成船形,连附于中筛骨两侧。

(2) 眼区(Orbital region):又叫蝶骨区,紧接鼻区后方,围绕眼眶四周,由一系列蝶骨组成。额骨(Frontal)1 对,位于背面,是该区最大的骨骼,背面有些凹凸不平,为高等硬骨鱼类特有特征。眶骨(Circumorbital series)6 对,也叫眶下骨,自眼的前下缘到后缘,膜片状,第一对最大,其他各骨渐小。

(3) 耳区(Otic region):接在眼区后方,围绕耳囊四周,骨片甚为复杂。顶骨(Parietal)1 对,位于该区背部,前接额骨。花鲈顶骨被前突的上枕骨分开,这是高等硬骨鱼类的特征。

(4) 枕区(Occipital region):位于脑颅的最后,该区骨骼最后围成一孔,脊髓和脑通过此孔相连。上枕骨(Supraoccipital)1 块,位于该区背方,此骨中央有一翅状翘起的棱。基枕骨(Basioccipital)1 块,位于该区腹面,是较坚实的骨骼。对于不同鱼种,该骨有所不同,如花鲈的骨底面平滑,而鲤形目鱼类该骨下突,并附有角质垫,与咽齿组成磨面。

每个区都有若干骨片组成。围绕眼眶四周有一组围眶骨,因鱼类不同而数目不等,鲤鱼共有 6 块,眶下骨 5 块,其中位于眼前方的第一眶下骨叫眶前骨或泪骨,位于眼的后上角的眶上骨 1 块。

表 3-1　　硬骨鱼类的脑颅骨骼

区域	骨骼性质	
	软骨化骨	膜骨
鼻区	中筛骨(mesethmoid)1 块 侧筛骨(parethmoid)1 对	鼻骨(nasal)1 对 犁骨(vomer)1 块 前筛骨(preethmoid)1 块
眼区	眶蝶骨(orbitosphenoid)1 对或 1 块 翼蝶骨(alisphenoid)1 对 基蝶骨(basisphenoid)1 块	额骨(frontal)1 对 副蝶骨(parasphenoid)1 块 眶上骨(suprasphenoid)1 对 眶下骨(infrasphenoid)5 对
耳区	蝶耳骨(sphenotic)1 对 翼耳骨(pterotic)1 对 上耳骨(epiotic)1 对 前耳骨(prootic)1 对 后耳骨(opisthotic)1 对	顶骨(parietal)1 对 鳞片骨(squamosa)1 对 后颞骨(posttemporal)1 对
枕区	上枕骨(supraoccipital)1 块 侧枕骨(exoccipital)1 对 基枕骨(basioccipital)1 块	

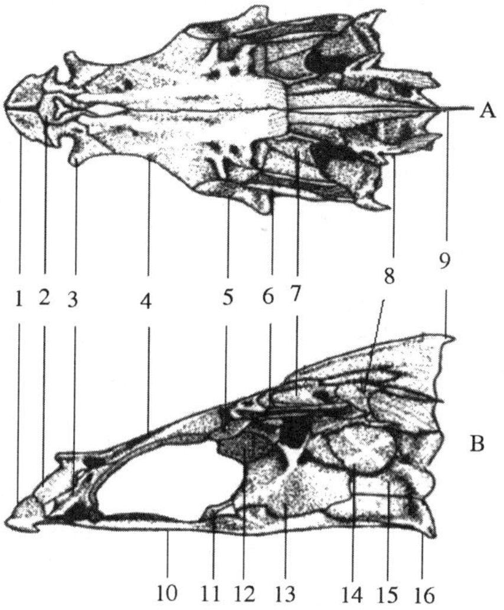

A. 背面观　B. 侧面观

1. 犁骨　2. 中筛骨　3. 侧筛骨　4. 额骨　5. 蝶耳骨　6. 翼耳骨　7. 顶骨　8. 上耳骨　9. 上枕骨　10. 副蝶骨　11. 基蝶骨　12. 翼蝶骨　13. 前耳骨　14. 后耳骨　15. 侧枕骨　16. 基枕骨

图 3-1　花鲈的脑颅

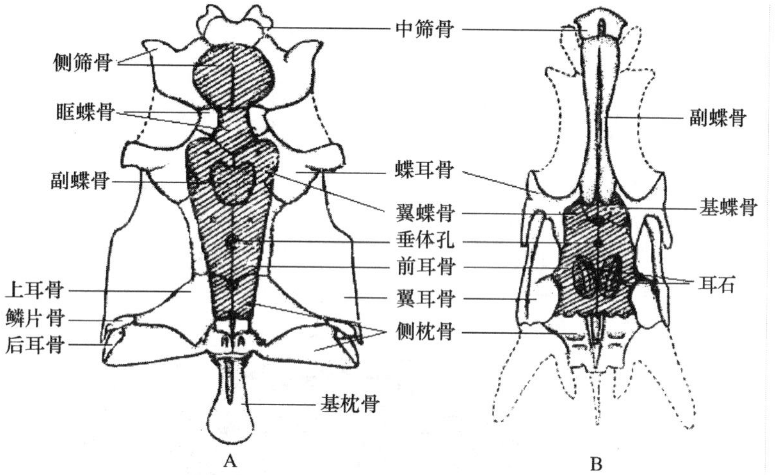

A. 草鱼，已除去额骨和顶骨　B. 鲈鱼，已除去侧筛骨、额骨、顶骨、上耳骨、鳞片骨和后颞骨

图 3-2　草鱼和鲈鱼的脑颅

2) 咽颅(Splanchnocranium)

位于头骨之下，支撑着口咽腔和鳃，环绕消化管的前段，支持口、舌及鳃片，又叫咽弓，它由包含口咽腔、食道前部的颌弓、舌弓及鳃弓组成。通常咽弓有 7 对，第一对为颌弓，第二对为舌弓，第三至第七对为鳃弓。颌弓与鱼类的食性有关，变异较大，而其他的则变异较小。

软骨鱼类的咽颅也由颌弓、舌弓及鳃弓组成。颌弓由上颌的腭方软骨和下颌的米克耳氏软骨组成。舌弓由上部的舌颌软骨、下部的角舌软骨和基舌软骨组成。鳃弓有 5 对(少数有 7 对)，每对舌弓由咽鳃软骨、上鳃软骨、角鳃软骨、下鳃软骨及基鳃软骨组成。

如表 3-2，图 3-3 所示，硬骨鱼类的咽颅在软骨性咽颅的基础上硬骨化了，同时加上了膜骨，在骨骼组成上比软骨鱼类的更复杂。

表 3-2　　硬骨鱼类的咽颅骨骼

<table>
<tr><th colspan="2" rowspan="2">区域</th><th colspan="2">骨骼性质</th></tr>
<tr><th>软骨化骨</th><th>膜骨</th></tr>
<tr><td rowspan="2">颌弓</td><td>上颌</td><td>腭骨(palatine)1 对
翼骨(pterygoid)1 对
中翼骨(mesopterygoid)1 对
后翼骨(metapterygoid)1 对
方骨(quadrate)1 对</td><td>前颌骨(premaxillary)1 对
上颌骨(maxillary)1 对</td></tr>
<tr><td>下颌</td><td>关节骨(articular)1 对</td><td>齿骨(dentary)1 对
前关节骨(prearticular)1 对
隅骨(angular)1 对</td></tr>
<tr><td colspan="2">舌弓</td><td>间舌骨(interhyal)1 对
上舌骨(epihyal)1 对
角舌骨(ceratohyal)1 对
下舌骨(hypohyal)1 对
基舌骨(basihyal)1 对
续骨(symlectic)1 对
舌颌骨(hyomandibular)1 对</td><td>尾舌骨(urohyal)1 块
前鳃盖骨(preopercle)1 对
主鳃盖骨(opercle)1 对
间鳃盖骨(interopercle)1 对
下鳃盖骨(infraopercle)1 对
鳃条骨(branchiostegal ray)</td></tr>
<tr><td colspan="2">鳃弓</td><td>咽鳃骨(pharyngobranchial)
上鳃骨(epibranchial)
角鳃骨(ceratobranchial)
下鳃骨(hypobrancial)
基鳃骨(basibranchial)</td><td></td></tr>
</table>

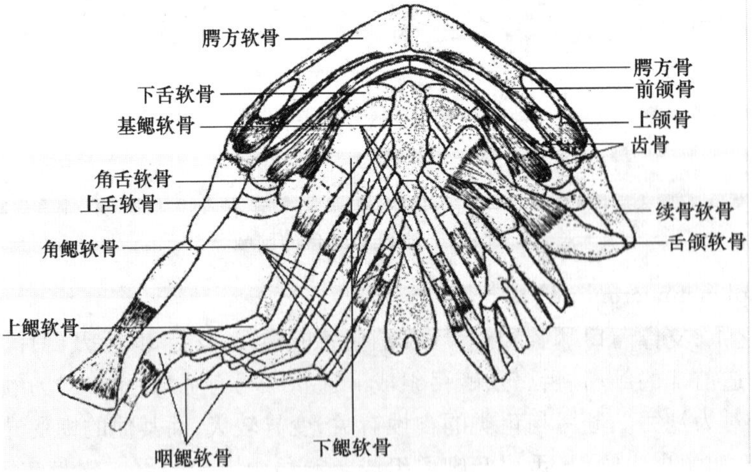

图 3-3　咽颅骨骼

(1) 颌弓(Mandibular arch):如图 3-4 所示,位于口的周围,可分为上颌区和下颌区两部分。前颌骨(Premaxilla)1 对,位于上颌最前方,为组成上颌口缘的细长骨骼,生有细牙,是上颌生牙齿的骨骼;上颌骨(maxilla)1 对,位于前颌骨后上方,前窄后宽,呈三角形;腭骨(Palatine bone)1 对,在口咽腔的背方、犁骨的后外侧,其腹面有齿,于口咽腔内可见;齿骨(Dentary bone)1 对,在下颌最前方,前窄后宽,上生有细齿,是下颌生牙齿的粗壮骨骼。

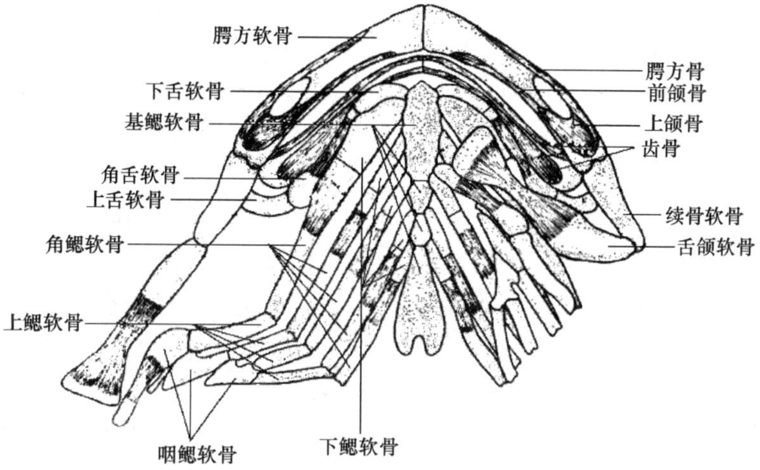

1.前颌骨　2.颚骨　3.上颌骨　4.翼骨　5.辅上颌骨　6.中翼骨　7.后翼骨　8.舌颌骨　9.硬盖骨
10.齿骨　11.关节骨　12.隔骨　13.方骨　14.续骨　16.前碟盖骨　16.间鳃盖骨　17.下鳃盖骨

图 3-4　颌弓

(2) 舌弓(Hyoid arch):如图 3-5 所示,位于颌弓区的腹部内侧,是支持舌与连接脑颅和咽颅的一系列骨骼,包括间舌骨(Interhyal)1 对、上舌骨(Epihyal)1 对、角舌骨(Ceratohyal)1 对、下舌骨(Hypohyal)1 对、基舌骨(Basihyal)1 对、续骨(Symlectic)1 对和舌颌骨(Hyomandibular)1 对等软骨化骨,以及尾舌骨(Urohyal)1 块、前鳃盖骨(Preopercle)1 对、主鳃盖骨(Opercle)1 对、间鳃盖骨(Interopercle)1 对、下鳃盖骨(Infraopercle)1 对与鳃条骨(Branchiostegal ray 等膜骨)。

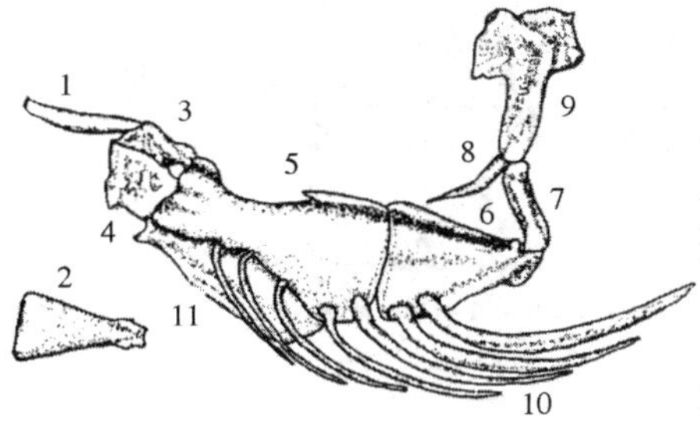

1.基舌骨(侧面观)　2.基舌骨)背面观　3.下舌骨　4.下舌骨　5.角舌骨
6.上舌骨　7.间舌骨　8.续骨　9.舌颌骨　10.鳃条骨　11.尾舌骨

图 3-5　舌弓

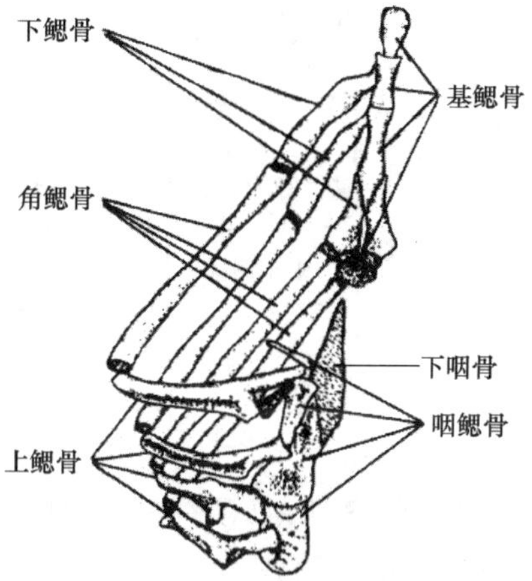

图 3-6　鳃弓

(3) 鳃弓(Branchial arch):如图 3-6 所示,位于舌弓和鳃盖内侧,支持鳃,包于咽的周围,多为细长棒状的骨骼。以花鲈为例,鳃弓有 5 对,除第五对变化成为咽骨(或叫下咽骨)外,其中每对鳃弓均由咽鳃骨、上鳃骨、角鳃骨、下鳃骨组成，下鳃骨的基部连于基鳃骨上。

(4) 鳃盖骨系(Preopercular)：位于鳃腔的外缘，具有保护和呼吸功能。鳃盖骨(Opercular)1对，为鳃盖骨系最大的骨骼，近三角形，高等鱼类的鳃盖骨后缘有一个突出的扁棘，该棘的上方还有一个不明显的小棘；前鳃盖骨(Preopercular)1对，为位于鳃盖骨前的J形骨骼，其后缘有细齿，后下角有2～4枚长棘；鳃条骨(Branchiostegal)，以花鲈为例，鳃条骨7对，基部主要与角舌骨和上舌骨相连附，呈棒状，支持鳃盖膜，故也叫鳃盖条。

(二) 脊柱(Vertebral column)

鱼类的脊柱是主要的主轴骨骼，自头骨后方有许多脊椎骨一直向后延伸到尾鳍基部，组成脊柱。鱼类的脊柱起着支持身体、保护脊髓和主要血管的重要作用。按着生部位和形态分为躯椎和尾椎两类。

如图3-7所示，软骨鱼类躯椎的本体为椎体，椎体背面为髓弓，呈弧形，由两侧的髓板和间插片相间排列而成，髓弓围成的空腔为椎管，内藏脊髓；髓弓背面为髓棘，由左右成对的三角形小骨片所组成，彼此由韧带相连；躯椎腹面两侧均有一个小突起，叫椎体横突，其末端连接一细长的肋骨。软骨鱼类尾椎具椎体、髓弓及髓棘，尚有脉弓及脉棘，无椎体横突。脉弓为尾椎特有，在椎体下方呈弧形，所围成的空腔为脉管，内有尾动脉和尾静脉，脉弓腹面会合处为脉棘。椎体前后面呈凹漏斗形，内容纳残余脊索，为双凹椎体。软骨鱼类椎体并不骨化，但有不同程度的钙化，增强了其坚固性。软骨鱼类的椎体按其钙化程度可分为单环椎、多环椎和星椎三类，如角鲨属的椎体为单环椎，其横切面只见一个单独的钙化圈；圆犁头鳐属的椎体为多环椎，其椎体横切面上有两个或多个钙化圈；星鲨的椎体为星椎，其椎体横切面呈星芒状。

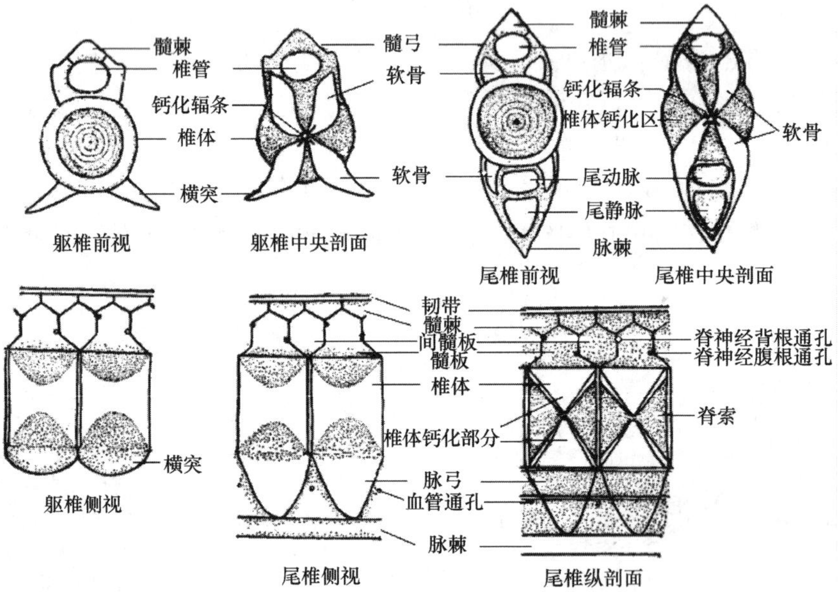

图3-7　软骨鱼类椎体

如图3-8所示，硬骨鱼类的椎骨也有躯椎和尾椎组成。躯椎由椎体、髓弓、椎管、髓棘和椎体横突组成，髓弓前方有前关节突，后缘有后关节突，关节突彼此相接，加强了椎骨的坚韧性和活动性。尾椎由椎体、髓弓、椎管和髓棘及脉弓、脉棘所组成。有些鱼类的椎体腹面也有关节突存在，称为脉关节突，快速游泳的鱼类脉关节突尤其发达。硬骨鱼类的最后几个尾椎的脉棘或髓棘常和尾鳍基部相连，最后一尾椎的后方有一上翘突起，叫尾部棒状骨，脉棘也粗大，均与尾鳍鳍条相连。

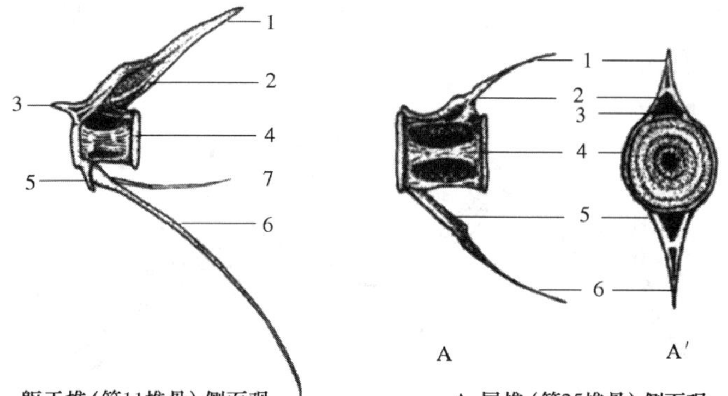

躯干椎(第11椎骨)侧面观
1. 髓棘 2. 髓弓 3. 前关节突 4. 椎体
5. 椎体横突 6. 腹肋 7. 背肋

A. 尾椎(第25椎骨)侧面观
A′. 尾椎(第25椎骨)前面观
1. 髓棘 2. 髓弓 3. 前关节突 4. 椎体 5. 脉弓 6. 脉棘

图 3-8 硬骨鱼类的椎骨

如图 3-9 所示,鲤形目鱼类第一至第三椎体的两侧有 4 对小骨,由前向后依次叫带状骨、舶状骨、间插骨和三脚骨。带状骨和舶状骨与内耳的围淋巴腔接触,与内淋巴窦发生联系,三脚骨后方尖端埋在鳔前室的结缔组织中,四小骨以韧带相连。这 4 块联系内耳与鳔的骨骼称为韦伯氏器(Weber's organ),这是鲤形目区别于其他鱼类的主要特征。韦伯氏器的四小骨是分别由第 1 至第三椎骨的一部分特化而成,带状骨由第一椎骨的髓棘变成,舶状骨由第一椎骨的髓弓变成,间插骨由第二椎骨的髓弓变成,而三脚骨是由第三椎骨的椎体横突变成。

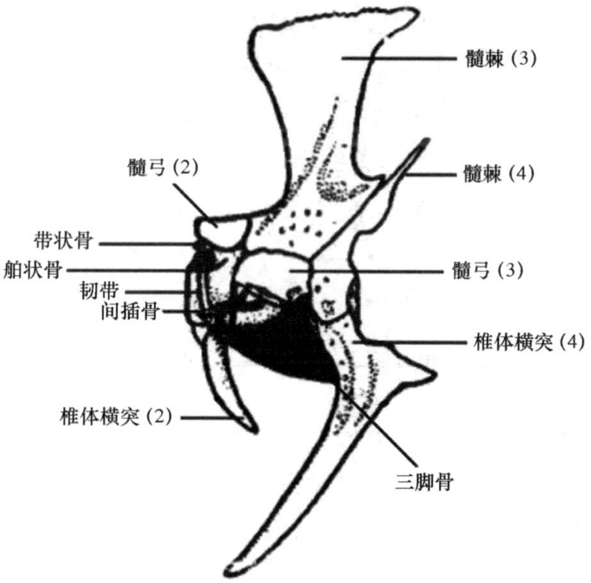

图 3-9 鲤第一至第四椎骨左侧面观

(三) 肋骨(Rib)及肌间骨(Intermascular bone)

软骨鱼类和硬骨鱼类的躯干部都具有肋骨。鱼类的肋骨可分为背肋和腹肋两类。体侧的水平隔膜将肌节分为背腹两半,背肋就长在肌隔与水平隔膜相切的地方,位于轴上肌和轴下肌之间。腹肋长在肌隔与腹膜相切的地方,恰在腹膜的外面和肌肉层的内面。鱼类的肋骨基部仅有一关节突与椎骨相关节。软骨鱼类板鳃亚纲的肋骨也是软骨,位于水平隔膜内,从发生角度看属于腹肋，躯干部最前几个椎骨无肋骨，尾部除最前几个椎骨具肋骨外，其余均缺。全头类无肋骨。一些硬骨鱼类兼具背肋和腹肋，如带鱼第一至第四躯椎具背肋和腹肋，其余躯椎仅具腹肋，又如鲤科鱼类只有腹肋，见图 3-10 所示。

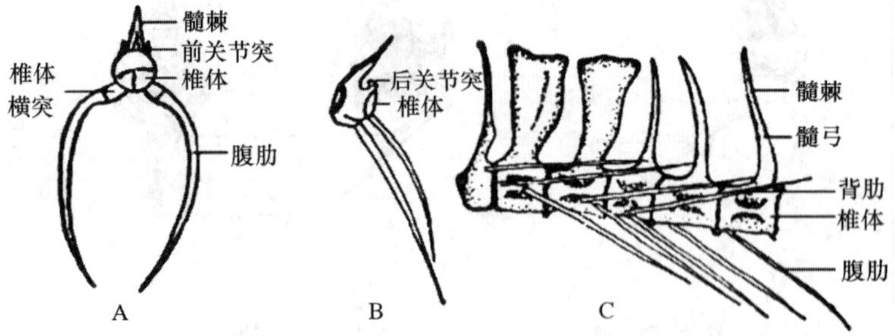

A. 鲤第 15 椎骨前面观　B. 鲤第 15 椎骨侧面观　C. 带鱼第 1—6 椎骨侧面观

图 3-10　鲤和带鱼的椎骨

如图 3-11 所示，肌间骨见于低等硬骨鱼类，如鲱形目、鲤形目等低等硬骨鱼类均具有，它是分布于椎体两侧肌隔中的小骨，从头后到尾部轴上肌和轴下肌都有这种肋骨样的骨刺，分布于轴上肌和轴下肌的每一肌隔中的骨刺分别叫做上肌间骨和下肌间骨。在鱼类的演化史上，随着演化而肌间骨逐渐消失，到鲈形目等高等硬骨鱼类，肌间骨完全消失。

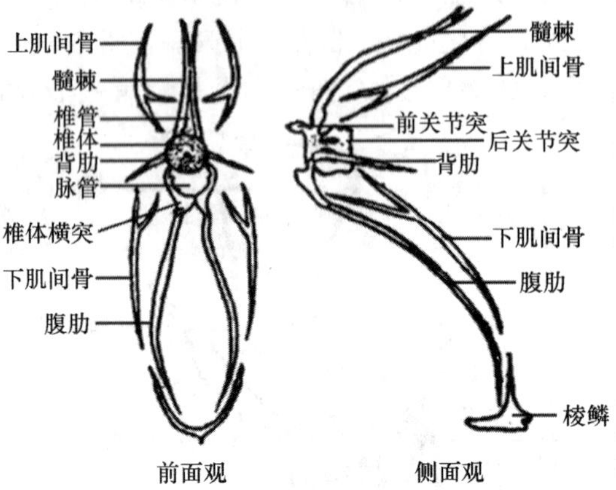

图 3-11　拟沙丁鱼的第 26 椎骨、肋骨和肌间骨

三、附肢骨骼(Appendicular skeleton)

鱼类的附肢骨骼包括支鳍骨和带骨。

(一) 奇鳍的支鳍骨(Pterygiophore)

1. 背鳍和臀鳍的支鳍骨

背鳍和臀鳍的结构基本相似，都是由内骨骼的支鳍骨和来源于皮肤的鳍条所构成。软鳍鱼类的奇鳍鳍条基部的支鳍骨(又叫鳍担骨)由一排或多排的软骨块构成，常比较大，骨块数较少，与髓棘的数目不相称。软骨鱼类的支鳍骨延伸到肌肉外面，支持整个的鳍，经常分为近列、中列和远列三列棒状的鳍骨，叫腹鳍软骨。如图 3-12 所示，硬骨鱼类的支鳍骨常叫作鳍担骨，均深入躯体中，鳍条起着支持整个鳍的作用。真骨鱼类支鳍骨的数目远超过鳍所在的椎骨数和肌节数，而鳍条数则与支鳍骨数是相一致的。每列支鳍骨为一细长的骨棒，与椎骨的髓棘或

脉棘相关节。支鳍骨一般分为近节、中节和远节三节，两节骨化，一节软骨性。近节也称为基节，为一延长成尖锐的骨棒，三节中最大节，深插入髓棘或脉棘之间，交错排列，经常又称为棘间骨，支持臀鳍的叫脉间骨。中节为硬骨化骨，弯曲地一端连接近节，另一端连接远节。远节在软鳍鱼类中为软骨性骨，通常嵌于鳍条二半基部之间，在棘鳍鱼类中，远节可以消失或愈合，鳍棘就附着到这单个的支持结构上。高等真骨鱼类支鳍骨结束趋于减少，一般为两节，有的只有一节，减少的常为中节和远节。

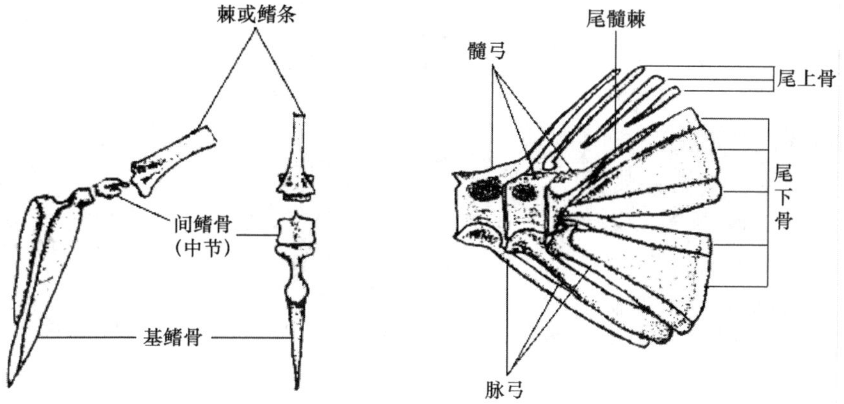

图 3-12　花鲈背鳍、尾鳍的支鳍骨(见冯昭信《鱼类学》)

2. 尾鳍的支鳍骨骼

如图 3-13 右图所示，尾鳍的支持骨骼主要是脊柱的髓弧和脉弧，它们随着脊柱一致到达尾梢，在脊柱的背腹侧再加上不同发展的腹状骨，展铺在尾鳍的背叶和腹叶，外面再包被上皮膜鳍条，构成了尾鳍。依据脊柱末端的位置及尾鳍分页的对称与否，尾鳍一般可分为原型尾、歪型尾和正型尾。原型尾和正型尾上下叶对称，圆口类、肺鱼、总鳍鱼和大多数硬骨鱼类的仔鱼或胚胎期等尾属原型尾。而正型尾外表对称，可脊柱极端向上弯曲，末端成为一细棒，为一些尾椎骨愈合而成，叫尾杆骨。前 1～2 节的髓弧变为支鳍骨，叫尾上骨；脉弧变为尾正骨；尾下骨 3～7 枚，较扁而阔，紧密倚附，直接衔接磷质鳍条，中间无腹状骨。如鲤科鱼类、鲑科鱼类等。又如鳕鱼的尾鳍为简化了的正尾型，其原始上翘的椎骨及尾鳍均消失，背鳍和臀鳍相会于身体的后部，形成第二尾鳍，这种尾在外形上是对称的，在内部其椎骨也平直地伸到尾鳍中央，特称为等尾鳍或假尾鳍。歪形尾脊柱末端向上歪曲，将尾鳍分为上下不对称的两叶，尾鳍的支鳍骨仅见于上叶，下叶中无支鳍骨，由脉弧支持鳍条。如板鳃类和鲟鱼类为典型的歪尾型，某些古代的甲胄鱼类其脊柱末端向下弯曲，称倒歪形尾。

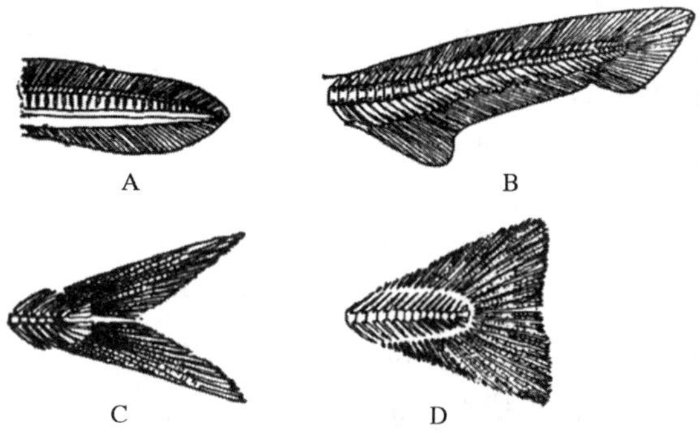

A. 原型尾—七鳃鳗　B. 歪型尾—灰星鲨
C. 正型尾—海鲢　D. 等型尾—鳕
图 3-13　几种鱼类尾鳍的结构
(见苏锦祥《鱼类学与海水鱼类养殖》)

(二) 偶鳍的支鳍骨骼与带骨

偶鳍的骨骼是由带骨和支鳍骨构成。带骨未悬挂鳍的支架，起着悬挂和支持作用，并直接或间接地与主轴骨骼相联系，构成稳定而有力的支持骨架。带骨与鳍之间的肌肉能使鳍产生定向的运动。圆口类无偶鳍及支持骨骼，真正的成对附肢从鱼类开始出现。

1. 胸鳍的支鳍骨骼及肩带

软骨鱼类的胸鳍骨骼在各类间有差异。板鳃类中的星鲨胸鳍支鳍骨由鳍基骨及辐状软骨两部分组成。鳍基骨包括前鳍基骨、中鳍基骨和后鳍基骨3块大骨。鳍基骨外方连着许多节辐状软骨，其外为角质鳍条。真骨鱼类的鳍基骨已消失，所有支鳍骨直接与肩带相连。支鳍骨数较少，一般不超过5枚，如鳗鲡等少数种类为8枚。有的鱼类支鳍骨已经消失，鳍条直接连在肩带上。澳洲肺鱼等的胸鳍具有一长而分节的中轴骨和前后不对称排列的支鳍骨。

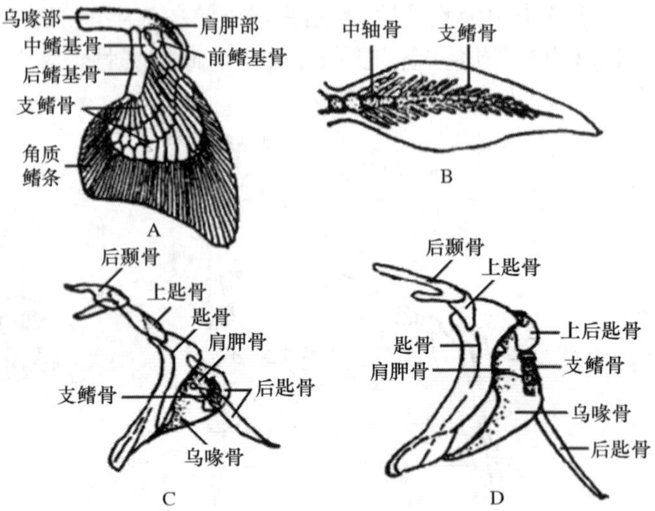

A. 灰星鲨 B. 澳洲肺鱼 C. 鲈 D. 鲮

图3-14 鱼类的胸鳍支鳍骨及肩带

如图3-14所示，软骨鱼类的肩带在咽颅后方呈“U”形，腹面的称乌喙部，在两侧伸向背方的称肩胛部。真骨鱼类的肩带由肩胛骨、乌喙骨、中乌喙骨及上匙骨、匙骨、后匙骨等组成。而鲮鱼、鲈鱼等高等鱼类无中乌喙骨。

2. 腹鳍的支鳍骨及腰带

如图3-15所示，软骨鱼类的腹鳍支鳍骨由鳍基骨和辐状软骨组成，如星鲨的鳍基骨有前鳍基骨和后鳍基骨，其外为两列辐状软骨。雄性软骨鱼有鳍脚，其骨骼由鳍基骨向后延长而成。真骨鱼的腹鳍支鳍骨每侧仅有1枚。澳洲肺鱼的支鳍骨也由分节的中轴骨和排列不对称的支鳍骨组成。软骨鱼的腰带位于泄殖腔前方，为“一”字形的软骨，横越腹中线，由前面几块基鳍软骨并合而成，它的两端有凹洼，与左右腹鳍的鳍基骨相互关节。

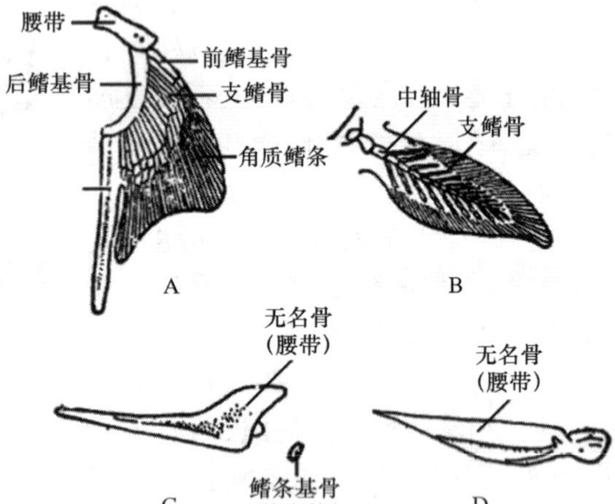

A. 灰星鲨 B. 澳洲肺鱼 C. 鲮 D. 鲈

图3-15 鱼类的腹鳍支鳍骨及腰带

硬骨鱼的腰带无次生性膜成骨，硬鳞总目鱼类的腰带由鳍基骨并合成，左右各有一块弧形软骨，遇合于中腹。全骨类弓鳍鱼只是二枚左右斜生的骨棒。真口总目的腰带则成为两枚前内端尖突，后外端宽厚的薄骨片，前端插入体壁肌肉内，互不相遇，仅后端内侧还连接在一起。硬骨鱼类腹鳍的支鳍骨仅有些许鳍腹骨的痕迹，鳍条就像直接粘连到腰带片上一样。辐鳍鱼类的腹鳍在构造上虽比胸鳍简单，但其着生位置却变动很大，其变动常与胸鳍的向背方移动有关,以协助胸鳍的功能。硬鳞总目鱼类腹鳍腹位,全骨总目和低等的真骨总目(如鲱形目、鲤形目等)低等硬骨鱼类的肩带与腰带彼此分离,腹鳍着生在躯干的后腰部,腰带骨骼插入腹部体壁肌肉内。鲈形目等高等鱼类腹鳍胸位,即向前移至胸鳍的腹侧,肩带和腰带借结缔组织密切相连。鳕形目、鲽形目与鲈形目的鳚亚目鱼类腹鳍更往前移到喉部,腰带骨就移置在肩带之前,而插入后部肌肉里,甚至移到颌颐所在处,肩带的匙骨也常

被牵扯向前去成为喉位腹鳍的间接支架。其中鳚亚目鱼类的腰带内骨已消失。

第二节 肌肉系统

鱼类的游泳、摄食及生殖等活动都有赖于肌肉的运动,鱼类依靠肌肉的活动,不仅可以维持身体各部位的平衡,保存个体的生命,且可绵延种族的永续。肌肉的基本单位为肌肉细胞,一般呈长形,又称为肌纤维。鱼类的肌肉组成占到1/3～1/2,含有丰富的蛋白质和维生素,并且易被消化,因而它具有很高的营养价值和经济价值。如图3-16所示。

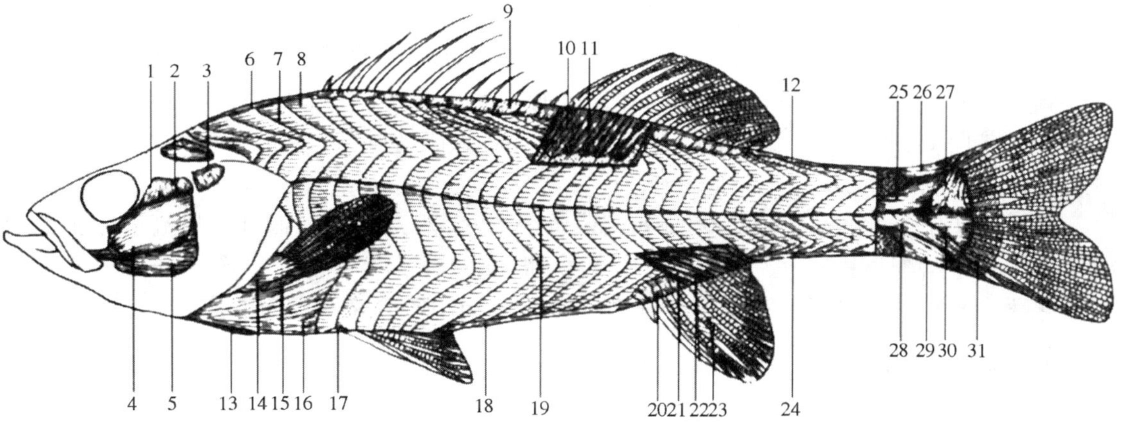

1.腭弓提肌 2.鳃盖开肌 3.鳃盖提肌 4.下颌收肌(1) 5.下颌收肌(2) 6.背鳍引肌 7.肌隔 8.肌节 9.背鳍倾肌 10.背鳍竖肌 11.背鳍降肌 12.背鳍缩肌 13.腹鳍引肌 14.肩带浅层展肌 15.肩带深层展肌 16.胸舌骨肌 17.腰带浅层展肌 18.腹鳍缩肌 19.水平隔膜 20.臀鳍倾肌 21.臀鳍竖肌 22.臀鳍降肌 23.臀鳍条间肌 24.臀鳍缩肌 25.尾鳍下背曲肌 26.尾鳍上背曲肌 27.尾鳍腹收肌 28.尾鳍中腹曲肌 29.尾鳍下腹曲肌 30.尾鳍上腹曲肌 31.尾鳍条间肌

图3-16 鱼类的肌肉系统插图

一、肌肉的种类

肌肉是由许多高度特化的有收缩能力的肌细胞构成,肌细胞内原生质特化成许多微细胞而有高度伸缩性的肌原纤维,这些肌原纤维都是由特殊的蛋白质,即肌动蛋白、肌球蛋白等分子组成的长链所构成。这些分子长链的舒卷即造成肌原纤维的伸缩。肌细胞的细胞膜称为肌膜,细胞内的细胞质称为肌浆,其中含有丰富的肌原纤维、大量的线粒体、糖元及脂滴等。肌浆的主要成分为肌红蛋白,肌肉由于肌细胞所含肌浆的多少而分为“红肌”和“白肌”。依据肌纤维的形态特征,以及不同的特殊的生理功能而分为平滑肌、横纹肌和心肌。

(一) 横纹肌(Striated muscle)

大部分由构成体壁的胚胎肌节发生,除少数肌肉(如食管壁的横纹肌)外,均以肌腱连附在骨骼上,因而叫做骨骼肌。身体上的肉就是由这种肌纤维组成的。它们构成体壁、附肢、眼球

等部位的肌肉,也分布在舌、咽、食道和生殖器官等部位。横纹肌维持鱼体形态,完成鱼体的运动。受脊神经和部分脑神经的支配,因而又称为随意肌。鱼类的横纹肌依据着生位置和生理作用的不同分为体节肌和鳃节肌两大类。体节肌包括中轴肌(即头部肌肉和躯干肌肉)和附肢肌肉(即奇鳍肌和偶鳍肌);鳃节肌包括颌弓、舌弓、鳃弓上的肌肉。

(二) 平滑肌(Smooth muscle)

平滑肌主要分布在消化、呼吸、泌尿、生殖和循环等各种内脏器官(心脏除外)的管、腔的壁中,构成其肌肉层。平滑肌在纤维存在的部位重叠成层或集合成束,有的则分布在结缔组织中,与结缔组织结合在一起。平滑肌受植物性神经支配,属于不随意肌,能缓慢而有节律地持久收缩。细胞呈细长的纺锤形,细胞核为椭圆形或杆状,位于细胞中央。细胞在器官中彼此平行排列,紧密接触,被疏松结缔组织联合成层或成束。在平滑肌内有神经和血管穿行,神经末梢释放出的化学物质能引起细胞的兴奋而使其收缩。

(三) 心肌(Cardiac muscle)

心肌存在于心脏,少量存在于靠心脏部位的大静脉上。心肌细胞呈圆柱形,并具有突起,彼此分支,互相连结在一起。细胞核一个,圆形或椭圆形,位于细胞中央。心肌细胞是单核与分支的纤维,为一种网状合胞体。细胞内含丰富的肌浆,但肌原纤维较少。心肌的肌原纤维上也有横纹,因而心肌实际上也是一种横纹肌。心肌和平滑肌一样受植物性神经系统的支配,具有节律性的扩张与收缩,不受意识控制,因而属于不随意肌。所以,心肌具有横纹肌和平滑肌一定的形态和机能特征。

心肌细胞内具有大量的肌浆,内分布丰富的糖元和线粒体,从而保证心肌高度的工作效能,能缓慢、显著节律性、不疲劳地进行扩张与收缩。由于心肌各细胞互相连结,某一点受到刺激,其扩张与收缩兴奋能迅速地从一个细胞传到另一个细胞,从而扩展至整个心脏。

二、肌肉的命名和分类

鱼类的肌肉数量繁多,如鲤鱼的肌肉有 344 条。肌肉的命名有时并非只限于一种依据而得名。肌肉大致可依据如下几点命名:

依据肌肉的动作技能来命名,如伸肌、屈肌、收肌及展肌等;

依据着生方式来命名,如横肌、斜肌、直肌;

依据肌肉着生的部位来命名,如鳃盖提肌、背鳍引肌;

依据层次深浅、内外来命名,如浅肌、深肌、外直肌和内直肌等;

依据肌肉的发生和分布部位,可以分为体肌和脏肌两大类。

(1) 体肌:包括附肢肌系和轴肌系,而轴肌系又包括头部肌系(包括眼球肌和鳃下肌)和躯干肌系(包括轴上肌和轴下肌)。主要组成身体的"外管",直接或间接地由生肌节产生,均有横纹,大多受脊神经控制,主要分布在头部、躯干部及各鳍的附肢肌,其机能与鱼类对环境的调节有关。眼球肌是轴肌的特殊部分,附肢肌在演化上起源于轴肌。头部肌肉主要分布在头的侧面与腹面,如眼肌、鳃盖部肌肉、颌部肌肉和鳃部肌肉。躯干到尾部肌肉包括头部之后尾鳍之前(各鳍基肌肉除外)的肌肉均归属于该部肌肉。该部肌肉又分为:

大侧肌(Muscle axialis):从头后肩带至尾鳍基部,包在脊椎骨两侧。外观看为结缔组织的隔膜分开的"ʒ"形按节排布的肌肉,每一节叫肌节,隔膜叫肌隔。躯体中央前后走向的结缔组织的水平隔膜将大侧肌分为上下两部分,上部叫轴上肌,下部叫轴下肌。大侧肌是使鱼体屈曲游动的主要源动力。轴上肌和轴下肌交界处的外侧常附有红肌,远距离洄游性鱼类的红肌最为发达。

上棱肌(Supracarinates muscles):在鱼体背方,与大侧肌最上背缘相贴。此肌可牵动背鳍和尾鳍上翘,也叫背纵肌。

下棱肌(Infracarinates muscle):位于鱼体腹方中线两侧,此肌能牵动腹鳍和臀鳍。产卵时可协助肌肉,压挤腹腔,排出卵子,也称腹纵肌。

附肢肌肉(Limbs muscle):包括肩带肌、腰带肌、背鳍肌和尾鳍肌等。控制和调节各鳍的位置、状态,配合鱼体运动。

(2) 脏肌:分为鳃节肌系和平滑肌系(部分转化为心脏肌)。脏肌与动物的消化管相关,完全由侧板脏壁的间叶细胞所产生,受脑神经所支配,其机能主要与消化、营养、分泌和循环等身体的内部活动有关。鳃节肌主要分布于消化管前段咽部,平滑肌基本属于各内脏器官的组成部分。

三、鱼体的脂肪

鱼类对食物消化和吸收后,转化贮存在体内的脂肪。脂肪分布在鱼体的肝脏、肌肉、体腔膜、内脏周围及脑箱等处。脂肪含量高的鱼类通常味美,但死后易变质,不易保鲜,如鳀鱼、沙丁鱼、鲱鱼等。金枪鱼和鲭类鱼肌肉脂肪含量很高,肉为深红色;鲑鱼肉的脂肪含量也很高,肉呈橘红色。

鱼类的含脂量随着年龄的增长而变化,未成熟的稚幼鱼生长迅速,但体内脂肪积蓄很少,成熟后的鱼类脂肪含量较高。性成熟后的鱼类通常与性腺发育程度有关,性腺成熟度越高,脂肪聚集越少,否则反之。

四、发电器官

在某些鱼类的身体里,部分肌肉组织特化为发电器官(Electric organ),可以释放电流到周围环境中。目前,已知的具有发电器官的鱼类有500多种,分属于六目、十科。具强电流的科为双鳍电鳐科(Toreedinidae)、电鲶科(Malapteruidae)、电鳗科(Electrophoridae)和螣科(Vranoscopidae)。

鱼类绝大多数的发电器官由横纹肌演变而来,通常是由许多扁平的细胞叫做电细胞(电板)组成,每个电细胞有神经分布。但发电器官的形状、大小、位置以及放电的强弱,则是因种而异的,如生活于大西洋西部沿海的电瞻星鱼,发电器官位于眼后,起源于眼肌,其放电电压通常在10V以下,最高可达50V;生活在热带和亚热带海洋中的电鳐科鱼类,全部是电鱼,发电器官位于体盘两侧,起源于鳃肌,放电电压一般是20~80V。生活在南美河流的电鳗,发电器官位于尾部两侧,由尾部肌肉演变而来,其放电能力是至今所知最强的一种,最高电压可达600~800V,每次可以放出500V电压,200A以上电流,功率可达100kW,足以击毙海洋中任何生物。电鳗不仅能放电,还拥有天然的“雷达”。它的尾部有一个“电眼”,相当于雷达的发射机,头部的小凸起,则起着无线电定位器的天线的作用,用来捕捉从周围物体反射回来的电磁波。平时,它总是习惯地把尾针转向四面八方,或者击毙中意的食物,或者抵御敌害。更为有趣的是产在非洲淡水的一种长颌鱼,其用尾部的发电器官向四周发射电波,而在背鳍有特殊的器官能感受反射回来的电波,这样的结构很像个雷达。发电器官在神经的支配下起放电作用,如果受到外界刺激连续放电时,电流将逐渐减弱,最后甚至消失,此后必须经过一段时间休息才能恢复其放电功能。

鱼类放电有多种作用，利用其放电进行猎取食物和防御敌害，探测水下目标，以及作为它和同伴间的联系。

五、肉毒鱼类

有些鱼类的肌肉中含有毒素，误食后会引起中毒，危害人的身体健康，严重者可危及生命，这类鱼叫肉毒鱼类。有的肉毒鱼类在肌肉或内脏部分含有“雪卡”毒素。这种毒素对热十分稳定，不易破坏，不溶于水，而溶于脂肪，与有机磷农药相似，为外因性和积累性神经毒素。已知我国鱼类的肉毒素有 20 多种，肉毒鱼类主要分布于南海诸岛、广东沿岸、东海南部和台湾一带。

肉毒鱼类含毒原因甚为复杂，有的鱼类因生活水域迁移而由无毒变有毒；有的鱼类平时无毒，生殖期有毒；有的幼体时无毒，成体时有毒；有的鱼类因摄食了含毒素食物，毒素在体内转移积累而有毒；有的鱼类(如竹荚鱼、蓝圆鲹、鲐鱼和扁舵鲣等)由于贮藏保鲜不善而产生大量的组织胺或秋刀鱼毒素等而使食用者中毒。

六、鱼类的运动

由于鱼类的种类繁多，生活习性十分多样，因而运动方式十分复杂。主要的运动方式是游动，这种游动的动力主要来自三方面：一是利用躯干部和尾部肌肉，交替收缩，而使身体左右反复扭曲，押水向后而取得向前的反推力前进；二是靠鳍的摆动拨水取得反作用力前进；三是利用鳃孔向后方喷水获得冲力使身体获得反冲力前进。其中第一种方式是最主要的运动方式，第二、三种仅起辅助作用。在鱼类运动过程中，这三种方式交替使用，必要时其中的二种或三种方式同时进行。

利用体侧肌肉收缩为动力，产生波浪式运动，如黄鳝、鳗鲡等长形鱼类表现得很明显。在这些种类鱼运动时，身体一侧的肌肉先行收缩，使头偏向收缩的一边，这种收缩渐次加大，一直传递到尾端，继而另一侧的肌肉也发生同样的收缩过程，就这样两侧的肌肉一张一缩地交替活动，整个身体形成波浪式的摆动。由于肌肉收缩的力量是沿着身躯的一侧从前向后一个一个的肌节不断积累而增加的，因此愈到体后收缩力愈大，身体愈长，波浪式运动表现得愈明显。

奇鳍和偶鳍在鱼类游泳中起稳定身体作用、避免翻滚和前向颠簸的作用。利用鳍的摆动而产生的运动，其动力来源于鳍基的局部肌肉伸缩。

鳃孔的喷水也是一种使鱼体前进的动力。因鳃孔在鱼体上的位置不同，其作用也各有不同。快速游泳的鱼类鳃孔最有利于向后喷水，在鱼体弯曲以后和向前推进躯干的瞬间喷水，喷水能达到最大的运动效果。

鱼类的运动方式除上述游动外，尚有其他多种方式，如爬行、跳跃、穿穴和滑翔等。弹涂鱼在潮水退下后在滩涂上爬行；水温发生突变或受到某种刺激，或要逃避敌害、追捕食物、越过障碍等时候，一些鱼类会发生跳跃，如鲢鱼受惊吓时会发生跳跃，又如鲑鱼在江河洄游碰到障碍物时会跳跃而过；一些鱼类会穿穴，如黄鳝；一些鱼类会滑翔，如飞鱼。

第三节　消化系统

鱼类所摄取的食物需要经过物理和化学消化的作用，将食物分解为简单的可溶性小分子物质(如葡萄糖、甘油、脂肪酸、氨基酸、无机盐和水等)，这一过程叫消化。经过消化而产生的小分子物质通过消化管壁经渗透作用,进入管壁的血管和淋巴管中的过程叫吸收。

消化系统由消化管和消化腺两部分组成。消化管为执行消化机能的器官,也是食物消化和被吸收的场所,此外还具有内外分泌功能,除了协助食物的消化外,还具有生理活动的调节功能。

一、消化管

鱼类的身体相当于两层"套管",体壁构成外管,消化管则构成内管的主要部分。外管具有脊索、神经管、皮肤以及肌肉等,外管内面为很大的体腔。体腔的内表面和外表面伸张着很薄的中胚层体腔膜,称腹膜。在外管内面者名体腔壁腹膜。内管向着体腔一面的叫脏壁腹膜。内管的内面叫消化管上皮组织,在消化管上皮和脏壁腹膜间有平滑肌和结缔组织。腹膜在消化管的上层和下层形成双层系膜,腹系膜在成体时消失,背系膜与外管相连,终身存在。从消化管的背侧和腹侧还向背系膜和腹系膜中产生一些突起,发育为不成对的肝脏和胰脏,使左右体腔在腹面相通,合成一个总体腔,以后在总体腔前部出现一个横隔,分隔在前的小腔叫围心腔,在后的为体腔,腔内容纳消化、排泄、生殖等内脏器官。

(一) 消化管横切分层

(1) 黏膜层(Mucous layer):为消化管的最内层,由内面的上皮和其外的结缔组织构成。大部分消化管的上皮为单层柱状上皮,具有保护、消化、吸收的作用。但口腔、食道和直肠则为复层鳞状上皮,主要具有保护作用。上皮可以形成消化管内的消化腺,分泌黏液和消化酶。另外,还有许多内分泌细胞。由结缔组织构成的固有膜内具有血管、淋巴、神经、平滑肌纤维及消化腺。黏膜肌层由薄层的平滑肌组成。固有膜和黏膜肌层的结构都与提供营养、防卫及消化有密切关系。

(2) 黏膜下层(Tunicae submucosa):通常较厚,主要由疏松结缔组织构成,含有很多的血管、淋巴管、神经元和神经纤维。此层把黏膜层和肌肉联系在一起。

(3) 肌层(Muscular layer):除了口腔、咽部、食管上段和肛门为骨骼肌外,消化管的其他部位均为平滑肌。肌纤维的内面是环肌层,收缩时使消化管变细;外面是纵肌层,收缩时使肌层变粗。在两层肌纤维间及其附近常散布有植物性神经系统的细胞和纤维组成的神经丛。由于神经和激素的影响,肌肉产生收缩和舒张,形成一种蠕动,使消化管产生一种由前向后的连续性波状收缩,使消化液和食物充分混合,并不断把食物向后移动。

(4) 浆膜(Subserosa):是包裹在消化壁的最外层的结缔组织膜。由体腔上皮和结缔组织衬层所组成,它形成系膜于固定消化管的位置。系膜上有血管和神经附着。

(二) 依据局部解剖的特性分段区分

1. 头肠(Head-gut)

是消化管的头端部分,包括口腔和鳃腔(或咽腔),它们之间无明确的界限,经常将它们合成一起称为口鳃腔(或叫口咽腔)。头肠的前后界限相应地以口孔和鳃结构的后缘为界。七鳃鳗的口咽腔无上下颌,呈漏斗状,永远张开,从不关闭。鱼类口腔与咽的大小和形状与食性有关,凶猛鱼类的口咽腔比其他鱼类大。其中有齿、舌和鳃耙等结构。

(1) 齿(Teeth):鱼类的牙齿主要用于捕食,咬住食物免于逃脱,有的牙齿具有撕咬、咬断或切碎等作用,一般不能咀嚼。齿的形状、大小、数目、利钝和排列情况随鱼的种类而异,与鱼的不同食性有密切关系。圆口类牙齿为表皮细胞角质化形成的角质齿。软骨鱼类和硬骨鱼类的牙齿为真正的钙化齿,由珐琅质、齿质、和齿髓三层组成。

板鳃类的牙齿多生长在上、下颌上,大小和形状差异很大。如噬人鲨的牙齿坚强,呈扁三角形，边缘有细锯齿；尖齿鲨的齿尖如山峰；角鲨、皱唇鲨等小型鲨类齿小而尖或扁，摄食贝类、甲壳类或小鱼等；星鲨、鳐、魟等的齿呈铺石状排列，便于磨碎或压碎食物；虎鲨的前方齿小而尖，后侧齿大小不同，呈铺石状或瘤状，也可以压碎食物；有的牙齿呈绒毛状、刷状，齿甚细小，平扁盾状，如姥鲨。

硬骨鱼类除在颌上一般有齿外，很多鱼类在舌上、犁骨上、腭骨上、鳃弓上和咽弓上均有齿。齿的排列方式各不相同，有的成行，有的成块，有的成丛，其形状和大小多种多样。硬骨鱼类的齿的形态大致可分为犬牙状齿、锥状齿、臼齿及门牙状齿等几类。鱼类牙齿的形状与食性密切相关，肉食性鱼类的牙齿多尖利、坚硬，如带鱼、鮸、鲈鱼等的犬牙状齿；有的齿多较坚硬，牙齿呈臼状，如青鱼、真鲷、黑鲷等；有的牙齿呈羽状，如鲢鱼的咽齿有羽状小纹。有的呈栉状，突出像镰刀，如草鱼；有的鱼牙齿愈合成宽大的齿板，如鲀科鱼类。如图 3-17 所示。

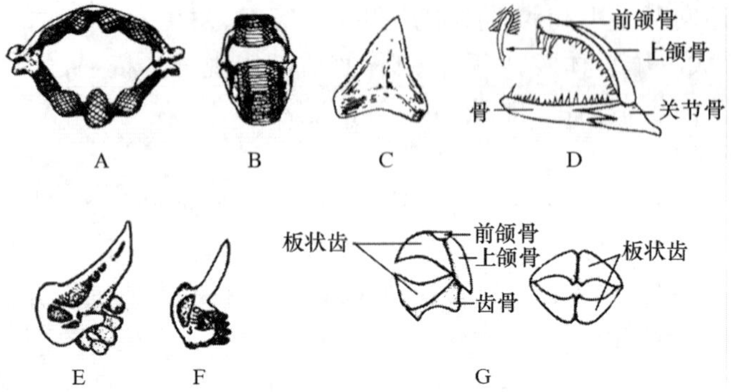

A. 鳐　B. 鲼　C. 噬人鲨　D. 带鱼　E. 青鱼　F. 草鱼　G. 条纹东方鲀

图 3-17　鱼类的各种牙齿

鱼类齿的分布状态常作为分类的依据之一，其中犁齿和腭齿的有无，左右下咽齿是否分离或愈合等为常用依据。如鲤科鱼类，无颌齿，咽齿的形态、数目、排列状态是该类鱼分类的重要依据。记录咽齿的一定格式称为齿式，如鲤鱼的齿式：1.1.3/3.1.1，记录数字从左侧记录到右侧。该齿式表示：左右两侧各有 3 行齿，左侧第一、二行各为 1 枚齿，第三行为 3 枚齿，右侧咽骨上内行为 3 枚齿，外侧二行各为 1 枚齿。又如草鱼的齿式：2.5/4.2，即表示每侧各有 2 行咽齿，左侧第一行为 2 枚，第二行为 5 枚，右侧内侧一行为 4 枚，外行为 2 枚。

(2) 舌(Tongue)：鱼类的舌一般比较原始，没有弹性，不能活动，是基舌骨的突出外覆黏膜而成。大多数鱼舌的前端不游离，如鲤科、鲻鱼等。圆口类的舌因营半寄生生活而非常发达，舌富肌肉，上有角质齿，能前后移动，是刮食和有助吸血的器官。多鳍鱼和肺鱼的舌有发达的肌肉。少数鱼类舌退化，甚至无舌，如海龙科鱼。另外，还有一些鱼类的舌上有味蕾，并有神经支配，能起味觉作用。

(3) 鳃耙(Aill raker)：鳃耙的顶端和鳃弓的前缘有味蕾，鳃耙不仅是鱼类的滤食器官，也有保护鳃丝的功能。鳃耙长在鱼类的鳃弓朝口腔的一侧，一般地鳃耙有内外两行，第一鳃弓的鳃耙最长。

软骨鱼类一般没有鳃耙，但鲸鲨和老鲨却有细密的鳃耙，以适应摄食浮游生物。硬骨鱼类的鳃耙存在情形可以分为四种类型：①无鳃耙，如鳗鲡科、海鳗科、康吉鳗科、海龙科、烟管鱼科、颌针鱼科和鲻科等；②有鳃耙痕迹，如鰕虎鱼科、六线鱼科、鲽科和鳅科等；③鳃耙很长，如鲱科、银汉鱼科；④鳃耙变异，呈簇状刺，如乌鳢、蓝子鱼、云鳚；叉状鳃耙间有簇状刺，如带鱼；

鳃耙连成一片呈海绵状，如白鲢。

鱼类鳃耙的数目、形状与其食性有一定的关系，一般地，鳃耙数多而细密的鱼类摄食浮游生物，如斑鰶135～150条鳃耙，遮目鱼300条左右；但有些鳃耙粗短的鱼类也摄食浮游生物；而有的鱼类即使鳃耙退化，也主食浮游生物，如烟管鱼、海龙科鱼类即使鳃耙退化，也主食浮游生物和底栖硅藻。鳃耙的数目也是鱼类分类的依据之一，通常用第一鳃弓的外鳃耙数，即上鳃耙数（咽鳃骨、上鳃骨上的鳃耙数）加下鳃耙数（角鳃骨、下鳃骨上的鳃耙数），如大黄鱼的鳃耙数为9＋14，鲈的鳃耙数为5～9＋13～16。有的不分上、下鳃耙数记载，只以第一鳃弓的外鳃耙总数记载。如图3-18所示。

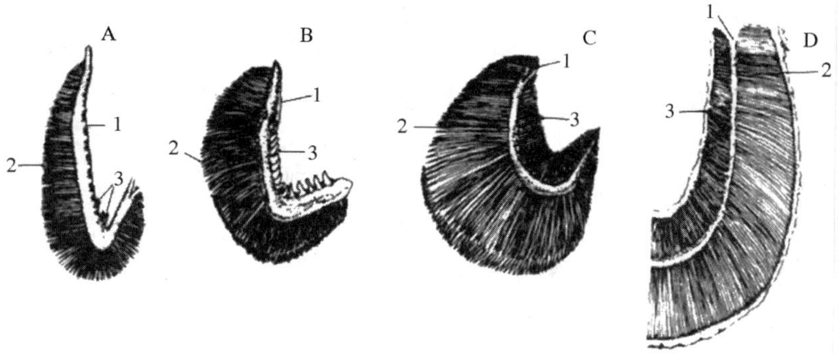

A. 油魣　B. 真鲷　C. 鲻　D. 姥鲨

1. 鳃弓　2. 鳃丝　3. 鳃耙

图3-18　几种鱼类的鳃耙

2. 前肠(Fore-gut)

鱼类的前肠部分包括食道和胃两部分，其前方界限为鳃篮，后方界限为幽门（或幽门括约肌）。而有的鱼类，如鲤科鱼类无胃，仅以胆管插入处为替代的胃与肠界限，而食道与胃无明确的界限。有的著作又把前肠和头肠统称为前肠。

(1) 食道(Esophagus)：鱼类的食道短而宽，管壁较厚。仅少数鱼类的食道较细长，如烟管鱼、鮟鱇鱼等。大多数鱼类的食道内壁具纵行黏膜褶，褶数6～50，黏膜褶增强食道扩张能力，以便于吞食大型食物。鲻科、鲱科等鱼类的食道内壁黏膜褶上有许多乳头状突起排列。如图3-19所示，银鲳等鲳科鱼类的食道呈卵圆形的球状物，肌肉壁很厚，黏膜有几丁质，且有许多长条形乳头状突起，每一突起上附有许多小齿状突起，鲳类这种球状构造叫食道囊，这也是鲳亚目鲳科分类上的特征之一。东方鲀的食道有一气囊，遇危险时会吸入空气或水，使气囊膨胀，腹部突出，鱼体会腹部朝上随波逐流。有鳔管与食道相连的鱼类，通常以相连处作为食道与胃的分界线。无鳔管相通的鱼类以食道后方的括约肌作为与胃分界处。

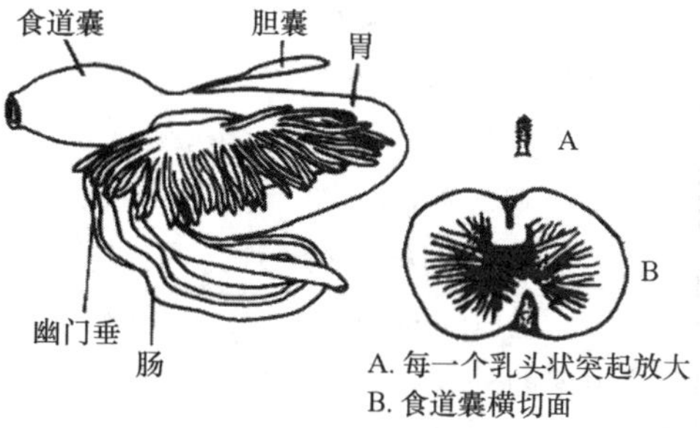

图3-19　银鲳的消化器官

食道壁由三层组织构成，即内层的黏膜层、中层的肌肉层和外层的浆膜层。肌肉层特别发达，由横纹肌组成，内层为纵肌，外层为环肌，占食道厚度的3/5。食道黏膜层因有味蕾，食道有发达的环肌，因此食道有选择食物的功能，当环肌收缩时可将异物抛出口外。

(2) 胃(Stomach)：位于食道的后方，是消化道最膨大的地方，相连食道的一端叫贲门部，连接肠的一端叫幽门部，胃体的盲囊状突出部分叫盲囊部。

如图 3-20 所示,鱼类的胃从外形可分为如下几种:①I 形,胃直而稍膨大,呈圆柱状,无盲囊部,如银鱼科、烟管鱼科、鲀科鱼类的胃;②U 形,胃弯曲呈“U”形,盲囊部不明显,如斑鰶、银鲳、池沼公鱼和白点鲑等;③V 形,胃弯曲呈“V”形,有盲囊部,但不甚发达,如鲑鳟鱼、香鱼、蓝子鱼、鲷科和鲂鮄科等;④Y 形,后方有突出明显的盲囊部,贲门部、幽门部和盲囊部分界明显,如大多数的鲱科鱼类、鳀鱼、灯笼鱼、星鳗和鳗鲡等;⑤┥ 形,胃一般为圆锥形,有一个大的盲囊部和一个小的幽门部,如鲐、鲣、花斑蛇鲻、鲈、油魣及鳕等。也可将这五种类型合并为 I 形、U 形(含 V 形)及 Y 形(含┥ 形)三种类型。

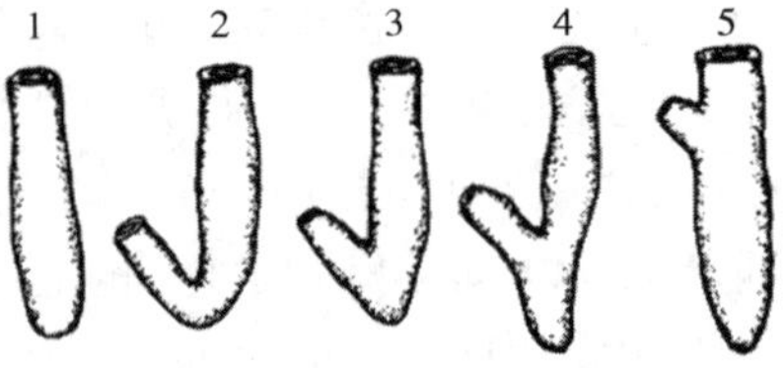

1. I形　2. U形
3. V形　4. Y形　5. ┥形
图 3-20　鱼类各种胃的类型

软骨鱼类的胃多数为 U 或 V 形。圆口类、全头类和硬骨鱼类的鲤科、海龙科、飞鱼科及隆头鱼科鱼类,以及翻车鲀、鳗鲇、秋刀鱼、海鲫和颌针鱼等均无胃。有些鱼具有特别大的胃,如海鲂、鮟鱇科等贪食鱼类。斑鰶、鲻、鲮等鱼的幽门部特别膨大,肌肉发达,颇似鸟类的砂囊适于研磨和压碎食物。I 形为容量最小,┥ 形容量最大,凶猛的鱼类胃壁最厚。

鱼类的胃壁由内而外是黏膜层、黏膜下层、肌肉层和浆膜层等四层。黏膜层有许多纵行、横行和网状褶等,黏膜下层有管状胃腺分布,肌肉层由内层环肌、外层纵肌和平滑肌构成,胃的贲门和幽门部均有括约肌。各种鱼类由于胃结构的差异,引起消化过程出现不同的特征,如杜父鱼、鳕等的食物主要在胃中消化,鲽形目的鱼类消化管不明显,在整个消化管中均能消化食物。

3. 中肠(Mid-gut)

中肠始于幽门,终于小肠与直肠连接处。幽门盲囊是中肠的附属物。中肠是肠道中最长的部分。

(1) 幽门垂(Pyloric caeca):有些硬骨鱼类在胃肠交界处有一些盲囊状突起,叫幽门盲囊或幽门垂。其在胆管和胰管开口附近开口于十二指肠。幽门垂数目、大小及排列情况因种而异,因而常作为分类特征之一。幽门垂数目因不同鱼种而异,如脂眼鲱约 1000 条,银鲳 600 条,鳕约 380 条,香鱼约 350～400 条,鲻鱼 2 条,鲮鱼 6 条,鲐 100 多条,鳍科、鲷科及大多数鲽科鱼类为 4 条,玉筋鱼仅 1 条,狮子鱼 50 条且开孔仅 6 条,而鲔的幽门盲囊一大团,开口却仅 5 个。幽门垂的结构与小肠基本一致,没有特殊的腺体,有增加肠壁吸收面积的作用,也能分泌肠壁其他部分同样的分泌物。有的鱼类无幽门垂,如银鱼科、鲇科、鲤科和鳗鲡科等。

(2) 肠(Intestine):肠位于胃幽门括约肌之后,肠管壁由内而外包括黏膜层、黏膜下层、肌肉层及浆膜层四层。黏膜层的上皮细胞间有杯形黏液细胞,可分泌黏液,使食物润滑通过。肠的内壁常向肠腔生出纵褶、横褶、网状褶和分支状褶等皱褶及突起,扩大了肠的消化和吸收面积。多数鱼类缺乏真正的肠腺,肝脏、胰脏等分泌的消化液排入到肠中,以作食物消化之需。

圆口类的消化管为一直管,官腔中有纵行黏膜褶。

软骨鱼类板鳃亚纲的肠可分为小肠和大肠,中肠部分即为小肠,小肠又分为十二指肠和回肠,十二指肠管径较细,内壁无突起,胰管开口于此。如图 3-21 所示,回肠管径较粗,肠壁黏膜层及黏膜下层向管腔

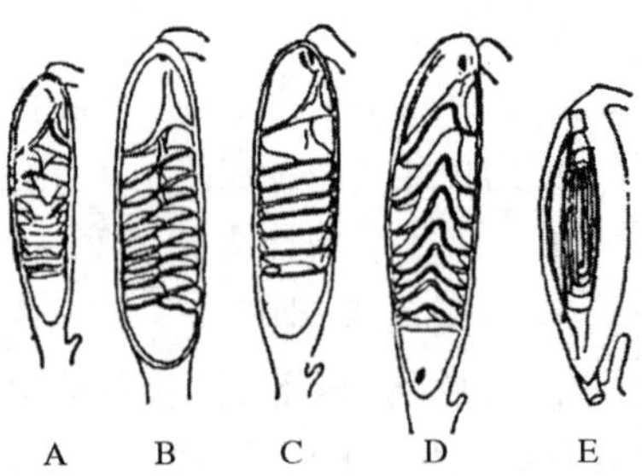

A、B、C、D 为鳐类　E 为双髻鲨
A、B、D 为小肠纵切面,螺旋瓣腹侧部分已除去;C 为小肠的壁部分已剪去;E 为从小肠腹中线剖开,腹侧部分的螺旋瓣已除去
图 3-21　板鳃鱼类几种类型螺旋瓣

突出褶膜，一般排成螺旋状，叫螺旋瓣，有着扩大消化吸收面积的作用。因鱼种类不同，螺旋瓣排列有两大类型，一类是螺旋型，如大多数鲨、鳐鱼类；另一类为画卷型，螺旋瓣特别长，前后卷曲成画卷状，如双髻鲨、鼬鲨等。

除板鳃类外，全头类、肺鱼类、总鳍鱼类和软骨硬鳞类等的肠中有螺旋瓣外，其余的硬骨鱼类的肠中均无螺旋瓣，即使是宝刀鱼类的肠中有环形突出的瓣，从发生上来说，这也不是真正的螺旋瓣。

肠的长短因种类和食性而异，一般地肉食性鱼类的肠管较短，为体长的 1/3～1/4，通常为一直管和弯曲的管；植食性鱼类肠较长，如草鱼、鲻鱼的肠长为体长的 2～5 倍，有的甚至达到 15 倍。杂食性鱼类的肠长介于肉食性鱼类和草食性鱼类之间。鱼类肠的相对长度随着鱼类的年龄增大而增长，如鲫鱼，体长 6mm 的幼鱼时，肠长为 2.4mm；体长达到 20mm 时，肠长为 20mm；体长达到 140mm 时，肠长为 280mm。

4. 后肠(Hind-gut)

后肠为消化管的终端部分，在这个部分和中肠之间，经常无可见的界限。但是在它们之间有一种叫鲍氏瓣的环状结构，后肠的直径比中肠要大得多。在鲑鱼的直肠内有一种特殊的环状螺旋隔。很少的真骨鱼类后肠有盲肠。鱼类的后肠分化不明显，板鳃类可分为结肠和直肠，在二者之间有一指状突起的腺体，叫直肠腺，其功能不太明确，由于有丰富的血液供应及很多类似淋巴的组织，故被认为可能是淋巴器官。又因腺壁中含有许多腺细胞，能分泌黏液，推测可能具有消化机能，有一定的脂解作用。更有人认为这种分泌物能加速肠的蠕动，有助于排粪作用。

5. 肛门(Anal aperture)

消化管的最后开口为肛门，全头类和一般硬骨鱼类的肠直接开口于体外，其位置依鱼类的种类而有前后的不同。原始类型开口于躯干部后面，一直到两鳍之间或更靠前。有些电鳗的肛门开口于喉部。软骨鱼类的直肠最后开口并不通至体外，而是开口在一个泄殖腔，即消化管、输尿管和生殖管开口共用的一个腔。肺鱼、现存总鳍鱼(矛尾鱼)的雄体均具有泄殖腔；圆口类、银鲛、多鳍鱼、鲟鱼及大多数辐鳍鱼等均无泄殖腔。

二、消化腺(Digestive glands)

鱼类的消化腺有口腔腺、胃腺、肠腺、肝脏和胰脏等，其消化功能各不相同，其中以肝脏和胰脏最为重要。

(1) 口腔腺(Oral gland)：鱼类口腔中的许多单细胞黏液腺，它们极少形成一定形态的腺体。圆口类舌下两侧有一对特殊的口腔腺的开口，其分泌的抗凝血剂，有防止寄主被吸血时血液凝结的功能，有利于对受害寄主吸血，与其寄生生活相适应。

(2) 胃腺(Gastric gland)：一般在捕食性鱼类的胃壁里，胃腺埋在黏膜下层，是一种盲管状的腺体。腺细胞由胃的表层细胞分化而成，能分泌胃蛋白酶和盐酸，使胃液成为适于分解蛋白质的酸性环境。圆口类、肺鱼类、鲤科鱼类缺乏胃腺，也不具有真正的胃。

(3) 肠腺(Intestinal gland)：多数鱼类缺乏真正的肠腺，有些鱼类存在肠腺，埋在黏膜下层，结构和胃腺相似，分泌的消化液中含有肠胨酶、脂肪酶、转糖酶和淀粉酶。

(4) 肝脏(Liver)：肝脏是鱼类最大的腺体，大多为二叶，而鲑、鲻为一叶，鲱、鲭为三叶，七鳃鳗和少数硬骨鱼类的肝脏不分叶，鲤科鱼类的肝脏为分散在肠系膜上的弥散型肝脏。有些全头鱼类和真骨鱼类的肝脏多于二叶，但从肝脏出来的总是只有二条肝管与来自胆囊的胆管相连,形成胆总管,开口于幽门区附近的肠子起始处。盲鳗的肝脏分为两个明显的部分,各有管道注入胆囊,成体七鳃鳗无胆管或胆囊。肝脏具有解毒功能,具有贮存脂肪和糖元功能,还具有分泌胆汁,使脂肪乳化、脂肪酶活化,以及刺激肠运动等功能。有些鱼类的肝或胆有毒。如蓝点马鲛的肝除了含有丰富的维生素 A,D 及脂肪外,含有甘油毒、痉挛毒和麻痹毒;淡水的青、草、鲢、鳙、鲤等胆有毒,摄食过量会中毒。

(5) 胰脏(Pancreas):板鳃鱼类的胰脏很发达,单页或双叶,明显地与肝分离。位于胃与肠的相接处,胰管开口于螺旋瓣开始处。真骨鱼类的胰脏大多为弥散腺体,部分或全部埋在肝脏中,如鲤、海鲶、鲬、鲽和鲆等。胰管经常开口于胆管入肠附近处,或同在一个乳头状突起上开口,或联合成以共同的管。有些鱼类在肠壁表面系膜处、幽门垂及胆囊附近散布的胰细胞,具有内分泌的功能。胰脏分泌的胰液含有胰蛋白酶、胰脂肪酶和胰淀粉酶等多种消化酶,在碱性环境里起消化作用。胰脏中的胰岛为内分泌腺体,具有调节血糖含量的功能。

第四节　呼吸系统

鱼类的呼吸系统执行血液与外界环境气体交换的功能,即鱼类身体从外界环境吸收氧气,从身体排出废气。鱼类的呼吸系统由呼吸器官组成,呼吸器官必须具备三个条件:①具有十分丰富的血管网;②介于血液与外界呼吸媒介物质的壁膜必须极薄,使氧气能迅速透过薄膜;③应有一适当的“机械设备”,不断地更新水与呼吸面接触。主要的呼吸器官有鳃,有些鱼类具有辅助的呼吸器官,如皮肤、口腔黏膜、鳃上器官和鳍等;肺鱼类的鳔演化为肺,具有呼吸功能。

一、鳃的构造

在胚胎期,咽头内胚层发生成对的鳃笼,向外侧面伸展,冲向中胚层,与此同时正对鳃笼的外胚层向内凹入,形成鳃沟,二者继续发展,逐渐接近,最后穿孔形成鳃裂,咽头内侧借此裂与外界相通。前后鳃裂以鳃间隔分开,鳃间隔基部有鳃弓支持,鳃间隔两侧发生鳃片,一般鱼类的鳃片是内胚层发生的。鳃裂开裂于咽部的一侧为内鳃裂,开裂于体外的一侧称为外鳃裂。如图 3-22 所示。

(一) 鳃的一般构造

一般地,鱼类咽喉两侧有 5 对鳃弓,其中第一至第四对鳃弓的外缘着生着两列鳃片,内缘着生鳃耙。第五对鳃弓多数不长鳃片,在鲤科鱼类形成下咽骨,上长咽齿,鲈等的第 5 对鳃弓内缘长有下咽齿。如图 3-23 所示,鳃间隔一侧的鳃称为半鳃,相邻的两个半鳃组成一个全鳃,每一个半鳃也称为鳃片或鳃瓣。鳃片是由许多鳃丝紧密排列组成,真骨鱼类的鳃丝具有骨质或软骨质的鳃条支撑鳃丝,其长度约为鳃丝长的 2/3 或稍长些。鳃丝内有一对特殊的肌肉,位于鳃丝基部,叫鳃丝展肌,其伸缩可使鳃丝分开或靠拢,以利于呼吸。每一鳃丝的两侧又有许多薄膜状突起,称为鳃小片,在鳃小片的表面进行气体交换。鳃小片的基部常有黏液细胞和泌氯细胞,泌氯细胞属于嗜酸性细

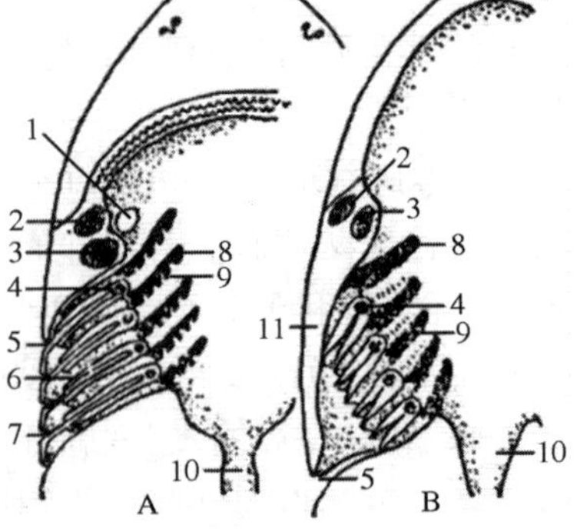

A. 板鳃鱼类　B. 真骨鱼类
1. 喷水孔　2. 颌弓　3. 舌弓　4. 鳃弓
5. 外鳃裂　6. 鳃丝　7. 鳃间隔　8. 内鳃裂
9. 鳃耙　10. 食道　11. 鳃盖

图 3-22　板鳃鱼类和真骨鱼类的鳃构造

胞,分布于鳃丝的外侧,有血管相连系。海水鱼类的泌氯细胞游离面还存在着排泄小泡,而淡水鱼类则不存在。泌氯细胞执行排出氯离子的功能,与鱼的渗透调节有关。

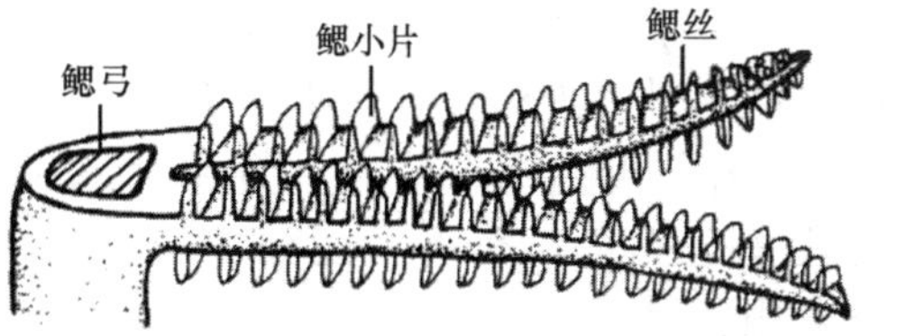

图 3-23　鳃丝和鳃小片模式图

(二) 圆口类的囊鳃

如图 3-24 所示,圆口类的鳃呈囊状,叫囊鳃,如七鳃鳗有 7 对鳃裂,内通宽大的球状囊,内侧鳃裂不直接通到咽部,而开口于食道下方的呼吸管(或叫鳃管)内,呼吸管的后端为盲囊,前端通到口内。盲鳗有囊鳃 6～14 对,内鳃裂直接开口于咽部,但各鳃囊不直接与外界相通,每个鳃囊均有一小管向后向外斜通到一公共的总鳃管内,此总鳃管在皮肤向后延伸至很远处开口向外,故从外观察,盲鳗仅有一对鳃孔,这种结构与盲鳗的寄生生活时身体前部进入寄主身体而又要正常呼吸相适应。

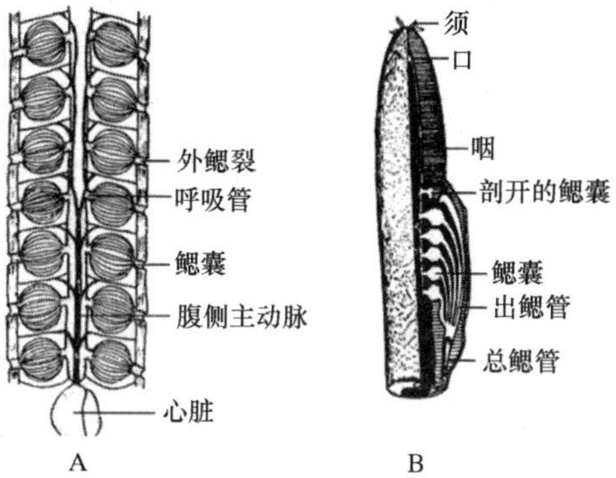

A. 日本七鳃鳗的鳃囊　B. 盲鳗的鳃囊(背视)

图 3-24　(日本)七鳃鳗和盲鳗的鳃囊

(三) 软骨鱼、硬骨鱼的鳃

鲨、鳐等软骨鱼类的鳃间隔很长很发达,宽大呈板状,一直延伸到体外,故又称鲨、鳐等软骨鱼类为板鳃类。其各鳃裂(外鳃裂)直接开口于体外。软骨鱼类中的全头亚纲鱼类具 4 对鳃裂,第五对鳃裂已封闭,幼鱼喷水孔存在,成鱼则消失。鳃的构造与板鳃类相似,鳃间隔已缩短,有部分鳃丝伸出鳃间隔,较退化,舌弓后面长出皮膜状假鳃盖,皮膜上下与体壁愈合,鳃裂间靠得较近,外有一皮膜状的无骨骼支撑的鳃盖,覆盖于鳃裂之外,叫假鳃盖。

多鳍鱼类具有 4 对鳃裂。硬骨鱼类一般具有 5 对鳃裂,因鳃间隔退化而紧靠在一起,外有骨片支持的鳃盖,鳃盖后方有一对裂缝,称为鳃盖孔。有少数的硬骨鱼仅有 3 对全鳃和 1 个半鳃,如杜父鱼、躄鱼等;也有仅 3 对全鳃,如鮟鱇、黄鳝等。鳃间隔退化正是鱼类由低等向高等进化的特征。除了软骨硬鳞类有喷水孔,其他没有喷水孔。

如图 3-25 所示,许多真骨鱼类鳃盖内有伪鳃,明显可辨的伪鳃称为自由伪鳃,如鲮鱼的鳃盖骨内侧前背角下方,即鳃盖骨与舌颌骨相关节处的腹缘,近第一鳃弓背部处有一发达的伪鳃,而鲈、大黄鱼也有此种伪鳃;被结缔组织包埋,表面不易辨认的伪鳃称为封埋式伪鳃,如鲤、鳕等;有结缔组织覆盖,但鳃丝构造仍明显可辨的称覆盖式伪鳃,如真鲷。由于伪鳃上有十分丰富的碳酸酐酶,它加速碳酸分解为二氧化碳和水,因此被认为与二氧化碳的排泄有关。

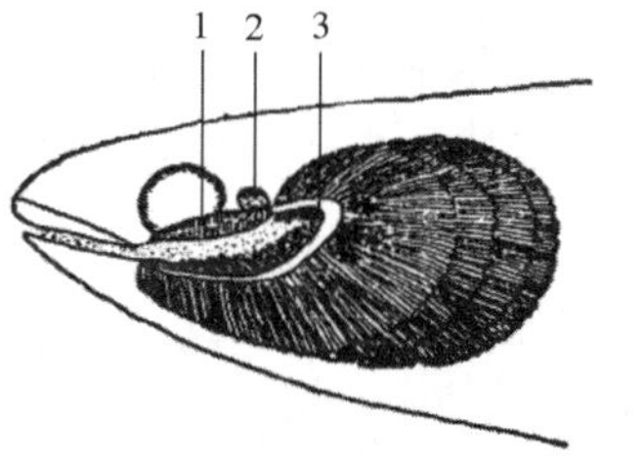

1. 腭弓收肌　2. 伪鳃　3. 第一鳃弓

图 3-25　鲮鱼的伪鳃

(四) 幼鱼呼吸器官

有一些幼鱼在正式鳃出现前,由内胚层发生,起源于真鳃的突起的鳃片状鳃叫幼鱼鳃。如图 3-26 所示,板鳃类的胚胎具有外鳃,是从鳃孔伸出的丝状结构,有时在喷水孔中也存在。电鳐类的外鳃很长,几乎伸达尾部末端。孵化后外鳃即消失。美洲肺鱼和非洲肺鱼的幼鱼有 4 对外鳃,它在鳃裂尚未形成、鳃盖尚未出现的发育早期存在,由鳃弓背方生长而成。待鳃盖形成后,外鳃即消失。辐鳍亚纲的多鳍鱼幼鱼也有一对柳叶状的外鳃,与肺鱼(澳洲肺鱼除外)一样,外鳃是由外胚层发生的,属于表皮的突出物。泥鳅及鲑的幼鱼也有丝状外鳃,成鱼时消失。一般幼鱼当鳃未生出之前可以借鳍褶及卵黄上的微血管进行呼吸。

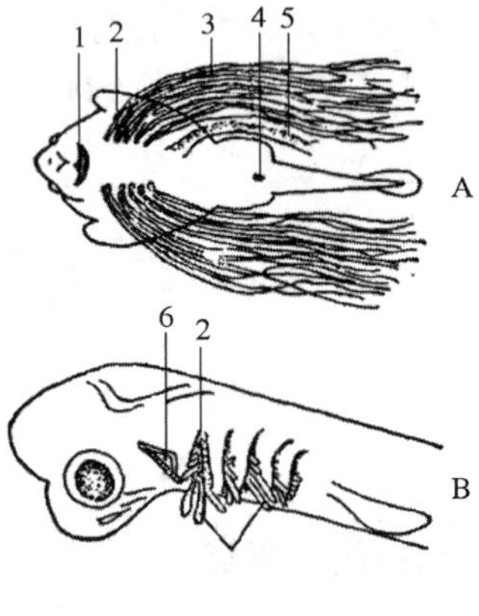

A. 电鳐　B. 鲨鱼

1. 口　2. 鳃裂　3. 外鳃

4. 肛门　5. 卵黄囊柄　6. 喷水孔

图 3-26　电鳐及鲨鱼胚胎时期的外鳃

二、呼吸运动

鱼类依靠口和鳃盖的运动,使水出入鳃部,进行呼吸运动。多数硬骨鱼类有口腔瓣和鳃盖瓣两种呼吸瓣。口腔瓣附着在上下颌的内缘,可以防止进口的水逆行流出;鳃盖瓣可以防止水从鳃孔倒流入鳃腔。

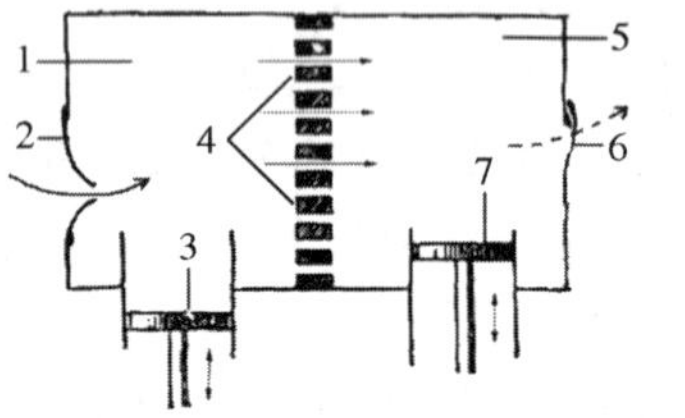

1. 口腔　2. 口腔瓣　3. 口腔加压唧筒

4. 鳃　5. 鳃腔　6. 鳃盖瓣　7. 鳃腔吸引唧筒

图 3-27　鱼类呼吸运动示意模式

鱼类的下颌鳃部肌肉的收缩及口腔与鳃腔的协同工作,水流不断地通过鳃。鱼吸水时,鳃盖向外扩张,原来稍伸出的鳃盖膜在外部水压作用下紧贴鳃盖裂,使鳃盖裂紧闭鳃孔,同时展开半圆形的鳃弓,扩张口咽腔,口及口腔瓣张开,口咽腔扩大,因而鳃内水压低于鳃外水压,水由外界进入口咽腔,直到水充满口咽腔;鱼类排水时,口及口腔瓣紧闭,鳃盖向内移动,口腔底部上升,口咽腔缩小,腔内水压增大,外界水压大于腔内水压时,水即冲开鳃盖膜,排出体外。在整个呼吸运动过程中,水经过口咽腔的鳃片、鳃丝、鳃小片时进行气体交换。鱼类就这样不间断地进行呼吸运动,如图 3-27 模式图示意。

软骨鱼类呼吸运动的特征总的来讲与上述相似,但软骨鱼类没有鳃盖,只有许多鳃间隔的皮褶,每一鳃间隔掩盖住后一鳃裂。它有一特殊的水管使流经鳃小片的水能方便地经过上下贯穿的水管排出到鳃腔,再经外鳃裂排出体外。

圆口类营半寄生生活,它们的呼吸运动方式比较特殊,如七鳃鳗口吸着寄主时,就依靠鳃囊壁的肌肉收缩,将水由外鳃孔吸入鳃囊,在此进行气体交换,然后将水从外鳃孔排出体外。平时未吸着寄主时,水由口部进入呼吸管,通过鳃囊,由外鳃孔排出体外;又如盲鳗营寄生生活时,往往将头部钻入寄主体内,水由离头部稍远的总鳃管孔进入鳃囊,进行气体交换,再由总鳃管排出体外。当盲鳗营自由生活时,水可由头顶的一个通咽的鼻孔进入咽部,再从鳃囊流出体外。

三、辅助呼吸器官

一般而言,大多数鱼类一离开水会死亡,少数鱼类可以暂时离开水或在低氧水中能够生活,因为这些鱼类通常除了鳃以外,还有些辅助呼吸器官,如皮肤、鳍、肠、口腔、气囊及鳃上器官等，这种兼营呼吸作用的构造叫辅助呼吸器官，具有辅助呼吸器官的鱼类大多分布在热带和亚热带。

(一) 皮肤呼吸

鳗鲡、鲶鱼、弹涂鱼和黄鳝等鱼类的皮肤的表皮层和真皮层中有着极其丰富的毛细血管网络，在离开水时，只要皮肤保持湿润状态，毛细血管中的血液里气体和外界气体就能在皮肤表面进行交换。

(二) 口腔黏膜呼吸

如生活在水稻田里的黄鳝，到秋季后稻田水干涸，黄鳝钻入洞中，可以经过好几个月不会死亡，这是因为黄鳝的口咽腔内壁的扁平表皮细胞上布满了血管，血管中的气体可以与外界的气体直接透过口腔黏膜和血管壁进行交换。当水中缺氧时，黄鳝常常会将身体前半段身子伸出水面吸气，把空气贮存于口腔和咽喉部，进行气体交换，兼营呼吸作用。弹涂鱼的口腔表皮也能辅助呼吸。

(三) 鳃上器官

如乌鳢(*Ophicephalus argus*)的鳃上腔内背面第一鳃弓的上鳃骨和舌颌骨部分骨骼特化成的薄而屈曲的骨片，在其外方覆盖着血管多层的表皮，这种突入鳃腔并覆盖表皮的骨质薄片叫鳃上器官(Suprabranchial organ)。这种鳃上器官因含有丰富的毛细血管和薄的表皮，因而血液中的气体可以通过鳃上器官与外界进行气体交换，实现呼吸作用。另外，在鳃腔和咽喉部分的表皮也均含有多量的微血管，血液中的气体可经此与外界进行气体交换，进行呼吸作用。如图 3-28 所示，我国南方的攀鲈(*Clarias fuscus*)鳃上有迷路状的辅助呼吸器官，叫迷路器官。斗鱼(*Macropodus opercularis*)也有类似的鳃上器官。胡子鲶有珊瑚状的鳃上器官，只要保持湿润状态，可以长期离水生存。

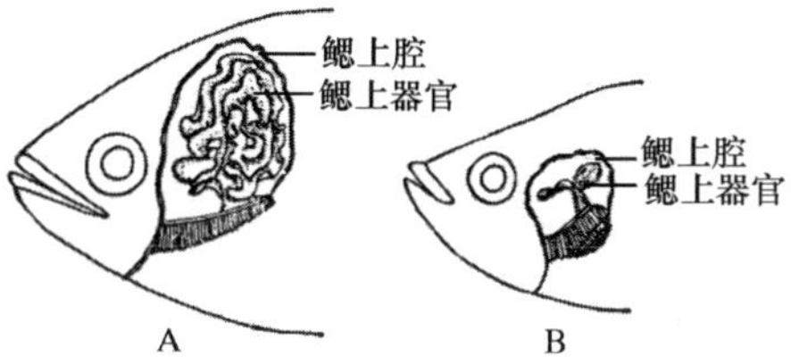

A. 攀鲈　B. 斗鱼

图 3-28　攀鲈、斗鱼的鳃上器官

(四) 肠呼吸

如泥鳅每当夏季(其他季节不进行肠呼吸)，水温升高而水体缺氧时，肠壁黏膜的柱状上皮细胞会改变为扁平上皮细胞，细胞间出现微血管或淋巴，经常游近到水面把口伸出水面，吞下一口空气后又潜入水下，空气在肠中透过很薄的肠黏膜层扁平上皮细胞与血液进行气体交换，多余的空气和血液中放出的二氧化碳经过肛门排出体外。

(五) 鳍呼吸

一些鱼类的幼鱼常进行鳍呼吸，如黄鳝的幼鱼尾鳍上分布有许多毛细血管，能进行呼吸作用。另外，弹涂鱼的身体大部留在水外，尾鳍常浸在水中，尾鳍上有着丰富的毛细血管网，体内血液与体外水可以经过尾鳍进行气体交换，实现呼吸作用。

四、鱼鳔

在鱼类中，只有大多硬骨鱼类有鳔(Gas bladder)，鳔为分布在鱼类的腹腔上部、消化管与脊柱之间有一大而中空的囊状器官。

鳔中充着氧气、二氧化碳和氮气等。即使少数鲨鱼，在食道的背壁上方也隐有一小腔，但仅被认为是鳔的雏形，而非真正的鱼鳔。鳔在胚胎发育过程中均与食道相连，而许多高等鱼类成长后鱼鳔即消失，低等鱼类则终生存在。

(一) 鳔的一般构造

鱼类在胚胎时期,其食道背方长出一个芽体,此芽体向后伸展并扩大,形成一个小囊,小囊继续扩张,逐渐与食道分离,以一小管开口于食道,形成鳔的雏形。一般而言,幼鱼孵化后数天,鱼鳔即充气。

如图 3-29 所示,鱼类鳔的形态因鱼种不同而多种多样,如拟沙丁鱼、香鱼的鳔纺锤形;鲈鱼的鳔长卵形;颌针鱼的鳔管状;鳕鳔的前端有一对盲囊状突起;石首鱼的鳔多有许多小分支,有的分支呈树枝状。多数鱼类的鳔是单个囊状结构,不少种类可分为二室或三室,鳔的前后室隔壁上有孔相通。肺鱼、多鳍鱼等少数低等硬骨鱼类的鳔分为左右两叶;大多数鱼类的鳔连于食道的背面;少数在腹侧面,如澳洲肺鱼;个别在腹面,如美洲肺鱼和非洲肺鱼。

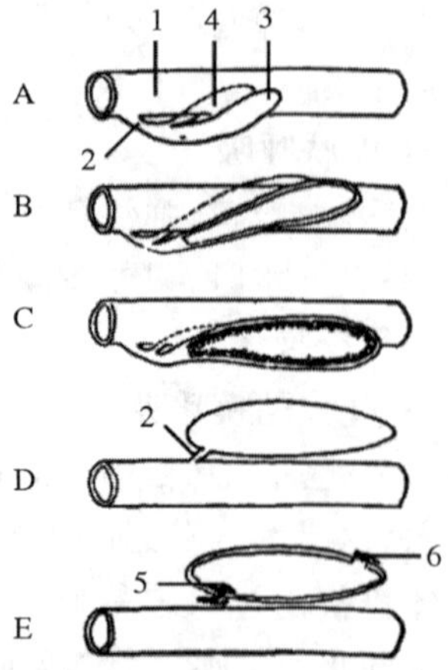

A. 原始的左右对称鳔　B. 多鳍鱼

C. 非洲肺鱼　D. 喉鳔类　E. 闭鳔类

1. 消化管　2. 鳔管　3. 左侧鳔

4. 右侧鳔　5. 红腺　6. 卵贺窗

图 3-29　鱼类鳔的模式图

鲱形目、鲤形目等鱼类的鳔有鳔管与食道相通,这类鱼称为喉鳔类(Physostomatous),鲈形目等鱼类的鳔管退化,称这类鱼为闭鳔类(Physoclistous)。闭鳔类的鳔前腹面内壁有红腺(或叫气腺)及微血管网,此处细胞也由原来的扁平形变为长方形腺细胞,红腺能分泌气体,鳔内气体由此产生。鳔的后背方有一卵圆窗,此处有环肌及辐射肌,窗内布满血管。当辐射肌收缩时,卵圆窗面积扩大,鳔内气体可通过卵圆窗渗入邻近的血管里;当环肌收缩时,卵圆窗缩小,停止吸收气体,因而卵圆窗是气体吸收区。供应鳔的血液来自背主动脉或腹腔系膜动脉,回心的血管是肝门静脉,闭鳔类卵圆窗的静脉有一部分是通过后主静脉回心。鳔受迷走神经的肠支及交感神经的腹腔神经节双重支配。

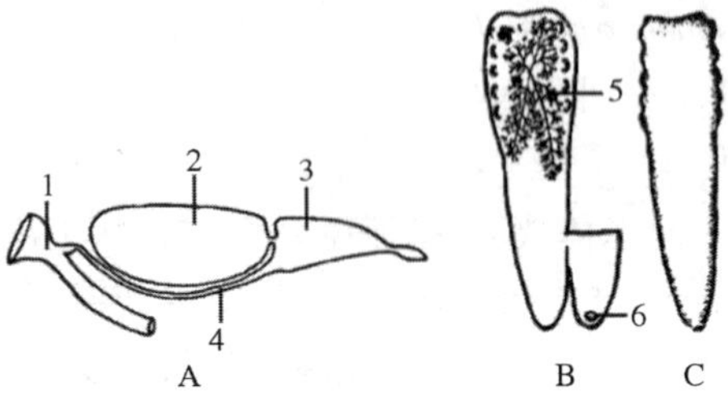

A. 鲢鳔　B. 鲈鳔的水平剖面　C. 鲈鳔的外形

1. 食道　2. 鳔前室　3. 鳔后室

4. 鳔管　5. 红腺　6. 卵圆窗

图 3-30　鲢和鲈的鳔

如图 3-30 所示,红腺是单层或多层的上皮褶,大量微血管按一定的秩序整齐排列在红腺下面。通向红腺的动脉分支成大量整齐平行的微血管,而朝相反方向而行的静脉也同样分成直而平行的微血管,如此组成一奇异的网状构造,称之为异网。通过异网贮藏血液和扩大分泌气体或交换物质。物质交换以反流原理进行,呼吸碳酸酐酶和乳酸可以从静脉微血管网进入动脉微血管网,它们促使血液中气体的释放以及促使碳酸脱水而释放出二氧化碳。

圆口类和软骨鱼类均没有鳔。真骨鱼类的鳔甚为复杂,但有的鳔不发达或不存在。如比目鱼类无鳔;泥鳅等鱼的鳔很小,被包在骨质囊中;鲇形目与鲤形目平鳍鳅科(*Homalopteridae*)中一些鱼类鳔退化,外包骨质囊。这种外包骨质囊的鳔叫骨鳔,这类鱼类叫骨鳔类。鳔的形态变化很大,有些鱼类的鳔可由腹腔深入到尾部,直至深入到尾部脉弓中,当鳔深入尾部时,一般多分为左右两叶,对称地深入椎骨左右肌肉中,如鲷科、鲭科、鲹科等。有些鱼鳔内被隔分成许多部分,如鲂鮄的鳔内有一横隔,分为两室,中部有孔相通;鲶类鳔内有 T 形隔膜,不完整地把鳔分成一前二后三个鳔室。石首鱼类鳔的两侧分支状态是其分类依据之一。如图 3-31、图 3-32 所示。

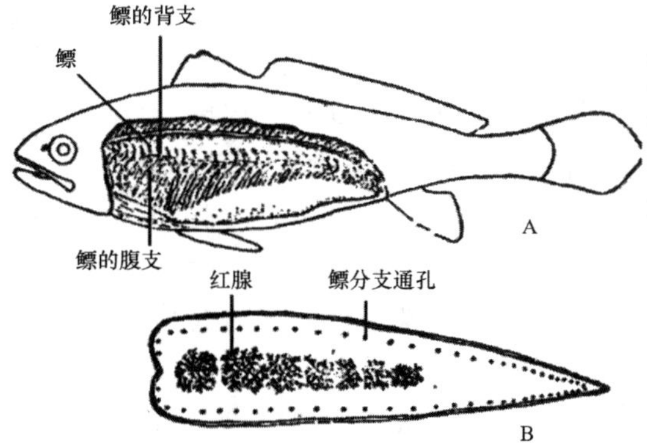

A. 体侧去壁示鳔　B. 鳔的腹内壁

图 3-31　黄颡鱼的鳔水平剖面图

(二) 肺鱼类的鳔

肺鱼类和陆生脊椎动物的肺是同源器官，从动物进化角度来看，鳔和肺都是食道发生的。澳洲肺鱼的鳔很长，单个，内有纤维带分隔为左右两部分，网状纤维又将鳔前后部分隔成许多小气室(或叫肺泡)，鳔管以小形的喉门开口于食道的腹面偏右方。非洲肺鱼和美洲肺鱼的鳔成对，前端部分合并为单室，鳔内有许多大小不等的小气室，各小气室又分成许多小泡(又称肺泡)，小气室通小泡处各有一些管状小腔存在，其结构与肺十分类似。鳔管以裂隙状的喉门开口于食道的腹面，喉门上有几个放射状肌肉。肺鱼类的鳔已成为真正的呼吸器官，可直接呼吸气体。多鳍鱼类、雀鳝类和弓鳍鱼类等的鳔也有类似的结构，内壁也分为许多小气室，可以直接利用空气进行呼吸。

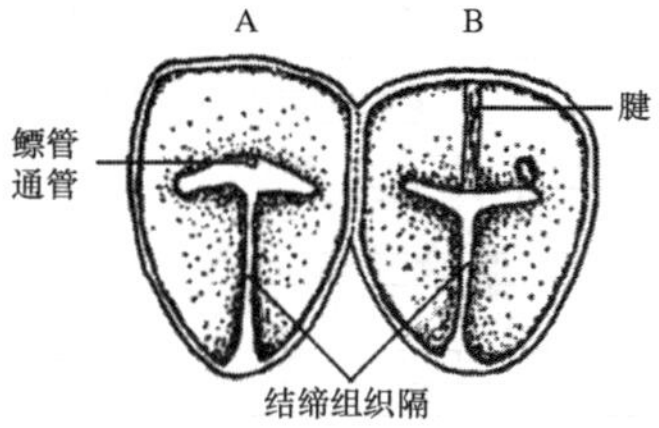

A. 背部　B. 腹部

图 3-32　大黄鱼鳔模式图

(三) 鳔的机能

1. 比重调节作用

鱼类在不同的深度借鳔中放气和充气调节鱼体的比重，当鳔内充气膨胀，鱼体体积增大，比重减小，鱼体会上浮；而鳔内排出气体，鳔的体积缩小，鱼体体积减小，比重增大，鱼体则会下沉。鳔的这种帮助鱼体升降作用只能缓慢执行，若急剧升降，鳔不仅完全无用，甚至有碍。常迅速升降的活跃鱼类不适于有鳔，或常年生活于海底及活动能力差的鱼类的鳔会退化或消失。如图 3-33 所示。

2. 鳔的呼吸作用

肺鱼、多鳍鱼、雀鳝及弓鳍鱼的鳔有肺的作用。肺鱼在枯水夏季来临时，钻进泥洞穴中，身体分泌黏液与泥做成一黏液壳(又叫"茧")，壳顶有一小孔，肺鱼处于夏眠状态，在其中完全以鳔直接呼吸空气。待到雨季来临，"茧"溶破，肺鱼又重新回到水中生活。

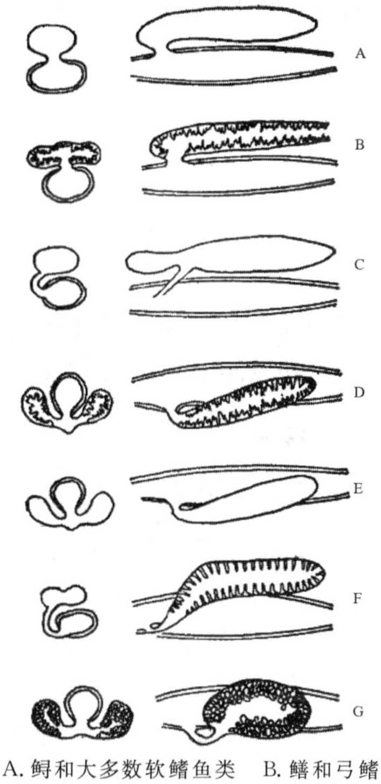

A. 鲟和大多数软鳍鱼类　B. 鳝和弓鳍鱼类　C. 脂鲤亚目鱼　D. 澳洲肺鱼　E. 多鳍鱼　F. 非洲肺鱼和美洲肺鱼　G. 爬行类、鸟类、哺乳类

图 3-33　鳔与肺的关系模式

3. 鳔的感觉机能

一些鱼类受到压力变化时，鳔中气体压缩或膨胀，鳔能起测压计或水中传声器的作用。有的鱼鳔与内耳发生程度不同的联系，往往有较灵敏的听觉和感觉压力的能力。鲱科、鳕科等鱼类的鳔前端突出与内耳相系，能把外界的振动传到内耳，起听觉辅助作用。如图 3-34 所示，拟沙丁鱼鳔前端有两条细管通入头颅与内耳相连接，而鳀鳔的前端有一细管向前分叉为左右两枝通入头颅与内相连；又如深海鳕(*Physiculus japonicus*)鳔的前端有一对盲囊与内耳相联系。鲤科鱼类有第一至第三椎骨一部分特化而成的韦伯氏器连接于鳔与内耳之间，其带状骨和舶状骨与内耳之围淋巴腔接触，与淋巴窦发生关系。当外界声音传到鱼体时，鳔能加强声波的振幅。鱼类依靠韦伯氏器或有鳔的细管、盲囊与内耳相联系，促进了听觉的敏感性，能感受较高的频率、较低强度的声音。

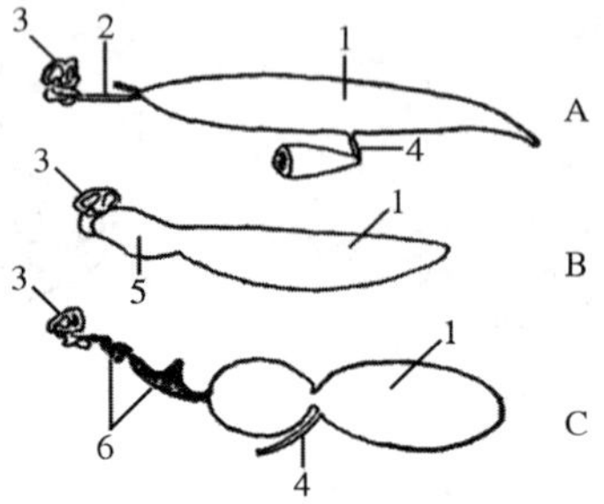

A. 拟沙西丁型　B. 深海鳕型
1. 鳔　2. 鳔与内耳的联合管　3. 内耳
4. 鳔管　5. 鳔前段的盲囊　6. 韦伯氏器
图 3-34　鳔与内耳联系的模式

4. 鳔的发音作用

一些鱼类的鳔在放气时会发声，如鲤科鱼类和鳗鲡等；有的鱼类具有特殊的发音肌，如大黄鱼、小黄鱼鳔外面附有 2 块长条状色较深的肌肉为发音肌(又叫鼓肌)，它由韧带与鳔相连，此肌收缩时能使鳔发出咕咕声。有些鱼的鳔能作共鸣器，起扩音作用，如鳞鲀科鱼类肩带中的匙骨和后匙骨相摩擦以及咽齿相摩擦发声时，鳔起着共鸣扩音作用。

第五节　循环系统

鱼类通过循环系统(Circulatory system)将经过呼吸器官吸收的氧气和消化器官吸收的营养物质，以及内分泌产生的激素等输送到全身各组织和器官，同时把身体新陈代谢产生的废物输送到相应的组织和器官，排出体外。循环系统由液体和管道系统构成，液体分为血液和淋巴两种，血管系统由心脏和血管组成，淋巴管系统由淋巴管组成。所有圆口类和鱼类的血液循环系统都是闭合系统，属于封闭型系统。

一、血液

鱼类的血液量较一般脊椎动物低，仅为体重的 1.5%～3%，如大马哈鱼总血量仅占体重的 1.63%，个别种类(如角鲨)占体重的 5%。血液一般由血浆和血球组成，血浆略呈黄色，含有大量水分，并有不少蛋白质，如白蛋白、球蛋白、纤维蛋白元等，还有氮、钾、钠、钙和铁等盐类，同时还有氨基酸、脂肪酸、葡萄糖等营养物质及代谢产物。

将血浆中的纤维蛋白元除去，残留的液体即为血清。血球包括红血球、白血球和血小板等。圆口类的红血球圆形，多数鱼类的红血球扁圆形，一般具细胞核，细胞质具有含铁质的血红蛋白，因而血液均为鲜红色。红血球的大小与数量因种类、年龄和性成熟状态而发生改变，软骨鱼类的红血球比硬骨鱼类的大而数量却少。鱼类的白血球分为粒细胞和无粒细胞两类，粒细胞又分为嗜中性白血球、嗜酸性白血球和嗜碱性白血球三种，而无粒细胞又分为淋巴球和单核白血球二种。一般而言，鱼类白血球的数量比红血球数量少得多。血小板无色，显著比红血球小，其形态可分为纺锤形血小板和杆状血小板两种，具有细胞核，属于真核细胞，其数量介于红血球和白血球数量之间。

二、管道

鱼类血液循环的管道包括心脏和血管两部分。心脏是循环管道的中枢，而血管则分布在全身各组织、器官和系统。

(一) 心脏

如图 3-35 所示，心脏一般位于体腔最前端和最后一对鳃弓的后下方，包围在围心腔里，而心腹隔膜将体腔分隔为围心腔和腹腔。心脏由三部分组成，由后向前，最后的静脉窦(Venosus sinus)位于心脏的后背侧，壁甚薄，接受身体各处回流的静脉血，其后背方连接两条粗大的脉管，即古维尔氏管(Cuvier's duct)(又叫总主静脉)。静脉窦的前方是心耳(Auricular)，壁较薄，稍厚于静脉窦，心耳与静脉窦之间有一窦耳孔，此处有 2 片小瓣膜，称为窦耳瓣，能阻止血液倒流。心耳的腹前方为心室，壁最厚，为心脏的主要搏动中心，心耳与心室之间的通孔为耳室孔，心耳与心室之间也有耳室瓣。总鳍鱼类、肺鱼类、软骨硬鳞类和全骨鱼类心室前有动脉圆锥，能自动地随心室收缩而有节律地搏动，为心脏的一部分。动脉圆锥内有半月瓣(Semilunar valve)，其数目因种类而异，板鳃类有 4 行，真骨鱼类的动脉圆锥退化，仅留一行 2 个半月瓣，并为一圆球状构造替代，此即动脉球，为腹主动脉基部扩大而成，不能搏动，不属于心脏一部分。所有各类瓣膜均为防止血液倒流。

肺鱼类的心耳由耳间隔分隔成左右两半，右心耳接受身体各处回流的静脉血，左心耳接受来自鳔的经过气体交换的血液，心室也不完全分为左右两半。肺鱼类的心脏的这种结构已接近两栖类的心脏结构。

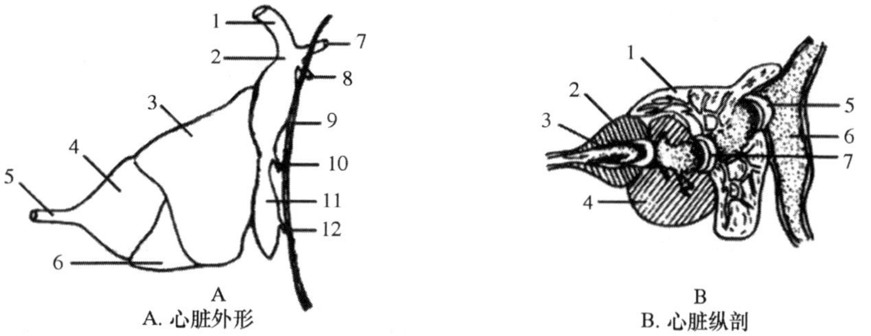

A. 心脏外形

1. 前主静脉　2. 古维尔氏管　3. 心耳　4. 动脉球
5. 腹主动脉　6. 心室　7. 后主静脉　8. 生殖腺静脉
9. 心腹隔膜　10. 锁下静脉　11. 静脉窦　12. 肝静脉

B. 心脏纵剖

1. 心耳　2. 动脉球　3. 半月瓣　4. 心室
5. 窦耳瓣　6. 静脉窦　7. 耳室瓣

图 3-35　硬骨鱼心脏

三、动脉和静脉

按血液流向的不同，血管分为动脉管、静脉管和毛细血管。动脉(Arteriae)是把血液从心脏输送到身体各处的血管，壁厚而富有弹性；静脉(Venae)是把血液从身体各处收集输送到心脏的血管，壁薄弹性较差；毛细血管则是分布在身体各处组织中，连接动脉和静脉的细微血管。

(一) 动脉

如图 3-36 所示，动脉起始于心脏前方的腹侧主动脉，向前伸达鳃弓下方，发出数对进入鳃弓的入鳃动脉，入鳃后分散成毛细血管，进入鳃丝、鳃小片，进行气体交换，使浑浊的静脉血变成动脉血。动脉数量因鱼种不同而异,副盲鳗 6 对,多数软骨鱼类 5 对,多数硬骨鱼类 4 对。鳃部的动脉血汇集成出鳃动脉,向上经鳃上动脉在背侧分别注入背主动脉。

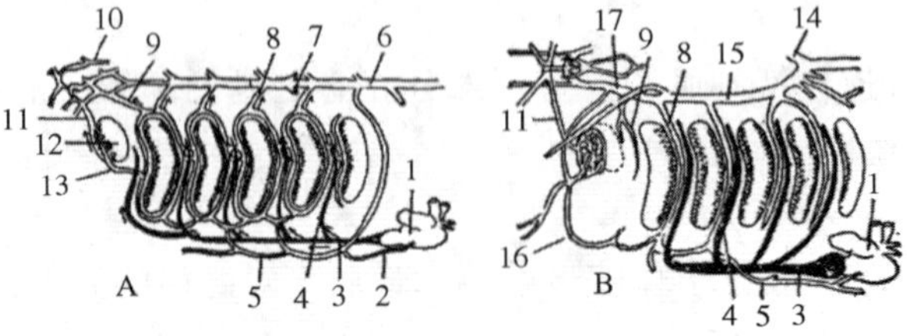

A. 鲨　　B. 鳕

1. 心脏　2. 冠动脉　3. 腹侧主动脉　4. 入鳃动脉　5. 鳃下动脉　6. 主动脉　7. 锁骨下动脉　8. 出鳃动脉　9. 出舌弓动脉　10. 脑底动脉　11. 出伪鳃动脉　12. 喷水孔　13. 入伪鳃动脉　14. 右背主动脉　15. 左背主动脉　16. 颌弓动脉　17. 颈总动脉

图 3-36　鲨和鳕的鳃区动脉

背主动脉往后沿脊椎骨伸达躯干部和尾部,它在躯干部发出许多血管到内脏器官,进入胸鳍及肩带的是锁骨下动脉;分布到胃、肠、肝、胆囊、鳔等为腹腔动脉;分布到脾脏的为脾动脉;分布到卵巢的为卵巢动脉;分布到精巢的为精巢动脉;分布到肾脏的为肾动脉;分布到臀鳍的为臀鳍动脉;背主动脉深入分布到尾部后的为尾动脉等。如图 3-37 所示。

背主动脉或第一出鳃动脉向头部发出颈总动脉,它又分为颈动脉和颈内动脉两支,分布到脑部、上下颌、眼、鼻及吻部等各区域。伪鳃动脉和鳃下动脉等分布到伪鳃、鳃盖及心脏等处。硬骨鱼类左右背主动脉和颈动脉联合成网状结构,叫头环,其形式因鱼种不同而异,或简或繁。

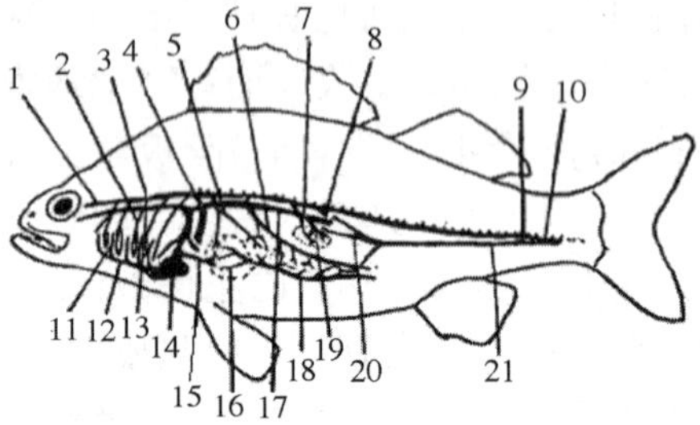

1. 颈总动脉　2. 出鳃动脉　3. 背主动脉　4. 锁骨下动脉　5. 腹腔动脉　6. 上肠系统膜动脉　7. 生殖腺动脉　8. 肾动脉　9. 尾动脉　10. 体节动脉　11. 入鳃动脉　12. 腹主动脉　13. 前主静脉　14. 心脏　15. 肝静脉　16. 肝门静脉　17. 后主静脉　18. 肠静脉　19. 生殖腺静脉　20. 肾门静脉　21. 尾静脉

图 3-37　鱼类循环系统模式

(二) 静脉

一对前主静脉在眼肌和舌弓处扩大成为血窦(即眼窦和舌窦),接受来自颜面、口腔、舌弓、鳃弓背部、眼、鼻和脑等处的回心血液。在鳃腔下方和腹主动脉之上的颈下静脉接受下颌、口咽腔底、第一至第四鳃弓腹侧部的血液,直接开口于静脉窦。

真骨鱼类尾部的尾静脉进入体腔后分成左面的一支肾门静脉,经肾脏汇集到左后主静脉;右面的一支进入右侧肾脏,不形成右门静脉,直接连接到右后主静脉。后主静脉不但收集肾脏的血液,而且收集体壁各体节、背鳍、臀鳍等处的静脉血。由消化器官流来的经肝门静脉进入肝脏,经肝脏的毛细血管网汇集到肝静脉,左右肝静脉分别连到左右古维尔氏管的后方。来自胸鳍和肩带的血液流入锁骨下静脉。

四、淋巴和淋巴管

鱼类的淋巴系统由淋巴和淋巴管组成。淋巴系统较高等脊椎动物不发达,与静脉系统有着密切的关系。

(一) 淋巴

淋巴(Lamph)是身体各处组织液中汇集到淋巴管中的无色透明液体组织,最终汇集到静脉系统中,参加血液循环。淋巴的组成成分与血液相似,主要由血浆和各种白血球组成,但无红血球,因此无色。淋巴的主要功能是供给细胞的营养,清除废物。另外,它对幼鱼的骨骼生长也有辅助作用。

(二) 淋巴管

鱼类组织液中的毛细淋巴管(Lamph duct)汇合形成较粗的淋巴管。真骨鱼类的躯干部和尾部有许多成对或不成对的淋巴干管,即最主要的椎下淋巴干管由尾部沿主动脉两侧走向头部,鱼体的表层从尾部到头部沿侧线纵行于皮肤下面的侧淋巴干管,沿肌隔往上下分出许多小淋巴管,另外还有两条背淋巴管和腹淋巴管。椎下淋巴干管与头部淋巴干管一起开口于后主静脉,侧淋巴干管或注入头部淋巴窦或注入古维尔氏管。淋巴心位于最后一椎骨的下面,呈圆形,由尾静脉的一部分发育而成,它能不断地搏动。左右淋巴心又由管相通,淋巴心有瓣膜调节其搏动和淋巴的流向。淋巴管中也有瓣膜促使淋巴向静脉方向流动和阻止血液逆流向淋巴管。板鳃类淋巴系统只有淋巴管,无淋巴心和淋巴窦。主要淋巴管为椎下淋巴干管和腹淋巴管。

第六节 尿殖系统

鱼类的尿殖系统(Urogenital system)为泌尿系统(Urinary system)和生殖系统(Reproductive system)总称,在发生、构造上有着密切的联系,有的甚至使用相同的导管。泌尿系统排出新陈代谢产生的废物,而生殖系统则产生性产物,完成生殖功能。

一、泌尿系统

(一) 泌尿器官

泌尿器官(Urinary organ)主要包括一对肾脏及其输导管。肾脏起源于中胚层的生肾节,经过前肾和中肾阶段。前肾是脊椎动物最早出现的泌尿器官,位于体腔最前端,为鱼类胚胎时期主要的泌尿器官,少数情况下在仔鱼期仍有泌尿机能,在成鱼期退化。但光鱼(*Fierasfer*)和绵鳚(*Zoarces*)等个别种类的成体仍保留泌尿机能。有些真骨鱼类的成体肾脏的前端尚有前肾的残余,称之为头肾,不具备泌尿机能,已变成淋巴髓质组成,成为一种造血器官。中肾是鱼类成体的泌尿器官,呈块状组织,位于体腔背壁、鳔的背方,腹面覆有体腔上皮。中肾有许多不按节排列的中肾小管,由单层上皮细胞组成,多数中肾小管为盲管,仅少数仍保留肾口。中肾小管的前端膨大呈球状,前壁向内凹入形成具有两层细胞的杯状深凹,称为肾小球囊或鲍氏囊,背主动脉的分支深入到每一肾小球囊内,形成球状的血管小球(又叫肾小球),并与肾小球囊内壁相密接。肾小球囊和血管构成的完整结构叫肾小体(或叫马氏体)。中肾小管将肾小球囊过滤的排泄废物通过中肾管排出体外。由于淡水鱼类生活在淡水环境中,因渗透调节的需要其肾小球囊数量大大多于海水鱼类。如图 3-38 所示。

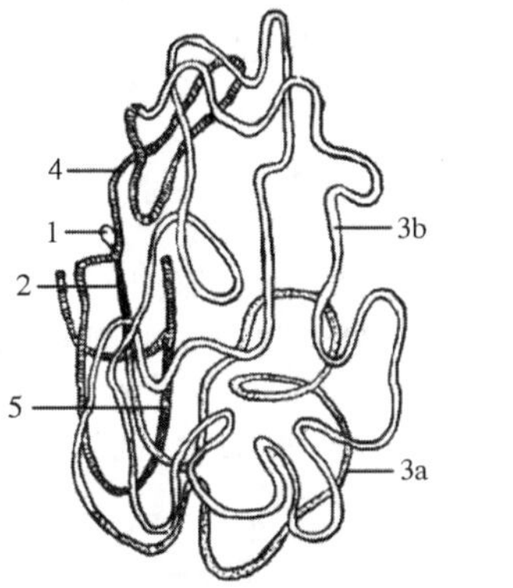

1. 肾小体 2. 颈节 3a. 近球弯曲肾小管一部分 3b. 近球弯曲肾小管第二部分 4. 远球弯曲肾小管 5. 集合细管

图 3-38 大西洋产鳗鲡的中肾小管

(二) 输尿管

肾脏过滤的新陈代谢废物由肾小管汇集到输尿管,借助输尿管肌肉壁的蠕动将尿液排出体外。一般而言,鱼类的输尿管有1对,在胚胎期前肾执行泌尿机能,前肾管就是输尿管。到成体时,前肾退化,前肾管则纵列为二,其中一根与中肾的肾小管相同,担起输尿的机能,叫中肾管或吴夫氏管;另一根在一定时间内仍保持与前肾相通,之后退化,或有的鱼类担起输送卵细胞的机能,叫米勒氏管。

(三) 膀胱

膀胱(Urinary bladder)是贮存尿液的薄壁球状器官,尿液由输尿管输入,同时便于积聚起来到一定时候排出体外。大多数鱼类输尿管后端膨大而形成膀胱。内鼻孔亚纲鱼类的膀胱是对着中肾管开口的泄殖腔壁突出而成的。

(四) 各类鱼泌尿器官的特点

圆口类的幼鱼阶段,前肾仍然发挥作用,成体以中肾执行泌尿机能,前肾退化。软骨鱼类的泌尿器官是一对中肾,它的前肾管纵列为中肾管和米勒氏管后,中肾管即为输尿管,米勒氏管成了雌体的输卵管,而雄体的米勒氏管则退化消失。雄体中肾管前部已无排泄机能,中肾管与精巢的输出管相联系,成了输精管。雄体肾脏后部另有一对中肾辅助管集合成输尿管,雌体也有中肾辅助管,但较不发达。中肾往后经泌尿乳突(雌体)或尿殖乳突(雄体)开口于泄殖腔,但全头亚纲无泄殖腔而直接开口于体外。硬骨鱼类的前肾退化,中肾执行泌尿机能,肾脏与生殖器官无联系,输尿管即中肾管,米勒氏管退化。有的鱼类头肾膨大。海龙科、鳠鱼科、巨喉鱼科及蟾鱼科等少数类型鱼肾脏完全缺乏肾小体,称为无球肾脏。据资料记载,海水鱼中已发现有12科25种,而淡水鱼中极为罕见。如图3-39、图3-40与图3-41所示。

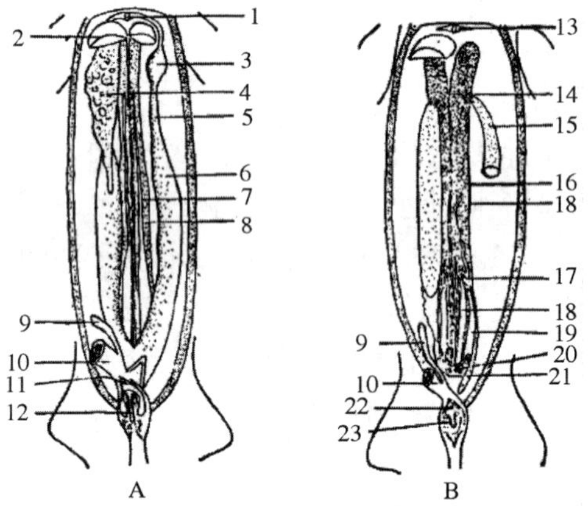

A. 雌性　B. 雄性

1. 输卵管腹腔口　2. 肝脏　3. 卵壳腺　4. 卵巢　5. 输卵管　6. 子宫　7. 输卵管　8. 肾脏　9. 直肠腺　10. 直肠　11. 肛门　12. 泌尿乳突　13. 退化的输卵管　14. 输出管　15. 精巢　16. 输精管　17. 中肾辅助管(输尿管)　18. 贮精囊　19. 精巢　20. 输尿管开口　21. 贮精囊开口　22. 泄殖腔　23. 尿殖乳突

图3-39　星鲨的尿殖系统

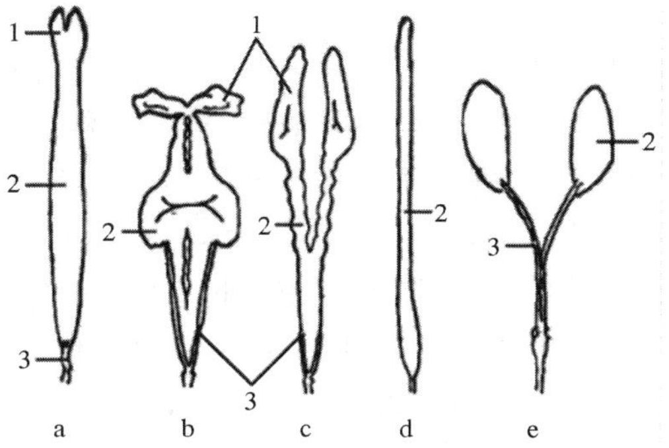

a. 池沼公鱼　b. 鲤类　c. 鲈　d. 海龙　e. 裸躄鱼
1. 头肾　2. 肾脏　3. 输尿管
图 3-40　硬骨鱼的肾脏

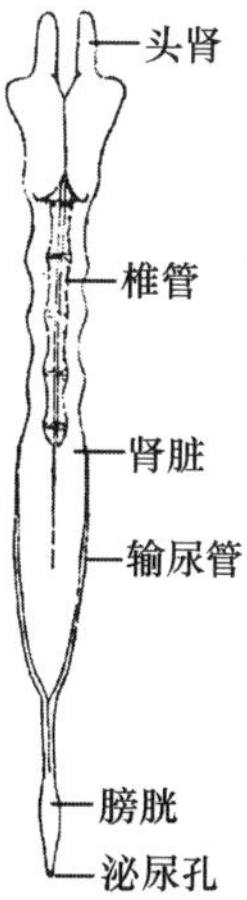

图 3-41　鲮的肾脏

二、生殖系统

鱼类的生殖系统(Reproductive system)由生殖腺(gonad)和生殖导管组成。体内受精的鱼类有特化的交接器,用以输送成熟的精子进入雌鱼的生殖导管内。

(一) 生殖腺

鱼类的生殖腺分为卵巢(Ovary)和精巢(Testis),以系膜悬于腹腔的背壁,经过系膜与血管、神经发生联系。圆口类的生殖腺不成对,细条状。软骨鱼类和硬骨鱼类的生殖腺大多左右成对且对称,但有些鱼类的生殖腺不左右对称,如沙丁鱼、香鱼、池沼公鱼、海鳗和小口鲽等;鲆鱼和拟庸鲽右侧的生殖腺大,黄鳝的左侧大;水珍鱼科、小口鱼科的生殖腺每侧有两叶,共计四叶。

1. 卵巢和卵子

如图 3-42 所示,鱼类的卵巢分为裸卵巢和被卵巢两种,裸卵巢又叫游离卵巢,不含卵巢膜

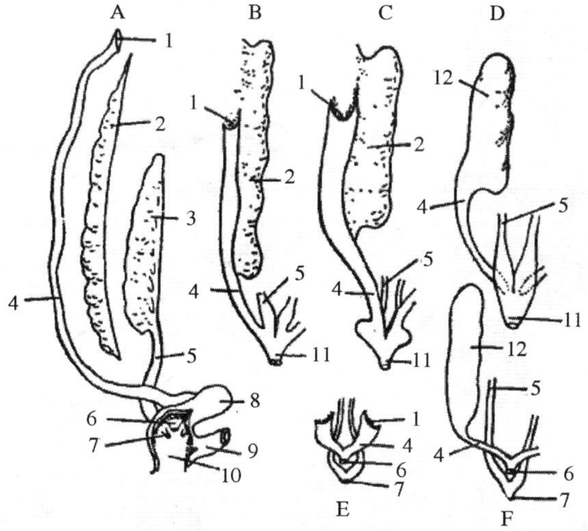

A. 非洲肺鱼　B. 多鳍鱼　C. 弓鳍鱼　D. 雀鳝　E. 鲑　F. 真骨鱼类
1. 输卵管腹腔口　2. 卵巢　3. 肾脏　4. 输卵管　5. 中肾管　6. 输卵管孔
7. 泌尿孔　8. 膀胱　9. 直肠　10. 泄殖腔　11. 腺殖乳突　12. 封闭卵巢
图 3-42　几种鱼类的雌性生殖器官

包围，卵裸露在体腔内，如圆口类、板鳃类、全头类和肺鱼类的卵巢；被卵巢又叫封闭卵巢，含有卵巢膜包围，如大部分真骨鱼类。

圆口类的卵巢单个，成熟的卵子直接掉入体腔，没有输卵管，卵子直接由肛门后面的泄殖腔排出体外。板鳃类的卵巢大多成对，也有少数仅一侧发达(如猫鲨科、斜齿鲨科、鳐鲼等)。卵子成熟后排入体腔，由体壁肌肉收缩经输卵管腹腔口进入输卵管。全头类和肺鱼类的卵巢与板鳃类的相似。大部分真骨鱼类的卵巢中卵子成熟后落入卵巢腔内，接着进入输卵管，体内受精的鱼类成熟的未受精卵子不排出体外，而体外受精的鱼类则排出体外。

如图 3-43 所示，鱼类的卵子包括端黄卵与间黄卵两种，前者卵黄量丰富且集中分布于植物极，而后者卵黄不丰富且分散于原生质中。不同鱼类，卵子大小差别很大，如一些鰕虎鱼的卵径仅 0.3～0.5mm，而鼠鲨的卵径可达 220mm。硬骨鱼类卵子一般为 1～3mm，但海鲇卵径达 11.7mm，大麻哈鱼也有 6.5～7.5 mm。一般无护卵行为鱼类的卵子较小，卵胎生和胎生鱼类卵子较大。根据卵子生态特点和比重，一般分有沉性卵、浮性卵和漂流性卵等类型。①沉性卵：卵子比重比水大，产出后沉在水底，卵粒一般也较大。淡水鱼类多产沉性卵，海水鱼类却不多，鲱鱼类中有几种是产沉性卵。根据卵粒有无黏性，又分成无黏性卵，如鲟鳇鱼类、鳅科鱼类等的卵，粒粒分离；黏性卵，卵膜外层遇水后具黏性，或长有黏丝，产后附着于水草、石块等产卵基质上，如鲤、鲫、鳊和飞鱼等的卵子。②浮性卵：卵子比重比水小，产出后漂浮于水层中，卵粒一般也较小，内含油球，一般无色透明，自由漂浮在水体上层。有些鱼类的卵子相互粘结，外包一层胶质外套，形成透明卵块漂浮水面，如鮟鱇。海水鱼的卵多属浮性卵，淡水鱼类产浮性卵的不多。③漂流性卵：又称半浮性卵。这类卵产出后吸水膨胀，出现较大的卵周隙。比重稍大于水。在流水中悬浮于水层中，静水中则下沉至底部，如鲤科的草鱼、青鱼、鲢和鳙等的卵子。

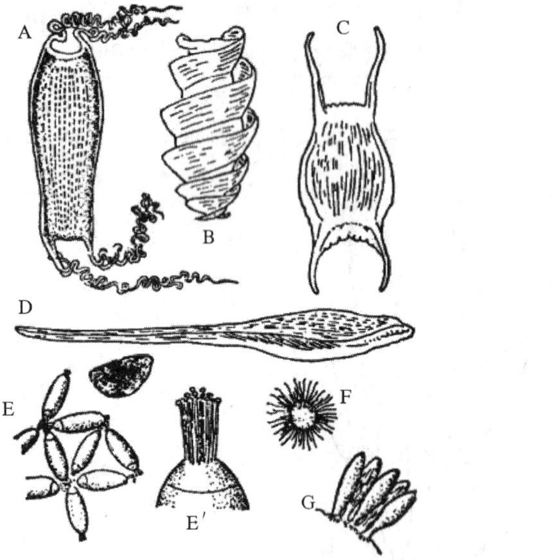

A. 瞄鲨的卵壳　B. 虎鲨的卵壳　C. 花鳐的卵壳
D. 锟鲛的卵壳　E. 加利福尼亚盲鳗的卵
E′. 一个卵子的动物极　F. 颌针鱼的卵　G. 黑虾虎鱼的卵

图 3-43　几种鱼的卵子形态

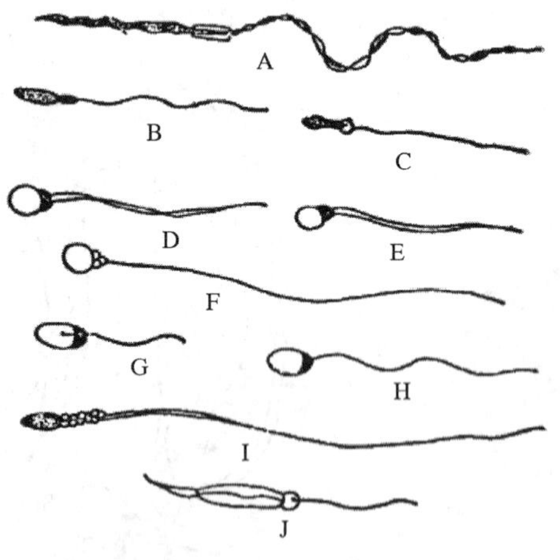

A. 鳐　B. 七鳃鳗　C. 鲟　D. 狗鱼　E. 河鲈
F. 大西洋鲱　G. 虹鳟　H. 鳟鲑　I. 虹　J. 欧洲鳗鲡

图 3-44　几种鱼的精子形态

2. 精巢和精子

如图 3-44 所示，圆口类的精巢单个，七鳃鳗的精巢呈叶状，外面有一层腹膜，其中被结缔组织膜分成许多封闭的小囊泡，由此产生精细胞。板鳃类的精巢一般呈乳白色，多数成对，借系膜连附于体腔背壁，系膜上有许多极细小的输出管与肾脏前部相通；全头类的精巢也成对，呈卵圆形。真骨鱼类的精巢分为壶腹型和辐射型，鲱科、鲤科、狗鱼科、鳕科及鲐科等精巢属于壶腹型；鲈形目鱼类的精巢为辐射状排列的叶片状，呈圆锥形，有纵列状凹穴，底部有输出管，精液经此排出。精子形小而活力强，有核和原生质，在外形上分为头部、颈部和尾部，头部原生质密集，形成顶体以穿过卵膜，颈部较短，很长的尾部为运动推进器，超出头部长度好多倍。鱼类的精子依据结构分为螺旋形、栓塞形和圆形。板鳃类精子螺旋形，七鳃鳗、肺鱼和鲟的精子呈栓塞形，真骨鱼的精子多为圆形。

（二）生殖导管（Reproductive duct）

鱼类的生殖导管有输卵管和输精管，圆口类和某些真骨鱼类完全没有生殖导管。软骨鱼类的输卵管（米勒氏管）前端较细，受精在此处进行，左右输卵管在肝脏前方延伸成合一的输卵管腹腔口，输卵管后方有一扁平卵圆形的卵壳腺，以备受精卵经过此处时包被卵壳，后端称为子宫，左右输卵管最终开口于泄殖腔，个别种类（如猫鲨）左右输卵管合并后以一个总孔开口于泄殖腔；而雄鱼的输精管为中肾管（马夫氏管），前端迂曲，后端变直，并扩大成为贮精囊，其末端突出成一对长的盲囊，即精囊（退化的米勒氏管远端部分），贮精囊通入尿殖窦，经尿殖乳突，开口于泄殖腔。全头类无泄殖腔，输精管和输卵管均经尿殖窦独立开口于体外。真骨鱼类中，大多数分别以输卵管和输精管直接相连于卵巢和精巢；有些鱼类的输卵管有一定程度的退化或消失，仅以前端漏斗状输卵管，或极短的漏斗状的输卵管承接卵子，或者输卵管完全消失，卵子最终经过生殖孔排出，如鲑科、胡瓜鱼科、鳗鲡科及泥鳅等。而精巢则以输精管连接生殖孔。真骨鱼类的生殖开孔复杂多样，有些种类的生殖管与泌尿管汇合后组成尿殖窦，以尿殖孔开口于体外，如罗非鱼、真鲷的雄鱼；有的则生殖孔、尿殖孔和肛门三孔各自独立开口于体外，如鲑鱼、鲱鱼、狗鱼、电鳗和魴鮄等所有雌、雄鱼在肛门和泌尿孔之间开有生殖孔。有的生殖管开口于膀胱，如海鳝；有的生殖孔与肛门开在一起，如江鳕；有的生殖孔、尿殖孔和肛门三孔共同开一总口，如海龙。有的鱼生殖管或尿殖乳突延长成管状突起，雄鱼作为交接器，而雌鱼则作为产卵器，如食蚊鱼雄体，鳑鲏的雌体。

第七节　神经系统与感觉器官

鱼类依靠神经系统对各系统和器官之间进行正常的生理和活动的协调，鱼类的神经系统包括中枢神经系统、外周神经系统（周围神经系统）和植物性神经系统。中枢神经系统包括脑和脊髓两部分，外周神经系统包括脊神经和脑神经，植物性神经系统又包括交感神经和副交感神经。

一、神经系统

（一）中枢神经系统（Central nervous system）

1. 脑的构造与机能

鱼类的脑包括端脑、间脑、中脑、小脑和延脑 5 个部分，脑壁较厚，包裹在脑颅之内。

1）端脑（Telencephalon）

端脑位于脑的最前端，由嗅脑和大脑组成，嗅脑和嗅觉器官相连，是嗅觉中枢；嗅脑后方紧接大脑，大脑中央有纵沟，将其分为左右 2 部分，即大脑半球，大脑背壁无神经组织为上皮细胞组成的薄壁,腹壁上有许多神经细胞集中而成的纹状体。大脑内有一脑腔叫侧脑室,左右脑室分隔不完全,与嗅脑的中央腔相通。端脑是嗅觉神经中枢,底栖和夜间摄食的鱼类端脑很发达。圆口类和板鳃类的嗅脑体积很大,嗅觉甚为发达,硬骨鱼类的端脑也大,嗅觉也发达,但较前两类鱼次之。

2) 间脑(Diencephalon)

间脑位于大脑后方的凹陷部分,常被中脑所掩盖,其背面中央突出一条长线状的脑上腺(Epiphysis,也叫松果腺(Pineal gland))。其腹面前方有视神经,成交叉状,叫视交叉。视神经之后有一圆形或椭圆形漏斗,再后为脑垂体,漏斗两侧各有一下叶,下叶后为血管囊。间脑内的空腔为第三脑室。间脑可分为上丘脑、丘脑和下丘脑 3 部分,分别位于第三脑室背面、侧壁和腹壁。间脑为嗅觉、味觉和其他类型的感觉兴奋的调节中枢,对激素的分泌和调节有一定的作用,也有暗化中枢,即当强光影响到间脑时,可使鱼体变黑,而当弱光影响到间脑时鱼体又会变白。血管囊被认为压力感受器,也有学者认为这与分泌机能有关。

3) 中脑(Mesencephalon)

中脑位于间脑的后背方,由腹面的基部(也叫被盖)和背面的顶盖两个部分组成,顶盖被纵行沟分为两个半球,叫视叶,视神经的末端位于视叶背侧。第Ⅲ、第Ⅳ对脑神经末端位于视叶内,其核也在中脑内。中脑内的空腔叫中脑腔,与第三、第四脑室相通。中脑为鱼类视觉中枢。

4) 小脑(Cerebellum)

小脑位于中脑的后背方,呈椭圆形和球形体。小脑内腔为第四脑室,向后延伸到延脑。小脑是鱼类运动的主要调节中枢,其大小随鱼类的活动能力而有不同。圆口类的小脑很不发达,软骨鱼类和硬骨鱼类的小脑都很发达,硬骨鱼类的小脑上壁很厚。

5) 延脑(Myelencephalon)

如图 3-45 所示,延脑位于脑的最后部分,呈长三角形,前宽后窄,内有一腔,是第四脑室,其后部通出头骨枕孔即为脊髓,二者之间无明显的界限。第Ⅴ~Ⅹ对脑神经均由延脑发出。有些硬骨鱼类的延脑前部背面有面叶,面叶两侧有一对迷走叶。延脑包括许多方面的神经中枢面叶和迷走叶,是味觉中枢,如鲤鱼、鲇鱼等;延脑还有皮肤感觉中枢、听觉中枢、呼吸中枢和色素调节的亮化中枢等,并对消化、循环等内脏器官有协调作用。

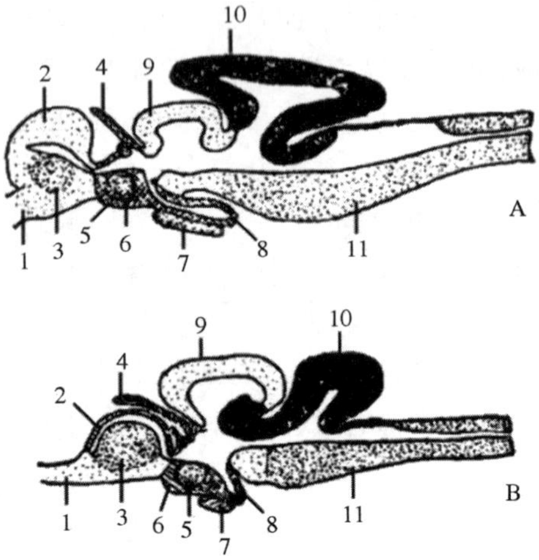

A. 板鳃鱼类　B. 真骨鱼类

1. 嗅束　2. 大脑　3. 基神经节　4. 脑上腺　5. 视神经及视束　6. 间脑　7. 脑垂体　8. 血管囊　9. 中脑　10. 小脑　11. 延脑

图 3-45　板鳃鱼类和真骨鱼类脑的纵切面

2. 脊髓(Spinal cord)

如图 3-46 示意,脊髓为一条扁椭圆长柱状的管子,前面与脑连接,向后一般可达尾椎末端,包藏在脊椎骨的髓弓内,脊髓的中央为灰质,四周为白质。圆口类的脊髓为一扁状管,构造很原始。大多鱼类的脊髓圆柱形,并可一直伸到尾椎末端,但也有些种类的脊髓很短,如鮟鱇鱼、翻车鱼等。

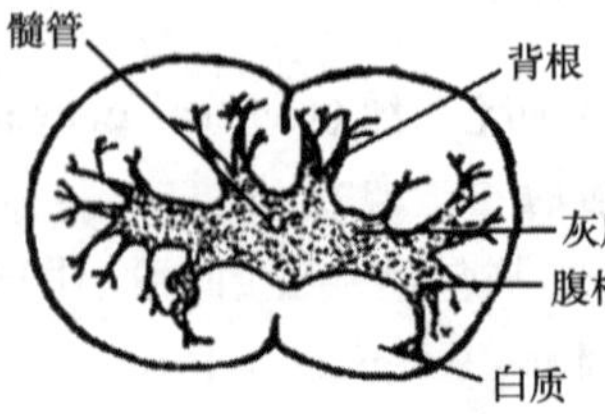

图 3-46　鲑的脊髓横切面

(二) 外周神经系统

外周神经系统(Peripheral nervous system)由神经和神经节组成,包括脊神经和脑神经,把感觉冲动由身体各部的皮肤、肌肉和内脏器官等传导到中枢神经系统,以及把运动冲动由中枢传导到身体各部位。

1. 脑神经(Cranial nerve)

鱼类的脑神经由脑部发出,通过头骨孔而达身体各部位,包括感觉神经纤维、运动神经纤维、内脏感觉与运动神经纤维,如嗅神经(Ⅰ)、视神经(Ⅱ)和听神经(Ⅷ)只包括感觉神经纤维,为感觉神经;动眼神经(Ⅲ)、滑车神经(Ⅳ)和外展神经(Ⅵ)只包括运动神经纤维,是运动神经;三叉神经(Ⅴ)、面神经(Ⅶ)、舌咽神经(Ⅸ)和迷走神经(Ⅹ)则包括感觉和运动两种神经纤维,是混合神经,如图 3-47 所示。

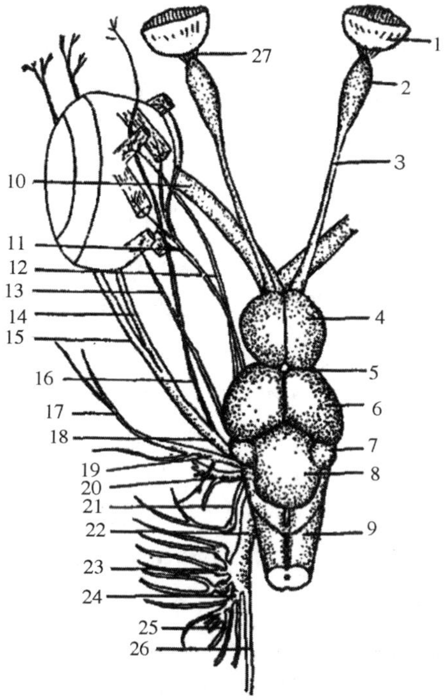

1. 嗅囊　2. 嗅球　3. 嗅束　4. 大脑　5. 脑上腺　6. 中脑　7. 小脑髻　8. 小脑　9. 延脑　10. 视神经　11. 动眼神经　12. 滑车神经　13. 外展神经　14. 上颌支　15. 下颌支　16. 深眼支　17. 舌颌支　18. 三叉神经　19. 面神经　20. 听神经　21. 舌咽神经　22. 迷走神经　23. 鳃支　24. 内脏支　25. 心脏支　26. 侧线支　27. 嗅神经

图 3-47　鲅鱼的脑神经

(1) 嗅神经(Olfactory nerve):为第Ⅰ对脑神经,细胞本体在鼻黏膜上,由嗅觉细胞发出的神经纤维达到端脑的嗅叶上,这对神经的特点是仅包括感觉神经原的轴突,没有树突。在圆口类、板鳃类、硬磷类及少数硬骨鱼类等的嗅神经很短,嗅叶分化为嗅球及嗅束2 部分;在另一些硬骨鱼类的嗅神经很长,嗅叶未分化,紧贴在大脑的前方。嗅神经专司嗅觉,为纯感觉性神经。

(2) 视神经(Optic nerve):为第Ⅱ对脑神经,细胞本体在视网膜上。神经纤维结合成视神经穿过眼球的数层外衣,经过眼窝而连到间脑,神经的末端达到中脑。视神经专司视觉,为纯感觉性神经。

(3) 动眼神经(Oculomotor nerve):为第Ⅲ对脑神经,由中脑腹面两侧发出,穿过翼蝶骨及副蝶骨间的视腔,进入眼眶后,随即分支分布到眼球的上直肌、下直肌、内直肌和下斜肌。动眼神经专司眼球的运动,为纯运动性神经。

(4) 滑车神经(Trochlear nerve):为第Ⅳ对脑神经,此神经非常纤细,由中脑背面发出,穿过视腔进入眼眶,伸到眼球的上斜肌上。滑车神经专司眼球运动,也是纯运动性神经。

(5) 三叉神经(Trigeminal nerve):为第Ⅴ对脑神经,由延脑的前侧面发出,是相当粗大的一对神经。它在通出脑匣前,神经略为膨大,通常称之为半月神经节。该神经为运动性与感觉性的混合神经。

(6) 外展神经 (Abducens nerve):为第Ⅵ对脑神经,由延脑腹面发出,是比较纤细的神经,它由视腔穿入眼眶,分布到眼球的外直肌上。外展神经专司眼肌的运动,为纯运动性神经。

(7) 面神经(Facial nerve):为第Ⅶ对脑神经,从延脑侧面发出,与三叉神经的基部接近,关系也甚密切。面神经分为浅眼支、口支和舌颌支等三支。浅眼支与三叉神经的浅眼支合并,一起分布到吻部。口支穿过脑颅,分布到上颌和口腔顶部。舌颌支最粗大,分支可达舌弓、舌颌骨、下颌骨、鳃盖骨及鳃条骨等。面神经支配头部和舌弓的肌肉运动,并接受来自皮肤、触须、舌部和咽鳃等处的感觉刺激。

(8) 听神经(Auditory nerve):为第Ⅷ对脑神经,由延脑侧面发出,与三叉神经、面神经、舌咽神经的基部彼此靠拢,紧靠在面神经的后方,分布到内耳的椭圆囊、球状囊、瓶状囊以及各壶腹上。听神经专司听觉与平衡,是纯感觉性神经。

(9) 舌咽神经(Glossopharyngeal nerve):为第Ⅸ对脑神经,由延脑侧面发出。位置紧靠在听神经的后面,主干上有一神经节,节后分出两支,一支在第一鳃弓之前(可称孔前支),并分出数小支,向前达到口盖和咽部,一支在第一鳃弓之后(可称孔后支)。舌咽神经由背支的神经纤维分布到头部侧线系统中。舌咽神经司口盖及咽部的感觉、头部的一切活动,为混合性神经。

(10) 迷走神经(Nervi vagus):为第Ⅹ对脑神经,起源于延脑的侧面,是十对脑神经中最粗大的一对,分支甚多,其分布范围非常广,作用也比较大,是所有脑神经中最复杂的一支。迷走神经分出三大分支,即鳃支、内脏支、侧线支。迷走神经的功用是支配咽喉和内脏的动作,并司咽部的味觉,躯干部皮肤的各种感觉以及侧线感觉,为混合性神经。

2. 脊神经(Spinal nerve)

如图 3-48 所示,脊神经是由脊髓按体节成对地向两侧发出,分布于所在体节的肌肉与皮肤上,脊神经的数目与脊椎和肌节的数目相应。每对脊神经包括一个背根与一个腹根。背根与腹根在穿出椎骨之前相互合并,通出椎骨后即分为三支。第一支为背支;第二支是腹支;第三支是内脏支。鱼类背支、腹支及内脏支的感觉神经纤维均通过背根进入脊髓,背支及腹支的运动神经纤维通过腹根由脊髓发出,而内脏支的运动神经纤维却来自背根及腹根。

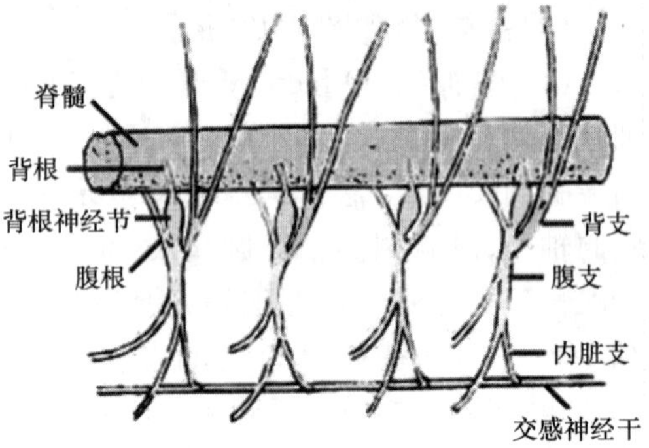

图 3-48　鲢的脊神经

鱼类偶鳍部位的脊神经或多或少相互连合形成神经丛,分布到带骨及偶鳍的神经由其发出。圆口类的背根、腹根相间发出,在七鳃鳗体内相互不合并,分别分布到皮肤和肌肉部位,而盲鳗则在周围合并在一起,再分布到外面各部分。

(三) 植物性神经系统

如图 3-49 所示,植物性神经系统(Autonomic nervous system)是一类专门支配平滑肌、心脏肌、内分泌腺和血管扩张收缩等活动的神经,与内脏的生理活动、新陈代谢有密切关系。植物性神经系统也称为自主神经系统。植物性神经系统分为二组,一为交感神经系统(Sympathetic nervous system),主要包括由躯干部脊髓发出的内脏离心神经纤维(运动神经纤维),一为副交感神经系统(Parasympathetic nervous system),主要包括由头部发出的内脏离心神经纤维。交感神经和副交感神经的作用虽然是互相拮抗的,但整体来讲,实质上仍是统一的,起着相辅相承的作用。

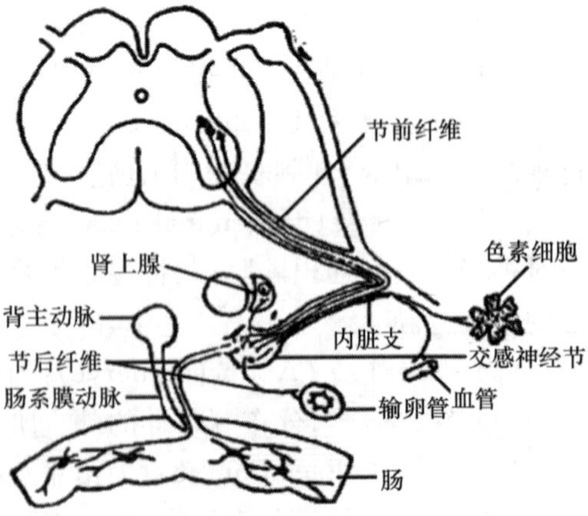

图 3-49　硬骨鱼类神经分布模式

二、感觉器官

鱼类的感觉器官是整个神经系统不可缺少的组成部分，是神经系统的外界器官，接受外界刺激，经过神经传导到中枢，产生的各种反应由中枢经过神经传导到身体各部位。鱼类的感觉器官包括皮肤感觉器官、听觉器官、视觉器官、嗅觉器官及味觉器官等。

(一) 嗅觉器官(Olfactory organ)

嗅囊：鱼类的嗅觉器官是嗅囊，嗅囊的形状由鼻腔的形状而成圆形、椭圆形或不规则形。这是一对内陷的构造，由一些多褶的嗅觉上皮组成。嗅觉上皮由头顶外胚层发生，下陷入皮肤，形成嗅囊(或称鼻囊)。嗅觉上皮的细胞分化为支持细胞和感觉细胞 2 种。圆口类的嗅觉器官不成对，单一的鼻孔开口在头背部正中。板鳃类的嗅囊成对，多在吻部腹面，为前后二部，前部为进水孔，后部为出水孔，出水孔常靠近口部位置。硬骨鱼类的嗅囊多数开口于头部的背前方，完全分开的前后两个鼻孔，前面的是进水孔，后面的是出水孔，凭借此两孔水流进入与流出嗅囊。

嗅上皮褶皱：嗅窝内的嗅觉上皮通过形成瓣状的皱褶，使嗅觉的面积大为增加。鱼类嗅觉的产生：溶解在水中的嗅刺激物，通过水流传达到嗅上皮，嗅感受细胞接受刺激。鱼类的嗅囊能感受物质所产生的化学刺激，有感觉气味的能力。

图 3-50 花鲈的嗅觉器官

鱼类的嗅觉敏感性差异：视觉好的鱼眼睛大、鼻子小，嗅觉迟钝。嗅觉好的鱼眼睛小、鼻子大，或眼、鼻都发达，嗅觉灵敏，鱼类还能识别同种和不同种鱼体的气味。

如图 3-50 所示。

(二) 味觉器官(Gustatory organ)

味蕾(Taste bud)：鱼类的味觉器官是味蕾，没有固定的味觉器官，味蕾的分布很广，在口腔、舌、鳃弓、鳃耙、体表皮肤、触须及鳍等部位都有分布，从体侧一直可以分布到尾部，分布于体表、触须、鳍膜上的味蕾称之为皮肤味蕾。

味觉敏感性：味蕾的作用是接受物质所产生的化学物质，即具有感觉味道的能力。鱼类经过训练能区别甜物、酸物、咸物及苦物的味道。鱼类的味敏感性具有种族特异性。

化学感觉的行为机能：化学感觉对鱼类的行为，如摄食、洄游、生殖、逃避敌害、种群辨认及群体的控制等有重要的调节作用。

(三) 机械感受器(Mechanoeeptor)

鱼类主要的机械感受器是皮肤感觉器官、听觉器官等。听觉器还起着身体平衡的作用。机械感受器一般由几个感觉毛细胞和一些支持细胞组成。当水流冲击鱼体时，引起感觉器胶质顶的倾斜，感觉细胞所接受的刺激通过神经纤维传递到神经中枢。

1. 皮肤感觉器官的种类

(1) 感觉芽：如图 3-51、图 3-52所示，是构造最简单的皮肤感觉器，分散在表皮细胞之间，在真骨鱼类常不规则地分布在身上、鳍上、唇上、须上及口中。分布到感觉芽的神经纤维多属于第Ⅶ、第Ⅸ、第Ⅹ对脑神经，具有

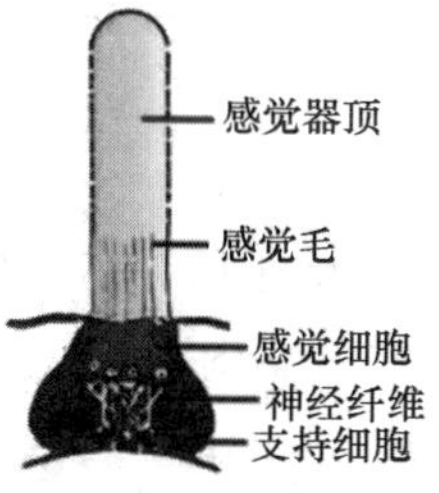

图 3-51 鱼类感觉器模式图

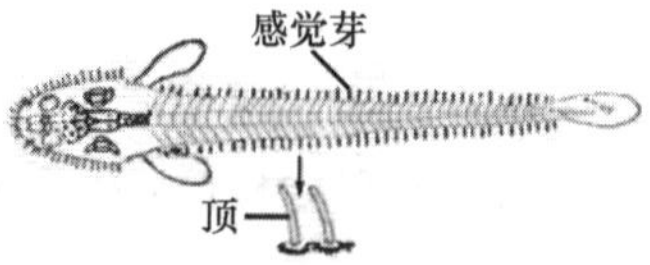

图 3-52 花鲭鱼苗体表感觉芽

触觉及感觉水流的作用。

(2) 丘状感觉器：又称陷器(Pit organ)，如图3-53所示，这类感觉器的感觉细胞低于四周的支持细胞，因而形成中凹的小丘状构造。在发生时最初也为芽状突起，后来以皮肤表面下陷呈凹窝状。陷器的作用是感觉水流和水压。栖息于水底的鱼类陷器发达，由第Ⅶ、第Ⅸ对脑神经分支所支配。

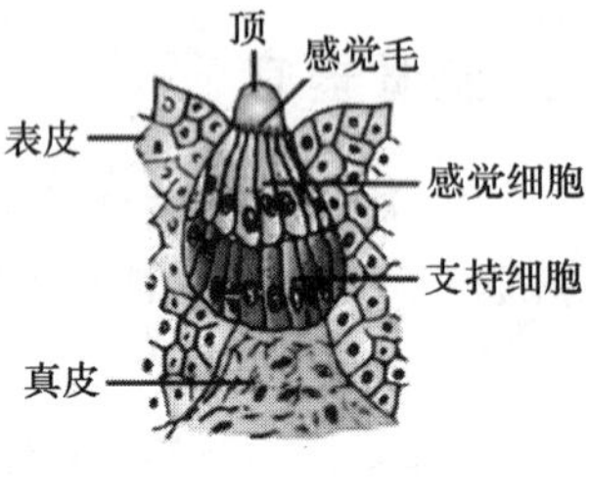

图3-53 泥鳅的陷器

(3) 侧线器官(Lateral line organ)：如图3-54所示，是鱼类及两栖类所特有的皮肤感觉器，它是一种埋在皮下的特殊皮肤感觉器官。侧线类型：侧线呈沟状开放的，如鲨类，是低等表现；侧线呈管状，埋于皮下，支管开孔于体表，如鳐类和硬骨鱼类。

侧线器官感觉传导途径：水流由侧线支管的开口处作用于管中的黏液，再由黏液传递到感觉器，使感觉器的顶发生偏斜，感觉细胞即获得刺激，刺激通过结节中的神经末梢，经侧线神经传递到延脑。

侧线分布形式：主支分布在头以后身体的两侧，由侧线神经所支配。体侧的侧线一般为身体两侧各一条，少数鱼类每侧有二条(如中华舌鳎有眼侧)或三条(如半滑舌鳎)，甚至更多(如六线鱼每侧5条)，但鲱科鱼类无侧线。头部侧线在头部分成若干分支，分布较复杂。头部侧线管主要受面神经的分支所支配，此外还受舌咽神经的支配。硬骨鱼头部侧线由于膜骨的形成而把管道埋藏在膜骨内。

鱼类侧线器官的主要作用：确定方位、感觉水流、感受低频率声波和辅助趋流性定向。

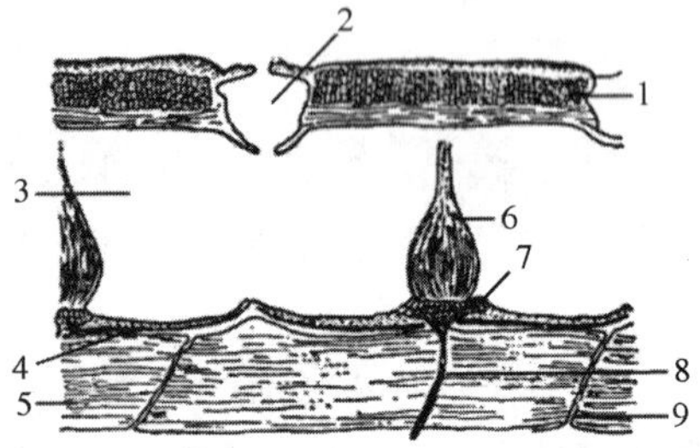

1.表皮 2.侧线管孔 3.侧线管 4.鳞片 5.肌肉
6.感觉顶 7.感觉细胞 8.神经 9.肌隔

图3-54 突吻鳗的侧线构造

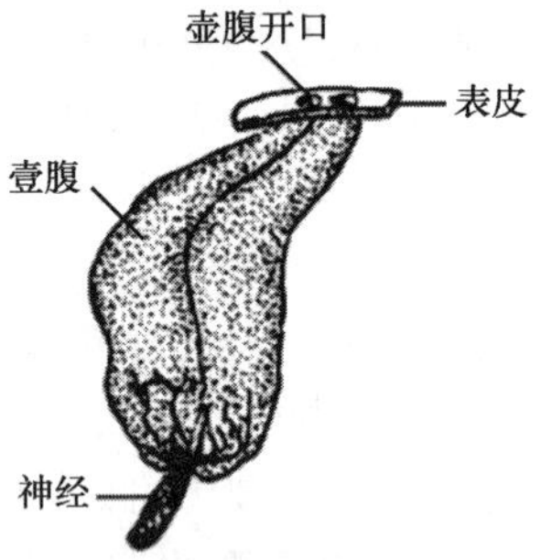

图3-55 罗伦瓮模式图

(4) 罗伦瓮：如图3-55所示，在软骨鱼类中还有一种皮肤感觉器，即罗伦瓮(罗伦氏壶腹或罗伦氏器)，它是侧线管的变形构造，分布在头部的背腹面，特别是吻部的皮肤内表面。包括罗伦氏小管和罗伦氏壶腹，前者是一种含有胶状液体的小管组成的丛状结构，后者是罗伦氏小管的一端膨大成壶腹，有神经末梢分布，另一端开孔于皮肤表面。罗伦瓮的功能基本上与侧线器官相同，但反应比较慢。此外还具有感压、感温的功能，并且是一种电感受器。

2. 听觉器官

鱼类的听觉器官只有内耳，没有中耳及外耳。其结构与功能如图3-56所示。

(1) 内耳的构造：内耳埋藏在头骨的听囊内，位于上耳骨、翼耳骨、蝶耳骨、基枕骨、前耳骨及外枕骨里面。内耳由上下两部分组成，上部椭圆囊，下部球状囊。内耳每侧一般有三块耳石，在椭圆囊中靠近前半规管和水平半规管的壶腹处，有一块微耳石；球状囊内有一块最大的矢耳石；在瓶状囊内是一块较小的星耳石。随鱼体生长的继续，耳石也成层地增大，故可借耳石与其他构造相对照，研究鱼类的年龄和生长。在壶腹内的感觉上皮形成听嵴，在椭圆囊、球囊内的感觉上皮称听斑（Acoustic spot），其基本结构与侧线的感觉器相类似，听嵴的顶很长，可以达到壶腹的对壁，而听斑的感觉毛稍短。内耳各腔的内面有感觉细胞和第VIII对脑神经的末梢相联系。

(2) 鱼类听觉能力：鱼类的听觉能力因鱼的种类相差很大。侧线器官只能感受100Hz以下的低频声波。骨鳔鱼类听觉频率的范围较宽，听觉灵敏。无鳔鱼或鳔与内耳没有联系的非骨鳔鱼类的听觉能力差。听觉频率上限一般低于1000Hz，鳔与内耳有联系的非骨鳔鱼类的听觉能力介于上述两类鱼之间。

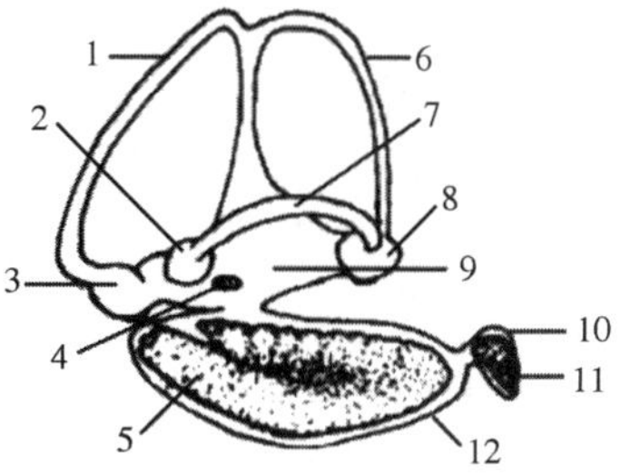

1. 前半规管　2. 本平半规管壶腹　3. 前半规管壶腹　4. 微耳石　5. 矢耳石　6. 后半规管　7. 水平半规管　8. 后半规管壶腹　9. 椭圆囊　10. 瓶状囊　11. 星耳石　12. 球囊

图3-56　花鲈的听觉器官

(3) 位觉（Statodynamic sense）：位觉中心在内耳的上部，即椭圆囊和半规管。如果切除椭圆囊和半规管，鱼就完全失去平衡，游泳时不能定向，但不影响听觉。如果切除内耳的下部（球囊），就不会引起平衡的失调。

3. 光感受器

鱼类的光感受器（Photoreceptor）是眼，位于脑颅两侧的眼眶内。其构造与功能如图3-57所示。

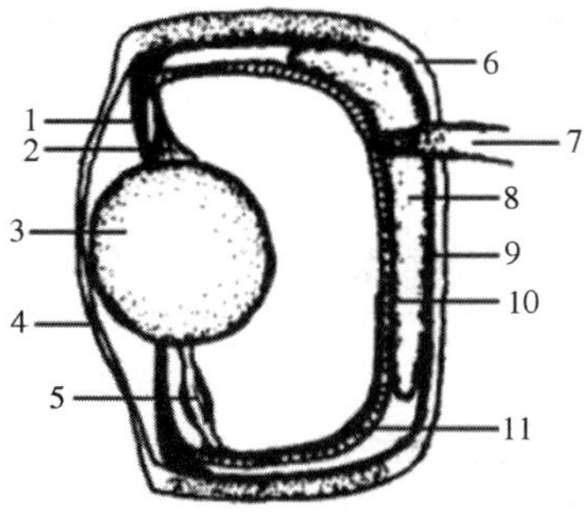

1. 虹膜　2. 悬韧带　3. 晶状体　4. 角膜　5. 晶状体缩肌　6. 巩膜　7. 视神经　8. 脉结膜　9. 银膜　10. 视网膜　11. 镰状突

图3-57　硬骨鱼类眼的纵剖

(1) 基本构造：鱼的眼睛多呈椭圆形，其内部构造由被膜及调节器组成。鱼类的眼球壁由巩膜、脉络膜及视网膜等三层被膜组成。巩膜（Sclera）为眼球最外层，软骨鱼类为软骨质，硬骨鱼类多为纤维质，其作用是保护眼球；脉络膜（Choroid）为紧贴在巩膜内的一层，富有血管和色素，它由银膜、血管膜及色素膜三层组成，而银膜是紧贴在巩膜里面，具有银色闪光的色泽，含有鸟粪素，具有反射光线到视网膜的作用，血管膜是紧贴银膜内侧，含有丰富的血管，供给眼球营养，色素膜内含色素细胞，呈黑色；视网膜（Retina）为眼球的最内层，由数层神经细胞组成，是产生视觉作用所在的部位，视网膜结构分为十层，即色素上皮层、视杆细胞（Rod cell）、视锥细胞（Cone cell）、双极细胞和节细胞（Ganglionic cell）。另外，除被膜外，鱼的眼睛内还有晶状体、水状液、玻璃液、镰状体、铃状体和悬韧带等调节器。晶状体大，呈圆形起到透镜的作用；水状液光线很好通过；玻璃体充满的液体为玻璃液，是黏性很强的胶状物，能固定视网膜的位置；镰状体（镰状突）位于硬骨鱼类的眼球内，眼后房中腹面的视网膜上，起自盲点，沿腹面向前伸到晶状体后方；而铃状体（晶状体缩肌）是一块较小的平滑肌，一端与镰状体前端相连，另一端以韧带连在晶状体上，以调节视觉；悬韧带一端连于虹膜上，另一端与晶状体背面相连，借此系着晶状体。

(2) 鱼的视觉作用：鱼类眼球的结构就如照相机的构造，晶状体相当于照相机的透镜，虹膜如光圈，但鱼类虹膜的收缩性较小，视网膜则相当于照相的软片。物象透过扁平的角膜，经眼前房到达晶状体，由晶状体的折射作用，光线又透过眼后房到达视网膜，形成视象，由视神经传达到视叶，最后综合为视觉。对于鱼类，一般能透过水的光波都能被看见，大多数鱼类的可见光谱为400～750nm。底栖鱼类，如星鳐的可见光谱范围较小，为440～650nm。

4. 鱼类的感受与反应(趋性)

这是指在单向的环境刺激下,动物的定向行动反应,例如鱼类的向光行动(称正趋光性)或背光行动(称负趋光性)。趋性属于定型反应,是本能行为中最简单的一种。

第八节 内分泌系统

鱼类内分泌腺所分泌的物质叫激素,是一种由内分泌腺生成的生理效应很强的有机化合物,内分泌激素通过血液对全身各器官、组织和细胞起着刺激性或抑制性的作用。激素的性质:(1)不同内分泌腺分泌不同的激素,需经血液带到其他器官才起作用;(2)激素分泌过多或过少可引起病态;(3)激素作用的快慢随种类而异,肾上腺素 1～2 min 内可起作用,胰岛素要几个小时起作用,甲状腺素需几天才起作用;(4)激素在体内产生,也在体内破坏。

内分泌腺分泌的激素在机体内的主要作用是促进生长、发育、生殖等基本生理机能,调节新陈代谢。内分泌腺在鱼体中的分布一般有固定的位置,但与其他脊椎动物相比,鱼类的内分泌腺的某些腺体尚为分散的细胞组织状态,未形成完整的器官。鱼类的内分泌腺有脑垂体、甲状腺、性腺、肾上腺、胸腺、胰岛、尾垂体与后鳃腺等。

一、脑垂体

鱼类的脑垂体(Hypophysis cerebri)位于间脑腹面,视神经交叉后面的正中线上,常嵌在前耳骨的凹窝里。

(一) 形态构造

脑垂体分为神经垂体(Neurohypophysis)和腺垂体(Adenohypophysis)两部分。神经垂体起源于脑的部分,直接与间脑相连,其神经纤维常伸展到腺垂体。腺垂体分化为前腺垂体、中腺垂体及后腺垂体三个部分。

板鳃类脑垂体的形状是叶片状,一般具垂体腔;硬骨鱼类垂体的形状各不相同,有半球状、有卵圆形,也有心形,甚至纺缍形,没有垂体腔。

(二) 机能

脑垂体是内分泌腺中最重要的一种,它所产生的激素,不仅可以作用于身体各组织,而且特别能调节其他内分泌腺的活动。鱼类的腺垂体分泌六种多肽激素,其靶组织和生理机能见表 3-3 所示。

表 3-3　腺垂体分泌的激素及其生理机能

激素名称	靶 标	生理机能	调节
促肾上腺皮质激素(ACTH)	肾上腺皮质	增加肾上腺皮质类固醇类激素的生成与分泌	CRH 刺激其释放;ACTH 抑制 CRH 的释放
促甲状腺激素 (TSH)	甲状腺	增加甲状腺激素的合成与分泌	TRH 促进其释放;甲状腺素抑制其释放
促性腺激素(GTH)	精巢和卵巢	增加性腺类固醇激素的生成与分泌;促进配子生成,性腺发育成熟和排精排卵	促性腺激素释放激素 GnRH,促进其释放;性类固醇激素和 GRIF 抑制其释放

续表

激素名称	靶 标	生理机能	调节
生长激素(GH)	所有组织	促进组织生长,增加 RNA 合成、蛋白质合成,葡萄糖与氨基酸运输;促进脂解与抗体形成,等等	GRH 的分泌刺激其释放
催乳激素(PRL)	鳃、肾脏	渗透压调节和水盐代谢	PIH 的分泌抑制其释放
黑色素细胞刺激激素(促黑激素. MSH)	黑色素细胞	促进黑色素细胞的黑色素合成及其在细胞内散布	MIH 的分泌抑制其释放

硬骨鱼类的腺垂体分为前叶、中叶和后叶三部分,前腺垂体主要含有催乳激素分泌细胞和促肾上腺皮质激素分泌细胞;中腺垂体包括生长激素分泌细胞、促甲状腺激素分泌细胞和促性腺激素分泌细胞;后腺垂体主要含有黑色素细胞刺激素分泌细胞。近年来的研究表明腺垂体内分泌细胞的分泌活动至少受到七种由下丘脑神经分泌细胞产生的激素所调控,其中四种是释放激素,三种是释放的抑制激素。它们全部是肽类,其名称和机能见表 3-4。至于催乳激素的释放激素和促黑激素的释放激素,它们的本质目前还未研究清楚。

表 3-4　调控腺垂体激素释放的下丘脑激素

激素名称	结构	机能	调节
促肾上腺皮质激素释放激素(CRH)	由 41 个氨基酸组成的多肽	刺激 ACTH 释放	应急性神经传入增强分泌活动;ACTH 抑制其分泌
促甲状腺激素释放激素(TRH)	三肽	刺激 TSH 释放和催乳激素分泌	大量进食和低的体温引起分泌;甲状腺素抑制其分泌
生长激素释放激素(GRH)	由 45 个氨基酸组成的多肽	刺激 GH 释放	低血糖刺激分泌
促性腺激素释放激素(GRH)	十肽	刺激 GtH 释放	神经传入和性激素含量降低刺激分泌;GtH 含量增高抑制其分泌
生长激素释放抑制激素(GH)	由 14 个氨基酸组成的直链多肽	抑制 GH 释放,干扰 TSH 释放	低血糖和运动诱导分泌活动
催乳激素释放抑制激素(PIH)	多肽,但化学结构还不清楚	抑制催乳激素释放	催乳激素含量增高使分泌活动增强;神经刺激与性激素抑制其分泌
促黑激素释放抑制激素(MSH)	三肽	抑制 MSH 释放	褪黑激素刺激其分泌

神经垂体机能:(1)控制腺垂体的分泌活动。硬骨鱼类的神经垂体常常有许多神经纤维伸入到腺垂体部分,这说明神经垂体可能在机能上是控制腺垂体部分的。(2)分泌抗利尿激素:能促使血管收缩,血压升高,促进肾小管更好地重吸收水分,以维持盐水平衡。(3)分泌催产素:促进排卵。

二、甲状腺(Thyroid gland)

甲状腺是包藏在一层上皮细胞中的滤泡及滤泡间组织所组成。滤泡是无管小囊,内含胶状物质,滤泡与滤泡之间是血管、淋巴液、结缔组织等滤泡间组织。

(一) 形态构造及位置

板鳃类的甲状腺呈新月形或不整齐的块状,外有结缔组织的被膜,位于基舌软骨腹面的凹陷内。硬骨鱼类的甲状腺不聚集成完整的腺体,大多为弥散性的,多数甲状腺组织没有被膜,少数呈块状,如鲐鱼、金枪鱼类等。硬骨鱼类主要分布在腹侧主动脉及鳃区的间隙组织里,有时也随入鳃动脉进入鳃,甚至弥散到眼、肾脏、头肾和脾脏等处。

(二) 功能

甲状腺由血液中吸收碘,合成含碘的甲状腺激素,再渗入血液中,甲状腺激素有如下作用:(1)促进鱼体的生长发育;(2)促进鳍条及鳞片的形成;(3)与鱼类变态有密切关系;(4)在渗透压调节上有一定作用。用甲状腺激素刺激发育中的幼鳟鱼,鱼体生长及鳍条形成都大大加速。当鳗鲡从柳叶鳗变态时或比目鱼从两侧对称转变到两眼移向一侧时,甲状腺活动增强,许多洄游性鱼类从淡水游向海水,或从海水游向淡水时,甲状腺都出现了明显的活动状态。

第二篇　鱼类分类学

第四章　鱼类分类学概述

在现实生活中，人们经常会发问："这是不是鱼？""叫什么鱼？""与其他鱼有什么区别？""它能不能吃？""好不好吃？"……可见，随着社会的发展，"关心"鱼类已不仅仅是鱼类学家的事了。

显然，只有当我们叫得出某种鱼的名称，数落出与其他鱼的"区别"时，才有可能接着了解其背后的故事，如它是什么时候又怎么发生、发育的；它生活在哪里又吃什么，怎么生活的；好不好吃、能不能吃；该不该捕、怎么捕、什么时候捕、该不该保护……也即"认识鱼类"，才是鱼类应用与开发的最基本的前提。而研究如何有效、快捷认识、区别众多不同的鱼类的方法，就是鱼类分类学的研究内容。

据 *Catalog of fishes*(2012)年统计，全世界已有记录的鱼类共 32402 种(不包括化石种类)，且每年还以 700 余种的速度在增加(新发现)，这些鱼类广泛分布于江、河、湖泊等淡水水系(freshwater)，海、洋等海水水系(marine)以及两水系之间的一些半咸淡水域(brackish)，也包括海、淡水之间的洄游性种类，除纯淡水鱼类外，后两者都属海洋鱼类研究范畴，其总数略少于纯淡水性鱼类。

我国记录的鱼类总数为 4981 种(《拉汉世界鱼类系统名典》，伍汉霖等 2012 年)，其中大陆产鱼类(包括引进 37 种)3927 种，台湾产鱼类(包括引进 38 种)3093 种。其中海洋鱼类居多，纯淡水鱼类约 1200 余种。

如此众多的种类记载堪称是几千年来人类在认识自然、改造自然过程中所积累的一大宝贵财富。这一观察、认识、记载和积累的漫长过程，围绕着"什么形态称之鱼""什么特征谓之别"，演绎了由少到多，由粗到细、由简单到复杂，由浅到深的鱼类分类的历史。

在我国历史上，最早将所有动物归为四大类，即鱼、虫、鸟、兽，大凡能在水中游动或至少是能动的，一般都称之为"鱼"，有些甚至一直沿用至今，如鲸鱼(哺乳类)、娃娃鱼(两栖类)、鳄鱼(爬行类)、鲍鱼、章鱼、墨鱼、鱿鱼和柔鱼(软体动物)等。国外也是如此，如 Star-fish(海星，棘皮动物)、Jelly-fish(海蜇，腔肠动物)等。相反，如海马、海龙、海蛾等，按现在的分类观点属于真正的鱼类，但由于其形态奇特，则习惯以陆地动物命名，反而没有"鱼"之名。

一般来说，真正的鱼类有以下 6 个主要特征，即鱼类的基本定义：用鳃呼吸；以鳍作为运动器官；大多数体外被有鳞片；终生生活于水中；变温性；脊椎动物。由此定义，鱼类隶属于脊索动物门中的脊椎动物亚门，但在传统的鱼类分类学中也常将一些不属于此亚门的"鱼类"，如文昌鱼(头索动物亚门 Cephalochordata,头索纲 Cephalochorda)也归入鱼类的范畴,这就形成了广义的鱼类与狭义的鱼类之说,也即,广义的鱼类也包括如文昌鱼、七鳃鳗等无脊椎的鱼形动物。

一、鱼类的分类依据

鱼类分类在日常生产、生活及研究中要求都有不同的依据,有些按经济性状划分,如经济鱼类、非经济鱼类;有些按生态习性划分,如底栖性鱼类、外洋性鱼类、洄游性鱼类,有些则按适应环境的能力划分,如暖水性鱼类、冷水性鱼类、广温性鱼类、广盐性鱼类、狭温性鱼类及狭盐性鱼类,有些则按分布的区域划分,如纯海洋鱼类、纯淡水鱼类、河口性鱼类,还有一些按食性分类,如食肉性鱼类、杂食性鱼类、草食性鱼类及寄生性鱼类等。

本篇所指的分类,通常也称自然分类法,即依据鱼类形态、生态、生理、发生和化石演化关系等的不同线索,构建的之间的亲缘关系及其演化次序。

二、鱼类的分类系统

现今国内外先后比较流行的鱼类分类系统主要有以下 4 种。

1. 德国鱼类学家穆勒(Müller, J. ,1844)为代表的分类系统

穆勒首次将鱼类列为脊椎动物的一个纲,以下分为 6 个亚纲,14 个目。此后,雷根(Regan,C. T.)、琼丹(Jordan,S.)等不少学者对此进行了修正,其中 *Classification of Fishes* (Jordan,1923)提出的系统更为完善,被广泛使用,特别是 20 世纪 70 年代以前。此系统至今在我国宏观动物学研究中仍有采用,如动物生物学(陈品健等, 1996 年)。

2. 贝尔格系统

由苏联学者贝尔格(Берг,Л. G.)在《现代和化石鱼形动物及鱼类分类学》(1955)一书中提出,该系统将现生和古生鱼类分为 12 个纲,119 个目,并对每个纲、目、科都进行了特征描述,是一个较完善的科学分类系统。

3. 拉斯系统

由苏联学者拉斯(Rass,T. S)和林德贝尔格(Lindeberg,G. V.)在《现生鱼类自然系统之现代概念》(1971)一书中提出,该系统以贝尔格系统为基础,并增补了鱼类分类研究的最新成果,将鱼类分为软骨鱼纲和硬骨鱼纲(由于篇幅关系,未将文昌鱼纲和圆口纲等鱼形动物包括在内)。我国自 20 世纪 70 年代开始基本都采用该系统。

软骨鱼纲 Chondrichthyes
- 板鳃亚纲
  - 侧孔总目(鲨形总目 Selachomorpha)(下设 8 目)
  - 下孔总目(鳐形总目 Batomorpha)(下设 4 目)
- 全头亚纲(下设 1 目)

硬骨鱼纲 Osteichthyes
- 肉鳍亚纲 Sarcopterygii
  - 总鳍总目 Crossopterygiomorpha(下设 1 目)
  - 肺鱼总目 Dipneustomorpha(下设 2 目)
- 辐鳍亚纲 Actinopterygii
- 硬鳞总目 Ganoidomorpha (下设 4 目)
- 鲱形总目 Clupeomorpha(下设 6 目)

骨舌鱼总目 Osteoglossomorpha(下设 2 目)
鳗形总目 Anguillomorpha(下设 3 目)
鲤形总目 Cyprinomorpha(下设 2 目)
银汉鱼总目 Atherinomorpha(下设 3 目)
鲑鲈总目 Parapercomorpha(下设 2 目)
鲈形总目 Percomorpha(下设 10 目)
蟾鱼总目 Batrachoidomorpha(下设 4 目)

4. 尼尔逊(Joseph. S. Nelson)系统

1994 尼尔逊根据鱼类骨骼学、系统发育学、胚胎学、形态学、比较解剖学、古生物学及比较生物化学等原理,出版了 *Fishes of the world* 一书(2006 年已出版第四版),完整地对世界鱼类进行了分类。此系统已被世界各鱼类学家普遍接受,我国 1995 年出版的《鱼类分类学》(孟庆闻等,中国农业出版社)曾采用此系统。

按纳尔逊 *Fishes of the World*(2006 年,第四版)此述系统,世界鱼类共分为 7 个纲(其中盾皮鱼纲、棘鱼纲为化石种类),9 亚纲,62 个目,515 科,名列如下:

盲鳗纲 Myxini
　　盲鳗目 Myxiniformes　1
七鳃鳗纲 Petromyzontia
　　七鳃鳗目 Petromyzontiformes　3
盾皮鱼纲 Placodermi(化石)
软骨鱼纲 Chondrichthyes
　全头亚纲 Holocephali
　　银鲛目 Chimaeriformes　3
　板鳃亚纲 Elasmobranchii
　　虎鲨目 Heterodontiformes　1
　　须鲨目 Orectolobiformes　7
　　鼠鲨目(鲭鲨目) Lamniformes　7
　　真鲨目 Carcharhiniformes　8
　　六鳃鲨目 Hexanchiformes　2
　　棘鲨目 Echinorhiniformes　1
　　角鲨目 Squaliformes　6
　　扁鲨目 Squatiniformes　1
　　锯鲨目 Pristiophoriformes　1
　　电鳐目 Torpediniformes　2
　　锯鳐目 Pristiformes　1
　　鳐目 Rajiformes　4
　　鲼目 Myliobatiformes　10
棘鱼纲 Acanthodii (化石)
辐鳍鱼纲(条鳍鱼纲)Actinopterygii
　腕鳍鱼亚纲(枝鳍鱼亚纲)Cladistia
　　多鳍鱼目 Polypteriformes　1
　软骨硬鳞鱼亚纲(软质亚纲)Chondrostei
　　鲟形目 Acipenseriformes　2
　新鳍鱼亚纲 Neopterygii

雀鳝目 Lepisosteiformes	1
弓鳍鱼目 Amiiformes	1
月眼鱼目 Hiodontiformes	1
骨舌鱼目 Osteoglossiformes	4
海鲢目 Elopiformes	2
北梭鱼目 Albuliformes	3
鳗鲡目 Anguilliformes	15
囊鳃鳗目 Saccopharyngiformes	4
鲱形目 Clupeiformes	5
鼠鱚目 Gonorynchiformes	4
鲤形目 Cypriniformes	6
脂鲤目 Characiformes	18
鲇形目 Siluriformes	35
电鳗目 Gymnotiformes	5
水珍鱼目 Argentiniformes	6
胡瓜鱼目 Osmeriformes	3
鲑形目 Salmoniformes	1
狗鱼目 Esociformes	2
巨口鱼目 Stomiiformes	5
辫鱼目 Ateleopodiformes	1
仙女鱼目 Aulopiformes	15
灯笼鱼目 Myctophiformes	2
月鱼目 Lampriformes	7
须鳂目 Polymixiiformes	1
鲑鲈目 Percopsiformes	3
鳕形目 Gadiformes	9
鼬鳚目 Ophidiiformes	5
蟾鱼目 Batrachoidiformes	1
鮟鱇目 Lophiiformes	18
鲻形目 Mugiliformes	1
银汉鱼目 Atheriniformes	6
颌针鱼目 Beloniformes	5
鳉形目 Cyprinodontiformes	10
奇金眼鲷目 Stephanoberyciformes	9
金眼鲷目 Beryciformes	7
海鲂目 Zeiformes	6
刺鱼目 Gasterosteiformes	11
合鳃鱼目 Synbranchiformes	3
鲉形目 Scorpaeniformes	26
鲈形目 Perciformes	160
鲽形目 Pleuronectiformes	14
鲀形目 Tetraodontiformes	9

肉鳍鱼纲 class Sarcopterygii

腔棘亚纲 subclass Coelacanthimorpha

腔棘鱼目 Coelacanthiformes　1

肺鱼四足亚纲 subclass Dipnot&rapodomorpha

角齿鱼目 Ceratodontiformes　3

本篇采用纳尔逊所著系统，但考虑到我国鱼类分类的历史和习惯，将头索动物亚门的文昌鱼仍列入“鱼类”之中。

第五章　头索动物与圆口动物

文昌鱼纲 Amphioxi

也称狭心纲 Leptocardia，隶属头索动物亚门。本类动物习惯被称为无脊椎动物与脊椎动物之间的“桥梁动物”，或“鱼形动物”。体延长、侧扁，两端尖突，半透明，肌节明显，成体长30～100mm。脊索终生存在，无脊椎，无骨骼，脑很不发达，仅具脑神经 2 对，心脏为一能跳动物的腹血管，眼不发达，仅为一黑色小斑。血液无色。体前端下方具一口笠，边缘具触手，口几位于正中，有口须。鳃裂多达 150 个，开口于一特殊的围鳃腔中。无偶鳍，奇鳍由皮褶组成。生殖腺分节。

本纲仅文昌鱼目 Amphioxiformes，下分文昌鱼科 Branchiostomatidae、偏文昌鱼科 Asymmetrontidae。其中，文昌鱼科 Branchiostomatidae 左右侧均有生殖腺，腹褶左右对称；偏文昌鱼科 Asymmetrontidae 的生殖腺只存在于右侧，腹褶不对称。

世界种类不详，我国产 2 科 3 属 4 种。

文昌鱼 ***Branchiostoma belcheri*** **(Gray, 1847)**

主要分布在厦门刘五店，近年来在青岛、秦皇岛、汕头等地也有发现。最大体长 50～70mm，最小成熟个体体长 30mm 左右。雄性性腺呈白色，雌性为柠檬黄色，二龄雌体一年内产卵 2 次，四龄鱼已没有性腺，并于 4 月份后全部死亡，平均寿命 3～4 年。栖息于水清、流缓，具有疏松的沙质，水深为 8～15m 的海底，通常半埋在沙中。幼体经过短暂的浮游期后即钻居沙中，以前端小部分伸出沙外，偶在夜间离开沙底在水层中活动。以圆筛藻、小环藻等浮游硅藻及其他小型浮游生物为食。由于栖息地环境变迁，资源急剧下降，现为国家Ⅱ级保护动物。如图 5-1 所示。

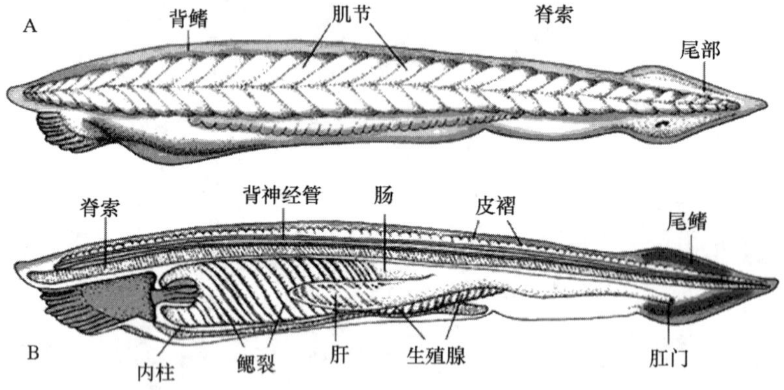

图 5-1　白氏文昌鱼 *Branchiostoma belcheri*

盲鳗纲 Myxini

本纲鱼类具圆柱状脊椎，且终身存在，但无上下颌，俗称无颌类鱼类。体长柱状，呈鳗形。外鼻孔 1 个，开口于吻端，内鼻孔与口腔相通，也称穿腭类，鼻孔两侧具 2 对口须，口的两侧也具 1～2 对口须。口纵缝状，舌肉质，上具 2 列发达的栉状齿，可以括食。眼退化，隐于皮下，鳃呈囊状，6～15 对，起源于内胚层的，又称囊鳃类。脑发达，一般具 10 对脑神经，有心脏，血液红色；皮肤黏液腺发达，在体两侧近腹部各有一纵列黏液腺孔。表皮由多层细胞组成。无背鳍，具尾鳍，偶鳍发育不全。

本纲鱼类仅盲鳗目 Myxiniformes，本目仅 1 科。主要特征同纲。

科 1　盲鳗科 Myxinidae

鳃囊 6～14 对，分别开口于体外；外鳃孔一行，稍呈波曲，或为 2 行，排列不规则，其他特征与目同。记载共 6 属 78 种。我国产 3 属 12 种，常见的有蒲氏黏盲鳗（*Eptatretus burgeri*）。

蒲氏黏盲鳗 *Eptatretus burgeri*（Girard，1855）

体鳗形；口呈圆形，无上下颌，具口须；外鳃裂 8 对；背面正中具一纵行白色线纹。栖息于近海岸浅水区，淤泥底质。自由生活时常将身体埋入泥中，仅露出头端，可依靠外鼻孔进行呼吸。一般晚上活动，会凶猛袭击鱼类，通常吸附于其他鱼的鳃上或峡部，有时亦吸附在眼上，边食边钻入体内，食寄主内脏、肌肉，最后常仅留皮肤和骨骼。体长可达 600mm。繁殖期 8 月中旬到 10 月底，此时亲鱼离开近岸到深水区产卵，不再摄食。卵生，每胎一般产 18～20 个卵，至多也发现 32～68 个，卵大，卵径 22.4mm×（8～9）mm，长椭圆形，外包角质囊，各卵常相互钩连，附于海藻或其他物体上发育。发育过程无变态。分布于中国黄海以南、东海、台湾海峡及南海海域；朝鲜南部及日本中部以南。如图 5-2 所示。

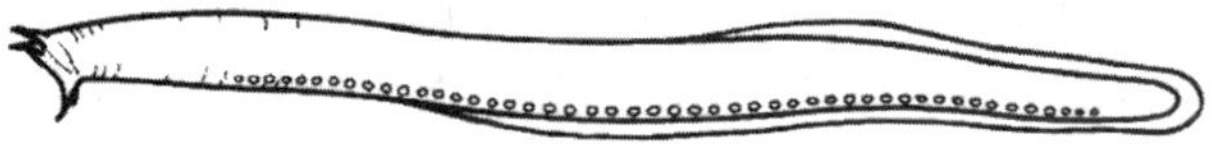

图 5-2　盲鳗科 Myxinidae（蒲氏黏盲鳗 *Eptatretus burgeri*）

七鳃鳗纲 Petromyzontia

也称头甲纲 Cephalaspidomorphi、单鼻孔纲 Monorhina。体呈鳗形，口无须，位于头部腹面，无上下颌，呈漏斗状吸盘，口及舌上具许多角质齿，口缘有穗状突起。鼻孔单个，开口于头部前端的背面中央，嗅囊与口腔不通，故又称完腭类。眼发达，具晶状体及虹彩，幼鱼在变态前眼不发达，埋于皮下。鳃囊 7 对，分别开孔于体外。各内鳃孔先通至食道的总鳃管（呼吸管），而与口咽腔相通，无咽皮管。背鳍 2 个，较明显，皮肤黏液腺不如盲鳗发达。如图 5-3 所示。

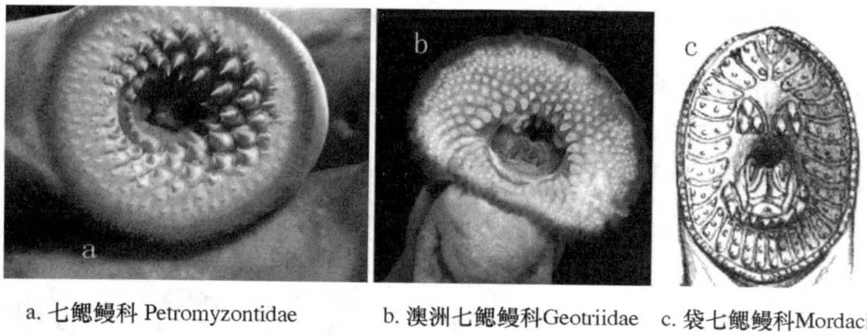

a. 七鳃鳗科 Petromyzontidae　b. 澳洲七鳃鳗科 Geotriidae　c. 袋七鳃鳗科 Mordaciidae

图 5-3

本纲仅七鳃鳗目 Petromyzontiformes，主要特征同纲。

记载 3 科。检索如下：

1(2)　唇齿分成 2 块…………袋七鳃鳗科 Mordaciidae

2(1) 唇齿不分离

3(4) 两侧斜向唇齿 3～4 颗…………七鳃鳗科 Petromyzontidae

4(3) 两侧斜向唇齿 5 颗以上…………澳洲七鳃鳗科 Geotriidae

科 2　七鳃鳗科 Petromyzontidae

背鳍 1～2 个。成鱼眼发达，无口须。齿位于唇和舌上，唇齿不分离，两侧斜向唇齿有 3～4 颗。记载 8 属，42 种，我国产 2 属 3 种。

冷水性种类，大部分为淡水种，有些种成体也生活在外海，繁殖季节溯河产卵。分布于北纬 30 度以北的北半球。

日本叉牙七鳃鳗 ***Lethenteron japonicum*** **(Martens, 1868)**

俗称八目鳗，体呈鳗形，灰褐或灰黄色。背鳍 2 个，无胸鳍、腹鳍和臀鳍，尾鳍围绕尾部，似箭头。因体前部的两侧各有排成一列的 7 个鳃孔，故得名七鳃鳗。加上 1 对小眼，共 8 个孔，故又有八目鳗之名。头顶部有单个鼻孔，其后有一白点，为感光皮。口开于下方，呈漏斗形，四周具绒毛，但无口须。口内齿角质而钝。幼鱼无眼，口呈马蹄形，无齿，主食浮游生物，秋季开始下海，经过变态，3～5 年后才发育成为成鱼。成鱼在春季由海洋进入江河产卵，产卵时有筑巢习性，产卵后的亲鱼不久即行死亡。

成体七鳃鳗营外寄生生活，依靠上下唇齿和舌齿刺入寄主的皮肤，注入口腔腺液，以防血液凝固和使寄主的红血球和肌肉溶化，然后吸食其血液、体液和溶化的肌肉来维持生命。其寄主随不同的生活环境而有改变，在江河生活时寄主为底层小型鱼类，而在海洋中则以胡瓜鱼和宽突鳕等为寄主。在溯河洄游时，其寄主又为大麻哈鱼，随寄主进行溯河洄游，但这时它对大麻哈鱼无致命的伤害，仅在其吸附处有吸附的痕迹。

本种生长极为缓慢，成熟个体在 380～540mm，分布于太平洋西部，南至日本、朝鲜沿岸，北至阿纳德尔和阿拉斯加。我国黑龙江水系诸河和绥芬河等均有分布，是脊椎动物中原始的一个类群，被认为是研究脊索动物向脊椎动物演化的活化石。既是经济鱼类的敌害，其本身因体内含有很高的蛋白质和脂肪、维生素 A 等，被誉为滋补强身的营养佳品，盐制干品也是治疗夜盲症的良药。如图 5-4 所示。

图 5-4　七鳃鳗科 Petromyzontidae(日本叉牙七鳃鳗 *Lethenteron japonicum*)

注：盲鳗纲及七鳃鳗纲有学者将其合并为无颌总纲或无颌上纲 Angatha(孟庆闻等，1995；韩明德，1998)，拉斯系统中合列为圆口纲 Cyclostomata，也俗称为圆口类、囊鳃类。

科 3　澳洲七鳃鳗科 Geotriidae

两侧斜向唇齿 5 颗以上。记载仅 1 属澳洲囊口七鳃鳗(*Geotria australis*)1 种。如图 5-5 所示。

成体生活在外海，寄生于其他鱼类的鳃部附近，并以角质齿刮食寄主的软组织。繁殖季节溯河产卵。分布于南半球的澳大利亚南部、塔斯马尼亚岛、新西兰、智利、阿根廷、福克兰群岛和南乔治亚群岛。

图 5-5　澳洲七鳃鳗科 Geotriidae
(澳洲囊口七鳃鳗 *Geotria australis*)

科 4 袋七鳃鳗科 Mordaciidae

唇齿分成明显 2 块。记载 1 属 3 种，成体生活在外海，寄生于其他鱼类的鳃部附近，并以角质齿刮食寄主的软组织。繁殖季节溯河产卵。分布于南半球的澳大利亚东南部的塔斯马尼亚岛及智利南部。如图 5-6 所示。

图 5-6 袋七鳃鳗科 Mordaciidae(短头袋七鳃鳗 *Mordacia mordax*)

第六章　软骨鱼纲

软骨鱼纲(Chondrichthyes)内骨骼全部由软骨组成,或有钙化,也无膜骨。脑骨无缝。体常被盾鳞。齿多样化。外鳃孔每侧5～7个,开孔于头后部两侧或头部腹面,或一个鳃孔,外具一膜状鳃盖。雄性的腹鳍里侧常特化为鳍脚。

本纲鱼类根据外鳃孔的不同分成2个亚纲:

1(2)　外鳃孔1对,外具膜状鳃盖;雄性除腹鳍鳍脚外,还具腹前鳍脚及额鳍脚…………全头亚纲 Holocephali

2(1)　外鳃孔5～7对,无膜状鳃盖;雄性仅具腹鳍鳍脚,无腹前鳍脚及额鳍脚…………板鳃亚纲 Elasmobranchii

全头亚纲 Holocephali

内骨骼为软骨,具鳃孔1对,外被一膜状鳃盖;体一般光滑无鳞,背鳍棘能活动。雄性除腹鳍鳍脚外,还具腹前鳍脚及额鳍脚。本亚纲现生种类仅银鲛目 Chimaeriformes。

目1　银鲛目 Chimaeriformes

体延长而侧扁,向后细小。头侧扁。口腹位,吻短而圆锥形,或延长尖突,或延长平扁似叶状。背鳍2个,第一背鳍具一强大硬棘,能竖垂。第二背鳍低而延长,或短而三角形。尾歪形,尾椎轴稍上翘,或圆形,或线形。体光滑,有时幼体头及背上具盾鳞。雄性除腹鳍鳍脚外,还具腹前鳍脚及额鳍脚。本目下分3科,全世界共6属34种,我国产2科4属7种。

各科检索如下:

1(2) 吻端具弯曲的叶状突起,尾鳍具一明显的前下叶,尾椎轴稍向上翘,歪型尾………叶吻银鲛科 Callorhinchidae

2(1)吻锥形或尖长,无叶状突起,尾鳍无明显的前下叶,尾椎轴不上翘

3(4)吻短圆锥形,雄性腹鳍鳍脚末端2分枝或3分枝…………银鲛科 Chimaeridae

4(3) 吻长而尖,雄性腹鳍鳍脚不分枝,呈棍棒形…………长吻银鲛科 Rhinochimaeridae

科5　叶吻银鲛科 Callorhinchidae

吻端具弯曲的叶状突起,尾鳍具一明显的前下叶,尾椎轴稍向上翘,歪型尾。眼小。具卵鞘。如图6-1所示。

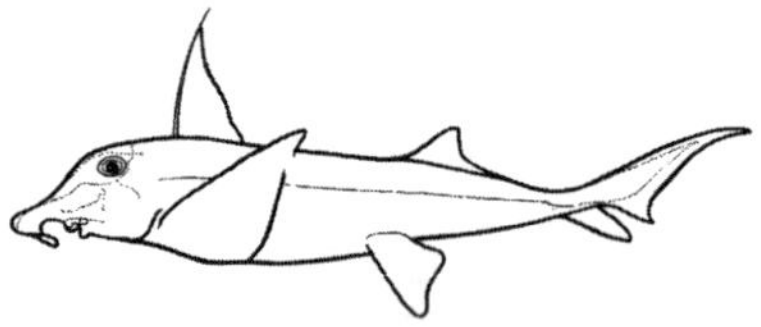

图6-1　叶吻银鲛科 Callorhinchidae

记载1属3种。海洋鱼类,分布于南美南部、新西兰、澳大利亚南部,以及南非等南半球大陆架周边。我国不产。

科6　长吻银鲛科 Rhinochimaeridae

吻长而尖。第一背鳍棘末端不连背鳍,第二背鳍低长。尾椎轴不上翘。刚孵化小鱼沿背中线有2列强大结刺,成鱼则消失。尾鳍上缘有一脊突,其上常有大小不等的盾鳞。雄性鳍脚不分枝,呈棍棒形,膨大的末端上具许多小刺。如图6-2所示。

图6-2　长吻银鲛科 Rhinochimaeridae

记载 3 属 8 种，分布于深海鱼类，分布于大西洋、印度洋及太平洋的大陆架及岛屿周围。我国产 2 属 2 种。

科 7　银鲛科 Chimaeridae

吻短圆锥形，胸鳍宽大，低位。第一背鳍三角形，具一强大硬棘，第二背鳍低而延长。尾鳍狭长细尖，或具低小臀鳍。齿愈合为齿板。鼻孔腹位，具鼻口沟，唇褶发达。鳍脚末端 2～3 分枝。

记载 2 属 38 种，分布于大西洋与太平洋。我国产 2 属 4 种，代表种有黑线银鲛 *Chimaera phantasma* (Jordan & Snyder, 1900)。如图 6-3 所示。

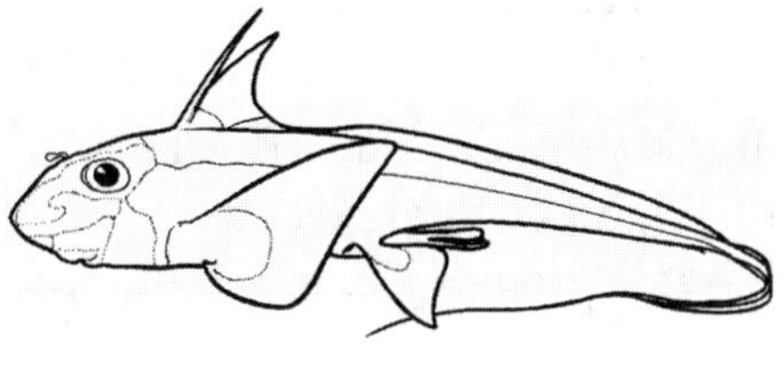

图 6-3　银鲛科 Chimaeridae
（黑线银鲛 *Chimaera phantasma*）

黑线银鲛内骨骼为软骨，具鳃孔 1 对，外被一膜状鳃盖；体光滑无鳞，背鳍棘能活动。雄性除腹鳍鳍脚外，额鳍脚、腹鳍鳍脚末端 2 分枝或 3 分枝。吻短圆锥形；臀鳍与尾鳍下叶有一深缺刻相隔；体侧侧线呈波纹纵走。栖息于大陆架及上层斜坡的中小型深水鱼类，最大记载体长为 1.0m。主要以小型底栖动物为食，冬季有向近海洄游习性。卵生，卵壳大而呈纺锤形。分布于西太平洋区，包括日本、韩国、中国台湾、中国大陆及菲律宾。我国沿海都有分布，但极罕见。

板鳃亚纲 Elasmobranchii

外鳃孔 5～7 对，开孔于头后部两侧或头部腹面。体被盾鳞或光滑。雄性无腹前鳍脚及额鳍脚。本亚纲记载有 13 目，我国均产，检索如下：

1(20)　体通常长梭形，眼和鳃孔侧位，胸鳍前缘游离，与头侧和体侧不愈合
2(3)　鳃孔 6～7 对；背鳍 1 个…………六鳃鲨目 Hexanchiformes
3(2)　鳃孔 5 对；背鳍 2 个
4(11)　具臀鳍
5(6)　背鳍前方具 1 硬棘………… 虎鲨目 Heterodontiformes
6(5)　背鳍前方不具硬棘
7(10)　眼无瞬褶或瞬膜，椎体的 4 个钙化区无钙化辐条
8(9)　无鼻口沟，鼻孔不开孔于口内………… 鼠鲨目 Lamniformes
9(8)　具鼻口沟或鼻孔开孔于口内………… 须鲨目 Orectolobiformes
10(7)　眼具瞬褶或瞬膜，椎体的 4 个钙化区有钙化辐条………… 真鲨目 Carcharhiniformes
11(4)　不具臀鳍
12(17)　吻短或中长，不呈锯状突出
13(16)　体亚圆筒形，胸鳍正常，背鳍或具棘
14(15)　第一背起点位于腹鳍起点之后…………棘鲨目 Echinorhiniformes
15(14)　第一背起点位于腹鳍起点之前………… 角鲨目 Squaliformes
16(13)　体平扁，胸鳍扩大，向头侧延伸，背鳍无棘………… 扁鲨目 Squatiniformes
17(12)　吻很长，呈锯状突出，两侧具锯齿
18(19)　鳃孔位于头侧胸鳍在前方；吻锯腹面具皮须 1 对…………锯鲨目 Pristiophoriformes
19(18)　鳃孔位于头侧腹面；吻锯腹面无皮须…………锯鳐目 Pristiformes
20(1)　体通常扁平，眼背位，鳃孔腹位；胸鳍前缘与头侧及体侧愈合
21(22)　头侧与胸鳍间有大型发电器官…………电鳐目 Torpediniformes

22(21)　头侧与胸鳍间无大型发电器官

23(24)　尾部一般粗大,具尾鳍;背鳍 2 个或无背鳍;无尾刺…………鳐形目 Rajiformes

24(23)　尾部一般细小呈鞭状(如粗大,则具尾鳍);尾鳍一般退化或消失;背鳍 1 个;常具尾刺…………鲼形目 Myliobatiformes

虎鲨目 Heterodontiformes

背鳍 2 个,前方各具 1 硬棘。具臀鳍。鳃孔 5 对,两颌齿同型,前后异形。记载 1 科。

科 8　虎鲨科 Heterodontidae

体粗大,头高,近方形,眶上突起显着。吻短钝。眼上侧位,无瞬膜。具鼻口沟。口平横,上下颌唇褶发达。上下颌齿同型,每颌前后部齿异型,前部细尖,后部平扁。喷水孔小,位于眼后下方。鳃孔 5 个,最后 3~4 个位于胸鳍基底上方。背鳍 2 个,各具 1 棘。具臀鳍。尾鳍宽短,帚形,下叶前部三角形突出。胸鳍宽大。尾鳍基上下方无凹洼。如图 6-4 所示。

记载 1 属 8 种,分布于阿拉伯半岛至南非的西大西洋、日本至塔斯马尼亚岛、新西兰的西太平洋以及加利福尼亚至加拉巴哥群岛、秘鲁的东太平洋的热带至温带水深 0~270m 的大陆架和离岛海域。我国产宽纹虎鲨(*Heterodontus japonicus*)和狭纹虎鲨(*Heterodontus zebra*)2 种。前者体具深褐色横纹 10 余条,后者体具深褐色横纹 30 条左右。

图 6-4　虎鲨科 Heterodontidae
(狭纹虎鲨 *Heterodontus zebra*)

狭纹虎鲨 *Heterodontus zebra*(Gray, 1831)

暖水性近海底栖小型鲨类,记载最大体长仅为 1m 余,雄成鱼稍小,长约 840mm。运动不活泼,以贝类和甲壳类等为食。卵生,卵壳大,呈螺旋形,有 1.5 旋转侧突起,四角呈短须状。国外分布于印度尼西亚,随台湾暖流也见于日本南部和朝鲜西南部 沿海各区。我国主要分布东海南部和台湾北部海域、南海,为罕见种。

目 2　须鲨目 Orectolobiformes

鳃孔 5 个,背鳍 2 个,无硬棘。具臀鳍。前鼻瓣常具 1 鼻须,或喉部具 1 对皮须。具鼻口沟或鼻孔开孔于口内。眼小,无瞬膜。喷水孔细小,位于眼后,或大型,位于眼下。齿细长,侧齿头有或无,或齿细小而多,圆锥形,多行在使用。本目全世界记载 7 科 13 属,共 44 种。我国产 6 科 6 属 11 种。

各科检索如下:

1(12)　口小,亚端位,鳃孔小,鳃弓无鳃耙,尾柄无强侧嵴,尾鳍狭长不呈新月型

2(3)　尾鳍长几等于尾鳍前体长………… 豹纹鲨科 Stegistimatidae

3(2)　尾鳍长明显短于尾鳍前体长

4(7)　头和体均平扁,头侧具皮须或吻须,上颌缝合处常具 2 列大型犬齿,下颌具 3 列犬齿

5(6)　头侧具皮须,无吻须………… 须鲨科 Orectoloobidae

6(5)　头侧无皮须,具吻须………… 长须鲨科 Brachaeluridae

7(4)　头和体圆柱形或稍平扁,头侧无皮须,齿小,上下颌缝合处无大型犬齿

8(9)　鼻孔外缘不分叶,亦无沟围绕…………铰口鲨科 Ginglymostomatidae

9(8)　鼻孔外缘分叶,具环沟围绕

10(11)　喷水孔小,臀鳍起点在第二背鳍起点之前…………斑鳍鲨科 Parascylliidae

11(12)　喷水孔大,臀鳍起点在第二背鳍起点之后…………长尾须鲨科 Hemiscylliidae

12(1)　口宽大近端位;鳃孔颇大,鳃弓具海绵状鳃耙;尾柄具强侧嵴;尾鳍新月形……………鲸鲨

科 Rhincodontidae

科 9　斑鳍鲨科 Parascylliidae

图 6-5　斑鳍鲨科 Parascylliidae

头和体圆柱形或稍平扁,头侧无皮须;口小,亚端位,齿小,上下颌缝合处无大型犬齿;鼻孔外缘分叶,具环沟围绕;喷水孔小,鳃孔小,鳃弓无鳃耙,尾柄无强侧嵴;臀鳍起点在第二背鳍起点之前尾鳍长明显短于尾鳍前体长,不呈新月型。脊椎骨头59～199。大部分为小型鲨类,体长在 0.9m 以下,但个别种类的最大体长也可达 3.3m。如图6-5 所示。

记载 2 属 8 种,为热带至温带海洋鱼类,分布于澳大利亚至日本的西太平洋的大陆架至大陆坡(1～435m 水深)。我国产 1 属 3 种。

科 10　长须鲨科 Brachaeluridae

眼近背位。喷水孔大,鼻须很长。脊椎骨 117～142。俗称瞎鲨,原因是其中一种长须鲨在水中移动时常会闭着眼。如图 6-6 所示。

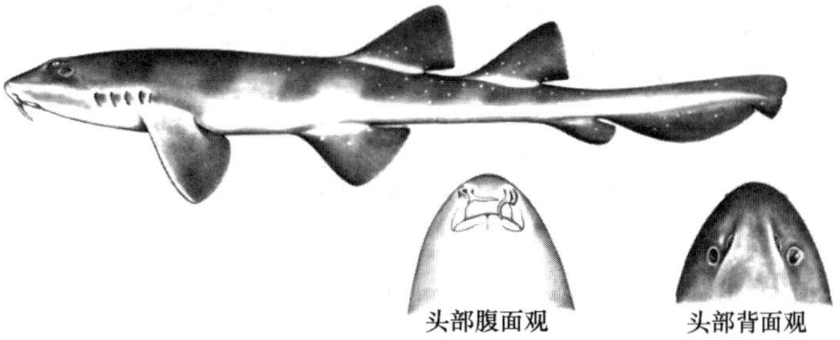

图 6-6　长须鲨科 Brachaeluridae

记载 1 属 2 种,分布于热带至温带的大陆架,主要在沿岸 0～137m 水深处。见于西南太平洋的澳大利亚东部海域。最大体长约 1.2m。我国不产。

科 11　须鲨科 Orectolobidae

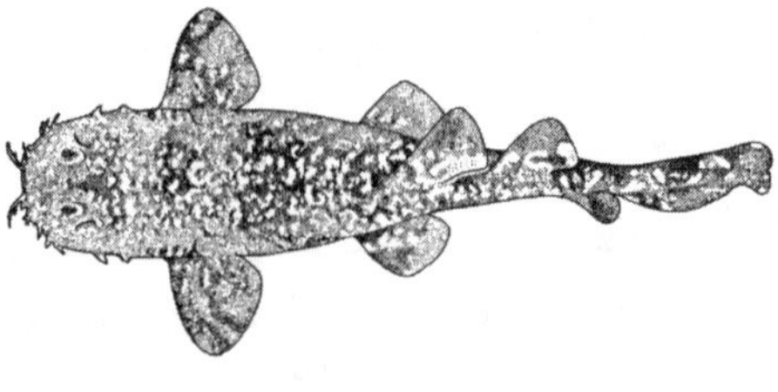

图 6-7　须鲨科 Orectoloobidae

头和体均平扁,头侧具 1 系列皮须。眼上侧位,无瞬膜。喷水孔大,位于眼的侧下方。口宽而浅,上下颌几等长;上下颌齿前后异形,上颌缝合具 2 列大型犬齿,下颌具 3 列犬齿。背鳍 2 个,后位,大小、形状相近。如图 6-7 所示。

记载 3 属 12 种,分布于西太平洋日本至澳大利亚南部的热带及温带大陆架,生活水深为 0～110m。我国产 1 属 2 种。

科 12　长尾须鲨科 Hemiscylliidae

头侧无皮须。第二背鳍起点前于臀鳍起点。喷水孔大,近于或等于眼径。尾鳍小于全长的 1/3。第一背鳍起点对着或后于腹鳍起点。泄殖腔孔距吻端较距尾端为近。如图 6-8 所示。

记载 2 属 16 种,大部分种类的个体在 700mm 以下。分布于西太平洋(马达加斯加岛至日本、澳大利亚)热带和亚热带大陆架近岸海域,生活水深在 100m 左右。我国产 1 属 4 种。

图 6-8 长尾须鲨科 Hemiscylliidae

科 13 豹纹鲨科 Stegostomatidae

头宽大而平扁，尾长约为头和躯干长 2 倍余。背腹面各有 3 行皮嵴。前鼻瓣具 1 尖长鼻须。口宽而横平，齿小，横带状。鳃孔 5 个，背鳍 2 个，低狭，无硬棘，第一背鳍较大，第二背鳍稍小。尾鳍很长，上叶不发达。如图 6-9 所示。

记载仅 1 属豹纹鲨(*Stegostoma fasciatum*)1 种，分布于印度-西太平洋，主要生活在热带大陆架 0～62m 水深。我国有产，见于南海和东海。最大体长可达 3.5m，常见为 2.5m。

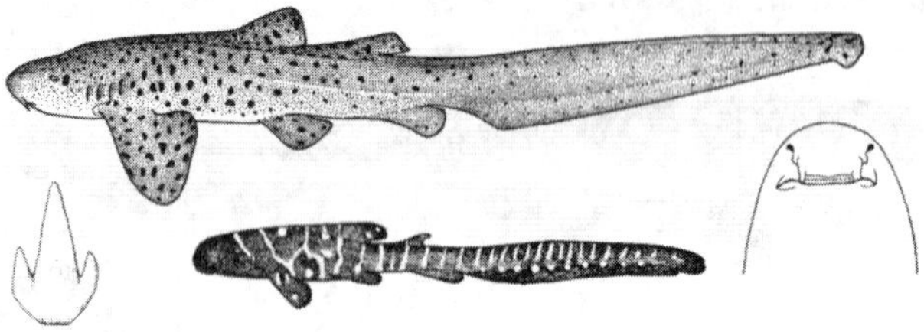

图 6-9 豹纹鲨科 Stegostomatidae(豹纹鲨 *Stegostoma fasciatum*)

科 14 铰口鲨科 Ginglymostomatidae

眼很小，眼眶上下有纵嵴。喷水孔小。具鼻口沟。前鼻瓣达上颌。鼻须 1 对。齿具数尖，以中央齿尖最大，多行在使用。第一背鳍起点位于腹鳍上方或稍后。尾鳍长为全长的 1/3～1/4。卵胎生。如图 6-10 所示。

记载 3 属 3 种，分布在热带和亚热带各大洋。我国仅产 1 属长尾光鳞鲨(*Nebrius ferrugineus*)1 种，见于南海及台湾海峡。

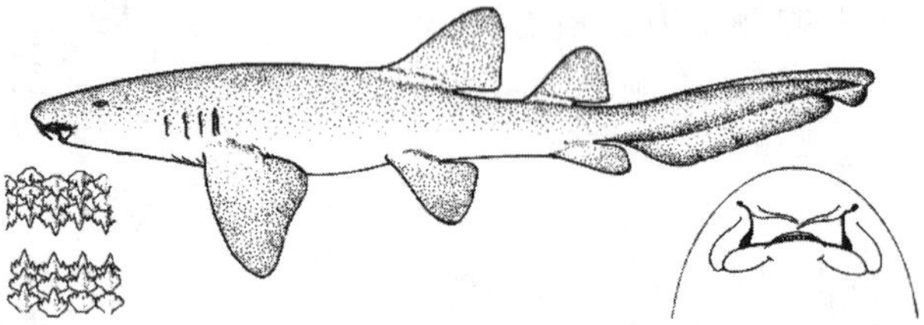

图 6-10 铰口鲨科 Ginglymostomatidae

科 15 鲸鲨科 Rhincodontidae

体庞大，每侧具 2 显着皮褶。口巨大，近端位，宽扁，上下颌具唇褶。鼻孔位于吻端两侧，出水孔开口在口内。眼小，圆形，无瞬膜。喷水孔小。齿细小而多，圆锥形，多行在使用。鳃孔大，鳃弓具海绵状鳃耙；尾柄两侧各具强侧嵴；尾鳍新月形。

记载仅 1 属鲸鲨(*Rhincodon typus*)1 种，分布于大西洋、印度洋及太平洋各热带至温带海域，我国沿岸均有捕获。

鲸鲨(Rhincodon typus Smith，1828)，俗称鲸鲛(台湾)；金钱鲨(大陆)。

体大型；鳃孔5个，位于头后部两侧；两背鳍无鳍棘；口宽扁近端位；鳃孔特大；尾鳍新月型；体具“金钱斑”。为大洋性大型鲨类，常成群游泳于水面，有时至近海。性温和，以甲壳类、软体动物及小型鱼类为食。成鲨一般体长在10m左右，最大者可达20m。1912年，在美国佛罗里达海滨曾捕到一尾，体重12074kg，为鱼类中之冠。卵生，卵长305mm，高89mm。广泛分布于印度洋、太平洋和大西洋各热带和温带海区，最北约达北纬42°，最南达南纬33°多的南非。我国沿海均有分布，但较为少见。列入CITES附录Ⅱ，IUCN列为易危物种。如图6-11所示。

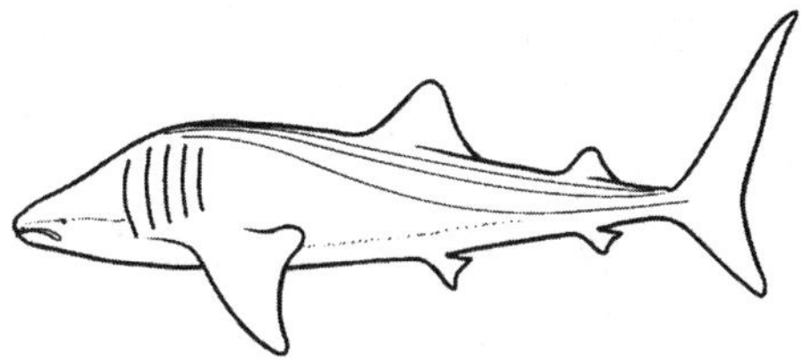

图6-11　鲸鲨科 Rhincodontidae
(鲸鲨 *Rhincodon typus*)

目3　鼠鲨目 Lamniformes(7f，10g，16s)

也称鲭鲨目Isuriformes，背鳍2个，不具硬棘，具臀鳍。鳃孔5对。喷水孔细小，无鼻须及鼻口沟。眼侧位，无瞬褶或瞬膜。全世界报道有7科10属16种，我国产7科9属12种。

各科检索表如下：

1(2)　吻向前延伸，平扁尖突；口近端位，两颌向前突出…………尖吻鲨科 Mitsukurinidae

2(1)　吻短或中长，圆锥形，稍平扁或广圆形，两颌不向前突出

3(4)　吻很短，背视广圆形；口很大，端位。齿小数多，每侧逾50行，具乳突状鳃耙…………大口鲨科 Megachasmidae

4(3)　吻较长而窄或背视广弧形。口小或中大，腹位，齿少，无鳃耙

5(6)　尾鳍长于全长之半，最后2个鳃孔位于胸鳍基底上………… 长尾鲨科 Alopiidae

6(5)　尾鳍短于全长之半，5对鳃孔均位于胸鳍基底前方

7(10)　尾鳍下叶短，不呈新月型，尾柄无强侧突或仅具一低弱侧突

8(9)　眼小，体粗壮。臀鳍基宽。尾柄仅具上凹洼，无下凹洼，无侧突，鳃孔不延伸至头背面…………砂锥齿鲨科 Odontaspididae

9(8)　眼很大，体细长。臀鳍基窄。尾柄具上下凹洼，鳃孔延伸至头背面………… 拟锥齿鲨科 Pseudocarchariidae

10(7)　尾鳍下叶长，呈新月型。尾柄具显着强侧突

11(12)　齿较少，叶片状，两颌齿少于40行，鳃孔大，但不延伸至头背侧，无鳃耙…………鼠鲨科 Lamnidae

12(11)　齿小数多，呈钩状，上下颌齿各逾50行，鳃孔极大，上延达头背侧，具发达鳃耙…………姥鲨科 Cetorhinidae

科16　砂锥齿鲨科 Odontaspididae

眼小，卵圆形，无瞬膜。喷水孔细小。齿大，锥形。背鳍2个，无硬棘。两背鳍、腹鳍与臀鳍几等大。尾鳍基底上方具1凹洼，尾柄无侧突。尾鳍短于全长之半，下叶短，不呈新月型。5对鳃孔均位于胸鳍基底前方。如图6-12所示。

记载2属4种，分布于大西洋、印度洋及太平洋的热带至温带陆架，生活水深1～1600m之间。我国产锥齿鲨(*Carcharias arenarius*)1种，见于东海和黄海。

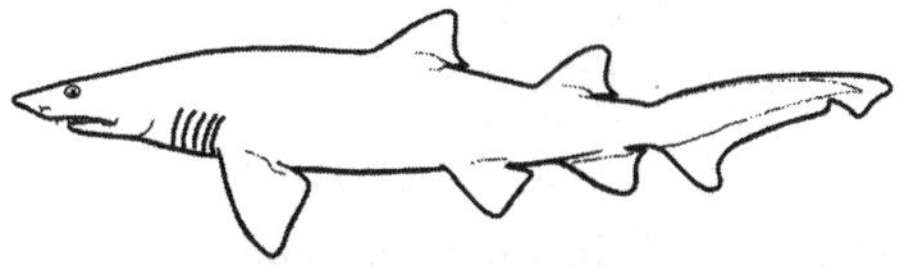

图6-12　砂锥齿鲨科 Odontaspididae

科 17　尖吻鲨科 Mitsukurinidae

也称剑吻鲨科。吻突出似短剑，两颌也显著突出。口近端位，但小于腹鳍和臀鳍。两颌齿同形，有棘状齿冠，末端尖细，有 2 齿根。吻软骨前部愈合成一长棒。体形奇特，也称怪鲨。如图 6-13 所示。

记载仅 1 属欧氏尖吻鲨(*Mitsukurina owstoni*)1 种。分布于世界各大洋。我国也有报道。

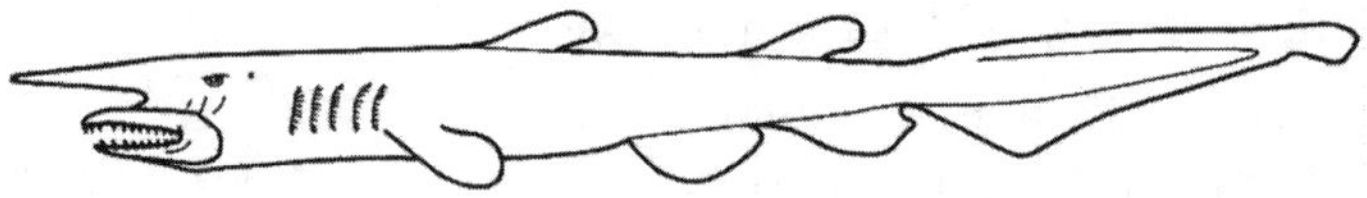

图 6-13　尖吻鲨科 Mitsukurinidae(欧氏尖吻鲨 *Mitsukurina owstoni*)

科 18　拟锥齿鲨科 Pseudocarchariidae

也称鳄鲨科。体细长柱形。头短。吻尖圆锥形。眼很大，口也大。鳃孔延伸至头背面。无鳃耙。齿大，前方齿窄，呈锥状，两侧齿侧扁，每颌齿少于 30 行。第一背鳍小而低，第二背鳍小，但大于臀鳍。胸鳍宽短而小。腹鳍大，但小于第一背鳍和胸鳍。尾鳍不呈叉形。尾柄平扁具低侧突。脊椎骨 146～158。如图 6-14 所示。

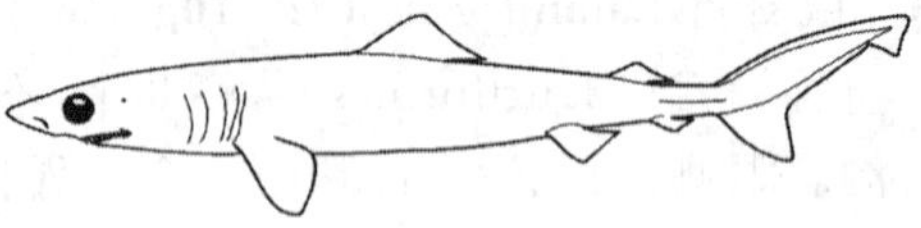

图 6-14　拟锥齿鲨科 Pseudocarchariidae
(蒲原氏拟锥齿鲨 *Pseudocarcharias kamoharai*)

记载 1 属蒲原氏拟锥齿鲨(*Pseudocarcharias kamoharai*)1 种。分布于各大洋，我国见于台湾东北海域。最大体长为 1.1m。

科 19　大口鲨科 Megachasmidae

体圆柱形稍侧扁而粗壮。头很长，约等于躯干长。吻颇短，平扁而广圆。眼中大。口特大，端位。最后 2 个鳃孔位于胸鳍基底上方。具指状鳃耙。齿小，锥状，两颌各逾 100 行。背鳍低而小。胸鳍大，狭长。臀鳍最小。尾鳍帚形，具上下凹洼。如图 6-15 所示。

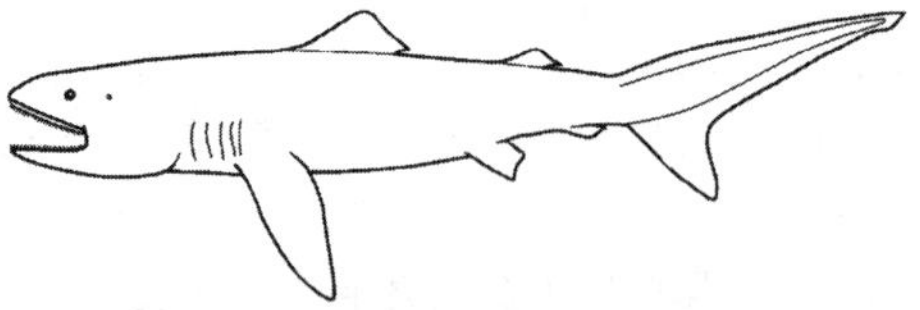

图 6-15　大口鲨科 Megachasmidae
(巨口鲨 *Megachasma pelagios*)

记载仅 1 属，巨口鲨(*Megachasma pelagios*)1 种。分布于大西洋、印度洋及太平洋的热带至温带沿岸和大洋上层(8～166m)。为大型鲨类，最大体长可达 5.5m。我国东海也有记载。

图 6-16　长尾鲨科 Alopiidae

科 20　长尾鲨科 Alopiidae

鳃孔 5 个，背鳍 2 个，无棘，第二背鳍和臀鳍均很小。尾部很长，大于全长之半。尾柄无侧突，尾椎轴低平，稍上翘，尾基上方具一凹洼，下方凹洼有时不明显。齿侧扁，三角形，基底分叉。如图 6-16 所示。

记载 1 属 3 种，分布于大西洋、印度洋及太平洋热带、亚热带及温带海域，我国均有产。

科 21　姥鲨科 Cetorhinidae

头圆锥形。鳃孔极大，上延达头背侧。鳃弓密具角质细长鳃耙，成为过滤器。齿细小而多，略呈钩状，上下颌齿各逾 50 行。记载仅 1 属，姥鲨(*Cetorhinus maximus*)1 种。

姥鲨 *Cetorhinus maximus*(Gunner, 1765)

俗称象鲨,体纺锤形,中部最粗大,前后部渐狭小。尾柄具强侧突,尾鳍具上下凹洼。吻尖圆锥形,鼻孔小,口很宽大,广弧形,齿小而多,盾形,边缘光滑,喷水孔微小,圆形。鳃孔5个,极宽大,鳃耙细长密列,状似“鲸须”。背鳍2个,无棘,第二背鳍颇小,尾鳍叉形,尾椎轴上翘。体灰褐色,腹面稍淡。暖温性近海上层大型鲨类,常在近表层活动,以1~3尾甚至成百尾巡游,时而将背鳍露出水面,或翻身晒腹,偶尔也下潜达2000 m以内的水层活动。巡游时张着口缓慢游泳,同时鳃耙扩张,使浮游动物及小型鱼类随水入口,再用细长角质鳃耙滤食。常见雄性成体全长9.0 m,雌体9.8m以上,最大记录为15.2m,体重达15000kg,在鱼类中仅次于鲸鲨。本种个体虽大,但性情温和,仅以浮游动物及小型鱼类为食,其捕食方式与须鲸的“滤食”有点相似。卵胎生,雄鲨4~5m,雌性8.1~9.8m可达性成熟。国外见于西北太平洋、澳大利亚南部、东太平洋的北美洲及南美洲沿岸海域,大西洋西北部、东北部海域,冰岛、挪威等海域,我国产于黄海、东海和台湾东北部。列入CITES附录Ⅱ、IUCN易危物种。如图6-17所示。

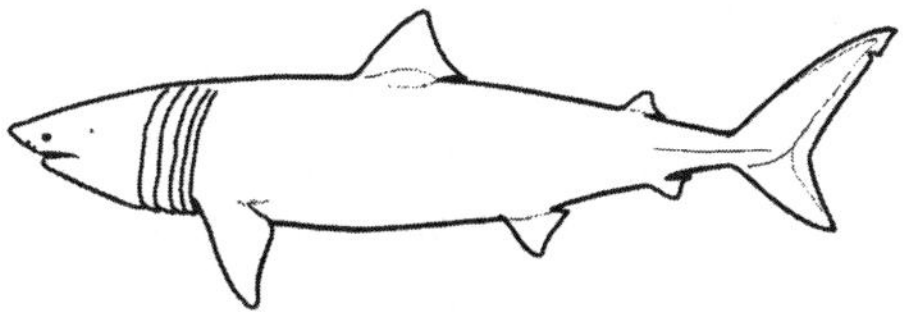

图6-17 姥鲨科 Cetorhinidae
(姥鲨 *Cetorhinus maximus*)

科22 鼠鲨科 Lamnidae

也称鲭鲨科 Isuridae,眼圆形,无瞬膜。喷水孔细小或消失。口大,深弧形,具唇褶。齿大而少,叶片状。背鳍2个,无硬棘,第二鳍与臀鳍都很小。尾鳍基底上下方各具1凹洼,尾柄具显着侧突。

记载3属5种,分布于大西洋、印度洋及太平洋热带至温带海域,我国产2属3种。

灰鲭鲨 *Isurus oxyrinchus*(Rafinesque, 1810)

俗称灰鲭鲛(台湾);红鲨;黑皮鲨;尖吻鲭鲨。体纺锤形,躯干肥大,头、尾渐细小。尾柄具一侧突,尾鳍基上下方各具一凹洼。吻长而尖。眼大,圆形,无瞬膜,鼻孔小。口深弧形,颌齿钩状,边缘光滑。喷水孔细小。鳃孔5个,最后2个距离较近,最后1个恰在胸鳍基底前方。背鳍2个,第二背鳍很小,两背鳍无鳍棘;尾柄具强侧突;背部青黑色,腹部白色。

暖水性近海上层鲨类,活泼健泳,活动于表层至水深152m处,夏季随暖流移动。常见个体体长在1.2m左右,记载最长可达4m。个性凶猛,追逐鲐鱼、鲱鱼等鱼群。卵胎生,胎儿在子宫内有同种相残杀吞食的习性,每产4~6仔,刚产仔鲨长600~700mm。本种肉质偏红,在国外有“红鲨”之称,肉质佳,在地中海、加勒比海和西非,为重要渔获对象之一。广泛分布于世界各大洋,我国产于东海、台湾海域及南海。如图6-18所示。

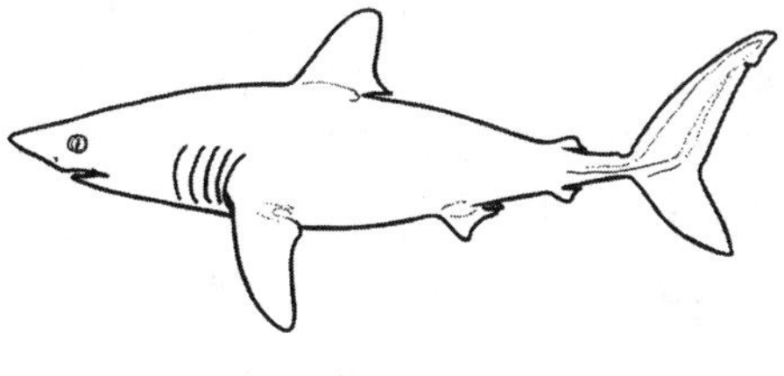

图6-18 鼠鲨科 Lamnidae
(灰鲭鲨 *Isurus oxyrinchus*)

目4 真鲨目 Carcharhiniformes

体长柱形,稍侧扁或平扁。头圆锥形、平扁或两则突出。鳃孔5对。大多数种类眼后喷水孔明显,少数微小或消失。鼻孔通常无鼻须或鼻口沟。眼侧位或背侧位,具瞬褶或瞬膜。吻短,中长或颇长呈叶状。口中大或甚大,呈弧形,延伸至眼前缘的后方,唇褶发达或消失。齿变异较大,但通常后侧无臼齿。背鳍2个,无硬棘,具臀鳍。椎体具辐射状钙化区域,4个不钙化区域有钙化辐条侵入。

本目种类体型差异较大,全世界已报道 8 科。

各科检索如下:

1(14)　头部正常,不向左右两侧突出

2(11)　齿细小,呈带状或铺石状排列,多行在使用;具瞬褶,无瞬膜;喷水孔显着

3(4)　第一背鳍位于腹鳍上方或后方…………猫鲨科 Scyliorhinidae(猫鲨亚目 Scyliorhinoidei)

4(3)　第一背鳍位于腹鳍前或胸鳍和腹鳍之间(皱唇鲨亚目 Triakoidei)

5(6)　第一背鳍长,等于或长于尾鳍;上下颌齿超过 200 行………拟皱唇鲨科 Pseudotriakidae

6(5)　第一背鳍高而短,上下颌齿远少于 200 行

7(8)　唇褶不明显,或缺如………………原鲨科 Proscylliidae

8(7)　具较长唇褶

9(10)　唇褶较长,无鼻须………………皱唇鲨科 Triakidae

10(9)　唇褶很长,具鼻须………………细须雅鲨科 Leptochariidae

11(2)　齿侧扁而大,1～3 行在使用;具瞬膜,无瞬褶;喷水孔细小或无(真鲨亚目 Carcharhinoidei)

12(13)　肠内螺旋瓣螺旋形…………半沙条鲨科 Hemigaleidae

13(12)　肠内螺旋瓣画卷形…………真鲨科 Carcharhinidae

14(1)　头部呈"T"形,左右两侧突出,眼位于突出的两端…………双髻鲨科 Sphyrnidae(双髻鲨亚目 Sphyrnoidei)

科 23　猫鲨科 Scyliorhinidae

头颅的额骨区正常,不向左右两侧突出。眼椭圆形,下眼睑上部分化为瞬褶,能上闭。鼻孔不与口相连。前鼻瓣或有鼻须。口弧形,齿细小而多。第一背鳍起点常在腹鳍起点之后,尾鳍短狭,尾椎轴低平或稍上翅,尾基上下方无凹洼。

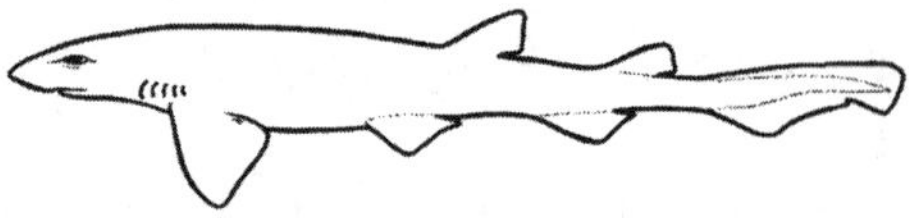

图 6-19　猫鲨科 Scyliorhinidae

记载 17 属 154 种,分布于大西洋、印度洋及太平洋的热带至温带大陆架、陆坡及离岛。我国产 8 属 26 种。一般均为小型鲨类,最大体长仅 1.6m。如图 6-19 所示。

科 24　原鲨科 Proscylliidae

眼狭长,具瞬褶。喷水孔消失。唇褶很短或缺如。齿小,后侧齿梳状,上下颌齿同形。第一背鳍基底中点常在腹鳍起点前方。卵生或卵胎生。记载 3 属 7 种,深海小型鲨类,一般体长不超过 1.2m,其中光唇鲨是目前已知最小的鲨鱼之一,最长仅 240mm。分布于西北大西洋、印度西太平洋的温带至热带水域,我国产 2 属 3 种。如图 6-20 所示。

图 6-20　原鲨科 Proscylliidae

科 25　拟皱唇鲨科 Pseudotriakidae

体柔软。眼狭长,具瞬褶。喷水孔较大。唇褶很短。齿细小,有侧齿头,上下颌齿同形,数逾 200 行,镶嵌式排列。第一背鳍低长,等于或长于尾鳍。卵胎生。

记载 2 属 2 种,为较大型深水鲨类,栖息于大陆坡 200～1500m 处,体长可达 930～2950mm,分布于大西洋、印度洋及太平洋。我国产 1 属,小齿拟皱唇鲨(*Pseudotriakis microdon*)1 种,见于台湾海域。如图 6-21 所示。

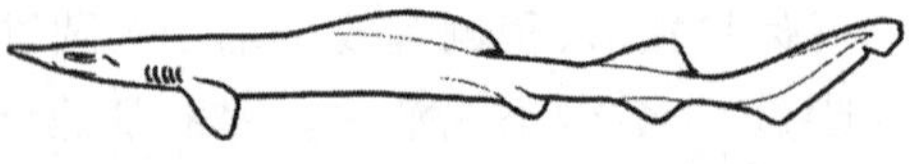

图 6-21　拟皱唇鲨科 Pseudotriakidae

科 26 细须雅鲨科 Leptochariidae

也称须皱唇鲨科。眼卵圆形,瞬褶在眼内侧。喷水孔很小。前鼻瓣呈一细长鼻须。鼻间隔为鼻孔宽 2.5～3.2 倍。上唇褶很长,下唇褶也发达。齿细小而多,有侧齿头。第一背鳍短而高,距胸鳍较距腹鳍为近。胎生。如图 6-22 所示。

记载仅 1 属 1 种,为西非大陆架的习见小型鲨类,常见体长仅 820mm。我国不产。

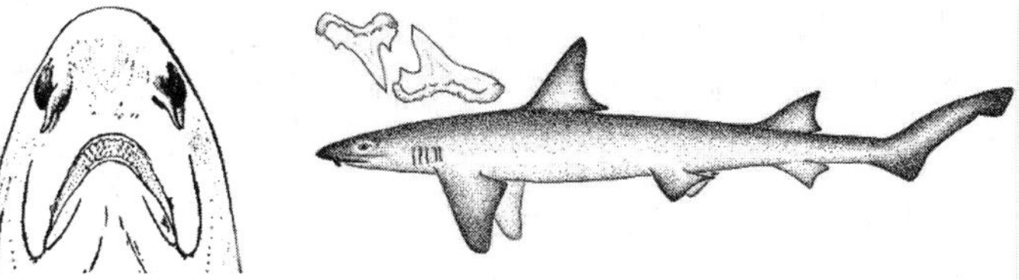

图 6-22 细须雅鲨科 Leptochariidae(史氏细须雅鲨 *Leptocharias smithii*)

科 27 皱唇鲨科 Triakidae

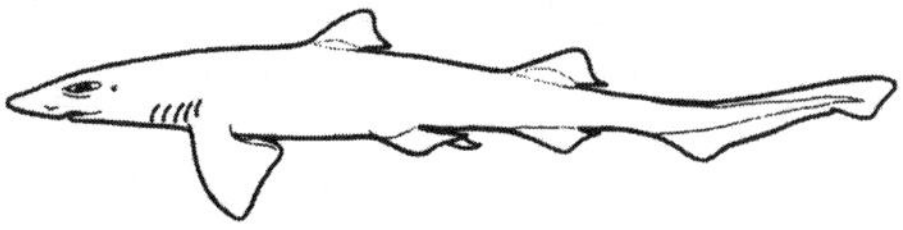

图 6-23 皱唇鲨科 Triakidae

头部正常,不向左右两侧突出。眼椭圆形,下眼睑上部分化为瞬褶。具喷水孔。鼻孔位于口前,无鼻口沟。齿细小而多,多行在使用,多齿头型或平扁亚圆形。背鳍 2 个,无硬棘。第一背鳍位于胸鳍与腹鳍之间的上方,或较近腹鳍,或近于胸鳍,第二背鳍部分与臀鳍基底相对。尾鳍宽长,尾椎轴稍上翘。如图 6-23 所示。

记载 9 属 44 种。广泛分布于大西洋、印度洋及太平洋的热带至寒带陆架、陆坡。我国产 4 属 6 种。

科 28 半沙条鲨科 Hemigaleidae

背鳍后缘内凹明显。尾基上下方具凹洼。眼具瞬褶。喷水孔小。唇沟较长。如图 6-24 所示。

记载 4 属 8 种,最大体长可达 2.4m。分布于东部热带大西洋及印度-西太平洋大陆架。我国产 4 属 4 种。

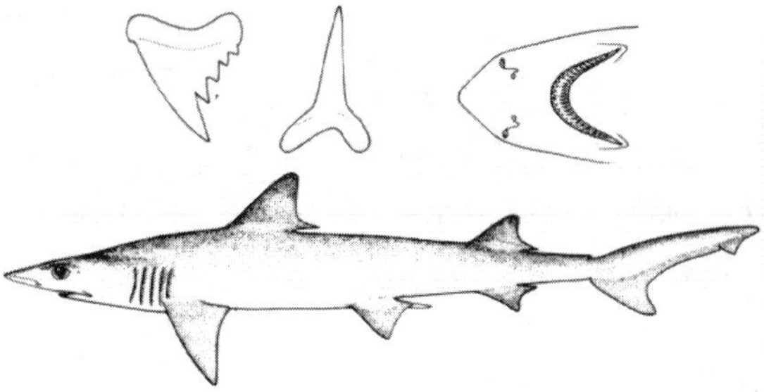

图 6-24 半沙条鲨科 Hemigaleidae

科 29 真鲨科 Carcharhinidae

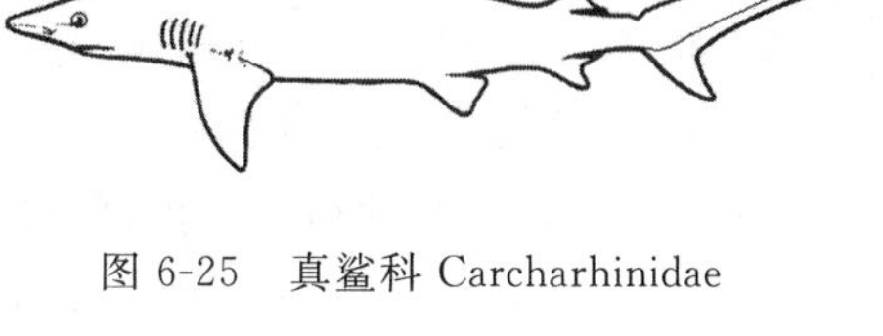

图 6-25 真鲨科 Carcharhinidae

眼圆形,瞬膜发达。喷水孔通常缺如。前鼻瓣小三角形突出,鼻间隔宽,唇沟明显或短而隐藏在口角,上颌齿常宽扁亚三角形,下颌齿常较窄而尖,1～3 行在使用。鳃孔 5 个,背鳍 2 个,无棘。尾鳍基前上下方均具凹洼。第一背鳍大或中大,第二背鳍通常很小。肠螺旋瓣画卷型。一般卵胎生。如图 6-25 所示。

记载 12 属 54 种，我国产 10 属 27 种，分布于大西洋、印度洋及太平洋热带至温带大陆架、陆坡及离岛，有些种类也分布于淡水水域。

其中低鳍真鲨(*Carcharhinus leucas*)、鼬鲨(*Galeocerdo cuvier*)俗称牛鲨和虎鲨，公认为最凶之鲨类。

科 30　双髻鲨科 Sphyrnidae

头前部平扁，向两侧扩展，形成锤状突出；眼圆形，位于头侧突出部分的顶端，瞬膜发达。喷水孔消失。口宽大，弧形；唇褶不发达或只见于口隅。上颌齿侧扁三角形，齿头外斜，边缘光滑，下颌齿与上颌齿同形而稍狭。鳃孔中大，最后 2 个位于胸鳍基底上方。背鳍 2 个，无硬棘；第一背鳍大，第二背鳍小。尾椎轴上翘；尾基上下方各具一凹洼(下方凹洼有时不显着)。尾鳍下叶前部显著三角形突出，后部近尾端处有一缺刻。如图 6-26 所示。

图 6-26　双髻鲨科 Sphyrnidae

记载 2 属 9 种，分布于大西洋、印度洋及太平洋热带至温带海域，有时也能栖息在河口咸淡水。最大体长可达 6.1m。我国产 2 属 5 种。

目 5　六鳃鲨目 Hexanchiformes

鳃孔 6～7 对，喷水孔很小，位于眼的后方。口大，深弧形，后延达眼后方。背鳍 1 个，无硬棘。具臀鳍。本目鱼类全世界仅 2 科 4 属 6 种，我国产其中 5 种。

科检索表

1(2)　第一鳃孔在喉部左右相互连接；上下颌齿均三叉型；体瘦长近鳗形……… 皱鳃鲨科 Chlamydoselachidae

2(1)　第一鳃孔不在喉部左右连接；上下颌齿异型；体较粗壮不呈鳗形………六鳃鲨科 Hexanchidae

科 31　皱鳃鲨科 Chlamydoselachidae

体瘦长近鳗形，鳃孔 6 对，鳃间隔延长而褶皱，且相互覆盖。口宽大，近前端，两颌齿同型，均三叉型。如图 6-27 所示。

图 6-27　皱鳃鲨科 Chlamydoselachidae
(皱鳃鲨 *Chlamydoselachus anguineus*)

记载 1 属 2 种，分布于东大西洋沿岸海域、西印度洋南非外海、西太平洋日本本州南方外海及澳大利亚、新西兰沿海、东太平洋美国加洲南部海域及智利北部沿海。生活水深 120～1280m，偶至水上层。卵胎生。每产 8～12 仔，最长个体可达 1960mm。我国产皱鳃鲨(*Chlamydoselachus anguineus*)1 种，记录于台湾东北部深海。

科 32　六鳃鲨科 Hexanchidae

眼侧位，无瞬膜。鼻孔近吻端，无鼻口沟。口大，腹位，下颌隅角具唇褶，上颌无唇褶。上下颌齿异型，上颌齿尖而细长，主齿头向后弯曲；下颌齿宽扁，长方形，具几个小齿头。喷水孔小，鳃孔 6～7 对，位于胸鳍基底前方。背鳍 1 个，无硬棘，位于腹鳍后方。具臀鳍。尾鳍延长，尾椎轴稍上翘。卵胎生。脊索缢缩，椎体钙化或不钙化。如图 6-28 所示。

图 6-28　六鳃鲨科 Hexanchidae
(中村氏六鳃鲨 *Hexanchusnakamurai*)

记载 3 属 4 种，分布于大西洋、印度洋及太平洋的热带至温带海的大陆架、陆坡及离岛，我国均有分布。有些种类为大型鲨类，最大体长可达 4.7m。

目 6　棘鲨目 Echinorhiniformes

体粗壮圆柱形。头中大，平扁。第五鳃孔宽大。喷水孔很小，位于眼后。两鼻孔相距近。口弧形而宽大，唇褶很短。两颌齿同型，侧扁呈叶状，成体齿具一外斜中央齿头，两侧小齿头 1～3 个，而幼体只有中央齿头。两背鳍小而无棘，均小于腹鳍，第一背鳍基部位于腹鳍基部上方，尾鳍无尾下凹洼。鳞小，笠状，中央具一棘突，四周具数条辐射状隆起嵴。

本目仅棘(笠鳞)鲨科 Echinorhinidae 1 科。

科 33　棘鲨科 Echinorhinidae

也称笠鳞鲨科。特征同目。记载 1 属 2 种，我国产 1 种，见于台湾海域。分布于大西洋、西印度洋及太平洋的寒带至温带大陆架、大陆坡及岛架。

笠鳞棘鲨 *Echinorhinus cookei*(Pietschmann, 1928)

体延长粗壮，头稍平扁。吻短，吻端圆，吻从眼部向前渐窄。鼻孔横列，前鼻瓣中央有一叶状突起。口新月形，口角具短小唇褶。两颌齿同型，侧扁，齿头向口角倾斜呈切缘，切缘中央有微细锯齿，侧齿头每侧 2～3 个，齿根部宽阔，边缘锯齿发达。喷水孔小，位眼后方。鳞小，不扩展为圆盾状，亦不连结成片；基板圆，表面有多数辐射状隆起嵴，中央具 1 棘突，鳞呈笠状。背鳍 2 个，很小，后位。尾鳍镰刀形，后端尖，上叶发达。体背面褐色，腹面灰白色。为大型缓慢行动底栖深水鲨类，栖息水深 18～900m 处，有时也至浅水区，最长可达 3.1m。卵胎生，每产 15～24 仔。我国产于台湾东北海域；新西兰和太平洋。如图 6-29 所示。

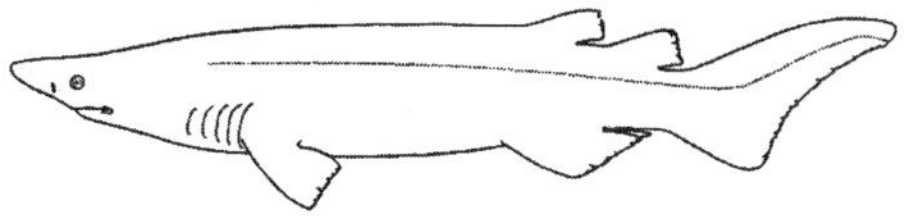

图 6-29　棘鲨科 Echinorhinidae
(笠鳞棘鲨 *Echinorhinus cookei*)

目 7　角鲨目 Squaliformes

体前部圆柱形，后部稍侧扁。鳃孔 5 对。眼无瞬膜或瞬褶。喷水孔小或较大，紧位于眼后或位于眼上缘后方。无鼻口沟。口弧形或近横列，唇褶发达。背鳍 2 个，有或无鳍棘。无臀鳍。

本目记载 6 科，检索如下：

1(4)　两背鳍一般无棘

2(3)　胸鳍与腹鳍间具弱腹棱；上颌齿细尖、直立、矛状；下颌齿宽扁，具一单齿尖………睡鲨科 Somniosidae

3(2)　除拟角鲨属 *Squaliolus* 第一背鳍偶具短小棘；胸鳍与腹鳍间无弱腹棱；上颌齿细窄，钩状，下颌齿大，宽叶状…………铠鲨科 Dalatiidae

4(1)　两背鳍均具棘

5(6)　体高而侧扁，横剖面三角形，具发达腹棱…………尖背鲨科 Oxynotidae

6(5)　体长梭形，无腹棱

7(8)　背鳍棘不具侧沟…………角鲨科 Squalidae

8(7)　背鳍棘具侧沟

9(10)　下颌齿远大于上颌齿……………刺鲨科 Centrophoridae

10(9)　上下颌齿大小相近……………乌鲨科 Etmopteridae

科 34　角鲨科 Squalidae

两背鳍均具硬棘，硬棘无侧沟；尾椎轴上翘，尾基上方具一凹洼，尾柄下侧具一皮褶；无臀鳍。口宽大，略呈浅弧形。唇褶发达，口侧具 2 条深沟，上下颌齿同型，单齿头，切齿型，边缘光滑，齿头外斜。如图 6-30所示。

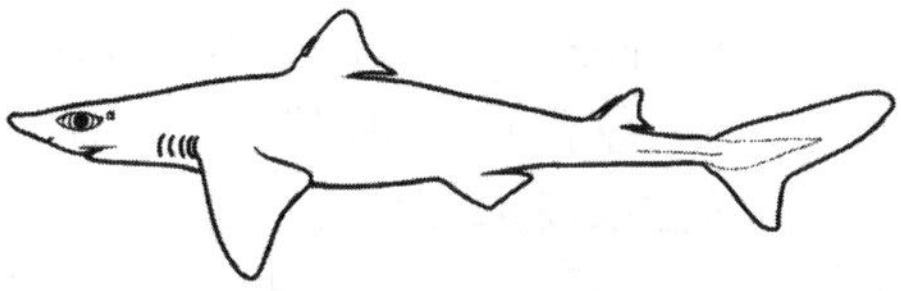

图 6-30　角鲨科 Squalidae

记载 2 属，24 种，广泛分布于大西洋、西印度洋及太平洋的寒带至热带大陆架、大陆坡、岛架。我国产 2 属 8 种。

科 35　刺鲨科 Centrophoridae

两背鳍均具硬棘，硬棘具侧沟；眼大，椭圆形，不具瞬膜或瞬褶。喷水孔颇大，位于眼后上方。鼻孔横列，距口颇远；前鼻瓣具一小三角形突出。口大，拱形；唇褶发达。口侧具一斜行深沟。上下颌齿异型，均为锥形，单齿头。上颌齿尖，下颌齿宽扁，齿头外斜。下颌齿远大于上颌齿。如图 6-31 所示。

记载 2 属，共 21 种，分布于大西洋、印度洋及太平洋（除东太平洋）温带至热带的大陆架、大陆坡、岛架外海。我国产 2 属 11 种。

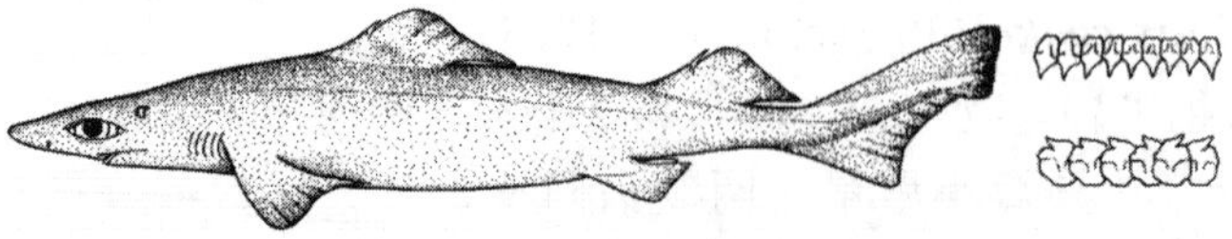

图 6-31　刺鲨科 Centrophoridae

科 36　乌鲨科 Etmopteridae

体延长。吻平扁，短钝或中长，尾椎轴稍上翘，上叶发达。背鳍 2 个，各具一硬棘，硬棘具侧沟，无臀鳍。多数种类上下颌齿基本同型，且均为多齿头，也有些种类为上下异型的单齿头型，上颌齿呈细矛状，下颌齿长方形，齿尖近于平指。如图 6-32 所示。

图 6-32　乌鲨科 Etmopteridae

记载 5 属 45 种，分布于大西洋一部（北延至冰岛）、印度洋及太平洋的热带至温带大陆架、岛坡。我国产 2 属，12 种。

科 37　睡鲨科 Somniosidae

鳃孔几等大。上下颌齿异形，上颌齿小而窄尖，直立，下颌齿大，叶状。两背鳍通常无棘，第二背鳍小于第一背鳍。尾鳍桨状。盾鳞棘突呈钩状。胸鳍与腹鳍间具侧嵴。大部分种类具发光器官。如图 6-33 所示。

记载 5 属 17 种，分布于北极至亚南极的大陆架及岛架。我国产 4 属 5 种。

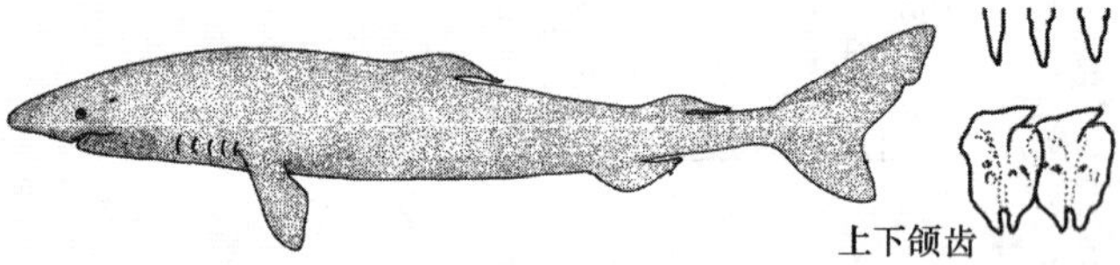

图 6-33　睡鲨科 Somniosidae

科 38　尖背鲨科 Oxynotidae

也称高体鲨科。体粗壮，高而侧扁，有发达的腹棱，体横剖面呈三角形。头稍平扁，喷水孔大。鳃孔 5 个，颇小。鼻孔大，左右很靠近。口横裂，有很长的唇沟围绕着口。唇大，具乳头突。上下颌齿异型，上颌齿小而窄，下颌齿大，侧扁呈叶状。两背鳍高大，呈帆状，均具棘，深埋皮下，仅露出尖端。如图 6-34 所示。

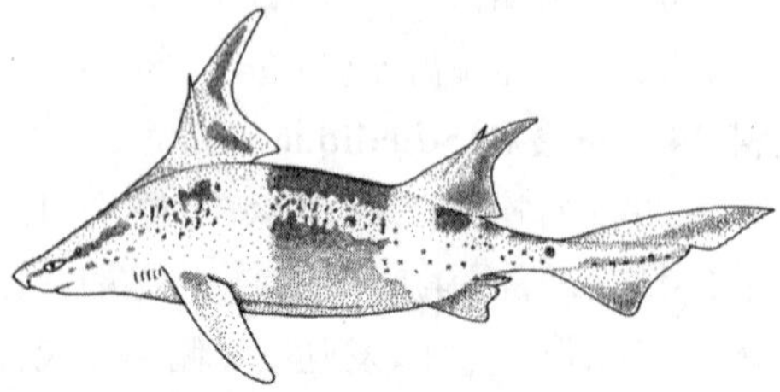

图 6-34　高体鲨科 Oxynotidae

记载 1 属 5 种，分布于东大西洋(包括地中海)、西大西洋和西太平洋的大陆架、岛架及大陆坡。我国不产。

科 39　铠鲨科 Dalatiidae

上下颌齿异型，均具 1 齿头；上颌齿细尖，圆锥形；下颌齿宽而叶片状，为切齿型，侧缘相互重叠，边缘光滑或具细锯齿。第二背鳍前方无棘，有时第一、二背鳍前方均无棘。如图 6-35 所示。

记载 7 属 10 种，分布于大西洋、印度洋和太平洋热带至温带的大陆架、岛架及大陆坡。我国产 3 属 4 种。

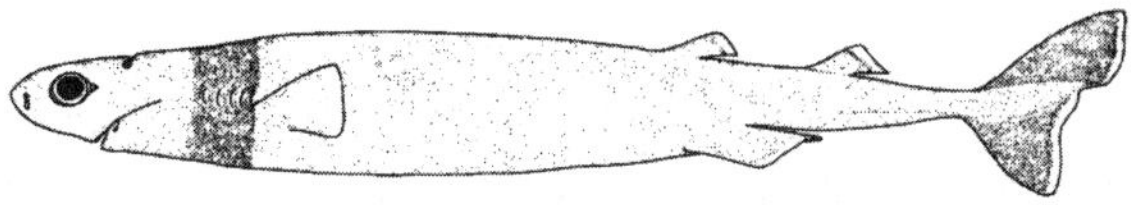

图 6-35　铠鲨科 Dalatiidae

目 8　扁鲨目 Squatiniformes

体平扁。吻很短而宽。胸鳍扩大，前缘游离，向头后伸延。眼背位。口宽大，亚前位。齿上下颌同型，细长单齿头型，多行在使用。鼻孔前位。鳃孔 5 个，宽大，位于头部两侧。背鳍 2 个，无硬棘，无臀鳍。

记载仅扁鲨科 Squatinidae。1 属，22 种，分布于大西洋、西南印度洋和太平洋热带至温带的大陆架、岛架及大陆坡。我国产 4 种。

日本扁鲨 *Squatina japonica* (Bleeker, 1858)

俗称琵琶鲨，体平扁，胸鳍扩大，形如倒置琵琶；无吻锯；鳃孔 5 个，两背鳍无鳍棘、无臀鳍。为冷温性近海底栖鱼类，行动滞缓，不善游泳，常浅埋于泥沙中，头部露出，静待、伺机捕食，以鱼类、甲壳类和软体动物为食，记载最大体长可达 2m。卵胎生，胎儿具很大卵黄囊，卵黄管粗短，每产 10 多仔。国外分布于朝鲜西南部及日本本州岛中部以南海域，我国产于台湾海峡、东海、黄海。为罕见种类。已列入 IUCN 易危物种。如图 6-36 所示。

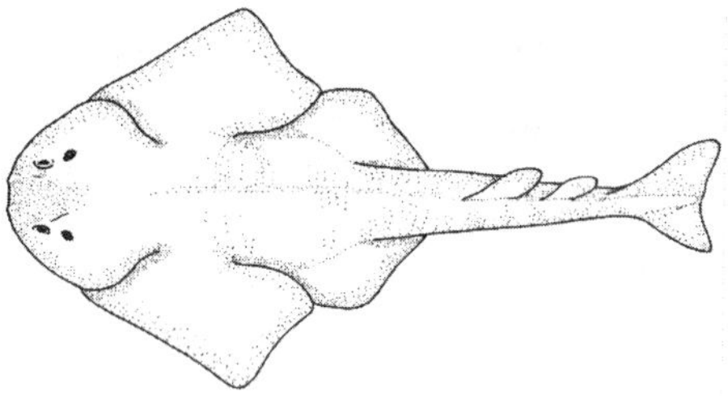

图 6-36　扁鲨科 Squatinidae
(日本扁鲨 *Squatina japonica*)

目 9　锯鲨目 Pristiophoriformes

体延长，头胸部平扁，后腹部稍侧扁。具鳃孔 5 对，位于头侧胸鳍基底前方，吻很长，呈剑状突出，边缘具锯齿，吻腹面中部具皮须 1 对。背鳍 2 个，无硬棘。

记载仅锯鲨科 Pristiophoridae，2 属 6 种，分布于西大西洋(巴哈马群岛、佛罗里达、古巴)、西南印度洋的南非外海和西太平洋(澳大利亚的南部至日本)的热带至温带的大陆架、岛架及大陆坡，个别种类也生活于河口的咸淡水水域。我国仅产日本锯鲨(*Pristiophorus japonicus*) 1 种。

日本锯鲨 *Pristiophorus japonicus* (Günther, 1870)

吻很长，向前突出呈“吻锯”；鳃孔 5 个，位于头后部两侧；“吻锯”腹面的中部具 1 对皮须。背鳍 2 个，无硬棘。沿岸底栖性鱼类，记载最大体长为 1.36m(雌性)，栖息水深在 500m 以内，以小型底栖生物为食，常用长须及长吻感觉和掘食。卵胎生，每产约 12 仔。国外分布于日本中南部、朝鲜西南部海域，我国见于黄海和东海，极罕见。《中国物种红色名录》列为濒危物种。如图 6-37 所示。

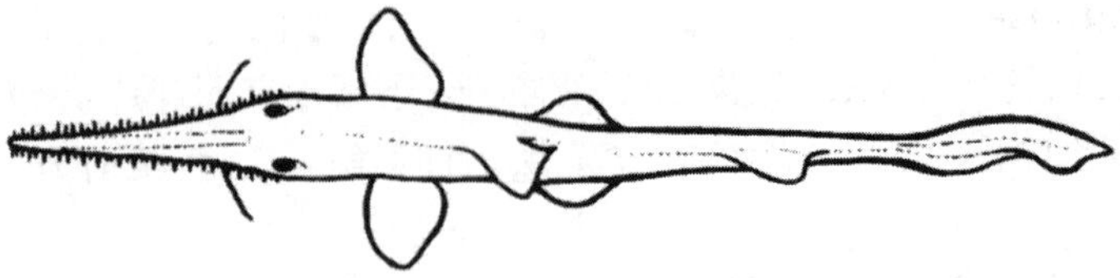

图 6-37　锯鲨科 Pristiophoridae(日本锯鲨 *Pristiophorus japonicus*)

目 10　电鳐目 Torpediniformes

体平扁，头部、躯干及胸鳍连成一体，形成肥厚而光滑的卵圆形体盘，与尾部可明显区分。头区两侧有大型发电器官。眼小或退化。皮肤松软。腹鳍小型，部分为胸鳍后缘所覆盖，背鳍 2 个，1 个或缺如。

本目全世界有 2 科 12 属，共用 4 种。我国产 5 属 13 种，均为较深海底栖小型鳐类。

科检索表

1(2)　背鳍 2 个；颌极细，无唇软骨，吻缺少或退化；齿面常显着翻出口外…………电鳐科 Torpedinidae

2(1)　背鳍 1～2 个；颌钝，唇软骨强大，具吻；齿面不翻出口外…………双鳍电鳐科 Narcinidae

科 42　电鳐科 Torpedinidae

体盘亚圆形至长椭圆形，尾前部颇宽大，约与体盘等长或稍短，或稍长；侧褶或有或无。背鳍 2 个。腹鳍后缘与尾部分离或相连。尾鳍发达，上下叶约等大。鼻孔距口很近，具鼻口沟；口狭小，平横，唇褶发达，口能突出，口前具一深沟。齿细小而多，铺石状排列，齿面常显着翻出口外。喷水孔中大，恰位于眼后。如图 6-38 所示。

记载 2 属 23 种，分布于大西洋(包括地中海)、印度洋和太平洋的大陆架、岛架及大陆坡。我国产 1 属 4 种。

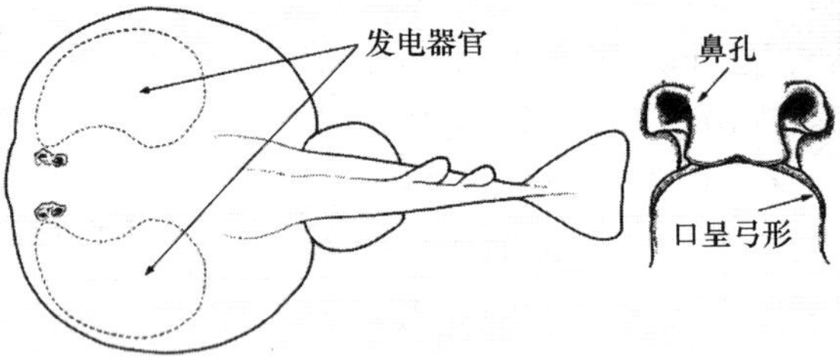

图 6-38　电鳐科 Torpedinidae

科 43　双鳍电鳐科 Narcinidae

体盘亚圆形或椭圆形，尾前部颇宽大，侧褶发达。背鳍 1～2 个。腹鳍后缘平直或凹入。尾鳍发达，上下叶约等大。眼小而突出或微小而凹入。喷水孔大，边缘隆起或不隆起。前鼻瓣宽大，伸达下唇；或短小，仅伸达口前；后鼻瓣形成一扁环形入水孔。皮肤柔软或坚硬。口小而平横，唇褶发达。齿细小而多，齿面不翻出口外。

本科有 10 属 42 种，分布于大西洋、印度洋和太平洋的大陆架、岛架及大陆坡上层。我国产 4 属 9 种，最常见的是日本单鳍电鳐(*Narke japonica*)。

日市单鳍电鳐 *Narke japonica*(Temminck &Schlegel, 1850)

体盘圆形，宽比长为略大，尾宽短，吻颇长，前端广圆。眼小，眼球部分突出，喷水孔大，椭圆形,边缘光滑而显着地突起。鼻孔小,前鼻瓣连合为一长方形口盖,后缘游离后延,伸达下唇。口小,平横,口前具一深沟,能突出,唇软厚而皱。齿细小,平扁,粒状,4～5行在使用,齿头低平后突,上下颌各14纵行,齿面不外露。鳃孔5个,直行排列,位于头部的腹面。体盘两侧具大型发电器官。胸鳍前延,后部广圆。腹鳍前角圆钝,背鳍1个,中大,起点在腹鳍基底之后。尾鳍宽大,上叶比下叶大。皮质肥厚、光滑,手感柔软。体背灰褐至赤褐色,有时具少数不规则暗色斑块。

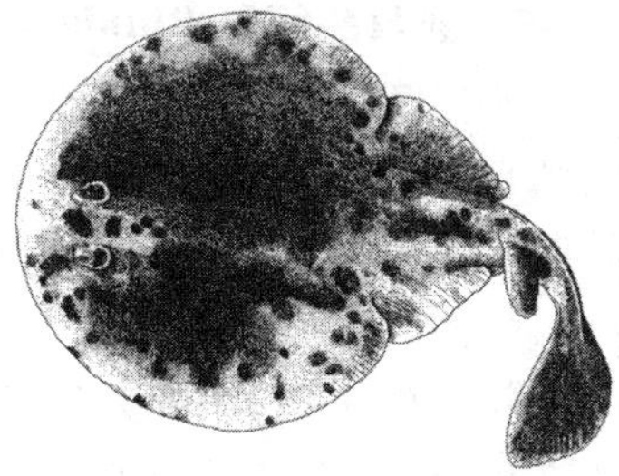

图 6-39 双鳍电鳐科 Narcinidae
（日本单鳍电鳐 *Narke japonica*）

暖温性近海底栖小型鳐类,最大体长仅为400mm,常见在200mm左右,以底栖环节动物及小型甲壳类为食。国外见于日本、朝鲜半岛,我国沿海均有分布。如图6-39所示。

目 11 锯鳐目 Pristiformes

体延长,头胸部平扁,后腹部稍侧扁。具鳃孔5对,位于头部腹面,吻很长,呈剑状突出,边缘具锯齿,吻腹面中部无皮须。背鳍2个,无硬棘。

本目仅锯鳐科 Pristidae,2属,共7种,通常为大洋性种类,分布于大西洋、印度洋和太平洋的大陆架,极少数种类也生活在淡水及河口的咸淡水水域。我国产2属2种。

钝锯鳐 *Anoxypristis cuspidata*(Latham, 1794)

别名尖齿锯鳐。体延长而平扁,背面稍圆凸,腹面平坦。头平扁,三角形,尾宽大,向后细小,自腹鳍后面下侧尾鳍下叶上面具一皮褶。。吻呈剑状突出,前部稍狭,前端圆钝,两侧具齿21～26对。眼椭圆形,喷水孔大,卵圆形。鼻孔狭长。口宽,横列。上唇褶细小,下唇褶不发达。齿细小而多,平扁光滑,铺石状排列,上下颌同型。口内在上颌齿带的后方有一很宽的腭膜。鳃孔5个,斜列于头后部腹面。背鳍2个,无硬棘,形状和大小相同。尾鳍短宽,上下叶都颇发达。体光滑或具疏稀细鳞。背面暗褐色,腹面浅白色。暖水性近海底栖鱼类,有时进入河口,主要以甲壳类为食,但有时也追捕鲻鱼或鲱类鱼群。体长可达约4.5m,记载最大者为9m,吻锯长2m,阔300mm。卵胎生,胎儿具大型卵黄囊,每产10余仔,幼仔吻锯柔软,吻齿包于皮中。列入CITES附录Ⅰ,IUCN定为极危物种。如图6-40所示。

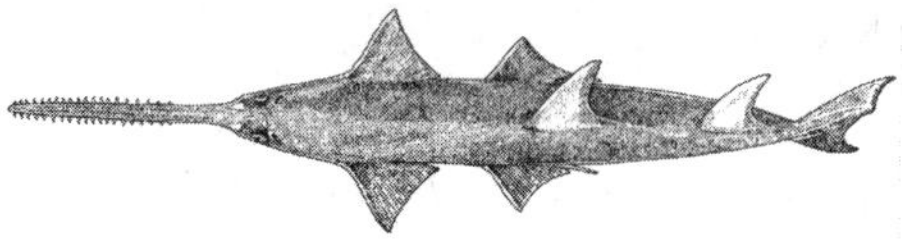

图 6-40 锯鳐科 Pristidae
（尖齿锯鳐 *Anoxypristis cuspidata*）

目 12 鳐形目 Rajiformes

体平扁,胸鳍扩大形成体盘。头侧与胸鳍间无大型发电器官,尾部一般粗大,具尾鳍;背鳍2个或无背鳍;无尾刺。

记载有4科,检索如下:

1(6) 腹鳍正常,前部不分化为足趾状构造

2(3) 吻宽短,圆形………… 圆犁头鳐科 Rhinidae

3(2) 吻尖长,近三角形

4(5) 腹鳍距胸鳍有一段距离;尾鳍下叶前部突出;第一背鳍位于腹鳍基底上方或稍后…………尖犁头鳐科 Rhynchobatidae

5(4) 腹鳍接近胸鳍;尾鳍下叶前部不突出;第一背鳍位于腹鳍后方…………犁头鳐科 Rhinobatidae

6(1) 腹鳍前部分化为足趾状构造…………鳐科 Rajidae

科 45　圆犁头鳐科 Rhinidae

头广圆形，吻宽短，圆形。眼卵圆形，瞬褶不发达。喷水孔大，椭圆形。鼻孔宽大，近口；口浅弧形；唇褶发达。齿细小而多，铺石状排列，齿面波曲，上下凹凸相承。鳃孔狭小，斜列于胸鳍基底里方。第一背鳍起点前于腹鳍起点，第二背鳍约位于尾柄中间上方。尾椎轴稍上翘；尾侧具一皮褶。尾鳍上叶大于下叶，下叶三角形突出，无缺刻。

记载仅 1 属，圆犁头鳐(*Rhina ancylostoma*)1 种。分布于印度-西太平洋大陆架。我国见于东海、台湾海峡及南海。

圆犁头鳐 *Rhina ancylostoma*(Bloch & Schneider, 1801)

胸鳍扩大，形成"长犁"形体盘；体盘较高大，两侧无大型发电器官；鳃孔 5 个，位于头部腹面；腹鳍前部不分化为足趾状构造；背视看，吻端宽圆；头、胸背部具多条明显骨质纵嵴。栖息于近海底层，以底栖甲壳类为食，行动缓慢，最大体长可达 2.7m。IUCN 定为易危物种。如图 6-41 所示。

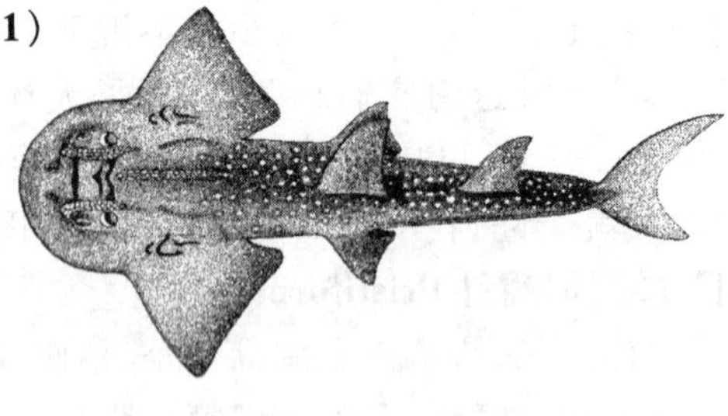

图 6-41　圆犁头鳐科 Rhinidae
(圆犁头鳐 *Rhina ancylostoma*)

科 46　尖犁头鳐科 Rhynchobatidae

吻长而平扁，呈三角形突出。眼椭圆形，瞬褶稍发达。喷水孔中大，后缘具 2 皮褶。鼻孔狭长，距口颇近；前鼻瓣具一"人"字形突出。口中大，横列；唇褶发达。齿细小而多，铺石状排列，齿面波曲。鳃孔狭小，位于胸鳍基底里方。背鳍 2 个，中大，第一背鳍起点稍后于腹鳍起点，第二背鳍比第一背鳍稍小。尾鳍短小，上下叶发达，下叶前部三角形突出，后部无缺刻。腹鳍距胸鳍有一相当距离。胸鳍扩大，前缘伸达鼻孔后缘水平线。

记载 1 属 6 种，分布于大西洋东部(非洲外海)和印度-西太平洋。我国仅产及达尖犁头鳐(*Rhynchobatus djiddensis*)1 种，见于东海、台湾海峡及南海。

及达尖犁头鳐 *Rhynchobatus djiddensis*(Forsskl , 1775)

胸鳍扩大，形成"长犁"形体盘；体盘在胸腹部明显高大，无大型发电器官；鳃孔 5 个，位于头部腹面；腹鳍前部不分化为足趾状构造；背视看，吻尖长，近三角形；头、胸背部无骨质纵嵴，仅为细弱结棘，自眼后至第二背鳍基前一纵结刺尤为明显；尾鳍下叶前部突出。暖水性近海底栖性鱼类，以甲壳类、小型鱼类、双壳类及头足类为食，卵胎生，记载最大体长可 3.1m。IUCN 定为易危物种。如图 6-42 所示。

图 6-42　尖犁头鳐科 Rhynchobatidae
(及达尖犁头鳐 *Rhynchobatus djiddensis*)

科 47　犁头鳐科 Rhinobatidae

吻长而平扁，呈三角形突出。眼椭圆形，瞬褶衰退。喷水孔较小，位于眼后，后缘具 1～2 个皮褶。鼻孔狭长，距口颇近；前鼻瓣具一"人"字形突出，后鼻瓣发达，前后各具一半圆形突出。口平横，唇褶发达。齿细小而多，铺石状排列，齿面不波曲。鳃孔狭小，斜列于胸鳍基底里方。背鳍 2 个，大小约相同，第一背鳍位于腹鳍后方。尾鳍短小，上叶较大，下叶不突出，后部无缺刻。腹鳍接近胸鳍。胸鳍扩大，伸越鼻孔前缘。如图 6-43 所示。

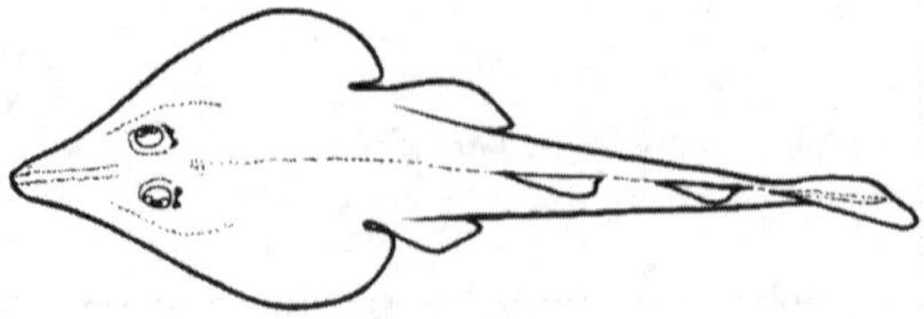

图 6-43　犁头鳐科 Rhinobatidae

记载 8 属 52 种，分布于大西洋、印度洋和太平洋热带至温带的大陆架、岛架及大陆坡上层，极少数种类也进入淡水及河口咸淡水水域。我国产 1 属 5 种。

科 48　鳐科 Rajidae

体盘宽大，亚圆形或近斜方形。吻短或长，吻软骨发达或不发达。具鼻口沟。胸鳍前延，伸达或不伸达吻端。背鳍 2 个(有时 1 个或消失)，近于尾端。腹鳍前部常分化为足趾状构造。尾侧常具纺锤形发电器 1 对。如图 6-44 所示。

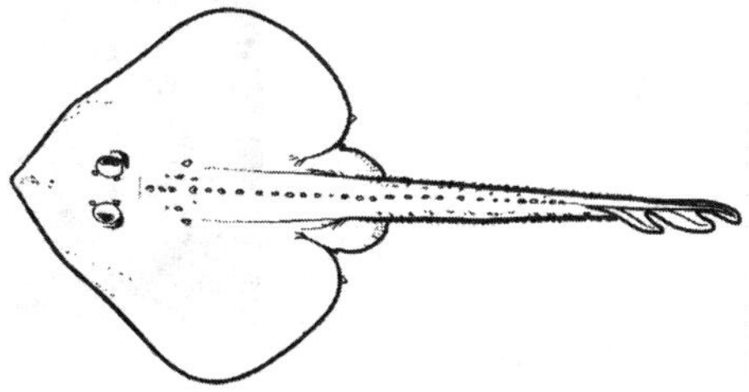

图 6-44　鳐科 Rajidae

记载 32 属，约 294 种，浅海至深海种类，广泛分布于大西洋、印度洋及太平洋的热带至极地海域。我国分布有 8 属 27 种。

目 13　鲼形目 Myliobatiformes

体盘宽大，圆形、斜方形或菱形。吻短或长，无吻软骨。鼻孔距口很近，具鼻口沟，或恰位于口前两侧。出水孔开口于口隅。胸鳍前延，伸达吻端，或前部分化为吻鳍或头鳍。背鳍 1 个或无。尾一般细长成鞭状，上下叶退化，或尾较粗短而具尾鳍；尾刺或有或无。腹鳍前部不分化为足趾状构造。无发电器官。

记载 10 科，检索如下：

1(2)　鳃 6 对…………六鳃魟科 Hexatrygonidae

2(1)　鳃 5 对

3(12)　体盘近圆形，吻端圆形或略尖突

4(7)　背鳍 2 个，后位

5(6)　体表纯色…………团扇鳐科 Platyrhinidae

6(7)　体表具多条横纹………梳板鳐科 Zanobatidae

7(4)　无背鳍

8(11)　尾部上下叶发达，尾粗短，生活于河口以外的海水环境

9(10)　尾鳍宽不超过尾鳍长的 1/6；泄殖腔中央至尾端距稍大于至吻端距………深水尾魟科 Plesiobatidae

10(9)　尾鳍宽大于尾鳍长的 1/4；泄殖腔中央至尾端距小于至吻端距……………扁魟科 Urolophidae

11(8)　不具尾鳍，尾细长如鞭，生活于淡水环境…………江魟科 Potamotrygonidae

12(3)　体斜方形或菱形，吻端或尖突；背鳍 1 个或无。尾一般细长成鞭状，上下叶退化。

13(18)　胸鳍前部不分化为吻鳍或头鳍；胸鳍后缘圆凸

14(15)　尾鳍发达…………巨尾魟科 Urotrygonidae

15(14)　无尾鳍

16(17)　体盘宽不超过体盘长的 1.3 倍；尾从泄殖腔中央至尾端长大于体盘宽；无背鳍…………魟科 Dasytidae

17(16)　体盘宽超过体盘长的 1.5 倍，尾从泄殖腔中央至尾端长小于体盘宽；背鳍或有或无…………燕魟科 Gymnuridae

18(12)　胸鳍前部分化为吻鳍或头鳍，胸鳍后缘凹入…………鲼科 Myliobatidae

科 49　团扇鳐科 Platyrhinidae

吻宽短，圆形。体盘宽大，呈团扇形。鼻孔宽大，近口，具一原始型鼻口沟。胸鳍辐状软骨伸达吻端。尾颇粗大，向后细小。如图 6-45 所示。

记载 1 属 4 种，分布于北太平洋热带至寒带大陆架。我国产 2 种。

图 6-45　团扇鳐科 Platyrhinidae

科 50　梳板鳐科 Zanobatidae

鳃孔 5 对，体盘近圆形，吻端圆形或略尖突，背鳍 2 个，后位，体表具多条横纹。如图 6-46 所示。

记载 1 属 2 种，分布于大西洋东部热带海域（非洲外海），印度洋可能也有分布。我国不产。

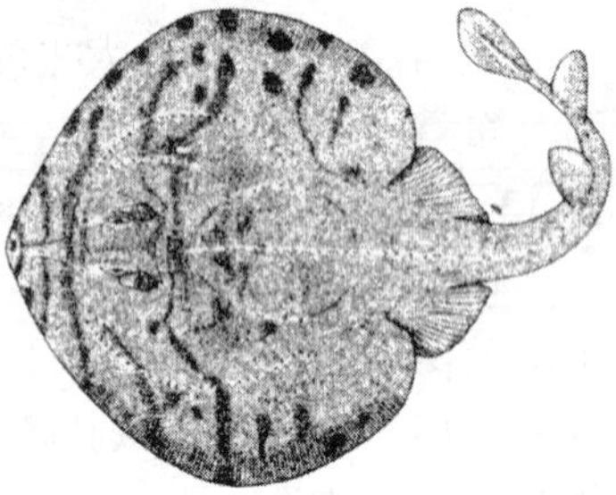

图 6-46　梳板鳐科 Zanobatidae

科 51　六鳃魟科 Hexatrygonidae

体盘宽大，前部三角形突出，后部亚圆形。尾短，具一窄长尾鳍；具尾刺。体光滑。鳃孔 6 对。

记载 1 属 2 种，分布于印度-西太平洋（南亚至夏威夷群岛）的大陆架及岛坡，我国均产。

长吻六鳃魟 *Hexatrygon bickelli*（Heemstra & Smith 1980）

体盘斜方形或菱形，吻端尖突，后缘圆凸；鳃孔 6 对，位于头部腹面。深海底栖性中型魟类，记载最大个体（全长）为 1.43m，常见个体长 1.0m 左右。罕见种。分布于西太平洋 120～1120m 深海区，我国分布于东海、台湾海域及南海，国外分布于日本。如图 6-47 所示。

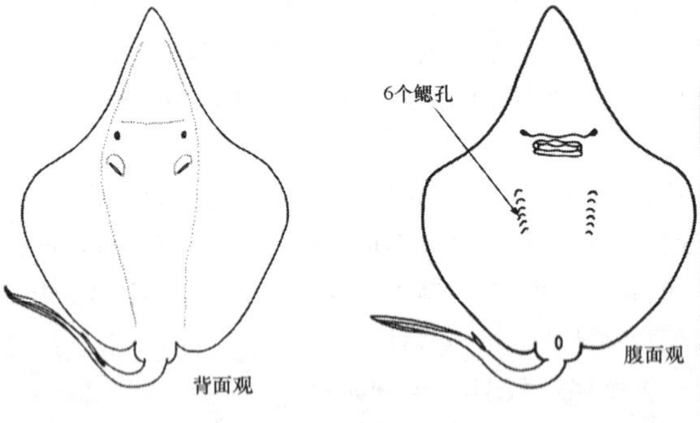

图 6-47　六鳃魟科 Hexatrygonidae（长吻六鳃魟 *Hexatrygon bickelli*）

科 52　深水尾魟科 Plesiobatidae

体盘瘦且圆，体盘长与体盘宽相等，无背鳍，尾部短于体盘宽及体盘长，吻尖端到泄殖孔的距离等于泄殖孔到尾部顶端的距离，尾部中间有一根毒刺。尾鳍细长，约为尾长的 1/9。尾长则超过两眼眶宽度的 3 倍或者两出水口宽度的 2 倍以上。眼睛小，眼径稍大于两眼眶宽度的一半，出水口则大于眼睛。鼻孔大且左右分开，鼻瓣长且碰触到嘴巴，后缘处有毛

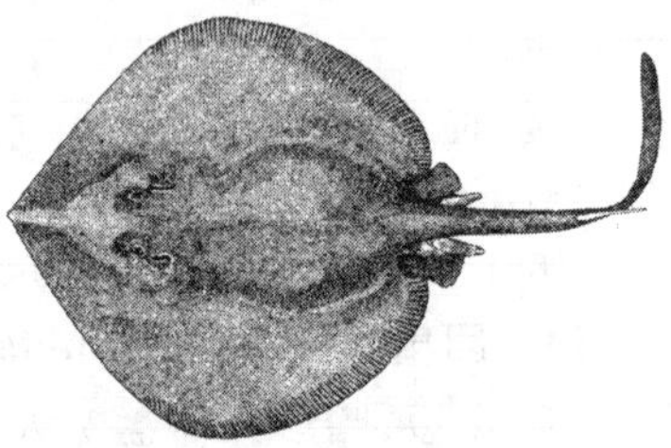

图 6-48　深水尾魟科 Plesiobatidae（达氏深水尾魟 *Plesiobatis daviesi*）

缘。体盘背部有细小的绒毛状小刺,体盘腹部则无。尾部有齿状的颗粒。体盘背部呈灰棕色,腹部呈白色,胸鳍及腹鳍边缘原色较深。尾鳍为黑棕色。如图 6-48 所示。

记载仅 1 属达氏深水尾魟 *Plesiobatis daviesi* 1 种,分布于印度-西太平洋(南非,莫三比克、印度南部、东至菲律宾,北至日本,南至澳洲)的大陆棚与上层斜坡底层的软质地,生活深度为 44～780m。以小型鱼类、甲壳类、头足类与多毛类的蠕虫为食。我国见于台湾海域。

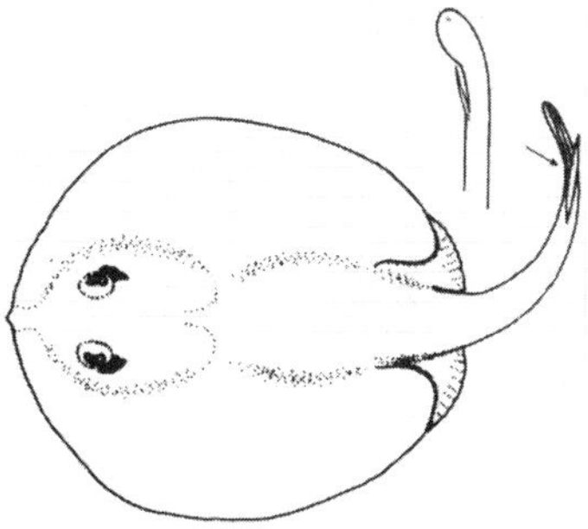

图 6-49 扁魟科 Urolophidae

科 53 扁魟科 Urolophidae

体盘宽稍大于长。尾从泄殖腔中央至尾端距稍短于至吻端距。尾刺 1～2 枚。尾鳍宽至少为其长的 1/4。口底具 5～9肉质叶。齿小数多,10～12 行在使用。体光滑但在中央带和肩区常有粗糙小刺。如图 6-49 所示。

记载 33 属 34 种。分布于西太平洋大陆架及上层斜坡,我国不产。

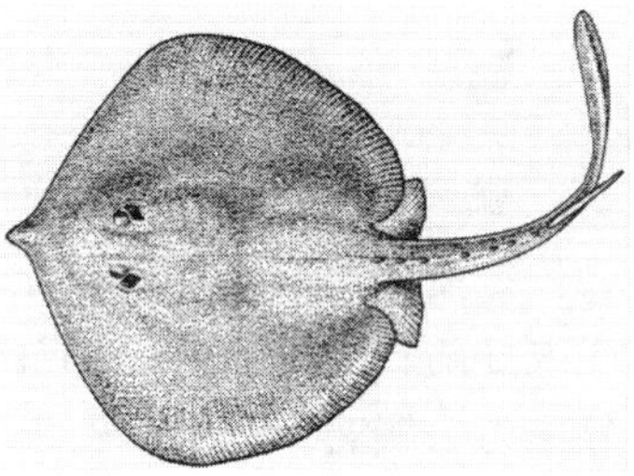

图 6-50 巨尾魟科 Urotrygonidae

科 54 巨尾魟科 Urotrygonidae

体盘长不超过体盘宽的 1.3 倍。尾部细长,长度与体长相近。无背鳍,但具 1 枚或以上的尾刺。尾鳍明显。如图 6-50所示。

记载 1 属 13 种,分布于西大西洋及东太平洋的热带至温带大陆架坡。我国不产。

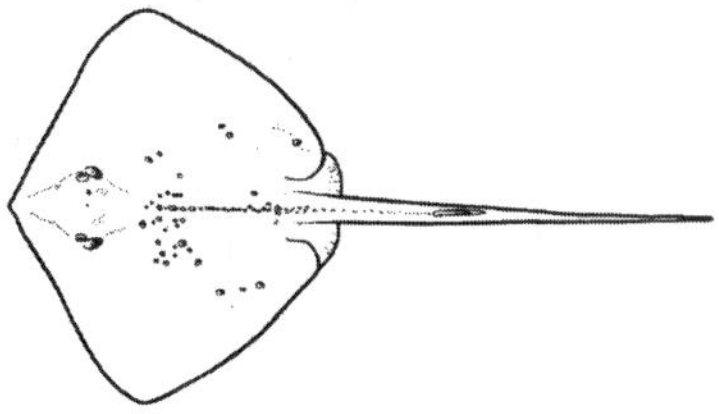

图 6-51 魟科 Dasyatidae

科 55 魟科 Dasyatidae

体盘圆形,亚圆形或斜方形。尾一般细长如鞭,常具尾刺。齿细小,平扁,铺石状排列。喷水孔中大。前鼻瓣连合为一口盖,伸达口前。体光滑,或具小刺和结刺。背鳍消失。胸鳍伸达吻端。尾鳍一般退化或消失。如图6-51所示。

本科共有 9 属 93 种,分布于大西洋(包括地中海)、印度洋及太平洋热带至温带大陆架、岛坡及大陆坡,有些种类也分布于咸淡水、淡水水域。我国产 6 属 16 种。

图 6-52 江魟科 Potamotrygonidae

科 56 江魟科 Potamotrygonidae

腰带中央有一向前的突起。和其他软骨鱼类的不同点为血液中含低渗尿素。如图 6-52 所示。

记载 2 属 22 种,分布于老挝、非洲以及南美的各大江河,最大体盘长可达 1m。我国不产。

科 57 燕魟科 Gymnuridae

体盘斜方形,宽比长大 2 倍余。尾细小而短,尾长不达体盘宽的 1/4。尾刺或有或无。齿细小而多,铺石状排列。喷水孔中大,位于眼后。口底无乳突,腭膜后缘细裂或稍分裂,平直而不波曲。背鳍 1 个或消失。尾鳍消失,尾部上下方无皮膜;胸鳍前延,伸达吻端。卵胎生。如图 6-53 所示。

记载 1 属 14 种,分布于大西洋、印度洋及太平洋的热带至温带大陆架。我国产 4 种。

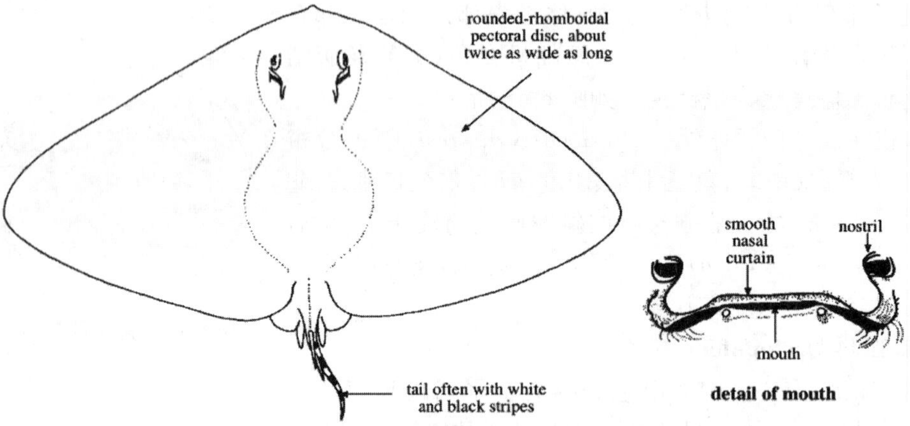

图 6-53　燕魟科 Gymnuridae

科 58　鲼科 Myliobatidae

体盘菱形。胸鳍前部分化为吻鳍，位于头前中部吻端下方，成一单叶，吻鳍与胸鳍在头侧相连或分离；或吻鳍前部分成两叶，从头的腹面上伸达吻端，吻鳍与胸鳍在头侧分离；或胸鳍前部分化为头鳍，位于头的两侧。尾细长如鞭，具一小型背鳍；尾刺或有或无。齿宽扁 1 行或多行，或齿细小而多，近铺石状排列。如图 6-54 所示。

记载 7 属 44 种，分布于大西洋、印度洋及太平洋热带至温带的大陆架及岛坡。我国产 6 属 13 种。

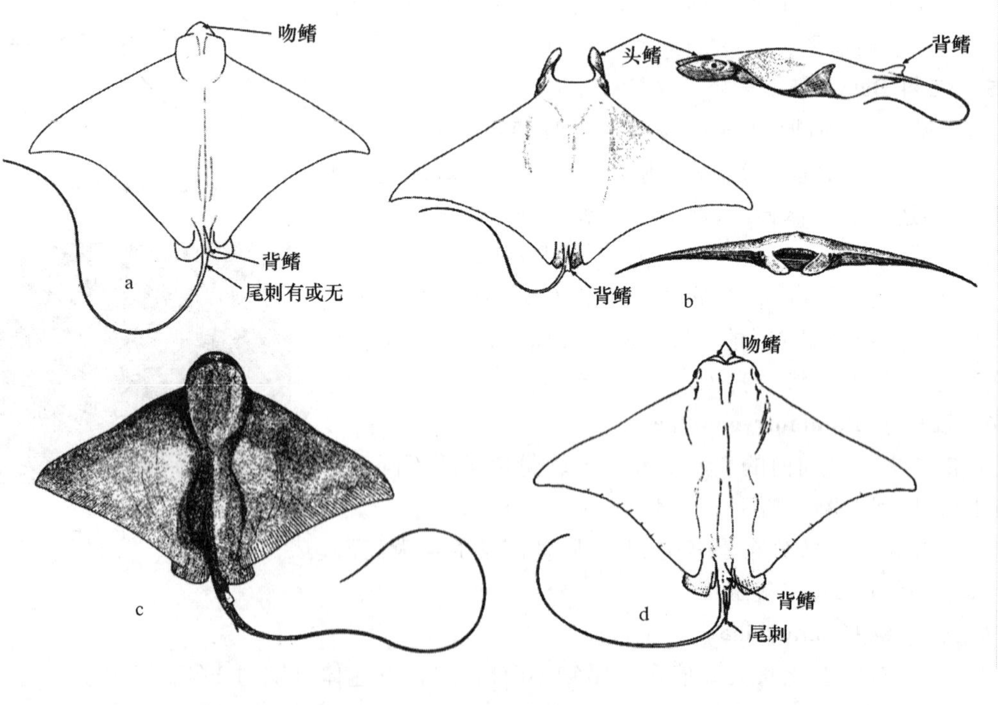

a. 鹞鲼属 *Aetobatus*　b. 蝠鲼属 *Mobula*　c. 鲼属 *Myliobatis*　d. 牛鼻鲼属 *Rhinoptera*

图 6-54　鲼科 Myliobatidae

第七章　硬骨鱼纲

辐鳍鱼纲 Actinopterygii,也称条鳍鱼纲。为种类最多的一个类群,基本特征是偶鳍无中轴骨,不呈叶状,无内鼻孔。鳞为硬鳞或骨鳞。尾鳍一般为正尾型,内骨骼一般为硬骨,上下颌、鳃盖骨系和肩带等有膜骨出现。心脏具发达的动脉球。通常无喷水孔。

本纲分 3 个亚纲,检索如下:

1(4)　具喷水孔;肠内具螺旋瓣

2(3)　体被有类似骨板的菱形硬鳞…………腕鳍鱼亚纲 Cladistia

3(2)　仅尾柄及尾鳍上叶或菱形硬鳞…………软骨硬鳞鱼亚纲 Chondrostei

4(1)　无喷水孔;肠内不具螺旋瓣…………新鳍鱼亚纲 Neopterygii

腕鳍鱼亚纲 Cladistia

为一群比较古老的辐鳍鱼类。体被有类似骨板的菱形硬鳞,具喷水孔,背鳍具 5～18 个分离小鳍,各小鳍均具 1 鳍棘及 1 或数鳍条。胸鳍基部具可动性肉质叶,鳍条附在骨化辐状骨上,而辐状骨并不直接与肩胛骨和乌喙骨相接,而是通过中间一块大的中鳍基软骨板和 2 块骨化的棒状前后鳍基骨。上颌骨与脑颅结合。无间鳃盖骨。喉板一对,无内鼻孔。鳔 2 叶,内分多隔,开口于食道腹面,可进行呼吸。心脏具动脉圆锥,有后大动脉,肠内具螺旋瓣。

本亚纲仅 1 目 1 科。

目 17　多鳍鱼目 Polypteriformes

主要特征同亚纲。

科 59　多鳍鱼科 Polypteridae

特征同亚纲。记载 2 属,18 种,分布于分布于非洲淡水水域,我国不产。

图 7-1　多鳍鱼科 Polypteridae
（多鳍鱼属 *Polypterus*）

本科的种类仔鱼都有外鳃。多鳍鱼属体延长,呈长梭形,具腹鳍,成体体长在 300～1200mm,个性凶猛,国内多有引进作观赏鱼养殖,俗称恐龙鱼。鲈鳗属 *Erpetoichthys* 体呈鳗形,无腹鳍,仅 1 种。成体体长在 400mm 左右。如图 7-1 所示。

软骨硬鳞鱼亚纲 Chondrostei

也称软质亚纲,或硬鳞鱼类,为硬骨鱼中最原始的类群。中轴骨骼之基础为非骨化的弹性脊索,无椎体。内骨骼为软骨,头部具膜骨。上颌骨参与颊部的组成,与前鳃盖骨固着联结,口裂深,口缘具锥形齿。肛门与泄殖孔开口于腹鳍基底附近。背鳍与腹鳍靠近身体的后部,歪型尾。背鳍和臀鳍的鳍条数多于支鳍骨数(每一支鳍骨可支持数枚鳍条)。具动脉圆锥,肠内具螺旋瓣。尾柄及尾鳍上叶有菱形硬鳞,无喉板,亦无间鳃盖骨,具喷水孔。

本亚纲现生鱼类仅鲟形目。

目 18　鲟形目 Acipenseriformes

体延长,一般呈梭形。躯干部的横断面呈近五角形。吻长,体被 5 行骨板,或有时裸露。

头上骨板有或无。尾鳍上缘有 1 行棘状鳞。背鳍和臀鳍后位。胸鳍低位。腹鳍在背鳍前方。尾鳍歪形，上叶长于下叶。

本目有 2 科，检索如下：

1(2) 吻不状延长；体具 5 行骨板；口前吻须 2 对…………鲟科 Acipenseridae

2(1) 吻呈剑状延长；体裸露，仅尾鳍上叶具棘状硬鳞；口前吻须 1 对………… 匙吻鲟科 Polyodontidae

科 60　鲟科 Acipenseridae

体被 5 行骨板。吻长、圆锥形或铲状。眼小，侧位。鼻孔大，每侧 2 个，位于眼前缘。口腹位，口前吻须 2 对。成鱼无颌齿。鳃盖膜与峡部相连或不相连。鳃耙短小，无鳃盖骨、鳃盖条。背鳍 1 个，后位。尾鳍歪形，尾鳍两侧密生多行硬鳞。

记载 4 属 28 种，分布于北半球，为淡水及海淡水洄游性种类。我国产有 2 属 8 种。

中华鲟 *Acipenser sinensis*(Gray, 1835)

体呈梭形，被 5 行纵行骨板；口下位，近圆形；吻腹面具须 2 对，其长明显短于须基距口前缘的 1/2；鳃耙短棒状，排列稀疏。为我国特有种，主要分布于长江干流自金沙江以下至河口江段，其他水系如珠江、闽江、钱塘江、黄河和我国沿海(自黄海至东海)都有少量分布，尤以长江口和舟山为多见。成鱼每年 4～6 月由海入江进行生殖洄游，9～11 月分别到达九江、宜昌、江陵、四川等江段。产卵后亲鱼即降河返回海中。当年孵化的仔、幼鱼从产卵场降河至河川浅水区觅食，此后即入海生活，直至性成熟后再溯河进行生殖洄游。以摇蚊和水生昆虫的幼虫、软体动物以及小型鱼类为食。常见个体重 50～300kg，最大个体可达 600kg，在四川有“千斤腊子万斤象”之说。生长较快，但性成熟较晚，通常雄性 9～22 龄，雌性 16～20 龄为生殖年龄，最长寿命可达 40 龄。列入 CITES 附录Ⅱ，IUCN 列为极危物种，现为国家Ⅰ级保护动物。如图 7-2 所示。

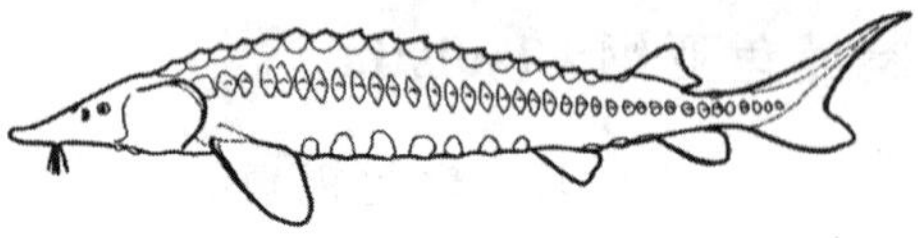

图 7-2　鲟科 Acipenseridae
(中华鲟 *Acipenser sinensis*)

科 61　匙吻鲟科 Polyodontidae

又称长吻鲟科，体光滑，仅有细小斜方形小鳞。头光滑，无骨板。尾鳍上缘有一纵行棘状鳞。吻延长，突出，剑状。无假鳃。鳃盖膜相连。口大，下位，弧形。上下颌不能伸缩，有细小颌齿。鳃耙细长密列或粗短稀疏。吻须细小，1 对。尾鳍歪形，末端不延长。如图 7-3 所示。

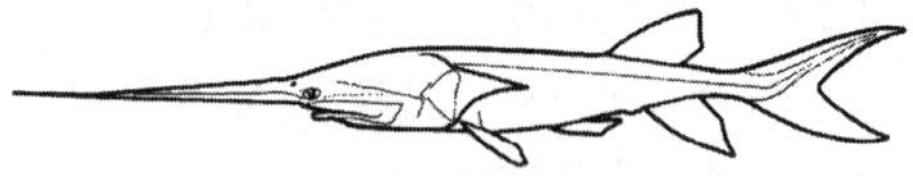

图 7-3　匙吻鲟科 Polyodontidae

记载 2 属 2 种，淡水种，偶可进入河口，分布于中国及美国。

新鳍亚纲 Neopterygii

背鳍和臀鳍基条数与支鳍骨数一致。本亚纲包括全骨鱼类(Holostei)和真骨鱼类(Teleostei)两大类，为现生鱼类中数量最多的一个亚纲。共有 42 个目。

主要目检索如下：

1(2)　体不对称，两眼位于体的同侧…………鲽形目 Pleuronectiformes

2(1)　体对称，眼分别位于两侧

3(16)　体延长，常呈鳗形、长梭形，不甚侧扁

4(5)　体细长呈鳗形，鳞退化或埋于皮下；无腹鳍………… 鳗鲡目 Anguilliformes

5(4)　体长梭形

6(7)　上下颌或上颌或下颌延长；体长梭形，胸鳍通常发达………… 颌针鱼目 Beloniformes

7(6) 上下颌均不延长
8(9) 背鳍后部具脂鳍，背鳍、胸鳍均有强棘………… 鲇形目 Silluriformes
9(8) 不具脂鳍，至少胸鳍无棘
10(13) 腹鳍如存在，或为喉位或颏位
11(12) 背鳍、臀鳍基底后伸达尾鳍或与尾鳍相连…………鼬鳚目 Ophidiiformes
12(11) 背鳍基短，仅臀鳍基底与尾鳍相连…………辫鱼目 Ateleopodifomes
13(10) 腹鳍正常，通常腹位
14(15) 脂眼睑发达；上下颌无齿；背鳍 1 个…………鼠鱚目 Gonorhynchiformes
15(14) 脂眼睑不发达；上下颌具齿；背鳍 1～3 个………… 鳕形目 Gadiformes
16(3) 体通常高大侧扁，或稍延长略侧扁
17(18) 体被骨板或骨环…………刺鱼目 Gasterosteiformes
18(17) 体不被骨板或骨环
19(28) 体稍延长，后部不侧扁，通常具脂鳍
20(25) 体无发光器，仅背鳍后方具脂鳍
21(24) 背鳍通常始于体中后部
22(23) 上下颌具齿…………胡瓜鱼目 Osmeriformes
23(22) 上下颌不具齿或上颌不具齿…………水珍鱼目 Argentiniformes
24(21) 背鳍通常始于体前中部…………仙女鱼目 Aulopiformes
25(20) 体具发光器，无脂鳍或背、臀鳍后方均具脂鳍
26(27) 体中大型，延长呈长条状，口裂通常巨大…………巨口鱼目 Stomiiformes
27(26) 体小型，通常不延长，口裂较小…………灯笼鱼目 Myctophiformes
28(19) 体稍延长，后部略侧扁，不具脂鳍
29(32) 颏部一般具喉板或缩成细条
30(31) 背鳍基短；鳃盖条 23～35；喉板很发达…………海鲢目 Elopeiformes
31(30) 背鳍基长；鳃盖条 6～16；无喉板或缩成细条…………北梭鱼目 Albuliformes
32(29) 颏部无喉板
33(34) 无侧线，腹部具棱鳞…………鲱形目 Clupeiformes
34(33) 具侧线，腹部无棱鳞
35(36) 体侧通常具银色纵带………… 银汉鱼目 Atheriniformes
36(35) 体侧通常无银色纵带
37(38) 鳃孔位于胸鳍基底后方；胸鳍基底呈柄状…………鮟鱇目 Lophiiformes
38(37) 鳃孔一般位于胸鳍基底前方；胸鳍基底不呈柄状
39(40) 一般无腹鳍；体鳞常呈砂皮状或骨板状………… 鲀形目 Tetraodontiformes
40(39) 腹鳍存在；被圆鳞或栉鳞
41(44) 体通常椭圆形或长椭圆形，头大，头部黏液腔或发达
42(43) 眼小或甚至退化………… 奇金眼鲷目 Stephanoberyciformes
43(42) 眼中大…………金眼鲷目 Beryciformes
44(41) 体侧扁或梭形、纺锤形，头部黏液腔不甚发达
45(46) 颏部具须 1 对………（须鳂）银眼鲷目 Polymixiiformes
46(45) 颏部无须
47(50) 体侧扁而高或延长呈带状；体鳞细小或仅具痕迹
48(49) 体高大，侧腹鳍具 15～17 鳍条，或体长条状，腹鳍仅为 1 鳍条…………月鱼目 Lampridiformes
49(48) 体高大，腹鳍通常具 1 棘 5～9 鳍条，或具 6～10 鳍条，无鳍棘…………海鲂目 Zeiformes
50(47) 体通常长梭形、纺锤形；体被圆鳞或栉鳞

51(52)　背鳍通常 2 个；两背鳍间距较远；尾鳍深叉形…………鲻形目 Mugiliformes

52(51)　背鳍通常 1 个，如 2 个背鳍，则通常相距甚近；尾鳍深叉形、截形、楔形

53(54)　第二眶下骨不后延，不与前鳃盖骨相连………… 鲈形目 Perciformes

54(53)　第二眶下骨后延为一骨突；与前鳃盖骨相连………… 鲉形目 Scorpaeniformes

目 19　雀鳝目 Lepisosteiformes

体延长，吻呈喙状突出，鼻孔位吻端，体被菱形硬鳞，具后凹椎体及近歪形尾。无喉板，具间鳃盖骨。肠内具螺旋瓣。心脏具动脉圆锥。鳔有鳔管与食道背部相联，多分室，形如肺，鳔壁密布微血管，可呼吸空气。

本目仅 1 科。

科 62　雀鳝科 Lepisosteidae

主要特征同目。

记载 2 属 7 种，为淡水种类，偶可生活在河口或海水环境，分布于北美东部及中美洲(南至哥斯达黎加)及古巴。我国不产。

均为大型凶猛淡水鱼类，一般体长 1～2m，最大的鳄雀鳝(*Atractosteus spatula*)体长可达 3050mm。体延长，上下颌亦长。口裂深，具锐齿。背、臀鳍相对并位于体后部；无脂鳍；腹鳍腹位。各鳍均无鳍棘，侧线完全，侧线鳞 50～65。主要生活于纯淡水，偶入咸淡水。喜单独生活。在隆冬季节则停食，匿居于深水层。3～6 年性成熟，生长速度随性别而异，雌快，雄慢。生殖期 3～7 月，有的种类延至 10 月间。卵有毒，呈绿色，粘附于水草或砾石上。孵化后幼体仍悬垂在固着物上。幼鱼时期食小型无脊椎动物；一般体长超过 5cm 时改食小鱼，也捕食蟹类和昆虫。近年来国内也有人作为观赏鱼饲养，但如管理不善，一旦进入合适水域，极易破坏原生态系统。如图 7-4 所示。

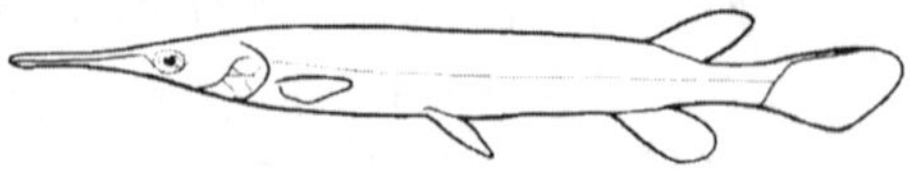

图 7-4　雀鳝科 Lepisosteidae

目 20　弓鳍鱼目 Amiiformes

体延长，体被膜质圆形硬鳞(覆瓦状)，前颌骨紧连于脑颅，不能伸缩。具喉板、间鳃盖骨。鳔具许多小室，可呼吸空气。尾微歪(尾椎骨后部上翘)，尾鳍支鳍骨呈弓状。

本目鱼类仅 1 科。

科 63　弓鳍鱼科 Amiidae

特征同目。

记载 1 属弓鳍鱼 *Amia calva* 1 种，分布于北美大湖区以南水浅而蔓草丛生的大陆水域，最大体长近 1000mm，牙粗壮而锐利，肉食性，性凶猛，主要以鱼类及蛙类为食，也食昆虫卵和浮游生物以及蟹、虾类等。每年 4～6 月繁殖，雄鱼有筑巢、护卵习性。可食用，但肉质粗糙，经济价值不大。我国不产，如图 7-5 所示。

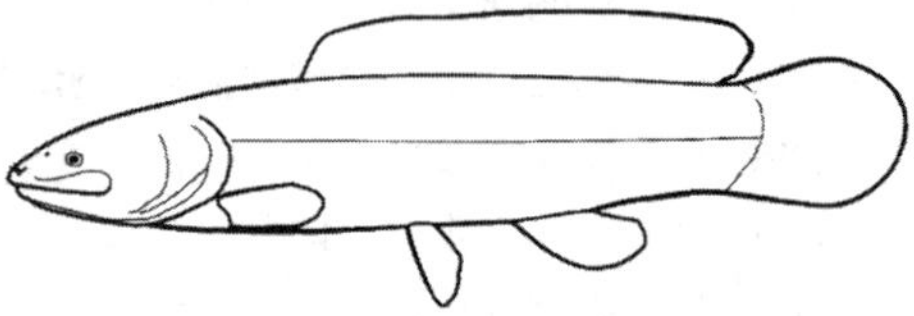

图 7-5　弓鳍鱼科 Amiidae

(弓鳍鱼 *Amia calva*)

目 21　月眼鱼目 Hiodontiformes

体形与鲱形目接近，但具明显侧线，胸鳍基部至臀鳍具肉质棱突。鳔为蜂窝状，向前延伸至脑颅耳侧。

本目仅月眼鱼科 Hiodontidae。

科 64　月眼鱼科 Hiodontidae

记载 1 属 2 种。我国不产。

似鲱月眼鱼 *Hiodon alosoides*

体侧扁,体背部蓝色,体侧银灰色。口端位,上颌骨延伸到瞳孔后缘,鼻孔圆形,背鳍与臀鳍相对或稍后,胸鳍基部至臀鳍具肉质棱突。背鳍 9～10 鳍条,臀鳍 29～34 鳍条,侧线鳞 57～62,具幽门盲囊。繁殖季节雄性臀鳍前部鳍条延长呈垂状。最大体长 51 cm。分布于加拿大西北部,向南沿密西西比河至美国路易斯安那州。如图 7-6 所示。

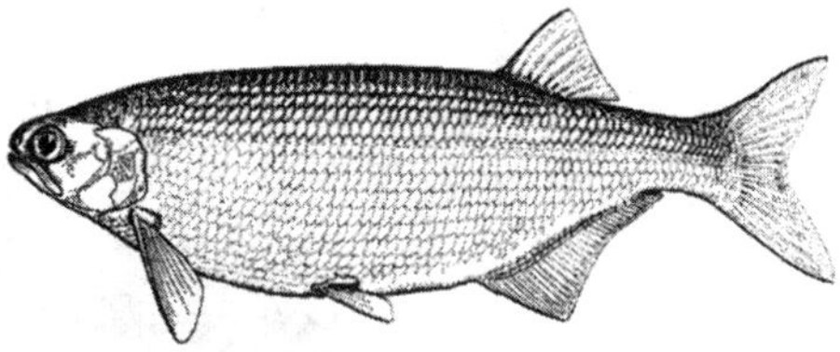

图 7-6　月眼鱼科 Hiodontidae
(似鲱月眼鱼 *Hiodon alosoides*)

目 22　骨舌鱼目 Osteoglossiformes

为真骨鱼类的早期分支,口上位或端位,上颌缘由前颌骨和上颌骨构成。副蝶骨、两颌与舌具发育良好的齿。鳔与内耳相连或否。如有腹鳍,则为腹位;胸鳍位低;无脂鳍;背鳍小或中等,位于体之中部或后部;臀鳍一般位于体之后部或与尾鳍相连。体被圆鳞,具侧线,大多数鳞片和头部皮肤具有雕刻状纹。

现存种类仅分布于热带淡水水域,包括骨舌鱼科 Osteoglossidae、弓背鱼科 Notopteridae、长颌鱼科 Mormyridae 及裸臀鱼科 Gymnarchidae 等 4 科,我国不产,但部分种类引入作为观赏已在养殖。

科的检索表

1(4)　上颌具齿,小脑不特别扩大
2(3)　鳔不延伸至脑颅…………骨舌鱼科 Osteoglossidae
3(2)　鳔延伸至脑颅耳侧…………弓背鱼科 Notopteridae
4(1)　上颌无齿,小脑特别扩大
5(6)　具臀鳍、尾鳍和腹鳍…………长颌鱼科 Mormyridae
6(5)　无臀鳍、尾鳍和腹鳍…………裸臀鱼科 Gymnarchidae

28 属,共 235 种。

科 65　骨舌鱼科 Osteoglossidae

体延长,稍侧扁,常大型。口裂上斜,舌具坚固发达的齿,鳔四周富有血管,内表呈蜂窝状,常有特殊的鳃上器官,可呼吸空气。鳞大且硬,呈嵌镶状。背鳍和臀鳍位于体的后部,互为相对。胸鳍位低。腹鳍稍后位。尾鳍圆形。

记载 5 属 11 种。

巨巴西骨舌鱼 *Arapaima gigas*(Schinz, 1822)

也称巨骨舌鱼,为世界上最大且古老的淡水鱼之一,最大个体体长可达 2～6m,重可达 100～200kg。以鱼、虾、蛙类为食,偶尔也捕食蛇、龟和昆虫。体型笨重,行动缓慢。生殖季节挖穴产卵,雄鱼护幼发育达 2～3 个月,等幼鱼能独立生活后才离开。分布于南美,为当地颇具价值的渔捞对象。如图 7-7 所示。

图 7-7　骨舌鱼科 Osteoglossidae
(巨巴西骨舌鱼 *Arapaima gigas*)

美丽硬骨舌鱼 ***Scleropages formosus*** **(Schlegel & Müller, 1844)**

产于越南、马来西亚半岛、印尼的苏门答腊、班加岛、比婆罗洲和泰国等热带淡水水域，俗称金龙鱼，为主要的名贵观赏鱼类。

双须骨舌鱼 ***Osteoglossum bicirrhosum*** **(Cuvier, 1829)**

产于南美，俗称银龙鱼，也为主要的名贵观赏鱼类。如图7-8、图7-9所示。

图7-8　骨舌鱼科 Osteoglossidae(美丽硬骨舌鱼 *Scleropages formosus*)

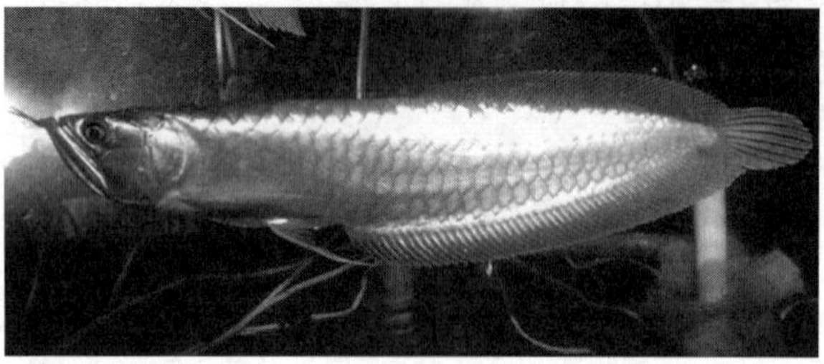

图7-9　骨舌鱼科 Osteoglossidae(双须骨舌鱼 *Osteoglossum bicirrhosum*)

科66　弓背鱼科 Notopteridae

体延长侧扁，头小，无下鳃盖骨。口端位，上颌骨具齿，鳔前分支延伸至离颅耳侧。背鳍基短，位体背中部。臀鳍长，具85～141条，与尾鳍相连接。腹鳍条3～6或缺如，腹棱鳞25～45。侧线鳞120～180。

记载共4属10种，产于东南亚及非洲淡水水域，我国不产。

铠弓鱼 ***Chitala chitala*** **(Hamilton, 1822)**

俗称七星刀，原产地为印度、泰国、缅甸等，体侧扁，前部稍宽厚，尾部尖小，头后背部微弓形隆起。体灰黑色，成体体侧具3～10个镶白边的黑色斑点，幼鱼期体表无黑斑，但具10～15条淡淡的斜纹。最大体长可达1m。适宜于大型水族箱中饲养。如图7-10所示。

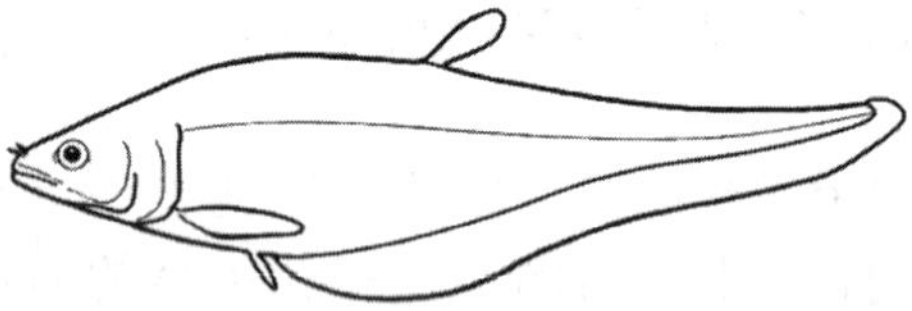

图7-10　弓背鱼科 Notopteridae
(铠弓鱼 *Chitala chitala*)

科67　长颌鱼科 Mormyridae

吻呈管状突出，或似象鼻，故也称象鼻鱼，末端具一吸管状小口，上颌无齿，副蝶骨及舌上具齿。头尾细小，臀鳍与背鳍近相对，常位于体后部，臀鳍不与尾鳍相连，腹鳍短小。尾柄窄，尾鳍深叉形。

本科主要分布于热带非洲和尼罗河，已知19属，共215种，多数体长90～500mm，最大可达1500mm，大部分为当地经济种类。如图7-11所示。

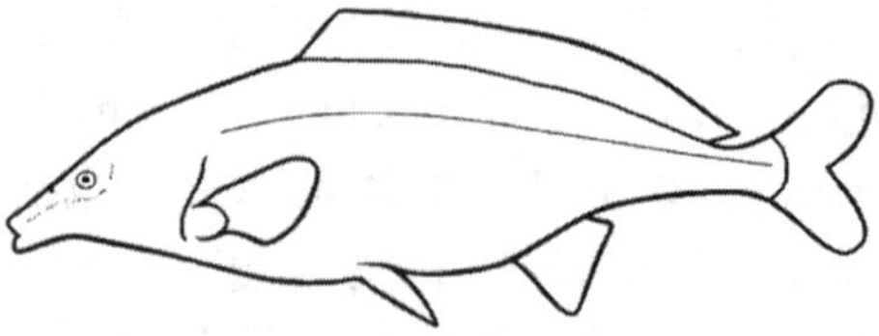

图7-11　长颌鱼科 Mormyridae

科 68　裸臀鱼科 Gymnarchidae

体扁平、修长，头、尾尖而体中部宽，尾部突出如棍棒。背鳍基极长，具 183～230 鳍条，从鳃盖后缘一直延伸至尾部，并与退化的尾鳍连合，用以辅助运动。副蝶骨及舌上无齿。胸鳍短小。无腹鳍及臀鳍。

本科仅 1 属 1 种。

裸臀鱼 *Gymnarchus niloticus*(Cuvier, 1829)

俗称翻天刀、反天刀、尼罗河魔鬼等，成体长可达 1500～1670mm，为一种古老的大型淡水鱼类，卵生，产卵前能用植物或漂浮物筑巢，卵径大，可达 10mm。雄鱼有护卵习性，仔鱼有极大的卵黄囊及外鳃。分布于热带非洲和尼罗河，在当地有一定经济价值。如图 7-12 所示。

图 7-12　裸臀鱼科 Gymnarchidae
(裸臀鱼 *Gymnarchus niloticus*)

目 23　海鲢目 Elopeiformes

体长条状，略侧扁。被圆鳞，侧线完全，腹部无棱鳞，偶鳍基部具发达的腋鳞。颏部喉板发达。鳃盖条 23～35 条。背鳍 1 个，无硬棘，背鳍基短，位于腹鳍与臀鳍之间，约为其间距之半。腹鳍腹位，尾鳍深叉形。

本目有 2 科 2 属 7 种。检索如下：

1(2)　具假鳃；背鳍最后鳍条不延长…………海鲢科 Elopidae

2(1)　无假鳃；背鳍最后鳍条延长…………大海鲢科 Megalopidae

科 69　海鲢科 Elopidae

本科具假鳃，背鳍最后鳍条不延长，其他特征同目。

记载 1 属 7 种，分布于各大洋热带和亚热带及河口或淡水水域，我国产 2 种。

海鲢 *Elops machnata*(Forsskl, 1775)

体长条状，稍侧扁；各鳍、鳞片、侧线均正常，尾鳍为深叉形；颏部具有一长条形喉板；背、臀鳍基部具鳞鞘，偶鳍间具腋鳞；眼大，脂眼睑宽；背鳍与臀鳍基均很短。为暖水性近海中小型鱼类，幼鱼常出现于内湾、河口等半淡咸水域，成鱼于外海产卵。一般体长 250～300mm，记载最长 1180mm。广泛分布于印度洋、太平洋及大西洋，我国产于黄海南部、东海、台湾海域以及海南清澜的近海。如图 7-13 所示。

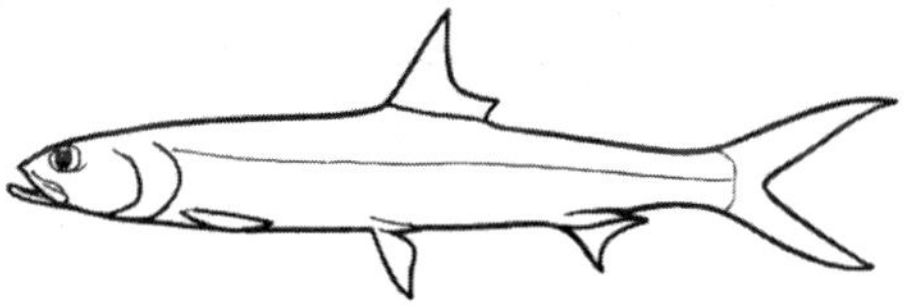

图 7-13　海鲢科 Elopidae
(海鲢 *Elops machnata*)

科 70　大海鲢科 Megalopidae

本科无假鳃，背鳍最后鳍条延长，其他特征同目。

记载仅 1 属 2 种，分布于各大洋热带和亚热带，有时可进入淡水水域。我国产大海鲢 *Megalops cyprinoides* 1 种。

大海鲢 *Megalops cyprinoides*(Broussonet, 1782)

体长条状，稍侧扁而稍高；除背鳍最后鳍条呈丝状延长外，各鳍、鳞片、侧线均正常，尾鳍为深叉形；颏部具有一长条形喉板；背、臀鳍基部具鳞鞘，偶鳍间具腋鳞；眼大，脂眼睑窄；口向上翘，倾斜，下颌向前突出，上颌骨向后伸达眼后缘下方。臀鳍基均较长。暖水性近海种类，广泛分布于印度-太平洋区，由红海到社会岛，北至韩国，

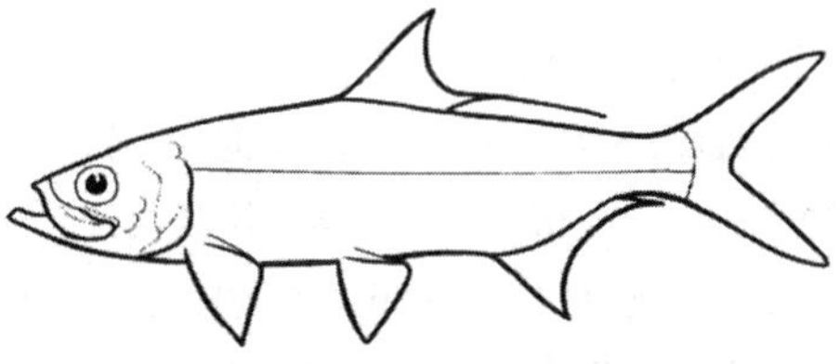

图 7-14　大海鲢科 Megalopidae
(大海鲢 *Megalops cyprinoides*)

南到澳洲。我国产于南海、东海南部、台湾海峡。以小型游泳动物为食，对环境适应力强，可利用泳鳔来当作辅助呼吸器官，并常可溯入淡水之中，各河川之下游及河口常可发现。常见体长 300～450mm，最大可达 1500mm。如图 7-14 所示。

目 24　北梭鱼目 Albuliformes

下颌感觉管位于齿骨与角骨开放的沟内，喉板缺如或退化呈一薄片。

本目共 3 科，检索如下：

1(2)　体呈鲱形，下颌背后缘无向后棘…………北梭鱼科 Albulidae

2(1)　体呈鳗形，下颌背后缘具向后棘

3(4)　上颌骨具齿，背鳍全位于肛门前上方…………海蜥鱼科 Halosauridae

4(3)　上颌骨无齿，背鳍至少部分位于肛门后上方…………背棘鱼科 Notacanthidae

科 71　北梭鱼科 Albulidae

体呈鲱形，口裂上缘仅由前颌骨组成，有 2 辅上颌骨。口下位，，上颌不伸达眼前方，两颌、犁骨、腭骨均具绒毛状齿。有动脉圆锥，内有 2 列瓣膜。眶下骨的侧线管伸入前上颌骨。

记载 2 属 11 种，我国产 2 属 2 种。

两属的主要区别为北梭鱼属 Albula 背鳍短，仅 16～21 鳍条，共 9 种。如北梭鱼(*Albula vulpes*)，分布于太平洋、大西洋，一般生活于上层，也见于深水，最大体长可达 1000mm。长背鱼属 *Pterothrissus* 背鳍长，具 55～65 鳍条，共 2 种，贝氏长背鱼(西非长背鱼)(*Pterothrissus belloci*)分布于热带非洲，长背鱼(*Pterothrissus gissu*)分布于日本北海道函馆以南各海区及我国东海较深海区。如图 7-15、图 7-16 所示。

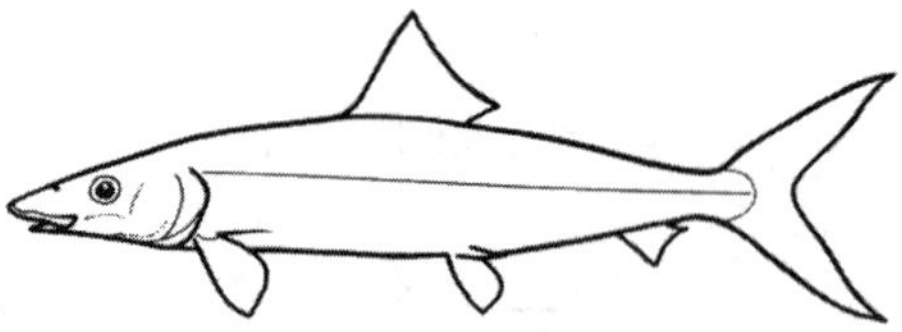

图 7-15　北梭鱼科 Albulidae

(圆颌北梭鱼 *Albula glossodonta*)

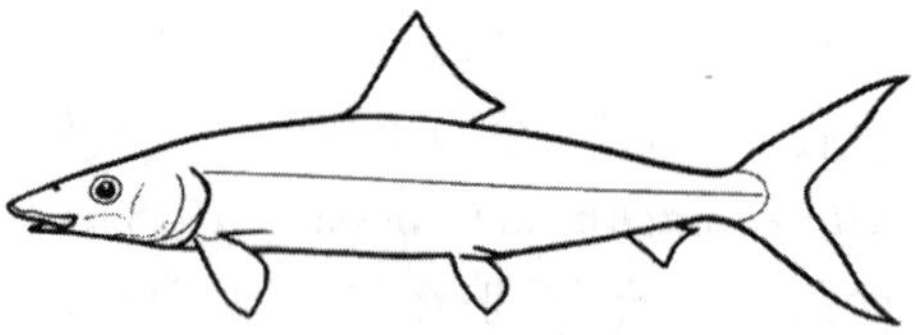

图 7-16　北梭鱼科 Albulidae

(长背鱼 *Pterothrissus gissu*)

科 72　海蜥鱼科 Halosauridae

体延长，稍侧扁，尾部长而侧扁，尾端尖细，呈鳗形。头具明显感觉孔。口小，下位；吻细而尖。鳃孔宽，与狭部分离。前颌骨和上颌骨具齿。背鳍完全在肛门前上方，9～13 鳍条，无棘；左右腹鳍靠近，由皮膜相连；臀鳍基底长，起始于肛门后缘而延伸至尾端；胸鳍位高；无尾鳍。

记载共 3 属 16 种，我国产 3 属 4 种。

异鳞海蜴鱼 ***Aldrovandia affinis*** **(Günther，1877)**

体延长，稍侧扁，腹部圆，尾部长而侧扁，尾端尖细。头锥形，头侧具黏液腔，口小，下位，两颌齿呈绒毛状齿群。侧线鳞扩大，占 2～3 个横列鳞。各鳍无棘，背鳍甚短，完全位于臀鳍前方。胸鳍上侧位。腹鳍腹位。分布于大西洋、印度洋和太平洋温热带海区，生活水深 383～2617m，我国产于东海深海。如图 7-17 所示。

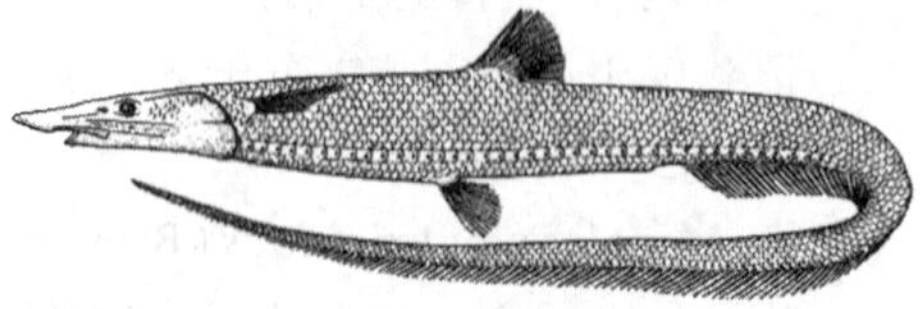

图 7-17　海蜥鱼科 Halosauridae

(异鳞海蜴鱼 *Aldrovandia affinis*)

科 73　背棘鱼科 Notacanthidae

体呈鳗形，下颌背后缘具向后棘，上颌骨无齿，背鳍至少部分位于肛门后上方，鳃盖膜至少部分联合，口小，下位，横裂，侧线不伸达尾鳍。鳞小，纵裂鳞多于50，腹鳍腹位，常由皮膜相连，具1～5棘，4～8鳍条，背鳍由一行游离短棘和1不明显鳍条组成。

记载4属12种，我国产1属长吻背棘鱼 *Notacanthus abbotti* 1种。

长吻背棘鱼 *Notacanthus abbotti*(Fowler, 1934)

体延长，如鳗形，侧扁，尾部呈带状，尾端细尖。吻端圆，显著突出。口小，下位，上颌骨无齿。体被小圆鳞。背鳍仅具分离之硬棘，共12～13枚。臀鳍基底长，前部具19枚分离棘，后部103鳍条，后部软条与尾鳍相连。腹鳍小，具3～4棘，6鳍条。侧线孔113～115个。体一致为白色而略带暗色素斑。深海鱼类，栖息深度在250m以上。分布于东海冲绳海槽、菲律宾及日本南部深海。如图7-18所示。

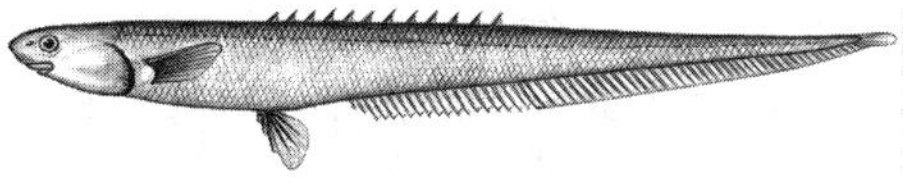

图7-18 背棘鱼科 Notacanthidae
（长吻背棘鱼 *Notacanthus abbotti*）

目25 鳗鲡目 Anguilliformes

体延长，圆筒形，通常无腹鳍。鳃孔狭窄。各鳍均无棘，背鳍、臀鳍均长，常与尾鳍相连。胸鳍有或无。体鳞不明显，退化或埋于皮下。本目分成有3亚目。

亚目检索表

1(2) 体通常具鲜艳斑纹，如无斑纹，则胸鳍发达或侧线孔仅存在于头部…………海鳝亚目 Muraenoidei
2(1) 体不具斑纹，通常呈纯青、褐色，胸鳍短小
3(4) 鳞退化，埋于皮下，呈席纹状排列…………鳗鲡亚目 Anguilloidei
4(3) 鳞退化或无鳞，如埋于皮下，也不呈席纹状排列…………康吉鳗亚目 Congroidei

鳗鲡亚目 Anguilloidei

鳞细小，埋于皮下，呈席纹状排列。体延长，前部圆筒状，后部侧扁。眼埋于皮下。前鼻孔短管状，后鼻孔呈裂缝状。口裂微斜或近水平。具唇。舌前端及两侧不附于口底，齿细小尖锐。两颌齿及犁骨齿呈带状排列。具侧线。鳃孔位于胸鳍前下方。背鳍始于头部远后方，位于肛门的前方或后方。背鳍、臀鳍与尾鳍相连。肛门位于体的前半部。

本亚目分3科，检索如下：

1(4) 具短小胸鳍
2(3) 背鳍起点位于体前半部…………鳗鲡科 Anguillidae
3(2) 背鳍起点位于体后半部…………蚓鳗科 Moringuidae
4(1) 无胸鳍…………异鳗科 Heterenchelyidae

科74 鳗鲡科 Anguillidae

体延长，前部圆筒状，后部侧扁。眼埋于皮下。体具侧线。背鳍始于体前半部，具短小胸鳍，背鳍、臀鳍与尾鳍相连。

本科仅1属，共17种，我国产7种，另有欧洲鳗鲡(*Anguilla anguilla*、美洲鳗鲡 *Anguilla rostrata*)于上世纪90年代初引入我国养殖。

日本鳗鲡 *Anguilla japonica*(Temminck & Schlegel, 1846)

体鳗形，前部圆筒状，后部侧扁；背鳍始于头部远后方，背鳍、臀鳍与尾鳍相连；具胸鳍；鳞埋于皮下，呈席纹状；眼埋于皮下；体无斑纹，背青褐色，腹面淡白。为温带降河性洄游鱼类。我国产于各大江河及其通江湖泊、沿海。雌鳗平时栖息于内陆各种水域和河口的石缝、土穴及泥中，畏光，白天潜藏，夜出捕食。生活力很强，在适宜的温度下只要皮肤保持湿润、离水10多小时也能生存。以鱼、虾、蟹、异足类、桡足类、新糠虾、田螺、蚬、水蚯蚓和水生昆虫等为食，也

捕食蜗牛、蠕虫、蛙类。生长肥育期一般为3～5年,长的可达20年。性腺在淡水中大多停留在早期发育阶段。通常体长达700mm、体重600g以上个体的卵巢才呈肉红色。与雌鳗不同,雄鳗则常在河口成长。每年秋末冬初,雌鳗大批向河口移动,并随同在河口生活的雄鳗游向外海产卵场。在洄游中性腺才逐渐成熟。从降海开始便停止进食,消化器官逐渐萎缩,肝脏变小,体脂减少,体内营养物质渐为性腺发育和生殖洄游所消耗。鳗鲡为一次性产卵,产卵后亲鱼死亡。卵浮性,卵径1mm左右,受精卵球形,透明,具油球多个,初孵仔鱼全身透明。稍后,仔鱼变为柳叶状,又称柳叶鳗或叶状幼体。随着体长的增长逐渐上升到水深30m的上中层生活,并有昼夜垂直移动现象,并随表层海流从产卵场向各方面游散,摄食海洋浮游生物。一年左右开始游向大陆,秋、冬季在近岸地区变态为幼鳗,此时体白色略透明,称为"白苗"。刚变态的"白苗"埋潜于河口附近的石砾下和底泥中,11—12月开始随潮汐溯河。2—4月在中国江河下游的水温与近海水温接近时,幼鳗开始大量溯河,水温在10℃～20℃为溯河盛期。幼鳗趋光,随着鱼体黑色素增加,"白苗"渐变为"黑苗"。

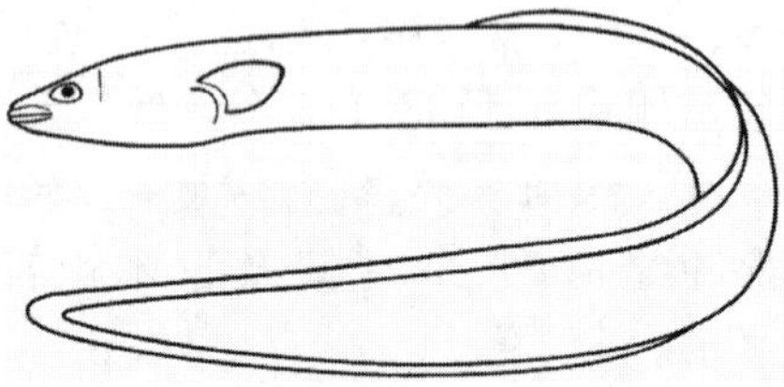

图7-19　鳗鲡科 Anguillidae
（日本鳗鲡 *Anguilla japonica*）

广泛分布于日本北海道至菲律宾及我国间的西太平洋淡水域,包括岛屿与亚洲大陆等注入太平洋的大、小河川溪流。台湾各河口区与其中、下游皆有其分布。如图7-19所示。

科75　异鳗科 Heterenchelyidae

体延长,前部圆筒形,后部稍侧扁。尾长大于头与躯干合长。眼退化,隐于皮下,口端位或下颌稍突出,口裂较大,向后超过眼后缘,颌齿圆锥形,2～3行,犁齿1～7行。背、臀鳍低长,与尾鳍相连,背鳍始于鳃孔前后,无胸鳍,体无鳞,无侧线管。体灰棕色至微红色。如图7-20所示。

栖息于淤泥中,生态习性不详。分布于热带大西洋和地中海、太平洋(巴拿马湾),共2属8种,我国不产。

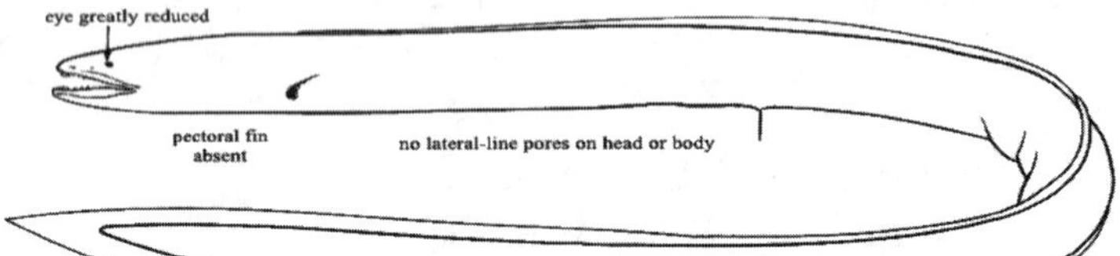

图7-20　异鳗科 Heterenchelyidae

科76　蚓鳗科 Moringuidae

体极延长,前部圆柱状,尾部侧扁。头较小,吻短。下颌稍突出。口裂达眼后缘下方。舌附口底。眼小,埋于皮下。前鼻孔管状,近吻端,后鼻孔位于眼前方。鳃孔窄小而位低。齿细小,两颌及犁骨齿各为一行。无鳞。肛门位于体后半部。鳍不发达或退化;背鳍及臀鳍低;背、臀及尾鳍相连续;胸鳍短小或无。

记载2属13种,栖息于海洋砂泥底质,有些种类可分布于河口区,甚至可发现于河川下游。我国仅产蚓鳗属 *Moringua* 4种。

大头蚓鳗 *Moringua macrocephalus*(Bleeker,1863)

背鳍和臀鳍位于尾部。背鳍起点在臀鳍起点后上方;臀鳍起点在肛门后方,背鳍、臀鳍均不发达，皮褶状，与尾鳍相连续。胸鳍不发达，颇短小，位于鳃孔边缘的后方。尾鳍狭小，后缘椭圆形。我国产于南海和东海、台湾海峡。如图 7-21 所示。

图 7-21 蚓鳗科 Moringuidae(大头蚓鳗 *Moringua macrocephalus*)

海鳝亚目 Muraenoidei

本亚目大部分种类体通常具鲜艳斑纹，如无斑纹，则胸鳍发达或侧线孔仅存在于头部。共 3 科，检索如下：

1(2) 体具鲜艳斑纹…………海鳝科 Muraenidae

2(1) 体通常不具鲜艳斑纹

3(4)侧线孔仅存在于头部…………草鳗科 Chlopsidae

4(3)侧线孔始于胸鳍上方…………油康吉鳗科 Myrocongridae

科 77 草鳗科 Chlopsidae

体颇延长，前部圆筒状，后部侧偏。鳃孔很小，圆孔状，位于胸鳍下方(有些属胸鳍缺如)。鳃孔小圆孔状。体无鳞，侧线孔仅局限于头部，体侧无侧线孔。除了产于西大西洋的颈环眶鼻鳗(*Kaupichthys nuchalis*)的后鼻孔开于唇部外，后鼻孔均开于腹侧。脊椎骨数通常为 100～105。如图 7-22 所示。

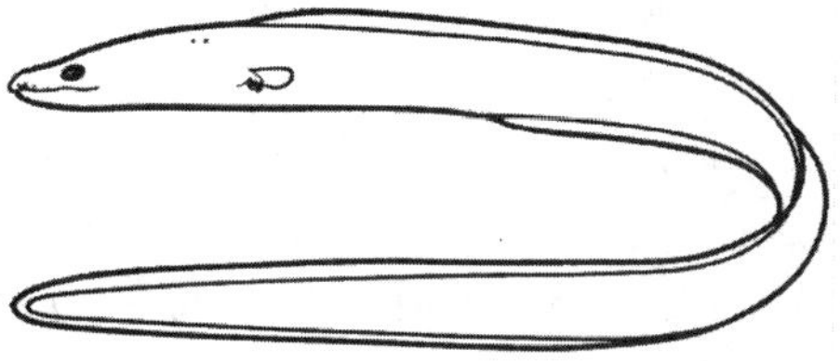

图 7-22 草鳗科 Chlopsidae

记载 9 属 24 种，分于大西洋、印度洋及太平洋的热带和亚热带海域。我国产 2 属 3 种。

科 78 油康吉鳗科 Myrocongridae

体延长，极侧扁。体无鳞，但在喉部和胸部皮肤显示大如眼径的鳞囊痕迹。鳃孔小圆形。后鼻孔位眼前上缘，侧线孔不完全，仅 5～7 孔，位于胸鳍与尾鳍之间。胸鳍发达，至少为头长的 1/3 长，背鳍起点前于鳃孔。

记载 1 属 5 种，分布于东南大西洋、太平洋热带海区。我国不产。

扁身油康吉鳗(*Myroconger compressus*)

俗称红鳗鱼(Red eel)，常见体长 550mm 以下，分布于东大西洋。如图 7-23 所示。

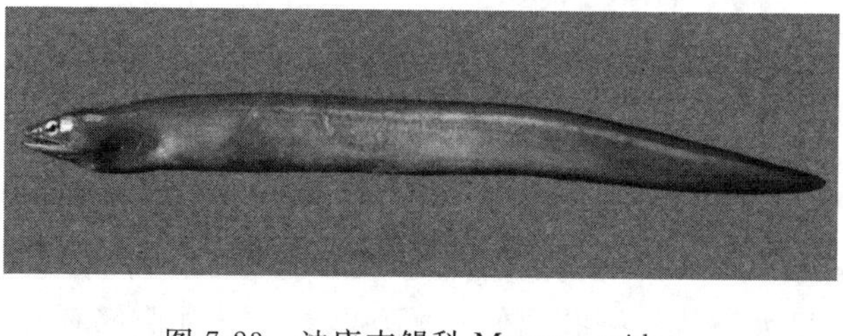

图 7-23 油康吉鳗科 Myrocongridae

科 79 海鳝科 Muraenidae

体延长，或粗或细，较侧扁，皮肤光滑，通常具鲜艳斑纹。头较小，口大，口裂常伸达眼后方。上下颌一般窄小或弯曲。上下颌齿犬齿状或颗粒状、臼状，有些种类为锯齿状。犁骨和腭骨均具齿。舌附于口底。鼻孔每侧 2 个，一般具皮瓣或短管。鳃孔小，背鳍、臀鳍发达或否，与尾鳍相连，无胸鳍和腹鳍。如图 7-24 所示。

记载 16 属 201 种，广泛分布于各大洋热带和温带海域，有些种类也常能进入淡水水域。我国 13 属 67 种。

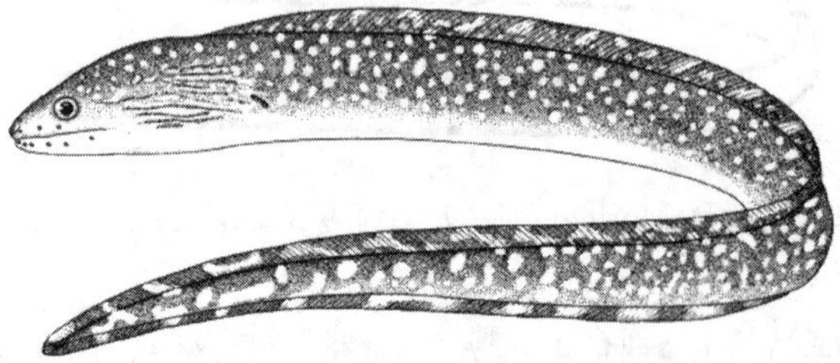

图 7-24 海鳝科 Muraenidae（眼点裸胸鳝 *Gymnothorax ocellatus*）

康吉鳗亚目 Congroidei

主要特征为体通常呈纯青、褐色而不具斑纹，具短小胸鳍。鳞退化或无鳞，如埋于皮下，也不呈席纹状排列。

本亚目全世界 9 科，我国产其中 8 科。

科检索表如下：

1(2) 头部具一排凹孔或成行的皮嵴状感觉器；腹部中间具一条黑色条纹…………项鳗科 Derichthyidae

2(1) 头部无明显凹孔状或皮嵴状感觉器；腹部中间无黑色条纹

3(8) 吻特别延长呈喙状

4(5) 无胸鳍…………鸭嘴鳗科（丝鳗科）Nettastomidae

5(4) 具胸鳍

6(7) 背鳍始于胸鳍之前，犁骨齿尖向后弯曲………… 线鳗科 Nemichthyidae

7(6) 背鳍始于胸鳍之后，犁骨齿呈锯齿形………… 锯犁鳗科 Serrivomeridae

8(3) 吻正常，不特别延长

9(10) 左右鳃孔愈合，或左右鳃孔分离，但肛门紧位其后…………合鳃鳗科 Synaphobranchidae

10(9) 左右鳃孔分离，肛门位于体中部及以后

11(12) 无尾鳍，或尾端尖突或尾鳍微小………… 蛇鳗科 Ophichthidae

12(11) 尾鳍较发达，通常与背鳍、臀鳍相连

13(16) 通常侧线孔极为明显；舌游离

14(15) 犁骨具齿………… 康吉鳗科 Congridae

15(14) 犁骨无齿…………短尾康吉鳗科 Colocongridae

16(13) 侧线孔不明显，舌附于口底…………海鳗科 Muraenidae

科 80 合鳃鳗科 Synaphobranchidae

体延长，前部粗圆，后部略侧扁。肛门常位于体前部。头形变化很大，眼发达或退化。口裂大，常向后延伸到眼缘；口端位。前鼻孔管状。颌齿小圆锥形，颌齿、犁齿均单行或多行，有些种类犁齿扩大，但不呈犬齿状。鳃孔位低，位于胸鳍下方（如胸鳍存在）或左右鳃孔愈合。背鳍、臀鳍发达，与尾鳍相连。胸鳍存在或缺如。体鳞有或无。侧线变化较大，大多数完全，少数种类体后部侧线孔退化甚至全部消失。体浅棕色至灰色。如图 7-25 所示。

记载 12 属 38 种，分布于大西洋、印度洋及太平洋。我国产 7 属 18 种。

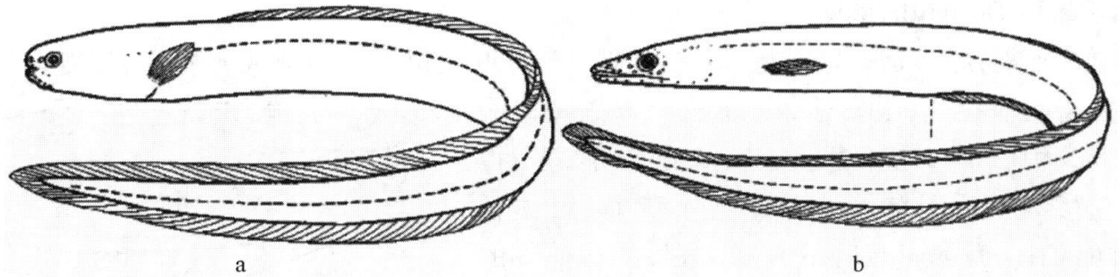

图 7-25　合鳃鳗科 Synaphobranchidae

(a. 寄生鳗 *Simenchelys parasitica*；b. 考氏合鳃鳗 *Synaphobranchus kaupii*)

科 81　蛇鳗科 Ophichthidae

体细长，躯干部圆柱形，尾部较侧扁。尾部长常大于头和躯干合长。头较小，钝锥形。吻尖，突出。眼小。鼻孔每侧 2 个，前鼻孔管状或具皮瓣，位于上唇边缘或吻端突出部的腹面；后鼻孔位于上唇边缘。口大，口裂伸达眼的下方或远后方。齿尖锐，圆锥状或颗粒状，1 行或多行。舌附于口底，不游离。鳃孔侧位或下侧位。体无鳞。背鳍和臀鳍均止于尾端稍前方，不相连续。胸鳍发达或消失。尾端尖秃，无尾鳍。如图 7-26 所示。

记载 57 属，316 种，分布于各大洋热带至温带近岸，有些种类也常进入淡水水域。我国产 18 属 49 种。

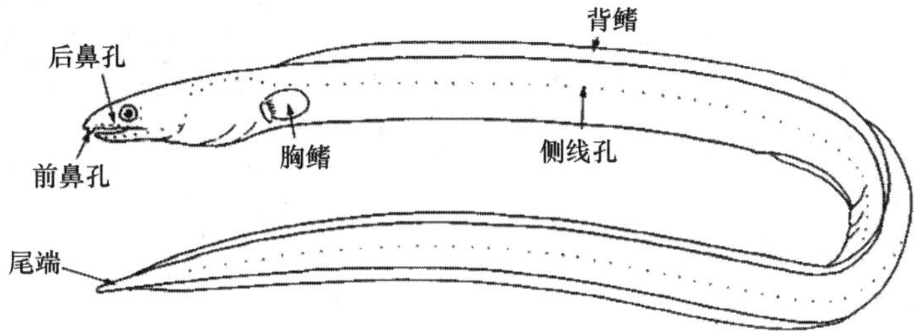

图 7-26　蛇鳗科 Ophichthidae

科 82　短尾康吉鳗科 Colocongridae

体延长，前部粗圆，向后渐侧扁，尾部远短于躯干。肛门远在体后半部。眼大，直径等于或大于鼻孔。鼻管大而直圆，前鼻管突出于上颌，后鼻孔大而圆形。口裂延伸至近眼后缘，颌齿小，圆形，1～3 行，无犁齿。背鳍、臀鳍发达，与尾鳍相连，背鳍起点稍后于胸鳍基部，胸鳍也发达。体无鳞，侧线完全，大多数呈凹孔状。如图 7-27 所示。

记载短尾康吉鳗属 *Coloconger* 1 属，8 种，体棕灰色。生活于热带或亚热带大陆架，水深 300～1000m 的泥质海底。一般体长 50～60cm，为罕见种类，无经济价值。我国产其中 3 种。

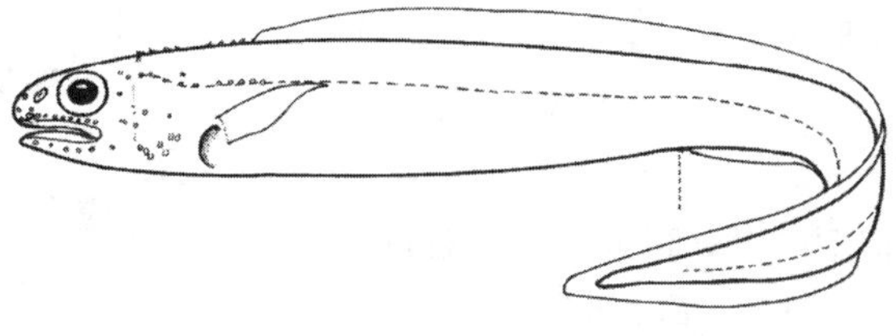

图 7-27　短尾康吉鳗科 Colocongridae

科 83 项鳗科 Derichthyidae

体中等延长，尾不延长呈丝状，具一小型尾鳍。肛门位于体中部或稍后，头型变化较多，鼻孔要么短或明显拉长，眼发达，上颌长于下颌。口裂伸到眼下或稍后。口唇不翻折，齿小，圆锥形，多行。鳃孔小，裂缝状，位于胸鳍的前下方。背鳍、臀鳍低矮，与尾鳍相连，背鳍起点后于胸鳍末端，约体前部的1/3处；臀鳍始于肛门之后，位于体中部前后。胸鳍发达。体无鳞，侧线完全。头部感觉孔发达，常具一排凹孔或成行的皮嵴状感觉器。体棕色，各鳍淡色，腹部中间具一条黑色条纹，无斑点。如图 7-28 所示。

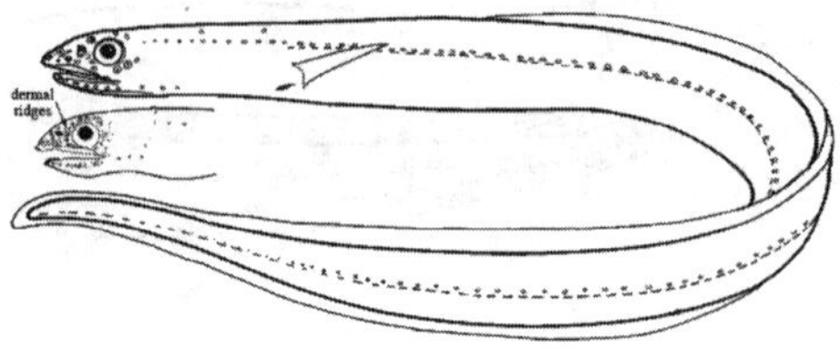

图 7-28 项鳗科 Derichthyidae

记载 2 属 3 种，为大西洋、印度洋及太平洋热带及亚热带中小型鳗类，体长一般在 60cm 以下，生活于几百米以下的水层，平常甚为罕见，我国未见报道。

科 84 海鳗科 Muraenesocidae

体形一般较大，延长，躯干部圆柱形，尾部较侧扁，尖长。头大，尖锥形。吻长。眼大。鼻孔每侧 2 个，前鼻孔近吻端，后鼻孔位于眼的正前方。口大，口裂伸达眼的远后方。齿尖锐，上下颌及犁骨中间有大犬齿。舌狭窄，附于口底，前端不游离。鳃孔宽大。背鳍起点在胸鳍基底前上方或上方，背鳍、臀鳍、尾鳍均发达，相连续。胸鳍发达、尖长。体无鳞，侧线发达。如图 7-29 所示。

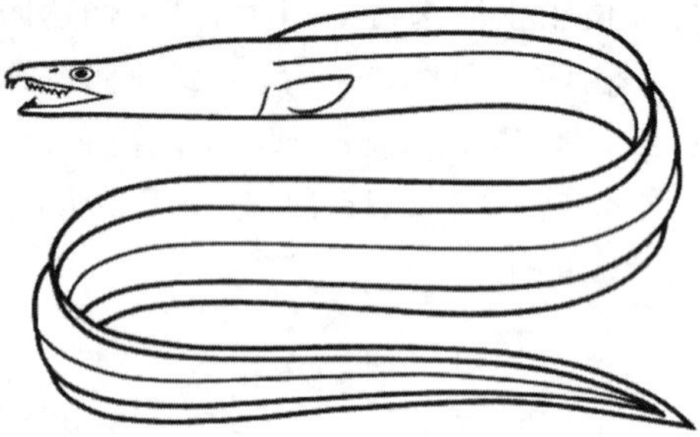

图 7-29 海鳗科 Muraenesocidae

记载 5 属 13 种，大西洋、印度洋及太平洋热带及亚热带，我国产 4 属 6 种。

科 85 线鳗科 Nemichthyidae

体特别延长而纤细，尾端细小，有时呈丝状。吻喙状，两颌细长突出。上颌上翘，下颌下弯，不能闭合。口裂伸达眼后。两颌及犁骨均密具细尖齿，尖端后倾。眼中大，前后鼻孔靠近。舌固定。鳃孔较宽，鳃间隔狭，鳃膜与峡部相连。体无鳞。背鳍起点近胸鳍基，或前或后。胸鳍很小。尾鳍纤细。

记载 3 属 9 种，分布于大西洋、印度洋及太平洋，为深海及次深海鱼类。我国产 2 属 2 种。

喙吻鳗 *Avocettina infans*(Günther, 1878)

有线鳗之称，体鳗形，特别延长而纤细，尾端细小；两颌细长突出，上颌上翘，下颌下弯，不能闭合；上颌明显长于下颌；尾端无细丝；具胸鳍；侧线孔 1 行；背鳍起点远后于胸鳍基。深海中小型鱼类，记录最大体长为 745mm。生活水深通常在 50～4456m。以甲壳动物为食。卵生，孵化后幼体呈柳州叶状，有浮游期。本种雌雄性个体在成熟期形态有明显变化。分布于各大洋温热带深海区，我国产于东海及台湾深海。如图 7-30 所示。

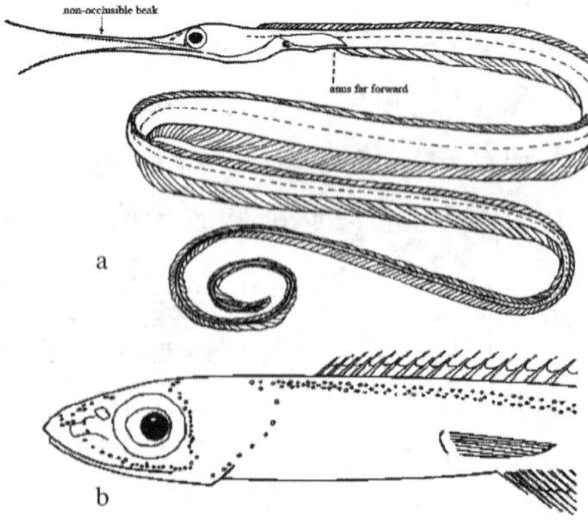

图 7-30 线鳗科 Nemichthyidae——喙吻鳗 *Avocettina infans*(其中 b 为性成熟雄性))

科 86　康吉鳗科 Congridae

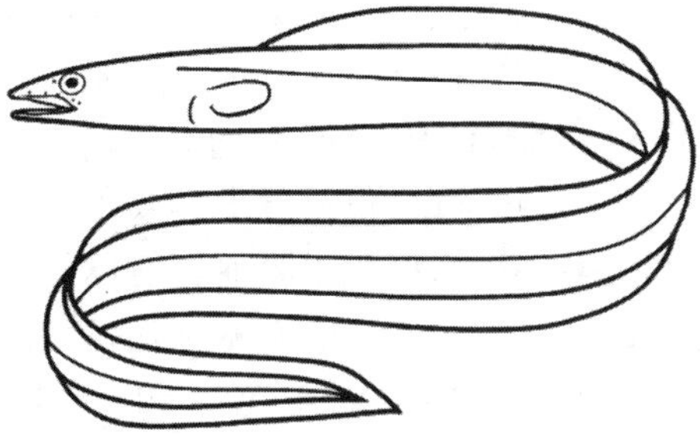

图 7-31　康吉鳗科 Congridae

体延长，前部圆筒状，后部稍侧扁。尾部长于头与躯干的合长。头中大。吻常突出。两颌、犁骨均具齿。齿锥形或侧扁，一行或多行，有些种类上下颌齿在基部相连，形成一个切缘。舌游离，不附于口底。鼻孔每侧 2 个，分离，前鼻孔具短管，位近吻端，后鼻孔位近眼前缘。体无鳞。鳃孔分离。背鳍、臀鳍、胸鳍及尾鳍均较发达，背鳍、臀鳍与尾鳍相连。侧线明显。如图 7-31 所示。

记载 30 属 193 种，分布于大西洋、印度洋及西太平洋，我国产 14 属 26 种。

科 87　鸭嘴鳗科 Nettastomatidae

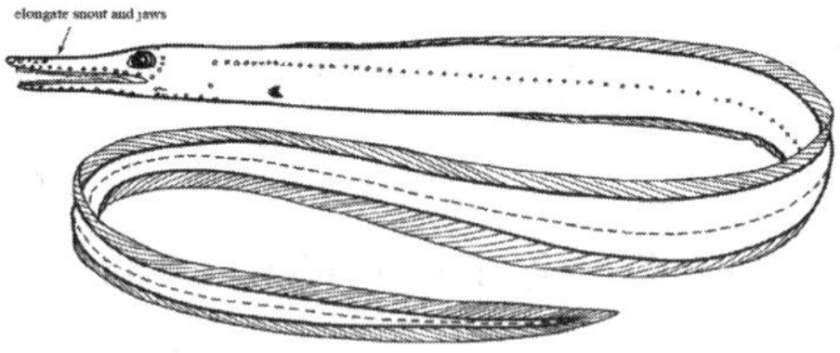

图 7-32　鸭嘴鳗科 Nettastomatidae

也称丝鳗科，体细长，尾部侧扁，尾端细尖，一般呈丝状延长，尾长大于头与躯干部长。头细尖，吻颇长。眼中大，圆形。鼻孔每侧 2 个，前鼻孔管状或不呈管状，位于吻端稍后方，后鼻孔呈裂缝状，不具短管，位于眼前。上下颌突出，形似鸭嘴，上颌较长。两颌及犁骨均具锥状齿。舌附于口底。鳃孔小。体无鳞，侧线明显。背鳍、臀鳍较发达，均与尾鳍相连续。无胸鳍。肛门在体的中部前方，距鳃孔甚远。如图 7-32 所示。

本科记载 7 属 43 种，分布于大西洋、印度洋及西太平洋，我国 2 属 4 种。

科 88　锯犁鳗科 Serrivomeridae

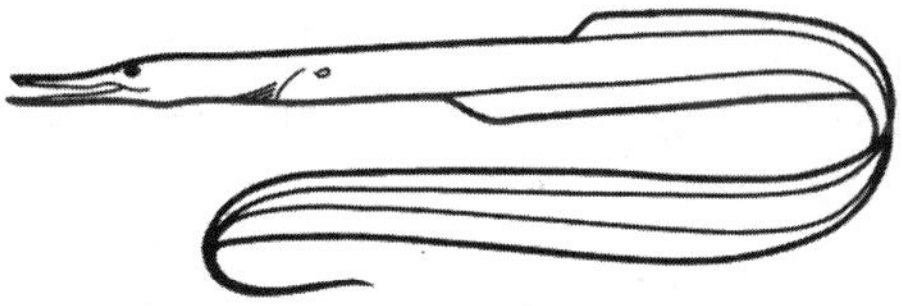

图 7-33　锯犁鳗 Serrivomer beanii

体细长，中等侧扁，向后渐细。全长为肛前长的 3.7～3.8 倍。头尖，较大。吻尖，两颌延长突出。口裂伸达眼后缘下方。两颌前部齿小，侧扁，数行，后部齿大，矛状，1 行。犁骨齿 1 纵列，大而发达，呈锯齿状。眼中大，位高。鼻孔每侧 2 个，相互靠近，近于眼的前缘。鳃孔宽斜向前方，鳃膜愈合，与峡部稍连。体无鳞，侧线不明显。背鳍始于胸鳍后上方。臀鳍起点在胸鳍和背鳍起点中间。胸鳍小。尾鳍细小。鳃孔位于体中部前方。如图 7-33 所示。

记载 2 属 10 种，分布于大西洋、印度洋及西太平洋，为中层及浮游性种类。我国仅产锯犁鳗属 *Serrivomer* 2 种。

目 26　囊鳃鳗目 Saccopharyngiformes

高度特化的鱼类，体延长呈鳗形，眼细小，位近前端。口巨大，两颌甚长，舌颌骨和方骨也极长，续骨、鳃盖骨、鳞片、腹鳍、肋骨、幽门盲囊和鳔均缺如。尾鳍无或残存。鳃孔腹位，背鳍和臀鳍延长。

本目分 2 亚目，4 科。亚目与科检索如下：

1(2)　具叉形尾鳍…………（月尾鳗亚目 Cyematoidei）月尾鳗科 Cyematidae

2(1)　无尾鳍

3(6)　具胸鳍和上颌（囊鳃鳗亚目 Saccopharyngoidei）

4(5)　背鳍起点远位于头后…………囊鳃鳗科 Saccopharyngidae

5(4)　背鳍起点位于头部上方…………宽咽鱼科 Eurypharyngidae

6(3)　无胸鳍和上颌…………单颌鳗科 Monognathidae

科 89　月尾鳗科 Cyematidae

体短圆,肛门位于体中部或稍后,眼小,上颌细长,两颌分离,不能闭合。口裂远达眼后部。前后鼻孔紧邻,紧位于眼前。前鼻孔具一低的短管。齿小型、颗粒状。背鳍、臀鳍完全,与尾鳍相接,且延伸至尾尖。胸鳍存在,鳞片缺如,侧线退化,无管孔而代之一皮肤突起及头部的乳头状突起。体黑色或微红色。如图 7-34 所示。

记载 2 属 2 种,小型鳗类,最大个体体长不足 150mm,生活水深 1500～3000m。各大洋都有分布,我国未见报道。

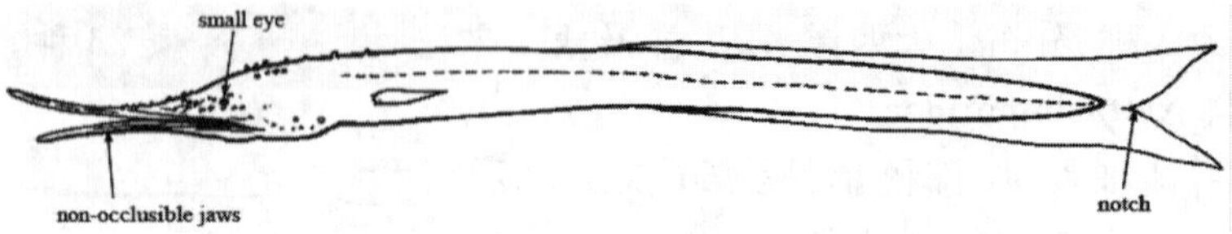

图 7-34　月尾鳗科 Cyematidae(月尾鳗 *Cyema atrum*)

科 90　囊鳃鳗科 Saccopharyngidae

体很延长,尾部细长,末端扩大成一小叶状,大多能发光。肛门位于体长的 1/3～1/5 处,腹部扩大,头大而高,眼小,吻端,呈喙状,前后鼻孔紧邻,位于眼前。口裂大,远达眼后,齿细长,向后弯曲,分列 3～4 排,背臀鳍延长,止于尾端前,。背鳍起点远在头部后方,鳃孔距肛门较近。无尾鳍,胸鳍存在,两侧背鳍基部均具一白线或管突,功能不详,无鳞片,侧线无管但具乳突,体黑色。如图 7-35 所示。

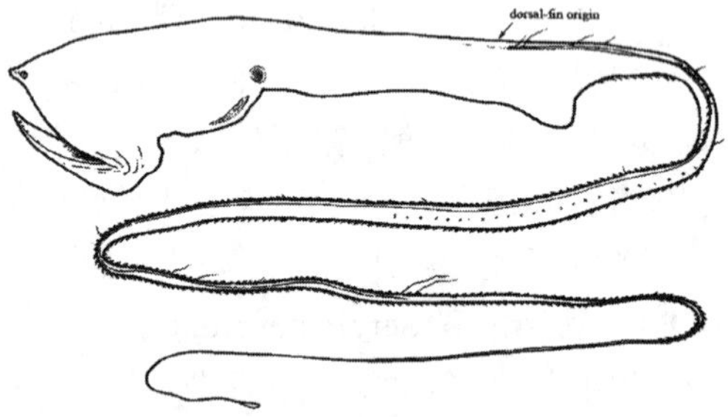

图 7-35　囊鳃鳗科 Saccopharyngidae

记载仅 1 属 10 种,最大体长可达 2m,但细长尾部居多。分布于大西洋、印度洋及西太平洋 1000～3000m 深海区,主要以其他鱼类为食。我国不产。

科 91　宽咽鱼科 Eurypharyngidae

基本体型与囊鳃鳗相似,主要区别在于背鳍起点位于头部上方,尾部呈鞭状,末端有一个膨胀的的尾部发光器。

本科仅 1 属宽咽鱼(*Eurypharynx pelecanoides*)1 种。

体延长如鳗形,头部扩大且高,大部分的长度是在颅后部,尾部细长,末端有一个膨胀的的尾部发光器。肛门位于全长的前 1/3 处。吻短,眼小;前、后鼻孔相近而位于眼前方。口部藉由向后延长之颌骨而极度扩张;口裂可达前肛长的 1/2 或更长;齿细小,顶端弯曲,上下颌呈齿带。鳃孔小,腹位。背、臀鳍俱在,止于尾部末端之前;背鳍起点于吻端到肛门之中央附近;胸鳍细小;体无鳞;侧线无孔。全身一致为黑色。如图 7-36所示。

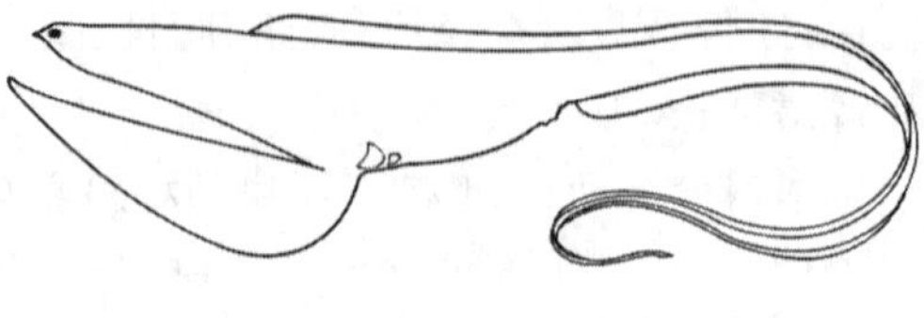

图 7-36　宽咽鱼科 Eurypharyngidae
(宽咽鱼 *Eurypharynx pelecanoides*)

主要栖息于深海 500～3000m 水域。主要以浮游性甲壳类为食,有时也会捕食鱼类、头足类及其他无脊椎动物。广泛分布于温带及热带海域,我国产于台湾东北部及西南部海域。

科 92 单颌鳗科 Monognathidae

体圆形细长,尾细小,肛门位于体 1/4～1/3 处。腹部扩大,向后突出呈囊状,头小,眼退化,吻变化较大,或短小,或延长,嗅囊退化呈一短管,位于前后鼻孔之间。上颌缺如(无前颌骨、上颌骨),上颌及悬挂骨延长。下颌具小型圆锥形齿,头骨中央具喙状齿,此齿与毒腺相连。背鳍、臀鳍存在,延伸至尾部,无支鳍骨。背鳍起点位于躯干中央,胸鳍缺如,或近似于脂鳍(无鳍条)。体无鳞,无侧线,体色变化较多,无色透明至棕、黑色。如图 7-37 所示。

本科已知 1 属 15 种,分布于大西洋和太平洋,均为小型鱼类,最大体长仅 160mm,营浮游或底栖生活,大多数捕获自 2000～5400m 深海,被称之为最深海的浮游鳗类。我国不产。

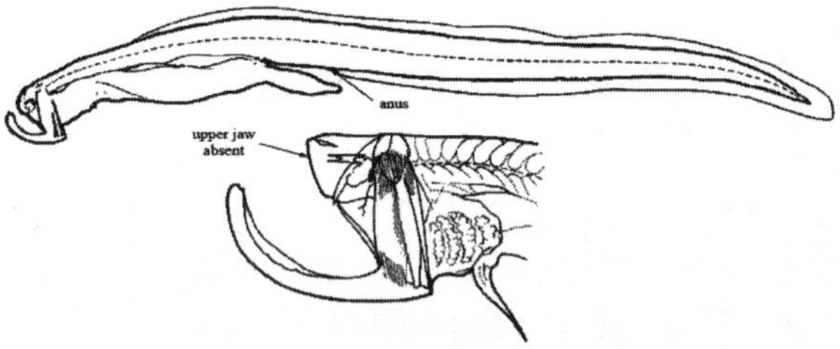

图 7-37 单颌鳗科 Monognathidae

目 27 鲱形目 Clupeiformes

体长形,侧扁。腹部圆而尖薄,常具棱鳞。头部具黏液管。口裂小或中等大。上颌口缘由前颌骨和上颌骨组成。辅上颌骨 1～2 块。齿小或不发达,个别种类具犬齿。鳃盖膜不与峡部相连。鳃裂宽,鳃盖条 6～20。假鳃有或无。多数种类鳃耙细长。无喉板。体被圆鳞,头部裸露。胸鳍和腹鳍基部具腋鳞。无侧线,或仅在身体前部 2 个或 5 个鳞片有侧线。背鳍 1 个,无棘,位于臀鳍的前上方、后上方或与臀鳍相对。无脂鳍。胸鳍侧下位,位于体腹缘,无鳍棘。腹鳍腹位,具 6～11 鳍条。尾鳍正尾型。

本目分 2 亚目 5 科,亚目及科检索如下:

1(2) 头骨背腹面均被小齿…………(齿头鲱亚目 Denticipitoidei)齿头鲱科 Denticipitidae

2(1) 头骨背腹面不被小齿(鲱亚目 Clupeoidei)

3(8) 背鳍位于臀鳍的前方或后方;纵列鳞少于 200;颌齿细小,不呈犬齿状

4(5) 口明显上位…………锯腹鳓科 Pristigasteridae

5(4) 口下位或端位

6(7) 口下位………………鳀科 Engraulidae

7(6) 口端位…………鲱科 Clupeidae

8(3) 背鳍与臀鳍相对;纵列鳞多于 200;颌上有锐利的犬齿……………宝刀鱼科 Chirocentridae

科 93 齿头鲱科 Denticipitidae

所有头骨的背、腹面均被小齿,无辅上颌骨,鳃盖条 5,中央一对前缘有小齿,头部腹面一半有绒毛状小齿。侧线鳞完全,尾鳍主鳍条 16。

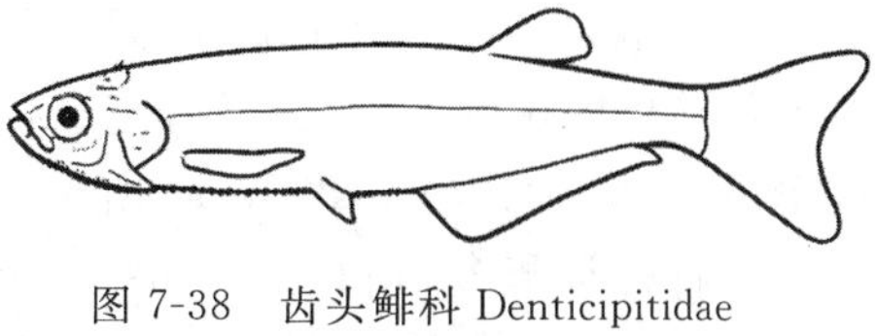

图 7-38 齿头鲱科 Denticipitidae
(齿头鲱 *Denticeps clupeoides*)

本科仅齿头鲱(*Denticeps clupeoides*)1 种,分布于尼加拉瓜西南部及非洲的淡水水域。我国不产。如图 7-38 所示。

科 94　锯腹鳓科 Pristigasteridae

腹缘通常具棱鳞。口前位或亚上位。辅上颌骨 2 块。颌齿细小。背鳍短小或无,起点位于臀鳍起点前或后方。臀鳍长,鳍条在 30 个以上。胸鳍中等大,或较大。腹鳍小或无,有时具 6 或 7 鳍条。胸鳍中等大,或稍大。尾鳍叉形。鳞片中等大,纵列鳞 35～55。如图 7-39 所示。

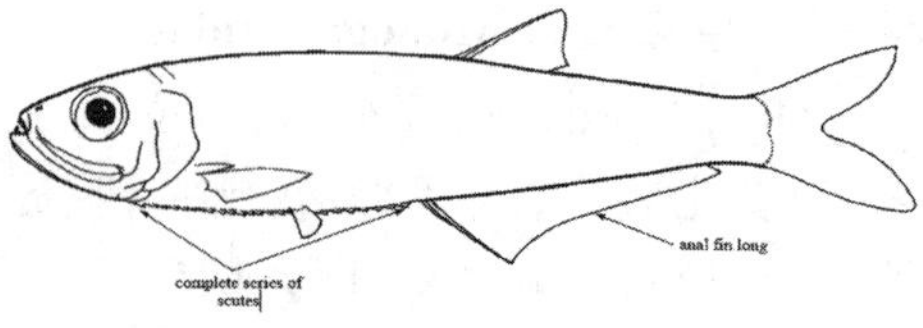

图 7-39　锯腹鳓科 Pristigasteridae

本科有 4 属,约 30 余种,分布于大西洋、印度洋及太平洋热带及亚热带海域,在南美及东南亚地区也有些为淡水种。我国产 3 属 7 种。

科 95　鳀科 Engraulidae

腹部圆或侧扁,通常有棱鳞。头中等大。吻突出,通常覆盖着口。眼中等大或稍大,位前端。无脂眼睑。口大,下位,口裂达眼的后方。上颌缘由前颌骨和上颌骨组成。前颌骨很少,下颌骨关节在眼的远后方。上颌骨窄长。辅上颌骨 2 块。齿通常小或不发达。犬齿稀少。犁骨、腭骨、翼骨和舌上通常有细齿。有假鳃,鳃耙细长,鳃盖膜彼此稍相连,但不与峡部相连。鳞圆形,易脱落。背鳍通常短或中等长,大多位于臀鳍的上方或前方。无脂鳍。尾鳍分叉。无侧线。如图 7-40 所示。

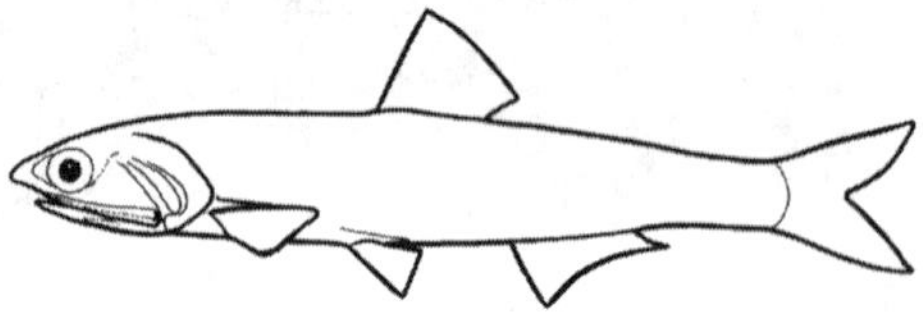
图 7-40　鳀科 Engraulidae

记载 17 属 145 种,分布于大西洋、印度洋及太平洋,部分为淡水鱼类。我国产 6 属 25 种,其中刀鲚(*Coilia nasus*)为我国长江口一带的名贵鱼类。

科 96　宝刀鱼科 Chirocentridae

体较长,甚侧扁、长铡刀形。眼小,有脂眼睑。口大,上位,向上陡斜。前颌骨大,上颌骨窄长,辅上颌骨 2 块,共同组成上颌缘。下颌特别突出。前颌骨和下颌骨有锐利的犬齿。腭骨和舌上有少数的齿。鳃盖膜彼此分离,且不与峡部相连。鳃耙短而硬。无假鳃。鳞细小,圆鳞,易脱落。偶鳍基部有腋鳞。尾鳍基有 2 片显着长的鳞。背鳍位于臀鳍基部前半部的上部。臀鳍基长。胸鳍侧下位。腹鳍很小。尾鳍深叉形。如图 7-41 所示。

图 7-41　宝刀鱼科 Chirocentridae

本科有 1 属 2 种,分布于印度洋(西至南非和红海)、西太平洋(日本至澳大利亚的昆士兰)。我国亦产。

科 97　鲱科 Clupeidae

体呈梭形,侧扁而高,略延长。腹部圆,常具棱鳞。头侧扁,吻不突出。口前位,口裂达眼的前方或下方。齿小而细弱,或无。体被薄圆鳞。无侧线,或仅存在体前部 2～5 鳞片上。背鳍常位于体的中部或后部。臀鳍基部常较长,鳍条在 30 以下。尾鳍分叉。如图 7-42 所示。

本科种类繁多,记载共有 61 属,约 221 种,我国产 16 属 33 种。大部分为海水种类,广泛分布于各大洋热带海域,少数为淡水及海淡水洄游性种类。

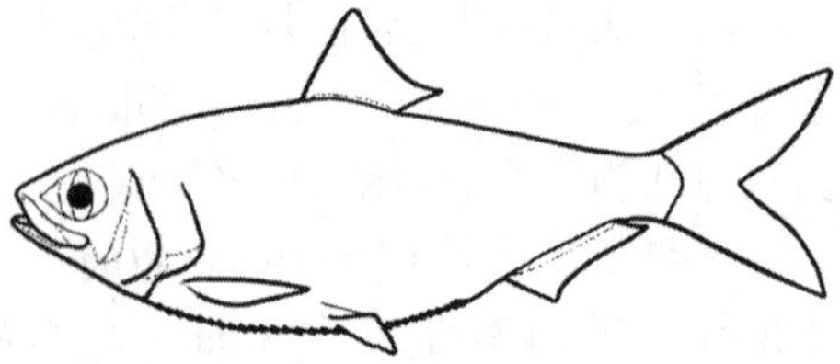
图 7-42　鲱科 Clupeidae

目 28　鼠鱚目 Gonorhynchiformes

体圆柱形或侧扁。腹部无棱鳞。颊部无喉板。

眼被脂眼睑覆盖。上颌边缘主要或完全由前上颌骨构成。一般无辅上颌骨。有上鳃器官。口小,下位或前位。鳃盖条 3～4 个。体被圆鳞或栉鳞。胸鳍和腹鳍基部具窄长腋鳞。具侧线。背鳍 1 个,无硬棘。无脂鳍。臀鳍位于背鳍后下方。胸鳍侧下位。腹鳍腹位,具 9～12 鳍条。尾鳍分叉,或浅或深。

本目分 3 亚目,共 4 科,检索如下:

1(4)体被圆鳞

2(3)腹鳍条 11～12…………遮目鱼亚目 Chanoidei

3(2)腹鳍条 6～9…………克奈鱼亚目 Knerioidei

4(1)体被栉鳞…………鼠鱚亚目 Gonorynchoidei

遮目鱼亚目 Chanoidei

口与腭骨无齿,上颌骨只有前颌骨,无辅上颌骨、眶蝶骨、基蝶骨。鳃盖条 4。眶上骨 2 块,下颌骨每侧 2 块。体被圆鳞。腹鳍条 11～12。

科 98 遮目鱼科 Chanidae

特征同亚目。记载仅 1 属遮目鱼(*Chanos chanos*)1 种。

遮目鱼 *Chanos chanos*(Forsskl, 1775)

俗称虱目鱼,为暖水性鱼类,分布于印度洋、非洲东岸,东至太平洋中部夏威夷群岛,北至中国、日本,南至新西兰,我国产于南海诸岛、东海南部及台湾海峡。本种在东南亚是咸淡水养殖的重要对象,尤以菲律宾、印度尼西亚和我国台湾曾有广泛池塘养殖。最大体长可达 1.7m。广盐性,生殖时游向河口或近岸,善跳跃,成鱼主食硅藻及其他藻类。如图 7-43 所示。

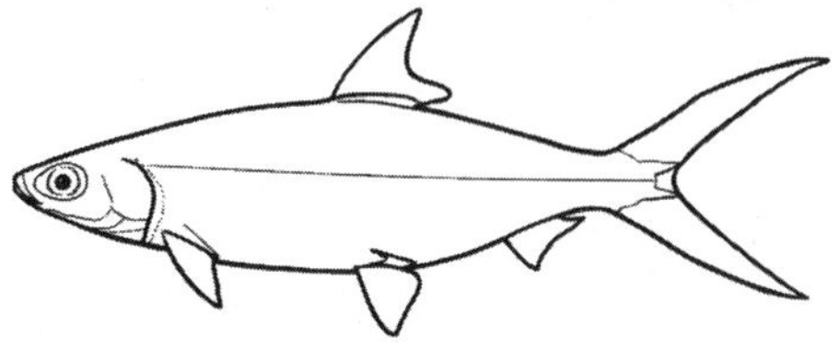

图 7-43 遮目鱼科 Chanidae

(遮目鱼 *Chanos chanos*)

鼠鱚亚目 Gonorynchoidei

口小,腹位。体被栉鳞。椎体横突与椎体愈合,肋骨连于基枕骨腹面。无鳔。吻端腹面具一短须。唇发达,唇缘有许多繸毛。鳃孔较窄,具伪鳃。鳃盖条 4～5。仅 1 科。

科 99 鼠鱚科 Gonorhynchidae

体延长,前部圆筒形,后部侧扁。头小,圆锥形。吻尖长,腹部有一短须。上颌口缘由前颌骨组成。口小,腹位。上下颌无齿。唇发达,唇缘有许多繸须。鳃盖发达,鳃孔窄。有假鳃。鳃盖条 4。头和体均被小栉鳞。背鳍、臀鳍、腹鳍后位,背鳍位于体之后上方,与腹鳍相对;臀鳍基部短小。胸鳍较长。腹鳍位于背鳍始点下方,鳍条 8～10。尾鳍叉形或凹形。如图 7-44 所示。

图 7-44 鼠鱚科 Gonorhynchidae

(鼠鱚 Gonorynchus abbreviatus)

记载 1 属 5 种,分布于印度-太平洋,极少数分布于南大西洋。我国仅产鼠鱚(*Gonorynchus abbreviatus*)1 种。

克奈鱼亚目 Knerioidei

热带非洲淡水鱼类,具鳔,有些种类用鳔呼吸,鳃条骨通常为 3。本亚目有 2 科。

1(2)口下位或亚端位…………克奈鱼科 Kneriidae

2(1)口上位……………………枕枝鱼科 Phractolaemidae

科 100 克奈鱼科 Kneriidae

口下位或亚端位,上颌突出,腹鳍条 6～9。如图 7-45 所示。

本科有4属,约30种。分布于热带非洲及尼罗河流域,我国不产。

图 7-45　克奈鱼科 Kneriidae

科 101　枕枝鱼科 Phractolaemidae

体延长,口上位,体被圆鳞,背鳍、臀鳍及腹鳍条均为6。两颌只有2齿,位下颌中央缝合处。鳔分隔为许多蜂窝状小室,适合于呼吸。最大体长约180mm。如图7-46所示。

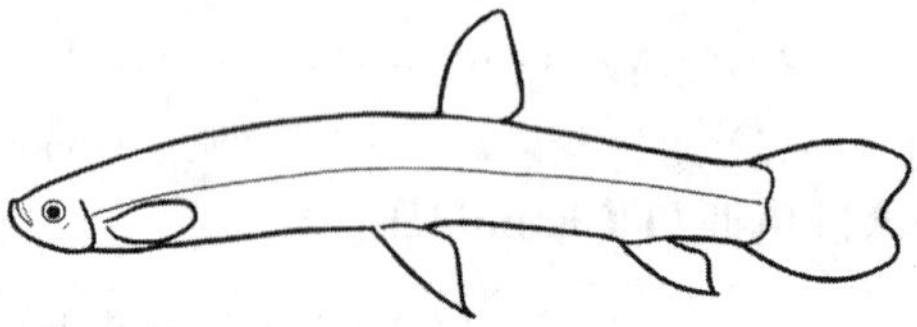

图 7-46　枕枝鱼科 Phractolaemidae
(非洲枕枝鱼 *Phractolaemus ansorgii*)

本科仅1属,非洲枕枝鱼 Phractolaemus ansorgii1种。分布于热带非洲淡水水域,我国不产。

目 29　鲤形目 Cypriniformes

口多少能伸缩,上颌口缘由前颌骨和上颌骨,或仅由前颌骨组成。上下颌一般无齿,犁骨无齿。上咽骨扩大呈镰刀状,其上具1～3行齿。体被圆鳞或裸露。脊椎前面4～5个椎骨特化成韦伯氏器,即内耳骨迷路和鳔连接起来的一串小骨,用以感受周围环境的压力。具鳔管,腹鳍腹位,各鳍通常无棘,如有则为假棘。

本目共分6科,各科检索如下:

1(8)　口前吻部无须,或仅有1对吻须
2(3)　偶鳍前有2枚或以上不分枝鳍条…………裸吻鱼科 Psilorhynchidae
3(2)　偶鳍前仅有1枚不分枝鳍条
4(5)　无下咽齿,头侧有2对鳃孔…………双孔鱼科 Gyrinocheilidae
5(4)　具下咽齿,头侧仅有1对鳃孔
6(7)　下咽齿1～4行,每行的齿数步超过7枚,背鳍分枝鳍条30以下…………鲤科 Cyprinidae
7(6)　下咽齿1行,齿数达数十枚,背鳍基底长,分枝鳍条50以上…………胭脂鱼科 Catostomidae
8(1)　口前吻须2对或以上
9(10)　头部和身体前部侧扁或圆筒形,偶鳍扩大,位置正常…………鳅科 Cobitidae
10(9)　头部和身体前部平扁,偶鳍扩大,并向腹面两侧平展…………爬鳅科 Balitoridae

科 102　鲤科 Cyprinidae

口裂上缘仅由前颌骨组成,上下颌无齿。口下、上位或端位。咽头齿1～3行,每行不超过7枚,具咽磨。鳔大,分前后两室或三室。如图7-47所示。

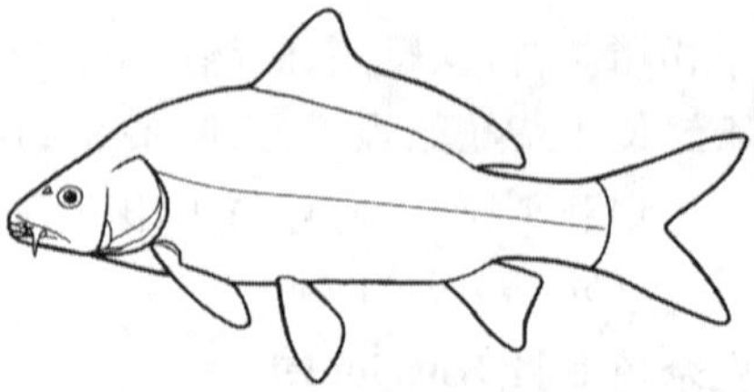

图 7-47　鲤科 Cyprinidae
(鲤 *Cyprinus carpio haematopterus*)

本科是鱼类种类最多的一科,全球已记载350属,约2782种,基本上都属淡水鱼类,少数偶尔也能进入河口或咸淡水中。除澳洲、南美洲、马达加斯加、新几内亚及新西兰外,其余都有自然分布。

按 Nelson(2006)分类,本科又分为鳑鲏亚科 Acheilognathinae、鲌亚科 Cultrinae、鲤亚科 Cyprininae、鲃亚科 Barbinae、野鲮亚科 Labeoninae、赤眼鳟亚科 Squaliobarbinae、丁鲹亚科 Tincinae、鲴亚科 Xenocyprinae、鮈亚科 Gobioninae、波鱼

亚科 Rosborinae 和雅罗鱼亚科 Leuciscinae 等 11 亚科，此外尚有许多属的归属未定。

我国已记录 151 属，共 632 种，其中白鲢（Hypophthalmichthys molitrix）、鳙（花鲢）（Aristichthys nobilis）、青鱼（Mylopharyngodon piceus）和草鱼（Ctenopharyngodon idella）等四种，在我国俗称“四大家鱼”。

科 103　裸吻鱼科 Psilorhynchidae

口小，亚端位，两颌具锐利的角质缘，唇肉质，口无须。鳃孔窄。咽齿 1 行，4/4。背鳍条 12～13（分枝鳍条 7～9），臀鳍分枝鳍条 5。偶鳍平展，具多枚不分枝鳍条。鳞片在背侧部和尾柄处较大，排列整齐，埋入皮下，侧线鳞 32～50。具游离膜质鳔。如图 7-48 所示。

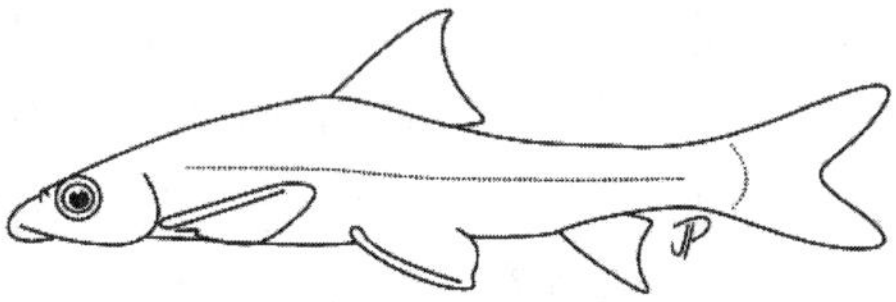

图 7-48　裸吻鱼科 Psilorhynchidae

本科仅 1 属，计 18 种，主要分布于印度、尼泊尔、缅甸的江河、山涧溪流中。

我国仅产平鳍裸吻鱼 *Psilorhynchus homaloptera* 1 种，分布于西藏雅鲁藏布江下游。

科 104　双孔鱼科 Gyrinocheilidae

体纺锤形，被鳞。鳔正常，咽磨及咽齿均消失，下咽骨成痕迹。口腹位，唇将口包围形成一漏头状吸盘，不仅能吸取泥中的藻类，还能将身体吸附在岩石上。鳃孔分成上下两部分，从上鳃孔进水，下鳃孔出水。如图 7-49 所示。

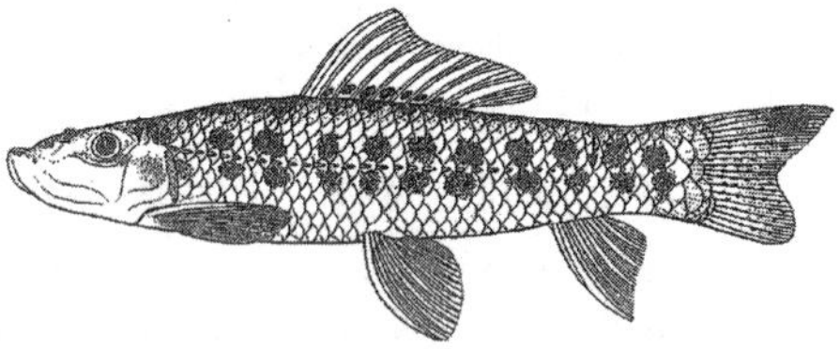

图 7-49　双孔鱼科 Gyrinocheilidae
（双孔鱼 Gyrinocheilus aymonieri）

本科有 1 属 3 种，我国产双孔鱼 Gyrinocheilus aymonieri1 种，分布于澜沧江。

科 105　胭脂鱼科 Catostomidae

也称亚口鱼科。体延长，侧扁而高。具一列咽齿，齿 16 枚以上，唇厚呈肉质，覆以绒毛或乳头。口小，下位或亚下位，口缘由前颌骨和上颌骨组成。无口须。鳔大，分 2～3 室。

记载 13 属 80 种，分布于中国东北西伯利亚和北美。我国仅胭脂鱼 Myxocyprinus asiaticus1 种，也是我国特有种。

臀鳍 14，背鳍 52～57，侧线鳞 47～55。下咽齿 1 行，有齿 54～89 枚，排列呈梳状，末端钩形。分布于长江，以上游数量较多。常栖息于中下层。一般 6 龄达性成熟。雄鱼体侧为胭脂红色，雌鱼体侧青紫色，背鳍、尾鳍均淡红色，幼鱼体侧有 3 条黑褐色横斑，有时横贯眼球也有一条黑褐色横带。成熟后体长 810mm 以上，体重可达 8.8kg。如图 7-50 所示。

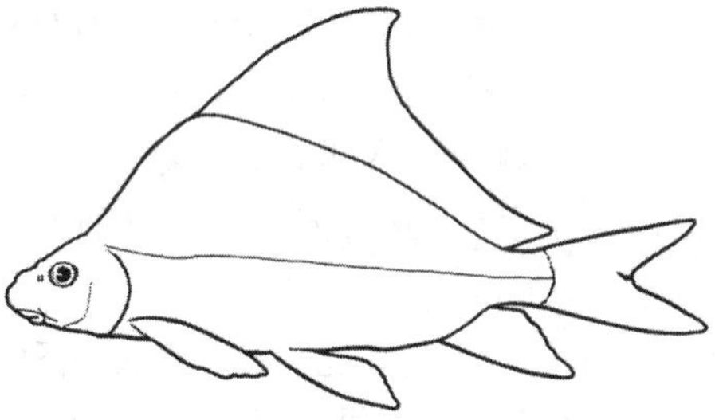

图 7-50　胭脂鱼科 Catostomidae
（胭脂鱼 *Myxocyprinus asiaticus*）

科 106　鳅科 Cobitidae

体延长，圆筒形，覆有细鳞或裸露。眼小，口小，位低。具口须 3 对或以上。上颌边缘由前颌骨组成，下咽齿 1 行，数目中等（常 10 枚左右），无咽磨。鳔小，前端被骨质囊所包，后端退化或甚小。无假鳃。如图 7-51 所示。

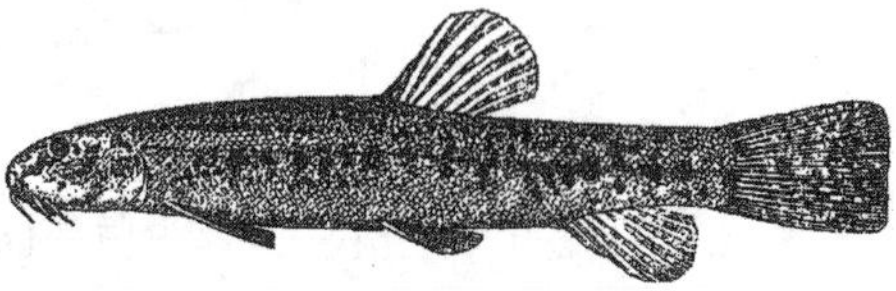

图 7-51　鳅科 Cobitidae
（赫氏似鳞头鳅 *Lepidocephalichthys hasselti*）

记载 28 属 228 种，分布于欧亚大陆及摩洛哥。我国产 16 属 51 种。

科 107　爬鳅科 Balitoridae

头与体的前方平扁，腹面平直，口下位，上颌边缘仅由前颌骨组成。口须 3 对或以上。咽齿 1 行，10～16 枚，无咽磨，眼下和眼前均无棘。背鳍与臀鳍均短，前者与腹鳍相对。胸鳍和腹鳍向左右平展，其最外侧数枚鳍条不分枝，有时内侧的数枚鳍条也不分枝。体被圆鳞，侧线存在。鳃孔小，鳃膜不与峡部相连，无假鳃。鳔多退化，分左右两室，包被于骨质囊中。如图 7-52 所示。

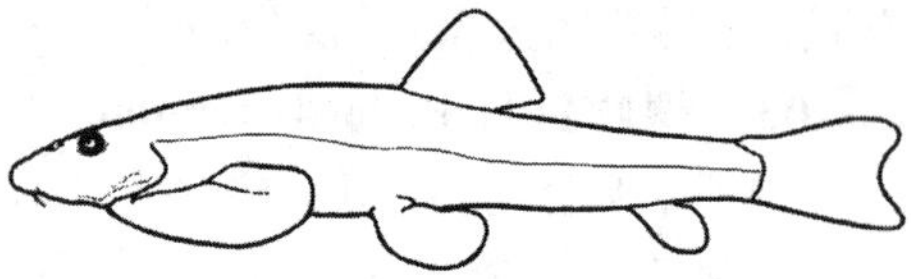

图 7-52　爬鳅科 Balitoridae

为东南亚淡水小型鱼类，分布于中国、印度、马来西亚和缅甸等山涧急流水底中，全世界有 69 属，共 771 种。我国产 35 属，247 种。

目 30　脂鲤目 Characiformes

体短而侧扁，通常被鳞。口不突出，无口须。颌骨常具发达的齿，大多为肉食性。下咽骨常具齿，有些科也特化。上颌骨不能真正伸缩。鳃盖条 3～5，肛门后位（不在喉部），成鱼第一尾下骨与椎体间有空隙，具脂鳍，腹鳍 5～12。臀鳍短至中长，不超过 45 鳍条。尾鳍条常为 19。侧线常向下弯。

主要为分布于南美、中美地区新热带界及非洲的淡水鱼。其下分琴脂鲤亚目 Citharinoidei 和脂鲤亚目 Characoidei 2 个亚目。

琴脂鲤亚目 Citharinoidei

颌齿双齿头型，第二及第三后匙骨愈合，第四椎骨的髓弓独立。前颌骨无上升突起，体被栉鳞（仅琴脂鲤属 Citharinus 为圆鳞），腹鳍鳍条较多。为脂鲤目 Characiformes 中的原始类型。

本亚目有复齿脂鲤科 Distichodontidae 和琴脂鲤科 Citharinidae2 科，

科 108　复齿脂鲤科 Distichodontidae

本科共 17 属，99 种，全为淡水种类，产于非洲。

包括两大基本类群，一类为上颌不能伸出，小型肉食性或草食性种类，体型多变，侧扁至略延长，如复齿脂鲤属 Distichodus。如图 7-53 所示。

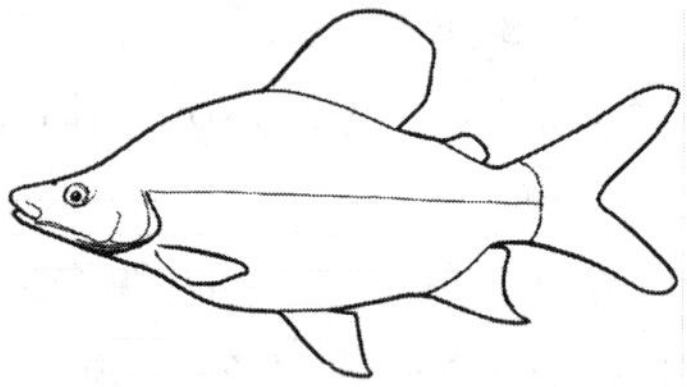

图 7-53　复齿脂鲤科 Distichodontidae（复齿脂鲤属 *Distichodus*）

另一类的上颌能伸出，肉食性种类，以其他鱼类的鳍甚至鱼为食，体通常延长，最大体长可达 830mm。如针脂鲤属 Belonophago。如图 7-54 所示。

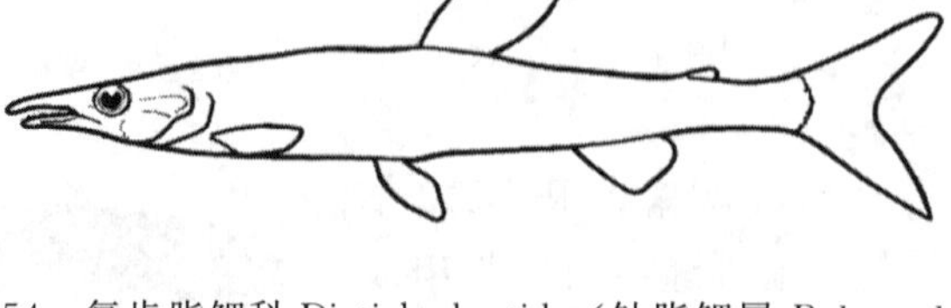

图 7-54　复齿脂鲤科 Distichodontidae（针脂鲤属 *Belonophago*）

科 109　琴脂鲤科 Citharinidae

本科上颌骨退化,齿少。体侧扁而高,背鳍与臀鳍相对较长,背鳍具 16～24 鳍条,臀鳍具 19～31 鳍条。如图 7-55 所示。

记载 3 属 10 种,全为淡水种类,也产于非洲,最大体长可达 840mm。

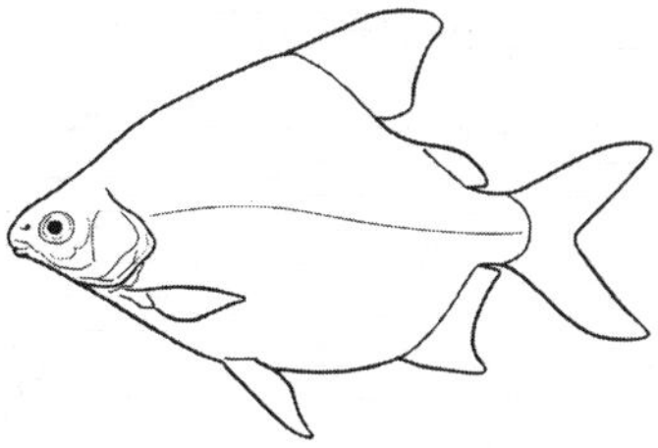

图 7-55　琴脂鲤科 Citharinidae

脂鲤亚目 Characoidei

本亚目齿为单齿头。体型变化很大,分 10 科,200 属,约 1040 种。

科 110　下口半脂鲤科 Parodontidae

口腹位,齿特化呈刮片状,能刮食岩石中的藻类。前颌骨延长,并能活动。脂眼睑缺如,侧线鳞 35～43,胸鳍扩大,平展。脊椎骨 35～41。如图 7-56 所示。

记载 3 属 28 种,分布于巴拿马东部及大部分南美的溪流中,底栖。最大体长约 150mm。

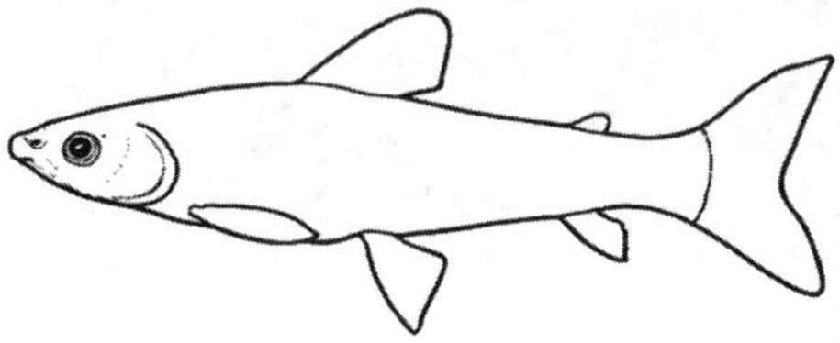

图 7-56　下口半脂鲤科 Parodontidae

科 111　无齿脂鲤科 Curimatidae

颌无齿,无鳃耙或鳃耙发育不良,鳃盖条 4;上鳃盖表面有强突缘,鳃膜与峡部相连,椎骨数 30～36。体梭形至侧扁,大部分种类外形似鲻。如图 7-57 所示。

记载 8 属,约 101 种,全为淡水种类,分布于哥斯达黎加南部至阿根廷北部,最大体长约 320mm。

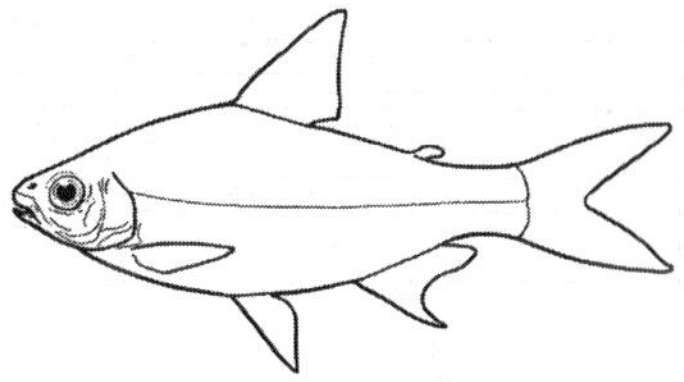

图 7-57　无齿脂鲤科 Curimatidae

科 112　鲮脂鲤科 Prochilodontidae

口稍延长,唇扩大呈吸盘状,颌具较多的小型齿,背鳍具棘,外形似鲮。如图 7-58 所示。

记载 3 属 21 种,淡水种,主要分布于美洲的厄瓜多尔和巴西。最大体长可达 740mm。

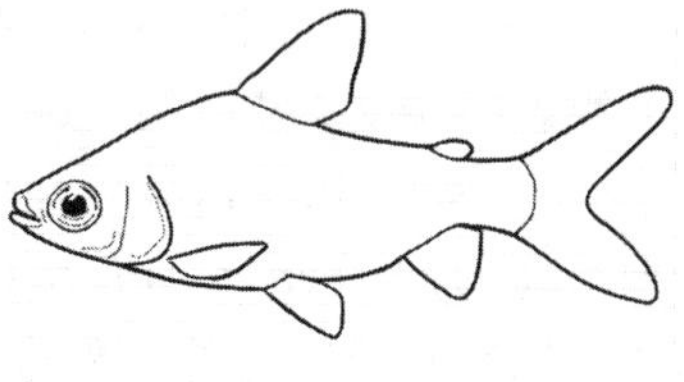

图 7-58　鲮脂鲤科 Prochilodontidae

科 113　上口脂鲤科 Anostomidae

口小,不能伸缩,有许多种口向上,上下颌各具 3～4 枚齿,前颌骨通常扩大,远大于前颌骨,且具门状齿。体常延长,臀鳍基短,少于 11 鳍条。如图7-59所示。

记载 14 属,共 148 种,淡水种,分布于中、南美洲。最大体长可达 800mm。

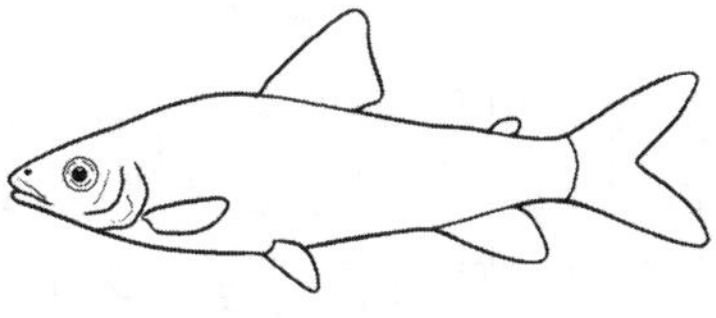

图 7-59　上口脂鲤科 Anostomidae

科 114　唇齿脂鲤科 Chilodontidae

前颌骨相对较小,上颌骨延长,3 块后匙骨消失。背鳍具 7～10 枚分枝鳍条;侧线鳞 25～31,第六侧线鳞小于其他侧线鳞,咽部高度特化,颌具一列可动小齿。如图 7-60 所示。

本科记载 2 属 8 种。淡水种,分布于南美北部,最大体长 180mm。

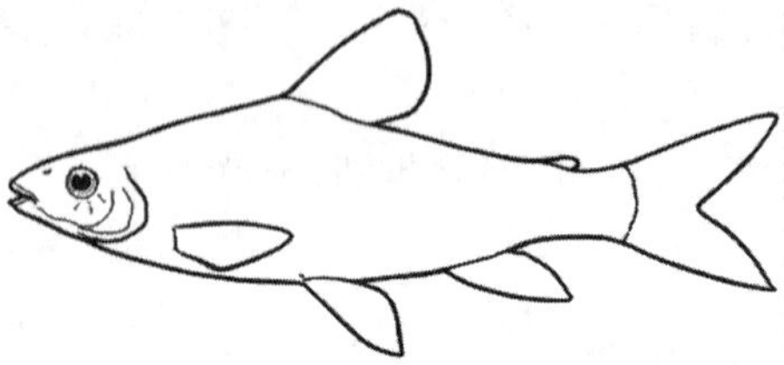

图 7-60 唇齿脂鲤科 Chilodontidae

科 115 锯唇脂鲤科 Crenuchidae

本科主要特征为体延长,虾虎鱼形,额骨具成对小孔。记载 12 属,约 70 种,淡水小型鱼类,分布于巴拿马东部及南美。常见体长 100mm 以下。如图 7-61 所示。

图 7-61 锯唇脂鲤科 Crenuchidae(线纹溪脂鲤 *Characidium fasciatum*)

科 116 半齿脂鲤科 Hemiodontidae

体呈圆柱形至梭形,脂眼睑发达,成体下颌无齿,鳃膜分离,侧线鳞 50～125;胸鳍条 18～23;腹鳍分枝鳍条 9～11,大部分种类体侧至尾鳍间具圆点和条纹,椎骨 40～45。如图 7-62 所示。

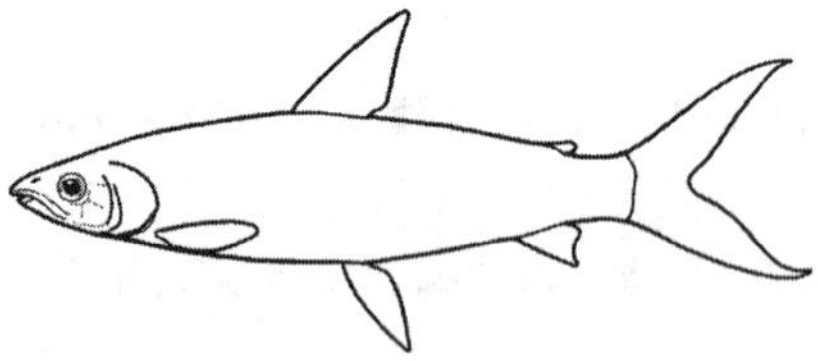

图 7-62 半齿脂鲤科 *Hemidontidae*

记载 5 属,约 29 种。淡水种,有时营浮游生活,分布于南美北部,南至巴拉圭盆地。

科 117 鲑脂鲤科 Alestiidae

共 18 属,约 98 种。淡水种,产于非洲,以前也称非洲脂鲤科。本科分 18 属,约 98 种。个体大小差异很大,最小的亚东雅非洲脂鲤(*Lepidarchus Adonis*)体长仅 15mm,而巨狗脂鲤(*Hydrocynus goliath*)体长则可达 1500mm,体重 50kg。本科分 18 属,约 98 种。

巨狗脂鲤 *Hydrocynus goliath*(Boulenger, 1898)

在现有脂鲤目种类中个体最大,当地的主要经济种类。体密被鳞,背鳍高大,体银色,背侧灰黑色,各鳍常呈黄色或红色,而在繁殖季节则更鲜亮。齿大型,犬齿状,上下颌齿交叉。成体性凶猛,以其他小型鱼类为食,幼体和未成体主要以浮游动物为食,但食性转换期很短。有群栖习性,成体群体小,幼体和未成体群大。夏季进入河流寻找产卵场,且沿河岸产卵,雌鱼将卵产于藻类上,直至孵化,亲体无护卵习性。如图 7-63 所示。

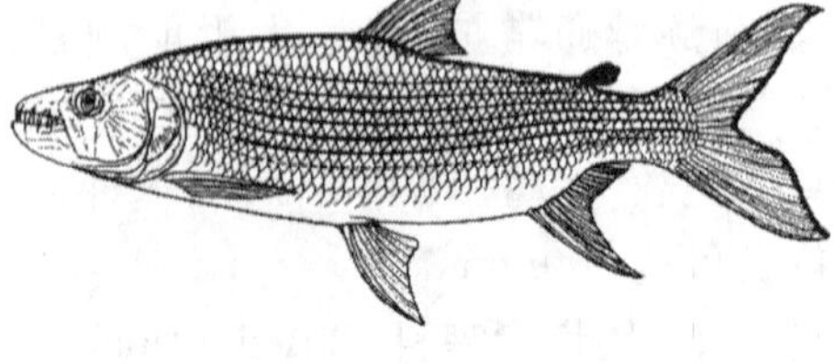

图 7-63 鲑脂鲤科 Alestiidae
(巨狗脂鲤 *Hydrocynus goliath*)

科 118 胸斧脂鲤科 Gasteropelecidae

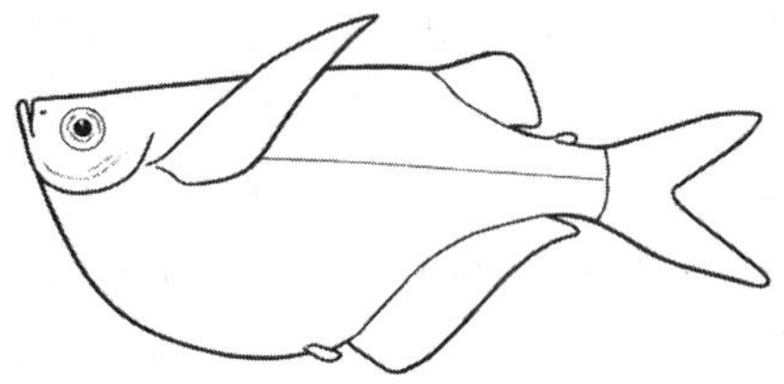

图 7-64 胸斧脂鲤科 Gasteropelecidae

体极侧扁而高，腹部呈圆形突出且有棱缘，胸鳍很大。口上位，背缘平直。侧线短，延伸至尾鳍或下弯至臀鳍起点附近，背鳍条 10～17，臀鳍条 22～24，鳃盖条 4～4。有些小型种类无脂鳍，后颞骨和上匙骨愈合成一块，两侧的匙骨愈合，无后匙骨。腹鳍及支鳍骨小，4～5 鳍条。额骨具纵脊。如图 7-64 所示。

本科为小型淡水种，分 3 属，共 9 种。最大体长仅 68mm，分布于巴拿马和南美(除智利)，平时会跃出水面，能短距离在空中滑翔。

科 119 脂鲤科 Characidae

本科种类繁多，包括有潜在危险的水虎鱼(锯齿脂鲤)，也有广泛用作观赏鱼养殖的小型种类、或作为常见的渔业对象，或深居于洞穴的一些盲鱼类。

本科有 169 属，约 1200 余种，淡水种，广泛分布于西南德克萨斯州、墨西哥以及中南美洲。

本科原分为 4 个亚科，现根据尼尔逊 2006 版记述，大致分 12 亚科(但尚有许多属未明确归属)如下：

(1) Agoniatinae (F. C. T. Lima and A. Zanata)分布于南美(主要是亚马逊河)，体形与色泽与鲱形目相似。盗鲑鲤属 *Agoniates* 1 属 2 种。

(2) Clupeacharacinae (F. C. T. Lima) 分布于南美，体延长，腹部具棱状突起，臀鳍长，仅鳀脂鲤属 *Clupeacharax* 1 属 1 种。

(3) Iguanodectinae (C. Moreira)分布于南非，有蜥形脂鲤属 Iguanodectes 和慈脂鲤属 *Piabucus* 2 属，共 11 种。

(4) Bryconinae (F. C. T. Lima)分布于墨西哥南部至阿根廷，最大体长为 700mm，. 有 *Brycon*、*Chilobrycon* 和 *Henochilus* 3 属，约 43 种。

(5) Serrasalminae (M. Jégu)产于南美，最大体长有 800mm，有 *Acnodon*、*Catoprion*、*Colossoma*、*Metynnis*、*Mylesinus*、*Myleus*、*Pristobrycon*、*Pygocentrus*、*Serrasalmus* 和 *Tometes* 等 15 属，约 80 余种。

(6) Aphyocharacinae (R. S. Lima)分布于南美，仅 *Aphyocharax* 1 属，10 种。

(7) Characinae (C. A. S. Lucena and N. A. Menezes)分布于墨西哥南部至南美，最大体长 240mm。有 *Acestrocephalus*、*Charax*、*Cynopotamus*、*Phenacogaster*、*Priocharax* 及 *Roeboides* 等 12 属，约 70 余种。

(8) Stethaprioninae (R. E. Reis)分布于南美(主要是哥伦比亚至阿根廷)。为小型种类，体一般侧扁，最大体长仅 90mm。有 *Brachychalcinus*、*Orthospinus*、*Poptella* 及 *Stethaprion* 4 属，约 12 种。

(9) Tetragonopterinae (R. E. Reis)分布于南美，体侧扁，臀鳍基长。仅 *Tetragonopterus* 1 属，2 种。

(10) Rhoadsiinae (A. R. Cardosa)分布于尼加拉瓜和哥斯达黎加至厄瓜多尔、秘鲁。雄性成体的背鳍特别延长至尾鳍基，最大体长约 136mm。有 *Carlana*、*Parastremma*、*Rhoadsia* 3 属，约 6 种。

(11) Cheirodontinae (L. R. Malabarba)分布于尼加拉瓜和南美，最大体长仅 60mm，有 *Cheirodon*、*Compsura*、*Odontostilbe*、*Serrapinnus* 和 *Spintherobolus* 等 15 属，约 46 种。

(12) Glandulocaudinae (S. H. Weitzman)分布于哥斯达黎加至南美,有 *Argopleura*、*Corynopoma*、*Diapoma*、*Gephyrocharax*、*Glandulocauda*、*Mimagoniates*、*Pseudocorynopoma*、*Tyttocharax* 和 *Xenurobrycon* 等 19 属,约 50 种。

短盖肥脂鲤 *Piaractus brachypomus*(Cuvier, 1817)

俗称淡水白鲳、短盖巨脂鲤。原产于南美洲亚马逊河流域,属暖水性淡水经济鱼类,1982 年台湾最早从国外引进饲养,1984 年国内从台湾经香港移殖饲养。体高而侧扁,呈盘状,自胸鳍基部至肛门有锯齿状棱鳞,酷似海产鲳鱼。头较小,吻短钝圆,口端位,马蹄形,上下颌具 2 行锐利的圆锥状犬齿。脂眼睑宽大。鳃耙 30～37 体被细圆鳞,不易脱落,侧线鳞为 82～98。各鳍无棘,背鳍不分枝鳍条 3,分枝鳍条 16～18。具脂鳍。臀鳍不分枝鳍条 3,分枝鳍条 22～24。体色可随生活环境的不同而有变化,通常体背部银灰色,体侧银白色,胸部、腹部以及胸鳍、腹鳍、臀鳍为鲜红色,尾部黑色。幼鱼体侧具暗色云状斑。性喜静,生活在水体的中下层,不善跳跃,群居,杂食性,通常以浮游动植物、水蚯蚓和腐植质、小鱼、小虾等为食。如图 7-65 所示。

图 7-65 脂鲤科 Characidae
(短盖肥脂鲤 *Piaractus brachypomus*)

科 120 狼牙脂鲤科 Acestrorhynchidae

淡水种,分布于南美。体延长近于管状,被细鳞,一般最大体长在 400mm 以下。

本科仅 1 属,14 种。淡水种,分布于南美。如图 7-66 所示。

图 7-66 狼牙脂鲤科 Acestrorhynchidae(镰状狼牙脂鲤 *Acestrorhynchus falcatus*)

科 121 犬齿脂鲤科 Cynodontidae

口斜裂,颌齿发达(有些种的齿呈剑状),胸鳍相对较大。如图 7-67 所示。

记载 5 属 14 种,淡水种,分布于南美。最大体长可达 650mm。

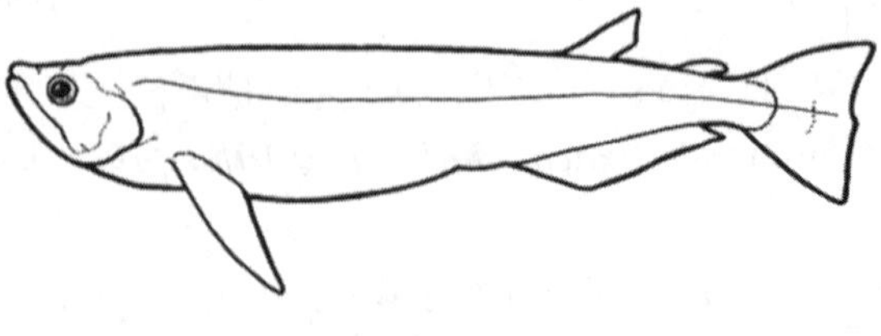

图 7-67 犬齿脂鲤科 Cynodontidae

科 122 虎脂鲤科 Erythrinidae

体呈圆柱形,口裂长,伸越眼前缘,颌齿多。鳃盖条 5。胸鳍条 9～14,背鳍条 8～15,背鳍起点前于臀鳍,但后腹鳍(除虎脂鲤属的雄性有延长的背鳍),臀鳍短,10～11 鳍条。脂鳍缺如,尾鳍圆形,鳞大,侧线鳞 34～47。如图 7-68 所示。

共3属16种,淡水种,分布于南美。部分为食肉性种类。本科中有些种类在穿越池塘时也能呼吸空气。最大体长可达1000mm。

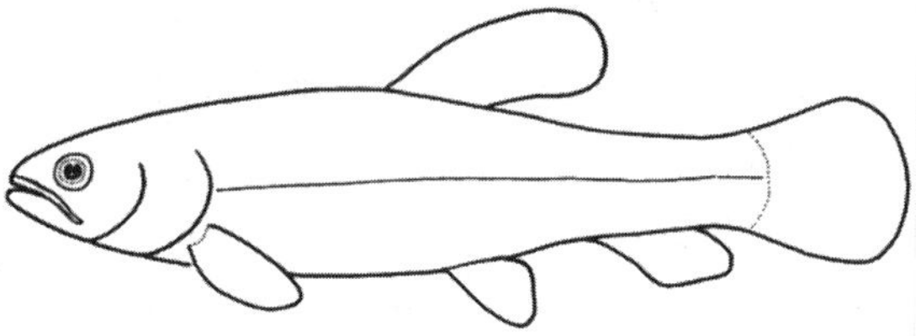

图7-68 虎脂鲤科 Erythrinidae

科123 鲹脂鲤科 Lebiasinidae

口裂短,通常未达眼缘。鳃盖条3～4,脂鳍存在。臀鳍条8～14,背鳍后位于,位于尾鳍前,通常也后于腹鳍。鳞大,纵、纵列鳞17～33。如图7-69所示。

记载7属67种。淡水种,分布哥斯达黎、巴拿马和南美。

图7-69 鲹脂鲤科 Lebiasinidae

科124 鲟脂鲤科 Ctenoluciidae

原称栉鳡科,体延长呈管状,似鲟科鱼类。背鳍和臀鳍较后位。体被栉鳞。腹鳍条8,齿小,数多,排列紧密,向后倾斜,两颌及外翼骨上均具齿。颏部有一肉质突起。如图7-70所示。

记载2属7种,淡水种,最大体长可达1000mm,分布于巴拿马及南美。

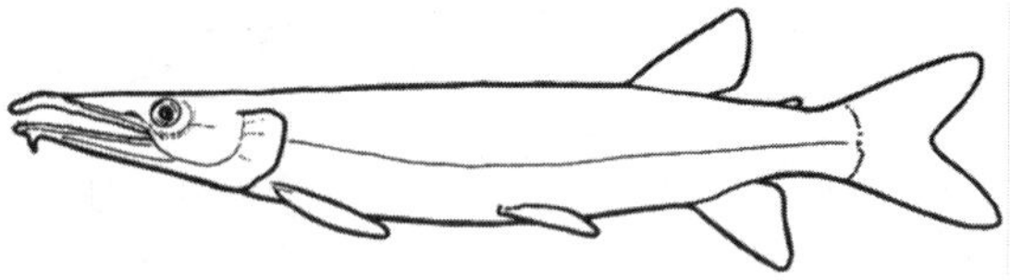

图7-70 鲟脂鲤科 Ctenoluciidae

科125 鳡脂鲤科 Hepsetidae

体延长,形似鳡。口大吻长,具少数犬齿和较小的尖齿。背鳍条9,位于臀鳍起点前方。臀鳍条11,腹鳍9,脂鳍存在。体被圆鳞,侧线鳞49～58。个体最长达650mm。卵产于浮在水面的泡沫巢中,性凶猛。肉味美,为游钓鱼类之一。如图7-71所示。

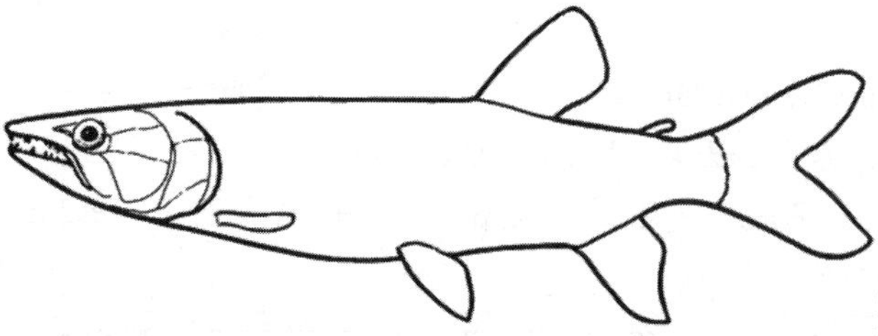

图7-71 鳡脂鲤科 Hepsetidae(鳡脂鲤 Hepsetus odoe)

本科仅 1 属,鳡脂鲤 *Hepsetus odoe* 1 种。淡水种,分布于热带非洲。

目 31　鲇形目 Siluriformes

体被小刺或骨板片,或裸露。口不突出,两颌具齿,有口须数对,颌骨退化,仅留痕迹。前鳃盖骨和间鳃盖骨小,犁骨、翼骨和腭骨均具齿。脂鳍常存在,背鳍和胸鳍前常具棘,眼常较小。

本目已记载 35 科。我国产 12 科。

主要科简述如下:

科 126　二须鲇科 Diplomystidae

这是本目中唯一具发达的上颌骨的科,尾鳍具 18 枚主鳍条,瓶状囊耳石大于或等于椭圆囊耳石。颌须只 1 对,皮肤表面具乳突,无骨板。背鳍具 1 棘,6～7 鳍条,臀鳍具 9～12 鳍条,脂鲇存在,胸鳍具棘。如图 7-72 所示。

图 7-72　二须鲇科 Diplomystidae

已记载 2 属,7 种,常见体长 32cm。也称复须鲇科、齿颌鲇科,分布于南美的智利、阿根廷淡水中。

科 127　鲸鲇科 Cetopsidae

也称鲸形鲇科,须 3 对,无鼻须。眼小,几隐在皮肤下,眼缘与皮肤愈合。鳔退化,包在骨质囊中。头部和体裸露无鳞。主鳃盖骨发达,胸鳍鳍棘无大锯齿。如图 7-73 所示。

图 7-73　鲸鲇科 Cetopsidae

共记载 5 属,43 种,分布于南美淡水水域。

科 128　平鳍鮠科 Amphiliidae

也称平鳍鲇科,无棘鲇科。须 3 对,背鳍和臀鳍基短。背鳍无棘,大多数无胸鳍棘,有时脂鳍具一短棘,无颞骨和后颞骨。如图 7-74 所示。

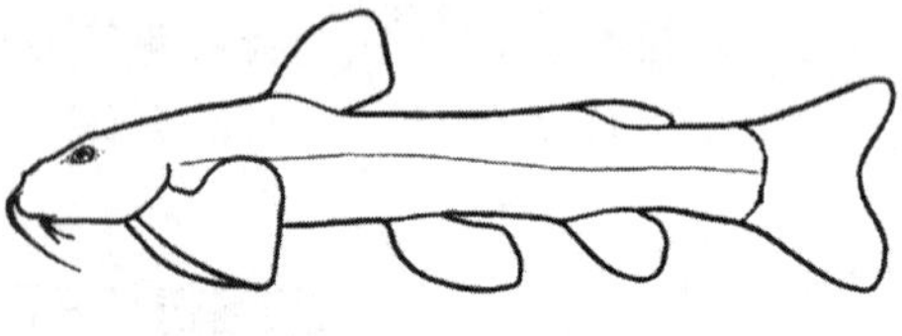

图 7-74　平鳍鮠科 Amphiliidae

记载有 12 属,约 90 种,个体小,通常在 120mm 左右。分布于非洲淡水水域。

科 129　毛鼻鲇科 Trichomycteridae

体延长而裸露,颏须常缺如,颌须 1～2 对,无脂鳍。背鳍位于体后部(通常在后半部)。主鳃盖骨和间鳃盖骨有成束棘刺群。腹鳍位于背鳍下方或前方,尾鳍 10～12 鳍条。如图 7-75 所示。

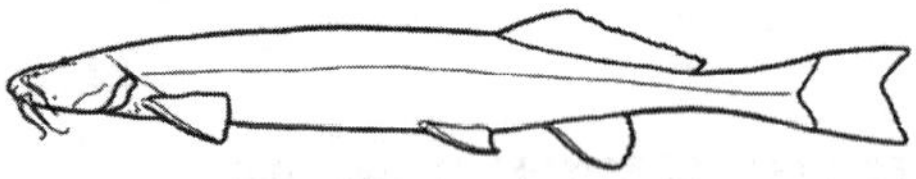

图 7-75　毛鼻鲇科 Trichomycteridae

记载有 41 属,268 种,分布于中美的哥斯达黎加、巴拿马和南美河流中。

科 130　丝鼻鲇科 Nematogenyidae

也称须颊鲶科。体延长,裸露。口须 3 对(颏须、颌须及鼻须)。无脂鳍。鳃盖骨无棘。背鳍位于体中部。胸鳍棘具锯齿。如图 7-76 所示。

图 7-76　丝鼻鲇科 Nematogenyidae

本科仅 1 属,丝鼻鲇(*Nematogenys inermis*)1 种,分布于智利中部,淡水种。

科 131　美鲇科 Callichthyidae

体侧全部覆盖 2 列骨板。背鳍棘有机械关闭作用。脂鳍如存在，由一膜质代替，其前缘具一棘，起点在背骨板稍突起的后方。鳔包在骨质囊内。尾鳍分枝鳍条 12，偶为 11。背鳍鳍条 7～12。前后鼻孔很靠近。如图 7-77 所示。

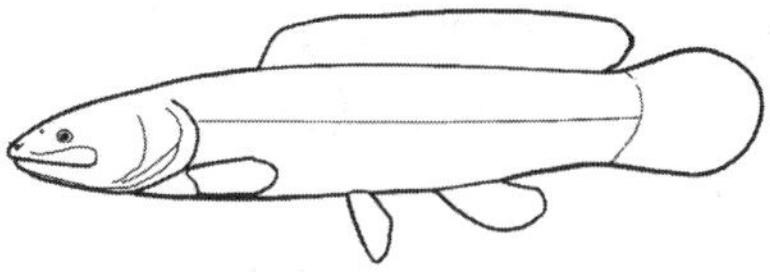

图 7-77　美鲇科 Callichthyidae

记载 9 属，196 种，分布于南美和巴拿马淡水水域，我国不产。

科 132　矮甲鲇科 Scoloplacidae

背鳍具一粗大光滑的棘和 3～5 鳍条，臀鳍具 5～6 鳍条。无脂鳍。尾鳍具 10～12 主鳍条。无犁骨齿。记载 1 属 5 种，分布于南美。最大体长仅 20mm。如图 7-78 所示。

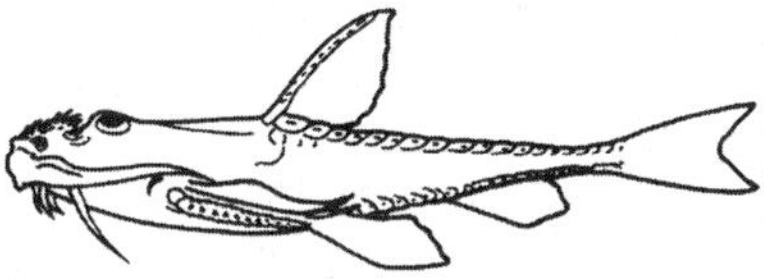

图 7-78　矮甲鲇科 Scoloplacidae

科 133　视星鲇科 Astroblepidae

也称星鲇科、小眼鲇科。体裸露无鳞。具口盘。脂鳍有或缺如。背鳍鳍棘无机械关闭作用。尾鳍分枝鳍条约 11。如图 7-79 所示。

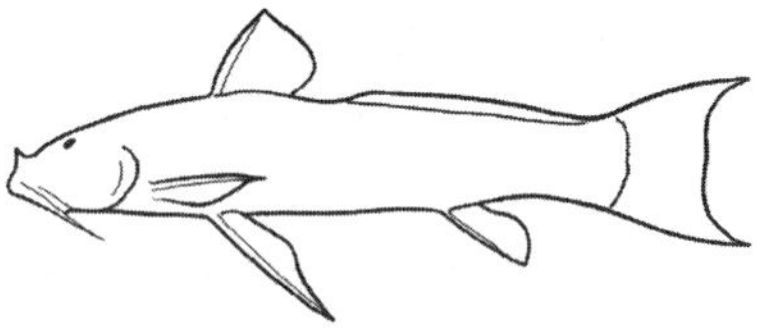

图 7-79　视星鲇科 Astroblepidae

记载 1 属，59 种，分布于南美和巴拿马淡水水域，我国不产。

科 134　甲鲇科 Loricariidae

体被多角形骨板，连续排列成行。胸腹部裸露或被很多小骨板。体两侧的骨板分节排列，各骨板有锐利的隆嵴或小棘。口腹位，无明显的须，下唇有乳头突。如有脂鳍则其前缘有一棘。如图 7-80 所示。

记载 94 属，约 842 种，分布于哥斯达黎加、巴拿马及南美淡水水域。我国不产。

下口鲇 *Hypostomus plecostomus*，俗称“清道夫”、“垃圾鱼”、“吸盘鱼”等，1990 年由广东从南美洲引入，现已在广西、海南等河流中分布，20 世纪 90 年代，在富春江曾经被捕获，2009 年也曾在浙江舟山的水库中出现。

图 7-80　甲鲇科 Loricariidae

科 135　钝头鮠科 Amblycipitidae

背鳍短，脂鳍长而低，连于或近于尾鳍。胸鳍短，常有硬棘，并埋于皮下。尾鳍圆或叉形。头扁而平扁，吻宽而钝。上下颌具齿带。眼小，前侧位，被以皮膜。须 4 对。为山溪底层鱼类，体型小。如图 7-81 所示。

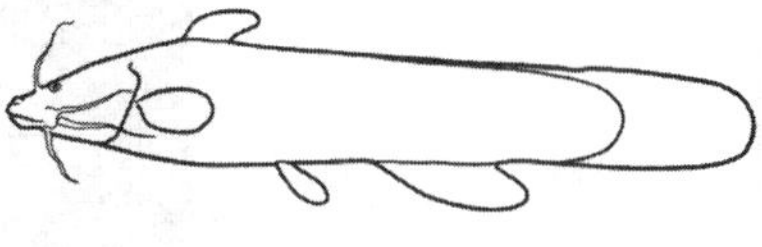

图 7-81　钝头鮠科 Amblycipitidae

记载 3 属，35 种，淡水种，分布于东亚及南亚。我国产 1 属 10 种。

科 136 粒鲇科 Akysidae

背鳍基底短，前方有棘，4～5 鳍条。脂鳍存在或缺如。胸鳍具强棘，鳃孔相当小，体常具纵行颗粒突。如图 7-82 所示。

记载 5 属，约 56 种，分布于东南亚洲淡水水域，我国产 2 属 2 种。

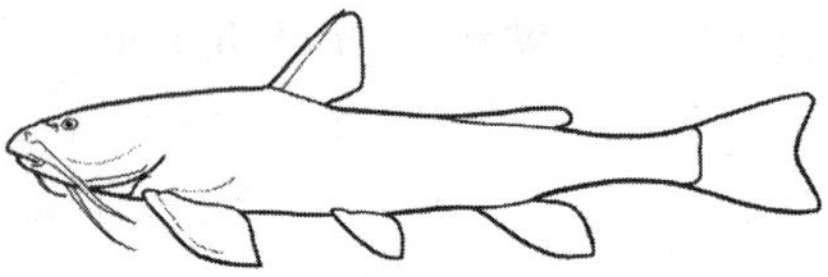

图 7-82 粒鲇科 Akysidae

科 137 𩽾科 Sisoridae

两鼻孔很靠近，鼻须生在两鼻孔之间。颌须的基部有皮片连吻部，故基部甚宽。背鳍短，脂鳍存在，有时可发展为有鳍条的第二背鳍。臀鳍短或中长。鳃孔下方两边相距很远。大多为小型鱼类，多生活在南方山谷溪流和急流河川中。如图 7-83 所示。

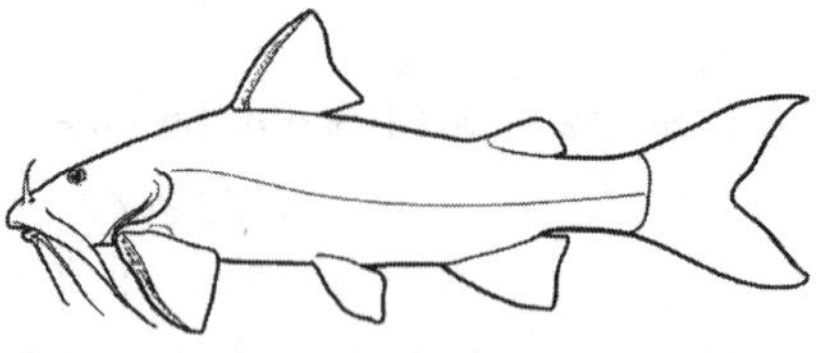

图 7-83 𩽾科 Sisoridae

记载有 18 属，约 200 种，分布于亚洲西南部淡水水域。我国产 12 属 59 种。

科 138 骨𩽾科 Erethistidae

记载 7 属 41 种，淡水种类，分布于南亚。如图 7-84 所示。

图 7-84 骨𩽾科 Erethistidae（三角洲阿耶骨𩽾 Ayarnangra estuarius）

科 139 蝌蚪鲇科 Aspredinidae

也称疣体鲇科、琵琶鲇科。头部和体皮肤具小的骨质疣突，分散或排列成行，在疣突之间皮肤光滑。主鳃盖骨不发达。胸鳍棘具大而坚强的锯齿。体前部平坦，头尤平扁。眼很小，无脂鳍。背鳍位于体中央或前部。颏须 2 对，颌须 1 对。腹鳍位于背鳍后下方。如图 7-85 所示。

图 7-85 蝌蚪鲇科 Aspredinidae

记载 13 属，39 种，分布于南美淡水水域，我国不产。

科 140 拟油鲇科 Pseudopimelodidae

口宽大，眼小。须短。如图 7-86 所示。

图 7-86 拟油鲇科 Pseudopimelodidae（*Cephalosilurus apurensis*）

记载6属34种,淡水种,分布于南美。本科中许多种类为有名的观赏鱼类。

科141 鼬鲇科 Heptapteridae

体常裸露。须3对。脂鳍大。尾鳍深叉形。如图7-87所示。

记载24属205种。分布于墨西哥至南美的淡水水域。

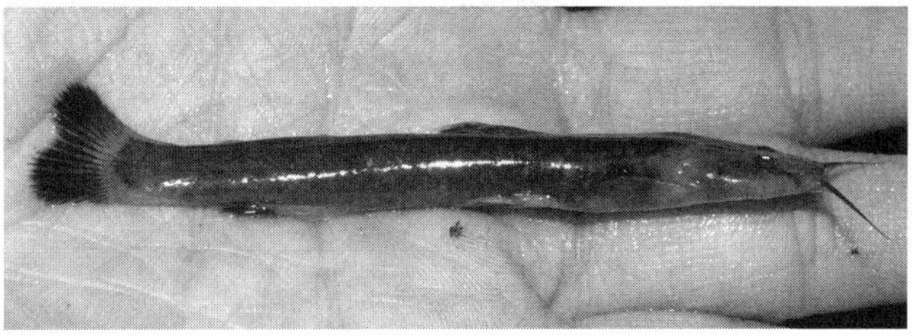

图7-87 鼬鲇科 Heptapteridae(短身宽盔鲇 *Chasmocranus brevior*)

科142 长臀鮠科 Cranoglanididae

体长形,侧扁。头顶裸露或为一溥层粘膜所盖,其状如盔。须4对,颊发达,前后鼻孔分开。腹鳍具1棘,10～12鳍条,起点约与背鳍后基端相对。臀鳍28～43鳍条。脂鳍短,后端游离。背鳍和胸鳍各具一棘,后缘锯齿弱或中等。鳃孔大,鳃膜不与峡部相连。尾鳍深叉形。上下颌具齿带。如图7-88所示。

图7-88 长臀鮠科 Cranoglanididae

分布于亚洲的淡水水域,记载仅1属3种,我国产中国长臀鮠 *Cranoglanis bouderius* 和海南长臀鮠(*Cranoglanis multiradiatus*)2种。

科143 鮰科 Ictaluridae

也称叉尾鮰科、北美鲇科。具8条口须(其中鼻须2条、颌须2条、颐须4条),皮肤裸露;背鳍6鳍条,背鳍和胸鳍具棘,鳍棘外包皮肤有毒。腭骨无齿。如图7-89所示。

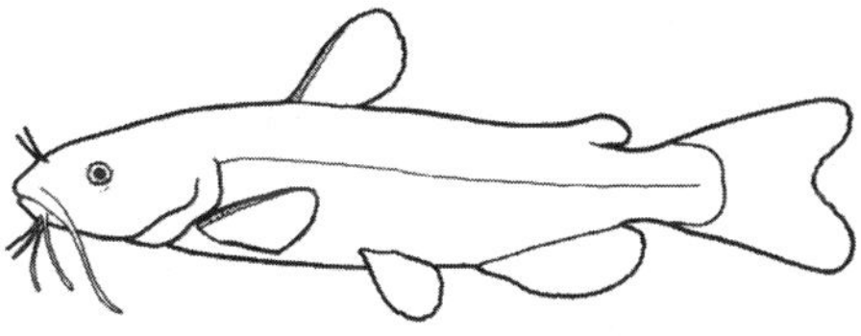

图7-89 鮰科 Ictaluridae

记载共7属,51种,产于北美淡水水域。本科中云斑鮰 *Ameiurus nebulosus*(褐首鲇)、长鳍真鮰(*Ictalurus furcatus*)(长鳍叉尾鮰)、斑真鮰 *Ictalurus punctatus*(斑点叉尾鮰)等3种曾先后引入我国,在淡水池塘中普遍养殖。

科144 双背鳍鲿科 Mochokidae

也称歧须鮠科、倒立鲇科。下颌须有许多分枝或口有半环形厚唇形成一吸盘。脂鳍内有骨质鳍条。背鳍前有一强棘。臀鳍条少于10。如图7-90所示。

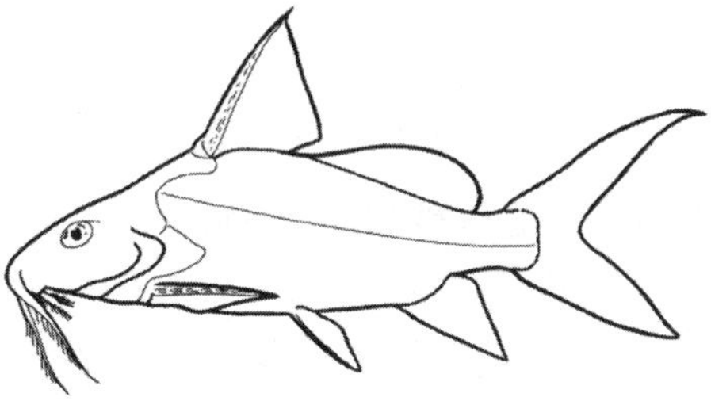

图7-90 双背鳍鲿科 Mochokidae

记载12属,约214种,分布于非洲淡水水域。我国不产。

科145 陶乐鲇科 Doradidae

也称棘鲇科、棘甲鲇科。沿体侧有一列骨板,上有棘刺。脂鳍存在。尾鳍分枝鳍条15;背鳍具1棘,4～6鳍条。背鳍棘和胸鳍棘具一枢纽机械结构。如图7-91所示。

记载共 31 属,88 种,分布于非洲南部,我国不产。

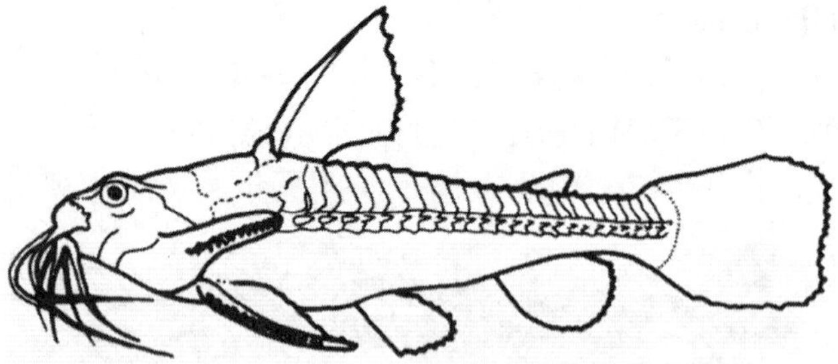

图 7-91　陶乐鲇科 Doradidae

科 146　项鳍鲇科 Auchenipteridae

体裸露无鳞,须 3 对,以颌须最长,无鼻须。胸鳍和背鳍棘强硬。脂鳍存在,但很小,或缺如。如图 7-92所示。

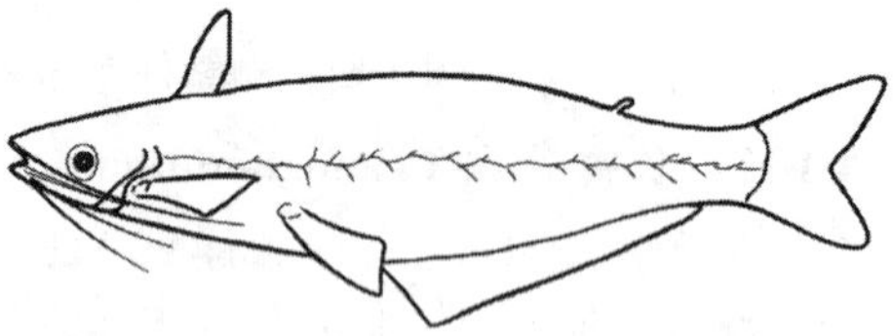

图 7-92　项鳍鲇科 Auchenipteridae

记载 20 属,107 种,主要分布于南美和巴拿马淡水水域,我国不产。

科 147　鲇科 Siluridae

背鳍鳍条少于 7,有时缺如,无棘。腹鳍小,有时也缺如。臀鳍基很长,可达 90 鳍条。如图 7-93、图 7-94 所示。

记载共 12 属,约 101 种,我国产 6 属,14 种。本科中的欧鲇(*Silurus glanis*)(以前也称六须鲇)为本目中的最大个体,最大体长可达 5m,重 330kg,为欧洲的重要经济鱼类。

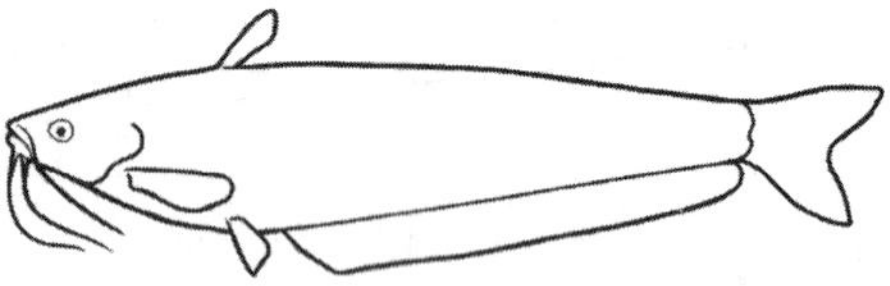

图 7-93　鲇科 Siluridae

图 7-94　鲇科 Siluridae(欧鲇 *Silurus glanis*)

科 148　电鲇科 Malapteruridae

无背鳍,脂鳍位很后。发电器在皮肤中,形成一厚层的半透明外套,几覆盖鱼体的全部。如图 7-95 所示。

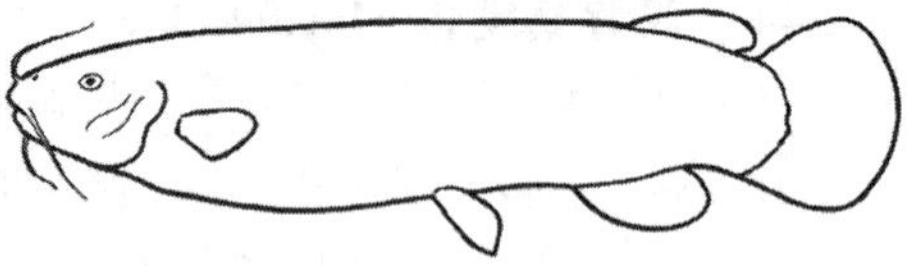

图 7-95　电鲇科 Malapteruridae

记载 2 属,19 种,分布于热带非洲和尼罗河,我国不产。

科 149　项鲇科 Auchenoglanididae

前鼻孔靠近上唇。尾鳍近圆形。如图 7-96 所示。

记载 3 属 14 种。分布于非洲淡水水域。

图 4-96　项鲇科 Auchenoglanididae(*Parauchenoglanis ngamensis*)

科 150　连尾鮡科 Chacidae

也称方头鲇科。头宽而平扁,近方形,体向后侧扁;口端位,很宽;眼很小;背鳍具 1 短棘和 4 鳍条;臀鳍条 8～10;胸鳍 14～15;腹鳍条 6;脂鳍与尾鳍相连。如图 7-97 所示。

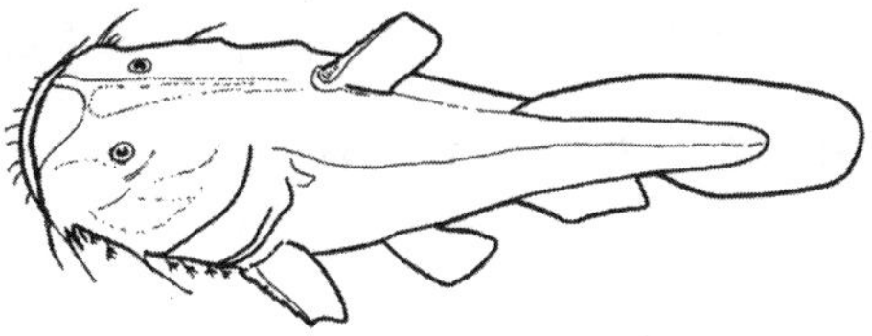

图 4-97　连尾鮡科 Chacidae

记载 2 属 5 种,分布于印度东部至缅甸的淡水水域,我国不产。

科 151　鳗鲇科 Plotosidae

体呈鳗形,头尾稍小,皮肤裸露;口须 4 对;鳃膜不与峡部相连。尾尖或钝圆。第一背鳍短,前方有一硬棘。第二背鳍长,与尾鳍及臀鳍相连。无脂鳍。胸鳍有硬棘。腹鳍条 10～16。鳃盖条 7～14。如图7-98所示。

图 7-98　鳗鲇科 Plotosidae

记载 10 属,约 39 种,分布于海水、咸淡水及淡水水域,见于印度洋、西太平洋(日本至澳大利亚和斐济)。

我国仅产 1 属 2 种,常见的为线鳗鲇(*Plotosus lineatus*)体形似鳗,前后稍小,头部平扁,后部侧扁;皮肤裸露,头部不具骨板;口须 4 对;第一背鳍、胸鳍前部具硬棘;第二背鳍与尾鳍及臀鳍相连,无脂鳍;体侧中央常有 2 条淡黄色纵带。分布于印度-太平洋区,西起非洲东部、红海,东至萨摩亚,北至韩国、日本,南至澳大利亚等海域,我国分布于东海、台湾海域及南海。

科 152　胡鲇科 Clariidae

也称塘虱鱼科。背鳍无棘,基底长,尾鳍圆形,常多于 30m,与尾鳍相连或分离;鳃孔宽,口须 4 对。背鳍长,长于臀鳍。胸鳍有强棘。如图 7-99 所示。

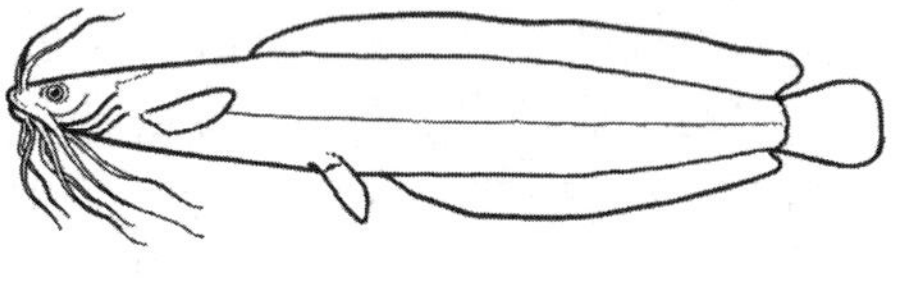

图 7-99　胡鲇科 Clariidae

记载 15 属,约 119 种,分布于非洲、亚洲西南部淡水水域。我国不产,但有 3 个引进种,最常见的是蟾胡鲇(*Clarias batrachus*)和斑点胡鲇(*Clarias macrocephalus*)。

科 153　囊鳃鲇科 Heteropneustidae

也称异囊鲇科。体延长而侧扁,头很平扁,口须 4 对;有一对长的气囊,从鳃腔向后延伸经背部肌肉至尾部,有肺的作用。背鳍短,无棘;脂鳍缺如或呈一低嵴。胸鳍棘附有一毒腺。如图 7-100 所示。

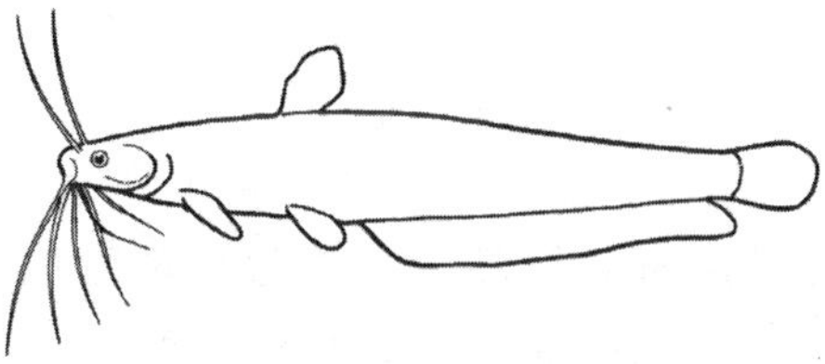

图 7-100　囊鳃鲇科 Heteropneustidae

记载仅 1 属 4 种,分布于巴基斯坦至泰国,我国不产。

科 154　澳岩鲶科 Austroglanidae

口须 3 对。背鳍、胸鳍棘强大。脂鳍小。如图 7-101 所示。

记载仅 1 属 3 种，淡水种，分布于南非。

图 7-101　澳岩鲶科 Austroglanidae(*Austroglanis gilli*)

科 155　脂鲶科 Claroteidae

齿骨在联合处有一腹突。体略延长。口须 4 对。背鳍及胸鳍均具强棘。脂鳍存在。如图 7-102 所示。

记载 10 属 72 种，淡水种。分布于非洲。

图 7-102　脂鲶科 Claroteidae(*Clarotes laticeps*)

科 156　海鲇科 Ariidae

体延长，头部锥形，略纵扁，体后部稍侧扁。口大，次下位或下位。口裂宽，横直或圆弧形。上下颌具细齿或片状齿 1～2 行，或呈带状；腭骨有或无细齿。眼略呈椭圆形，通常眼缘游离。前后鼻孔紧靠，后鼻孔有小瓣。无鼻须，通常有颌须、颏须。鳃盖膜连于鳃峡。鳃盖条 5～9。体光滑无鳞。背鳍短，具 1 枚硬棘。脂鳍小，与臀鳍相对。臀鳍具 14～26 鳍条。胸鳍低，具硬棘。腹鳍腹位，具 6 鳍条。尾鳍深分叉。如图 7-103 所示。

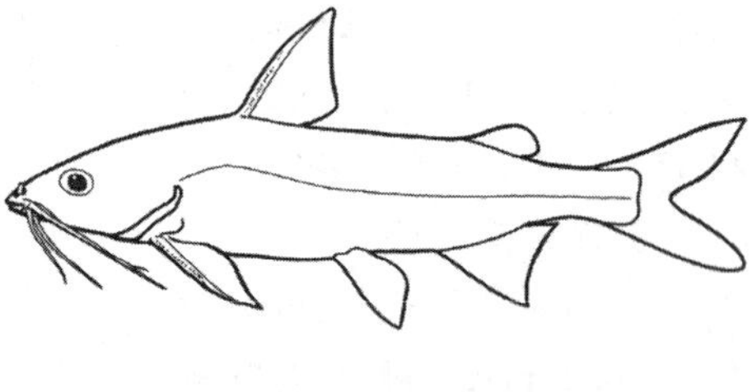

图 7-103　海鲇科 Ariidae

记载 36 属，162 种，广泛分布于世界各大洋的热带至温带海域，部分为淡水及咸淡水种类。我国产 4 属 9 种。

最常见的有大头多齿海鲇 *Netuma thalassina* 体延长，头部锥形，略纵扁，体后部稍侧扁；头部覆盖骨板，其上具颗粒状突起，体后部裸露无鳞；口须 3 对；具脂鱼；背鳍、臀鳍与尾鳍不相连；腭齿呈绒毛状，每侧 3 群，相连接。暖水性近海底层鱼类，常见体长 117～315mm，最大可达 900mm。常年散居于水流缓慢的泥质较深海区，以虾、蟹、贝等底栖动物为食，每年 3 月以后结成小群向近海作生殖洄游，甚至在河口区觅食。夜行性，具筑洞而居之习性，生殖季节几近停食。为浙江南部以南海域常见经济鱼类之一。其背、胸鳍硬棘前后缘皆具锯齿，且有毒腺。

分布于印度尼西亚，新几内亚，澳大利亚，菲律宾等，我国产于东海、台湾海域及南海。本省海域有一定产量，常为其他作业的副产品。

科 157　锡伯鲇科 Schilbeidae

也称北非鲇科，背鳍短，具一棘，或背鳍缺如。常具脂鳍。臀鳍很长，与尾鳍不相连。通常有须 2～4 对。如图 7-104 所示。

图 7-104　锡伯鲇科 Schilbeidae

记载有 15 属，66 种，分布于非洲和亚洲南部的淡水水域。我国产 1 属中华鲱鲇 *Clupisoma sinense*（中华刀鲇）、怒江鲱鲇 *Clupisoma nujiangense* 2 种，分布于云南南部。

科 158　𫚥鲇科 Pangasiidae

也称𫚥科、巨鲇科。常具须 2 对，鼻须缺如，颏须 1 对。体侧扁。脂鳍颇小，不与尾鳍相连。背鳍很前位，常在腹鳍前上方，有 1～2 硬棘，臀鳍条 28～44。如图 7-105 所示。

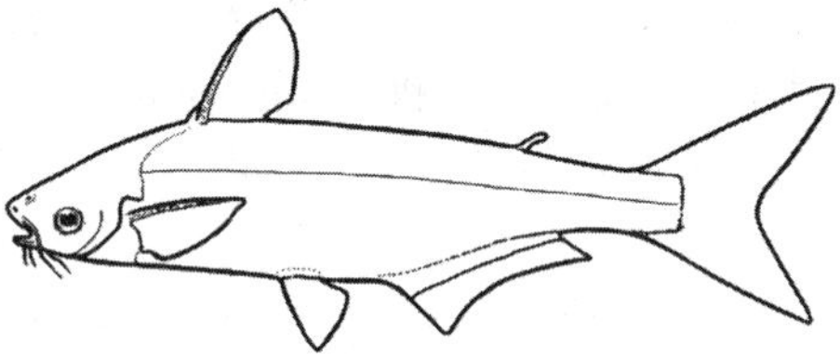

图 7-105　（鱼芒）鲇科 Pangasiidae

记载 4 属，28 种，分布于亚洲南部淡水水域。我国产 3 属 6 种，其中低眼无齿𫚥 *Pangasianodon hypophthalmus*，从泰国引进种。

科 159　鲿科 Bagridae

背鳍前方有一棘，通常具 6～7 鳍条。具脂鳍，胸鳍棘有锯齿缘。体裸露无鳞。口须 4 对。

记载有 21 属 215 种，全部为淡水种，分布于非洲和亚洲（日本至婆罗洲）。我国产 5 属，31 种。

黄颡鱼属 *Pelteobagrus*

体延长，稍粗壮，后部侧扁；尾柄长大于尾柄高。眼中等大。前、后鼻孔相距较近。口大、下位。颌齿及腭齿绒毛状，均排列呈带状。背鳍较小；骨质硬刺，前缘光滑，后修具细锯齿。胸鳍硬刺前后缘均有锯齿，前缘者细小或粗糙。脂鳍短。尾鳍深分叉。体侧有 2 纵及 2 横黄色细带纹，间隔成暗色纵斑块。体背部黑褐色，至腹部渐浅黄色。如图 7-106 所示。

图 7-106　鲿科 Bagridae
（黄颡鱼属 *Pelteobagrus*）

除西部高原及新疆外，广布于中国东部太平洋各水系。

科 160　油鲇科 Pimelodidae

也称花鲇科、长须鲇科。体裸露。须 3 对。鳃膜不与峡部相连，鳃孔远延伸到前腹面。齿呈绒毛状齿带。腹鳍常位于背鳍基后端下方。脂鳍基部短或中长，短于头长。如图 7-107 所示。

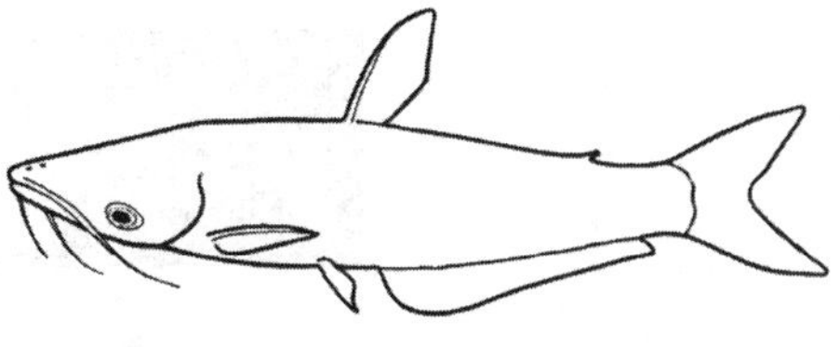

图 7-107　油鲇科 Pimelodidae

记载 30 属，111 种，分布于墨西哥至南美淡水水域。我国不产。

目 32　电鳗目 Gymnotiformes

也称裸背鱼目。体形似鳗，无腰带，无背鳍；臀鳍特长，多于 140 鳍条，前延至胸鳍起点下方,后方达尾端。尾鳍退化或缺如。鳃孔小。肛门开孔于头部或胸鳍下方。下鳃盖骨和腭骨缺如。上颌骨退化。发电器官位于臀鳍上方的身体两侧。500mm 长的电鳗放电达 40～300V,大型个体电压还要高,从体后向前放电。

本目记载 2 亚目,5 科,31 属,194 种,分布于中美和南美洲的淡水水域,主要是亚马逊河和圭亚那河的下游流速较缓而经常缺氧的水域。有些种类有在大气中呼吸的适应性,如 Hypopomus 能直接用鳃从大气中呼吸。有些种类最大体长可达 2m,在南美是当地渔业的捕捞对象。我国不产。

1(2) 体侧扁,尾前椎 12～26………线鳍电鳗亚目 Sternopygoidei

2(1) 体圆或部分圆形,尾前椎 33 以上…………裸背电鳗鱼亚目 Gymnotoidei

裸背电鳗鱼亚目 Gymnotoidei

体圆或部分圆形,尾前椎 33 以上。本亚目仅 1 科。

科 161 裸背电鳗科 Gymnotidae

体亚圆筒形。鳞小或裸露无鳞,无背鳍,臀鳍向后延长至尾端。如图 7-108 所示。

图 7-108 裸背电鳗科 Gymnotidae

记载 2 属 36 种,淡水种,分布于中、南美洲及南部墨西哥的北部。

线鳍电鳗亚目 Sternopygoidei

也称胸肛鱼亚目,体侧扁,尾前椎 12～26。本亚目有以下 4 科。

1(6) 尾鳍与臀鳍相连

2(3) 吻长,呈管状…………大吻电鳗科 Rhamphichthyidae

3(2) 吻短,不呈管状

4(5) 上下颌具齿…………线鳍电鳗科 Sternopygidae

5(4) 下颌无齿…………短吻电鳗科 Hypopomidae

6(1) 尾鳍不与臀鳍相连………… 线翎电鳗科 Apteronotidae

科 162 大吻电鳗科 Rhamphichthyidae

也称刀鱼科。吻呈管状,前后鼻孔相隔近,下颌无齿。如图 7-109 所示。

图 7-109 大吻电鳗科 Rhamphichthyidae

记载 3 属 14 种,淡水种,分布于南美。

科 163 短吻电鳗科 Hypopomidae

也称无齿刀鱼科。吻短,不呈管状,下颌无齿。前后鼻孔不呈管状,相隔远,肛门位于胸鳍基后下方。栖息于沙或泥中。如图 7-110 所示。

记载 6 属 20 种,淡水种,分布于巴拿马和南美。

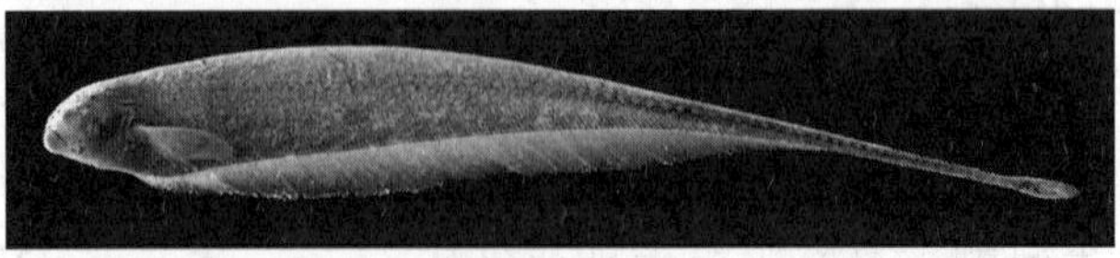

图 7-110 短吻电鳗科 Hypopomidae

科 164 线鳍电鳗科 Sternopygidae

也称胸肛鱼科,吻短,不呈管状,上下颌具绒毛状齿。如图 7-111 所示。

已记载有 5 属,30 种,淡水种,分布于巴拿马和南美。

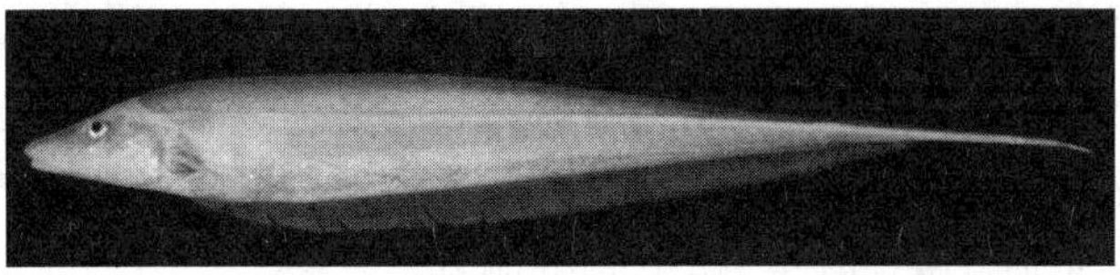

图 7-111 线鳍电鳗科 Sternopygidae

科 165 线翎电鳗科 Apteronotidae

也称无背鱼科。尾鳍很小,不与臀鳍相连。如图 7-112 所示。

图 7-112 线翎电鳗科 Apteronotidae

记载 15 属,约 90 种。淡水种,分布于巴拿马和南美。

目 33 水珍鱼目 Argentiniformes

体长椭圆形,侧扁。头中大,头高大于头宽。眼大。口中大或大。无须。上颌缘由前颌骨和上颌骨组成。上颌骨、腭骨和下颌有时具细小齿。鳃盖完整,骨片薄。鳃孔宽大,鳃盖膜与峡部分离。鳃耙多而细长,具假鳃。发光器缺如或留有痕迹。体被薄圆鳞,有时无鳞,头部裸露。侧线明显。背鳍和臀鳍均位于体的后部,几相对。脂鳍有或无。胸鳍短小,下侧位,有时具丝状延长鳍条。腹鳍腹位,位于背鳍前下方,尾鳍深叉形。

本目有 2 亚目。

1(2) 一般具脂鳍…………水珍鱼亚目 Argentinoidei

2(1) 不具脂鳍…………黑头鱼亚目 Alepocephaloidei

水珍鱼亚目 Argentinoidei

除小口兔鲑科 Microstomatidae 部分种类外,均具脂鳍,下分 3 科。

1(4) 吻长大于或等于眼径

2(3) 体长梭形;吻长远大于眼径;背鳍基长;肛门前位…………后肛鱼科 Opisthoproctidae

3(2) 亚圆筒或侧扁形;吻长约等于眼径;背鳍基短;肛门后位…………水珍鱼科 Argentinidae

4(1) 吻极短,吻长小于眼径的 1/2…………小口兔鲑科 Microstomatidae

科 166 水珍鱼科 Argentinidae

体延长,腹部圆。眼大,常侧位。口端位。上颌缘由上颌骨组成,具辅上颌骨。上下颌无齿,犁骨具齿。假鳃发达。头部无鳞。具侧线。背鳍基短,约位于体背中部,常具脂鳍。臀鳍位于体后部 1/4 处;胸鳍位低,腹鳍中长;尾鳍叉形。如图 7-113 所示。

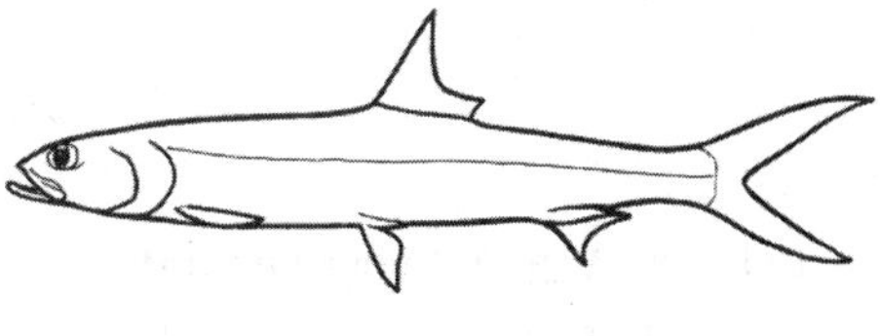

图 7-113 水珍鱼科 Argentinidae

记载 2 属,28 种,分布于大西洋、印度洋及太平洋。我国产 2 属,鹿儿岛水珍鱼 *Argentina kagoshimae* 和半带舌珍鱼 *Glossanodon semifasciatus* 2 种。

科 167 后肛鱼科 Opisthoproctidae

体延长,亚圆筒或侧扁形,腹部圆。头裸露。吻短、眼大。有些种类眼呈圆筒状突出。口小,端位。鳃膜不与峡部相连。体被大圆鳞,易脱落。具侧线。背鳍短,一般近体中部。胸鳍位低,腹鳍腹位,尾鳍分叉。如图 7-114所示。

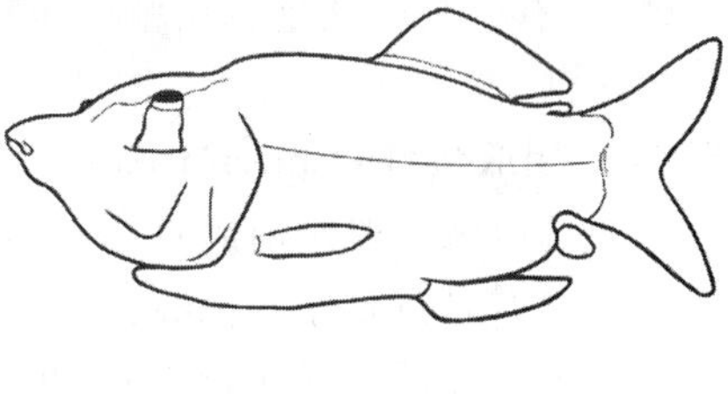

图 7-114 后肛鱼科 Opisthoproctidae

共有 8 属,18 种,分布于大西洋、印度洋及太平洋的热带至温带海域，我国产 2 属 2 种。

科 168　小口兔鲑科 Microstomatidae

体细长，前部亚圆筒形，后部稍侧扁。吻短，小于眼径的 1/2，眼大，鼻孔近吻上部，口小，端位。上颌和舌无齿，下颌、犁骨前部和腭骨具齿。如图 7-115 所示。

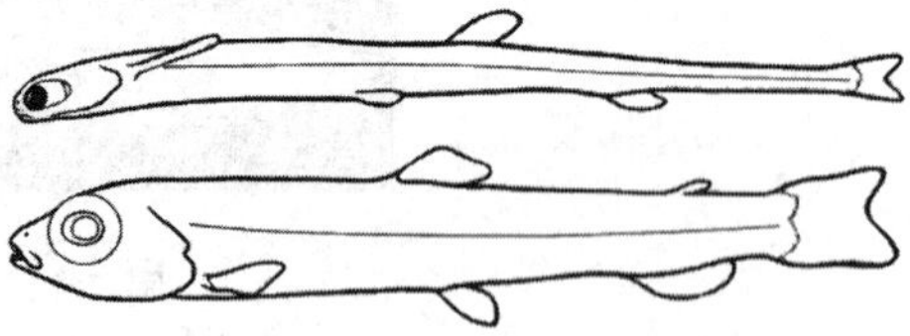

图 7-115　小口兔鲑科 Microstomatidae

记载 11 属，43 种，分布于大西洋、印度洋及太平洋的热带至温带海域，我国东海深海有记录 4 属，4 种。

黑头鱼亚目 Alepocephaloidei

无脂鳍，大部分种类上颌具齿。上颌骨 1～2，口通常大，无鳔。共 3 科。

1(2)　匙骨下方具一黑色的肩囊器…………管肩鱼科 Platytroctidae

2(1)　匙骨下方无肩囊器

3(4)　颌骨后延，远达眼后…………深海黑头鱼科 Bathylaconidae

4(3)　颌骨不后延，末端未达眼中部…………平头鱼科 Alepocephalidae

科 169　管肩鱼科 Platytroctidae

匙骨下方具一黑色的肩囊器(shoulder sac apparatus)，此囊的管状乳头开孔正位于下方，能分泌蓝绿色液体。许多种具发光器。皮下管系统通常通过小孔与鳞片囊相连。胸鳍条 4～28，腹鳍条 6～10(有些种类腹鳍缺如)。无鳔。鳃盖条 4～8。脊椎骨 40～52，最大体长 300mm。如图 7-116 所示。

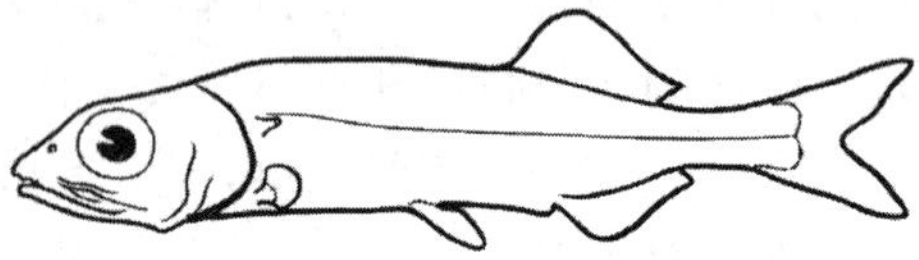

图 7-116　管肩鱼科 Platytroctidae

约 13 属，40 种，发现于除地中海外的各大洋，我国不产。

科 170　深海黑头鱼科 Bathylaconidae

前颌骨小，上颌骨后延，远达眼后，胸鳍条 4～11，鳃条骨 7～10，上部鳃条骨形成下鳃盖。体被大圆鳞。如图 7-117 所示。

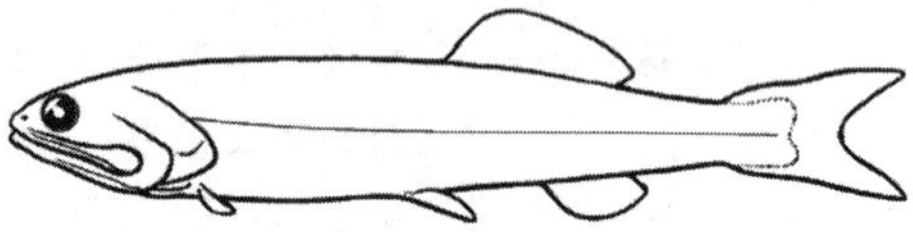

图 7-117　深海黑头鱼科 Bathylaconidae

记载仅 1 属 3 种，分布于热带及亚热带的次深海，我国不产。

科 171　平头鱼科 Alepocephalidae

体长椭圆形，侧扁。头中大，头高大于头宽。口中大或大，上颌骨不明显后延。齿细小。鳃孔宽大，鳃膜与峡部分离。体被薄圆鳞，有时无鳞，头部裸露。侧线明显。背鳍和臀鳍均后位，几相对。胸鳍短小，下侧位，有时具丝状延长鳍条。腹鳍腹位，尾鳍深叉。如图 7-118 所示。

图 7-118　平头鱼科 Alepocephalidae

记载 19 属，94 种，分布于各大洋的深海。我国产 6 属，约 20 种。

目 34　胡瓜鱼目 Osmeriformes

上颌口缘一般由前颌骨与上颌骨组成。上前鳃盖骨或有或无。体被圆鳞或光滑无鳞，胸鳍和腹鳍有时有腋鳞。侧线存在。背鳍一个，无硬棘。具脂鳍。上下颌具齿，胸鳍下侧位，腹鳍腹位。发光器有或无；鳔如存在，大多具鳔管。

记载有胡瓜鱼科 Osmeridae、后鳍鲑科 Retropinnidae 及南乳鱼科 Galaxiidae 3 科，共 23

属 92 种。我国仅产胡瓜鱼科 Osmeridae。

科 172 胡瓜鱼科 Osmeridae

图 7-119 胡瓜鱼科 Osmeridae

体长梭形;体被细鳞或无鳞;具脂鳍;上下颌均具齿。如图 7-119 所示。

本科记载 12 属,约 35 种,海水、咸淡水,少数为淡水种类,分布于北半球的大西洋、和太平洋。

我国产间银鱼属 *Hemisalanx*、公鱼属 *Hypomesus*、毛鳞鱼属 *Mallotus*、新银鱼属 *Neosalanx*、胡瓜鱼属 *Osmerus*、香鱼属 *Plecoglossus*、大银鱼属 *Protosalanx*、日本银鱼属 *Salangichthys* 和银鱼属 *Salanx* 等 9 属,约 23 种。

科 173 后鳍鲑科 Retropinnidae

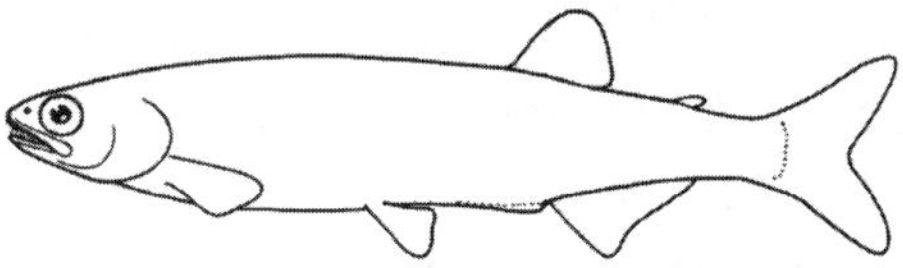
图 7-120 后鳍鲑科 Retropinnidae

体长梭形;尾鳍叉形,具 16 鳍条。具脂鳍。体被圆鳞,体无侧线,腹部在腹鳍与臀鳍间具小的角质龙骨突。犁骨、腭骨和基鳃骨具齿。鳃盖条 5~6。如图 7-120 所示。

记载 3 属,6 种,淡水及咸淡水种类,分布于新西兰及澳大利亚东南部。

科 174 南乳鱼科 Galaxiidae

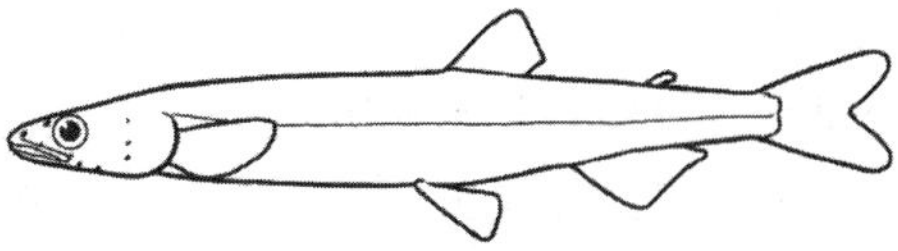
图 7-121 南乳鱼科 Galaxiidae

体延长,尾鳍鳍条 12~14。或具脂鳍。体无鳞,但有侧线,腹部在腹鳍与臀鳍间无龙骨突。犁骨、腭骨和基鳃骨无齿。如图 7-121 所示。

记载 8 属,51 种,分布于新西兰、澳大利亚、南非和南美的淡水中。

目 35 鲑形目 Salmoniformes

上颌缘一般由前颌骨与上颌骨构成,具齿;一般有前后脂眼睑;多数有脂鳍,位于背鳍后或臀鳍前;发光器有或无;鳔如存在,大多具鳔管;一般被圆鳞;通常胸鳍位低,腹鳍腹位。

记载 1 科 10 属 215 种,我国记载 8 属 21 种。

科 175 鲑科 Salmonidae

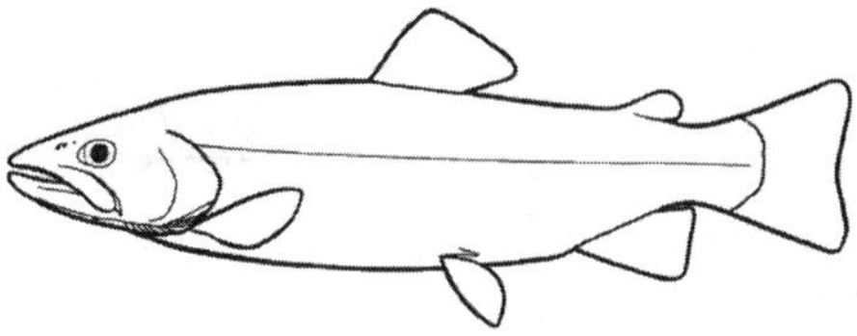
图 7-122 鲑科 Salmonidae

多为冷水性鱼类。栖息于淡水、海水中。有些是溯河洄游性鱼类,如鲑科的大麻哈鱼能长途溯江河生殖洄游,昼夜行进 30~50km。幼鱼在江河生活 1~4 年后降海生活 3~5 年。成熟后回出生地产卵。洄游性种类在环境隔绝和食物丰富的情况下易变成陆封型。一般为肉食性。如图 7-122 所示。

目 36 狗鱼目 Esociformes

鳔有管。腹鳍腹位,无脂鳍。背鳍和臀鳍后位。体被圆鳞,无乌喙骨和眶蝶骨,中筛骨成对,有前筛骨。口裂上缘由前颌骨和上颌骨组成。前颌骨不能伸缩。

记载 2 科 4 属,约 11 种,我国产 1 属 2 种。

科 176 狗鱼科 Esocidae

吻长而平扁。下颌在眼后缘与颅骨相关节。口大,约占头长之半,下颌突出。前颌骨、下颌骨、犁骨、腭骨及舌上有强大犬齿。鳃盖条 11～12。背鳍、臀鳍后位,相对。如图 7-123 所示。

记载 1 属 6 种,淡水鱼类,分布于北半球。我国产 2 种。

图 7-123　狗鱼科 Esocidae

黑斑狗鱼 *Esox reichertii*(Dybowski, 1869)

体延长,头前部扁平,吻似鸭嘴。口大,前颌骨、下颌骨、犁骨、腭骨及舌的齿锋利。鳞小。侧线不明显。背鳍后移,与臀鳍相对。体背青铜色,腹部白色,体侧具有黑色斑点。但常因栖息环境不同而有新变化。

其为大型且凶残的肉食性鱼类,除了袭击别的鱼外,还会袭击蛙、鼠或野鸭等,俗称狗鱼。在北半球寒带到温带里广为分布,我国常见于嫩江、黑龙江、松花江、乌苏里江及绥芬河等。一般体长在 600mm 左右,体重在 1000～2000g,最大的个体体重可达 16kg 以上。因肉味极佳,成为垂钓的好对象。

科 177　荫鱼科 Umbridae

吻不突出,尾鳍圆,具鳍条 20～30。侧线鳞弱或缺如。鳃盖条 5～8。最大体长 200mm。

记载 3 属 5 种,大部分分布于北半球,我国不产。如图 7-124 所示。

图 7-124　荫鱼科 Umbridae

目 37　巨口鱼目 Stomiiformes

体长梭形,或侧扁而高,向后渐细尖。口裂大,两颌具齿,或极强大。体具发光器。头体裸露无鳞,若被鳞,则为圆鳞,易脱落;通常不具脂鳍,或背腹面均具脂鳍。

记载 5 科,52 属,约 412 种。

科 178　双光鱼科 Diplophidae

体长梭形,略侧扁,背鳍基短,11～12 鳍条,位于体中部。无脂鳍,臀鳍条 36～69,脊椎骨 44～99。发光器位于体腹部。如图 7-125 所示。

有 2 属,8 种,世界性分布种类,我国产 3 种。栖息水层在 0～1594m,主要在 450～610m。

图 7-125　双光鱼科 Diplophidae

科 179　钻光鱼科 Gonostomatidae

体延长,略侧扁。头圆锥形且侧扁。口大,前颌骨齿单行,齿骨前端齿 2 行。鳃盖完整,鳃孔大,鳃耙通常发达。体被薄而大鳞,易脱落。背鳍、臀鳍发达,臀鳍条 16～31,脂鳍有或缺如。具发光器,体侧及腹部有 1 或 2 行,峡部发光器有或无,围眶发光器 1 个。如图 7-126 所示。

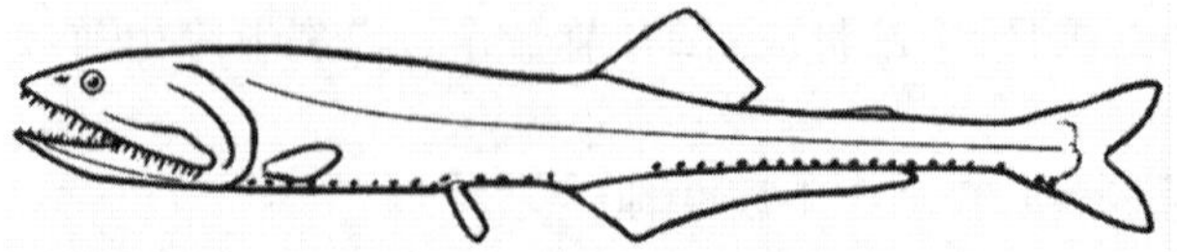

图 7-126　钻光鱼科 Gonostomatidae

记载 7 属 27 种,为深海小型发光鱼类,我国产 3 属 9 种。

科 180 褶胸鱼科 Sternoptychidae

体侧扁而高,尾部较细小。眼大。口裂近于垂直。上颌缘由上颌骨和前颌骨组成,上下颌齿细小,犁骨齿有或无。无须。鳃孔大,鳃盖膜不与峡部相连,或微连。鳃条骨 5~11。鳃耙发达。假鳃有或无。体无鳞,或有鳞,排列稀疏,易脱落。体侧具多条类似软骨的特殊皮褶。在眼前、眼后和眼部各具 1 发光器,下颌缝合部、鳃盖条膜和体侧有成群发光器,峡部与腹鳍之间的腹面或腹侧有数行发器,腹鳍与尾鳍间有 1 行发光器。背鳍前方常具薄骨板或骨棘(由背鳍担鳍骨形成)。背鳍具 8~17 鳍条,始于体的中部或略后。脂鳍短小,全部或部分位于臀鳍上方。臀鳍具 11~19 鳍条。胸鳍具 10~15 鳍条。腹鳍具 6~7鳍条,始于背鳍起点下方或前下方。尾鳍叉形。如图 7-127 所示。

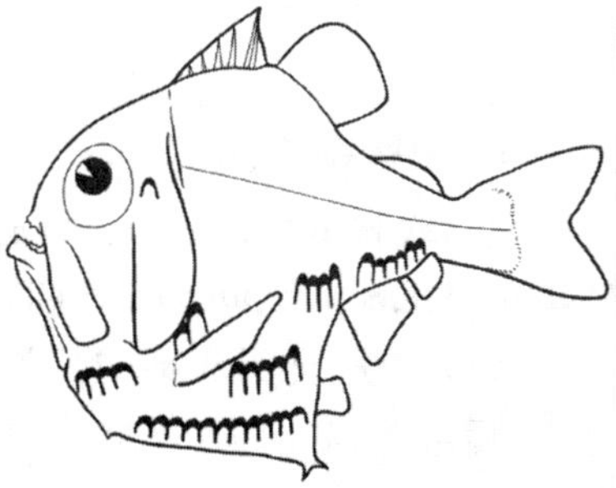

图 7-127 褶胸鱼科 Sternoptychidae

记载 10 属 75 种,为深海小型发光鱼类,我国产 5 属 20 种。

科 181 巨口光灯鱼科 Phosichthyidae

体延长侧扁。头中大或小,侧扁。眼中大或稍大。口大,前位或次上位,前颌骨齿单行或双行,下颌齿通常双行,常有辅上颌骨 2 块。鳃耙发达。脂鳍有或缺如。背鳍 10~16,臀鳍 12~33,胸鳍有 3 枚支鳍骨。鳃盖条 11~22,其中 4~7 附生于舌骨上。体上发光器排列成 2 行或 2 行以上纵列。峡部具发光器,各发光器有一管和腔。无颏须。如图 7-128 所示。

记载 7 属,24 种,为大洋中层和底层小型鱼类,幼体和成鱼生活在 200~800m 的深海中,后期仔鱼则生活在海洋表层,以浮游生物为食。我国产 4 属 10 种。

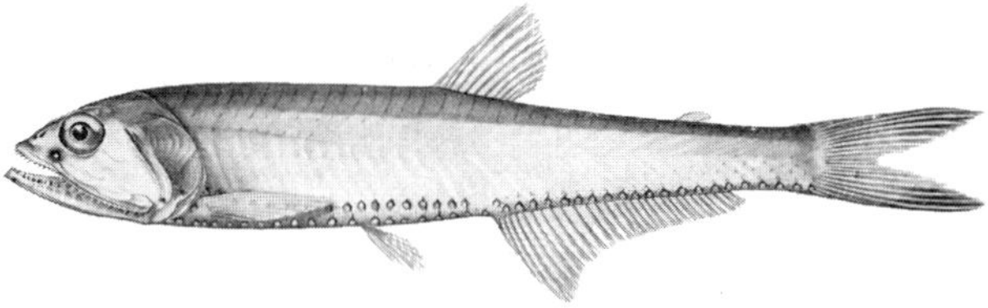

图 7-128 巨口光灯鱼科 Phosichthyidae

科 182 巨口鱼科 Stomiidae

体长梭形或细长,体侧有 5~6 纵行六角形区,由色素构成鳞状,每一区内有 1 易脱落的鳞,生活时为胶质所盖。头小,口裂大或甚大,斜裂或上位,颌齿发达。颏部有一长须,须的末端有时分叉为树枝状或球状。体腹部各有 2 行发光器。背鳍与臀鳍常后位、相对,接近尾鳍。无脂鳍。如图 7-129 所示。

记载 27 属,约 280 种,广泛分布于各大洋中等深度的海洋中,夜晚有上浮至表层的习性。我国产 20 属,33 种。

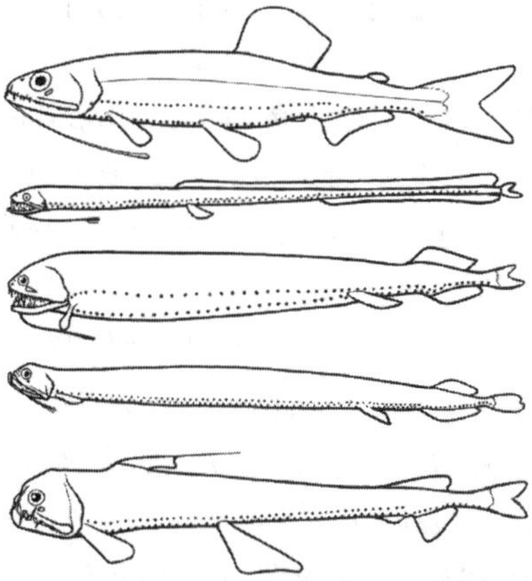

图 7-129 巨口鱼科 Stomiidae

目 38 辫鱼目 Ateleopodiformes

也称软腕鱼目,体延长,稍侧扁,但不呈带状。口下位,齿细小。体光滑无鳞,呈胶状半透明,粘滑。背鳍基短,位于头后上方。臀鳍基底长,且与尾鳍相连。腹鳍喉位,具1丝状鳍条及1～3退化鳍条。无脂鳍。肛门位于体前半部。骨骼几全为软骨。

本目记载1科3属,约12种,我国产2属4种。

科183 辫鱼科 Ateleopidae

也称软腕鱼科,特征与目同。

紫辫鱼 *Ateleopus purpureus*(Tanaka, 1915)

体极柔软,光滑无鳞,呈胶状半透明,粘滑,前端肥大,后部侧扁、细尖;背鳍基短,位于头后上方,臀鳍基长,且与尾鳍相连,腹鳍喉位,外露2鳍条,外侧鳍条长丝状,无脂鳍;骨骼几全为软骨。如图7-130所示。

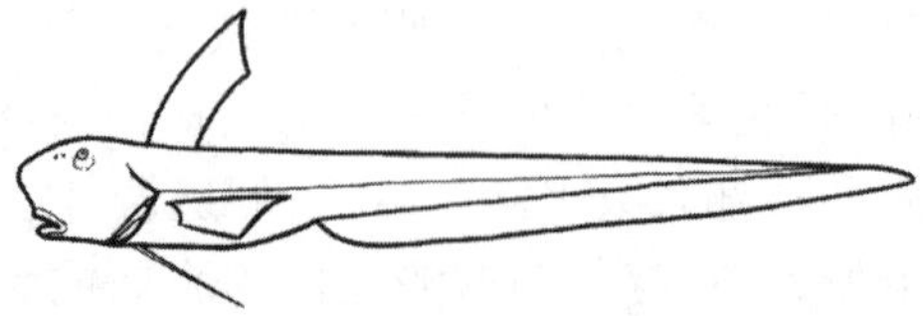

图7-130 辫鱼科 Ateleopodidae
(紫辫鱼 *Ateleopus purpureus*)

较深海罕见中小型鱼类,记载最大体长700mm左右,生活水层100～600m。国外见于日本,我国产于东海、台湾和南海深海。

目39 仙女鱼目 Aulopiformes

口大,上颌边缘常由前颌骨组成。体通常被圆鳞,具侧线。背鳍1个,无鳍棘。通常具脂鳍。腹鳍通常腹位,有时位于胸鳍下方,具6～13鳍条。腰骨不与肩骨相连。通常具脂鳍,无发光器。

本目通常分为4个亚目,检索如下:

1(2) 尾鳍下叶中央的鳍条特别延长………巨尾鱼亚目 Giganturoidei

2(1) 尾鳍下叶中央的鳍条不特别延长

3(6) 体鳞发达

4(5) 胸鳍正常,不分成上下两部分,胸鳍、腹鳍及尾鳍鳍条均不延长;辅上颌骨2块,颌齿通常针状或矛状;鳃耙退化或呈极小的棘状………狗母鱼亚目 Synodontoidei

5(4) 胸鳍分成上下两部分,胸鳍、腹鳍及尾鳍鳍条常有延长;若不延长,则辅上颌骨1块,颌齿绒毛状;鳃耙正常………青眼鱼亚目 Chlorophthalmoidei

6(3) 体无明显鳞片…………帆蜥鱼亚目 Alepisauroidei

狗母鱼亚目 Synodontoidei

体鳞发达,胸鳍正常,不分成上下两部分,胸鳍、腹鳍及尾鳍鳍条均不延长;辅上颌骨2块,颌齿通常针状或矛状;鳃耙退化或呈极小的棘状。

本亚目记载有4科。

科184 副仙女鱼科 Paraulopidae

也称准青眼鱼科。背鳍条10～11,臀鳍条8～11,胸鳍条13～20,腹鳍条9,侧线有孔鳞40～52。脊椎骨通常39～46。如图7-131所示。

图7-131 副仙女鱼科 Paraulopidae

记载1属14种,最大体长350mm。分布于印度洋及西太平洋大陆架。我国产日本副仙女鱼 *Paraulopus japonicus* 及大鳞副仙女鱼 *Paraulopus oblongus* 2种。

科185 仙女鱼科 Aulopidae

体延长,略侧扁。眼侧位。口稍宽,前位,上颌骨后端宽大,伸达眼下方。头和身体均被鳞，圆鳞或栉鳞。有辅上颌骨2块，较大。背鳍起点在体之前部，基部较长，距头后部较近。背鳍14～22鳍条。臀鳍9～13鳍条。胸鳍位稍低，11～14鳍条。腹鳍胸位，具9鳍条，各鳍条均不延长。脊椎骨36～53。雄鱼背鳍前部有一大的红斑，臀鳍具红色带。如图7-132所示。

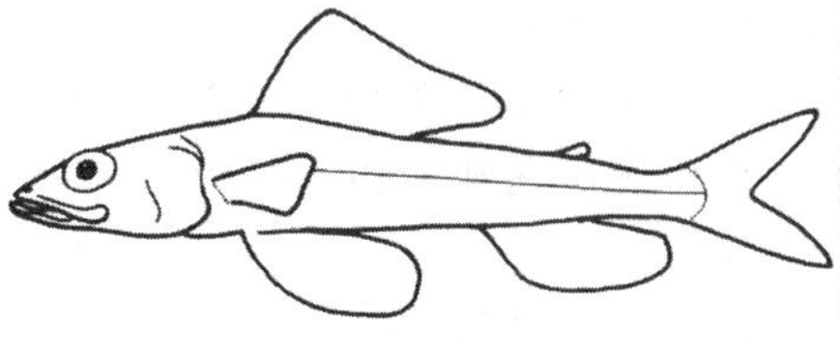

图7-132　仙女鱼科 Aulopidae

记载3属，约8种，分布于大西洋(包括地中海)、太平洋的热带和亚热带海域。我国产1属3种，见于南海和东海。

科186　拟毛背鱼科 Pseudotrichonotidae

曾称丝鳍仙鱼科，体细长，圆柱状，上颌微突，仅由较宽的前颌骨组成。体被圆鳞，侧线完全，侧线鳞46～48。背鳍1个，有约33鳍条。臀鳍条13～15。胸鳍11鳍条，腹鳍在背鳍起点的下方，有7鳍条长鳍条。尾鳍19主鳍条。无脂鳍，无发光器，无鳔。如图7-133所示。

图7-133　拟毛背鱼科 Pseudotrichonotidae

仅1属2种，分布于日本的伊豆半岛、印度洋的撒雅德玛哈浅滩。我国不产。最大体长仅90mm。

科187　狗母鱼科 Synodontidae

体亚圆筒形，或稍侧扁。口大，上颌骨细长，末端不宽大，向后伸越眼后方。齿尖长而密，两颌、腭骨和舌上常具齿带，犬齿少，长大的齿可倒伏。体被发达圆鳞或退化，退化种类体柔软。侧线平直。无发光器。鳍无棘。有脂鳍。胸鳍小，位高。左右腹鳍接近，起点前于背鳍起点，具8～9鳍条。尾鳍分叉。肛门位于臀鳍起点前方。如图7-134所示。

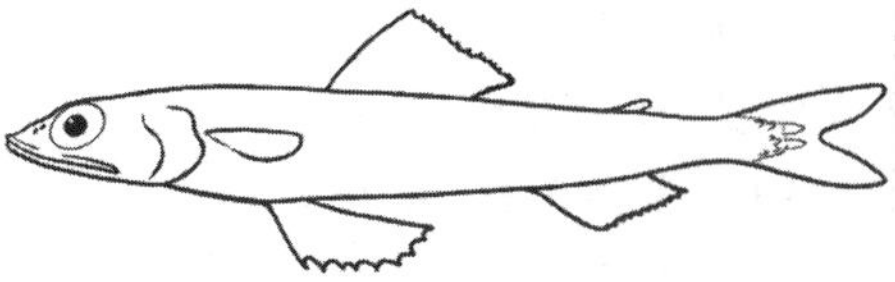

图7-134　狗母鱼科 Synodontidae

记载4属，约69种，最大体长约600mm。广泛分布于大西洋、印度洋及太平洋，许多种类自沿岸到4100多m深海都有分布。我国产4属29种，其中龙头鱼 *Harpadon nehereus*、长蛇鲻 *Saurida elongata* 等具有较高产量。

青眼鱼亚目 Chlorophthalmoidei

体鳞发达，胸鳍分成上下两部分，胸鳍、腹鳍及尾鳍鳍条常有延长；若不延长，则辅上颌骨1块，颌齿绒毛状；鳃耙正常。记载有5科。

科188　深海蜥鱼科 Bathysauroididae

本科仅1属尖吻深海蜥鱼 *Bathysaurus mollis*(Günther, 1878)1种。

体延长而侧扁。头中等大小。眼小，吻端扁平，前上颌骨以及腭骨具发达且呈犬齿状的齿列，上颌骨退化，依附于前上颌骨。体被圆鳞，侧线鳞65～78。鳃条骨8～9。第一鳃弓鳃耙数19～21。各鳍均无棘，胸鳍鳍条16，背鳍条15～17，臀鳍条11～13，具脂鳍。体色为白色至浅灰色，头部颜色略深。如图7-135所示。

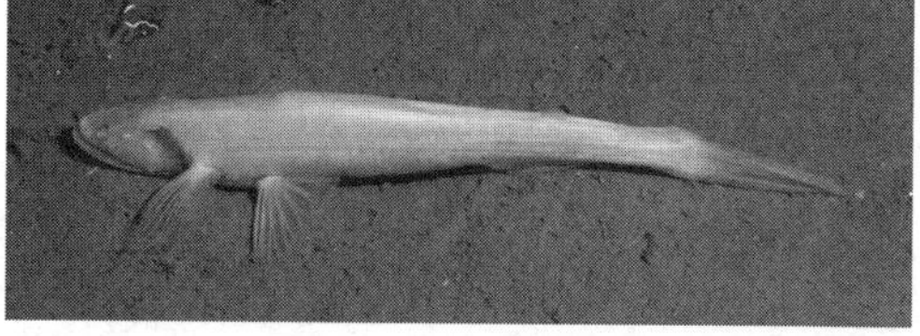

图7-135　深海蜥鱼科 Bathysauroididae

(尖吻深海蜥鱼 *Bathysaurus mollis*)

栖息于水深1550～4903m的深海，最大体长

780mm。以底栖性深海鱼类为主食,另外偶而也发现会捕食头足类动物。广泛分布于全球温带至热带海域,我国产于台湾东部海域。

科 189　青眼鱼科 Chlorophthalmidae

体延长,吻平扁。眼大,上侧位。口前位,下颌稍突出。上颌骨后端较宽大。通常有 1 块辅上颌骨。齿细尖,两颌及腭骨均具齿带。犁骨具齿时,常分为左右两丛。体被圆鳞、栉鳞或梳状鳞。侧线完全。背鳍 1 个,9～13 鳍条,臀鳍 7～11 鳍条。鳃条骨 8。具小脂鳍。胸鳍侧位,15～19 鳍条。两腹鳍通常相距近。肛门位于腹鳍和臀鳍之间。尾鳍叉形。如图 7-136 所示。

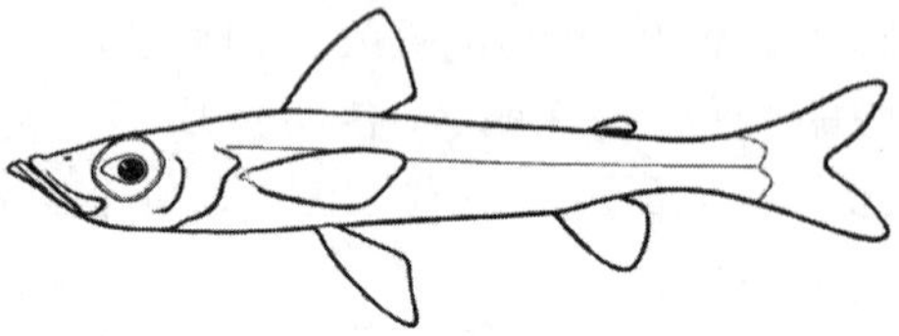

图 7-136　青眼鱼科 Chlorophthalmidae

记载 2 属,共 19 种,为深海底栖性种类,分布于大西洋、印度洋及太平洋。我国产 1 属,6 种。

科 190　深海九棍鱼科 Bathysauropsidae

体延长,略侧扁。头大,眼大。口端位,下颌略突,不能伸缩。上颌骨后延超过眼后。背鳍条 10～11,臀鳍条 11;体呈紫褐或棕褐色,各鳍淡色。肛门至臀鳍起点较距腹鳍为近。如图 7-137 所示。

图 7-137　深海九棍鱼科 Bathysauropsidae

记载 1 属 2 种,发现于南大洋 1500～3000m 深海,体长 20～32 cm 之间。我国不产。

科 191　崖蜥鱼科 Notosudidae

体甚延长,躯干部圆形或稍侧扁。吻较长,吻端尖突。鳃耙细条状,上鳃耙 1～3,下鳃耙 14～31。当鱼体将成熟时鳃耙及齿全部脱落。鳞大,圆鳞,易脱落。背鳍起点在体中部,具 9～14 鳍条,臀鳍条 16～21,胸鳍条 10～15;腹鳍位于背鳍下方或稍前方,8～10 鳍条。侧线鳞 44～65。无鳔、无发光器。幼体上颌骨具齿(本目其他种类幼体上颌骨无齿)。脊椎骨 42～66。如图 7-138 所示。

图 7-138　崖蜥鱼科 Notosudidae

记载 3 属 17 种,大多数种类的成体生活在 300～2000m 的深海中,少数生活在中上层,现知都是雌雄同体。体长范围 15～50cm,分布于各大洋,我国不产。

科 192　炉眼蜥鱼科 Ipnopidae

体延长,前部较圆,后部侧扁。吻平扁。眼小,眼间隔宽,口前位。上颌骨后端扩大,向后伸越眼后缘。上下颌具齿,齿小而尖,犁骨和腭骨常具齿。舌小或无。鳃耙发达。体被圆鳞,颊部及尾鳍基亦被鳞。侧线完全,止于尾鳍基中部鳍条上方。背鳍位于体前半部,起点在腹鳍之后,基底后端在臀鳍起点上方或稍前方,具 11～16 鳍条。脂鳍有或无,若有,则位于臀鳍基后端后上方。臀鳍位于体后半部,胸鳍高位,分成两部分。腹鳍具 8～9 鳍条,外侧鳍条常愈合且延长。尾鳍叉形。如图 7-139 所示。

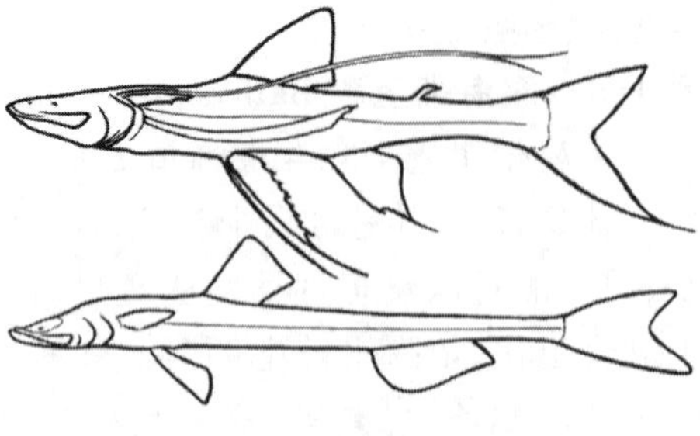

图 7-139　炉眼蜥鱼科 Ipnopidae

记载 5 属,31 种,分布于大西洋、印度洋及太平洋的深海中,我国产 3 属 4 种。

帆蜥鱼亚目 Alepisauroidei

体甚长,头体均侧扁。吻长,眼大。口大,无辅上颌骨,齿锐利,大小不等,上下颌各具1～2行齿,或可倒伏或固定,排列较稀或密集。体无鳞。背鳍或高大或小,具脂鳍。胸鳍长,低位,尾鳍分叉。

记载4科。

科193　珠目鱼科 Scopelarchidae

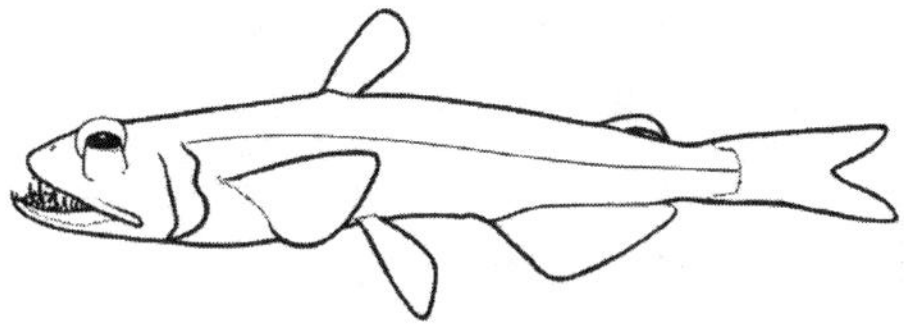

图7-140　珠目鱼科 Scopelarchidae

体稍延长,中等或十分侧扁。眼大,呈管状。口大,舌齿很大,钩状,基鳃骨和基舌骨上也有单行齿,齿骨齿2行,外行齿小而不能活动,内行齿大,能倒伏。前颌骨齿细小,上颌骨无齿,腭骨齿1～2行,排列不规则。体及头后部被圆鳞。侧线鳞40～66。无鳃耙。背鳍条5～10,具脂鳍;臀鳍条17～27,胸鳍条18～28;腹鳍腹位,具9鳍条。无鳔,脊椎骨40～65。如图7-140所示。

记载4属18种,分布于除北极和地中海之外的各大洋中的较深海处,成鱼通常栖息在500～1000m之间,幼鱼则较多生活在100～200m水层。我国产4属6种。

科194　齿口鱼科 Evermannellidae

图7-141　齿口鱼科 Evermannellidae

体稍延长,甚侧扁。头中大。眼小或大,大部分呈管状。口裂大,上颌齿单行、细小,下颌齿1～2行,具一些细长的齿,腭骨最前方的齿甚大,舌上无齿。各鳍无棘。背鳍起点明显位于体中点之前方,有10～13鳍条,具脂鳍。臀鳍较长,26～37鳍条。胸鳍下侧位,11～13鳍条。腹鳍腹位,具9鳍条。鳃耙呈齿状构造。头体无鳞,无侧线。有些种类体侧中部有膜质、盾状构造。脊椎骨45～54。无鳔。体侧的肌肉在轴上肌与轴下肌之间有一中侧肌隔开,在尾部更为明显。如图7-141所示。

记载3属7种,分布于大西洋、印度洋及太平洋的中深层海域,体长通常在185mm以下。我国产3属4种。

科195　帆蜥鱼科 Alepisauridae

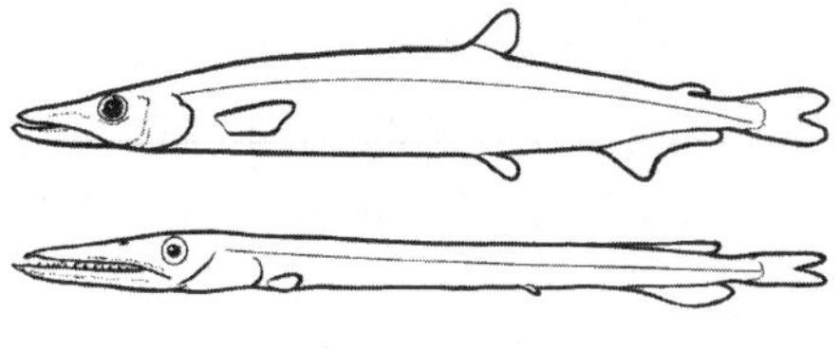

图7-142　帆蜥鱼科 Alepisauridae

体甚长,侧扁。头侧扁。吻长。眼大。口大。无须。无辅上颌骨。齿锐利,大小不等。上下颌各具一行齿,排列较稀;下颌齿较上颌齿大。具脂鳍。背鳍或高大或小,胸鳍长,低位,具11～16鳍条,腹鳍腹位,具8～10鳍条,中部鳍条最长。尾鳍分叉。无发光器。如图7-142所示。

记载2属3种,为大型海洋鱼类,最大体长可达2m,分布于大西洋、印度洋及太平洋的中上层海域。我国产2属2种。

科196　魣蜥鱼科 Paralepididae

也称裸狗母鱼科,体甚长,低而侧扁。腹部中央具一明显皮褶。头中长,侧扁。眼侧位。眼间隔较狭,具1～3纵嵴。口大,上颌骨后端不达眼前缘。下颌缝合部多少上翘,口闭时下颌为上颌所包。两颌及腭骨具1或2行可倒伏或固定的齿,下颌及腭骨前部齿最大,尖长。犁骨无齿,或具1～6微小齿。鳃耙呈齿状。若有鳞则为圆鳞,头、体及奇鳍基也被鳞。侧线管大,侧线鳞特化，埋入皮下，止于尾基或臀鳍基上方，侧线鳞约 50～200，侧线管多处开孔，上、下、中间均有。背鳍小，具 7～16 鳍条，近体中部。有脂鳍。臀鳍颇后，基底长。胸鳍位较低。腹鳍小，左右紧接。尾鳍短小，分叉。自峡部至腹鳍的腹中线有时有 1～2 条纵行细长发光管。如图 7-143 所示。

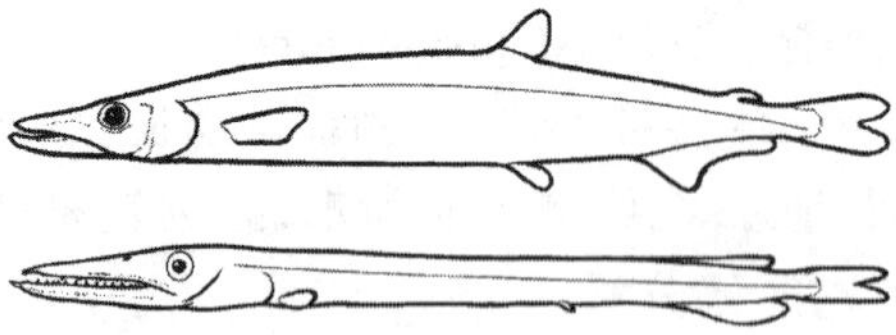

图 7-143　魣蜥鱼科 Paralepididae

记载 13 属 62 种，个体由小到中大，体长 150～1000mm 不等，各大洋包括南极、北极都有分布，常是金枪鱼类的捕食对象。我国产 4 属 8 种。

科 197　深海蜥鱼科 Bathysauridae

头平扁，上颌骨长，后延远至眼后缘，近侧线鳞片扩大；背鳍条 15～18，臀鳍条 11～14，胸鳍条 15～17，腹鳍条 8，脂鳍存在或缺如。鳃盖条 8～13。雌雄同体。最大体长可达 780mm。如图 7-144 所示。

记载仅 1 属 2 种，分布于热带至中亚热带 1000m 以下的深海，我国不产。

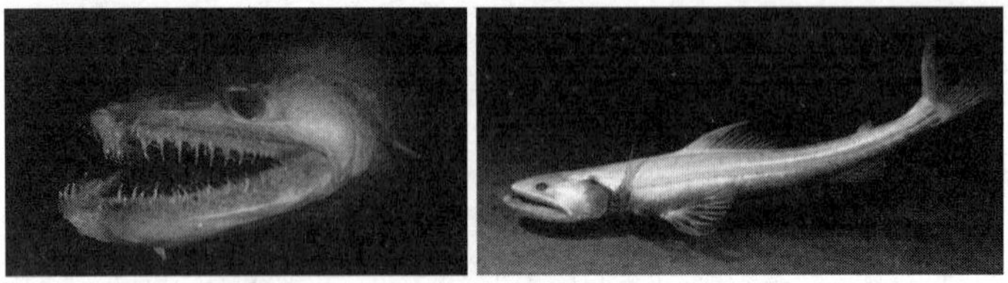

图 7-144　深海蜥鱼科 Bathysauridae

巨尾鱼亚目 Giganturoidei

尾鳍深叉形，下叶中央的鳍条特别延长。

科 198　巨尾鱼科 Giganturidae

也称管眼仙鱼科。体稍延长。眼大，呈管状，朝向前方，眼轴与体轴平行。口大，向后延伸，远达眼后。齿细长，弯曲能倒伏，两颌有一行较大的犬齿和 1～2 小的犬齿，两颌最前方的犬齿指向前方。皮肤疏松，无鳞。胸鳍基底几呈水平状，位于鳃孔上方，有 30～43 鳍条。尾鳍叉形，下叶中央的鳍条特别延长。成体腹鳍、脂鳍、鳃耙均已消失。如图 7-145 所示。

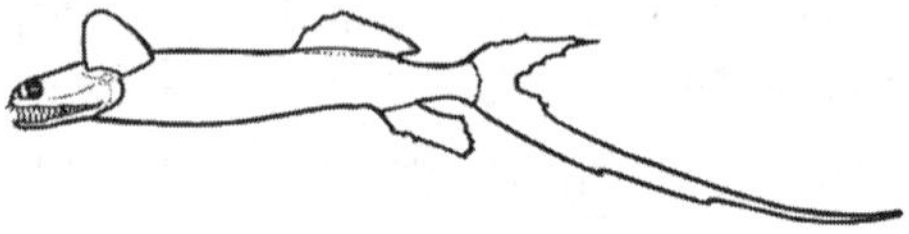

图 7-145　巨尾鱼科 Giganturidae

仅 1 属 2 种，分布于大西洋、印度洋及太平洋，其中印度巨尾鱼 Gigantura indica 在我国台湾有分布。

目 40　灯笼鱼目 Myctophiformes

本目为小型发光鱼类，无直接利用价值，但作为其他经济鱼类的饵料，及渔场评价指标地，则具有重要生态意义。本目鱼类一般发光器明显，口大，口裂一般远达眼后缘，体通常被圆鳞，具侧线。背鳍 1 个，无鳍棘，通常具脂鳍，腹鳍通常腹位，有时位于胸鳍下方，具 6～13 鳍条。

发光器的形态、数量及位置是本目鱼类鉴定的重要依据，为统一描述及鉴定，本志采用许成玉先生的图解及相关文字。如图 7-146 所示。

本目鱼类有以下 2 科：

1(2) 无辅上颌骨；发光器沿腹下缘只有 1 行；腹面正中线无发光器………… 灯笼鱼科 Myctophidae

2(1) 具辅上颌骨；发光器若有，则腹下缘和体侧下半部各有 1 行，平行排列；腹面正中线有 1 行发光器………… 新灯鱼科 Neoscopelidae

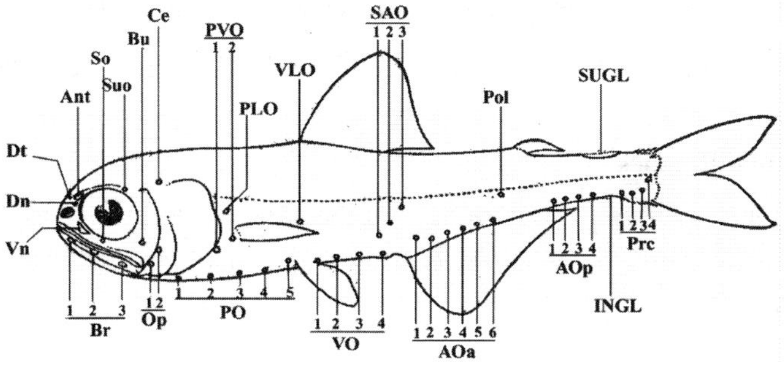

图 7-146 灯笼鱼发光器示意图(依许成玉,1988)

Ant	眶前发光器(Antolbital organ)	PO	胸部发光器(Pectoral organs)
Dt	小发光点(Tiny photophorelike dot)	VO	腹部发光器(Ventral organs)
Dn	鼻上发光器(Dorsonasal organ)	AOa	臀鳍前部发光器(Anteropr anal organs)
Vn	鼻下发光器(Ventronasal organ)	AOp	臀鳍后部发光器(Posterior anal organs)
Br	鳃盖条发光器(Branchiostegal organs)	Prc	尾鳍前发光器(Praecaudal organs)
Op	鳃盖发光器(Opercular organs)	Pol	尾侧发光器(Posterolateral organs)
SAO	臀鳍上方发光器(Supraanal organs)	SUGL	尾上发光腺(Supracaudal Gland)
INGL	尾下发光腺(Infracaudal Gland)	VLO	腹上侧发光器(Supraventral organ)
PLO	胸鳍上方发光器(Suprapectoral organ)	PVO	胸鳍下方发光器(Subpectoral organs)
Ce	项上发光器(Cervical organ)	Bu	颊发光器(Buccal organ)
Suo	眶上发光器(Supraorbital organ)	So	眶下发光器(Suborbital organ)

科 199　新灯鱼科 Neoscopelidae

图 7-147　新灯鱼科 Neoscopelidae

体延长,头体侧扁。眼侧位,或大(新灯笼鱼属 Neoscopelus)或小(拟灯笼鱼属 Scopelengys)。口大,前位。上颌骨后端扩大,边缘呈截形,向后伸达或超过眼眶后缘。辅上颌骨 1 块。齿细小,绒毛状。上下颌、犁骨、腭骨及基鳃骨均具齿带或齿丛。鳃孔大。鳃盖膜分离,不与峡部相连。具假鳃。鳃耙发达。鳃条骨 8～11。背鳍 1 个,无鳍棘。有脂鳍。臀鳍与背鳍相距较远。胸鳍低位。腹鳍腹位。尾鳍分叉。发光器有或无,若有,腹侧具多行。如图 7-147 所示。

记载 3 属,约 6 种,分布于大西洋、印度洋及太平洋,我国产 2 属 4 种。

科 200　灯笼鱼科 Myctophidae

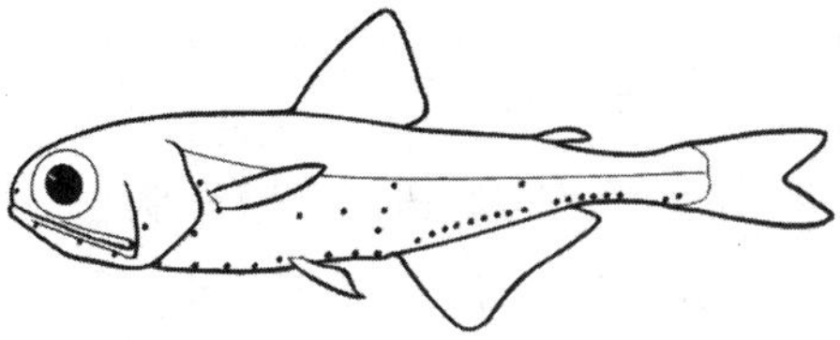

图 7-148　灯笼鱼科 Myctophidae

体稍延长,侧扁。眼大。口大,前位或亚前位。上颌边缘由前颌骨组成,后端伸达或超过眼后缘。两颌齿细小,腭骨、中翼骨亦具细齿,有时部分齿扩大,犁骨通常具齿。鳃盖骨完全。鳃孔大。鳃盖膜分离,不与峡部相连。具假鳃。鳃耙发达。鳃条骨 7～11。体被圆鳞或栉鳞,易脱落。侧线完全。背鳍 1 个,无鳍棘。有脂鳍。臀鳍起点接近或位于背鳍基后端下方,基底一般长于背鳍基底。胸鳍位低。腹鳍腹位。尾鳍分叉。头部、体侧及腹部具发光器。如图 7-148 所示。

本科记载 34 属,约 268 种,分布很广,除三大洋外,南极和北极也有分布。许多种类有明显昼夜垂直移动现象,白天栖息于 300～1200m 的深海中,而夜晚则能上升到海表面至 200m

深的水层。均为小型鱼类，其中有些种类资源也较丰富，但目前开发利用还很少，如东南大西洋的大口拟珍灯鱼 *Lampanyctodes hectoris* 主要用于加工鱼粉及鱼油。我的国产 20 属 87 种。

目 41　月鱼目 Lampridiformes

体延长呈带状，或纵高侧扁。口小，两颌一般能伸缩，口裂上缘由前颌骨及上颌骨组成。鳃盖各骨无棘。体通常被圆鳞或无鳞。鳍无真正鳍棘。腹鳍如存在则胸位或喉位，鳍条 1～17，有时甚微小或消失。

本目记载有以下 7 科：

1(4)　体侧扁而高，不延长

2(3)　背鳍仅前方鳍条高出，呈犁状，臀鳍鳍条均甚低，侧线前部呈弓形…………月鱼科 Lampridae

3(2)　背鳍及臀鳍大部分鳍条高出，呈旗帆状，侧线前部较平直…………旗月鱼科 Veliferidae

4(1)　体延长，甚至呈带状

5(12)　尾鳍正常，无特别延长鳍条

6(9)　具臀鳍，但较短小

7(8)　尾鳍上下叶正常，腹鳍如存在，则具 1～8 鳍条；背鳍 200～392；肛门近尾鳍；上颌稍能伸缩…………冠带鱼科 Lophotidae

8(7)　尾鳍上叶具 4 延长鳍条，下叶具 7 短小鳍条；腹鳍 9；背鳍 152～159；肛门位于体中部；上颌能伸缩…………细尾粗鳍鱼科 Radiicephalidae

9(6)　无臀鳍

10(11)　体甚延长；背鳍条 400 左右，较光滑；腹鳍十分延长，呈丝状；眼小；无颌齿…………皇带鱼科 Regalecidae

11(10)　体不十分延长，背鳍条 20～200，鳍上有小刺；腹鳍稍长，但不呈丝状；眼大；具颌齿…………粗鳍鱼科 Trachipteridae

12(5)　尾鳍下叶有 2 枚特别延长鳍条…………鞭尾鱼科 Stylephoridae

科 201　旗月鱼科 Veliferidae

体侧扁而高大，椭圆形。头小。吻短。眼中大，鼻孔每侧 2 个，紧相邻，两鼻孔间具瓣膜。口小，前位，上下颌能伸缩。两颌均无齿。鳃孔大，每侧 4 全鳃，第四鳃弓后缘有一裂孔，鳃耙数少且短。具假鳃。鳃盖条 6。体被小圆鳞，易脱落。侧线完全，前部平直。背鳍和臀鳍大部分鳍条高出，呈旗帆状，大部分为不分支鳍条。背鳍鳍棘和鳍条共 33～34，臀鳍 25～35。背鳍和臀鳍有发达的鳞鞘，鳍压倒时可收折于鳞鞘内。胸鳍位低，长圆形。腹鳍胸位，鳍条较延长，具 7～9 鳍条。尾鳍叉形，有 17～18 鳍条。鳔后延超过肛门。脊椎骨 33～34。如图 7-149 所示。

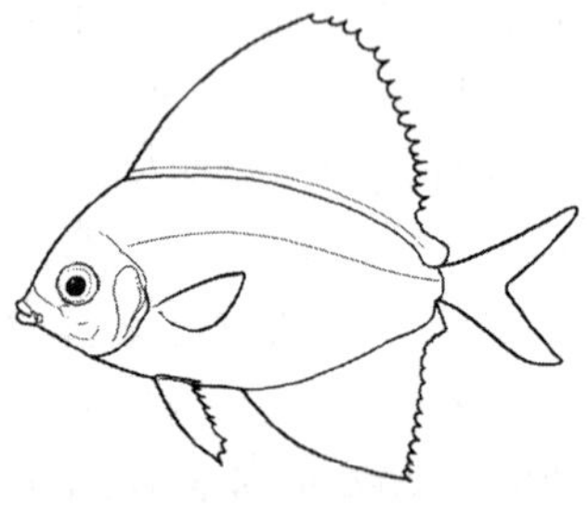

图 7-149　旗月鱼科 Veliferidae
（旗月鱼 *Velifer hypselopterus*）

本科记载仅 2 属 2 种，近岸性种类，分布于印度洋及西太平洋中部。我国产旗月鱼 *Velifer hypselopterus* 1 种，为暖水性种类，一般栖息于较深的海域中，体长一般在 120～160mm，最大可达 400mm，分布于南海及台湾海域。

科 202　月鱼科 Lampridae

体侧扁而高大，呈卵圆形。头中大。口小，前位。眼较大。体被较小圆鳞。侧线前部呈弓形。背鳍基延长，具 50～55 鳍条，前部鳍条高出，呈犁形，后部鳍条低。臀鳍基也较延长，具 34～41 鳍条，鳍条低。胸鳍长犁状。腹鳍存在，亚胸位，鳍条稍延长，具 15～17 鳍条。尾鳍新月形，具 17 分支鳍条。鳃盖条 6。鳃耙发达。如图 7-150 所示。

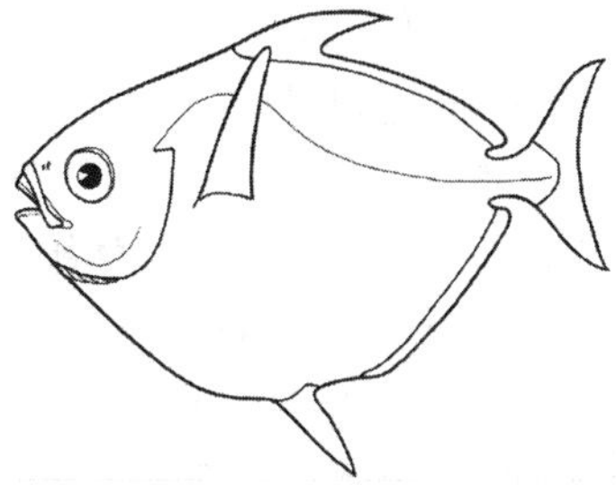

图 7-150　月鱼科 Lampridae
（斑点月鱼 *Lampris guttatus*）

本科记载 1 属 2 种，我国产斑点月鱼 *Lampris guttatus* 1 种。为外洋性中表层大中型洄游鱼类，有成群习性，喜食章鱼、柔鱼等头足类。栖息水深为 120～300m 间。最大体长可达 2m，重 100kg。国外分布于印度洋的非洲南部至太平洋中部各海域，我国产于东海至台湾近海。

科 203　鞭尾鱼科 Stylephoridae

体延长呈带状。头小。眼大，呈望远镜式，能转向前方或背方，眼间隔狭窄。口小，上下颌能伸缩，下颌稍突出，齿细。鳃盖骨薄而小，前鳃盖骨嵴斜行，有一向后的腹棘。背鳍延长，从鳃孔上方延伸至尾鳍基，具 110～122 鳍条，前方 2 鳍条特别延长。臀鳍短，16～17 鳍条。胸鳍小，10～11 鳍条。腹鳍仅 1 枚鳍条，位于胸鳍下方。尾鳍上叶有 5 鳍条，下叶 2 枚鳍条特别延长。无鳔。侧线呈分节排列的管状。如图 7-151 所示。

仅 1 属鞭尾鱼 *Stylephorus chordatus* 1 种。分布于各大洋的热带和亚热带深海中，游泳时呈垂直姿势，头部朝上。生活时体呈银色，最大体长 310mm。我国不产。

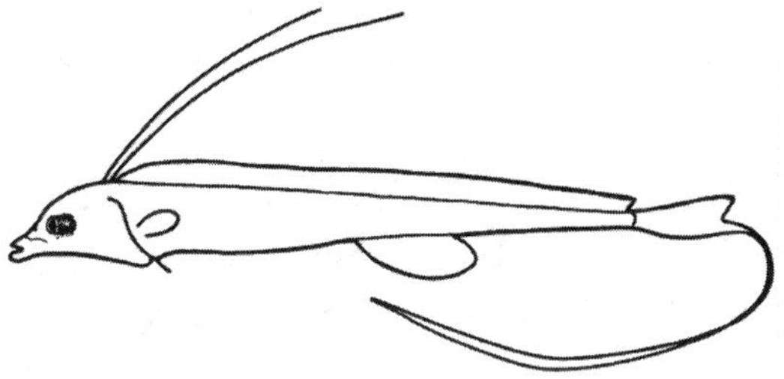

图 7-151　鞭尾鱼科 Stylephoridae（鞭尾鱼 *Stylephorus chordatus*）

科 204　冠带鱼科 Lophotidae

体延长呈带状，被易脱落的小圆鳞。头小，上颌能伸缩，上下颌有小齿。眼小。背鳍十分延长，从吻端上方一直后伸到尾鳍基部，具 220～392 鳍条。具臀鳍，较短小，靠近尾鳍。胸鳍小，腹鳍退化或缺如，如存在，则仅 1～9 鳍条，胸位，左右腹鳍基底分离。头的前部微突出或较突出于口的前方。尾鳍正常。具鳔。如图 7-152 所示。

记载 2 属 4 种，分布于各大洋的中上层，最大体长可达 1300mm。我国不产。

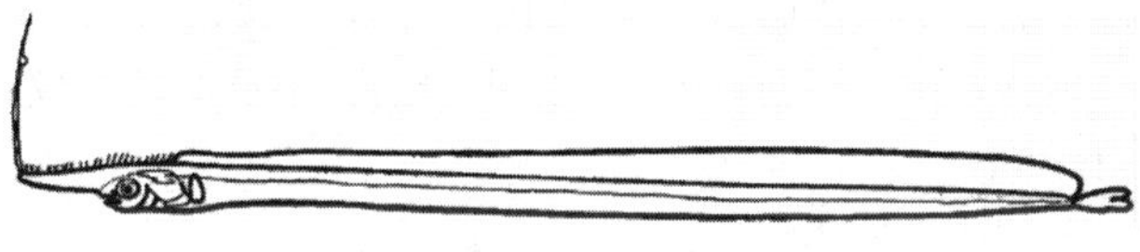

图 7-152　冠带鱼科 Lophotidae

科 205　细尾粗鳍鱼科 Radiicephalidae

也称异尾带鱼科，体延长，侧扁，至尾部渐尖细。上颌能伸缩。鳞仅沿侧线分布，身体其余部分无鳞。背鳍较长，起点在眼前缘上方，具 152～159 鳍条。臀鳍退化，具 7 鳍条，位于肛门与最后一脊椎的中央。胸鳍 10。腹鳍在成鱼退化。尾鳍上叶具 4 枚长的鳍条，下叶为 7 枚短小鳍条。鳔发达。脊椎骨 114～118。皮肤上有一些乳突状构造和许多小孔。

本科仅 1 属长体细尾粗鳍鱼 *Radiicephalus elongatus* 1 种，生活时体银色，背鳍基部黑色，体长可过 700mm，分布于大西洋东部及中部海域。我国不产。如图 7-153 所示。

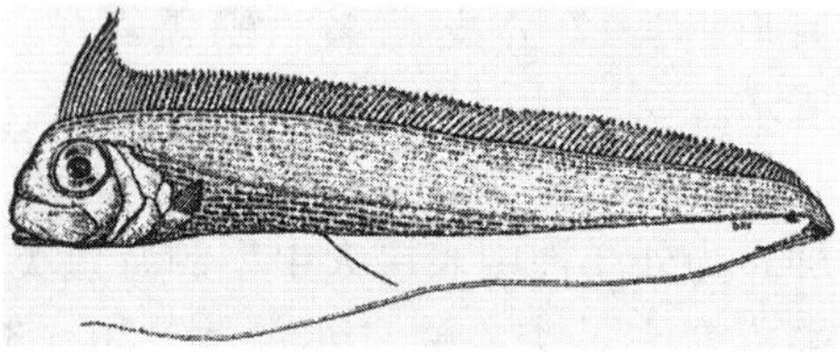

图 7-153 细尾粗鳍鱼科 Radiicephalidae
（长体细尾粗鳍鱼 *Radiicephalus elongatus*）

科 206 粗鳍鱼科 Trachipteridae

体延长呈带状，甚侧扁，前部稍高大，向尾端渐细狭。头较大，口大，上颌能伸缩，颌齿存在。眼大。背鳍延长，起点在吻端后方、眼上方或前方。无臀鳍。腹鳍退化，具 1～10 鳍条。无尾鳍。体裸露，成鱼皮肤上有骨质或软骨质的瘤突。如图 7-154 所示。

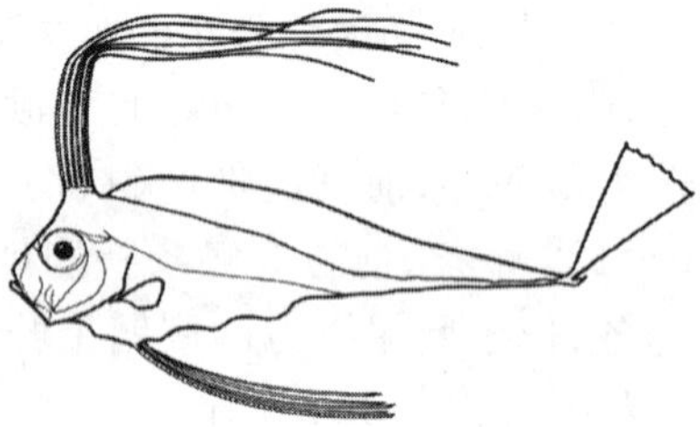

图 7-154 粗鳍鱼科 Trachipteridae

记载 3 属，共 11 种。本科鱼类常因异速生长，致使不同的生长阶段体形有所不同。为大洋性鱼类，广泛分布于印度洋、太平洋、大西洋及北极的海洋中。我国产 3 属 4 种，最有名的是有“地震鱼”之称的石川氏粗鳍鱼 *Trachipterus ishikawae*，属深海大型鱼类，记载最大体长可达 3.4m，生活水深为 0～1200m，分布于西北太平洋区，我国黄海、东海、台湾海域均有报道，偶尔也出现于近海。

科 207 皇带鱼科 Regalecidae

体延长，侧扁，呈带状。头小，头部大部分为软骨。口小。吻钝，上颌能伸缩。眼小。两颌无齿。体裸露无鳞，体侧具许多瘤状突起。背鳍基底长，鳍条很多，起点在吻端后方，前方 5 鳍条延长呈丝状。无臀鳍。腹鳍很细长，具 1～5 鳍条。尾鳍退化。如图 7-155 所示。

本科仅 2 属 3 种，我国产 1 属 2 种，大洋性深海大型鱼类，其中勒氏皇带鱼 *Regalecus russelii* 的最大体长可达 5.4m，分布于非洲东岸、印度、印度尼西亚、日本及美洲西岸，我国产于东海、台湾海域及南海，也偶出现于近海及沿岸。

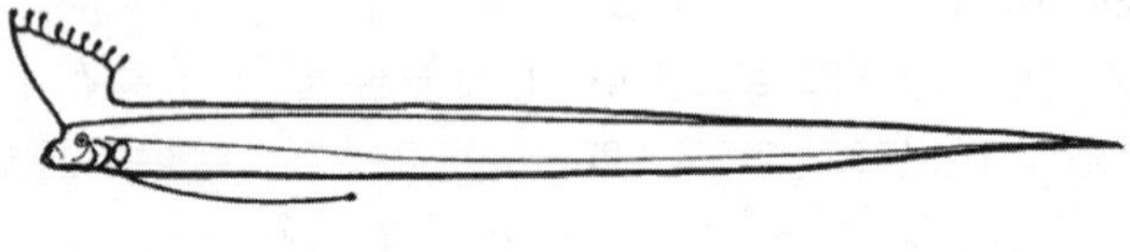

图 7-155 皇带鱼科 Regalecidae

目 42 须鳂目 Polymixiiformes

也称银眼鲷目。体侧扁而高，背腹缘近圆弧状。体被栉鳞，侧线完整，侧上位。背鳍 1 个，鳍棘发达。腹鳍胸位。口大，前位，腭骨与犁骨具齿，颏部具须 1 对。仅 1 科。

科 208 须鳂科 Polymixiidae

体长形，头体均侧扁，背缘近圆弧状。体被栉鳞，侧线完整，侧上位，48～60。颏下具须 1 对。口大，前位，上颌骨达眼后方，下颌略短。两颌、犁骨及腭骨均具绒毛状齿群。鳃孔大，前鳃盖骨后缘锯齿状，鳃盖膜游离，鳃盖条骨 4，具假鳃。背鳍 1 个，有 5～6 鳍棘及 30～38 鳍条，以后部鳍棘为最长。臀鳍有 3～4 鳍棘及 14～18 鳍条。

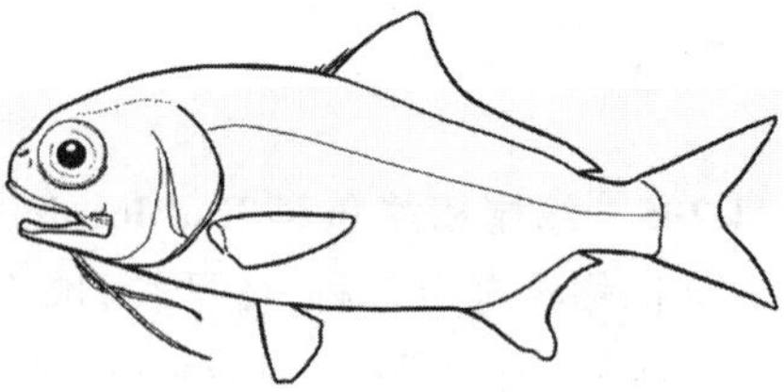

图 7-156 须鳂科 Polymixiidae

胸鳍条16～17。腹鳍有6～8鳍条，无鳍棘。尾鳍前缘有棘状鳞，中部有19分支鳍条。如图7-156所示。

记载仅1属10种，分布于印度洋、西太平洋及大西洋的热带及亚热带，栖息水层多在180～640m的次深海中，最大体长可达380mm。我国产1属3种。

目 43　鲑鲈目 Percopsiformes

口裂上缘仅由前颌骨组成，不能伸缩。前翼骨和腭骨有齿。腹鳍如存在，则前腹位或亚胸位，3～8鳍条。背鳍常具弱鳍棘。有些种类具脂鳍。臀鳍有时也有弱鳍棘。尾鳍有16分支鳍条。体被圆鳞或栉鳞。鳔无管。鳃盖条6。无眶蝶骨、基蝶骨和围眶骨。脊椎骨28～35。

生活于北美淡水中的一些小型鱼类。记载有3科7属，共8种。

1(2)　有脂鳍；肛门位于臀鳍前方；侧线完全；无犁齿…………鲑鲈科 Percopsidae

2(1)　无脂鳍；肛门位于体前部、鳃盖下方；无侧线或不完全；具犁齿

3(4)　体被栉鳞；头两侧具鳞；眼正常…………胸肛鱼科(喉肛鱼科)Aphredoderidae

4(3)　体被圆鳞；头两侧无鳞；眼小或无眼…………洞鲈科(盲鳉科)Amblyopsidae

科 209　鲑鲈科 Percopsidae

体被栉鳞或圆鳞，头部无鳞。体上有黑色斑点，具脂鳍，似小鲑鱼，而背鳍具1～2鳍棘，以及体被栉鳞，又似鲈类，故有鲑鲈之称。背鳍除鳍棘外，还有9～12鳍条。臀鳍1～2棘，6～7鳍条。腹鳍亚胸位，具8鳍条。肛门位置正常。如图7-157所示。

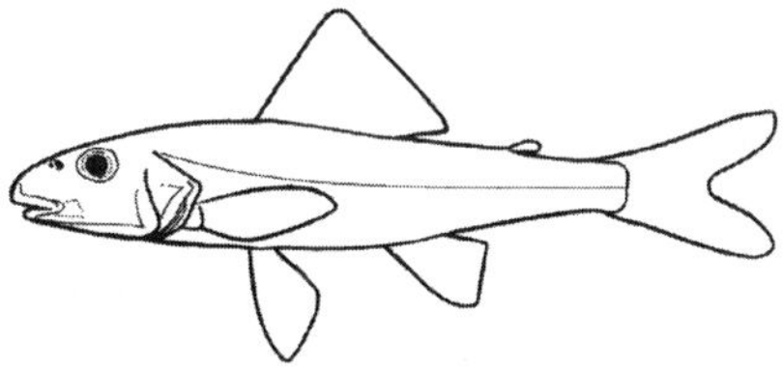

图 7-157　鲑鲈科 Percopsidae

记载1属2种，分布于北美东部内陆湖泊的小型鱼类。

科 210　胸肛鱼科 Aphredoderidae

也称喉肛鱼科，体被栉鳞，头的两侧具鳞。眼正常。背鳍具3～4棘，10～11鳍条。臀鳍2～3棘，5～7鳍条。腹鳍亚胸位，7鳍条。肛门喉位，但幼鱼时肛门位置正常，位于臀鳍前方，随着鱼体生长，渐向前移。如图7-158所示。

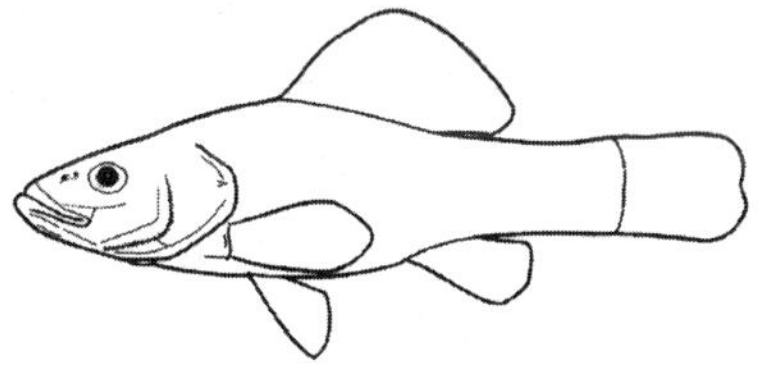

图 7-158　胸肛鱼科 Aphredoderidae

仅1属胸肛鱼 *Aphredoderus sayanus* 1种，分布于美国米尼苏达至翁达利奥湖流域，小型鱼类。

科 211　洞鲈科 Amblyopsidae

也称盲鳉科、盲胸肛鱼科，体被圆鳞，头部无鳞。眼小，甚至完全退化。背鳍具0～2鳍棘，7～12鳍条。臀鳍具0～2鳍棘，7～11鳍条。通常无腹鳍。头体上有成行的感觉乳突。脊椎骨27～35。肛门喉位。如图7-159所示。

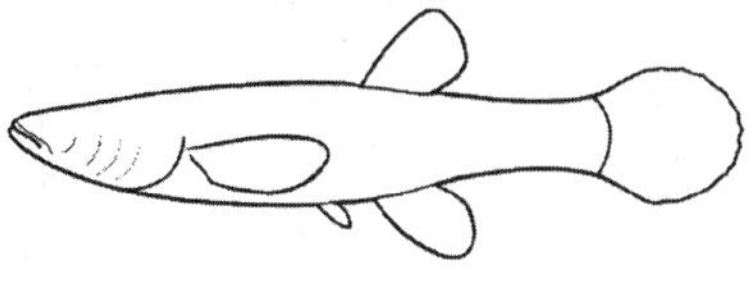

图 7-159　洞鲈科 Amblyopsidae

记载5属5种，除了北大西洋亮鳉 *Chologaster cornula* 外生活在大西洋海湾地区外，其余均为美国东部和南部石灰质岩洞的洞穴小型鱼类。

目 44　鳕形目 Gadiformes

体延长。口前位、亚前位或下位。口裂上缘仅由前颌骨组成，少数能伸缩。腭骨和前翼骨无齿。犁骨和中筛骨被吻软骨隔开。每侧鼻孔2个。背鳍1～3个，臀鳍1～2个，具尾鳍。腹

鳍腹位或喉位。除长尾鳕类外各鳍无棘。胸鳍侧位。尾鳍退化或不存在。背鳍、臀鳍基底很长,其后缘达尾的后部。被圆鳞,无脂鳍。

记载有以下 9 科:

1(16)　具尾鳍

2(3)　背鳍、臀鳍与尾鳍完全相连;鳃孔窄,上方仅达胸鳍基底水平位置;胸鳍支鳍骨 10～13…………鳗鳞鳕科 Muraenolepididae

3(2)　背鳍、臀鳍不与尾鳍相连;鳃孔宽大,上方达胸鳍基底上方;胸鳍支鳍骨 4～6

4(15)　第一背鳍起点在头的后方,与第二背鳍基接近

5(6)　尾鳍上下叶不对称………… 歪尾鳕科 Euclichthyidae

6(5)　尾鳍上下叶对称或无尾鳍

7(8)　头骨背面有一呈“V”形的骨嵴,尖端朝后;无颏须………… 无须鳕科 Merlucciidae

8(7)　头骨背面无 V”形的骨嵴,大部分种类具颏须…………

9(10)　鳔前端的盲突与头骨相接………… 深海鳕科 Moridae

10(9)　鳔前端无盲突,即使存在也不与头骨相接

11(12)　背鳍 1 个;部分尾鳍条向前伸展到细长的尾柄上,与背、臀鳍后缘十分接近………… 黑鳕科 Melanonidae

12(11)　背鳍 2～3 个;尾鳍条不向前伸达尾柄部,与背、臀鳍有一定距离

13(14)　腹鳍无特别延长鳍条………… 鳕科 Gadidae

14(13)　腹鳍具 2 枚特别延长鳍条………… 褐鳕科 Phycidae

15(4)　第一背鳍仅为单一延长的鳍条,位于头顶部,与第二背鳍相距较远………… 犀鳕科 Bregmacerotidae

16(1)　无尾鳍;体后部明显较狭,常形成一细丝;背鳍有 2 鳍棘…………长尾鳕科 Macrouridae

科 212　鳗鳞鳕科 Muraenolepididae

也称南鳕科,体稍延长,背鳍 2 个,第一背鳍仅 1 鳍条,第二背鳍、臀鳍均很长,且与尾鳍完全相连;鳃孔小,上方仅达胸鳍基底水平位置;胸鳍支鳍骨 10～13,腹鳍在胸鳍前方,臀鳍 1 个。鳞如鳗鲡。颏部具一短须,犁骨无齿。如图 7-160 所示。

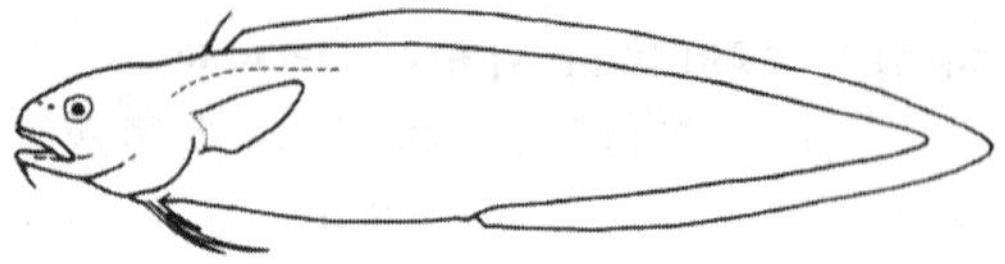

图 7-160　鳗鳞鳕科 Muraenolepididae

记载 1 属 7 种,分布于南极陆架,我国不产。

科 213　犀鳕科 Bregmacerotidae

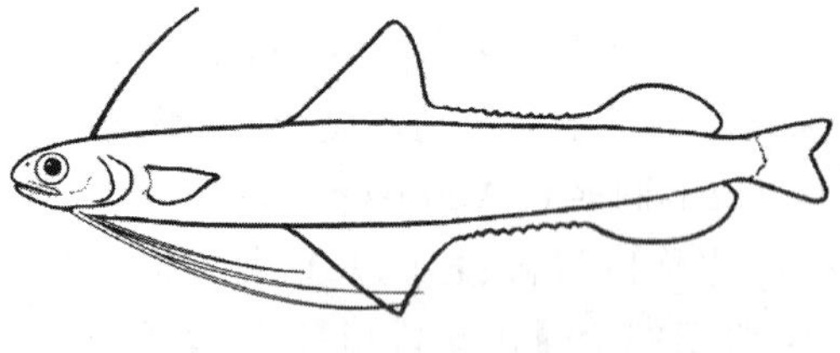

图 7-161　犀鳕科 Bregmacerotidae

体延长,侧扁。头短小。吻短而圆钝。眼大,上半部为脂眼睑覆盖。口大,端位,能伸出,无颏须。齿细小,尖形;犁骨有齿。鳃孔宽大,鳃耙细尖,无假鳃。体被圆鳞,头部无鳞。背鳍 2 个,第一背鳍为一细长鳍条,位于头顶部;第二背鳍前部及后部鳍条长,中间鳍条短;臀鳍与第二背鳍相似,基底相对。腹鳍喉位,具 5～6 鳍条,外侧数鳍条丝状延长。尾鳍圆或凹入。无鳔。如图 7-161 所示。

记载 1 属 15 种,为亚带及亚热带小型种类,我国产有 9 种。

科 214　歪尾鳕科 Euclichthyidae

体延长,后部渐尖细。口大,无颏须。背鳍二个,位置接近。第一背鳍基短,12～15 鳍条,起点在头的后方,与第二背鳍基长,74～77 鳍条,延伸到尾鳍基部,背鳍、臀鳍不与尾鳍相连。

臀鳍分不对称的上下二叶，前叶高出，后叶低长，后部鳍条长于前部。腹鳍有4条彼此分离的细长鳍条。尾鳍小，上下叶不对称。如图7-162所示。

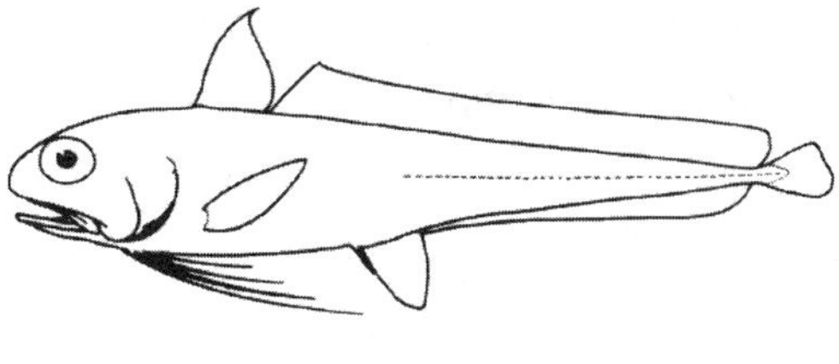

图7-162　歪尾鳕科 Euclichthyidae
（歪尾鳕 *Euclichthys polynemus*）

仅1属歪尾鳕 *Euclichthys polynemus* 1种，分布于新西兰和澳大利亚海域，栖于250～800m水层，我国不产。

科215　长尾鳕科 Macrouridae

头大，吻尖长或短钝，尾部瘦长。头部具黏液腔，在眶下区更为发达，伸达吻部。膜骨较薄。背鳍2或1个，第一背鳍常具2鳍棘，第二鳍棘常丝状延长，前缘光滑或具锯齿。第二背鳍延长。臀鳍与第二背鳍相似。胸鳍侧位，辐状骨3～6。腹鳍胸位或亚胸位。尾鳍与第二背鳍及臀鳍相连或退化。体被圆鳞或栉鳞。如图7-163所示。

图7-163　长尾鳕科 Macrouridae

本科种类繁多，记载有35属，约402种。生活在各大洋100～6000m的深海中，几乎全是在大洋底层生活，多数种类体长在250～400mm之间，少数种类体长也可达1m，最大记载为1.43m，大多无经济价值。我国已知产有19属，94种。

科216　深海鳕科 Moridae

也称稚鳕科，体稍延长，后部渐尖细，尾柄细窄。背鳍1～3个，臀鳍1～2个。尾鳍不与背鳍及臀鳍相连。各鳍均无棘。体被圆鳞，颏须有或无。头骨背面无“V”形的骨嵴，鳔前端的盲突与头骨相接。如图7-164所示。

图7-164　深海鳕科 Moridae

本科种类繁多，记载有18属107种，生活于各大洋的大陆架外缘到深海，一般个体不大，个别的可达1m。我国产5属8种。

科217　黑鳕科 Melanonidae

体延长，前部高，后部渐尖细，尾柄细。背鳍长，连续或分为两个。臀鳍也很长。各鳍均无棘。胸鳍中侧位，腹鳍在胸鳍下方。体鳞细小。头部有许多小的褐色平行隆嵴。头顶无“V”形的骨嵴，鳔不与脑颅相接。无颏须。如图7-165所示。

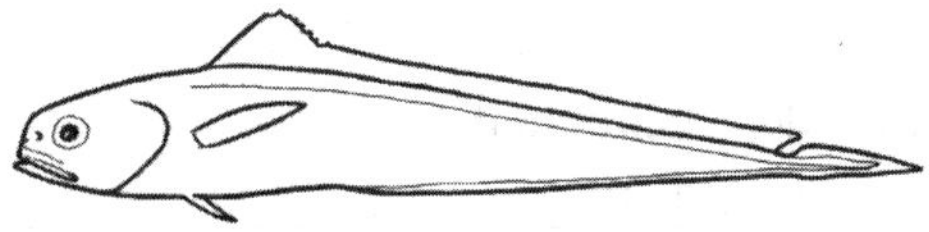

图7-165　黑鳕科 Melanonidae

记载1属2种，生活于南太平洋和南大西洋的中、深海层，一般个体不大，270mm左右，我国不产。

科218　无须鳕科 Merlucciidae

体延长，纺锤形或后部渐细狭头骨背面有一呈“V”形的骨嵴，尖端朝后；口端位，有时下颌稍突出，颌齿大，犁骨前方部分具齿无颏须。背鳍2个，臀鳍1个，第二背鳍及臀鳍后部常具缺刻，尾鳍明显，与背鳍、臀鳍分离；或尾鳍极小，与背鳍、臀鳍相连；或尾鳍消失。胸鳍中侧位，腹鳍胸位，具7～9鳍条。体被圆鳞。如图7-166所示。

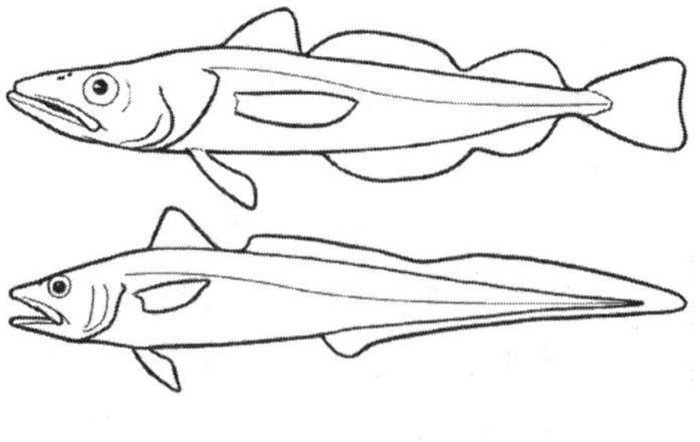

图7-166　无须鳕科 Merlucciidae

记载5属19种,分布于东太平洋、新西兰塔斯曼尼亚及大西洋。我国不产。

科219　褐鳕科 Phycidae

本科主要特征与鳕科 Gadidae 相似,背鳍2～3个,主要区别在于本科种类的腹鳍具2枚延长或特别延长鳍条。如图7-167所示。

记载有5属,约29种,主要分布在大西洋,也见于南非、新西兰和日本外海,我国产2属3种。

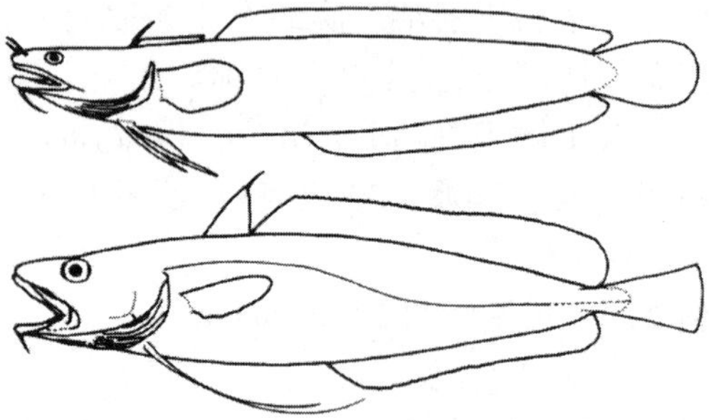

图7-167　褐鳕科 Phycidae

科220　鳕科 Gadidae

体延长,侧扁。头长大。鳞小,有时消失。口大,端位,能伸出。齿细小,犁骨具齿。颏颊部具须1条。鳃孔宽大,鳃盖膜分离或相连,常与峡部分离。鳃盖条6～7。无假鳃。鳍无棘。背鳍1～3个;臀鳍1～2个;腹鳍位于胸鳍下方或前方,具1～7鳍条;尾为等尾型。如图7-168所示。

记载20属,约9种,为世界上最重要经济鱼类之一,大部分分布于北半球高纬度的寒冷地区,我国仅产3属4种。

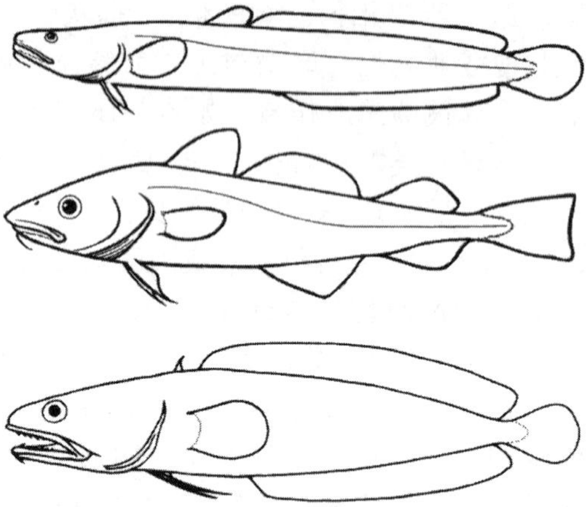

图7-168　鳕科 Gadidae

目45　鼬鳚目 Ophidiiformes

体稍延长。口裂大,上颌骨后端达到或超过眼的后缘。体被小圆鳞或无鳞。背鳍、臀鳍基底甚长,后伸达尾鳍或与尾鳍相连,无鳍棘。腹鳍如存在,为喉位或颏位(极少数为胸位)。左右腹鳍的基底紧靠在一起,仅有1～2鳍条,少数种类有一极小的鳍棘。鳃盖骨呈"∧"字形。肛门腹位或喉位。

记载有以下2亚目,5科。

鼬鳚亚目 Ophidioidei

前鼻孔明显位于上唇上方;背鳍、臀鳍与尾鳍相连;卵生,雄鱼无交配器,包括以下2科。

科221　潜鱼科 Carapidae

也称隐鱼科。体细长,呈鳗状,常侧扁,无鳞。口大,不能伸缩,上颌骨后端外露,或隐于皮下,无辅上颌,齿多变化。鼻孔小,前鼻孔明显位于上唇上方。前鳃盖骨隐于皮下。各鳍均无棘,背鳍、臀鳍均很长,与尾鳍相连,臀鳍起点在背鳍起点下方或前方,无腹鳍。肛门位于胸鳍基下方附近。如图7-169所示。

图7-169　潜鱼科 Carapidae

记载8属34种,多数为各大洋的暖水性底层鱼类,少数生活于淡水。习性特殊,常生活在海参、海星类的呼吸腔内,或牡蛎、海鞘等体内,或珊瑚礁间。小鱼较成鱼细长,尾端延长呈丝状,后随个体生长而渐消失。仔鱼营浮游生活,成鱼则以寄生在缩主体内,仅在夜间出来觅食,以小型甲壳类为食。我国产6属11种。

科 222 鼬鳚科 Ophidiidae

体多少有些延长。背鳍、臀鳍基底长，与尾鳍相连，背鳍鳍条通常等于或多于臀鳍鳍条。腹鳍喉位，仅 1～2 细长鳍条。肛门和臀鳍起点在胸鳍末端的后方。体被小圆鳞。第一鳃弓有 3～7 或更多鳃耙。鳃盖骨上有 1 或多枚小棘。如图7-170 所示。

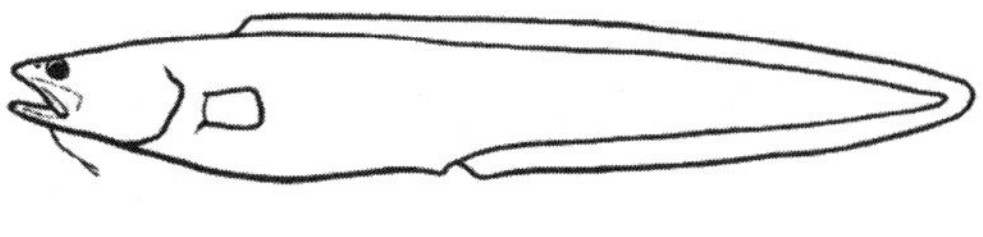

图 7-170 鼬鳚科 Ophidiidae

本科记载有 50 属，约 159 种，广泛分布于大西洋、印度洋及太平洋，我国产 20 属，39 种。

深蛇鳚亚目 Bythitoidei

也称深海鼬鱼亚目，前鼻孔明紧位于上唇边上；背鳍、臀鳍与尾鳍相连或分离；卵胎生，雄鱼具交配器。包括以下 3 科。

科 223 深蛇鳚科 Bythitidae

也称胎鼬鳚科，多数种类眼发达（如数眼小，覆以皮肤，则背、臀鳍与尾鳍不连），背、臀鳍与尾鳍相连；皮肤不疏松，鳞有或无；具鳔。雄鱼交配器一般无骨化部分。如图 7-171 所示。

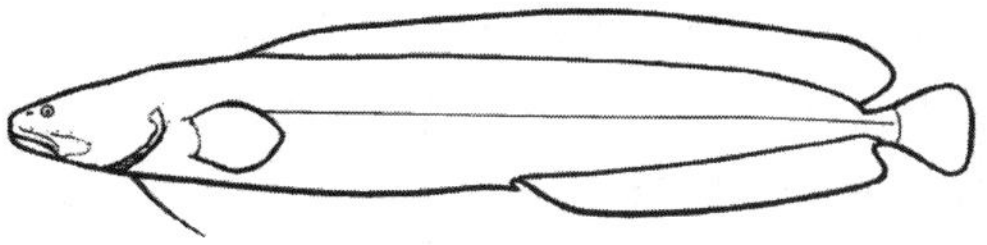

图 7-171 深蛇鳚科 Bythitidae

记载 53 属，205 种，广泛分布于大西洋、印度洋及太平洋，绝少数种类也分布于咸淡水或淡水中。我国产有 7 属，9 种。

科 224 胶胎鳚科 Aphyonidae

也称裸鼬鱼科，眼很不发达，几乎看不见或完全看不见；皮肤疏松，透明似胶质状，无鳞；无基鳃骨齿、腭齿。背、臀鳍与尾鳍相连，腹鳍有 1 鳍条或无鳍条；无鳔。如图 7-172 所示。

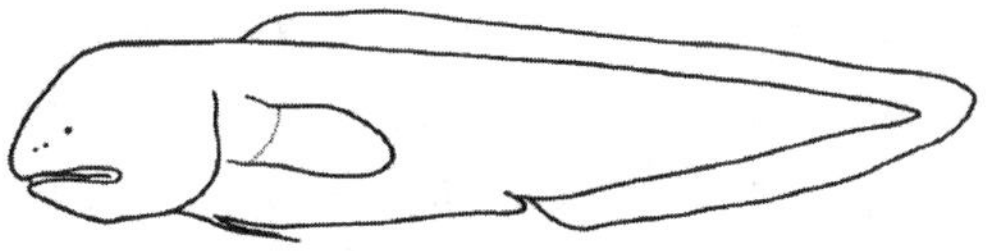

图 7-172 胶胎鳚科 Aphyonidae

记载 6 属，23 种，生活在各大洋 700m 以上的深海，我国产 2 属 4 种。

科 225 副须鼬鳚科 Parabrotulidae

体呈鳗形，无鳞。口小，下颌稍长。背鳍、臀鳍与尾鳍完全愈合。背鳍 37～50 鳍条；尾鳍 4～6 鳍条，臀鳍 34～43 鳍条。背鳍起点远在胸鳍之后。鼻孔 2 个，各位于两侧，头部无感觉管。无腹鳍，胸鳍小，具 6～8 鳍条，卵巢分两叶，脊椎骨 54～73。如图 7-173 所示。

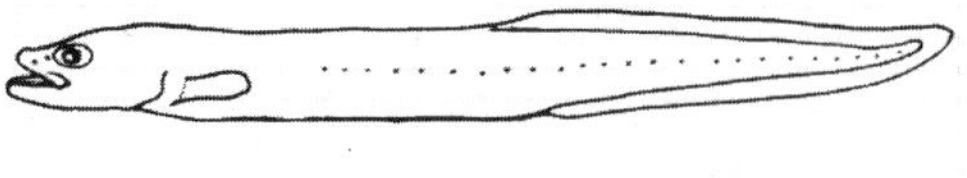

图 7-173 副须鼬鳚科 Parabrotulidae

记载仅 2 属 3 种，原属鲈形目 Perciformes 中的绵鳚科 Zoarcidae。最大体长约 60mm。在大西洋、印度洋及太平洋中有零星分布，我国不产。

目 46 蟾鱼目 Batrachoidiformes

体延长，圆锥形或前部平扁、后部侧扁。体裸露无鳞或被小圆鳞。头宽大，通常平扁。眼位高。口大，口裂由前颌骨和上颌骨组成。无肋骨和幽门盲囊。腹鳍喉位，有 1 棘，2～3 鳍条。胸鳍 4～5 支鳍骨，下端及末端扩大。鳃 3 对，鳃盖膜宽，与峡部相连。鳃盖条 6，有鳔。

科 226 蟾鱼科 Batrachoididae

体延长，圆锥形，后部侧扁，头部平扁。皮肤光滑或有嵴突，很疏松附生于头、体及鳍上。体部分被小圆鳞或裸露。口周围常有一些皮质突起。鳃盖上有 3～5 个强棘，常隐于皮下。两颌有带状小齿或中大圆锥齿，犁骨、腭骨也有类似齿。背鳍具 3 枚短棘，在头后隐于厚厚的皮下,鳍条数较多。体侧有3条侧线,体侧中部及下部侧线常不十分明显。如图7-174所示。

蟾鱼类共记载22属,约83种,为生活在10~250m海域的底层鱼类,也有一些生活在潮间带,最大体长350mm,分布于各大洋的热带和温带海域,我国不产。

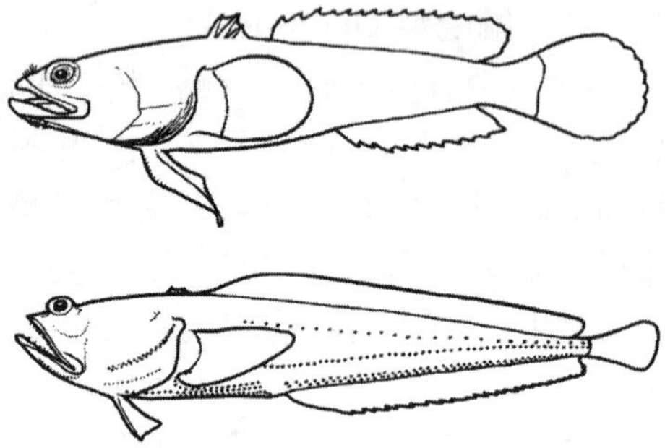

图7-174　蟾鱼科 Batrachoididae

目47　𩽾𩾌目 Lophiiformes

体粗短或稍延长,有球形、长卵圆形、平扁或侧扁。头大或中大,平扁或侧扁。无顶骨,如存在,常被上枕骨所分离。眼中大或较小,位于头的背面或头侧。口宽大,一般上位。上颌骨由前颌骨组成,常可伸缩。下颌一般突出。颌齿形状因种类而有不同,从小而绒毛状到大的尖齿。鳃盖骨细小,鳃盖条5~6,假鳃有或无。体无鳞,皮肤裸露或具皮质突起、小骨片、硬棘或小棘。背鳍由鳍棘和鳍条部组成,鳍棘部常具1~3独立,位于头的背侧,第一鳍棘移至额部,末端常形成瓣膜状、叶片状或球茎状的吻触手。胸鳍具2~4个长辐状骨,下方最后一个辐状骨末端颇扩大,形成假臂。腹鳍一般喉位,具1鳍棘、5鳍条,或无腹鳍。

本目共18科。

科227　𩽾𩾌科 Lophiidae

头宽大,平扁或稍平扁,躯干部较短。吻宽阔。口大,前上位,下颌突出。除上下颌、犁骨和腭骨具可倒伏的犬齿或尖锐齿之外,鳃弓上也有一些尖锐的齿分布。鳃3对,完整,鳃丝发达,无鳃耙。具伪鳃。体裸露无鳞,常具发达的皮瓣分布于头的周缘。第一背鳍鳍棘部分离,第一鳍棘位于吻前部,形成吻触手,吻触手的末端有皮质穗状拟饵体。第二背鳍与臀鳍位于尾部。胸鳍发达,位于体侧,具辐状骨2块,腹鳍喉位。尾鳍圆形或截形。如图7-175所示。

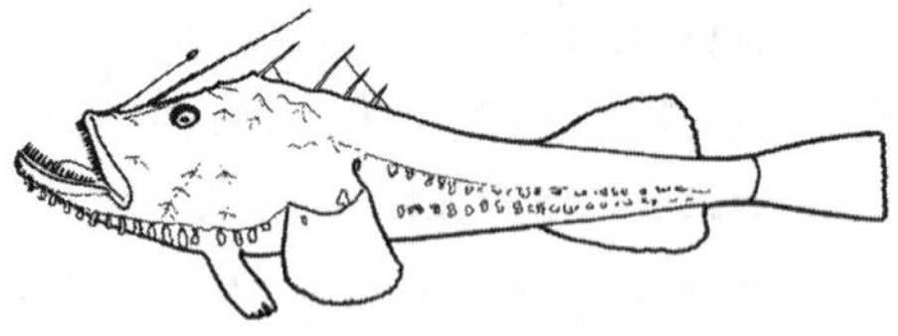

图7-175　𩽾𩾌科 Lophiidae

记载4属,28种,分布于各大洋及地中海,为底层鱼类,我国产3属9种,其中黑𩽾𩾌*Lophiomus setigerus*、黄𩽾𩾌*Lophius litulon*,在我国东海有一定产量,为主要经济鱼类之一。

科228　躄鱼科 Antennariidae

体卵圆形,稍侧扁。头小。眼小,位于头的侧面。鼻孔每侧2个。口小,通常上位。口裂上缘仅由前颌骨组成,常可伸缩,下颌一般突出。上下颌、犁骨和腭骨均具绒毛状齿。鳃孔较小。伪鳃、鳔有或无。体无鳞,密被细棘、骨突或硬棘。第一背鳍第一鳍棘位于吻部,形成吻触手。胸鳍具2~3支鳍骨,形成假臂状构造。腹鳍存在。筛骨骨化呈棒状,前端膨大呈扇形。侧筛骨小,左右显着分离。左右额骨后部相接,前部通常分离。如图7-176所示。

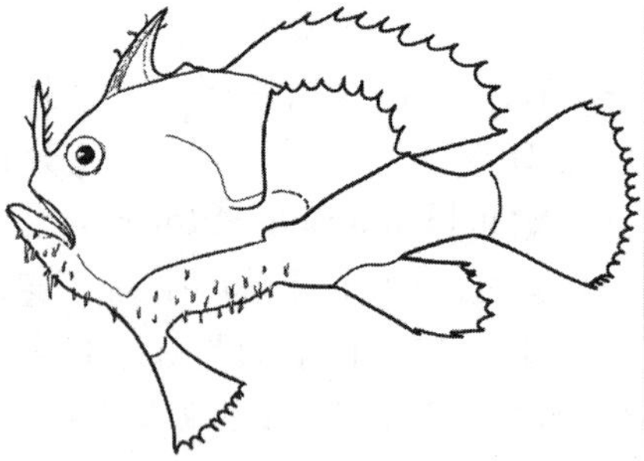

图7-176　躄鱼科 Antennariidae

记载14属,约45种,分布于各大洋热带及亚热带海域(除地中海),最大个体可达490mm,最小仅30mm,一般生活在900m以内的海底。我国产 4 属 14 种。

科 229　四臂躄鱼科 Tetrabrachiidae

体稍延长，前部粗大，背部隆起，向后渐细狭，口小，眼小，北背位。无鳔。背鳍 16～17 鳍条，臀鳍 11～12 鳍条。胸鳍 9 鳍条，分成两部分。无腭齿。如图 7-177 所示。

记载仅 2 属 2 种，分布于澳大利亚西北沿岸、新西兰南岸及印度洋的摩鹿加群岛沿岸。为小型鱼类，最大体长仅 70mm。我国不产。

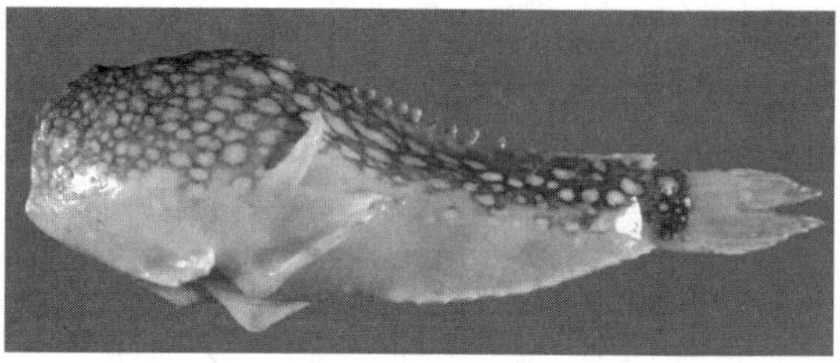

图 7-177　四臂躄鱼科 Tetrabrachiidae

科 230　鮟躄鱼科 Lophichthyidae

体稍延长，前部较粗大，向后渐细狭。项背无肉质瘤突，眼小，近背位。口大，上位。背鳍条 12～13，臀鳍条 9，胸鳍条 7。具腭齿。如图 7-178所示。

仅 1 属鲍氏鮟躄鱼 *Lophichthys boschmai* 1 种，分布于太平洋在澳大利亚和新几内亚之间的大陆棚上的分支阿拉弗拉海，1～200m 的软质海底，记载体长 65mm。我国不产。

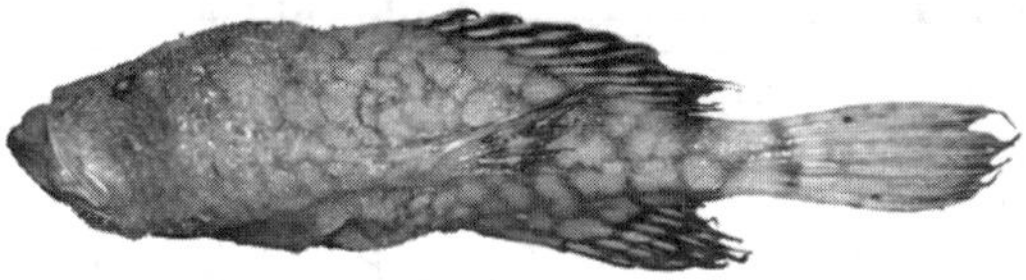

图 7-178 鮟躄鱼科 Lophichthyidae

科 231　臂钩躄鱼科 Brachionichthyidae

也称澳洲躄鱼科、疣躄鱼科。体侧扁，裸露或覆以小齿；背鳍分三个部分，第一部为为第一鳍棘，顶部具拟饵体，第二部分为第二及第三鳍棘，有鳍膜相连，形成尖锐的帆状，位于头顶部，第三部分为 15～18 枚不分枝鳍条，一直延伸到尾柄基部。鳃孔很小，隐于胸鳍后方；臀鳍条 7～10。腹鳍具 1 棘 4 鳍条。如图 7-179 所示。

图 7-179　臂钩躄鱼科 Brachionichthyidae

记载 5 属，约 13 种，分布于澳洲南部的塔斯马尼亚岛外海，60m 以内水深的海底，均为近海小型特形鱼类，最大体长仅 150mm。

科 232　单棘躄鱼科 Chaunacidae

体长卵圆形，头部平扁，体中部耸高，具尾柄。头长大。吻较短。眼中大。口裂大，斜裂或几呈垂直状，下颌突出，前颌骨可以伸缩。上下颌齿绒毛状。鳃孔较小，位于体中部稍后、胸鳍基底后上方。体表无鳞，但密被细小绒毛状棘。背鳍 2 个，第一背鳍仅具 1 棘，露出皮外，形成吻触手；第二背鳍中大。臀鳍位于第二背鳍后部下方。胸鳍位于体侧下方，假臂发达，埋于皮下。腹鳍喉位。如图 7-180 所示。

图 7-180　单棘躄鱼科 Chaunacidae

记载 2 属 17 种，分布于各大洋大陆坡附近，90～2000m 深处，我国产 1 属 3 种。

科 233　蝙蝠鱼科 Ogcocephalidae

头体显着平扁，腹部平坦，体后部和尾部狭小，亚圆柱形或稍侧扁。头平扁，颇宽大，三角形或圆盘形，几占体长的一半。口裂水平状。鳃孔小，位于胸鳍基部内侧的背方、鳃2对或2对半，第一鳃弓无鳃丝，具鳃耙。体密被大小不一的骨突或尖棘，沿侧线有一些特化的棘突。第一背鳍仅1棘，形成不发达的吻触手，常隐于吻前端的吻凹窝内，吻触手末端有拟饵体。第二背鳍较小或第二背鳍退化。胸鳍水平位，具3辐状骨，形成假臂状构造。腹鳍通常存在，喉位。尾鳍一般圆形或截形。如图7-181所示。

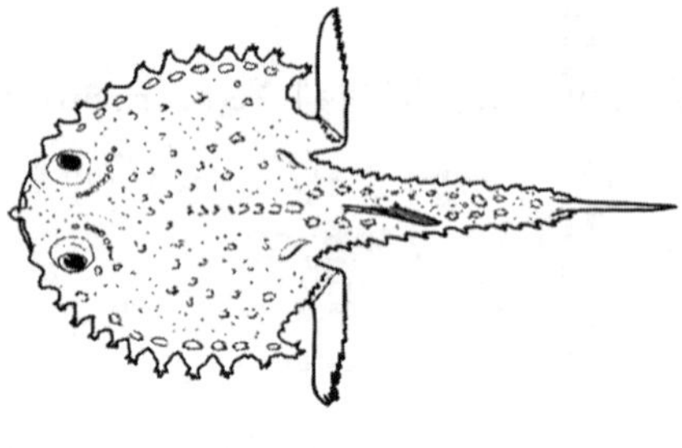

图7-181　蝙蝠鱼科 Ogcocephalidae

记载有10属，75种，分布于除地中海外的各大洋的热带及亚热带海域，为近海底层，少数为1500～3000m的深海鱼类。我国产6属20种。

科234　茎角鮟鱇科 Caulophrynidae

也称长鳍鮟鱇科，体短而高大。头大，眼小。口大，斜裂。吻触手末端没有棒状增粗，也无发光器官。雄鱼寄生在雌鱼体上。幼鱼有腹鳍。胸鳍支鳍骨2，背鳍有6或14～22鳍条，臀鳍5或12～19鳍条，背、臀鳍均延长。尾鳍条8，胸鳍和尾鳍鳍条也较延长。如图7-182所示。

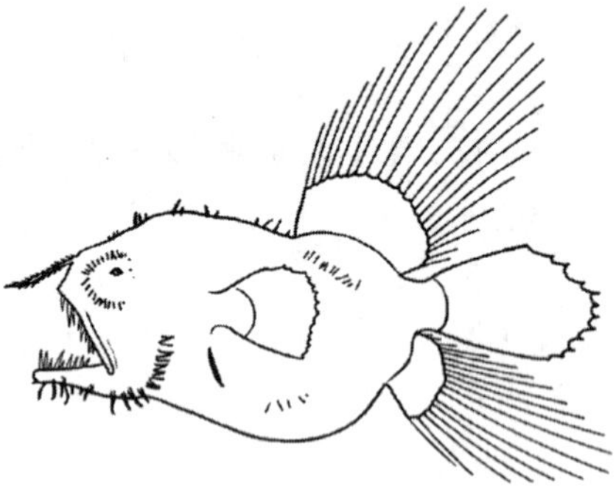

图7-182　茎角鮟鱇科 Caulophrynidae

记载2属5种，分布于各大洋的深海中，我国不产。

科235　新角鮟鱇科 Neoceratiidae

体稍延长。头大，眼甚小。口大，雌鱼两颌外侧有许多长而弯曲的齿，且能活动。无吻触手。背鳍、臀鳍相似且相对，位于体中部。背鳍11～13鳍条，臀鳍11～13鳍条。胸鳍小，尾鳍圆形。如图7-183所示。

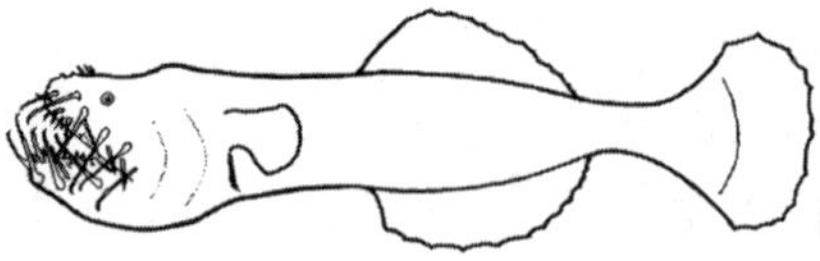

图7-183　新角鮟鱇科 Neoceratiidae

仅1属新角鮟鱇 *Neoceratias spinifer* 1种，分布于印度洋、大西洋及太平洋，我国不产。

科236　黑犀鱼科 Melanocetidae

也称黑鮟鱇科、黑角鮟鱇科，雌鱼体呈球形。头大。眼小，上侧位。鼻孔每侧2个，位于眼前方。口大，口裂甚斜或近于垂直，下颌突出，缝合棘发达。上下颌齿发达，细弯，可倒伏，端部略呈钩状。犁骨、第二、第三咽鳃骨具齿。鳃孔小，位于胸鳍基部下方。鳃条骨6。

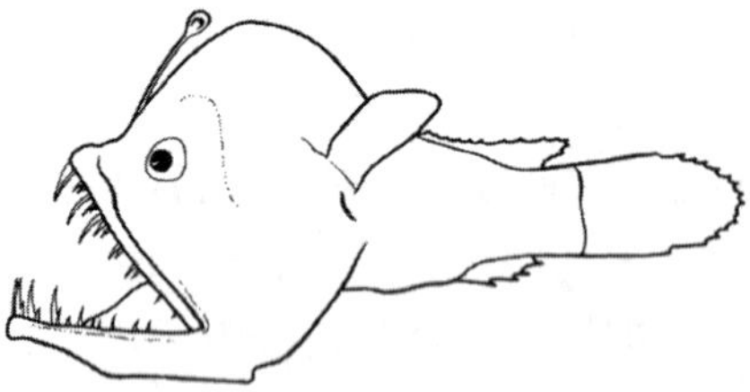

图7-184　黑犀鱼科 Melanocetidae

体被绒毛状细棘，雄鱼光滑无刺。吻触手位于吻背中央，末端膨大呈卵圆形，其上有发光器，无附属突起。第二背鳍位于体之后部，具12～17鳍条。臀鳍与第二背鳍相对，具4鳍条(稀为3或5)。胸鳍具13～23鳍条，辐状骨4，随着生长愈合为3。无腹鳍。尾鳍发达，具9鳍条。全体及口腔深褐色到黑色。如图7-184所示。

记载1属6种，分布于印度洋、大西洋及太平洋，发现于500～1500m的中、深层海域，个体在43～180mm之间，我国产2种。

科237　鞭冠鮟鱇科 Himantolophidae

也称疏刺角鮟鱇科。雌鱼体短，球状。口大，斜裂，具许多小齿，排列成多列。第一背鳍棘位于眼间隔上,吻触手极大,有许多丝状分枝。背鳍 6 或以下,臀鳍 5 或以下。皮肤上有许多小棘,长在基板的中央,散布于体表。体及口腔褐色、灰色到黑色。脊椎骨 19。如图 7-185 所示。

记载 1 属,22 种,分布于各大洋的深海中,我国产黑鞭冠鮟鱇 *Himantolophus melanolophus* 1 种,偶见于台湾外海。

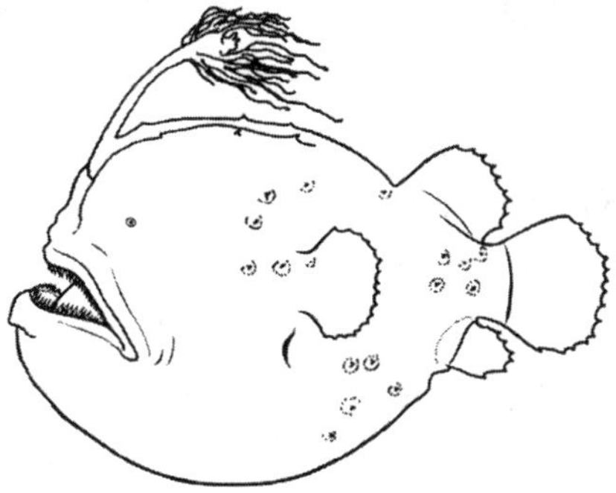

图 7-185　鞭冠鮟鱇科 Himantolophidae

科 238　双角鮟鱇科 Diceratiidae

体球形。头大,眼小。口大,斜裂,具许多小齿,排列成多列。背鳍前方无肉质瘤突。第一背鳍棘长,吻触手球状或有丝状分枝。有些种类具第二吻触手,小棒状,有发光器,紧接在第一背鳍棘后方。背鳍 5～7,臀鳍 4,有极小的腹鳍,与匙骨相连。皮肤有刺。体及口腔深褐至黑色。如图 7-186 所示。

记载 2 属,6 种,分布于大西洋、印度-西太平洋的热带及亚热带的陆坡。我国产 2 属 2 种,见于南海外海。

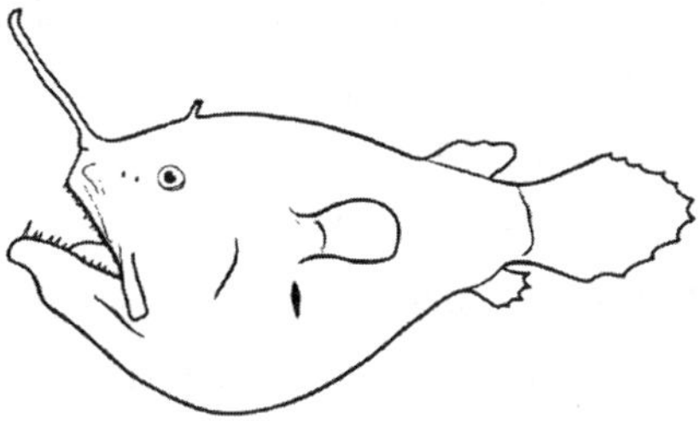

图 7-186　双角鮟鱇科 Diceratiidae

科 239　梦角鮟鱇科 Oneirodidae

体侧扁而高,椭圆形或稍延长。尾柄较短,尾柄长小于体长 1/5。头大,头长大于体长的 1/3。吻中等长。眼小,上侧位。鼻孔每侧 2 个,开孔于鼻管端部的前后侧。口中大或大,斜裂或稍倾斜,后端伸达或不伸达眼后缘。上下颌几等长,或下颌稍突出。上下颌、犁骨、第二、第三咽鳃骨均具齿。鳃孔中大。鳃条骨 6。无伪鳃。体裸露无鳞,皮肤光滑。背鳍第一鳍棘位于吻端后方,分为 2 节,其末端的拟饵体的形态因种而异。第二背鳍棘常缺如或痕迹状。第二背鳍后位,具 4～8 鳍条。臀鳍具 4～7 鳍条。胸鳍 14～30 鳍条,辐状骨 3,以第三块最宽。无腹鳍。尾鳍 8～9 鳍条。雄体很小,小于 25mm,寄生或不寄生在雌体上。雌体个体大,最大可达 300mm。如图 7-187 所示。

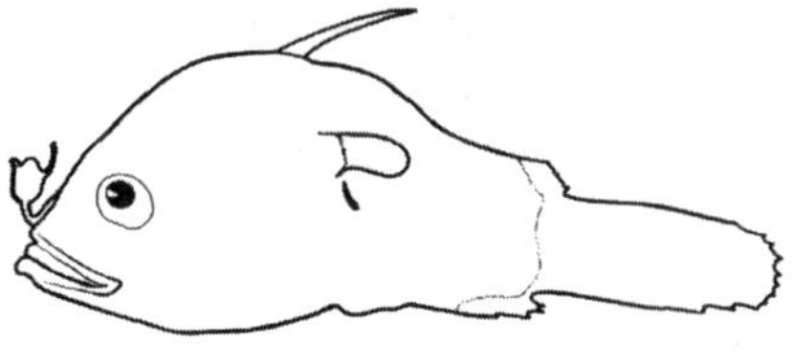

图 7-187　梦角鮟鱇科 Oneirodidae

记载 16 属,64 种,分布于各大洋。仔鱼生活在大洋上层,而幼体和成鱼则生活在深海。我国产 5 属 7 种,主要分布于东海外海。

科 240　奇鮟鱇科 Thaumatichthyidae

也称突吻角鮟鱇科、长颌梦鱼科。体稍延长。头部大,口亚端位,前颌骨具强齿,显著突出在下颌的前方。体上有小棘,直接长在皮肤内。许多特征类似梦鱼科,主要区别在于突出的上颌。背鳍 4～6,臀鳍 4。如图 7-188所示。

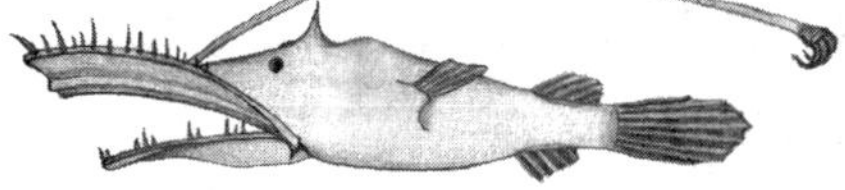

图 7-188　奇鮟鱇科 Thaumatichthyidae

记载 2 属 8 种,分布于大西洋、太平洋的深海中,我国不产。

科 241　刺鮟鱇科 Centrophrynidae

也称刺蟾鱼科,体稍延长,体前部显著增厚或扩大。吻触手中长,具绒状突起。口大,斜裂。体上有许多小而成堆的刺。小个体时具 1 小而乳头状的舌须。背鳍、臀鳍相对,背鳍 5～

7,臀鳍 5～6。尾鳍圆大。如图 7-189 所示。

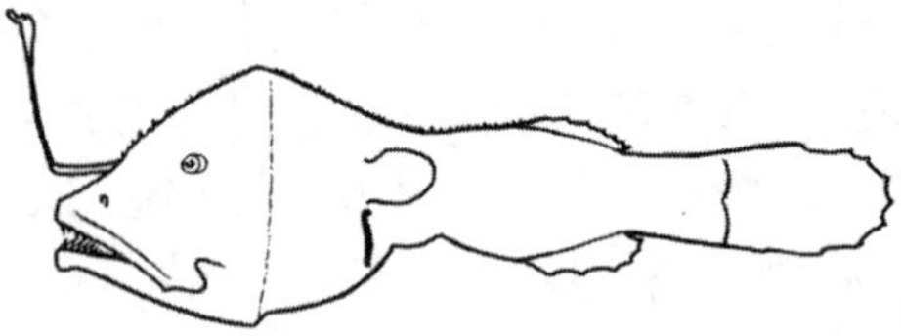

图 7-189 刺鮟鱇科 Centrophrynidae

记载 1 属刺鮟鱇 *Centrophryne spinulosa* 1 种,分布于各大洋深海,我国台湾也有分布。

科 242　角鮟鱇科 Ceratiidae

体稍延长,侧扁。头大。眼小,上侧位。鼻孔每侧 2 个,位近吻端。口裂甚倾斜或垂直状,中大,后端不伸达眼前缘下方。下颌突出,缝合棘发达。上下颌齿较短,可倒伏,各具 2～3 行齿,以内行齿较长;犁骨齿有或无。鳃条骨 6。小个体体表密被绒毛状细棘,大个体被强骨质突起。吻触手端部呈球状,或犁形,单叶或有 1～2 纤丝。第二背鳍前方具 2 或 3 个肉质瘤突。第二背鳍和臀鳍后位,几相对,通常具 4 鳍条,稀为 5 鳍条。胸鳍较小,具 15～20 鳍条,辐状骨 4,几等长。无腹鳍。尾鳍发达,具 8～9 鳍条。本科鱼类为寄生型,雄鱼个体小,完成变态后即寄生于雌体上。如图 7-190 所示。

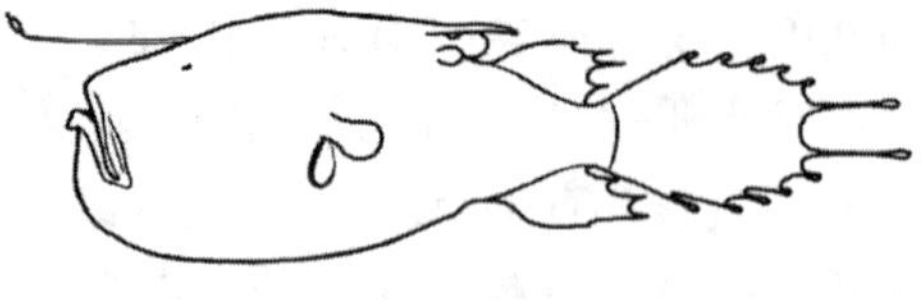

图 7-190 角鮟鱇科 eratiidae

记载 2 属 4 种,分布于各大洋中。仔鱼生活在大洋上层,幼鱼及成鱼生活在深海。雌鱼体长可达 1.45m 长,而雄鱼体长不超过 160mm,寄生在比它个体大许多的雌体身上。我国产 2 属 2 种。

科 243　大角鮟鱇科 Gigantactinidae

也称巨棘鮟鱇科、长丝角鮟鱇科。体较延长,稍侧扁,尾柄细长,尾部长大于体长的 1/5。头中大,头长小于体长的 1/3,吻尖突或圆钝。眼小,上侧位。鼻孔每侧 2 个,开孔于鼻管端部。口裂大,近水平状,后端伸达眼后缘下方。上颌稍长,突出于下颌前方。上颌具齿,下颌齿有或无。犁骨无齿,第二、第三咽鳃骨具齿;上鳃骨、角鳃骨无齿。鳃孔中大,位于胸鳍基部前下方。鳃条骨 6,无伪鳃。体密被细棘。第一背鳍仅 1 鳍棘,形成很长的吻触手,其长至少大于体长的 3/5,有的等于或远超过体长,位于吻端;吻触手末端的拟饵体有或无。体背部无肉质瘤突。第二背鳍和臀鳍相对,距尾鳍基有一定距离,背鳍 3～10 鳍条,臀鳍 3～8 鳍条。胸鳍具 16～19 鳍条,辐状骨 5。无腹鳍。尾鳍具 9 鳍条。腰带骨退化。雄鱼不营寄生生活。如图 7-191 所示。

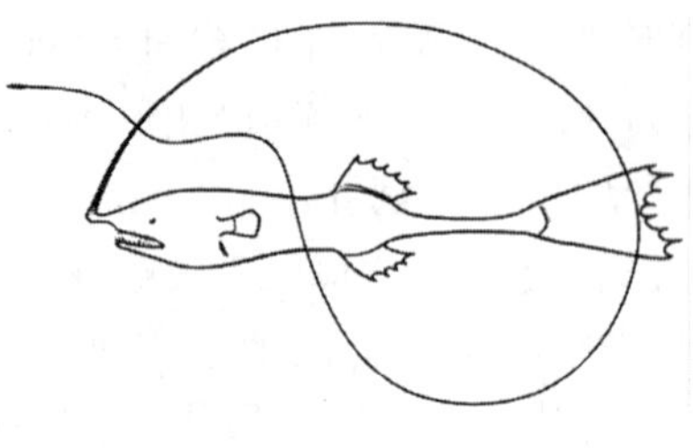

图 7-191 大角鮟鱇科 Gigantactinidae

记载 5 属,23 种,广泛分布于各大洋的深海。我国产 2 属 5 种,主要见于东海外海 875～1030m 的深海。

科 244　树须鱼科 Linophrynidae

也称须角鮟鱇科。体短,近球形。眼大。口大,斜裂。吻触手中长。体裸露无刺。鳃盖条 4～5。背鳍 2～4,臀鳍 2～4,通常两鳍均为 3 鳍条。有些种类的雌体,如树须鱼属 *Linophryne* 有舌须。如图 7-192 所示。

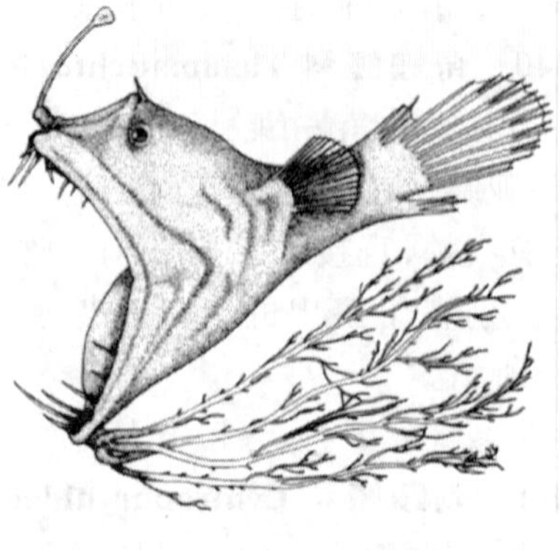

图 7-192 树须鱼科 Linophrynidae

记载5属26种，分布于各大洋的深海，我国产1属2种，见于东海冲绳海槽。

目48　鲻形目 Mugiliformes

体延长，稍侧扁。口小，齿细弱，绒毛状，或无齿。第三、四上咽骨愈合。鳃耙多而细长。无侧线或侧线不明显。背鳍2个，胸鳍中侧位或上侧位。腹部脊椎骨无椎体横突。

科245　鲻科 Mugilidae

体延长，稍侧扁。头中大，常宽而平扁。眼圆形，侧位，脂眼睑发达或不发达。口小，前位或亚腹位，前颌骨能伸出，上颌骨常隐于前颌骨及眶前骨之下。齿细弱，绒毛状。鳞大，头部常被圆鳞，体被弱栉鳞。第二背鳍、尾鳍、臀鳍、胸鳍及腹鳍常被小圆鳞。无侧线，体侧鳞片上常有不开孔的纵行小管。鳃孔宽大，鳃盖膜不连峡部，鳃耙细而密；鳃盖条5。具假鳃。背鳍2个，两背鳍相距颇远，第一背鳍具4鳍棘，第二背鳍具8～10鳍条。臀鳍具3鳍棘，8～10鳍条。腹鳍腹位。尾鳍分叉或凹入。如图7-193所示。

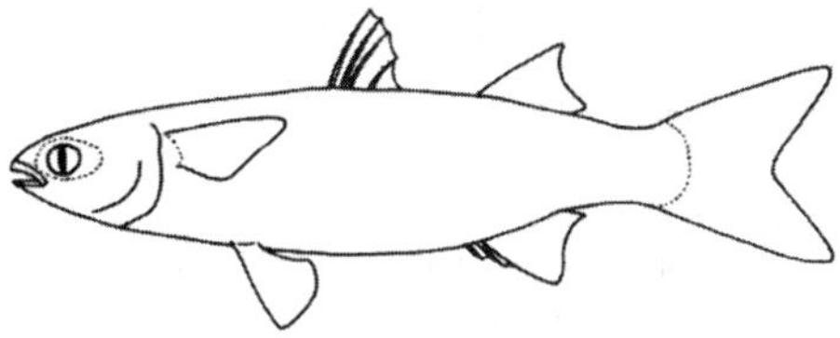

图7-193　鲻科 Mugilidae

记载18属78种，广泛分布于各大洋热带、温带沿岸，部分种可进入淡水中生活。我国产7属13种。

目49　银汉鱼目 Atheriniformes

体亚圆形或延长，稍侧扁。口可伸缩，上颌口缘由前颌骨组成。眼较大。鳃孔中大。鳃盖条5～7。肛门位于臀鳍前方或胸鳍下方。体被圆鳞或栉鳞。无侧线或侧线不发达。背鳍2个或1个。第一背鳍中大或甚小，具鳍棘或柔软不分支鳍条。第二背鳍及臀鳍均具12鳍棘及鳍条。无脂鳍。臀鳍具鳍棘或不分支鳍条。胸鳍上侧位。腹鳍腹位或亚胸位，常具1棘，5鳍条，或无腹鳍。尾鳍具12～15分支鳍条。雄鱼无交接器或具特异交接器。

记载有6科。

科246　拟银汉鱼科 Atherinopsidae

背鳍2个，分离，第一背鳍起点在体中部以后，具2～9棘。胸鳍位高。体通常透明，体侧具银色纵条。如图7-194所示。

按Nelson(2006年)记述，依据产卵习性，本科分2个亚科，前一亚科主要为海洋及咸淡水种类，后一亚科为淡水种类，共13属，约108种，大多为小型鱼类，主要分布于美洲中、南及北部的温带至热带地区。

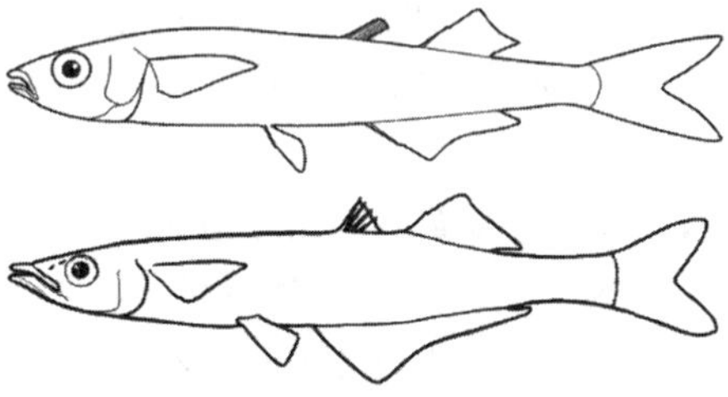

图7-194　拟银汉鱼科 Atherinopsidae

科247　背手银汉鱼科 Notocheiridae

也称浪花鱼科。体延长，极侧扁；胸部下缘薄如刀状，腹部正中线有肉质隆起棱。头短钝。口小，斜位；上颌不能伸出；上下颌具齿。体被小圆鳞，头部、胸部及腹部无鳞；第一背鳍小，具4～6弱棘，第二背鳍与臀鳍相对，但较后者为小，具1鳍棘，13～17鳍条；臀鳍具1棘，21～27鳍条；胸鳍高位，其后缘圆形；尾鳍开叉。体略呈透明，体侧自胸鳍基部至尾鳍基部有宽银色纵走带。如图7-195所示。

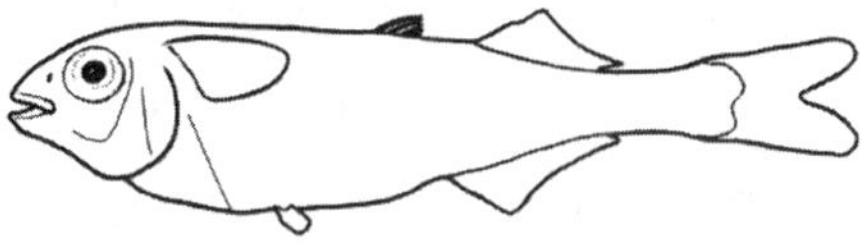

图7-195　背手银汉鱼科 Notocheiridae

记载2属6种，广泛分布于南非至日本、澳大利亚南部，萨摩亚群岛、台湾、夏威夷岛以及南美沿岸，我国产有1属2种，分布于台湾北部沿海的沿岸碎浪区。

科248　虹银汉鱼科 Melanotaeniidae

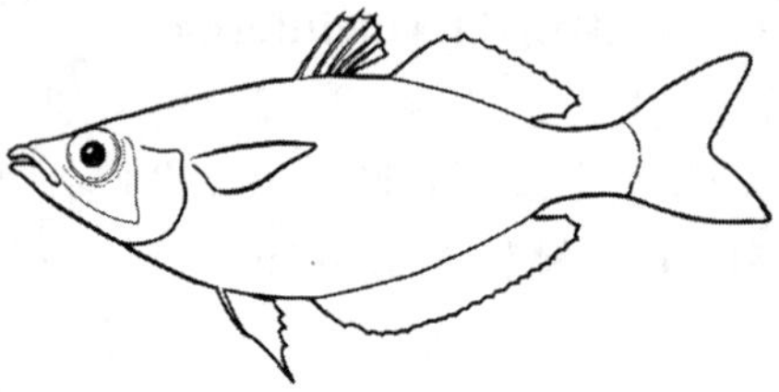

图7-196　虹银汉鱼科 Melanotaeniidae

也称黑纹鱼科。体侧扁，背鳍2个，第一背鳍3～7棘，第二背鳍6～22鳍条，有些种类的第一背鳍为硬棘。臀鳍条10～30，有些种类的第一鳍条也为硬棘。胸鳍中侧位。腹鳍内侧一鳍条有膜与腹部相连。侧线缺如或很弱。鳞大，体侧纵列鳞28～60。腹部无肉质棱突。脊椎骨27～38。大多数种类的雌雄鱼的体色不相同，雄鱼通常比较美丽。最大体长达120mm左右。如图7-196所示。

记载15属，131种，分布于澳大利亚东部、北部，新西兰及附近海岛的淡水水域，多数为淡水或咸淡水鱼类，极少数生活于海洋。我国不产。

科249　细银汉鱼科 Atherionidae

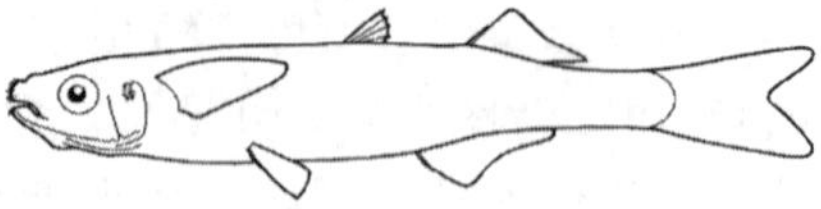

图7-197　细银汉鱼科 Atherionidae

也称小银汉鱼科。口部及部分头具小齿状构造；第一背鳍起点后于胸鳍末端，第一背鳍具3～6棘，第二背鳍具1棘和8～13鳍条。臀鳍具1棘，13～17鳍条。中部纵列鳞40～44。如图7-197所示。

记载1属3种，热带及亚热带海洋，分布于印度洋(南非至印度)、西太平洋(日本南部至斐济和澳大利亚)，我国产糙头细银汉鱼 *Atherion elymus* 1种，分布于东海南部及台湾东部沿岸。

科250　精器鱼科 Phallostethidae

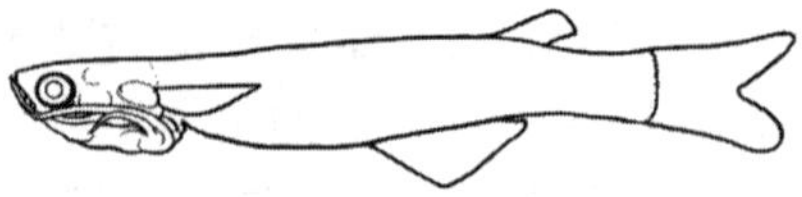

图7-198　精器鱼科 Phallostethidae

精器前方有一长形的骨质弯突，后方具单个栉突，边缘锯齿或有或无。鳃盖条4。体延长，侧扁，近于透明。鳞较大。口大，前上位，斜裂。胸鳍位较高。尾鳍截形。雌鱼的肛门在胸鳍下方，而雄鱼的肛门开口于头的下方，并偏于左侧或右侧，而精器的开孔则与肛门相对。如图7-198所示。

记载5属23种，产于马来西亚及泰国，有些分布于淡水，也有一些分布于沿海。我国不产。

科251　银汉鱼科 Atherinidae

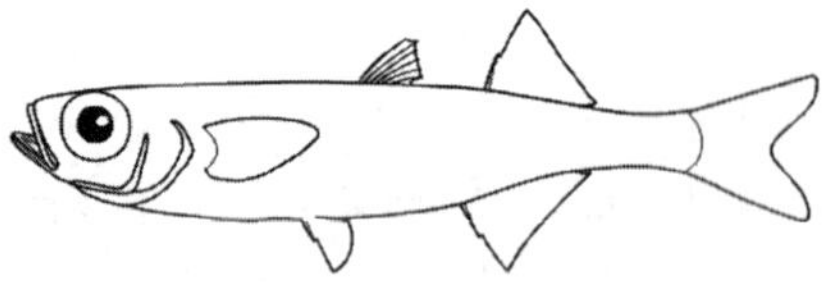

图7-199　银汉鱼科 Atherinidae

体延长，亚圆形，稍侧扁。头中大。眼较大，侧位，无脂眼睑。口可伸缩，上颌口缘由前颌骨组成。鳃孔宽大，鳃盖骨后缘平滑。鳃盖条5～6。鳃耙通常细长。鳞较大，纵列鳞31～50。无侧线。背鳍2个，分离，第一背鳍具2～5棘，第二背鳍小于臀鳍。腹鳍通常腹位。胸鳍中大。具鳔。体侧具银色宽纵带。如图7-199所示。

记载25属，177种，分布于大西洋、印度-西太平洋，也有些种类则分布于墨西哥高原南部、美国东部等淡水水域。我国产3属5种，以台湾沿海产的种类最多，最大体长约100mm。

目50　颌针鱼目 Beloniformes

也称鹤鱵目，基本体形为长梭形，后部明显侧扁，尾鳍叉形。包括两大类，一类为颌针鱼类，头中大，眼大，吻短钝或上下颌延长呈喙状或仅下颌延长。齿小，或呈三峰状。体具侧线，沿体腹部延伸。另一类怪颌鳉类(原鳉形目中的一个科)，上下颌特别扩大，吻部呈铲状。

共5科。

科 252 怪颌鳉科 Adrianichthyidae

前颌骨与上颌骨愈合。上下颌特别扩大，吻部呈铲状。无犁骨、上匙骨、中翼骨及前颌骨。背、臀鳍均位于体之后部，背鳍起点后于臀鳍起点。胸鳍较宽大，腹鳍小而腹位。尾鳍截形。如图 7-200 所示。

记载 2 属 32 种，为淡水及咸淡水种，一般个体都在 100mm 以下，大的可达 200mm，分布于印度至日本及印度-澳洲之间的群岛上，我国不产。

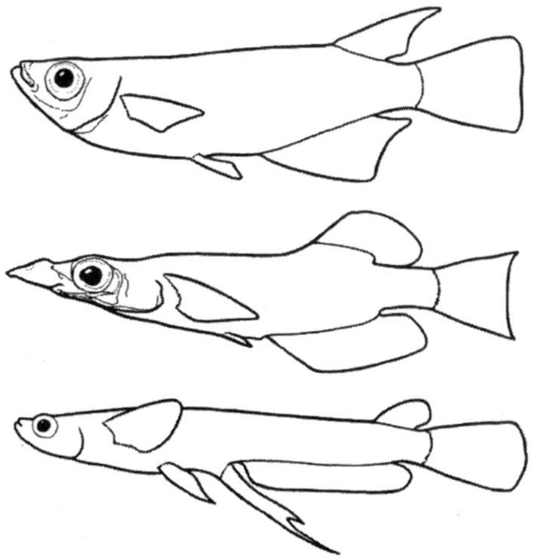

图 7-200 怪颌鳉科 Adrianichthyidae

科 253 飞鱼科 Exocoetidae

体长梭形，体前、中部圆筒状，向后渐侧扁。头中大。吻短。眼大，圆形，上侧位。鼻孔较大，每侧 1 个。口小，前位。上下颌均不延长成喙。齿细小，有时为三峰状，其形状、数目及排列方式差异很大。犁骨、腭骨及舌上有或无齿。鳃孔大。鳃盖膜不与峡部相连。鳃耙发达。下咽骨大，愈合成凹形骨片。体被大圆鳞。侧线下侧位，近体侧腹缘。各鳍无棘。背鳍位于背部远后方，与臀鳍同形，相对。胸鳍一般特别长大，上侧位，用作滑翔。腹鳍腹位，亦作滑翔用。尾鳍深叉形，下叶长于上叶。如图 7-201 所示。

记载 8 属，共 70 种，为各大洋热带及暖温带沿岸上层鱼类。我国产 7 属 29 种。

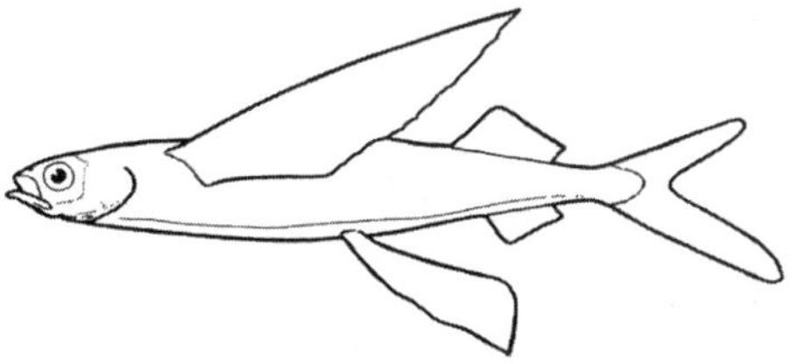

图 7-201 飞鱼科 Exocoetidae

科 254 鱵科 Hemiramphidae

体延长，长柱形或侧扁。头较长。吻较短或稍长，不特别突出。眼大，圆形。鼻孔大，每侧 1 个，浅凹，具一圆形或扇形嗅瓣，嗅瓣边缘完整或呈穗状分支。口小，平直，上颌骨与颌间骨完全愈合，呈三角形。下颌形状不一，一般延长呈长针状。上下两颌仅相对部分具细小齿，尖端具三峰或单峰，犁、腭骨部及舌上无齿。鳃孔宽。鳃盖膜不与峡部相连。鳃耙发达。下咽骨肥大，常具平截、单峰或三峰齿。第二咽骨扩大成一卵圆形板，密被三峰齿。第四咽上骨常与第三咽上骨愈合。体被圆鳞，侧线下侧位，靠近腹缘。背鳍 1 个，远位于体后，一般与臀鳍同型、相对，或起点在臀鳍稍前方。尾鳍叉形，圆形，或截形。如图 7-202 所示。

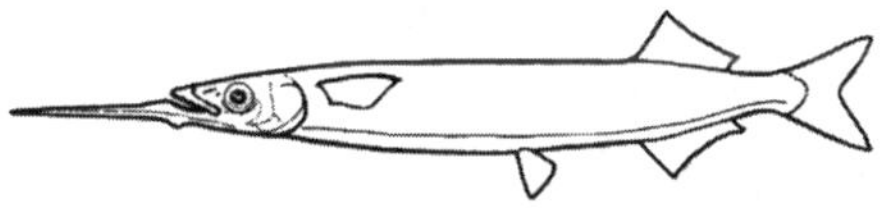

图 7-202 鱵科 Hemiramphidae

记载 12 属 113 种，为各大洋热带及暖温带沿岸上层鱼类，少数为淡水种。我国产 5 属 18 种。

科 255 颌针鱼科 Belonidae

体长，圆柱状或侧扁。被细小圆鳞。两颌皆延长成细长的喙，下颌稍突出。两颌各具一行排列稀疏的针状齿，犁骨及舌上有齿或无。鳃孔宽阔，鳃盖膜不与峡部相连。咽下骨愈合成一窄长的平板，生有细小的尖齿，第三对咽上骨稍延长，有少数大小不等的细尖齿，第四对发达，具同型齿。背鳍远在背部的后方与臀鳍相对，基很长。侧线低，靠近腹缘。如图 7-203 所示。

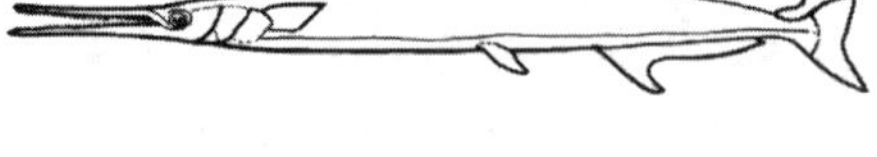

图 7-203 颌针鱼科 Belonidae

记载10属38种，为各大洋热带及暖温带沿岸上层鱼类，少数为淡水种，分布于南美、巴基斯坦、印度和东南亚。最大体长可达2m(如圆颌针鱼属 *Tylosurus*)我国产4属7种。

科256　竹刀鱼科 Scomberesocidae

体细长而侧扁。口小，两颌稍突出，略呈喙状。齿细而尖。与同目种类的最大区别是背鳍、臀鳍后部各有5～7个游离小鳍。如图7-204所示。

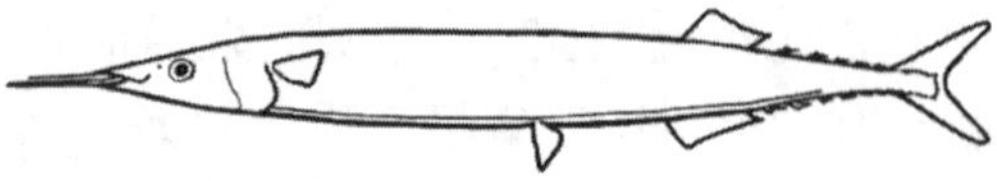

图7-204　竹刀鱼科 Scomberesocidae

共2属5种，分布于印度洋、大西洋及太平洋，热带至温带上层鱼类，最大个体可达450mm。我国产1属秋刀鱼 *Cololabis saira* 1种，为冷水性上层鱼类，仅见于黄海。

目51　鳉形目 Cyprinodontiformes

本目种类尾鳍截形或圆形，尾鳍支鳍骨对称，具一块尾上软骨。侧线位于头部，而体无侧线。鼻孔成对，鳃盖条3～7。腹鳍及腰带骨有或无。上颌仅由前颌骨组成，可伸缩。具犁骨和上匙骨通常存在。后颞骨及前翼骨常缺如，顶骨有或无。脊椎骨24～52。两性异形，而雄鱼通常颜色丰富。

记载有10科，许多种类为十分美丽的观赏水族。

科257　虾鳉科 Aplocheilidae

左右腹鳍基紧相连接。具中翼骨。鳃条骨3，背鳍第一、二支鳍骨各支持一鳍条。背鳍起点前于或后于臀鳍起点。无后颞骨。雌体背鳍具黑色斑点。如图7-205所示。

记载2属，约14种，为淡水、咸淡水鱼类，分布于马达加斯加岛、非洲塞舌尔群岛、印度次大陆、斯里兰卡和印度-马来群岛等。我国不产。

图7-205　虾鳉科 Aplocheilidae

科258　假鳃鳉科 Nothobranchiidae

主要特征与虾鳉科 Aplocheilidae 相似，但雄性眼眶后部具3条红色斜带。淡水小型鱼类(极少咸淡水种)，分布于非洲大陆(撒哈拉沙漠南部至南非)。

本科中的旗鳉属(琴尾鳉属)*Aphyosemion*、假鳃鳉属 *Nothobranchius* 的许多种类为有名的热带观赏鱼类，如金黄旗鳉 *Aphyosemion aureum*(琴尾鱼)，雄鱼体色鲜艳，尾鳍均伸延，形如古代罗马之里拉琴。拉氏假鳃鳉 *Nothobranchius rachovii*(七彩麒麟、火麒麟)橘黄色的体上有许多横纹，并散有许多金色小点。如图7-206所示。

图7-206　假鳃鳉科 Nothobranchiidae
(拉氏假鳃鳉 Nothobranchius rachovii)

科259　溪鳉科 Rivulidae

上匙骨不与后颞骨相接，第一后匙骨缺如；鳃盖及鳃盖条常覆以鳞片。个别种类的腹鳍和支鳍骨微如(Rivulus nudiventris 等)。如图7-207所示。

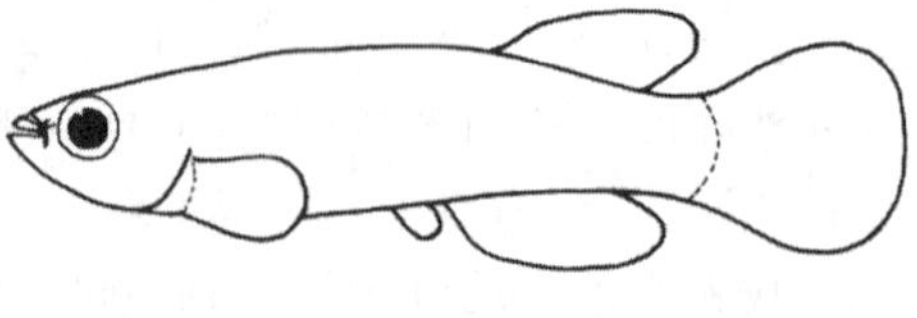

图7-207　溪鳉科 Rivulidae

记载30属，约342种，淡水鱼类(极少为咸淡水鱼类)，分布于佛罗里达南部至中美洲、乌拉圭和阿根廷东北部。最大体长 200mm,大多小于 80mm,甚至小于 30mm。

科 260 深鳉科 Profundulidae

鳃耙数 14～23,背鳍具 1～3 辅条,10～16 主鳍条。侧线鳞 31～39。卵生,体外受精。如图 7-208 所示。

图 7-208 深鳉科 Profundulidae

记载 1 属 7 种,淡水鱼类;分布于大西洋和中美洲的太平洋沿岸(墨西哥、危地马拉及洪都拉斯等),我国不产。

科 261 谷鳉科 Goodeidae

雄鱼没有由泄殖乳突形成的管状交接器。许多种类臀鳍第五、六鳍条较坚硬,与其他鳍条间有一凹刻,前部鳍条显著短于后部鳍条。体内受精、胎生。左右卵巢有一部分愈合。胚胎和初生仔鱼具有一胎盘样的带状物加连于肛门区,与营养呼吸有一定关系。如图 7-209 所示。

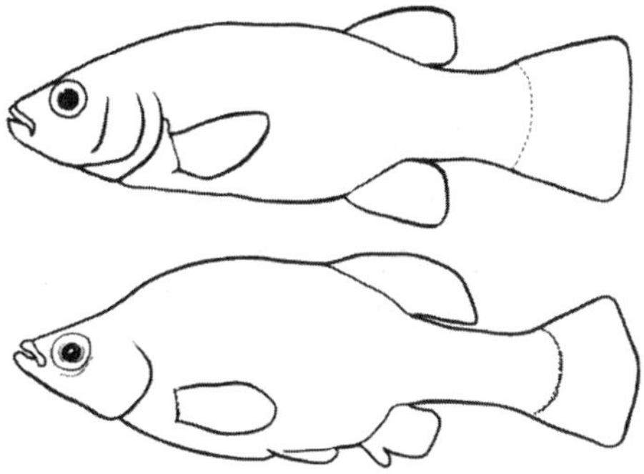

图 7-209 谷鳉科 Goodeidae

记载 18 属 55 种,淡水鱼类,分布于美国的内华达洲和墨西哥的中西部。我国不产。

科 262 底鳉科 Fundulidae

上颌骨有一特殊结构,常能通过扭动而发声。背鳍中位,具 7～16 鳍条,起点前于或近于臀鳍起点。臀鳍条 9～15。如图 7-210 所示。

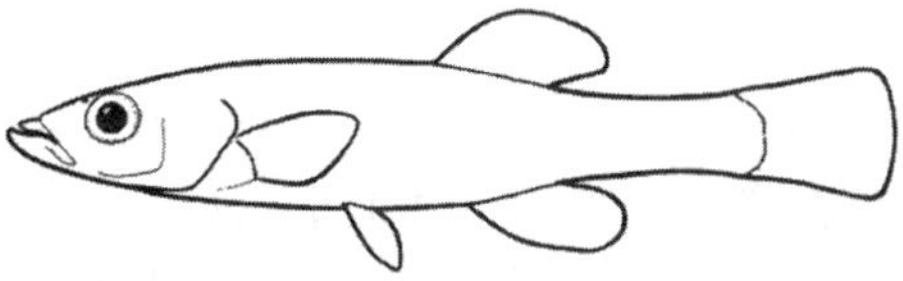

图 7-210 底鳉科 Fundulidae

记载 4 属 46 种,淡水、咸淡水及沿岸低盐性海洋鱼类,分布于北美。最大体长可达 300 mm。

科 263 强鳉科 Valenciidae

体延长,侧扁。口小,下颌稍突出,喙状软骨微小或缺如。眼大。背鳍后位,几与臀鳍相对。背鳍条 8～11,侧线鳞 28～34。体外受精。如图 7-211 所示。

图 7-211 强鳉科 Valenciidae

记载 1 属 2 种,淡水鱼类,分布于西班牙东南部、意大利和希腊西部。

科 264 鳉科 Cyprinodontidae

雄鱼无交配器。卵生。左右腹鳍基分离,无中翼骨。背鳍前 2 枚支鳍骨共同支持 1 枚鳍条。背鳍条 10～18,起点前于臀鳍起点,臀鳍条 8～13。体外受精。体长最大仅为 80mm。如图 7-212 所示。

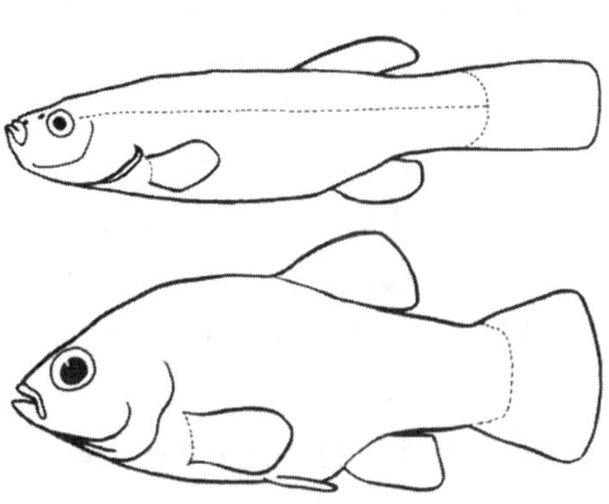

图 7-212 鳉科 Cyprinodontidae

记载 9 属 134 种,生活于淡水、咸淡水及沿岸近海,分布于美国、中美洲、西印度群岛及部分北美及南美地区。我国不产。

科 265 四眼鱼科 Anablepidae

眼位于头的顶部,眼有一水平隔膜将其分为上下两部分。鱼通常在水面游泳,正好将眼分为水上和水下两半,既可以观察水中生物,又可发现掠过水面的昆虫等,有研究表明,为防止露于水面部分的角膜干燥,四眼鱼会将上半个睛球周期性地浸入水中。雄鱼臀鳍的大部分鳍条特化成管状的交配器;前3枚鳍条不分支。背鳍7~10,背鳍起点远后于臀鳍后方。侧线鳞50~96。脊椎骨45~54。一些雄鱼的交配器仅能向左侧活动,而另一些只能向右侧活动。雌鱼的生殖孔有的开孔在右侧,有的开孔于左侧。如图7-213所示。

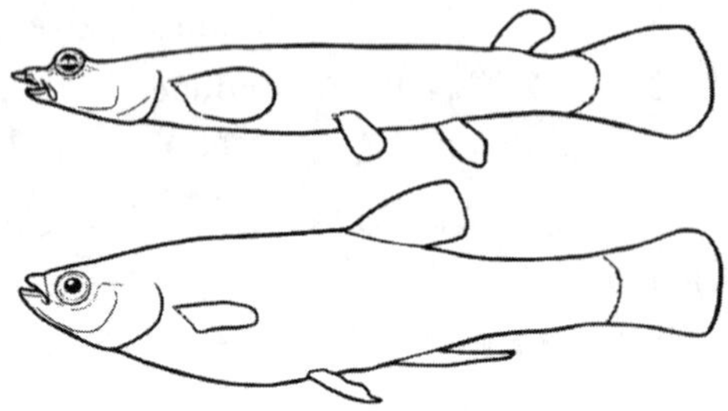

图 7-213　四眼鱼科 Anablepidae

记载3属,共17种,生活于淡水、咸淡水,极少数也生活于沿岸近海,分布于墨西哥至南美地区。

最大体长320mm,一般雌鱼大于雄鱼。

科 266　花鳉科 Poeciliidae

雄鱼臀鳍第三至第五鳍条特别扩大并形成交配器,体内受精,卵胎生。臀鳍前部3枚鳍条不分支。如图7-214所示。

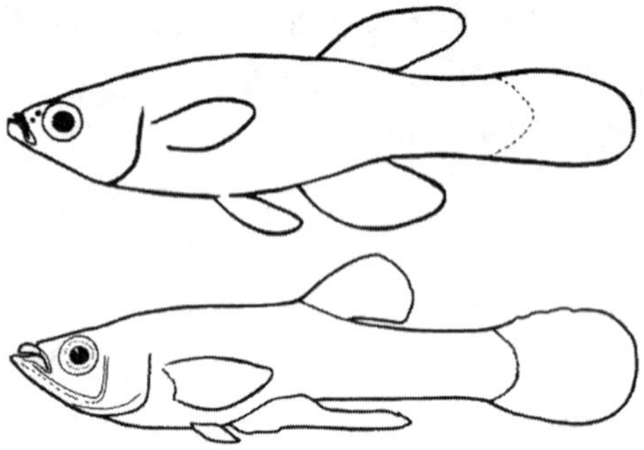

图 7-214　花鳉科 Poeciliidae

记载41属,344种,淡水及咸淡水种,自然分布于美国东部至南美广大地区。

本科中许多鱼类为著名的观赏鱼类,如孔雀鱼,又名彩虹鱼,原产于南美洲的委内瑞拉、圭亚那、西印度群岛及巴西北部等地,作为观赏用鱼引入新加坡、中国台湾和中国大陆,现已繁衍分布于部分热带地区的河川下游及湖沼、沟渠中,其野生栖地呈现多样化,主要栖息于淡水流域及湖沼。孔雀鱼的繁殖能力很强,并能耐受污染的水域,具群集性,性情温和,能与温和的中小型热带鱼混养,平时活泼好动。孔雀鱼的寿命较短,杂食性,由于对环境的适应能力强,所以目前全世界几乎随处都能见到它的踪影。

食蚊鱼,体长形,略侧扁,长仅15.5~37.5mm。雄鱼稍细长;雌鱼腹缘圆凸。头宽短,前部平扁。吻短。眼大,眼间隔宽平。口小,上位,口裂横直。齿细小。头和身体均被圆鳞。无侧线。雄鱼臀鳍第三~五鳍条延长,变形为输精器。尾鳍圆形。原产美国东南部、墨西哥及古巴,因对消灭疟蚊及其他蚊子的幼虫有一定作用,而被一些国家移殖,我国早在1935年就已经引入,现已自然分布于南方各水体。

食蚊鱼为小型淡水鱼类,喜生活于缓静水或流水体的表层。通常雌鱼大于雄鱼。卵胎生。仔鱼产出后即能活泼游泳,其体长约5mm。仔鱼以轮虫类为食。成鱼因吞食孑孓而成为蚊虫的天敌。亦作观赏鱼,无食用价值。体长最大50mm。

目 52　奇金眼鲷目 Stephanoberyciformes

也称奇鲷目。体通常长圆形或长椭圆形。头较大。眼小或甚至退化,侧位。口中大或特大,无眶蝶骨、眶下骨架,辅上颌骨无或退化。腭骨、犁骨无齿。

记载9科。

科 267　孔头鲷科 Melamphaidae

体长椭圆形,侧扁。头较大或大,头部棘突众多,感觉器官大而发达。口大,前位。眼较小。体被圆鳞,通常较大。无侧线,仅有1或2鳞片有侧线管孔。背鳍鳍棘部与鳍条部相连,无缺刻，有1～3弱棘。胸鳍侧中位。腹鳍胸位或喉位，具1棘，6～8鳍条。尾鳍叉形，尾鳍基上下有3～4棘状鳞。脊椎骨24～31。如图7-215所示。

记载5属，56种，大部分为大洋底层性小型鱼类，分布于除北极、地中海外的各大洋，我国产4属9种。

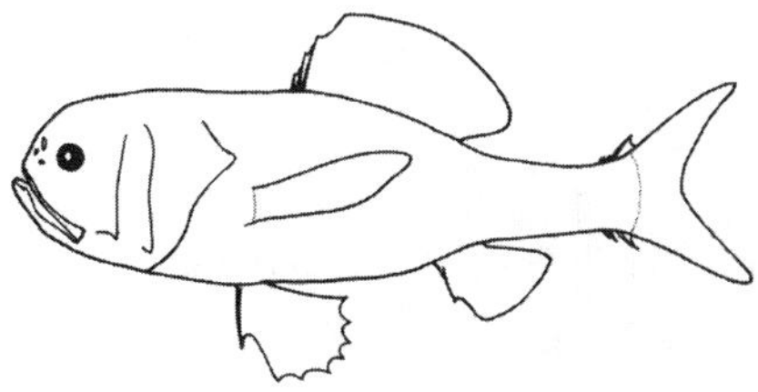

图7-215　孔头鲷科 Melamphaidae

科268　奇金眼鲷科 Stephanoberycidae

体长椭圆形。头大。眼中大。口大，前位。无腭齿。无眶蝶骨。体被圆鳞或栉鳞，侧线不发达。背鳍1个，鳍棘弱，有10～14鳍条。臀鳍与背鳍相对，鳍棘如存在也较弱，有鳍条10～14。胸鳍中侧位。腹鳍腹位或亚胸位，无鳍棘，鳍条5。尾鳍叉形，尾鳍基背腹侧各有8～11棘状鳞。头骨上有锯齿状边缘。脊椎骨30～33。如图7-216所示。

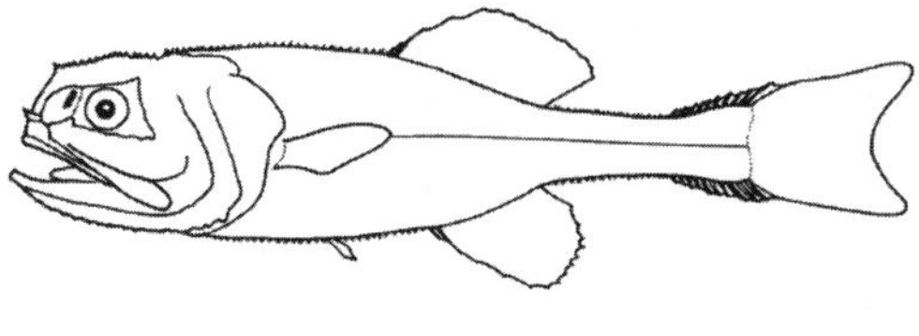

图7-216　奇金眼鲷科 Stephanoberycidae

记载4属4种，分布于热带至亚热带的西大西洋、南非外海及太平洋，我国不产。

科269　刺金眼鲷科 Hispidoberycidae

鳞片小齿状，鳃盖骨具一枚粗短棘。具腭齿及犁齿。背鳍4～5棘，10鳍条。臀鳍具3棘，胸鳍具9鳍条。腹鳍具1棘，6～7鳍条。侧线鳞32～34。脊椎骨34。如图7-217所示。

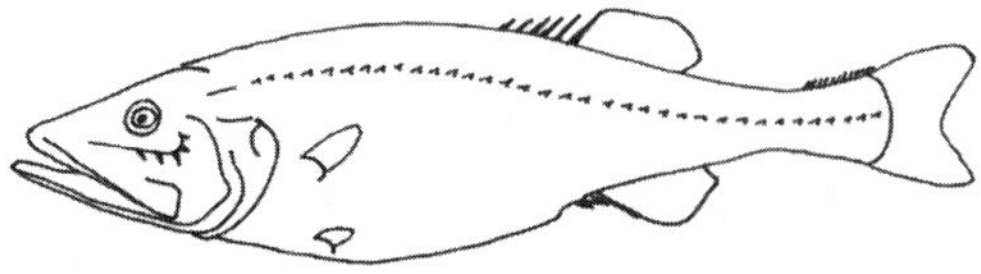

图7-217　刺金眼鲷科 Hispidoberycidae

仅1属，太平洋刺金眼鲷 *Hispidoberyx ambagiosus* 1种，分布于东北印度洋及我国的南海。

科270　后鳍金眼鲷科 Gibberichthyidae

体椭圆形。头大。眼中大。口前位，较大。体被圆鳞，鳞大，侧线鳞28～34。有鳔，鳔内有脂肪。背鳍1个，位于体后部，有7～9鳍条，成鱼背鳍前方有半分离的短鳍棘5～8枚。臀鳍与背鳍相对，也有7～9鳍条，成鱼臀鳍前方也有半分离的鳍棘5枚。胸鳍下侧位。腹鳍亚胸位，具1棘，5～6鳍条。脊椎骨28～31。如图7-218所示。

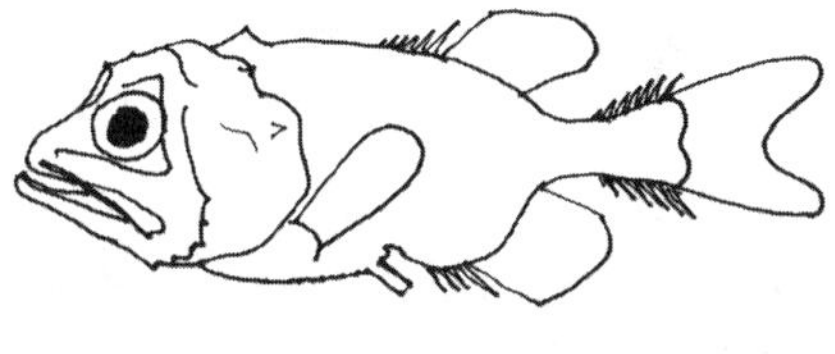

图7-218　后鳍金眼鲷科 Gibberichthyidae

记载仅1属2种，为西大西洋、西印度洋及西北太平洋热带种类，成鱼生活于400～1000m的深海，仔鱼也发现于表面至50m水层，最大个体长仅120mm。我国不产。

科271　龙氏鲸头鱼科 Rondeletiidae

也称红口仿鲸科、龙氏鱼科。体椭圆形，多少侧扁。头大，似匣状。口大，前位，口裂后端达眼的下方。眼小。颌齿小，颗粒状。鳃盖完整，鳃盖骨薄，膜状，鳃孔宽大。体无鳞。侧线由一系列垂直排列的乳突构成，排成14～26行。有腹肋。无鳍棘、背鳍后位，背鳍、臀鳍有鳍条13～16。胸鳍下侧位。腹鳍5～6，腹位；生活时为橙褐色。如图7-219所示。

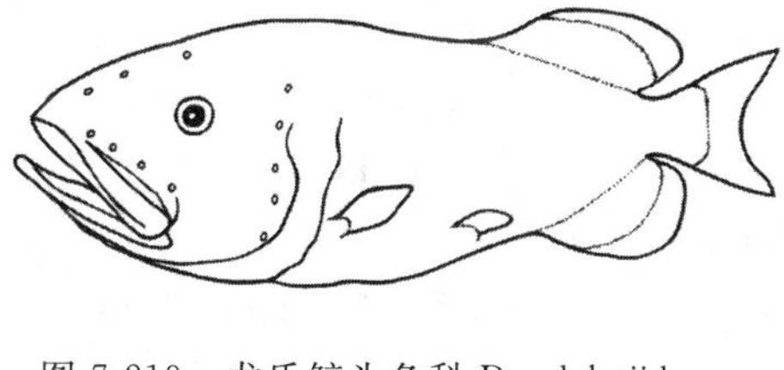

图7-219　龙氏鲸头鱼科 Rondeletiidae

记载1属2种,小型深海鱼类,分布于各大洋。我国产网肩龙氏鲸头鱼 *Rondeletia loricata* 1种,体长可达110mm,生活在500～1130m深水处,体紫褐色,露出背部骨骼粉红色,鳍红色。

科272　须皮鱼科 Barbourisiidae

也称刺鲸鲷、须仿鲸科。体长椭圆形。头中大。口大,前位,口裂超过眼后缘。眼很小。体被小鳞,鳞上有小的中刺,深嵌入皮内。侧线由许多有小孔的管构成。鳍无棘,背鳍、臀鳍均位于体的后部。背鳍20～22,臀鳍16～18。胸鳍13～15。腹鳍6。有腹肋,腹部稍能膨胀。生活时为橙红色。如图7-220所示。

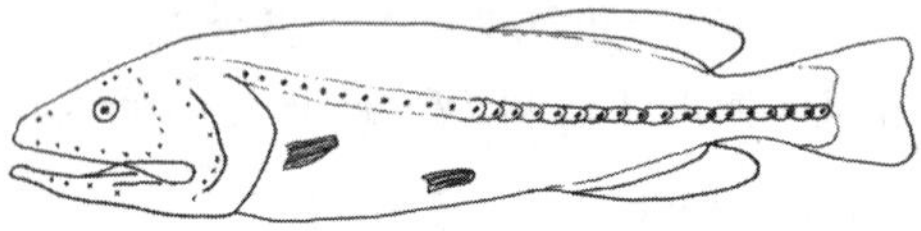

图7-220　须皮鱼科 Barbourisiidae

记载仅1属红刺须仿鲸(红刺鲸口鱼)*Barbourisia rufa* 1种,为生活于550～1500m深海中的小型鱼类,有时体长可达330mm,分布于大西洋、印度洋及太平洋,我国有产,发现于东海外海410～1080 m的深海。体红色。

科273　仿鲸鱼科 Cetomimidae

也称鲸口鱼科。体长椭圆形。头大。口甚大,前位,口裂远超过眼的后缘。眼极小。皮肤疏松,无鳞,仅侧线处有大而嵌入皮肤中的鳞。头部侧线管孔明显,体上侧有很大的管孔。肛门及背、臀鳍基部有发光器官。无腹肋。背鳍与臀鳍相对,位于体后部,无鳍棘,有13～35鳍条。胸鳍有15～22鳍条。无腹鳍。脊椎骨39～58。如图7-221所示。

图7-221　仿鲸鱼科 Cetomimidae

记载10属21种,多数为大洋深海小型鱼类,生活水层为1000～4000m,最大体长可达390mm。我国仅产雷根氏拟鲸口鱼 *Cetostoma regani* 1种。

科274　异鳍鱼科 Mirapinnidae

本科分2亚科。异鳍鱼亚科 Mirapinninae,俗称毛发鱼(Hairyfish)。体稍延长,长椭圆形,体表覆盖着一层短短的特殊绒毛,体长为头长的3.7倍。头小,眼小。口裂斜,次上位。背鳍和臀鳍均位于体之后部,位置相对,形状相似,基底不长。胸鳍小,上侧位。腹鳍喉位,鳍条长,扇形。尾鳍宽圆形,上叶下部鳍条覆盖下叶上方的鳍条。

鳗口鱼亚科 Eutaeniophorinae (原称奇尾鱼科),体甚延长,呈带状。皮肤光滑,体上无绒毛。头小,体长为头长6～10倍。眼小。口裂斜,次上位。背鳍和臀鳍均位于体之后部,位置相对,形状相似,基底不长,具15～31鳍条。胸鳍小,中侧位,圆形。腹鳍小,细条状,喉位,鳍条不延长。尾鳍在成鱼呈圆形,鳍条短,但在幼鱼其尾鳍中央鳍条显著延长成一长的飘带。

如图7-222所示。

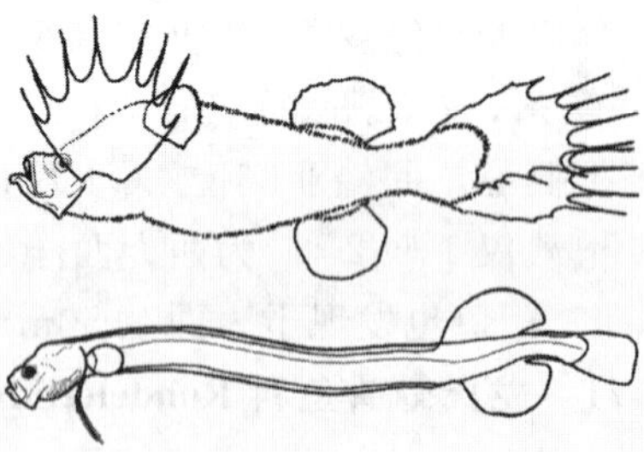

图7-222　异奇鳍鱼科 Mirapinnidae

本科仅3属5种,分布于大西洋、印度洋及西太平洋,我国不产。

科275　大吻鱼科 Megalomycteridae

也称大鼻鱼科。体稍延长。头小。眼小或发育不全。口中大,前位。嗅囊特别大,后鼻孔约等于或大于眼径,位于眼的前上方。背鳍和臀鳍位于体之后部,接近尾鳍,背鳍、臀鳍相对,形状相似,各鳍均无棘。胸鳍小,侧中位。尾鳍中大,圆形。如图 7-223 所示。

图 7-223 大吻鱼科 Megalomycteridae

记载 3 属 4 种,分布于大西洋及太平洋深海。我国仅产狮鼻鱼 *Vitiaziella cubiceps* 1 种,产于南海。

目 53 金眼鲷目 Beryciformes

体长椭圆形,侧扁。头中大。口较大,斜裂。颏部无须。犁骨与腭骨具齿。具眶蝶骨、眶下骨。辅上颌骨 1 或 2 块。鳃盖条 8 或 9。背鳍和臀鳍棘有或无。腹鳍胸位,0~1 鳍棘,3 或 5~10 鳍条。

本目有 3 亚目。

1(4) 腹部中央无棱突或棱棘
2(3) 背鳍鳍棘部与鳍条部间有一深的缺刻;腹鳍Ⅰ-7…………鳂亚目 Holocentroidei
3(2) 背鳍鳍棘部与鳍条部间无缺刻;腹鳍Ⅰ-7~13(多数为 10)…………金眼鲷亚目 Berycoidei
4(1) 腹部中央有一排棱突或棱棘…………燧鲷亚目 Trachichthyoidei

燧鲷亚目 Trachichthyoidei

通常体短而高,近卵圆形或稍延长,头高大,因具发达的黏液腔而看似薄脆。颌齿细长而尖,通常发达,除高体金眼鲷科外,大部分种类背鳍、臀鳍及腹鳍均具棘,至少腹鳍具棘。大部分种类鳞小而薄,以宽部植入皮肤中,其外呈小刺状突出,松球鱼科则以骨质盾状大鳞相连成骨甲,且在中央相连形成隆起嵴。

本亚目记载 5 科,检索如下:

1(2) 鳍无棘,体特高………… 高体金眼鲷科 Anoplogastridae
2(1) 鳍有棘,至少腹鳍有鳍棘
3(4) 体被大型鳞状骨甲…………松球鱼科 Monocentridae
4(3) 体不被骨甲;腹鳍Ⅰ-5~10;背鳍鳍棘部与鳍条部连续,不分离
5(6) 眼下有一大发光器………… 灯颊鲷科 Anomalopidae
6(5) 眼下无发光器
7(8) 腹鳍棘扁平呈板状;背鳍和臀鳍无鳍棘………… 银眼鲷科 Diretmidae
8(7) 腹鳍棘不扁平;背鳍和臀鳍有鳍棘………… 燧鲷科 Trachichthyidae

科 276 高体金眼鲷科 Anoplogastridae

俗称狼牙鲷科。体短而高,前部较厚实,后部侧扁。尾柄较细长。头甚大,头高大于头长,有发达的黏液腔。眼小,眼径小于吻长。口大,前位,斜形,上颌几与头等长,上颌骨突长而细,具 1 辅上颌骨。两颌齿在幼体可压平,成体则固着、长而呈犬齿状。幼鱼鳃耙细长,成鱼则为 1~3 群短棘。侧线部分穿过鳞片,大部分呈开放的沟状。各鳍无棘。鳞小而薄,埋于皮肤中。背鳍基较长,具 17~20 鳍条。臀鳍短,8~9 鳍条。胸鳍长,中侧位,基底水平位置。腹鳍亚胸位。尾鳍凹形。鳃盖条 8~9。脊椎骨 25~28。如图 7-224 所示。

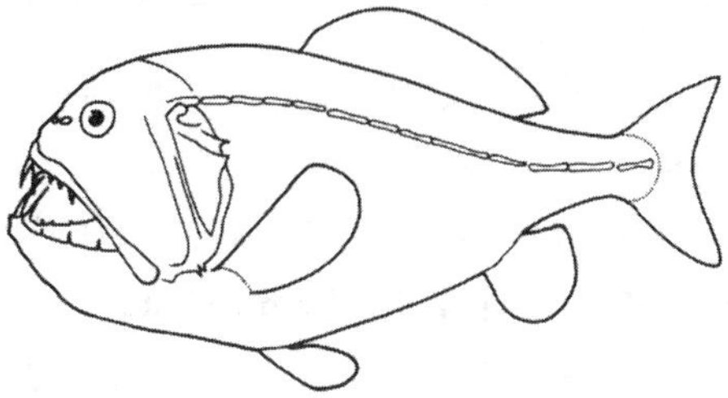
图 7-224 高体金眼鲷科 Anoplogastridae

记载 1 属 2 种,为各大洋深海鱼类,最大体长约 160mm,我国产角高体金眼鲷 *Anoplogaster cornuta* 1 种,见于东海深海。

科 277　银眼鲷科 Diretmidae

俗称黑银眼鲷科、洞鳍鲷科。体椭圆形或卵圆形,甚侧扁。头中大。眼大。体被小栉鳞,植入部较暴露部宽,颊部被鳞;肛门前后具棱鳞。无侧线。头骨薄而粗糙。口大,很斜。具 1 大三角形辅上颌骨。两颌具细小齿,前部呈狭带状,后部呈一单行。犁骨和腭骨无齿。背鳍和臀鳍无棘;成鱼背、臀鳍鳍条基间膜各有一洞。背鳍基较臀鳍基约长 1/3。腹鳍具 1 棘、6 鳍条,鳍棘平扁呈板状。鳃盖条骨 7～8。如图 7-225 所示。

图 7-225　银眼鲷科 Diretmidae

记载 3 属 4 种,为各大洋深海鱼类,最大体长可达 370mm,我国均产,主要分布于台湾海域。

科 278　灯颊鲷科 Anomalopidae

也称灯眼鱼科、发光金眼鲷科。体长椭圆形。头中大。口前位,斜裂,吻钝,齿小,腭骨有齿,犁骨无齿。眼中大。眼下方有一大形发光器,能旋转和启闭该发光器以控制发光。眶下骨架短。背鳍具 2～6 棘,鳍棘部与鳍条部分离或连续。臀鳍 2～3 鳍棘。胸鳍侧中位。腹鳍胸位,具 1 棘,5～6 鳍条。尾鳍叉形。鳞小,强栉鳞。鳃耙发达。如图 7-226 所示。

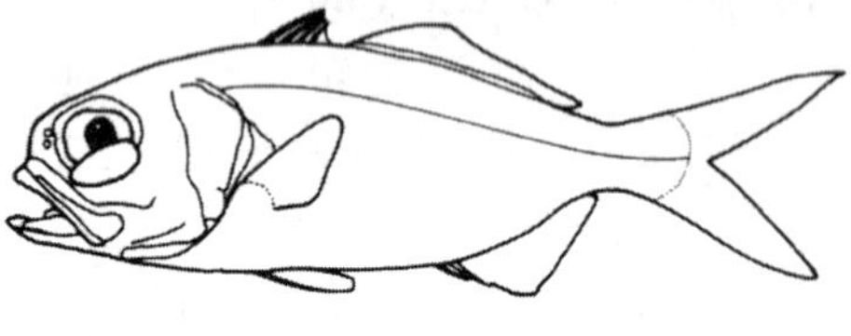

图 7-226　灯颊鲷科 Anomalopidae

记载 6 属,约 8 种,成鱼栖息于 100m 以下的深海,分散居住在印度-太平洋的暖温性水域,有月光的夜晚会上升至海水表层取食。最大体长可达 270mm。

科 279　松球鱼科 Monocentridae

体高,稍侧扁。头大,具很大的黏液腔。下颌下方有 2 发光器。体被以骨质盾状大鳞相连成骨甲,中央相连形成隆起嵴。背鳍鳍棘部与鳍条部分离,鳍棘交替排列偏左侧和右侧。臀鳍具 10 鳍条,无鳍棘。腹鳍具 1 强棘、2～3 较小的鳍条。尾鳍叉形。如图 7-227 所示。

图 7-227　松球鱼科 Monocentridae

记载 2 属 4 种,分布于印度洋、太平洋的热带及亚热带海域,最大个体长 210mm。我国产 1 属日本松球鱼 *Monocentris japonica* 1 种,沿海都有分布。

科 280　燧鲷科 Trachichthyidae

体高而侧扁。头部具大的黏液腔,外被以薄膜。眶下骨宽,眶下骨架仅存于第二眶下骨。口大而斜。两颌齿小,呈带状。腭骨具齿,大部份种类犁骨具齿。具 2 辅上颌骨。背鳍 3～8 鳍棘。腹鳍具 1 鳍棘、5 或 6 鳍条。腹部具中央棱鳞。如图 7-228 所示。

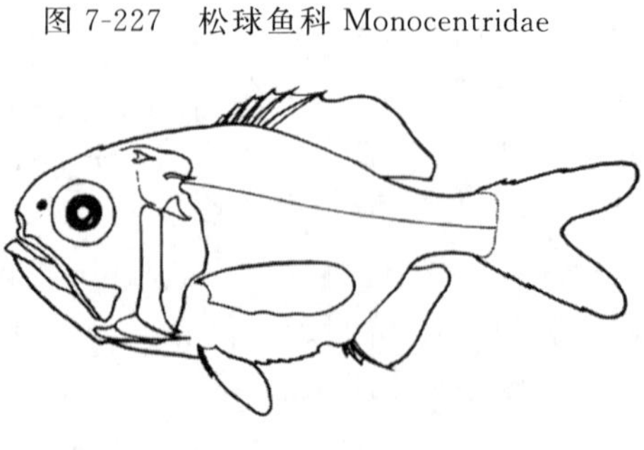

图 7-228　燧鲷科 Trachichthyidae

记载 8 属,共 51 种,分布于各大洋较深海域,最大体长可达 550mm,我国产 4 属 10 种。见于东海、南海及台湾西南海域。

金眼鲷亚目 Berycoidei

体长方形或椭圆形，较侧扁。体被鳞，叶状或颗粒状。头大，具黏液腔，外被以薄膜。眼侧位，较大。口阔而斜，前上颌骨很大，具2辅上颌骨。两颌、犁骨和腭骨具齿。鳃盖条骨7～8。鳃膜分离，不与峡部相连。具假鳃。背鳍具4鳍棘，鳍棘部与鳍条部间无深凹刻。

记载仅1科。

科281　金眼鲷科 Berycidae

特征与亚目同，如图7-229所示。本科记载2属，共10种。分布于大西洋、印度洋及中、西太平洋，生活水深200～600m，我国产2属6种。

图7-229　金眼鲷科 Berycidae

鳂亚目 Holocentroidei

体长方或长圆形，稍侧扁。头中等大。体被强栉鳞或棘鳞。两颌、犁骨和腭骨均具齿。具假鳃及鳃耙。鳃盖膜与峡部分离。背鳍鳍棘部与鳍条部间微连或略分离，具10～13棘，可收褶于由鳞鞘形成的沟中。臀鳍具4棘。腹鳍胸位，具1棘7鳍条。尾鳍深叉形。

科282　鳂科 Holocentridae

也称金鳞鱼科，主要特征与亚目同。如图7-230所示。

记载8属，共84种，分布于各大洋的热带海洋中，体通常为呈红或淡红色。白天隐于岩礁间，夜间出来觅食，大多为深海种类，栖息于100m左右深处。我国产有5属38种，多数分布于南海及台湾海域。最大体长可达610mm。

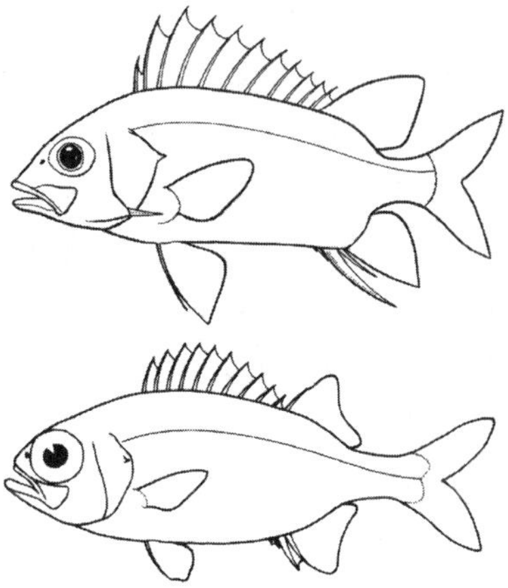

图7-230　鳂科 Holocentridae

目54　海鲂目 Zeiformes

也称的鲷目。体颇侧扁而高。上颌多少可伸缩，无辅上颌骨。体被细小圆鳞或栉鳞，或仅具痕迹。背鳍与臀鳍基部及胸腹部具棘状骨板或无。背鳍鳍棘5～10。臀鳍鳍棘0～4。腹鳍胸位，通常具1棘5～9鳍条，或具6～10鳍条，无鳍棘。尾鳍具11～15鳍条，上下两鳍条不分支。鳃盖条骨6～8。无眶蝶骨。后颞骨2叉形，与头骨密接。第一脊椎骨与颅骨密切接连。脊椎骨21～46。鳔无管。

本目记载共6科。

科283　短棘海鲂科 Cyttidae

体高大，甚侧扁。背鳍基、臀鳍基或腹部无大的盾状鳞。背鳍具8～10鳍棘，28～36鳍条。如图7-231所示。

记载1属3种，分布于东南大西洋、印度-西太平洋。我国不产。

图7-231　短棘海鲂科 Cyttidae

科284　仙海鲂科 Oreosomatidae

也称高的鲷科。体卵圆形或似菱形，甚高而侧扁。体长为体高的 1.3～1.8 倍。头甚大，头顶平，具有许多棘突。体长为头长 2.2～2.7 倍。眼大，眼前缘到上颌骨的最短距离明显小于眼径的 1/2。口次上位，斜裂，上颌骨能伸缩。两颌具 1～2 行细齿，有时犁骨也具齿。体被圆鳞或栉鳞。各鳍鳍棘有纵沟，背鳍、臀鳍及胸鳍鳍条均不分支。背鳍具 4～8 棘，29～35 鳍条。臀鳍具 2～4 棘，28～33 鳍条。胸鳍 17～21 鳍条，侧中位。腹鳍胸位，具 1 棘，5～7 鳍条。脊椎骨 34～43。如图7-232所示。

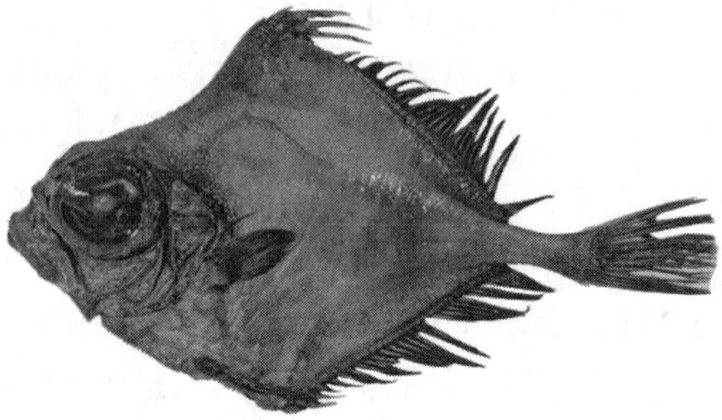

图 7-232 仙海鲂科 Oreosomatidae

记载 4 属 10 种，分布于各大洋的暖水区，大部分种类生活水深在 400～1800m 之间，最大个体长可达 500mm，我国不产。

科 285 副海鲂科 Parazenidae

也称准的鲷科。体侧扁，呈长椭圆形或卵圆形，侧扁。头中大。眼中大或大。口前位，前颌骨明显突出。体侧有 2 条侧线，在第二背鳍基后下方联合成一条，伸到尾鳍中央。体被弱栉鳞，易脱落。背鳍 2 个，有明显缺刻分开，Ⅶ～Ⅷ，26～30。臀鳍与第二背鳍近相对，奇鳍基底两侧棘板有或无，腹缘棘板有或无。胸鳍位低，下侧位。腹鳍无鳍棘，具 7～9 鳍条。尾鳍叉形。如图 7-233 所示。

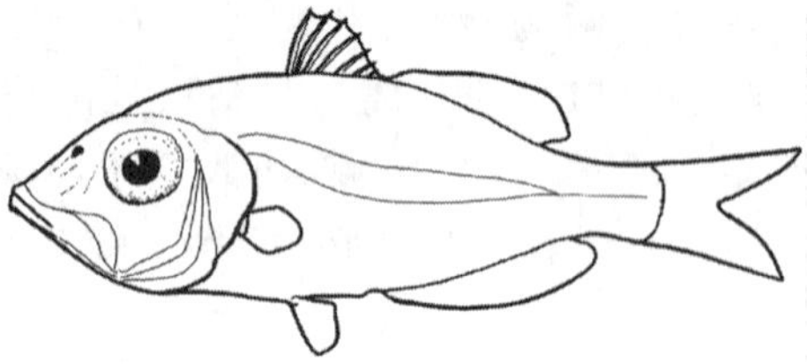

图 7-233 副海鲂科 Parazenidae

记载 3 属 4 种，分布于西大西洋及印度-太平洋。我国产 2 属 3 种，见于东海及南海，较少见。

科 286 大海鲂科 Zeniontidae

也称甲眼的鲷科。体长卵圆形，侧扁，体高近于头长，体长为体高的 2.5～2.8 倍。头大，侧扁。眼大，近中位。口大，斜裂，上颌能伸缩。鳃盖骨上无棘突。背鳍Ⅵ～Ⅶ，26～30；臀鳍Ⅰ，31；胸鳍 15～16 鳍条。腹鳍具 1 不分支鳍条、6 分支鳍条。脊椎骨 34。如图 7-234 所示。

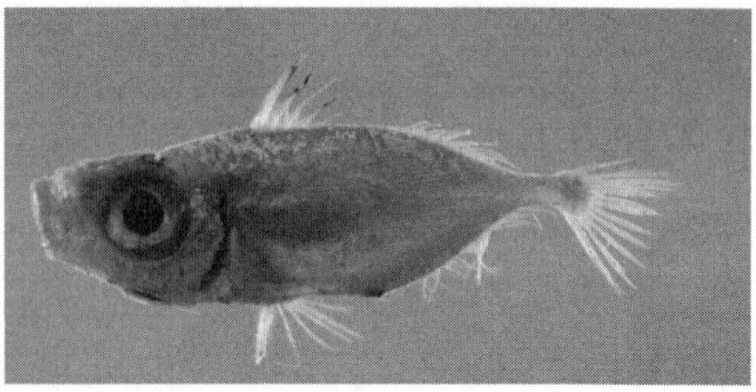

图 7-234 大眼海鲂科 Zeniontidae

记载 3 属 7 种，分布于西大西洋及印度-太平洋。我国产 2 属 3 种，见于东海及南海。

科 287 线菱鲷科 Grammicolepididae

也称菱的鲷科。体侧扁而高，菱形。头较小。眼中大。口甚小，近垂直，上颌骨有嵴突，与下颌骨的升突相接。两颌具 1～2 行细齿，犁骨、腭骨均无齿。体鳞细小，垂直排列，相互紧密，体及头部大部分被鳞。背鳍、臀鳍基部有一行小棘。背鳍Ⅴ～Ⅶ-27～34。臀鳍Ⅱ-27～35。胸鳍中侧位，14～15 鳍条。腹鳍Ⅰ-6。尾鳍有 13 分支鳍条。幼鱼的第一臀鳍棘特别延长，后伸可达到或超过尾鳍，第二鳍条棘也延长，其长一般可超过头长，但在成鱼均不存在。如图 7-235 所示。

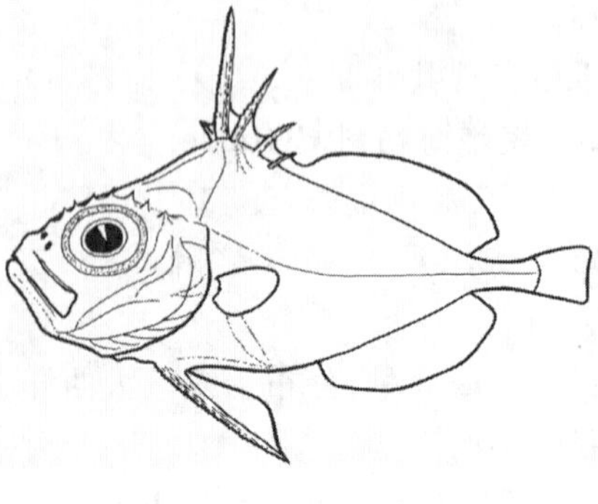

图 7-235 线菱鲷科 Grammicolepididae

记载3属3种，常见于各大洋100～800m深的水层，我国产2属2种。

科288 海鲂科 Zeidae

体卵圆形，侧扁，体长为体高的1.0～2.1倍。头中大，侧扁，体高大于头长。眼上侧位，较小。口大，斜裂，上颌能伸缩。鳃盖骨上无棘突。背鳍Ⅶ～Ⅺ-22～37，臀鳍Ⅲ～Ⅳ-20～30，胸鳍12～18。体被小鳞或退化或不存在。鳃盖条7。脊椎骨29～34。如图7-236所示。

记载2属8种，常见于各大洋100～300m深的水层，我国产2属3种。

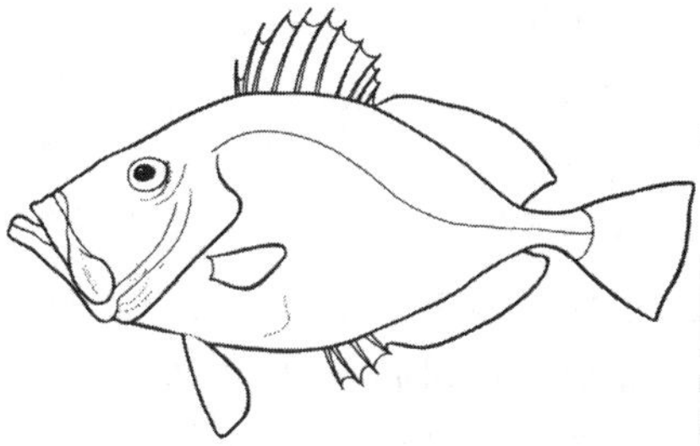

图7-236 海鲂科 Zeidae

目55 刺鱼目 Gasterosteiformes

体延长，侧扁或呈管状。口小，前位，吻一般呈管状，齿有或无。侧线有或无，体被栉鳞或裸露无鳞或被骨板或甲片。背鳍1～2个，第一背鳍存在时则为鳍棘，常游离。腹鳍腹位至亚胸位，具3～7鳍条，或1棘，2～3鳍条，或无腹鳍。尾鳍叉形，或无尾鳍。

本目记载11科。也常分刺鱼亚目 Gasterosteoidei 和海龙亚目 Syngnathoidei。

科289 裸玉褶鱼科 Hypoptychidae

体延长。体侧无骨板或鳞片。背鳍前方无游离的棘。前颌骨在雄鱼正常存在，而在雌鱼则缺如。背鳍、臀鳍位于体之后部，各有鳍条19～22。腹鳍及腰带均不存在。胸鳍9～10鳍条。尾鳍有13主鳍条，其中11枚为分支鳍条。体裸露无鳞。鳃盖条4。鳃耙6～7+16～19。如图7-237所示。

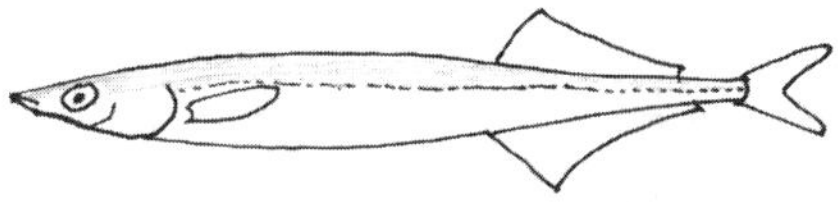

图7-237 裸玉褶鱼科 Hypoptychidae

记载仅1属戴氏裸玉褶鱼 *Hypoptychus dybowskii* 1种，分布于日本、韩国沿海至鄂霍次克海，体长可达85mm。生活在浅海，早春产卵。我国不产。

科290 管吻刺鱼科 Aulorhynchidae

体甚延长，尾柄细长。体侧被有骨甲。头中大，吻部延长似管状。眼小。口小，端位。围眶骨完全。无背肋。背鳍前方具24～26短而游离的棘。背鳍具9～10鳍条，臀鳍具1棘，9～10鳍条。胸鳍11鳍条，腹鳍具1棘，4鳍条。尾鳍13.鳃盖骨4，脊椎骨50～56。鳃耙21～22。如图7-238所示。

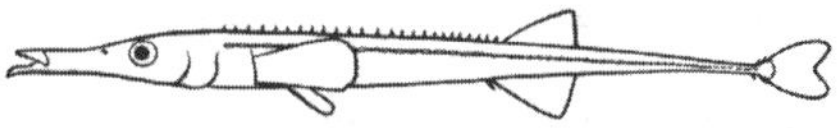

图7-238 管吻刺鱼科 Aulorhynchidae

记载2属2种，最大体长170mm，分布于日本北部及朝鲜东部海域，以及北太平洋地区。我国尚无记录。

科291 刺鱼科 Gasterosteidae

体中长而侧扁，尾柄较细。体侧被有骨甲或裸露无鳞。头中大，吻不突出为管状。口中大，斜裂，两颌具尖锐的齿，口裂上缘仅由前颌骨组成。背鳍前方具2～16发达的游离硬棘。背鳍6～14鳍条。臀鳍仅1棘，腹鳍具体棘，1～2鳍条，亚胸位。尾鳍12分支鳍条。围眶骨后部不完全。有背肋。脊椎骨28～42。如图7-239所示。

记载5属，约18种，分布于北半球的海洋、海口咸淡水，甚至淡水水域，我国不产。

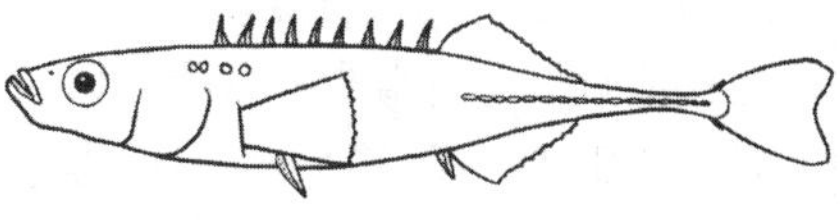

图7-239 刺鱼科 Gasterosteidae

科 292　甲棘背鱼科 Indostomidae

体甚延长，尾柄细长。头较小。吻部延长似管状。眼小。体被骨甲。口小，上颌不能伸缩。鳃盖骨后缘有 6 枚棘刺。无肋骨。鳃或多或少呈簇丛状。背鳍前方有 5～6 枚游离的棘及 6 枚鳍条。臀鳍无棘，6 鳍条，位置与背鳍相对，位于体之中部。胸鳍 23 鳍条，腹鳍亚胸位，4 鳍条。尾鳍圆尖形。头每侧仅 1 个鼻孔。鳃盖条 5，脊椎骨 21。鳔存在，但无鳔管。如图 7-240 所示。

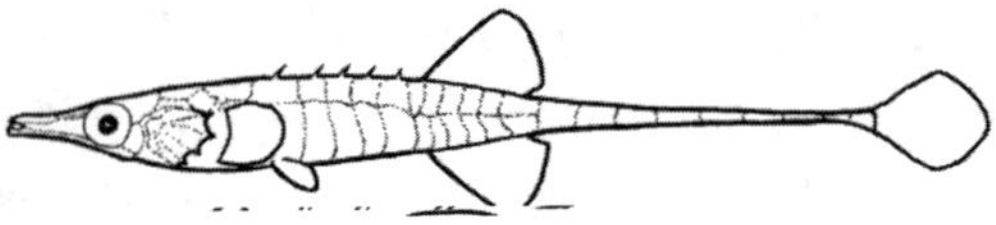

图 7-240　甲棘背鱼科 Indostomidae

记载 1 属 3 种，最大体长仅 33mm，分布于东南亚的淡水水域，我国不产。

科 293　海蛾鱼科 Pegasidae

体形奇特，体完全包以骨环，躯干部紧密，尾部稍能活动。胸部特别发达。口小，下位，口前缘由间上颌骨组成，无齿。眶下骨环发达，与鳃盖形成一骨缝。鳃盖各骨合成一骨板，鳃孔极小，位于胸鳍基部前方。鳃 4 个，成簇状，由薄片状鳃丝组成。背、臀鳍相对，较短小，均位于尾部。胸鳍宽大，水平状。腹鳍紧位于肛门前方。尾鳍略呈截形。无肋骨。如图 7-241 所示。

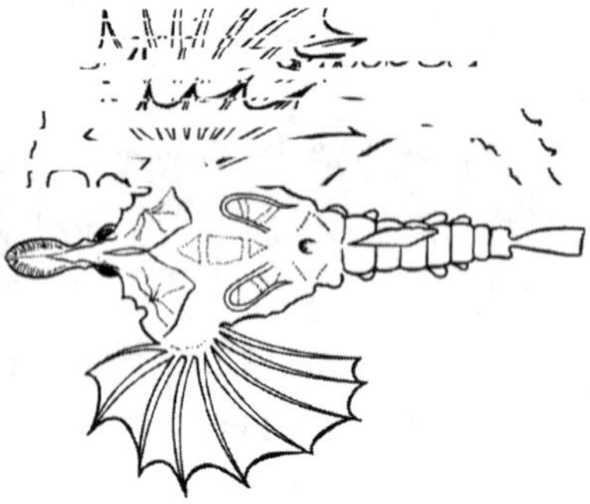

图 7-241　海蛾鱼科 Pegasidae

记载 2 属 5 种，最大体长可达 180mm，生活在表面至 150m 水层，分布于印度-西太平洋的热带至温带海域，少数也生活于咸淡水中。我国产 2 属 3 种，见于南海及台湾沿海。

科 294　剃刀鱼科 Solenostomidae

体较短，侧扁。尾部较短。体被以星状骨片。吻很长，呈管状，侧扁。口小而斜，位于吻的前端。无侧线。背鳍 2 个，分离，第一背鳍由 5 个弱棘组成，第二背鳍由 18～23 枚鳍条组成。臀鳍与第二背鳍相对。胸鳍小，中侧位。腹鳍大，与第一背鳍相对，亚胸位，具 1 鳍棘，6 鳍条，雄鱼腹鳍扩展并特化成育儿囊。尾鳍甚大，鳃孔中大。如图 7-242 所示。

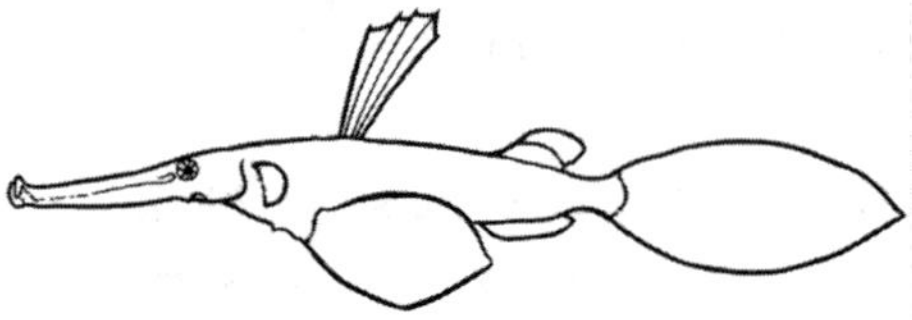

图 7-242　剃刀鱼科 Solenostomidae

记载 1 属 5 种，最大体长可达 160mm，分布于印度-西太平洋（自南非、红海至斐济）。我国产 3 种，见于南海及台湾海域。

科 295　海龙科 Syngnathidae

体长形。尾细长。全体具环状鳞板。头细长，通常有一管状长吻，吻端有斜形的口。上下颌及犁骨都无齿。鳃孔退化为一小孔，位于鳃盖的后上方。鳃 4 个，总状。假鳃发达。鼻孔 2 个。背鳍仅有鳍条，通常和一小形臀鳍相对。胸鳍小，或无。无腹鳍。尾鳍小或无。雄鱼常在尾下方或腹部有一孵卵囊，囊普通由二皮褶形成，卵孵化后囊张开，幼鱼即出体外。如图 7-243 所示。

图 7-243　海龙科 Syngnathidae

记载55属，约298种，小型鱼类，无食用价值，但其中许多种类，如海马等，也是我国传统的中药材。分布于各大洋，主要为温带及亚热带海域、河口的咸淡水水域。我国产20属，47种。

科 296　管口鱼科 Aulostomidae

体甚延长，稍侧扁，头中长，侧扁。吻突出呈管状。眼小。口小，次上位，斜裂，上颌无齿，下颌前方有细齿。犁骨齿延长。颏部有1须，最后一鳃弓后方有鳃裂，无鳃耙。背鳍有8～13枚分离的短鳍棘，23～28鳍条。臀鳍与背鳍相对，25～28鳍条。胸鳍小。腹鳍腹位，位近肛门，无鳍棘，有6分支鳍条。尾鳍圆形，10分支鳍条。体被小栉鳞，侧线发达。脊椎骨59～64。如图7-244所示。

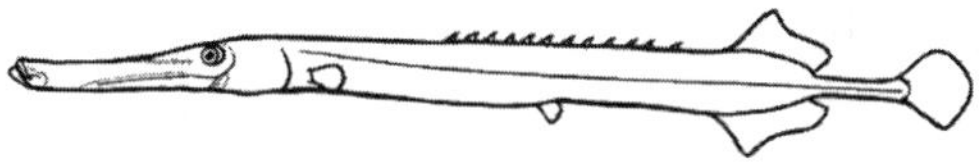

图 7-244　管口鱼科 Aulostomidae

记载1属3种，最长个体体长可达800mm，分布于大西洋、印度-太平洋的热带海域。我国仅产中华管口鱼 *Aulostomus chinensis* 1种，分布于东海及南海，体长在500mm左右。

科 297　烟管鱼科 Fistulariidae

体很长，稍平扁。体宽大于高。皮肤完全裸露或被以细小的棘刺。背、腹正中线上具有线状鳞或无，侧线鳞前方呈腺状，不显明，后方呈锯齿状棘。吻特别突出，成吻管，由续骨、前筛骨、中后翼骨、方骨、腭骨及中筛骨形成。口小，前位。两颌及犁、腭骨部均有齿。鳃盖条5～7。鳃4个。鳃盖膜分离，不与峡部相连。无鳃耙。具假鳃。鳔大。除腹鳍及尾鳍外各鳍鳍条均不分支。尾鳍叉形，中间鳍条延长。幽门盲囊数少。肠短。脊椎骨多，前方4脊椎骨特别延长。如图7-245所示。

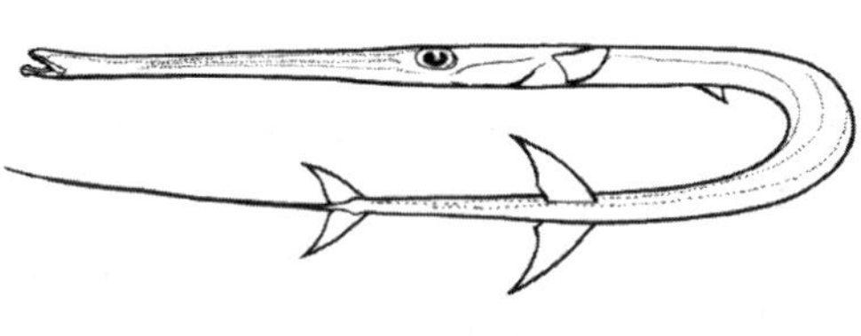

图 7-245　烟管鱼科 Fistulariidae

记载1属4种，最长体长可达1500mm，分布于各大洋的热带海域。我国产2种，见于黄海、东海及南海。

科 298　长吻鱼科 Macroramphosidae

体稍短，甚侧扁。头中大，吻部突出呈管状。眼中大。口位于管状吻的顶端。上下颌无齿。体被楯鳞状的鳞片，有锐利的嵴和棘刺。体侧在胸鳍前方有分离的不活动骨板，有些种类在腹部也有骨板。背鳍5～8鳍棘，鳍棘间有鳍膜相连，以第二鳍棘最长大，11～19鳍条。通常无侧线。如图7-246所示。

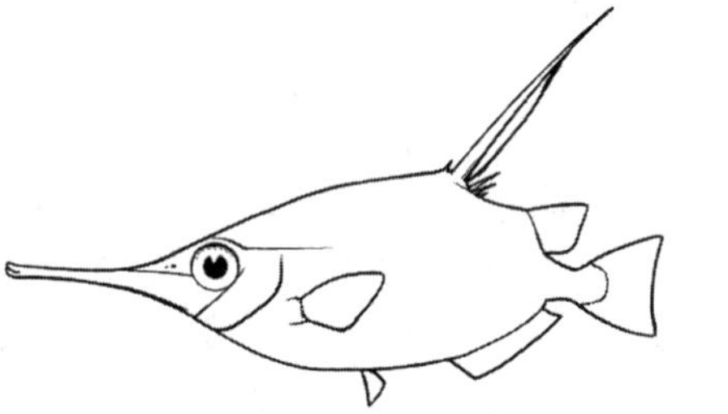

图 7-246　长吻鱼科 Macroramphosidae

记载1属2种，分布于各大洋热带及亚热带海域，最大体长可达300mm，我国产长吻鱼 *Macroramphosus scolopax* 1种。

科 299　玻甲鱼科 Centriscidae

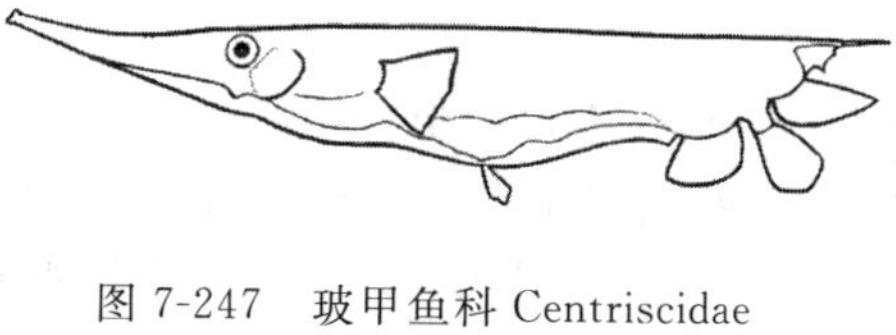

图 7-247　玻甲鱼科 Centriscidae

体延长，甚侧扁。身体完全包被于透明的骨质甲中，甲具节，节与节密接，骨质腹缘较薄，甚尖锐。头大，吻特别突出，呈管状。口端位，很小，上下颌无齿。第一背鳍棘长而尖，位于体之末端，其下有2短棘。第二背鳍、尾鳍及臀鳍均向下弯曲，尾鳍位于体后部下方。胸鳍发达，侧位。腹鳍很小，腹位。各鳍均无分支鳍条。无侧线。如图7-247所示。

记载4属11种,分布于印度-太平洋,最大体长150mm,我国产2属3种,见于东海、南海及台湾海域。

目56　合鳃鱼目 Synbranchiformes

体延长,呈鳗形。左右鳃孔在腹侧连合成一横裂。鳃通常退化,而口腔粘膜及肠能行辅助呼吸作用。口裂由前颌骨和部分上颌骨组成。后翼骨与蝶耳骨相接,无眶蝶骨和眶下骨,无肋骨。体裸露无鳞或部分被鳞。背鳍、臀鳍与尾鳍相连,背鳍、臀鳍退化为鳍膜状嵴,尾鳍小或缺如。无胸鳍和腹鳍。眼小,有时已隐于皮下。无鳔。鳃盖条4~6。脊椎骨98~188。

本目记载有3科。

科300　合鳃鱼科 Synbranchidae

体呈鳗形,无腹鳍和腹鳍,有些种类在早期发育阶段有胸鳍出现。背鳍、臀鳍仅为皮褶,无鳍条。体无鳞或部分被鳞。眼小。左右鳃孔位于头的腹面连合成一横缝。鳃盖条4。如图7-248所示。

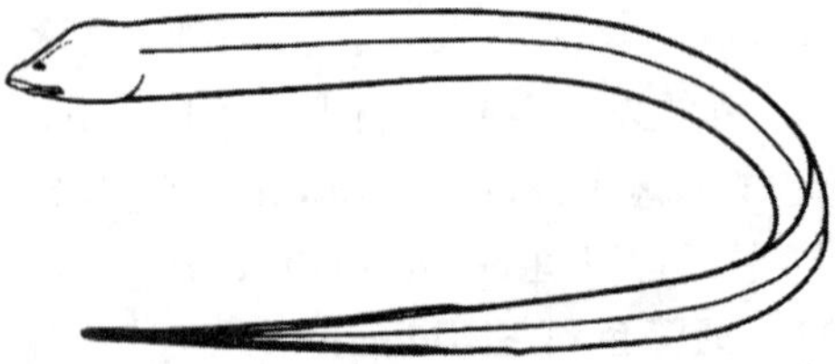

图7-248　合鳃鱼科 Synbranchidae

记载4属20种,分布于热带及亚热带淡水水域。我国产1属黄鳝 *Monopterus albus* 等2种。最大体长可达700mm,重1.5kg。

科301　鳗鳅科 Chaudhuriidae

体细长,呈鳗状,前部圆柱形,后部略侧扁。各鳍均无棘。大多数体裸露,也无侧线,吻不呈喙状。背鳍、臀鳍不与尾鳍连合。如图7-249所示。

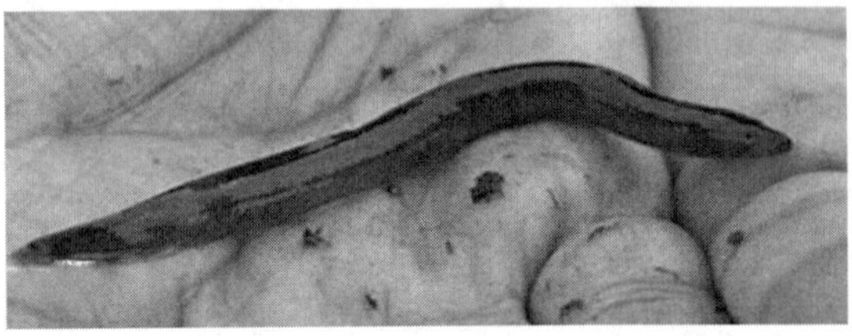

图7-249　鳗鳅科 Chaudhuriidae

记载6属10种,分布于东北印度地区至泰国、朝鲜等淡水水域(包括马来西亚、加里曼丹),最大体长约80mm。我国不产。

科302　刺鳅科 Mastacembelidae

体延长,呈鳗形,被甚细小圆鳞。吻向前伸出成吻突。前鼻孔小,具短管,位于吻端两侧,后鼻孔裂缝状,位于眼前。口前位,颌齿细尖,多行。犁骨、腭骨及舌上无齿。前鳃盖骨具棘或无棘。鳃盖膜不与峡部相连。无假鳃。鳞耙退化。侧线有或无。背鳍基底甚长,鳍棘短小而游离,14~39鳍棘及35~87鳍条。臀鳍2~3鳍棘,30~130鳍条,二鳍后端与尾鳍相连或不相连。胸鳍短圆,腹鳍消失,尾鳍尖圆。如图7-250所示。

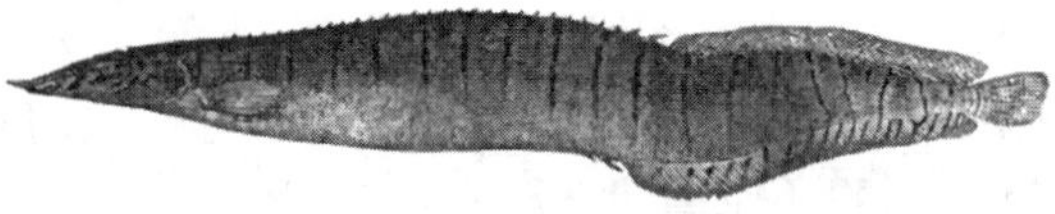

图7-250　刺鳅科 Mastacembelidae

记载3属,约78种。最大体长可达900mm。分布于叙利亚至马来西亚群岛、中国及韩国的热带淡水水域,我国产3属3种。

目57　鲉形目 Scorpaeniformes

体稍延长,侧扁或平扁。头部各种棘突多。第二眶下骨后延为一骨突,与前鳃盖骨连接。顶骨与板骨(Tabulars)愈合。鼻骨不互相愈合,亦不与额骨相连。体被栉鳞、圆鳞、绒毛状细刺或骨板,或光滑无鳞。上下颌齿一般均细小,犁骨及腭骨常具齿。具假鳃。第四鳃弓后方常具一裂孔。鳃盖条5~7。背鳍1~2个,由鳍棘部和鳍条部组成。臀鳍具1~3鳍棘,或消失。胸鳍宽大,有或无指状游离鳍条。腹鳍胸位或亚胸位,具1鳍棘、2~5鳍条,有时连合成吸盘。

本目记载7亚目26科。

豹鲂鮄亚目 Dactylopteroidei

体延长，稍平扁，方柱形，向后渐狭小。头宽短，方形，平扁，头背及两侧均被骨板。吻短而钝，鼻骨愈合。眼中大，上侧位。眶上棱、翼耳棱及后颞棱相连，末端具一棘。眼间隔宽凹。口前下位。上下颌具绒毛状齿群，犁骨及腭骨均无齿。前鳃盖骨具一长棘，鳃盖骨小，无棘。体被栉鳞，每鳞具一长棘，尾柄两侧具数圆刀状嵴鳞。第一鳍棘或第一及第二鳍棘均游离。胸鳍长大，平展，上部鳍条旋入前方，后部鳍条转入后方。腹鳍具1鳍棘、4鳍条。尾鳍后缘内凹。

本亚目仅1科。

科303 豹鲂鮄科 Dactylopteridae

基本特征与亚目同，如图7-251所示。

记载2属，8种。分布于印度-太平洋、大西洋的热带及亚热带，为海洋底层鱼类，最大体长可达500mm。我国产1属3种，见于东海、南海及台湾海域。

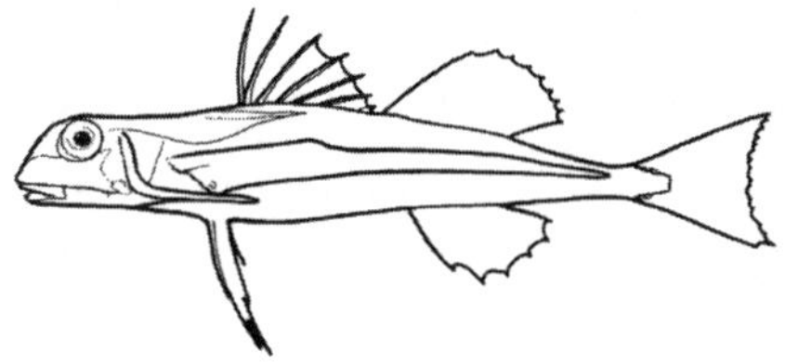

图7-251 豹鲂鮄科 Dactylopteridae

鲉亚目 Scorpaenoidei

体延长，侧扁。头侧扁或高、宽近相等，表面具许多棘突或棘棱，或被以骨板。左右鼻骨分离，体被鳞片或无鳞，侧线1条；背鳍棘通常发达；除蓑鲉亚科外胸鳍一般不扩大。

本亚目记载有6科。

科304 鲉科 Scorpaenidae

头部具棘和棱。后颞骨前部分叉，附着于头颅上。眼上侧位。第二眶下骨后延为一骨突，与前鳃盖骨连接。眶前骨具棘。口大或中大，前位，斜裂。上下颌及犁骨均具齿，腭骨齿有或无。喉峡部前方无乳突状物。鳃孔宽大。前鳃盖骨具4～5棘；鳃盖骨具2棘。鳃盖膜不与峡部相连。第四鳃弓后裂孔有或无。假鳃发达。体一般被鳞。背鳍连续，起点在头后上方，鳍棘发达，具12～16鳍棘、8～16鳍条。臀鳍具2～3鳍棘、6～11鳍条。胸鳍具分支和不分支鳍条。腹鳍胸位，具1鳍棘、5鳍条。尾鳍内凹，截形或圆形。如图7-252所示。

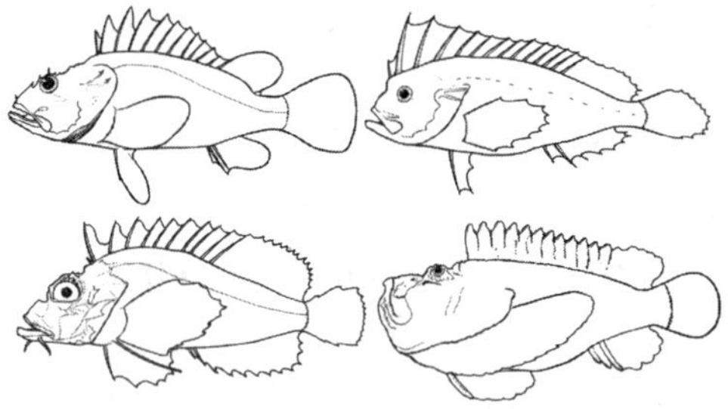

图7-252 鲉科 Scorpaenidae

本科种类繁多，记载有63属，约454种之多，体形及个体大小都差别较大。分布于各大洋热带至温带海域，极少数也生活在淡水水域。我国产41属103种。

科305 头棘鲉科 Caracanthidae

体呈卵圆形，甚侧扁。头较大。眼小，侧位。口小，端位。体上覆有皮褶。鳞片仅见于侧线上、背鳍基底附近，在头顶上变成棘状。背鳍连续，有凹刻，起点在鳃盖上方，具6～8鳍棘，11～14鳍条。臀鳍具2棘，11～14鳍条。胸鳍小，13～15鳍条。腹鳍小，1鳍棘，通常3鳍条。前鳃盖骨上具5～6棘。脊椎骨24。如图7-253所示。

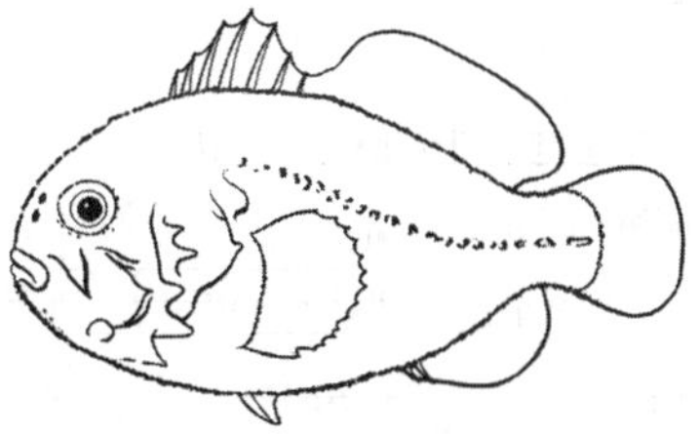

图7-253 头棘鲉科 Caracanthidae

记载1属4种，均为小型鱼类，最大体长仅70mm，分布于印度洋、太平洋。我国产2种。

科306　绒皮鲉科 Aploactinidae

也称疣鲉科，体延长，侧扁。头中大，侧扁，具棘和棱。眼中大，上侧位。眶前骨具棘。鼻孔每侧2个。口前位，斜裂；或上位，上下颌及犁骨具绒毛状齿群，腭骨齿有或无。第二眶下骨后延为一骨突，与前鳃盖骨连接。前鳃盖骨具4～5棘，鳃盖骨具1～2棘。鳃盖膜分离或微连，不与峡部相连。鳃盖条5～7个。第四鳃弓后无裂孔。具假鳃。体被细鳞或绒毛状细刺，或裸露无鳞。背鳍连续，起点在眼上方(或稍前或稍后)，具8～17鳍棘、6～14鳍条。臀鳍具1～3鳍棘(或无鳍棘)、4～14鳍条。胸鳍约具10～13鳍条，下方无游离鳍条。腹鳍胸位或喉位，具1鳍棘、2～5鳍条。尾鳍截形或圆形。脊椎骨24～33。如图7-254所示。

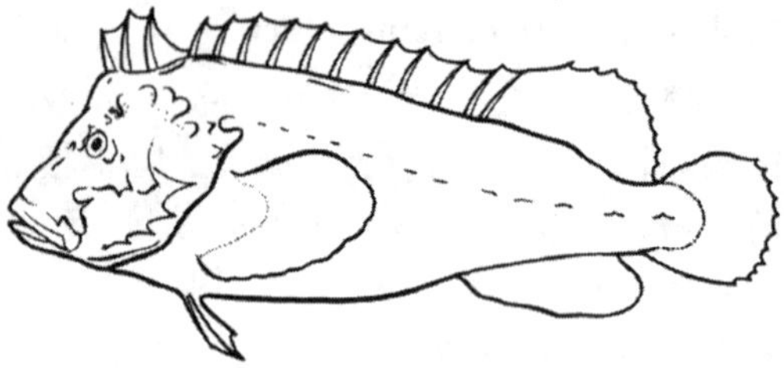
图7-254　绒皮鲉科 Aploactinidae

记载18属50种，分布于印度-西太平洋沿海到100m深的海区。大多数分布于印度尼西亚和澳大利亚。我国产5属7种。

科307　奇矮鲉科 Pataecidae

也称丑鲉科、澳洲鲉科。无腹鳍，背鳍甚长，从头前部一直延伸到尾部，或与尾鳍相连，具19～25鳍棘，7～17鳍条。臀鳍具5～11鳍棘，3～7鳍条。胸鳍具8鳍条。各鳍鳍条均为不分支鳍条，峡部前部有肉质突起，眶下骨缺如。脊椎骨34～44。如图7-255所示。

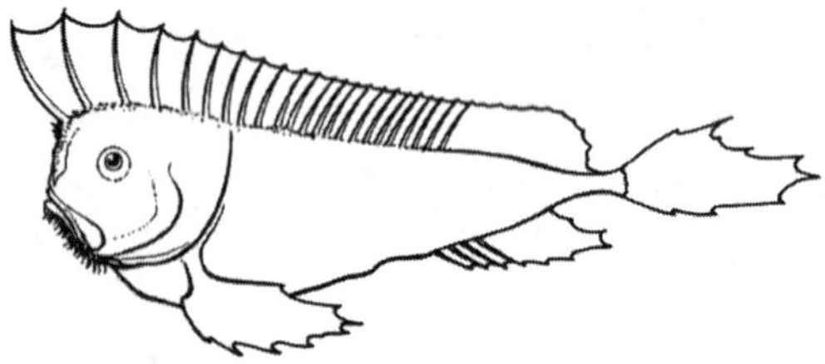
图7-255　奇矮鲉科 Pataecidae

记载3属3种，我国不产，最大体长可达300mm，分布于澳大利亚海域。

科308　红疣鲉科 Gnathanacanthidae

体稍延长，体无鳞，柔软，鳃盖具2长棘，或隐于皮下。光滑或有小的孔突或瘤突。所有鳍条均为不分支鳍条，峡部前部有肉质突起。背鳍起点在眼的上方。腹鳍具1棘，5鳍条，背鳍2个，基约等长，第一背鳍具7鳍棘，第二背鳍具3鳍棘，8～10鳍条，臀鳍有3鳍棘，8～9鳍条。胸鳍具10～12鳍条。脊椎骨28～30。如图7-256所示。

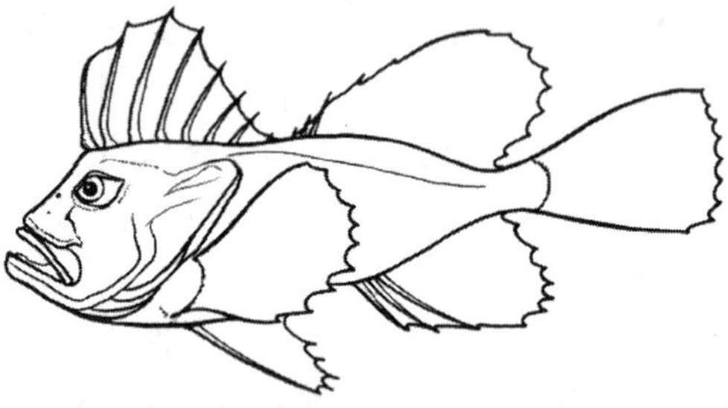
图7-256　红疣鲉科 Gnathanacanthidae
(红疣鲉 *Gnathanacanthus goetzeei*)

记载1属红疣鲉 *Gnathanacanthus goetzeei* 1种，最大体长300mm。分布于澳大利亚西部及南部沿海。我国不产。

科309　前鳍鲉科 Congiopodidae

体长椭圆形，侧扁。头小，眼小。口小，端位。吻较长。体无鳞，皮肤上有时有颗粒状突起。头部部分被以骨板。头每侧仅1鼻孔。鳃孔缩小，上端在胸鳍基上方。侧线通常发达。背鳍连续，无凹刻，具8～21鳍棘。臀鳍有0～3鳍棘。脊椎骨30～39。如图7-257所示。

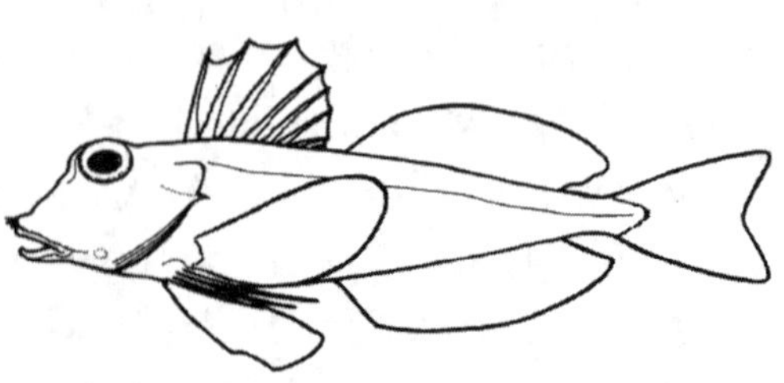
图7-257　前鳍鲉科 Congiopodidae

记载4属9种,分布于南半球寒冷海域,我国不产。

鲬亚目 Platycephaloidei

也称牛尾鱼亚目。本亚目种类基本体型有两类,一类是头背及两侧,甚至体也被骨板,胸鳍上方具游离鳍条,吻两侧向前各有延伸;另一类头及体部不具骨板,头体显着平扁,头部周围嵴、棱、棘通常均发达。

记载5科,我国均有分布,检索如下:

1(4) 头、体均为骨板所包围

2(3) 胸鳍下方具3游离鳍条…………鲂鮄科 Triglidae

3(2) 胸鳍下方具2游离鳍条…………黄鲂鮄科 Peristediidae

4(1) 头、体不具骨板

5(8) 体被覆瓦状鳞片;胸鳍下方无游离鳍条

6(7) 腹鳍起点前于或正对胸鳍起点;臀鳍具3鳍棘,如无棘,下鳃盖骨具1棘…………红鲬科 Bembridae

7(6) 腹鳍起点后于胸鳍起点;臀鳍无棘,下鳃盖骨无棘…………鲬科 Platycephalidae

8(5) 体除侧线外无鳞;胸鳍下方具3～4枚游离鳍条…………棘鲬科 Hoplichthyidae

科310 鲂鮄科 Triglidae

也称角鱼科。体稍延长,前部粗大,后部渐狭小。头大,近方形,背面和侧面被骨板,连合成骨甲。吻中长,向下倾斜,两侧各具1吻突,吻突圆钝或近三角形,常具小棘或锯齿。鼻孔2个。眼上侧位。口端位或下端位,口裂低斜。上颌较下颌略突出。上下颌具细齿,犁骨、腭骨无或有齿,犁骨齿群相连呈横月形或分离。鳃孔宽大,鳃盖膜分离,不与峡部相连或仅前端相连。鳃盖条7。鳃耙短小。假鳃发达。鼻棘有或无。前鳃盖骨具0～2棘,鳃盖骨具2棘。眼间隔浅凹,顶枕部平坦。前鼻孔具短管状皮突。鳞中大或细小,栉鳞或圆鳞,头部无鳞,背鳍前方背部、胸部或前腹部常无鳞,各鳍无鳞。侧线鳞50～130。背鳍基底具有棘楯板22～27个。背鳍2个,相连或分离,第一背鳍具7～11鳍棘,第二背鳍具1鳍棘,10～23鳍条。臀鳍具0～1鳍棘,11～23鳍条。胸鳍下方具3指状游离鳍条。腹鳍具1鳍棘,5鳍条。尾鳍凹入或叉形,具9～10分支鳍条。如图7-258所示。

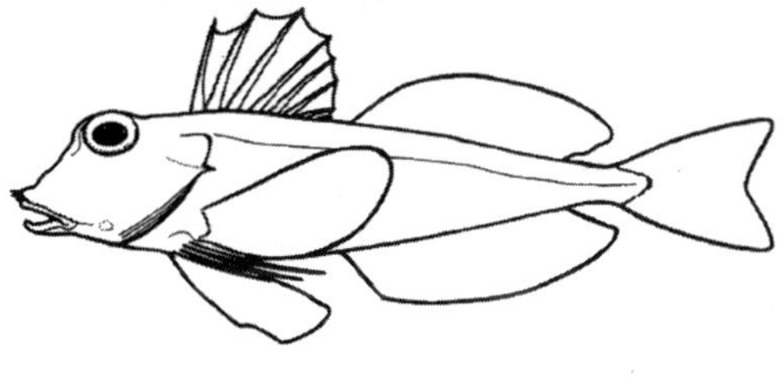

图7-258 鲂鮄科 Triglidae

记载9属,约121种,广泛分布于所有热带及温带海域。我国产3属22种。

科311 黄鲂鮄科 Peristediidae

体延长,前部稍平扁,后部渐狭小。头狭长或宽平,被骨板,眼前背中线具一棘或无棘。眼上侧位。鼻孔每侧1个。口下位。前颌骨不能伸缩;上颌骨无辅骨,被眶前骨遮盖;下颌腹面具皮须。上颌有齿或无齿,下颌、犁骨及腭骨均无齿。鳃孔大。前鳃盖骨下角圆钝,或具一尖棘,鳃盖骨具2棘。鳃盖膜与峡部相连。鳃盖条7。具假鳃。鳃耙短小。体被骨板,每骨板常具一强棘。侧线中侧位。背鳍连续,具7～8鳍棘、14～22鳍条,鳍棘部基底短,鳍条部基底甚长。臀鳍长,其基底约等于背鳍鳍条部基底,无鳍棘,具14～23鳍条。胸鳍下部具2指状游离鳍条。腹鳍胸位,具1鳍棘、5鳍条。尾鳍凹入或截形。如图7-259所示。

记载5属,约45种,分布于各大洋之深海,我国产4属11种。

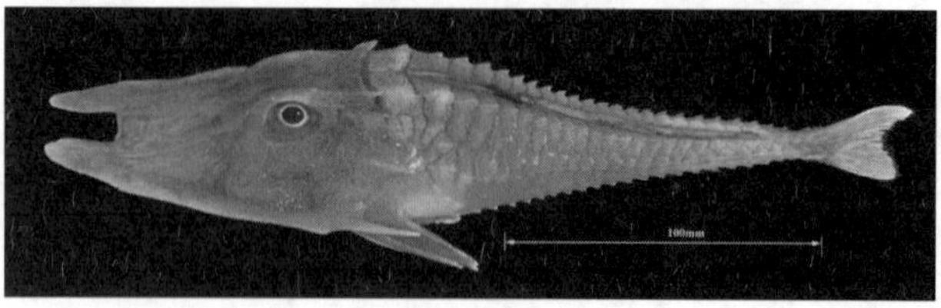

图 7-259　黄鲂鮄科 Peristediidae

科 312　红鲬科 Bembridae

体延长,亚圆筒形,向后渐细小。头稍平扁,具棱和棘。吻长而平扁,背视圆弧形。眼大,上侧位。鼻孔每侧 2 个。口前位。上下颌约等长或下颌突出。上下颌、犁骨及腭骨均具绒毛状齿群;犁骨齿群分离。鳃孔宽大。前鳃盖骨具 1 大棘,或 4 棘。下鳃盖骨或具棘。体被栉鳞。侧线中侧位。背鳍 2 个,分离。臀鳍长,长于第二背鳍,具 3 棘或无鳍棘。腹鳍前胸位,即腹点前于或正对胸鳍起点。尾鳍凹入。如图 7-260 所示。

记载 4 属 10 种,多数为底栖性小型鱼类,生活水深在 150～650m 之间,分布于印度-西太平洋海域。我国产 3 属 3 种。

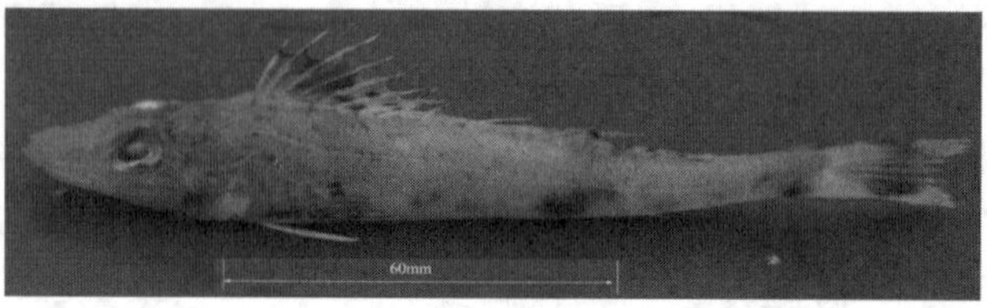

图 7-260　红鲬科 Bembridae

科 313　鲬科 Platycephalidae

体平扁,延长,向后渐狭小。头平扁,棘和棱常显着。眼大,上侧位。鼻孔每侧 2 个。口前位。下颌突出。上下颌、犁骨及腭骨均具绒毛状齿群,有时齿较大,犬齿状。体被栉鳞,头后部具鳞。背鳍 2 个,第一背鳍前方常具 1～2 游离鳍棘,具 8～10 鳍棘、11～13 鳍条。臀鳍具 11～13 鳍条。胸鳍斜圆。无游离鳍条。腹鳍亚胸位,具 1 鳍棘、5 鳍条。尾鳍微圆或截形。如图 7-261 所示。

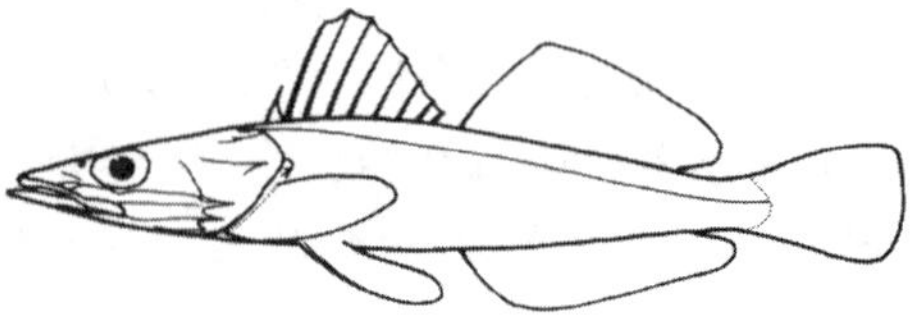

图 7-261　鲬科 Platycephalidae

记载 18 属,约 72 种。底栖性鱼类,常浅埋于海底,最大体长可达 1.1m,生活水深在 10～300m。主要分布于印度-太平洋海域。我国产 12 属 22 种。

科 314　棘鲬科 Hoplichthyidae

也称针鲬科。体平扁,延长,向后渐狭小。头宽平,粗糙,密具颗粒状和锯齿状突起,棘和棱均发达。吻平扁,前缘圆钝。鼻棘细尖,中筛棱细狭,眶上棱具锯齿和小棘群,眶后棱低平,具后颞棘及肩胛棘各 1 个。眼中大,上侧位。眶前骨下缘具小棘多个。眶下棱密具棘刺。眼间隔窄而凹入。鼻孔每侧 2 个。口大,前位。上下颌约等长。上下颌、犁骨及腭骨均具绒毛状齿群。舌宽薄,游离。鳃孔大。前鳃盖骨具棘多个,鳃盖骨棱具细锯齿,后缘具 3 棘。无间鳃盖骨。鳃盖膜与峡部相连。鳃盖条 7。假鳃发达。鳃耙短小。体背面和上侧面具骨板一纵行,每一骨板具粒状突起和 1～2 棘,下腹面和腹面均裸露。背鳍 2 个,分离,第一背鳍短小;第二背鳍长大。臀鳍延长,基底略长于第二背鳍基底。胸鳍中大,鳍条有时延长呈丝状,下方具 3～4 游离鳍条。腹鳍具 1 鳍棘、5 鳍条，位于胸鳍基底稍前下方。尾鳍圆截形。如图 7-262 所示。

记载 2 属 12 种，底栖性鱼类，生活水深在 10～1500m 之间。最大体长可达 430mm。分布于印度-太平洋海域。我国产 1 属 4 种。

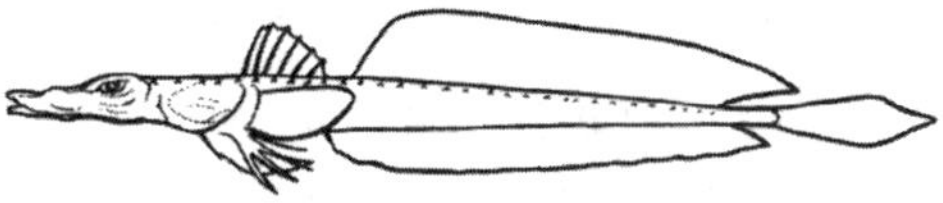
图 7-262　棘鲬科 Hoplichthyidae

裸盖鱼亚目 Anoplopomatoidei

体长椭圆形。头中大，头上无棘和棱。眼小或中大，上侧位。口中大，前位，每侧有 2 个发达的鼻孔。鳃膜与峡部相连。侧线 1 条。背鳍 2 个。臀鳍具 3 棘，11～19 鳍条。腹鳍具 1 棘，5 鳍条。

记载仅 1 种。

科 315　裸盖鱼科 Anoplopomatidae

主要特征与亚目同。背鳍 2 个，第二背鳍具 16～21鳍条，臀鳍棘弱。如图 7-263 所示。

记载仅 2 属 2 种。分布于北太平洋，我国不产。最大体长可达 1.8m。

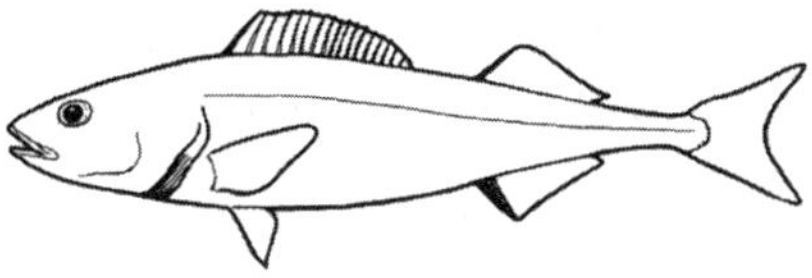
图 7-263　裸盖鱼科 Anoplopomatidae

六线鱼亚目 Hexagrammoidei

体中长，侧扁，稍低，长椭圆形；头较小，略尖突。头部无棱或棘。吻中大，略尖圆。鼻孔 1 个，后鼻孔不明显或消退。眼小，上侧位。眼间隔宽平。口小或中大，端位，口裂低斜，上颌比下颌稍突出。上下颌具尖齿，外行齿较大，犁骨具齿，腭骨有或无齿。有些种类眼背和项背具羽状皮瓣。鳞较小，栉鳞或圆鳞，侧线 1 条或 5 条。背鳍基长，中间具缺刻，具 16～28 细弱鳍棘和 11～30 鳍条。臀鳍具 0～3 棘、6～7 分支鳍条，胸鳍宽圆，腹鳍亚胸位，尾鳍截形或微凹。无鳔。脊椎骨 36～63。

记载仅 1 科。

科 316　六线鱼科 Hexagrammidae

特征与亚目同(图 7-264)，记载 5 属 12 种，我国产 1 属 4 种。主要分布于北太平洋。大多数种类体长小于 450mm，有些种类可达 1.5m。

诺曼鱼亚目 Normanichthyiodei

体延长，梭形。头中大。眼较大。口小，端位。体被栉鳞，颊部、鳃盖及胸部均被鳞。头部无棘和棱。第二眶下骨不完全达到前鳃盖骨。背鳍 2 个，分离，相距甚远。臀鳍起点前于第二背鳍。胸鳍中侧位。腹鳍胸位，具 1 棘，5 鳍条。尾鳍叉形，无肋骨。

记载仅 1 科。

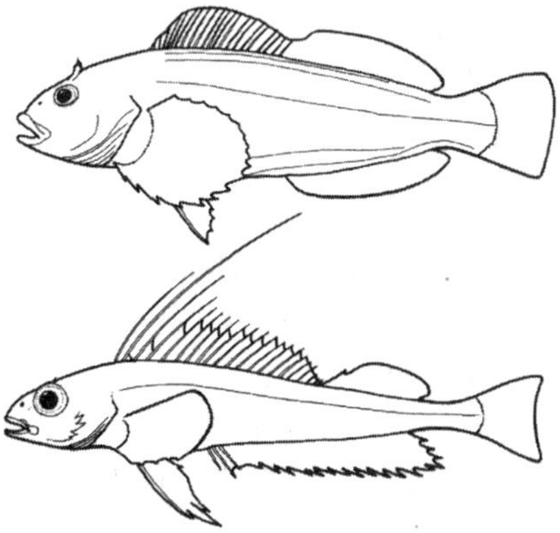
图 7-264　六线鱼科 Hexagrammidae

科 317　诺曼鱼科 Normanichthyidae

也称诺氏鱼科，特征同亚目。如图 7-265 所示。

记载仅诺(曼)氏鱼 *Normanichthys crockeri* 1 种。分布于智利利瓦帕拉伊索湾 Macha 岛附近。

图 7-265　诺曼鱼科 Normanichthyidae

杜父鱼亚目 Cottoidei

头部平扁，体后部侧扁。头部无骨板，体光滑或具皮棱或骨板，无正常鳞片。腹鳍正常或愈合成呈盘状，胸位或近喉位。

本亚目记载有 11 科。

科 318　钩吻杜父鱼科 Rhamphocottidae

体短而高，很侧扁。头甚宽大，头顶平整，鼻后头顶至枕骨间有一明显小窝。眶上缘至颈背部具 2 条棱脊，其后具一强大钝棘。吻小而圆突，上颌后缘远未达眼前缘。上下颌具齿，鼻区、眶上及鳃盖均具强棘。背鳍 2 个，分离，第一背鳍具棘 7～8，第二背鳍 12～13 鳍条。臀鳍 6～7 鳍条；腹鳍具 1 棘，3 鳍条；尾鳍圆形。体侧横列暗褐色斑纹；眼眶四周亦散布暗褐色斑纹；尾柄呈红色；各鳍则成橘红色；第一背鳍具黑色斑点。如图 7-266 所示。

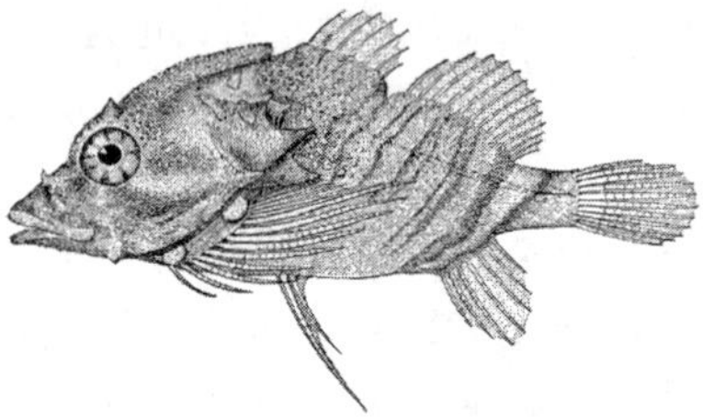
图 7-266　钩吻杜父鱼科 Rhamphocottidae

记载仅 1 属查利森钩吻杜父鱼 *Rhamphocottus richardsonii* 1 种，分布于北太平洋的日本至阿拉斯加及加利福尼亚南部海域。生活水深在 0～165m 之间，最大体长约 80mm。

科 319　旋杜父鱼科 Ereuniidae

也称拟杜父鱼科。体延长，后部渐细狭，尾柄细长。头较大，头上有棘突。眼大，背鳍 2 个，分离，第一背鳍具 9～11 棘，第二背鳍具 12～16 鳍条。臀鳍具 11～14 鳍条。胸鳍具 14～15 鳍条，腹鳍下方有 4 枚游离鳍条。体被刺状鳞。无基鳃骨。前鳃盖骨具简单的棘，鳃条骨 6。脊椎骨 35～39(其中尾椎骨 13)。如图 7-267 所示。

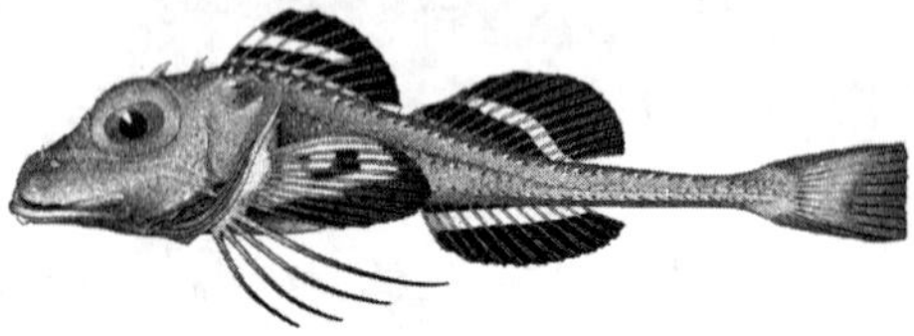
图 7-267　旋杜父鱼科 Ereuniidae

记载 2 属 3 种，中西及北部太平洋深海种类，最大体长 300mm。我国产 2 属 2 种，见于东海大陆架 410～670m 深海域。

科 320　杜父鱼科 Cottidae

体中长，前部稍平扁，后部稍侧扁，向后渐细小。眼较大，上侧位，眼间隔狭小。口端位或下端位。上下颌、犁骨及腭骨具齿。前颌骨能伸缩，前鳃盖骨具 3～4 棘，上棘尖直，分叉或上弯具钩刺上。鳃盖膜宽而相连。体裸露无鳞或具不整齐刺和骨板。具侧线。背鳍 2 个，分离或连续，鳍棘常细弱，常为皮肤所盖，。臀鳍与第二背鳍同形，胸鳍基底宽大，腹鳍胸位。如图 7-268 所示。

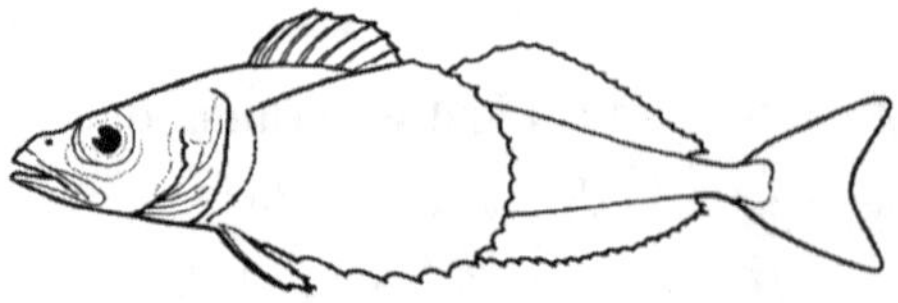
图 7-268　杜父鱼科 Cottidae

记载 65 属，分布于海水及淡水水域，约 262 种，广泛分布于北半球及邻近新几内亚、新西兰的澳大利亚东部，我国产 11 属 15 种。

科 321　胎生贝湖鱼科 Comephoridae

体延长，头中大，吻尖长。眼中大，上侧位。口大，前位。眶下骨、前鳃盖骨和下颌骨多孔。裸露无鳞，透明或半透明。胸鳍很长，无腹鳍(具腹鳍支鳍骨)。体通常脂肪含量高。脊椎骨 48～50。卵胎生。背鳍 2 个，第二背鳍长，后端几达尾鳍。臀鳍与第二背鳍相对。尾鳍截形。如图 7-269 所示。

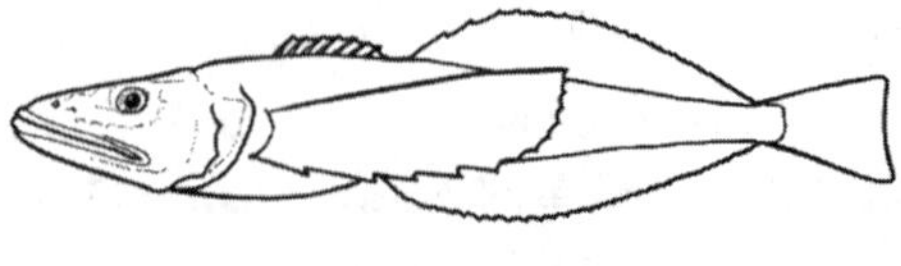
图 7-269　胎生贝湖鱼科 Comephoridae

记载 1 属 2 种，淡水鱼类，分布于西伯利亚的贝加尔湖营浮游性生活的小型鱼类，体长通常在 200mm 以下。我国不产。

科 322　渊杜父鱼科 Abyssocottidae

后匙骨退化或缺如。背鳍具 3～10 鳍棘，10～21鳍条。臀鳍具 8～16 鳍条。腹鳍具 1 棘，2～4 鳍条。脊椎骨 30～37。如图 7-270 所示。

记载 8 属 25 种，淡水鱼类，主要分布于西伯利亚的贝加尔湖，我国不产。

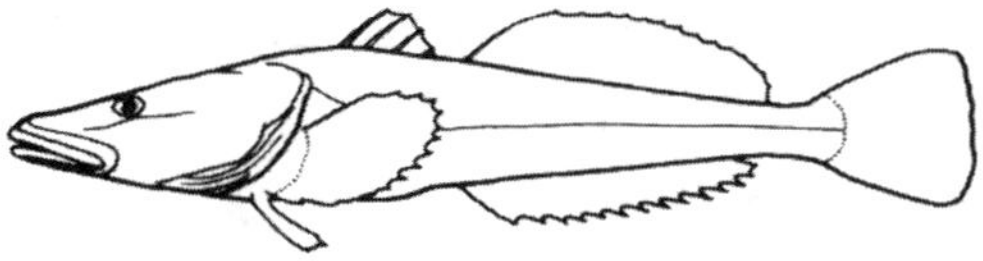

图 7-270　渊杜父鱼科 Abyssocottidae

科 323　绒杜父鱼科 Hemitripteridae

体延长，粗圆，略侧扁。头大，有许多骨突、骨棱和皮瓣。眼上棱隆起。眼间隔宽而深，顶骨部有一凹陷，其后缘每侧有 3 枚钝棘。口宽大，两颌、腭骨和犁骨均具宽齿带。最后鳃弓后方无鳃裂。鳃盖膜相连，不与峡部相连。前鳃盖骨具钝粗棘。眶下骨发达，形成棱嵴。体无鳞，被细刺或骨质乳突。背鳍鳍棘部较鳍条部长，具 14～19 鳍棘。胸鳍宽大，向后伸展。腹鳍具 1 棘，3 鳍条。脊椎骨 35～41。如图 7-271 所示。

图 7-271　绒杜父鱼科 Hemitripteridae

记载 3 属 8 种，仅 1 种分布于西北大西洋，其余分布于北太平洋。我国产 1 属绒杜父鱼 *Hemitripterus villosus* 1 种，分布于黄海和渤海。

科 324　八角鱼科 Agonidae

体甚延长，后部渐细狭。头小。眼小，上侧位。口小，前位。体上被有 8 条纵行骨板，有角和棱突。肛门前移至胸鳍基底下方，常紧接着腹鳍基底。背鳍 1 或 2 个，第一背鳍如存在，则具 2～21 棘，第二背鳍具 4～14 鳍条。臀鳍具 4～28 鳍条。腹鳍胸位，具 1 棘，2 鳍条。尾鳍主鳍条 10～12。无鳔。脊椎骨 34～47。如图 7-272 所示。

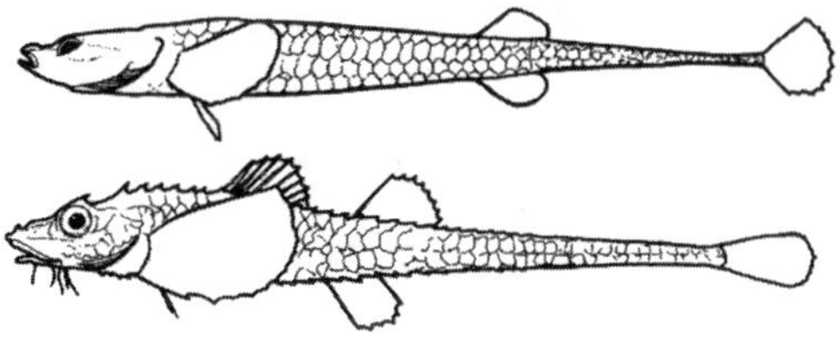

图 7-272　八角鱼科 Agonidae

记载 22 属 47 种，分布于北极、北大西洋北部、北太平洋及南美南部海域，生活于近岸至 1000m 水深。最大体长 300mm。我国产 3 属 3 种。

科 325　隐棘杜父鱼科 Psychrolutidae

头部宽大，体自头后渐狭细。头上棘棱有或无。眼间隔宽，大于眼径。皮肤疏松，常将背鳍、臀鳍鳍棘、鳍条包在皮下。体无鳞，或具带刺的小骨板。头部皮瓣有或无。侧线退化，有 20 或以下侧线孔。上下颌有数行锥形齿，犁骨齿有或无，腭骨通常无齿。有 1～2 眶后骨。鳃孔宽大，鳃盖膜相连，与峡部相连，鳃盖条 7。鳃耙短小，颗粒状。假鳃发达。各鳃盖骨均无棘。背鳍低长，始于鳃孔上后方，具 8～9 鳍棘、12～24 鳍条，鳍棘部低，埋于皮中，仅端部外露。臀鳍无棘，具 9～13 鳍条，也埋于皮下，仅端部露出。胸鳍宽圆。腹鳍小而细长，具 1 棘、3 鳍条，尾鳍截形。如图 7-273 所示。

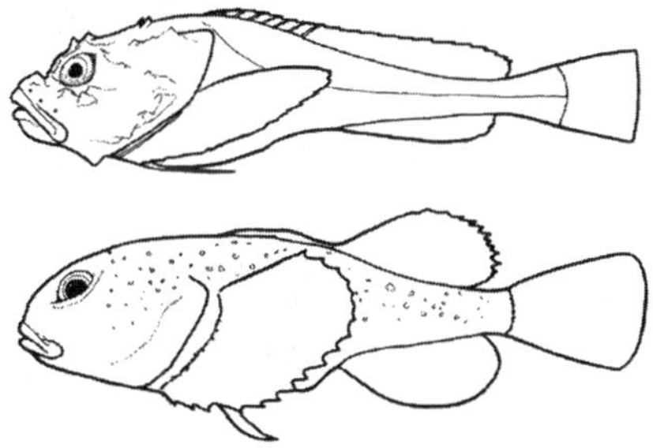

图 7-273　隐棘杜父鱼科 Psychrolutidae

记载9属42种，分布于大西洋、印度洋及太平洋。我国产1属3种。

科326　南极杜父鱼科 Bathylutichthyidae

体裸露，光滑，口角具1对长须；背鳍1个，具13鳍棘，28鳍条，鳍棘部分隐于皮下。臀鳍具36鳍条。腹鳍3鳍条，各鳍条均不分支。背鳍、臀鳍均与尾鳍相连。无犁齿和腭齿。鳃盖条7；后匙骨及腹肋缺如。脊椎骨49。如图7-274所示。

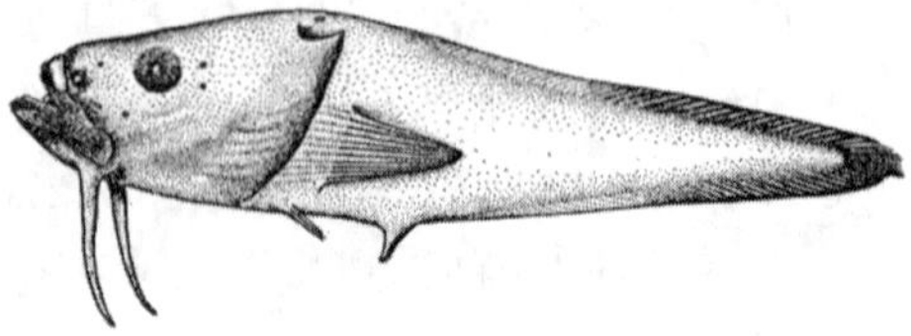

图7-274　南极杜父鱼科 Bathylutichthyidae

记载仅1属南极杜父鱼 *Bathylutichthys taranetzi* 1种，分布于大西洋（南乔治岛）。我国不产。

科327　圆鳍鱼科 Cyclopteridae

体较粗短，略呈球形，尾短小，侧扁。头宽短。吻短而钝。鼻孔2个。前鼻孔不显著。眼小，圆形，上侧位。眼间隔宽圆。口小，端位，几平裂。上颌骨不露出，伸达眼前部下方。上下颌骨具细齿，单尖，犁骨及腭骨无齿。鳃孔小，上侧位。第四鳃弓后无裂孔。鳃盖膜分离，与峡部相连。鳃盖条6。鳃耙短小。具假鳃。体无鳞。光滑或具皮突和骨突。侧线消失或具2～11侧线孔。背鳍2个，具4～8鳍棘，8～13鳍条，或背鳍连续，很长，具36～60鳍棘和鳍条，鳍棘细，不易和鳍条区分。臀鳍较短，无鳍棘，具7～13鳍条。胸鳍宽大，下缘凹入或不凹入，具23～47鳍条。腹鳍胸位、左右连成一吸盘，有时吸盘消失。尾鳍狭小，圆截形。背鳍和臀鳍连于或不连于尾鳍。如图7-275所示。

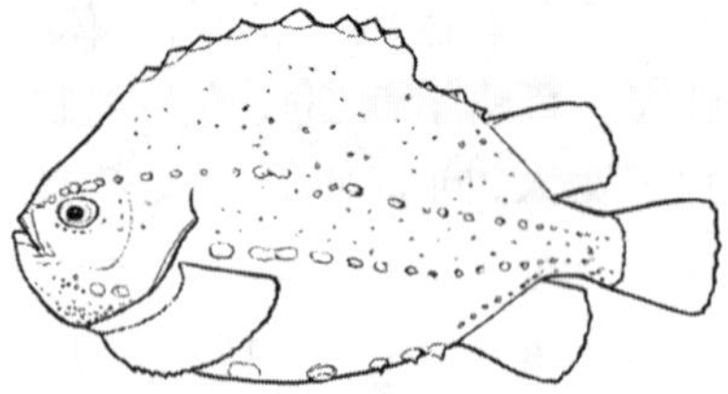

图7-275　圆鳍鱼科 Cyclopteridae

记载6属29种，分布于北半球高纬度寒冷地区，我国产1属雀鱼 *Lethotremus awae* 1种，记录于东海。

科328　狮子鱼科 Liparidae

体较长，粗大，前部稍平扁，后部渐狭小；尾长明显大于躯干长。头宽大，稍平扁。吻宽短。鼻孔2个或1个。眼小或中大，上侧位。眼间隔宽凸。口宽大或中大，端位或亚端位。上颌较下颌突出。上颌骨不外露，伸达眼前缘或前下方。上下颌具齿，细尖，三叉形或单尖，圆锥形，犁骨及腭骨无齿。鳃孔中大或小，侧位。鳃盖膜分离，与峡部相连。鳃盖条6。鳃耙短小。有或无假鳃。体光滑，皮肤柔软，或具颗粒状小棘，无骨瘤状突起。侧线消失。背鳍延长，具28～82鳍棘和鳍条。臀鳍延长，具24～76鳍条。背鳍和臀鳍后端几连或连于尾鳍。胸鳍宽大或中大，有或无缺刻。腹鳍正常或愈合为1吸盘。尾鳍细狭。脊椎骨38～86。最大记载体长为0.8m。如图7-276所示。

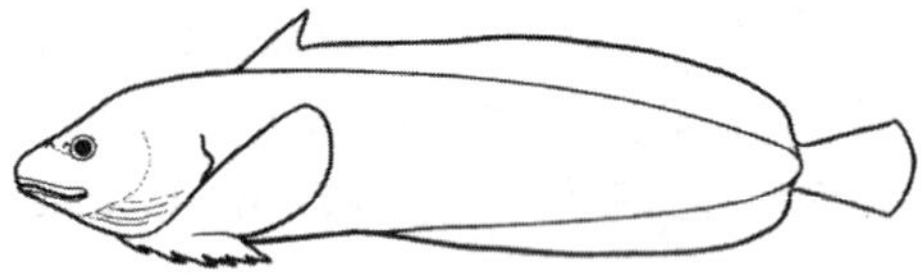

图7-276　狮子鱼科 Liparidae

记载30属，359种，自北极至南极均有分布，但以北太平洋、北大西洋和南极为多。我国产3属7种，最常见的为细纹狮子鱼 *Liparis tanakae*。

目58　鲈形目 Perciformes

为真骨鱼类中种类最多的一个目，共20个亚目，160科。也是多源性的类群。从外形上很难用单一、简单的特征进行鉴别。但多数种类都有以下特征：鳔无鳔管；背鳍、臀鳍和腹鳍一般均具鳍棘；通常有2个背鳍，第一背鳍通常由鳍棘组成，第二背鳍由鳍条或由鳍棘和鳍条组成。无脂鳍。腹鳍一般具1鳍棘，5鳍条，位于胸鳍基部的下方或前方。尾鳍主鳍条在17以下。口上缘由前颌骨参加组成。眼与头骨对称。肩带无中乌喙骨，无眶蝶骨。后颞骨通常分叉。有中筛骨。无韦伯氏器。具背肋和腹肋，无肌间骨。

鲈亚目 Percoidei

背鳍鳍棘一般发达。腹鳍腹位或喉位，左右腹鳍不显着接近，不愈合为吸盘状，一般具1鳍棘，5鳍条。尾柄不具棘或骨板。食道无侧囊。上颌骨不固着于前颌骨。第三眶下骨不与前颌骨连合。鼻骨不与额骨相缝合。无眶蝶骨。中筛骨直接伸达犁骨，不形成眼间隔。骨不包围鳔。

本亚目记载79科。

科329　锯盖鱼科 Centropomidae

下颌长于上颌，侧线延伸至尾鳍末端。尾鳍深叉形。背鳍2个，第一背鳍具8鳍棘，第二背鳍具1棘，8～11鳍条，臀鳍具3棘，5～8鳍条。腹鳍具1棘，5鳍条。鳃盖条7，脊椎骨24。最大体长可达2m。如图7-277所示。

记载仅1属，12种，分布于热带、亚热带的美洲中部与北部的海水、咸淡水及淡水水域，我国不产。

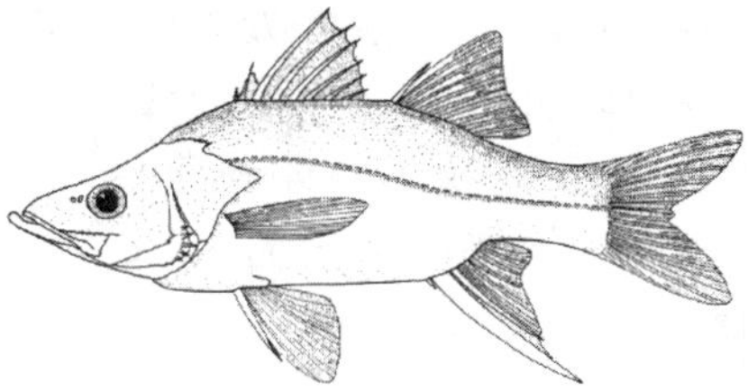

图7-277　锯盖鱼科 Centropomidae

科330　双边鱼科 Ambassidae

体延长而侧扁，呈长椭圆形，背部与腹部轮廓皆为弧形。头中小，眼大，口大且斜裂。颌骨、犁骨和腭骨皆具绒毛状齿，有些种类还具舌齿。眶前骨及前鳃盖骨具有细齿或小棘。后鳃盖骨下缘部则无棘。体被圆鳞，易脱落，颊部及鳃盖有1或2列鳞片。具侧线，有些侧线单一而完整，有些则分裂成两段。背鳍1～2个，第一背鳍具7～8鳍棘，通常第一鳍棘短小，第二背鳍7～11鳍条。臀鳍具3棘，7～11鳍条。脊椎骨24～25。尾鳍为叉形。本科中许多种类体半透明，甚至因无鳞而完全透明，故也称“玻璃鱼”，可作为观赏鱼。最大体长达260mm。如图7-278所示。

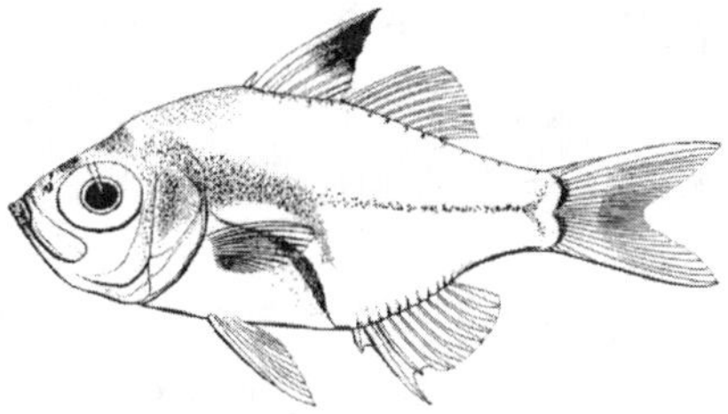

图7-278　双边鱼科 Ambassidae

记载8属47种，分布于印度-西太平洋各暖水海域，少数进入河流。有些也分布在马达加斯加岛、印度至澳大利亚的淡水水域。我国产2属10种。

科331　尖吻鲈科 Latidae

体延长，侧扁，被栉鳞。具辅上颌骨，上下颌、犁骨、腭骨均具绒毛状齿，舌上无齿。前鳃盖骨下缘具若干小棘。假鳃有或无，鳃盖条7。背鳍鳍棘部与鳍条部或未完全分离，常具7～8棘，10～12鳍条。臀鳍具3棘，8～9鳍条。尾鳍常圆形。脊椎骨25。如图7-279所示。

图7-279　尖吻鲈科 Latidae

记载3属11种，我国产2属3种。主要分布于印度-西太平洋和非洲，生活于海水、咸淡水及淡水水域。

科332　狼鲈科 Moronidae

体延长，侧扁，体及头均被细小栉鳞或圆鳞。口大，口裂稍斜，具辅上颌骨，上颌骨后端扩大，伸达眼后缘下方。两颌、犁骨与腭骨均具绒毛状齿，舌上无齿。前鳃盖骨后缘具锯齿和小棘,鳃盖骨后缘具 2 扁棘。背鳍 2 个,或鳍棘部与鳍条部仅基部相连,具深缺刻,第一背鳍具 8～10 棘,第二背鳍具 1 棘,10～13 鳍条。臀鳍具 3 棘,9～12 鳍条。胸鳍短小,低位。腹鳍胸位,外部鳍条较长。尾鳍叉形。鳃条骨 7,脊椎骨 25。如图 7-280 所示。

记载 3 属 9 种,我国产 2 属 4 种。主要分布于各大洋沿岸以及北美、北非,生活于海水、咸淡水及淡水水域。

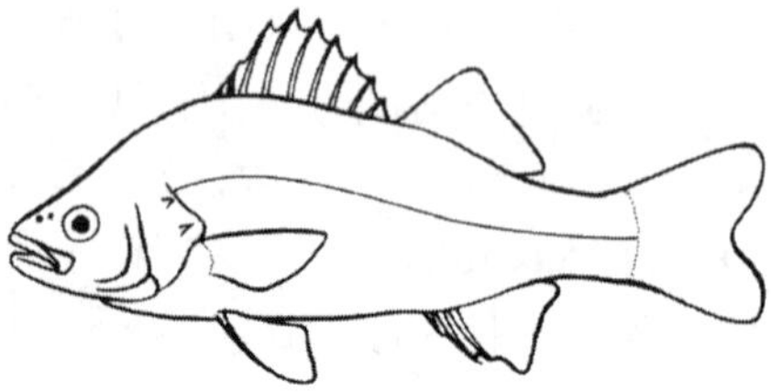

图 7-280　狼鲈科 Moronidae

科 333　鮨鲈科 Percichthyidae

也称真鲈科。背鳍鳍棘部与鳍条部连续,有或无深缺刻,具棘 7～12(除双棘鳕鲈 Gadopsis bispinosus 仅 1～3棘)和 8～38 鳍条。臀鳍具 3 棘,7～13 鳍条(鳕鲈属 Gadopsis 为 16～20 鳍条)。体被弱栉鳞或圆鳞,脊椎骨 25～36(鳕鲈属 Gadopsis 为 40～50)。如图 7-281 所示。

记载 14 属,约 44 种,淡水鱼类,偶尔也出现在河口附近,主要分布于澳洲和南美。我国产 4 属 13 种。

图 7-281　鮨鲈科 Percichthyidae

科 334　准小鲈科 Perciliidae

体稍延长,侧扁。头小,眼中大,侧线完全。背鳍一个,鳍棘部与鳍条部有一深缺刻,具 9 鳍棘,9～10 鳍条。胸鳍位低,位于体轴以下。腹鳍亚胸位。臀鳍基长,具 3 棘,8 鳍条。尾鳍近截形。体色变化较多。如图 7-282 所示。

记载仅 1 属 2 种,小型淡水鱼类,最大体长仅 90mm。分布于智利,我国不产。

图 7-282　准小鲈科 Perciliidae

科 335　发光鲷科 Acropomatidae

体长椭圆形,稍侧扁。体被栉鳞,易脱落。头中大,背廓平坦。眼大,眼上缘近头背缘。口大,前位,口裂斜。上颌骨外露,未被眶前骨所遮盖。上颌齿呈绒毛状,前端具大犬齿 1 对。下颌齿 1 行,前端具小犬齿 1 对。犁骨和腭骨均具齿。侧线完全。背鳍 2 个,分离,两背鳍间有时具独立的短鳍棘。第一背鳍具 7～10 棘,第二背鳍有时也具棘,8～10 鳍条。臀鳍具 2～3 棘,7～9 鳍条。尾鳍叉形。肛门前位,位于两腹鳍之间。有些种类在胸鳍腹面具埋于皮下的黄色发光体,能在夜间发光。鳃条骨 7,脊椎骨 25。如图 7-283 所示。

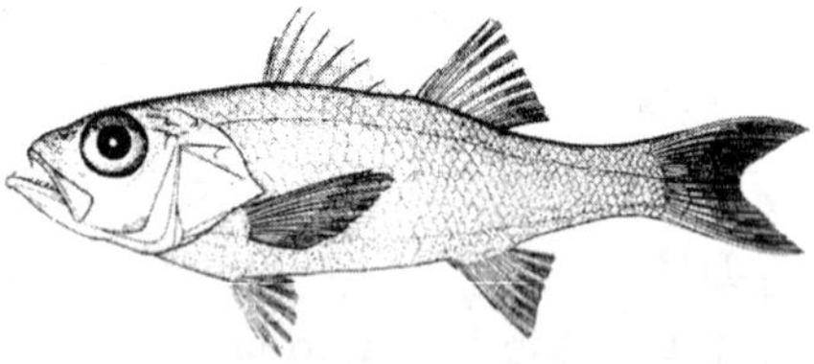

图 7-283　发光鲷科 Acropomatidae

记载 7 属 31 种,我国产 5 属 13 种,分布于各大洋。

科 336　愈齿鲷科 Symphysanodontidae

体延长而侧扁。吻短。眼中大。口较大,稍倾斜;两侧前上颌骨缝合处有一凹洼,正好为下颌骨缝合处瘤状突起所镶入;上下颌齿细小,均无犬齿。鳃盖有 2 扁棘。体被小栉鳞;侧线完全。背鳍连续,具 9 棘,10 鳍条。臀鳍具 3 棘,7 鳍条。腹鳍腋部有鳞状突。尾鳍深分叉,上下叶各有极显著之丝状延长。如图 7-284 所示。

记载 1 属 12 种,分布于各大洋。我国产 2 种,见于台湾海域。

图 7-284 愈齿鲷科 Symphysanodontidae

科 337 多锯鲈科 Polyprionidae

体高大而侧扁,头大,下颌突出,鳃盖具一背向的水平嵴,末端呈一短棘状。背鳍具 10~12 强棘,11~13 鳍条。臀鳍具 3 棘,8~10 鳍条。体色变化较多。如图 7-285 所示。

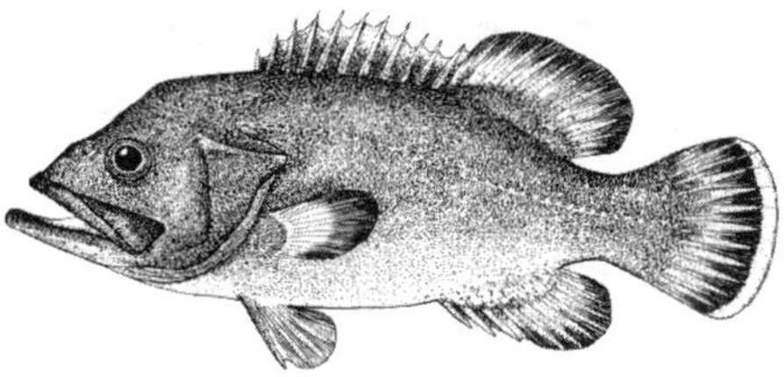

图 7-285 多锯鲈科 Polyprionidae

记载 2 属 6 种,分布于各大洋,我国不产。为大型鱼类,常见体长 0.8m,最大体长可达 2.1m,重 100kg。常生活在漂浮的木头及其他失事船只残骸物件近旁,以群集其间觅食小型生物的鱼类为食,故英文名意为“海难鱼”。

科 338 鮨科 Serranidae

体侧扁,延长,长椭圆形。体被栉鳞或圆鳞,有时鳞片埋于皮下,不明显。口大或中大,稍倾斜。前颌骨可稍向前伸出,辅上颌骨有或无,上颌骨不为眶前骨所遮盖。两颌齿绒毛状,或细尖,外行细尖齿常可向内倒伏,有时杂有犬齿。犁骨与腭骨均具绒毛状齿。舌或具齿。前鳃盖骨一般具锯齿,鳃盖骨有扁平棘 1~3 枚。鳃盖条 5~8。鳃耙长或短,或为结节状。有假鳃。鳃盖膜分离,不与峡部相连。背鳍连续或分离,背鳍棘发达,具 6~15 鳍棘,10~13 鳍条。臀鳍短,一般具 3 棘,7~12 鳍条。胸鳍下侧位。腹鳍胸位,具 1 棘,5 鳍条。尾鳍鳍条 17。如图 7-286 所示。

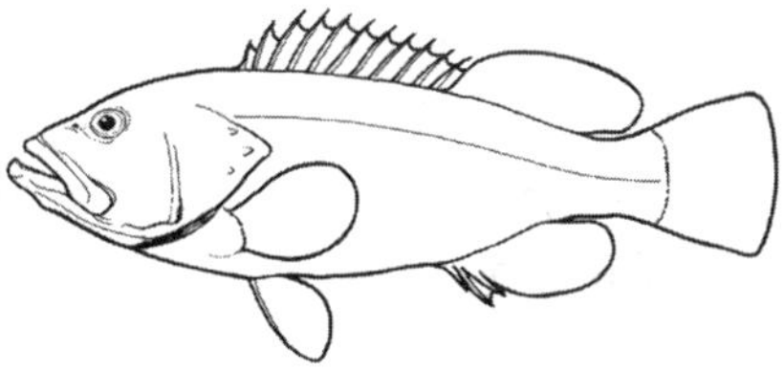

图 7-286 鮨科 Serranidae

记载 70 属,约 511 种。分布于各大洋的热带至温带海域,个别种类也分布于淡水中。本科中许多种类个体在 100mm 以下,但也有一些种类体长可达 3m,重 400kg 以上。我国产 29 属 131 种。

科 339 棘鳞鮨科 Centrogeniidae

体侧扁,略延长。头中大,眼大。口大,端位。前鼻孔后缘呈流苏状突出。前鳃盖骨腹缘具棘 3~4 枚。背鳍一个,鳍棘部与鳍条部间有缺刻,具 13~14 棘,9~11分支鳍条,背鳍起点略后于前鳃盖骨后缘。臀鳍具 3 棘,5 鳍条。如图 7-287 所示。

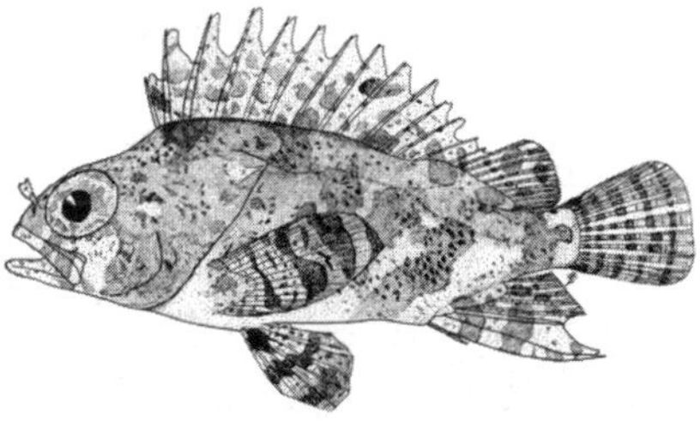

图 7-287 棘鳞鮨科 Centrogeniidae

记载仅 1 属 1 种,分布于东印度群岛和西太平洋,极个别种也分布于河口咸淡水水域。常见体长 93mm,最大可达 250mm。我国不产。

科 340　鲱鲈科 Ostracoberycidae

也称巨棘鲈科。体高大而侧扁,尾柄相对较细。眼大,紧靠背缘。口小,端位。头部紧密覆盖许多骨板,前鳃盖骨具强棘,鳃盖骨后缘不具棘。背鳍 2 个,第一背鳍具 9 棘,第二背鳍具 9～10 鳍条。臀鳍具 3 强棘以及 7 鳍条。幼鱼时头后背部具有一尖锐的骨状突起,成鱼退化。脊椎骨 25。如图 7-288 所示。

图 7-288　鲱鲈科 Ostracoberycidae

记载 1 属 3 种,分布于东、北印度洋及西太平洋海域,我国产 1 种。

科 341　丽花鮨科 Callanthiidae

体长椭圆形,稍侧扁。体被中大栉鳞。头较小,除唇部和吻部外均被鳞。口中大,口裂稍斜,上颌骨后端扩大,伸达眼中部下方。颌齿 1 行,尖长,前端具犬齿。犁骨与腭骨均具绒毛状齿,舌上光滑无齿。前鳃盖骨边缘光滑,不具细锯齿。鳃盖骨具 2 扁平棘。鳃耙细长。背鳍鳍棘部与鳍条部连续,无缺刻,具 11 鳍棘,10～11 鳍条。侧线不完全,沿背鳍基部纵走,至尾柄背侧消失。尾鳍凹形,上下叶呈丝状延长。脊椎骨 24。如图 7-289 所示。

图 7-289　丽花鮨科 Callanthiidae

记载 2 属 14 种,最大体长为 250mm,分布于东大西洋(包括地中海)、印度洋及太平洋,我国仅产日本丽花鮨*Callanthias japonicus* 1 种,见于东海、南海及台湾海域。

科 342　拟雀鲷科 Pseudochromidae

体长椭圆形,侧扁,被中大或细小鳞片。体后部被栉鳞,余为圆鳞。眼大,侧上位,颌齿细小,或呈圆锥状。犁骨具齿,腭骨或具齿。鳃条骨 6。侧线不完全,或中断为二,上侧线位高,近体背缘,或有下侧线,则由体后部中间伸抵尾鳍基部。背鳍连续,基底长,通常具 1～3 棘,21～37 鳍条。臀鳍 1～3 棘,13～21 鳍条。腹鳍具 1 棘,5 鳍条,其中一鳍条延长。尾鳍截形或截形。如图 7-290 所示。

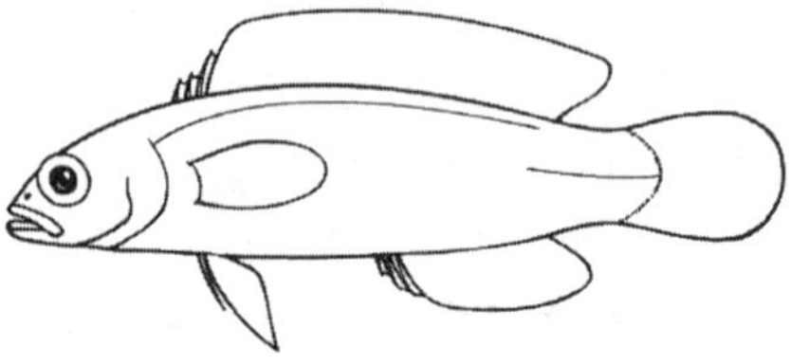

图 7-290　拟雀鲷科 Pseudochromidae

记载 24 属,约 145 种,我国产 6 属 15 种。分布于热带印度-太平洋海域。多数种类体长在 110mm 以下,个别种可达 450 mm。

科 343　蓝纹鲈科 Grammatidae

记载 2 属 12 种,为西大西洋热带海域小型鱼类,最大体长约 100mm。体色美丽,为著名的观赏鱼类,变性特点。主要特征为侧线中断或缺如,背鳍具 11～13 鳍棘。腹鳍具 1 棘,5 鳍条。胸鳍具 1 棘。如图 7-291 所示。

食肉性鱼类,生活在珊瑚礁丛,个性好斗争,且具强领地性,因而在饲养过程中切不可将几尾雄性放置在同一容器中。

图 7-291　蓝纹鲈科 Grammatidae

科 344 鮗科 Plesiopidae

也称七夕鱼科。体卵圆形或长形，稍侧扁，大部被栉鳞。头小，吻短。眼大。口中大，前颌骨能伸缩。具辅上颌骨。颌齿绒毛状，前端稍扩大，犁骨和腭骨具齿，舌上无齿。鳃盖膜大都分离，不与峡部相连。鳃盖条 6。前鳃盖骨边缘光滑，鳃盖骨无棘。侧线在中断或分为二段。背鳍连续，10～12 棘，6～10 鳍条。臀鳍具 3 棘，8～9 鳍条。胸鳍 15～23鳍条。腹鳍 1 棘，4 鳍条。尾鳍圆形。如图 7-292所示。

记载 11 属 47 种，分布于印度-西太平洋。最大体长约 200mm。我国不产。

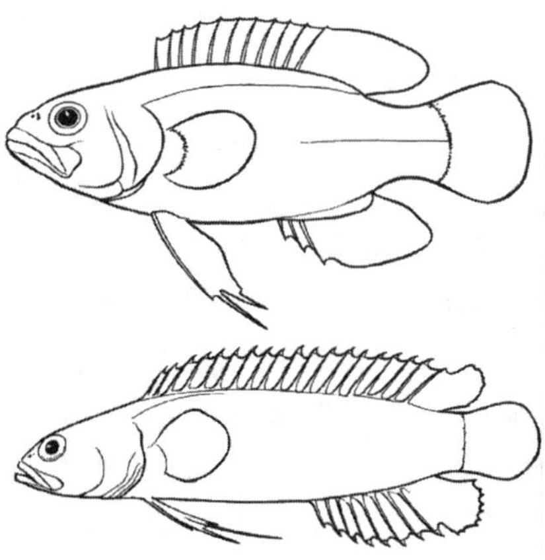

图 7-292　鮗科 Plesiopidae

科 345 颏须鳚科 Notograptidae

体呈鳗形，背鳍、臀鳍均与尾鳍相连。背鳍具 62～69 棘，1～2 鳍条；臀鳍具 37～43 棘，1～2 鳍条；尾鳍具 11 鳍条及若干退化的鳍条；胸鳍 16～20 鳍条；腹鳍具 1 枚纤细棘，2 鳍条。下颌中央具一触须。鳃弓退化。侧线长，位高，沿着背鳍基。如图 7-293 所示。

记载 1 属 4 种，分布于新几内亚南部及澳大利亚北部海域。我国不产。

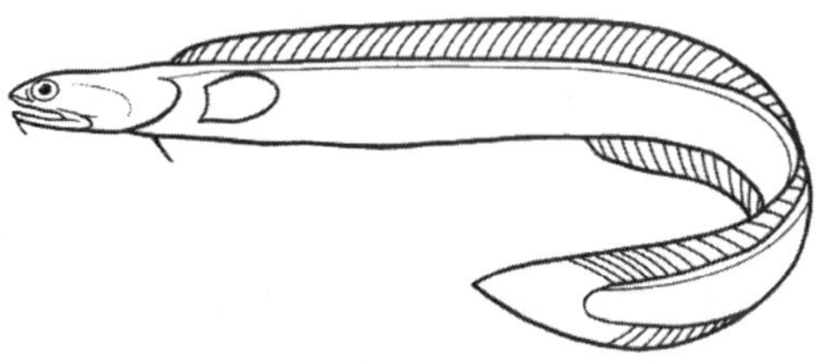

图 7-293　颏须鳚科 Notograptidae

科 346 后颌螣科 Opistognathidae

体长椭圆形或稍延长，较侧扁，被圆鳞。头中大，背缘较圆凸，不被鳞。眼大，近头背缘。口大，前位，近水平状，能伸缩。上颌骨甚宽，后端伸达眼后颇远。上颌无齿，下颌齿 1 行，呈犬齿状，有些种类犁骨也具齿，腭骨无齿。侧线 1 条，位甚高，止于背鳍基中部下方，个别种类有侧线二条。背鳍鳍棘部与鳍条部相连，具 9～12 棘，12～22 鳍条。臀鳍具 2～3 棘，10～21 鳍条。腹鳍喉位，1 棘 5 鳍条。尾鳍圆形。如图 7-294 所示。

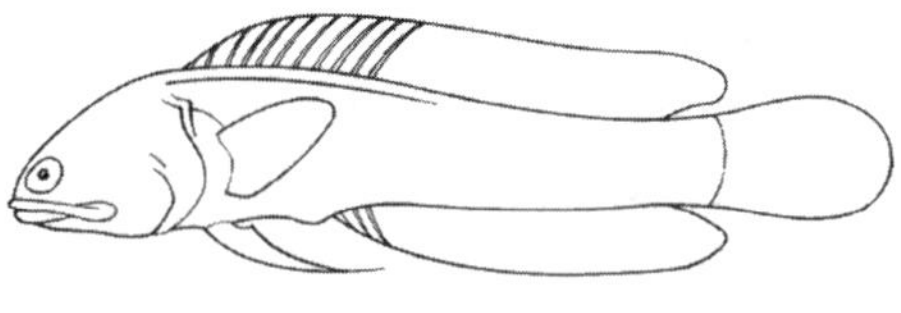

图 7-294　后颌螣科 Opistognathidae

记载 3 属 77 种，广泛分布于中、西大西洋、印度洋及东、西太平洋，我国产 2 属 8 种。

科 347 洞鲷科 Dinopercidae

背鳍 1 个，中间具缺刻，具 9～11 棘，18～20 鳍条；臀鳍具 3 棘，12～14 鳍条。尾鳍浅凹。下颌可伸缩，上颌骨大而外露。前鳃盖骨锯齿状，鳃盖骨具 2 棘。鳃盖条 7。鳔大。脊椎骨 26。如图 7-295 所示。

记载 2 属 2 种，分布于印度洋以及安哥拉外海的东大西洋。常见体长 250mm，最大可达 300mm 以上。

图 7-295　洞鲷科 Dinopercidae

科 348　寿鱼科 Banjosidae

也称扁棘鲷科。体稍延长,侧扁而高大。头部背缘倾斜。吻尖突。眼大,上侧位。鼻孔每侧 2 个,近眶前缘。口中大。口裂低斜,下颌略短。上颌骨大部或完全为眶前骨所盖。上下颌具圆锥齿,犁骨具绒毛状齿群,腭骨及舌上无齿。鳃孔大。前鳃盖骨具细锯齿,鳃盖骨无棘。鳃盖膜不与峡部相连。鳃盖条 7。具假鳃。体被栉鳞,头部仅颊部及鳃盖部被鳞。侧线弧形弯曲,伸达尾鳍基。背鳍连续,鳍棘部基底长于鳍条部基底,其间具一缺刻,具 10 鳍棘、12 鳍条,鳍棘高大。臀鳍与背鳍鳍条部同形,几相对,具 3 鳍棘、7 鳍条,第二鳍棘长大。胸鳍镰形。腹鳍宽大,鳍棘长大。尾鳍浅凹。如图 7-296 所示。

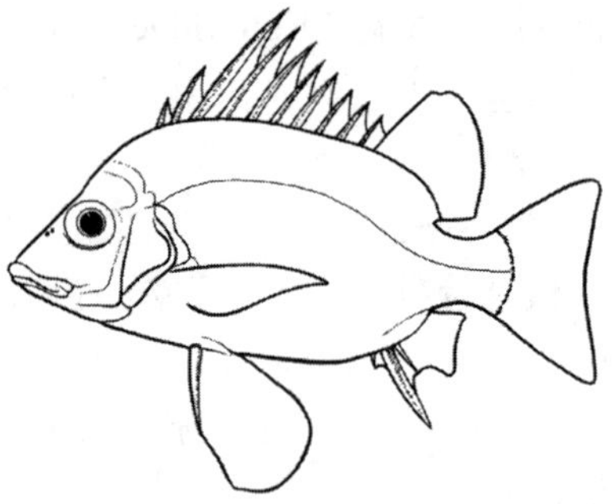

图 7-296　寿鱼科 Banjosidae（扁棘鲷 *Banjos banjos*）

记载仅 1 属扁棘鲷 *Banjos banjos* 1 种,分布于西太平洋,主要是中国沿岸、日本及韩国南部沿海。最大体长 300mm 以上。

科 349　棘臀鱼科 Centrarchidae

臀鳍具 3 棘或以上,背鳍通常具 5～13 棘(大多数为 10～12 棘)。假鳃小而隐蔽,鳃盖条 6～7。鳃膜分离。脊椎骨 28～33。背鳍鳍棘部与鳍条部相连,前部鳍棘发达。体被栉鳞。某些种类最大体长可达 830mm。如图 7-297 所示。

图 7-297　棘臀鱼科 Centrarchidae

记载 8 属 32 种,我国产 1 属 1 种。分布于北美淡水水域。我国不产。

科 350　鲈科 Percidae

背鳍 2 个,分离或微连。鳍棘部与鳍条部相连或分离,臀鳍具 1～2 棘,如有二棘,则第二鳍棘很弱。腹鳍胸位,具 1 棘,5 鳍条。前颌骨或突出。鳃盖条 5～8。鳃膜不与峡部相连。假鳃发达或退化。无眶下托骨,无上颌骨。上下颌具刚毛状齿。犁骨和腭骨有或无齿。脊椎骨 32～50。如图 7-298 所示。

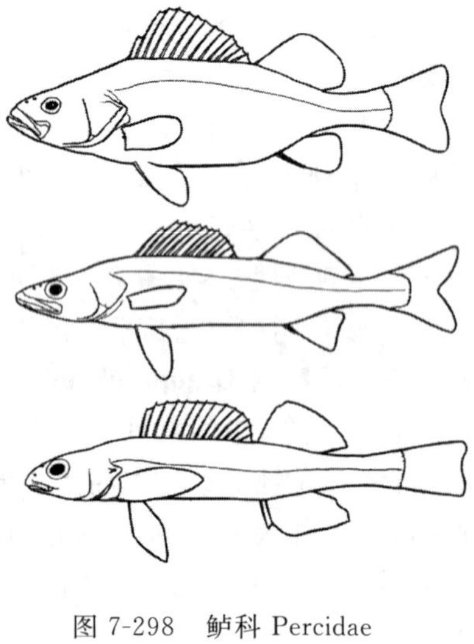

图 7-298　鲈科 Percidae

记载 10 属 222 种,广泛分布于北半球淡水水域。最大体长可达 900mm。我国产 2 属 2 种。

科 351　大眼鲷科 Priacanthidae

体长椭圆形或卵圆形,侧扁。头较大,短而高。吻短。眼巨大,约为头长之半,眼上缘位达头背缘。口大,口裂近垂直状。上颌骨宽,后端扩大,不为眶前骨遮盖。上下颌、犁骨、腭骨均具细齿,舌上无齿。前鳃盖骨边缘光滑或具锯齿,隅角处常具一强棘。鳃盖骨狭,具扁棘。鳃盖膜分离,不与峡部相连。鳃盖条 6。假鳃发达。鳃耙长或中长。体被小型栉鳞,不易脱落,栉齿较强。侧线完全,上侧位,与背缘平行。背鳍 1 个,连续,具 10 鳍棘、11～15 鳍条。鳍棘可倒卧于背沟内。臀鳍具 3 强大鳍棘、10～15 鳍条。胸鳍小,后缘圆钝。腹鳍大,位于胸鳍基底下方或稍前方。以膜与腹部浅沟相连,左右两腹鳍紧相邻。尾鳍圆形、截形或浅凹形。如图 7-299 所示。

记载 4 属 18 种,广泛分布于各大洋热带及亚热带海域,我国产 4 属 11 种。

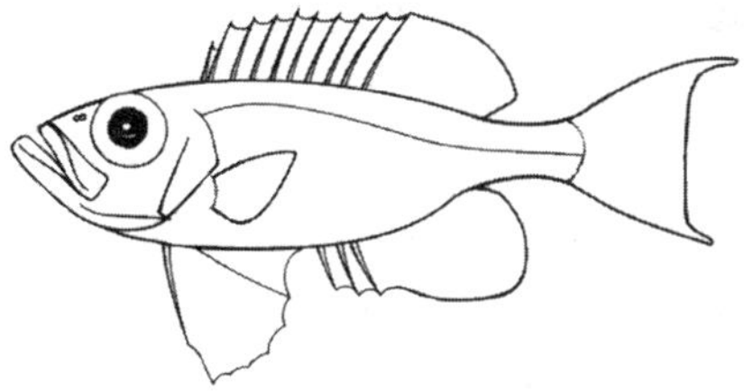

图 7-299 大眼鲷科 Priacanthidae

科 352 天竺鲷科 Apogonidae

体延长,长椭圆形,侧扁。头较大,眼大,上下颌齿细小或具犬齿,犁骨、腭骨均具绒毛状齿群,舌上无齿。鳃孔大,前鳃盖骨具双边,边缘光滑或具锯齿。鳃盖骨棘不发达。鳃盖条 6～7。具假鳃。体被较大栉鳞或弱栉鳞,有时被圆鳞,颊部与鳃盖上被鳞。侧线完全,上侧位,与背缘平行。背鳍 2 个,分离,第一背鳍具 6～8 鳍棘,鳍棘较细,第二背鳍具 1 鳍棘、8～14 鳍条,无鳞鞘及背沟。臀鳍一般与第二背鳍同形,几相对,具 2 鳍棘、8～18 鳍条。胸鳍下侧位,较大。腹鳍胸位,位于胸鳍基底下方。尾鳍圆形、截形或分叉。脊椎骨 24(10＋14)。如图7-300 所示。

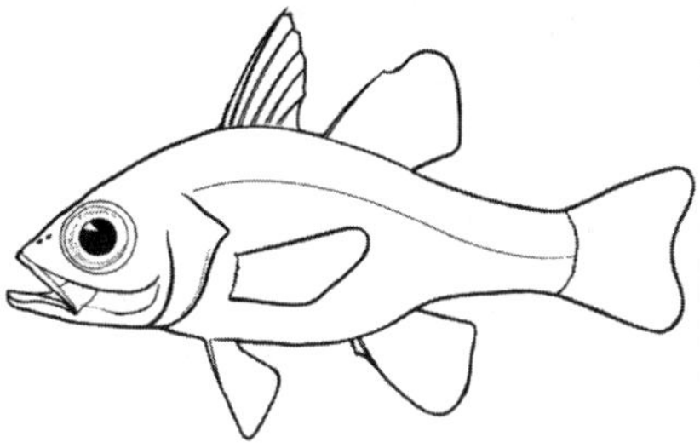

图 7-300 天竺鲷科 Apogonidae

记载 28 属 346 种,广泛分布于各大洋,少数种类也生活在咸淡水。大多数种类体长小于 100mm,部分种类体长也可达 200mm。我国产 18 属 98 种。

科 353 后竺鲷科 Epigonidae

也称深海天竺鲷科。脊椎骨 25。眶下骨 6 块。背鳍具 7 棘,10 鳍条。臀鳍具 2 棘,8～10 鳍条。鳃盖骨无棘。尾柄长。吻软骨延长。背鳍及臀鳍覆以鳞,有些种类的鳃盖骨具 3 棘。如图 7-301 所示。

图 7-301 后竺鲷科 Epigonidae

记载 7 属 35 种,我国产细身后竺鲷 *Epigonus denticulatus* 1 种,分布于各大洋。常见体长 200mm,最大可达 580mm。

科 354 鱚科 Sillaginidae

体长梭形或圆筒形,稍侧扁,尾柄稍侧扁,长大于高。头尖长,圆锥形,具黏液腔,前部平坦。口小,前位,口裂小。吻钝尖。上下颌、犁骨具绒毛状细齿,腭骨及舌上均无齿。前鳃盖骨边缘光滑或具弱锯齿,左右前鳃盖骨折向头腹部。鳃盖骨小,具弱棘。左右鳃盖膜愈合,不与峡部相连。鳃盖条 6。具假鳃。鳃耙短钝。体被弱栉鳞。侧线完全。背鳍 2 个,分离;第一背鳍具 11～12 弱棘;第二背鳍基底长,具 1 弱棘、16～26 鳍条。臀鳍与第二背鳍同形。具 1～2 鳍棘、15～27 鳍条。胸鳍稍大于腹鳍。腹鳍位于胸鳍基底稍后下方。尾鳍浅凹形。如图 7-302 所示。

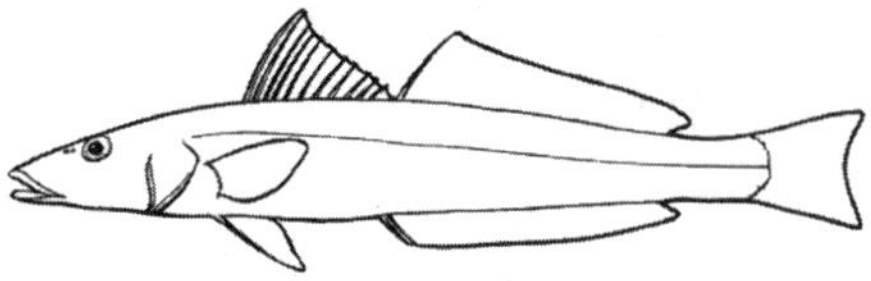

图 7-302 鱚科 Sillaginidae

记载 3 属 31 种,我国产 1 属 10 种。分布于印度-西太平洋沿岸,稀有淡水种类。最大体长可达 450～700mm。

科 355　弱棘鱼科 Malacanthidae

曾称方头鱼科 Branchiostegidae，体延长，侧扁。头圆钝，近方形，侧面观呈马头形，俗称马头鱼。眼中大。口中大，稍倾斜。上颌骨能伸缩，不被宽大的眶前骨所盖。上下颌具细小圆锥状齿，犁骨及舌上均无齿。前鳃盖骨边缘具细锯齿，鳃盖骨无棘。鳃盖膜分离或多少愈合，不与峡部相连。鳃盖条 6。具假鳃。体被弱栉鳞。侧线完全。背鳍鳍棘部与鳍条部连续，无缺刻，鳍棘部基底较鳍条部基底短，具 7 鳍棘、15 鳍条。臀鳍具 2 鳍棘、12 鳍条。胸鳍中大，末端尖。腹鳍较小，位于胸鳍基底下方。尾鳍截形或分叉。如图 7-303 所示。

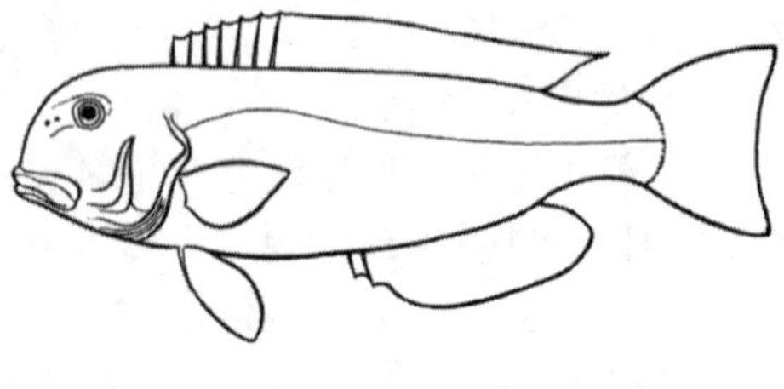

图 7-303　弱棘鱼科 Malacanthidae

记载 5 属 44 种，广泛分布于各大洋。我国产 3 属 11 种。

科 356　乳香鱼科 Lactariidae

体长椭圆形，侧扁，被中大圆鳞，易脱落。头大，侧扁，具发达的枕骨棱和黏液腔。眼中大，位于头前半部。口大，甚斜裂，下颌突出。上颌骨不为眶前骨所遮盖，后端达眼后部下方。颌齿尖而弯，下颌齿 1 行，前端有 1 枚或 1 对犬齿，上颌齿绒毛状，近缝合处有 1～2 对犬齿。犁骨、腭骨均具细齿。鳃盖条 7。前鳃盖骨边缘光滑，鳃盖后缘无棘。背鳍 2 个，第一背鳍具 7～8 棘，第二背鳍具 1 棘，20～22 鳍条；臀鳍具 3 棘，25～28 鳍条。胸鳍尖长，腹鳍胸位，具 1 棘 5 鳍条，尾鳍叉形。脊椎骨 24。如图 7-304 所示。

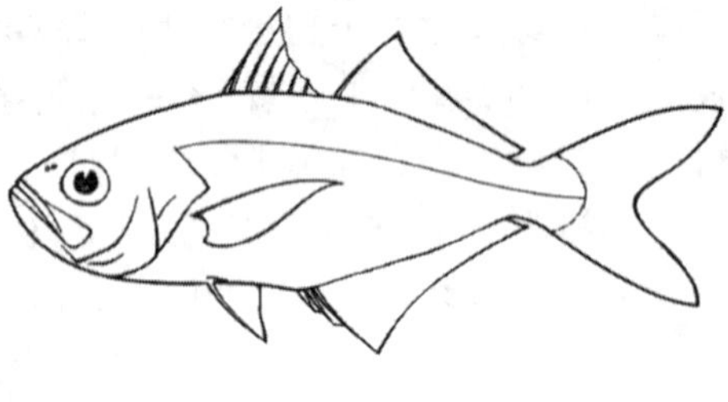

图 7-304　乳香鱼科 Lactariidae
（乳香鱼）(*Lactarius lactarius*)

记载仅 1 属 1 种，分布于印度-西太平洋，我国见于南海和台湾海域，最大体长可达 400mm。

科 357　海盗鲷科 Dinolestidae

体呈长梭形，吻尖长，下颌突出于上颌，犁骨及腭骨具齿。部分颌齿呈犬齿状。头部（包括颌、鼻、枕部）均被鳞，腹鳍基部具腋鳞。背鳍 2 个，远离，第一背鳍具 4～5 枚明显的棘，第二背鳍具 1 枚短棘，25～28 鳍条。侧线鳞 63～70，圆鳞，侧线完整，向后延伸至尾鳍。脊椎骨 27(10＋17)。如图 7-305 所示。

图 7-305　海盗鲷科 Dinolestidae
（长鳍海盗鲷 *Dinolestes lewini*）

记载仅 1 属 1 种，分布于澳大利亚南部海域，最大体长可达 800mm。

科 358　青鲑科 Scombropidae

体呈长椭圆形，稍侧扁，被细小的弱栉鳞或易脱落的圆鳞。颊部和鳃盖部亦被鳞。头部钝尖，侧扁。口大，前位，下颌突出。上颌骨不被眶前骨所遮盖，后端伸达眼中部下方。颌齿 1 行，具犬齿。背鳍 2 个，分离。背鳍、臀鳍均被鳞。腹鳍胸位，位于胸鳍基底稍前方。尾鳍凹形或叉形。侧线完全。如图 7-306 所示。

图 7-306　青鲑科 Scombropidae

记载 1 属 3 种，分布于印度-西太平洋及西大西洋。我国产牛眼青鲑 *Scombrops boops* 1 种，见于东海及台湾东北海域。

科 359　鯥科 Pomatomidae

体长椭圆形,侧扁而稍粗壮,被细小弱栉鳞。颊部和鳃盖均被鳞。口大,上颌骨外露,下颌突出。具辅上颌骨,颌齿1行,具犬齿,下颌齿外露。犁骨、腭骨和舌上均具绒毛状齿。前鳃盖骨边缘具锯齿。假鳃发达。鳔简单。侧线完全。背鳍2个,第一背鳍具7～8短棘,第二背鳍具1棘,23～28鳍条。臀鳍具2～3棘,23～27鳍条,背鳍条及臀鳍条均被鳞。前鳃盖骨具一瓣膜,位于下鳃盖骨上。胸鳍基具一黑斑。脊椎骨26。如图7-307所示。

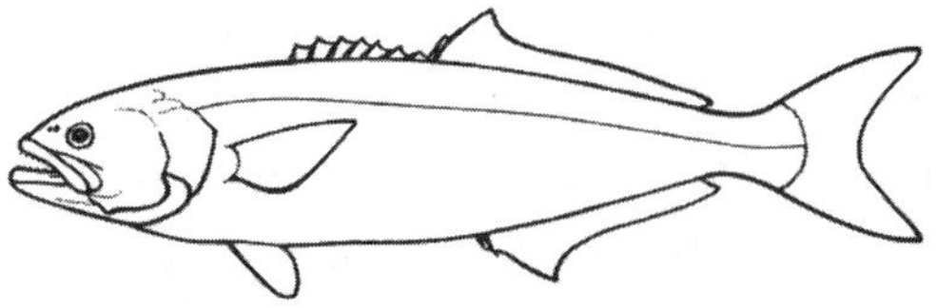
图 7-307　鯥科 Pomatomidae
(鯥 *Pomatomus saltatrix*)

记载仅1属,鯥 *Pomatomus saltatrix* 1种,分布于各大洋,我国也有报道,最大体长可达1.1m。

科 360　丝帆鱼科 Nematistiidae

体长椭圆形,侧扁,被小圆鳞。侧线鳞119～130,无棱鳞。第一背鳍具7枚极长的鳍棘,其下通常具凹槽,第二背鳍具1棘,25～28鳍条,二鳍基部不相连。臀鳍具3棘,15～17鳍条。胸鳍基长。腹鳍位于胸鳍基部下方,具1棘,5鳍条。口大,上颌骨后端伸达眼后缘下方。椎骨24(10＋14)。如图7-308所示。

记载仅1属丝帆鱼 *Nematistius pectoralis* 1种,分布于东太平洋热带海域,为美国加利福尼亚南部至秘鲁之间的一种游钓鱼类,我国不产。

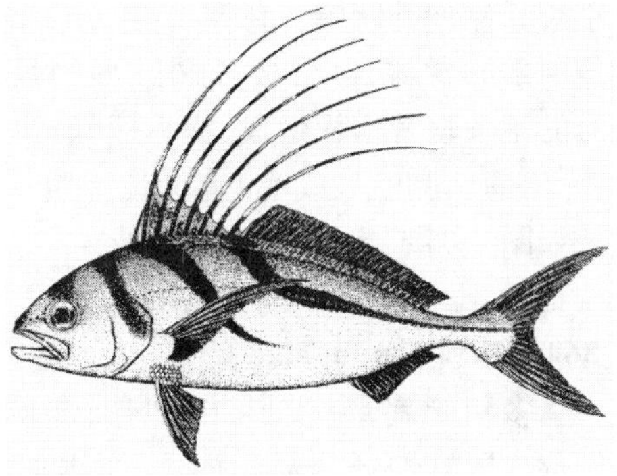
图 7-308　丝帆鱼科 Nematistiidae
(丝帆鱼 *Nematistius pectoralis*)

科 361　鲯鳅科 Coryphaenidae

体延长,侧扁,前部宽大,向尾部渐变细,尾柄甚短。头大,成鱼几呈方形,头背部很窄。口大。上下颌、犁骨、腭骨及舌上均具齿。鳃孔大。前鳃盖骨及鳃盖骨后缘光滑。鳃盖膜不与峡部相连。鳃盖条7。无假鳃。体被细小圆鳞,不易脱落。侧线在胸鳍上方呈不规则弯曲,向后平直。背鳍1个,基底很长,无鳍棘,起点在眼上方稍后处,几占背缘的全长。臀鳍基底较短,起点在背鳍中部的下方。胸鳍短小。腹鳍发达,胸位。尾鳍深叉形。无鳔。幽门盲囊数目多。如图7-309所示。

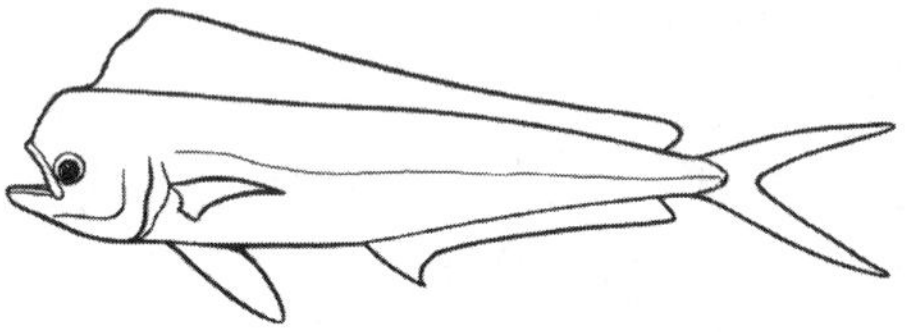
图 7-309　鲯鳅科 Coryphaenidae

记载1属2种,广泛分布于各大洋,我国均产,常见的为鲯鳅 *Coryphaena hippurus*,最大体长可达1.5m。

科 362　军曹鱼科 Rachycentridae

体延长,稍侧扁,近圆筒形,躯干部较粗,至尾部逐渐变细,尾柄无隆起嵴。头平扁,宽大于高。眼小。口大,前位,近水平状。下颌稍长于上颌,上颌骨后端伸达眼前缘下方。上下颌、犁骨、腭骨及舌上均具绒毛状齿带。鳃孔大,鳃盖骨边缘光滑,鳃盖膜不与峡部相连。鳃盖条7。无假鳃。鳃耙粗短。体被细小圆鳞。侧线完全,稍呈波状。第一背鳍常具6～9鳍棘,粗短,棘间膜低，近似分离状，第二背鳍基底长。臀鳍与第二背鳍同形，基底短于第二背鳍基底。胸鳍长，下侧位。腹鳍胸位。尾鳍分叉或新月形。幽门盲囊小，数目多。无鳔。如图 7-310 所示。

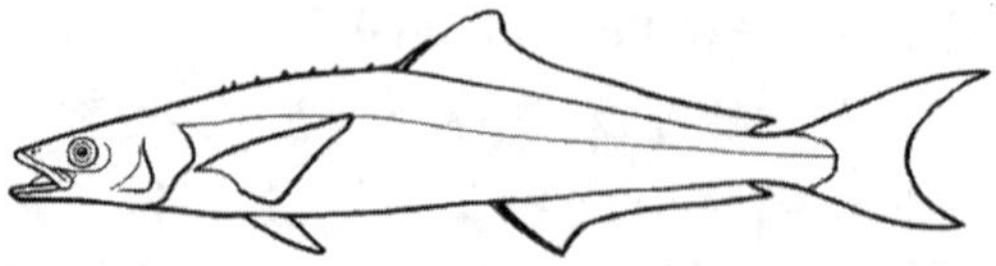

图 7-310　军曹鱼科 Rachycentridae
（军曹鱼 *Rachycentron canadum*）

记载仅 1 属军曹鱼 *Rachycentron canadum* 1 种。分布于大西洋、印度-太平洋，我国沿岸均有分布，在台湾及海南已有人工养殖，最大体长可达 1.5m。

科 363　䲟科 Echeneidae

体长形，前端平扁，向后渐成圆柱状。头部无棘突，背面平扁，腹部宽圆。口宽大，上位。下颌突出，较上颌长。前颌骨不能伸缩。犁骨及腭骨均具绒毛状齿群。左右鳃盖膜分离，不与峡部相连。第四鳃后有裂孔。鳃盖条 7～9。假鳃退化。鳃耙短。体被小圆鳞。背鳍 2 个，第一背鳍位于头及体前部的背侧，已变成长椭圆形的吸盘，吸盘由成对的鳍条软骨横板组成，横板后缘常具绒状小刺。第二背鳍位于尾部。臀鳍与第二背鳍同形，无鳍棘。胸鳍大或小，上侧位。腹鳍胸位，具 1 鳍棘、5 鳍条。尾鳍尖形、截形、内凹或分叉。如图 7-311 所示。

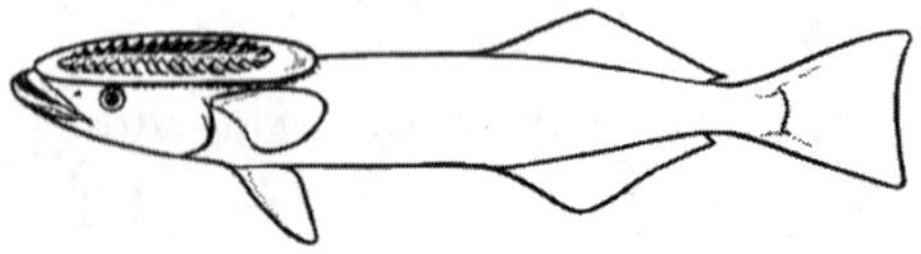

图 7-311　䲟科 Echeneidae

记载 3 属 8 种，广泛分布于各大洋，我国产 2 属 6 种。

科 364　鲹科 Carangidae

体多稍侧扁，流线形、椭圆形、卵圆形或菱形。头侧扁。尾柄细。口大小不一。前颌骨一般能伸缩(鰆鲹亚科例外)。一般上下颌齿细，一行或呈绒毛状齿带；犁骨、腭骨及舌面通常有齿带，少数属、种无齿或局部无齿。鳃孔大。鳃盖膜分离，不与峡部相连。鳃盖条一般为 7 条。一般均具假鳃。鳃耙通常细长。体被小而薄的圆鳞，但也有少数种类鳞呈退化状。侧线完全，前部稍弯曲，许多种类在侧线的全部或一部分被骨质棱鳞。背鳍 2 个，第一背鳍短，鳍棘细弱，通常有膜相连，前方常有一向前平卧的倒棘，有的种类鳍棘随年龄的增长而退化；第二背鳍基底长。臀鳍与第二背鳍同形，其前方常有 2 游离棘，有些属在第二背鳍与臀鳍后方有一个或几个小鳍。胸鳍宽短或呈镰刀形。腹鳍胸位，具 1 鳍棘、5 鳍条。尾鳍分叉。如图 7-312 所示。

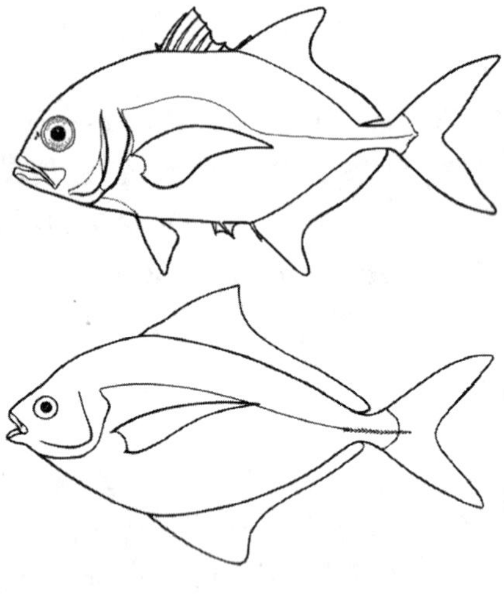

图 7-312　鲹科 Carangidae

记载 29 属 148 种，广泛分布于各大洋，稀有河口性种类。我国产 22 属 123 种。

科 365　眼镜鱼科 Menidae

体甚侧扁，几呈三角形，背缘浅弧形隆起，腹缘深弧形隆起，甚突出，薄锐如刀锋，尾柄细短，侧扁，高大于长，无隆起嵴。头小，侧扁，枕骨嵴高。眼中大，几位于头侧中部，距鳃盖后缘较距吻端近。无脂眼睑。口小，上位，几呈垂直状。下颌稍长于上颌，前颌骨能向前伸出。上颌骨宽而外露，不被眶前骨遮盖。上下颌具绒毛状齿带，腭骨无齿。鳃孔大，鳃盖膜不与峡部相连。鳃盖条 7。体被极细小鳞。侧线不完全，与背缘平行，后端仅伸达背鳍基底末端下方。

背鳍1个,基底甚长。成鱼背鳍和臀鳍均无棘。臀鳍基底长,鳍条埋于皮下,仅末端外露。胸鳍宽短。腹鳍胸位,具1鳍棘、5鳍条,幼鱼鳍条细长,成鱼仅第一鳍条呈带状延长。尾鳍分叉。如图7-313所示。

记载仅1属,眼镜鱼 *Mene maculata* 1种,一般体长在300mm以下。分布于印度-西太平洋热带及亚热带海域。我国产于南海台湾海域及东海,国外主要分布于韩国、日本。

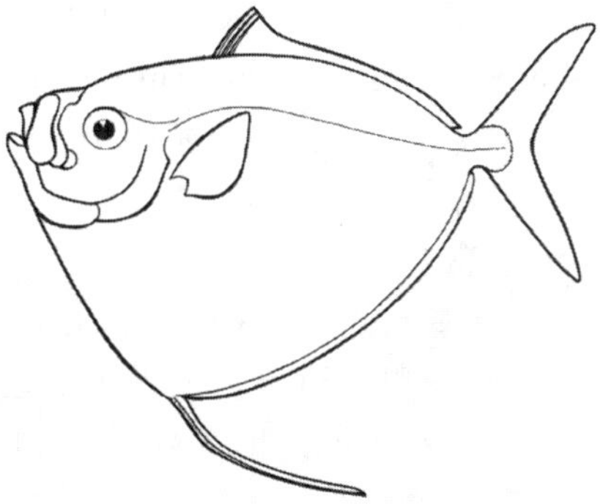

图 7-313　眼镜鱼科 Menidae
(眼镜鱼 *Mene maculata*)

科 366　鲾科 Leiognathidae

体卵圆形或椭圆形,甚侧扁。侧筛骨上缘具2棘状突。前颌骨突起呈长柄状,向后伸入额骨左右纵嵴之间的凹陷中。口小,伸出时可形成一向上、向前或下斜的口管。上下颌齿细小,排列成刷毛状或绒毛状齿带,上下颌骨缝合部两侧具1～2对犬齿;腭骨、犁骨和舌上均无齿。鳃孔大,前鳃盖骨下缘具细锯齿。鳃盖膜与峡部相连。鳃盖条5。体被小圆鳞,头部一般无鳞,胸部有或无鳞。背鳍和臀鳍基部具鳞鞘,腹鳍基部具腋鳞。侧线完全,伸达尾鳍基,或仅伸达背鳍基底末端或稍前方。背鳍1个,鳍棘部与鳍条部相连,具7～8鳍棘、16～17鳍条。臀鳍具3鳍棘、13～14鳍条。背鳍和臀鳍基每侧常具一纵棘突;背鳍的第三、四鳍棘和臀鳍第三鳍棘前下缘具细锯齿。腹鳍短小,亚胸位。尾鳍分叉。如图7-314所示。

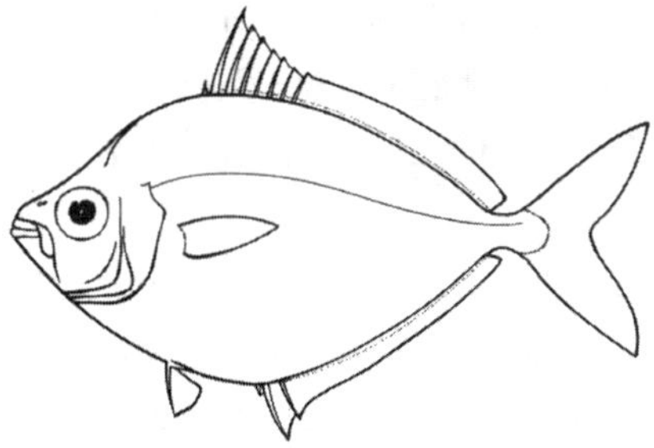

图 7-314　鲾科 Leiognathidae

记载7属46种,分布于印度-西太平洋沿岸及河口,我国产7属22种。

科 367　乌鲂科 Bramidae

体高而侧扁或体延长,尾柄粗短。口大,斜裂,上颌骨外露,后部至少伸达眼中部的下方。颌齿细小,呈带状排列。吻部、鳃孔边缘和下颌骨均不被鳞。幼鱼前鳃盖骨具锯齿,成鱼则光滑。背鳍1个,基底甚长,等于或长于臀鳍基底。腹鳍胸位,具1鳍棘、5鳍条,具腋鳞。尾鳍叉形、微凹或截形。鳃盖膜不与峡部相连。鳃盖条7。侧线1条或无侧线。如图7-315所示。

图 7-315　乌鲂科 Bramidae

记载7属20种,为大洋性种类,分布于大西洋、印度洋及太平洋,我国产6属9种。

科 368　长鳍金眼鲷科 Caristiidae

也称长鳍鲷科。体侧扁而高,被易脱落的圆鳞。头骨脆薄,头短小或中大。口中大,口裂斜,上颌骨后端伸达眼中部的下方或后下方。两颌及犁骨均具犬齿。腭骨或具齿。背鳍高,基底长,始于头部。臀鳍基底为薄而宽的皮瓣所遮盖,无棘。腹鳍延长,位于胸鳍基底的前下方或后下方,具1棘,5鳍条。尾鳍具15分支鳍条。鳃条骨7。脊椎骨35～40。如图7-316所示。

图 7-316　长鳍金眼鲷科 Caristiidae

记载3属6种,大洋性种类。本科鱼类以管水母类为伍,并以此为食。我国不产。

科369 谐鱼科 Emmelichthyidae

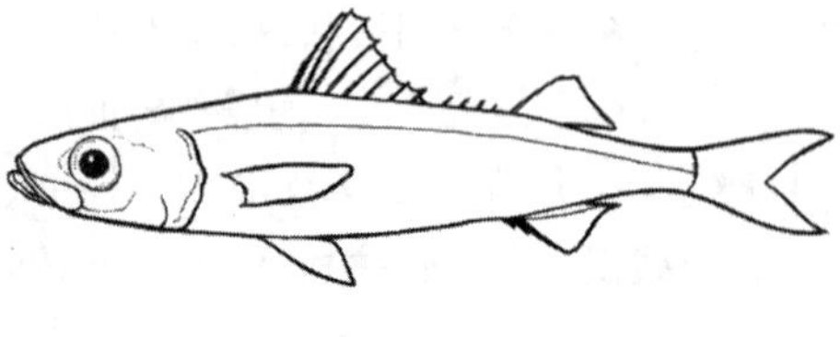

图7-317 谐鱼科 Emmelichthyidae

体延长,亚圆柱形或长椭圆形,稍侧扁。体被栉鳞。头部被鳞,吻端无鳞。口裂斜,下颌突出。前颌骨和上颌骨均能伸缩。上颌骨后端宽,不为眶前骨所遮盖。辅上颌骨有或无。颌齿微细或无齿。犁骨具小片细齿,腭骨无齿。前鳃盖骨后缘平直或内凹,后下角具细齿。鳃盖骨具1～2枚扁棘。侧线完全,平直而位稍高。鳃盖条6～7,具假鳃。鳃耙细长。背鳍鳍棘部与鳍条部相连,中间具缺刻,或二鳍不相连,具10～14鳍棘,9～12鳍条。臀鳍具3棘,9～11鳍条。腹鳍胸位,具1棘5鳍条。尾鳍叉形。如图7-317所示。

记载3属17种,最大体长可达500mm。分布于热带至温带中、西和南部太平洋、东大西洋及加勒比海。我国产2属3种,见于东海及台湾东北部岩礁海域。

科370 笛鲷科 Lutjanidae

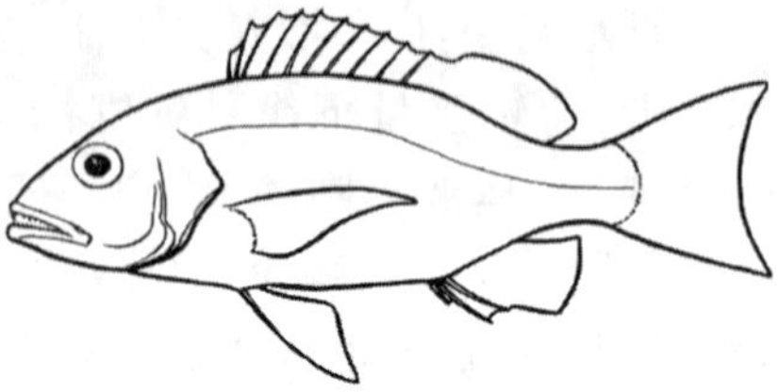

图7-318 笛鲷科 Lutjanidae

体长椭圆形或稍延长,侧扁。头中大。鼻孔每侧2个。口中大,稍倾斜。前颌骨稍能伸出。上颌骨后端宽,大部分被眶前骨遮盖。上下颌齿细小,尖锐,外行或前端齿有时扩大成犬齿,犁骨、腭骨及舌上有绒毛状齿或无。前鳃盖骨边缘具锯齿或光滑,鳃盖骨一般无棘。鳃盖条5～7。鳃盖膜分离,不与峡部相连。鳃耙中长或细长。体被中小型栉鳞或圆鳞,头前部裸露,颊部及鳃盖部一般被鳞。侧线完全。侧线上方鳞片一般斜行。背鳍1个,鳍棘部与鳍条部常相连,中央常有一缺刻,具9～12鳍棘、9～18鳍条,鳍棘普遍强大,折叠时可平卧于背部浅沟内。臀鳍具3鳍棘、7～11鳍条。胸鳍一般尖长。腹鳍位于胸鳍基底下方稍后。尾鳍截形或分叉。如图7-318所示。

记载17属98种,分布于各大洋热带至亚热带海域,极少数为淡水种。最大体长可达1m。我国产11属56种。

科371 乌尾鮗科 Caesionidae

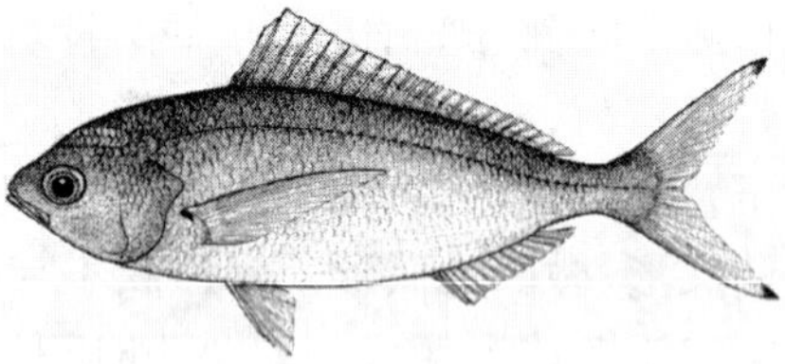

图7-319 乌尾鮗科 Caesionidae

体长椭圆形或纺锤形,稍侧扁,被中大或细小栉鳞。头锥形。吻短。眼中大,具发达的脂眼睑。口小或中大,前位。前颌骨能伸缩,上颌骨多少被眶前骨所遮盖。颌齿细小,1～2行,有时具犬齿。犁骨常具齿,腭骨有时也具细齿。前鳃盖骨后缘无锯齿,鳃盖骨后缘具1钝棘。鳃盖膜不与峡部相连。鳃盖条7。假鳃发达。侧线完全,近于平直。背鳍连续,具10～15细长棘,8～22鳍条。臀鳍具3棘,9～13鳍条。腹鳍胸位,尾鳍深叉形。脊椎骨24。如图7-319所示。

也称梅鲷科,记载4属22种,分布于印度-西太平洋。最大体长可达600mm。我国产3属12种。

科372 松鲷科 Lobotidae

体长椭圆形,侧扁而高。头较小。吻短钝。眼小,上侧位,近头的前方。口中大,前位,倾斜。上下颌具绒毛状齿带,外行齿扩大,锥形;犁骨、腭骨及舌上无齿。前鳃盖边缘具锯齿。鳃盖条6。体被排列整齐的大栉鳞。侧线完全。背鳍1个,连续,鳍棘部与鳍条部之间具浅缺刻,具 12 鳍棘、15～16 鳍条。臀鳍与背鳍鳍条部同形,相对,具 3 鳍棘、11 鳍条。胸鳍圆形。腹鳍胸位,具 1 鳍棘、5 鳍条。尾鳍圆形。如图 7-320 所示。

记载 2 属 7 种,我国产 1 属,松鲷 *Lobotes surinamensis* 1 种,主要分布于暖温性海域及河口、淡水。最大个体长可达 1m。

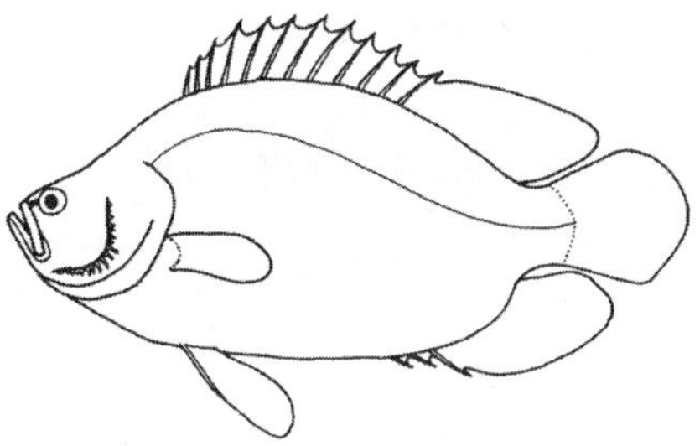

图 7-320　松鲷科 Lobotidae

科 373　银鲈科 Gerreidae

也称钻嘴鱼科。体侧扁,近卵圆形或长卵圆形。前颌骨具一柄状突棘,向后伸入眼间隔凹陷内。上颌骨外露,不被眶前骨所盖,可自由活动。口小,伸出时形成一向前或下斜的口管。两颌具绒毛状齿带,犁骨、腭骨及舌上均无齿。前鳃盖骨边缘光滑或具弱锯齿,鳃盖骨无棘。鳃盖膜分离,不与峡部相连。鳃盖条 6。鳃耙短钝。体被薄圆鳞,背鳍和臀鳍基底具低鳞鞘,腹鳍具腋鳞。背鳍 1 个,鳍棘部与鳍条部连续,具 9～10 鳍棘、9～17 鳍条。臀鳍具 3～5 鳍棘、7～14 鳍条。胸鳍尖长。尾鳍分叉。幽门盲囊小而少。椎骨 23～24 个。如图 7-321 所示。

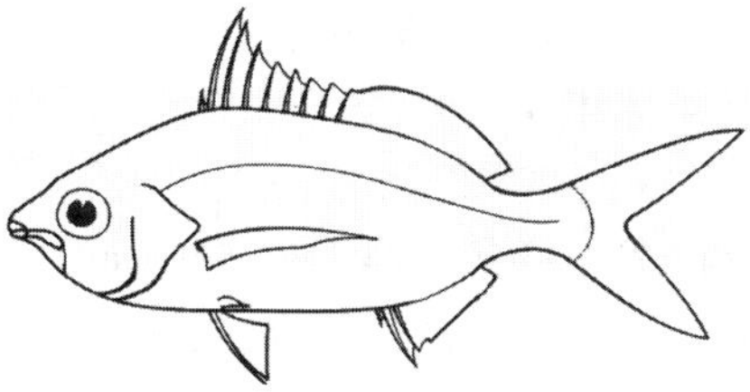

图 7-321　银鲈科 Gerreidae

记载 6 属 55 种,分布于暖温性海域及河口,极少数也分布于淡水水域,最大体长可达 410mm。我国产 2 属 11 种。

科 374　石鲈科 Haemulidae

也称仿石鲈科。体椭圆形或稍延长,侧扁。头中大,口小或中大。唇厚或薄。前颌骨稍能伸缩;上颌骨大部为眶前骨所盖。颏孔 1～3 对。上下颌齿细小,尖锐,多行,无犬齿。犁骨、腭骨均无齿。眶前骨后上角具棘或无棘。前鳃盖骨后缘具锯齿,鳃盖骨有或无弱棘。鳃盖膜分离,不与峡部相连。鳃盖条 5～7。具假鳃。体被中大或较小栉鳞。侧线完全,与背缘并行。背鳍 1 个,连续,鳍棘部与鳍条部之间常具一缺刻,具 9～14 鳍棘,鳍棘强。臀鳍与背鳍鳍条部相对,具 3 鳍棘、7～10 鳍条。腹鳍具 1 鳍棘、5 鳍条;尾鳍凹形、圆形或分叉。如图 7-322 所示。

图 7-322　石鲈科 Haemulidae

记载 19 属 148 种,分布于各大洋及河口,极少数也分布于淡水水域。我国产 5 属 32 种。

科 375　纹谐鱼科 Inermiidae

体长梭形,背鳍 2 个,远离。第一背鳍具 10 或 17 棘,第二背鳍具 2 棘,10 或 9 鳍条。臀鳍具 3 棘,8 或 10 鳍条。上颌骨窄,为眶前骨所遮盖。前鳃盖骨光滑无锯齿。颌齿、犁齿及腭齿缺如。具 2 颏孔。尾鳍深叉型。如图 7-323 所示。

图 7-323　纹谐鱼科 Inermiidae
(大西洋拟纹谐鱼 *Emmelichthyops atlanticus*)

原称窄颌鱼科。记载 1 属,大西洋拟纹谐鱼 *Emmelichthyops atlanticus* 1 种,最大体长 130mm,分布于热带西大西洋。

科 376　金线鱼科 Nemipteridae

体延长,侧扁。头中大。吻圆钝或钝尖。口中大,稍倾斜。前颌骨稍能伸出。上颌骨被眶前骨所盖。两颌前方具圆锥形犬齿,两侧齿细小尖锐,犁骨、腭骨及舌上均无齿。前鳃盖骨后缘常具细锯齿,鳃盖骨棘弱,不明显。鳃盖膜分离,不与峡部相连。鳃盖条 6。具假鳃。鳃耙短小。体被弱栉鳞,颊部及鳃盖部被细鳞。侧线完全。背鳍 1 个,鳍棘部与鳍条部连续,具 10 鳍棘、8～9 鳍条。臀鳍具 3 鳍棘、7～8 鳍条,鳍棘较细弱。胸鳍中长,略呈镰形。腹鳍位于胸鳍下方,第一鳍条常呈丝状延长。尾鳍分叉,有些种类上叶或上下叶末端呈丝状延长。脊椎骨 24。如图 7-324 所示。

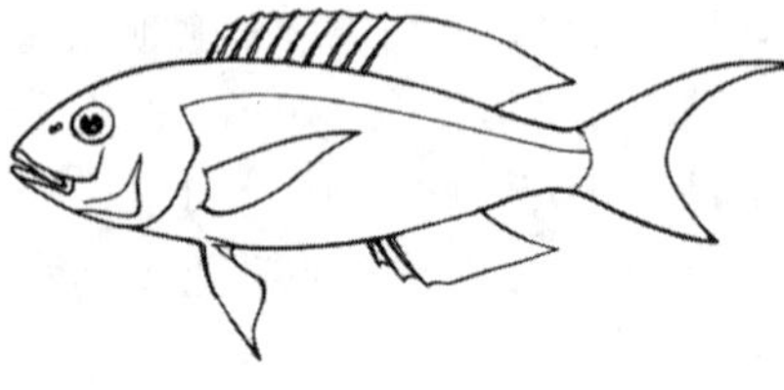

图 7-324　金线鱼科 Nemipteridae

记载 5 属 64 种,分布于印度-西太平洋热带和亚热带海域。我国产 4 属 29 种。

科 377　裸颊鲷科 Lethrinidae

体长椭圆形,侧扁,被中大或小型弱栉鳞。头中大,头顶裸露或被鳞。吻稍尖。口中大,前位,上颌骨为眶前骨所遮盖。两颌具锥状齿,前端犬齿有或无,有犬齿时,犬齿向外或不向外突出。犁骨、腭骨和舌上均无齿。颊部裸露或具鳞,前鳃盖骨边缘光滑或具细齿。鳃盖骨具 1 扁棘。侧线完全。鳃盖膜不与峡部相连。鳃盖条 6。鳃耙退化,呈结节状。背鳍鳍棘部与鳍条部相连,具 10 棘、9～10 鳍条。臀鳍具 3 棘、8～10 鳍条。腹鳍胸位,具 1 棘 5 鳍条。尾鳍叉形。脊椎骨 24。如图 7-325 所示。

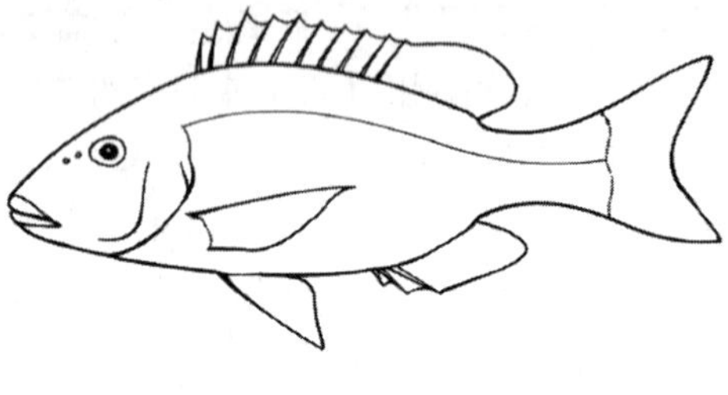

图 7-325　裸颊鲷科 Lethrinidae

也称龙占鱼科,记载 5 属 39 种,主要分布于非洲至印度-西太平洋热带沿岸。我国产 5 属 27 种。

科 378　鲷科 Sparidae

体卵圆形或椭圆形,侧扁。头大或中大,上枕骨嵴发达,额骨分离或愈合。吻短钝。口小,前位。上颌可伸出。上颌骨大部或全部被眶前骨遮盖。齿强,两颌前端具犬齿、圆锥状齿或门齿,两侧具臼齿或颗粒状齿,犁骨、腭骨及舌上均无齿。鳃孔大。鳃盖骨后缘具一扁平钝棘。鳃盖膜分离,不与峡部相连。鳃盖条 5～7。具假鳃。鳃耙不发达。体被弱栉鳞或圆鳞,颊部和头顶部具鳞。背鳍 1 个,鳍棘部与鳍条部连续,具 10～13 棘,10～15 鳍条。臀鳍具 3 棘,8～14 鳍条,第二鳍棘一般最强。胸鳍尖长,下侧位。腹鳍胸位,具 1 鳍棘、5 鳍条。尾鳍分叉。脊椎骨 24(10+14)。如图 7-326 所示。

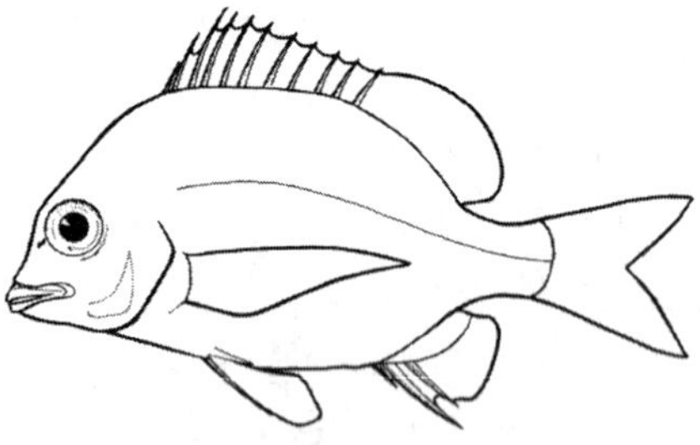

图 7-326　鲷科 Sparidae

记载 36 属 131 种,分布于各大洋,极少数也分布于河口及淡水水域,最大体长可达 1.2m。我国产 9 属 19 种。

科 379　中棘鱼科 Centracanthidae

体长椭圆形,稍侧扁,被弱栉鳞。上颌骨为眶前骨所遮盖,无辅上颌骨。颌齿细小或无,尖锐,无门齿及犬齿。犁骨齿细小或无。前鳃盖骨和鳃盖骨无棘。鳃盖条 6,鳃盖膜不与峡部相连。鳃耙长,下鳃耙 14～22。背鳍连续,11～13 棘,9～17 鳍条,臀鳍具 3 棘,9～16 鳍条。脊椎骨 24。如图 7-327 所示。

也称长身鲷科。记载 2 属 9 种,分布于东大西洋(包括地中海)及南非外海,最大体长约 380mm。我国不产。

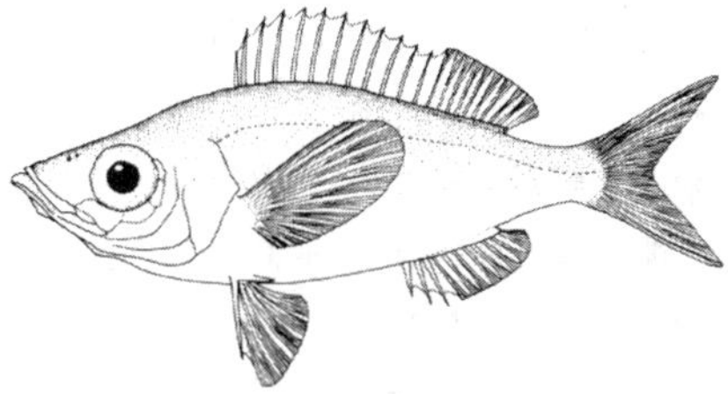

图 7-327 中棘鱼科 Centracanthidae

科 380 马鲅科 Polynemidae

体延长,侧扁。头中大。吻圆突。眼大,具脂眼睑。口大,下位。前颌骨形成上颌的边缘,可伸出;上颌骨长,前部狭窄,后部较宽,伸越眼后缘下方。无辅上颌骨。上下颌、犁骨和腭骨具绒毛状齿。鳃孔宽大。鳃盖膜不与峡部相连。鳃盖条 7。鳃耙细长。体被栉鳞,头部也被鳞。侧线完全。背鳍 2 个,分离;第一背鳍具 7~8 鳍棘;第二背鳍具 11~15 鳍条。臀鳍与第二背鳍相对、同形,具 3 鳍棘,11~17 鳍条。腹鳍亚胸位,接近胸鳍。胸鳍下侧位,由 2 部分组成,上部鳍条正常,下部鳍条游离呈丝状。尾鳍分叉。如图7-328所示。

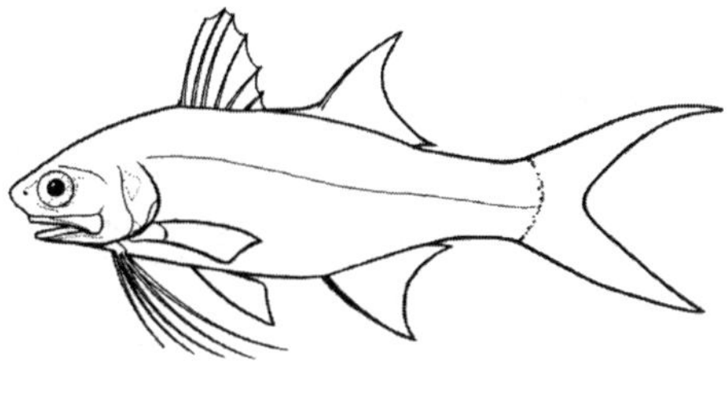

图 7-328 马鲅科 Polynemidae

记载 8 属 43 种,分布于各大洋热带及亚热带海域,少数也生活于河口,甚至江河淡水区。最大体长可达 1.8m。我国产 3 属 7 种。

科 381 石首鱼科 Sciaenidae

体延长,侧扁。头中大,圆钝或尖突。头部具发达的黏液腔。吻中长。吻褶完整或浅分为 2~4 叶,具吻上孔和吻缘孔。眼中大或小,位于头的前半部。鼻孔每侧 2 个,前鼻孔小,圆形;后鼻孔大,椭圆形。口下位或前位,口裂平或斜。齿一般细小,排列成狭的齿带;上颌外行齿及下颌内行齿常较扩大,有时形成犬齿。颏部常具小孔 2~6 个,明显或陷入。颏须有或无。前鳃盖骨边缘常具细齿。体被圆鳞或栉鳞。侧线常延伸至尾鳍末端。背鳍、臀鳍的鳍条鳍膜上常被小圆鳞。背鳍鳍棘部和鳍条部之间常具一深凹,或连续,无缺刻。臀鳍具 1~2 硬棘。胸鳍尖或圆形。腹鳍胸位。尾鳍尖形、楔形、截形或双凹形。鳔很发达,圆筒形,后部细尖,有时前端两侧突出,形成侧囊,或管状延长,形成侧管,鳔侧常有多对侧肢,构造复杂。耳石较大,背面常有颗粒突起或嵴状隆起,腹面有一蝌蚪形印迹。如图 7-329 所示。

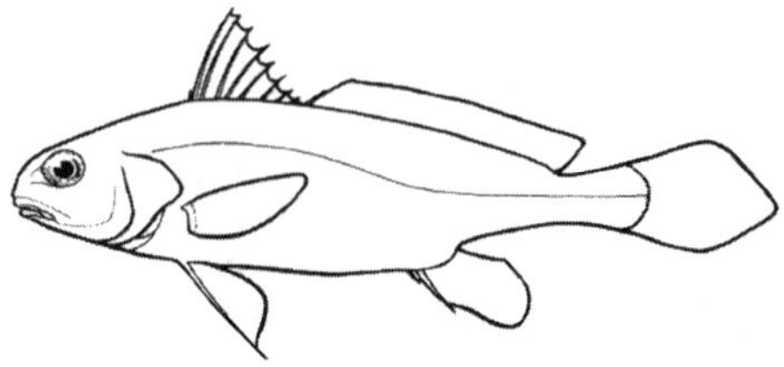

图 7-329 石首鱼科 Sciaenidae

记载 66 属 282 种,广泛分布于大西洋、印度洋及太平洋以及河口,也分布于南美的一些淡水水域。我国产 15 属 39 种。

科 382 羊鱼科 Mullidae

体略呈长梭形,稍侧扁,颏部稍后方具一对长须。头中大,吻圆钝,眼上侧位,口通常端位。上下颌齿细小,多行;或略大,单行;犁骨及腭骨齿或有或无。前鳃盖骨后缘光滑,鳃盖骨后缘具一弱扁棘。体被中大栉鳞,易脱落;侧线完全,侧线感觉管常分叉。背鳍 2 个,腹鳍胸位,尾鳍分叉。体色一般为红色或黄色。如图 7-330 所示。

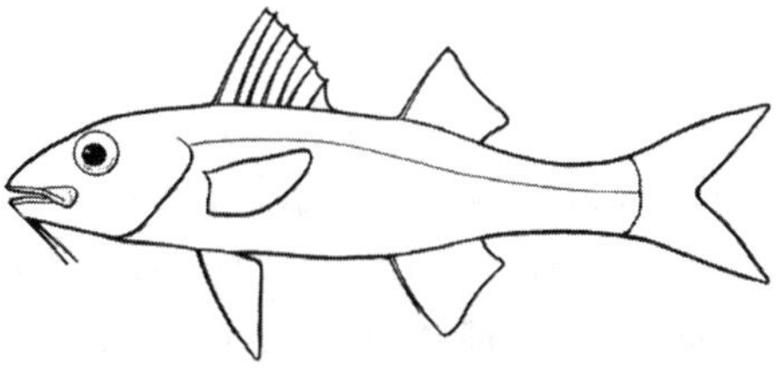

图 7-330 羊鱼科 Mullidae

也称须鲷科。记载 6 属 77 种,分布于大西洋、印度洋及太平洋,极少分布于河口。我国产 3 属 26 种。

科 383　单鳍鱼科 Pempheridae

体长椭圆形或长卵圆形,甚侧扁,向尾部渐细,被栉鳞或小圆鳞。头中大。吻短钝。眼大,侧上位。口大,前位,口裂斜,上颌骨后端宽大,不被眶前骨所遮盖。无辅上颌骨。颌齿细小,1 行或多行。犁骨和腭骨具齿。头部除吻端裸露外,均被鳞。鳃孔大,鳃盖膜不与峡部相连,具假鳃。鳃条骨 7。鳃耙长,通常 25～31。侧线完全,上侧位,与背缘平行,侧线鳞通常 40～82。背鳍 1 个,基短,起点前于体中部,具 4～7 枚渐长的棘、7～12 鳍条。臀鳍具 2 棘(很少)或 3 棘,17～45 鳍条。发光器官有些种类存在。幽门盲囊 9 或 10。个别种类(*Pempheris poeyi*)无鳔。如图 7-331 所示。

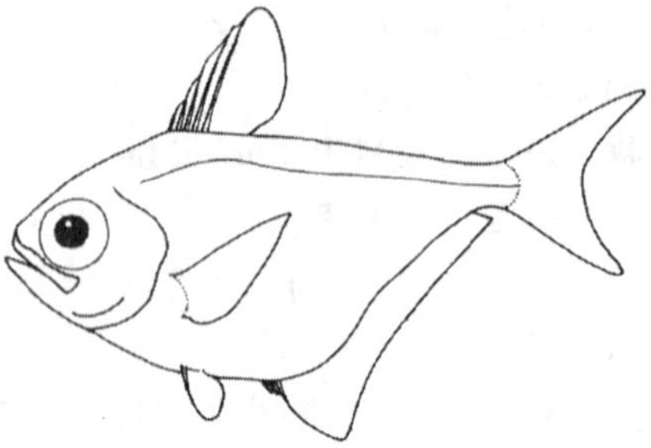

图 7-331　单鳍鱼科 Pempheridae

记载 2 属 27 种,分布于西大西洋、印度洋和太平洋暖、热带海域及咸淡水中。最大体长可达 300mm。我国产 2 属 8 种。

科 384　叶鲷科 Glaucosomatidae

体近卵圆形,侧扁而高大。头大。眼大,侧上位。口大,前位,口裂斜,下颌微突出。上颌骨被鳞,不被眶前骨所遮盖,具辅上颌骨。颌齿细小,呈带状排列,犁骨和腭骨均具绒毛状齿。鳃孔大。前鳃盖骨边缘光滑或具细锯齿。鳃盖骨具 2 扁棘。鳃盖膜不与峡部相连。鳃盖条 7。假鳃发达。体被粗糙栉鳞,头部除吻端及上下唇外,均被以鳞片。侧线完全。背鳍 1 个,具 8 棘,11～14 鳍条。臀鳍具 3 棘,12 鳍条。尾鳍浅凹或截形。脊椎骨 25。如图 7-332 所示。

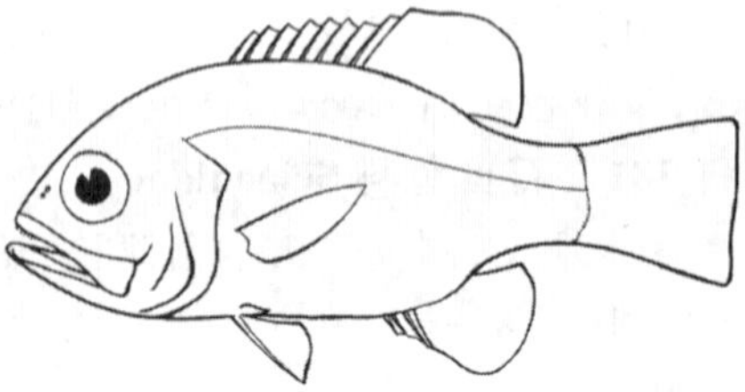

图 7-332　叶鲷科 Glaucosomatidae

记载 1 属 4 种,分布于印度洋东部及西太平洋(日本至澳大利亚)。最大个体长可在 1.2m。我国产叶鲷 *Glaucosoma buergeri* 1 种。

科 385　脂眼鲂科 Leptobramidae

体延长,呈椭圆形,侧扁而高,被栉鳞,鳞不易脱落。头部、胸部和奇鳍基部均被小鳞。头小,锥状。吻钝尖,不被鳞。口大,口裂稍斜。上颌骨伸达眼的后下方。颌齿细小。犁骨、腭骨和舌上均具齿。眼小,具脂眼睑。鳃盖骨无棘。前鳃盖骨下缘具锯齿。鳃盖条 6,无鳔。无幽门盲囊。鳃耙短,约 10。侧线鳞 75～77。背鳍位于体的后半部中央上方,基短,具 4 棘,16～18 鳍条。臀鳍具 3 棘,26～30 鳍条。最大体长为 350mm。如图 7-333 所示。

图 7-333　脂眼鲂科 Leptobramidae
(密氏脂眼鲂 *Leptobrama muelleri*)

记载仅 1 属,密氏脂眼鲂 *Leptobrama muelleri* 1 种,海洋及咸淡水性种类,分布于新几内亚南部、昆士兰和澳大利亚西部海域及河口。

科 386　深海鲱科 Bathyclupeidae

体稍延长,侧扁,被易脱落的大型圆鳞,头部裸露无鳞,但有大型黏液腔。口中大,口裂甚斜。口上缘由前颌骨和上颌骨共同组成。上颌骨宽,后端达眼前缘。具辅上颌骨。颌齿细小,呈绒毛状，犁骨和腭骨均具齿。眼大，侧上位，大于吻长。具眶下托骨。鳃盖条 7。鳃盖膜不与峡部相连。假鳃发达。背鳍 1 个，位于体后半部，基短，无鳍棘。臀鳍具 1 棘，基底甚长。腹鳍小，喉位，具 1 棘，5 鳍条。尾鳍叉形。脊椎骨 31(9＋22 或 10＋21)。如图 7-334 所示。

图 7-334　深海鲱科 Bathyclupeidae

也称深海鲱鲈科。记载 1 属 7 种，分布于印度洋、太平洋及墨西哥湾。我国仅产银深海鲱 *Bathyclupea argentea* 1 种，见于台湾海域。

科 387　大眼鲳科 Monodactylidae

体近圆形，甚侧扁而高，被小型弱栉鳞或圆鳞。头小，枕嵴隆起。吻短钝。眼大。口较小，口裂斜。颌齿细小，呈绒毛状。犁骨、腭骨及舌上均具绒毛状齿。假鳃存在，鳞盖膜与峡部不连。鳃盖条 6～7。侧线完全。背鳍鳍棘部与鳍条部相连，中间无缺刻，具 5～8 鳍棘，前面鳍棘有时退化。臀鳍具 3 棘，二鳍基部均长，密被小鳞。腹鳍小，具 1 棘，5 鳍条，或退化，仅 1 棘，2～4 鳍条，或完全消失。尾鳍凹形或叉形。脊椎骨 9～10＋14。如图 7-335 所示。

记载 2 属 6 种，分布于西非、印度-太平洋沿海及咸淡水，有些种类还可进入淡水中生活。通常作为观赏鱼类，我国产银大眼鲳 *Monodactylus argenteus* 1 种，见于东海和南海。

图 7-335　大眼鲳科 Monodactylidae

科 388　射水鱼科 Toxotidae

体长椭圆形，侧扁而高。体长为体高的 1.8～2.5 倍。头尖锥形，头背扁平，有一枕骨棱。眼大，位于头的前半部。口大，口裂斜，能伸缩，下颌突出。上颌骨细长，被鳞。无辅上颌骨。颌齿呈维绒毛状。眶前骨狭，前缘具锯齿。前鳃盖骨下缘具锯齿。鳃盖膜不与峡部相连。鳃盖条 7。具假鳃。体被中大栉鳞。侧线完全，25～47。背鳍鳍棘部与鳍条部相连，位于体后半部，与臀鳍相对，具 4～5 棘，11～14 鳍条。臀鳍具 3 棘，15～18 鳍条。腹鳍胸位或亚胸位，具 1 棘 5 鳍条，具 1 大腋鳞。脊椎骨 24(10＋14)。如图 7-336 所示。

图 7-336　射水鱼科 Toxotidae

记载 1 属 7 种，分布于印度洋和太平洋热带沿海和淡水水域，为小型观赏鱼类，通常体长 160mm，最大也可达 400mm。我国不产，但近年各水簇馆也有引进。

科 389　澳鲈科 Arripidae

体延长而侧扁，呈长椭圆形，被中大栉鳞。头中大，颊部具鳞。吻尖，口裂斜，上颌骨小，下颌突出。颌齿绒毛状，犁骨、腭骨均具齿。前鳃盖骨具锯齿，鳃盖骨具 2 短棘。鳃盖膜不与峡部相连，鳃盖条 7。侧线简单，沿背缘走向。背鳍鳍棘部与鳍条部相连，具 9 棘，13～19 鳍条，鳍棘细长而弱。臀鳍具 3 棘,9～10 鳍条。腹鳍胸位。尾鳍深叉形。脊椎骨 25。如图 7-337 所示。

记载 1 属 4 种,分布于南太平洋的澳大利亚及新西兰一带海域,最大体长可达 900mm。我国不产。

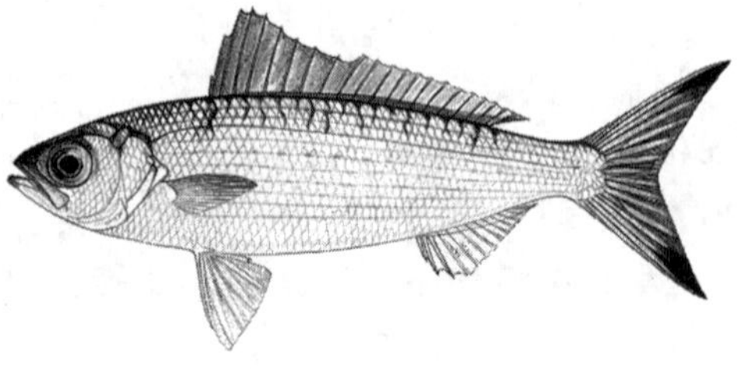

图 7-337 澳鲈科 Arripidae

科 390 双帆鱼科 Dichistiidae

体椭圆形,侧扁。口小。背鳍具 10 棘,18～23 鳍条。臀鳍具 3 棘,13～14 鳍条。鳃盖膜与峡部相连,具门状齿。体常具杂斑或 7～9 条横纹。如图7-338所示。

记载 1 属 2 种,分布于南非及马达加斯加岛沿岸及咸淡水水域。生活在沿岸珊瑚、岩礁及泥砂质底海域,以贝类、甲壳类及其他无脊椎动物为食,最大体长可达 800mm,重 6.5kg。冬天为汛期,繁殖在深海。我国不产。

图 7-338 双帆鱼科 Dichistiidae

科 391 鮠科 Kyphosidae

体卵圆形或长椭圆形,侧扁。头小,背腹面隆起。吻圆钝。眼中大,侧位。鼻孔每侧 2 个。口小,前位,上颌能伸缩,上下颌约等长,上颌骨部分为眶前骨所盖。颌齿多行,最外一行齿呈门齿状,齿末端分为三叉或不分叉,或细密,尖锐,刷毛状;犁骨、腭骨及舌上均无齿或具绒毛状齿。前鳃盖骨边缘光滑,或具弱小锯齿,鳃盖骨无棘,或具 1～2 钝棘。左右鳃盖膜愈合,不与峡部相连。鳃盖条 6～7。具假鳃。鳃耙细长或短尖、细密。体被栉鳞,不易脱落。背鳍与臀鳍基部具鳞鞘。侧线上侧位,与背缘平行,伸达尾鳍基。背鳍 1 个,鳍棘部与鳍条部连续,无缺刻,具 9～16 鳍棘、11～28 鳍条。臀鳍具 3 鳍棘、10～28 鳍条。胸鳍小或宽大,下侧位。腹鳍尖,位于胸鳍基后下方,具 1 鳍棘、5 鳍条。尾鳍分叉。如图 7-339 所示。

图 7-339 鮠科 Kyphosidae

记载 16 属 51 种,广泛分布于大西洋、印度洋及太平洋。我国产 3 属 7 种。

科 392 鸡笼鲳科 Drepaneidae

体很高,呈菱形,颇侧扁,背缘和腹缘弧形隆起,体以背鳍起点至臀鳍起点处为最高。头中大,背缘高且斜,枕嵴高起。吻短而斜高。眼中大,上侧位。鼻孔每侧 2 个。口小,前位而低。上下颌约等长。两颌齿细弱,排列呈带状,犁骨及腭骨无齿。前鳃盖骨下缘具锯齿。鳃盖膜与峡部相连。具假鳃。鳃耙细短。体被中大圆鳞,背鳍及臀鳍大部被小鳞,鳍棘基部具鳞鞘。侧线弧形,与背缘平行,伸达尾鳍基。背鳍 1 个,前方具一向前平卧棘,鳍棘部与鳍条部相连,具缺刻;鳍棘不呈丝状延长。臀鳍起点约与背鳍鳍条部起点相对。胸鳍尖长,长镰状,下侧位,几可伸达尾鳍基。腹鳍起点在胸鳍基底前下方,第一鳍条延长,具腋鳞。尾鳍略呈双截形或圆形。如图 7-340 所示。

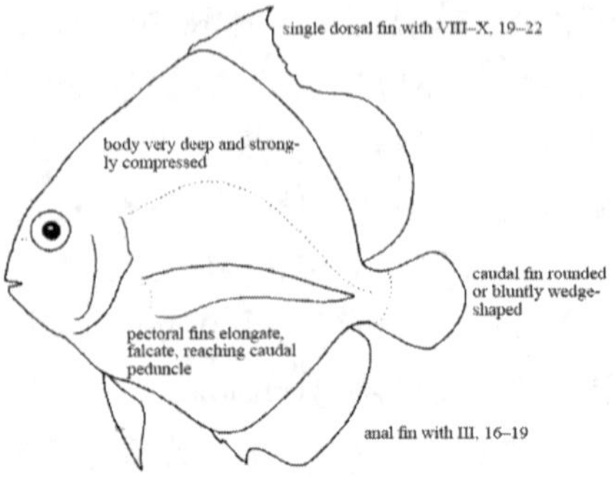

图 7-340 鸡笼鲳科 Drepaneidae

记载 1 属 3 种,分布于印度-西太平洋和西非海域,

我国产条纹鸡笼鲳 *Drepane longimana* 和斑点鸡笼鲳 *Drepane punctata* 2 种。

科 393 蝴蝶鱼科 Chaetodontidae

体甚侧扁,菱形或亚圆形。头小。吻尖突。眼侧位;眼间隔圆凸。鼻孔每侧 2 个。口小,前位,略能伸出。两颌齿细长,尖锐;腭骨无齿。鳃孔狭长或颇大。前鳃盖骨边缘常具细锯齿,有时具长棘,鳃盖骨光滑或具细锯齿,有时具 1 扁棘。鳃盖膜与峡部相连。体被中大或较小栉鳞,背鳍鳍条部、尾鳍和臀鳍鳍条部密具小鳞,无鳞鞘。侧线伸达或不伸达尾鳍基。背鳍基底长,连续,具 6～15 鳍棘、14～31 鳍条。臀鳍基底颇长,约与背鳍鳍条部相对,具 3 鳍棘、17～22 鳍条。胸鳍基底长,镰刀状,或短小。腹鳍胸位,具 1 鳍棘、5 鳍条。尾鳍一般截形或圆凸。脊椎骨 24(11+13)。体色艳丽。如图 7-341 所示。

图 7-341 蝴蝶鱼科 Chaetodontidae

记载 12 属 127 种,分布于大西洋、印度洋和太平洋,主要是在印度-西太平洋的热带海域。我国产 8 属 53 种,

科 394 刺盖鱼科 Pomacanthidae

体卵圆形或近菱形,甚侧扁。口小。颌齿具 3 齿尖,呈刚毛状排列。前鳃盖骨后缘有强锯齿,后下角具 1 枚粗壮强棘。鳃盖骨后缘具 1 棘。体被小形或中大栉鳞,各鳞外露部分有线状嵴纹。侧线完全或不完全。腹鳍胸位,具 1 棘,5 鳍条,无腋鳞。背鳍具 9～15 棘,15～37 鳍条,臀鳍具 3 棘,14～25 鳍条。背鳍和臀鳍后缘有些种类的延长。尾鳍圆形至新月形。脊椎骨 24(10+14)。如图 7-342 所示。

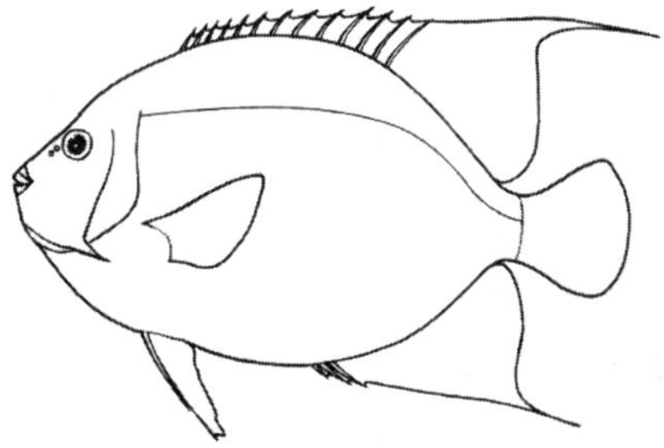

图 7-342 刺盖鱼科 Pomacanthidae

记载 7 属 89 种,分布于热带大西洋、印度洋和太平洋(主要是西太平洋)。我国产 6 属 31 种,见于南海和台湾海域。

科 395 姥鲈科 Enoplosidae

体甚侧扁而高。头短小。眼较大。口小,口裂斜,下颌甚突出。具辅上颌骨。眶前骨下缘具 2 尖棘。具假鳃。鳃盖条 7。侧线完全,前端在胸鳍上方呈弧形弯曲。体被圆鳞,奇鳍基部被鳞。背鳍、臀鳍和腹鳍均甚延长。尾鳍小,后缘凹形。腹鳍胸位,具 1 棘,5 鳍条,长于胸鳍。如图 7-343 所示。

记载 1 属盔姥鲈 *Enoplosus armatus* 1 种,分布于澳大利亚南部海域,体银灰色,上具若干黑色横带。我国不产。

图 7-343 姥鲈科 Enoplosidae

科 396 五棘鲷科 Pentacerotidae

曾名帆鳍鱼科 Histiopteridae。体高而侧扁,头部背面颅骨裸露,具辐射状突起。体被栉鳞,颊部被细鳞。侧线完全,有一弧形弯曲。口中大,低位;唇厚,有绒毛状小髭。前颌骨稍能活动,上颌骨一部分被眶前骨所盖。两颌齿细小尖锐,多

行,排列不规则;犁骨、腭骨有时具齿,舌上无齿。鳃盖骨无棘。鳃盖条5。鳃耙短小,结节状。鳔简单。幽门盲囊多。鳃盖膜分离,不与峡部相连。背鳍1个,很高大,鳍棘部与鳍条部相连,鳍棘4~15,鳍条8~29。臀鳍短小,具2~5鳍棘,鳍条6~17。胸鳍略呈镰状。腹鳍具1长而粗壮鳍棘,5鳍条,尾鳍浅凹。脊椎骨24~27。如图7-344所示。

图7-344　五棘鲷科 Pentacerotidae

记载8属13种,分布于印度-太平洋及西南大西洋。我国产3属3种。

科397　南鲈科 Nandidae

体长椭圆形,被中大栉鳞。口大,能伸缩。上颌骨外露,无辅上颌骨。颌齿呈绒毛状,犁骨、腭骨、副蝶骨和翼骨均具齿。前鳃盖骨和眶前骨有小棘或光滑。鳃盖骨具1~2棘。鳃盖条6,无假鳃。侧线不完全或无。背鳍鳍棘部和鳍条部相连,鳍棘部基底远长于鳍条部基底,具6~18棘。臀鳍具3~4棘。二鳍基底均具鳞鞘。胸鳍圆形。腹鳍胸位,具1棘,5鳍条,腋鳞有或无。尾鳍圆形。如图7-345所示。

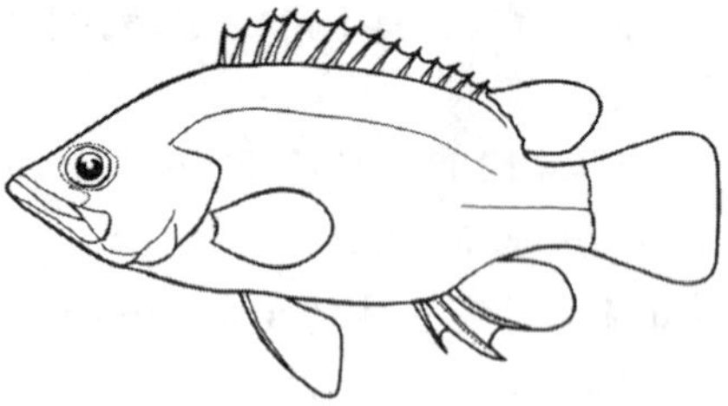

图7-345　南鲈科 Nandidae

曾名变色鱼科 Badidae、棕鲈科,记载6属28种,分布于南亚淡水水域,也常进入咸淡水水域,最大体长可达210mm。我国仅产印度达里奥鲈 *Dario dario* 1种。

科398　叶鲈科 Polycentridae

主要特征与南鲈科 Nandidae 相似,主要区别为本科种类的臀鳍具9~13棘,背鳍具16~18棘,下颌有或无须。如图7-346所示。

图7-346　叶鲈科 Polycentridae

记载2属2种,分布于热带西非及南美东北淡水水域。我国不产。

科399　鯻科 Terapontidae

体长椭圆形,侧扁。眼间隔和后头部具骨质线纹,眶前骨边缘具细齿。口前位,上下颌几等长。两颌齿细小或尖锐侧扁,或齿端分叉,犁骨、腭骨齿有或无;舌面无齿。鳃孔大。前鳃盖骨边缘具细锯齿,鳃盖骨具2棘,一般上棘短小,下棘强大。鳃盖膜与峡部分离或相连。鳃盖条6。匙骨上角圆形突出,具锯齿,后颞骨常外露,后缘具细齿。上肩胛骨及乌喙骨不裸露。体被栉鳞,不易脱落。侧线完全。背鳍1个,鳍棘部和鳍条部相连,中间缺刻深或浅,具11~14鳍棘、8~14鳍条。臀鳍具3鳍棘、7~12鳍条。胸鳍圆形,下侧位。腹鳍具1鳍棘、5鳍条。尾鳍圆形、分叉或内凹。如图7-347所示。

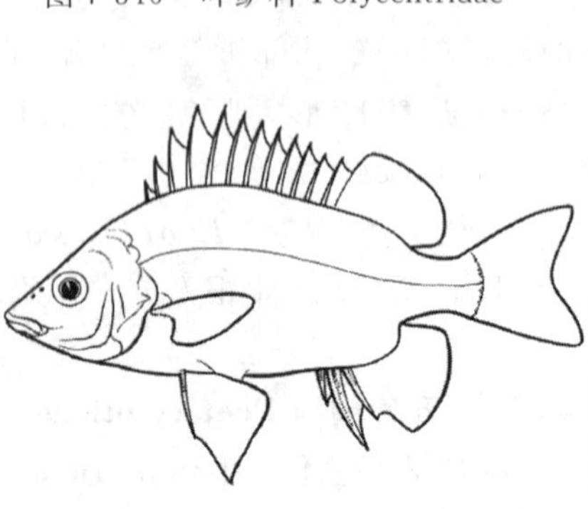

图7-347　鯻科 Terapontidae

记载14属51种,分布于印度-西太平洋(非洲至日本、斐济、萨摩亚)的海洋、咸淡水及淡水水域。我国产 4 属 7 种。

科 400 汤鲤科 Kuhliidae

体长椭圆形或长卵圆形,侧扁,被中大栉鳞。头较小。眼大,侧上位。口大,上颌骨多少为眶前骨所遮盖。无辅上颌骨。颌齿细小,呈带状排列。犁骨具齿,腭骨或具齿,舌上无齿。前鳃盖骨有锯齿,鳃盖骨具 2 棘。鳃盖膜不与峡部相连。侧线完全。背鳍鳍棘部与鳍条部相连,中间具缺刻,具 10 棘,9～13 鳍条;臀鳍具 3 棘,9～13 鳍条,背鳍和臀鳍基部均具发达的鳞鞘。脊椎骨 25。如图 7-348 所示。

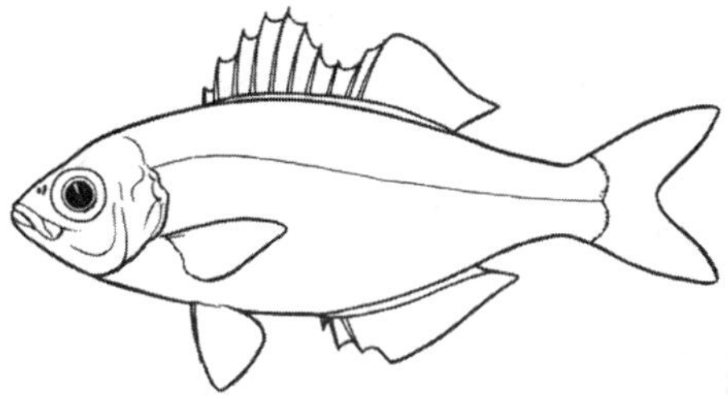

图 7-348 汤鲤科 Kuhliidae

记载 1 属 13 种,分布于印度-西太平洋的海洋、咸淡水及淡水水域,最大体长在 500mm 左右。我国产 3 种。

科 401 石鲷科 Oplegnathidae

体稍延长,侧扁而高,尾柄短而高。头短小,吻钝尖。眼小,上侧位。鼻孔每侧 2 个。口小,前位,不能伸出。上颌骨不为眶前骨所盖。上下颌齿愈合,形成坚固骨喙;腭骨无齿。鳃孔大。前鳃盖骨边缘具锯齿,鳃盖骨具一扁棘。鳃盖膜不与峡部相连。鳃盖条 6 或 7。第四鳃弓后具一裂孔。假鳃发达。鳃耙短小。体被细小栉鳞。侧线完全。背鳍连续,具 12 鳍棘、16 鳍条,鳍棘部长于鳍条部。臀鳍具 3 鳍棘、12～14 鳍条,基底长短于背鳍鳍条部。胸鳍短圆。腹鳍胸位,具 1 鳍棘、5 鳍条。尾鳍截形或浅凹。如图 7-349 所示。

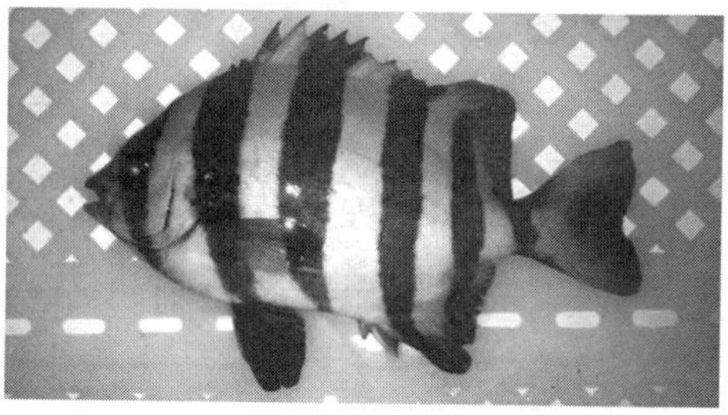

图 7-349 石鲷科 Oplegnathidae

记载 1 属 7 种,分布于印度-太平洋(南非、日本、南澳大利亚一带),我国产条石鲷 *Oplegnathus fasciatus* 和斑石鲷 *Oplegnathus punctatus* 2 种,前者见于黄海和东海北部,最大体长可达 800mm,为重要经济种类。后者我国沿海均有分布。

科 402 䱵科 Cirrhitidae

体长椭圆形,多少侧扁,被圆鳞或栉鳞。口前位,口裂微斜。颌齿细小,有犬齿。犁骨具齿,腭骨有时具齿。前鳃盖骨边缘具锯齿,鳃盖骨具 2 扁棘。鳃盖膜不与峡部相连。背鳍具 10 棘,11～17 鳍条,鳍棘间膜有缺刻。臀鳍具 3 棘,5～7 鳍条。胸鳍条 14。脊椎骨 26。无鳔。如图 7-350 所示。

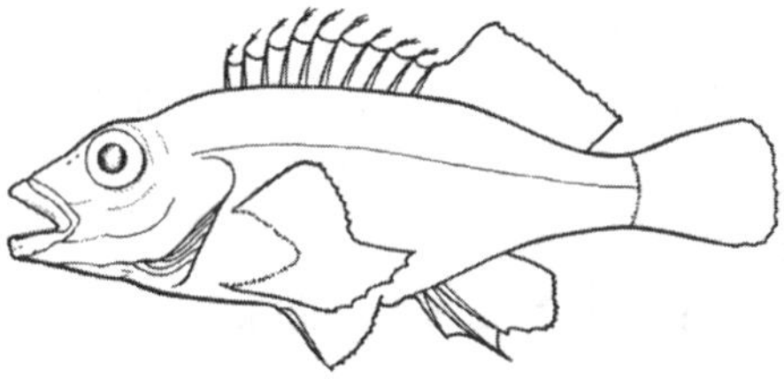

图 7-350 䱵科 Cirrhitidae

记载 12 属 33 种,分布于热带大西洋、印度洋和太平洋,最大体长可达 550mm。我国产 6 属 11 种,见于南海、台湾海域。

科 403 丝鳍䱵科 Chironemidae

颌齿锥状或绒毛状。犁骨具齿,腭骨无齿。背鳍 14～16 棘,15～21 鳍条。臀鳍具 3 棘,6～8 鳍条。如图 7-351 所示。

图 7-351 丝鳍䱵科 Chironemidae

记载 1 属 6 种,我国不产,分布于澳大利亚和新西兰沿海,最大体长为400mm。

科404　鹰鲻科 Aplodactylidae

原名单指鲻科。体长椭圆形,侧扁。口小,上颌略突出,向后延伸至鼻孔后。犁骨具齿,颌齿小,门齿状、披针状或3齿头形。体被小圆鳞。背鳍具14～23棘,16～21鳍条;臀鳍具3棘,6～8鳍条;腹鳍1棘,5鳍条。脊椎骨34。如图7-352所示。

图7-352　鹰鲻科 Aplodactylidae

记载1属6种,沿岸性鱼类,分布于澳大利亚南部至新西兰、秘鲁、智利一带沿岸,我国不产。

科405　唇指鲻科 Cheilodactylidae

体长椭圆形,侧扁。头中大。口小,前位。两颌前端齿小,圆锥形,多行,向后成单行,犁骨、腭骨及舌上均无齿。唇厚。眼中大,上侧位。前鳃盖骨边缘光滑,鳃盖骨后角具一扁棘,上缘具一半月状缺刻,边缘具膜。左右鳃盖膜愈合,不与峡部相连。鳃盖条6。具假鳃。侧线完全,上侧位,几近平直。体被中大圆鳞。背鳍1个,鳍棘部与鳍条部连续,中间有缺刻,具14～22鳍棘,19～39鳍条,鳍棘部基底短于或等于鳍条部基底。臀鳍具3棘,7～19鳍条。胸鳍下部具6～8枚肥厚而不分支鳍条。尾鳍深叉形。脊椎骨24。如图7-353所示。

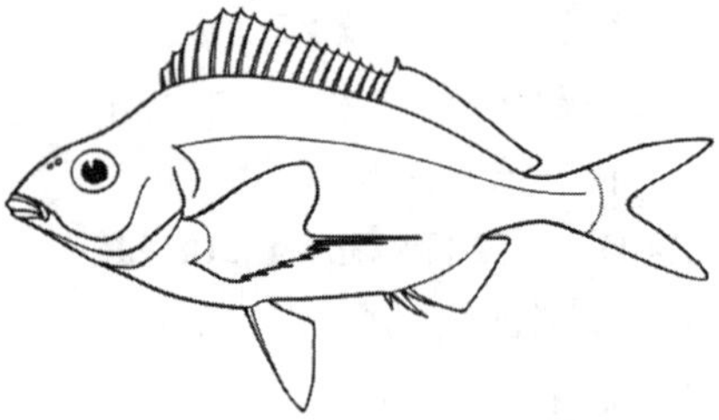

图7-353　唇指鲻科 Cheilodactylidae

记载4属27种,分布于南半球大西洋、印度洋以及北半球的中国和日本近海,最大体长可达1m。我国产1属3种。

科406　婢鲻科 Latridae

背鳍具14～24棘,23～40鳍条;臀鳍具3棘,18～35鳍条。胸鳍无肥厚的不分支鳍条。犁骨齿有或无。本科鱼类肉味鲜美,也是重要的游钓对象。如图7-354所示。

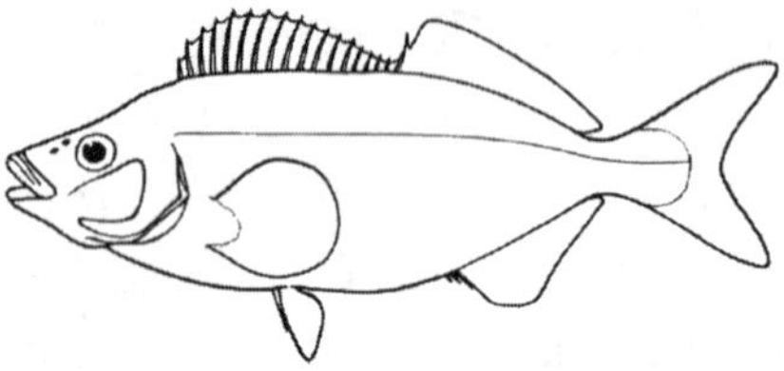

图7-354　婢鲻科 Latridae

也称长鳍(鱼翁)科。记载3属5种,分布于南澳大利亚、新西兰和智利以及大西洋南部沿海。通常生活水深在50～400m,最大体长可达1.2m,重25kg。我国不产。

科407　赤刀鱼科 Cepolidae

体带状,向尾部渐细尖,颇侧扁,肛门位于胸鳍基部稍后下方。头短而圆钝,头顶具一短小低冠。吻短钝。眼大。口前位,斜裂。无辅上颌骨,上颌骨宽,裸露。齿细弱,有时弯曲,犬齿状;犁骨、腭骨及舌上均无齿。鳃孔大。前鳃盖骨边缘光滑或具棘。鳃盖膜分离,不与峡部相连。鳃盖条5～6。具假鳃。体被细小圆鳞。侧线自鳃盖后上角向上升至背鳍基部,沿鳍基向后延伸并逐渐消失。背鳍1个,基底甚长,后方与尾鳍或相连。臀鳍基底长,向后与尾鳍或相连,背鳍0～4棘,臀鳍0～2棘,由长度约相等的鳍条组成。胸鳍短小。腹鳍前胸位。尾鳍尖长。如图7-355所示。

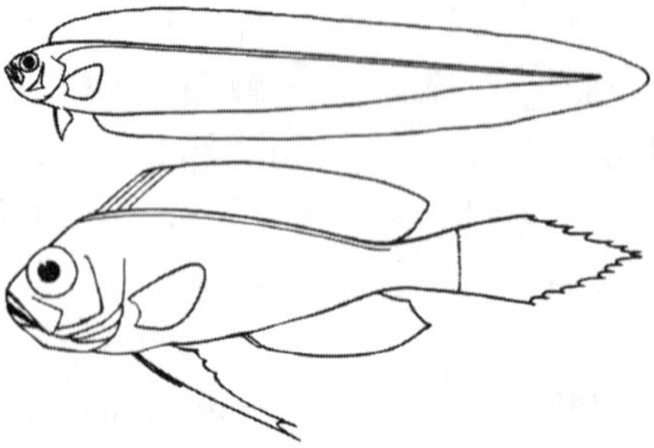

图7-355　赤刀鱼科 Cepolidae

记载5属22种,分布于大西洋东部(欧洲沿海及地中海)、印度-西太平洋(包括新西兰)。最大体长可达700mm。我国产5属7种。

科408 小日鲈科 Elassomatidae

鳃盖条5;鳃盖膜不与峡部相连;体无侧线。尾鳍圆形。体被圆鳞。背鳍具2~5棘,8~13鳍条。臀鳍具3棘,4~8鳍条。如图7-356所示。

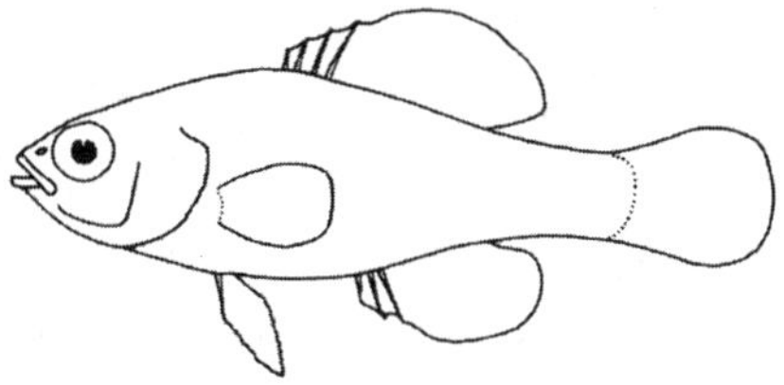

图7-356 小日鲈科 Elassomatidae

也称倭太阳鱼科。记载1属7种,分布于美国东部(包括密西西比河)的淡水水域,最大体长仅45mm。本科鱼类在早期的文献中常归入棘臀鱼科(太阳鱼科)中。

隆头鱼亚目 Labroidei

体侧扁,略延长而高,左右腹鳍不愈合。前颌骨不固着于上颌骨。两颌齿分离或愈合为齿板。左右下咽骨愈合。鼻孔每侧1~2个。假鳃发达。体被圆鳞。侧线连续,或在后部中断。背鳍鳍棘部和鳍条部一般相连续。

本亚目记载6科。

科409 丽鱼科 Cichlidae

体长椭圆形或卵圆形,侧扁而高,被小或中大栉鳞或圆鳞。口小或中大,能伸缩,唇厚。头部每侧只有一个鼻孔。无眶下托骨。侧线中断为2,上侧线从鳃孔上方至背鳍鳍条部后下方,下侧线在上侧线后下方,侧线鳞通常在20~50,偶有超过100。背鳍基长,鳍棘部与鳍条部相连,中间无缺刻,通常具7~25鳍棘,5~30鳍条。臀鳍具3~15鳍棘,4~32鳍条。尾鳍圆形、截形或凹形。如图7-357所示。

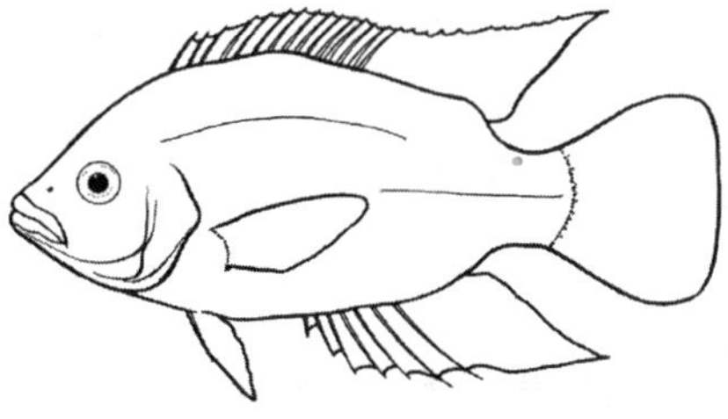

图7-357 丽鱼科 Cichlidae

曾称慈鲷科。记载206属,约1618种,分布于热带地区的印度、叙利亚、马达加斯加、西印度群岛、非洲和中南美洲的淡水及咸淡水水域,最大体长可达800 mm。我国现产7属10种,其中大部分为引进种。

科410 海鲫科 Embiotocidae

体卵圆形,侧扁,被薄的小圆鳞。头小,吻尖。口较小,前位,前颌骨能伸缩。颌齿锥状。犁骨、腭骨和舌上均无齿。前鳃盖骨后缘光滑,鳃盖骨无棘。鳃盖条5~6。侧线鳞35~76。背鳍具6~12棘,9~28鳍条,鳍棘部鳞鞘发达。臀鳍具3~4棘,15~36鳍条。腹鳍胸位,具1棘5鳍条,尾鳍叉形。如图7-358所示。

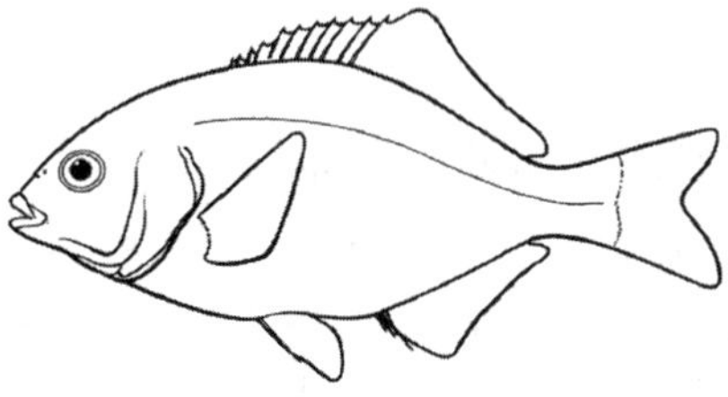

图7-358 海鲫科 Embiotocidae

记载13属26种,分布于北太平洋沿岸(极少数也生活在淡水水域),最大体长可达450mm。我国不产。

科411 雀鲷科 Pomacentridae

体一般小型,卵圆形或近于圆形,侧扁。头短而高,吻短钝。鼻孔每侧1个。口小,前位或稍斜,略能向前伸出,上颌骨为眶前骨所盖。眼侧位。上下颌齿尖锐,锥状,或侧扁,呈门齿状,犁骨与腭骨均无齿。左右下咽骨愈合,呈三角形骨板,第二上咽骨明显,第三与第四上咽骨愈合。鳃孔中大。左右鳃盖膜多少愈合,不与峡部相连。鳃盖条5~7。鳃4个或3.5个。假鳃

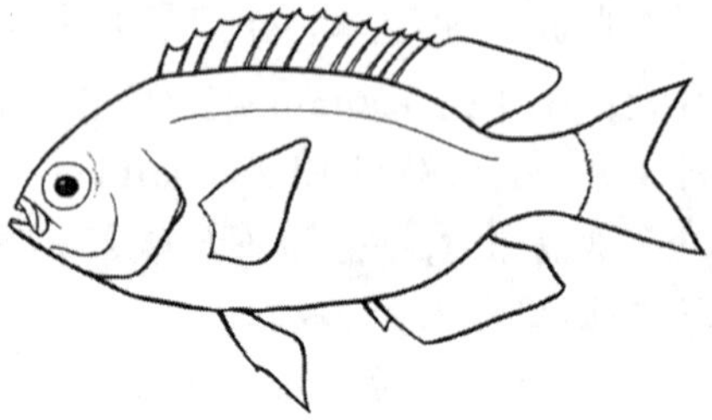

图 7-359　雀鲷科 Pomacentridae

存在。体被中大或较小栉鳞。侧线不完全或中断，前部侧线鳞具感觉管，在背侧延伸；后部在尾柄正中，为一纵行小孔。背鳍鳍棘部与鳍条部连续，有时中间具凹缺，具 9～14 鳍棘。臀鳍具 2～10 鳍棘。胸鳍宽圆。腹鳍胸位。尾鳍分叉或内凹。如图 7-359 所示。

记载 29 属，392 种，分布于大西洋、印度洋和太平洋的热带、亚热带海域。主要栖息于珊瑚礁区和近海岩石间，最大体长可达 350mm。我国产 18 属 118 种。

科 412　隆头鱼科 Labridae

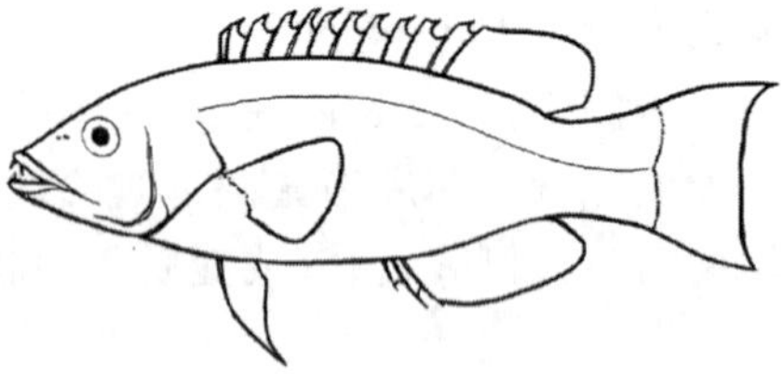

图 7-360　隆头鱼科 Labridae

体长椭圆形，侧扁，头中大或大。吻一般较长。眼中大。鼻孔每侧 2 个。口前位，稍能向前方伸出。前颌骨不固着于上颌骨，上颌骨被眶前骨所盖。上下颌齿分离或在基部愈合，前方数齿多呈犬齿状，犁骨和腭骨均无齿。下咽骨完全愈合，呈三角形、T 形或 Y 形，咽骨齿呈锥形、颗粒状或臼齿形。唇厚，内侧具纵褶。鳃孔大。左右鳃盖膜多少愈合，与峡部相连或不相连。，鳃盖条 5～6。假鳃发达。体被圆鳞。侧线连续或中断。背鳍 1 个，鳍棘部与鳍条部连续。体色通常艳丽。如图 7-360 所示。

记载 70 属 501 种，广泛分布于大西洋、印度洋及太平洋。我国产 37 属 155 种。

科 413　岩鳕科 Odacidae

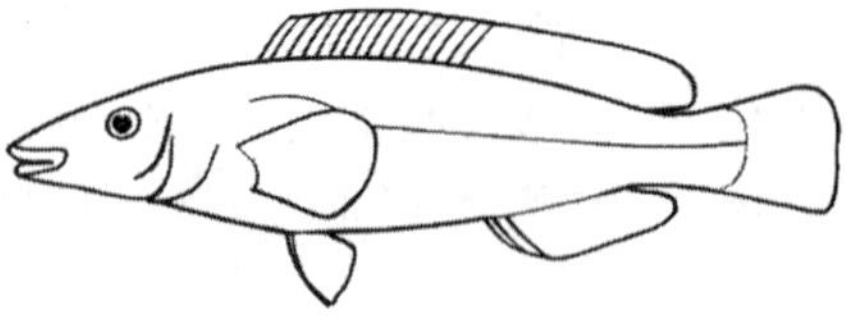

图 7-361　岩鳕科 Odacidae

口不能伸缩。颌齿多少相互愈合，形成边缘锐利的切缘。咽齿呈铺石状排列。体被小型或中大圆鳞。侧线直而完全，侧线鳞 30～108。背鳍鳍棘部与鳍条部相连，具 14～27 棘，9～22 鳍条，鳍棘柔软。臀鳍具 2～3 棘，11～13 鳍条。腹鳍具 1 棘，4 鳍条。脊椎骨 31～54。如图 7-361 所示。

也称岩鱼科。记载 4 属 12 种，暖温性近岸鱼类，最大体长可达 400mm，分布于澳大利亚及新西兰沿岸。我国不产。

科 414　鹦嘴鱼科 Scaridae

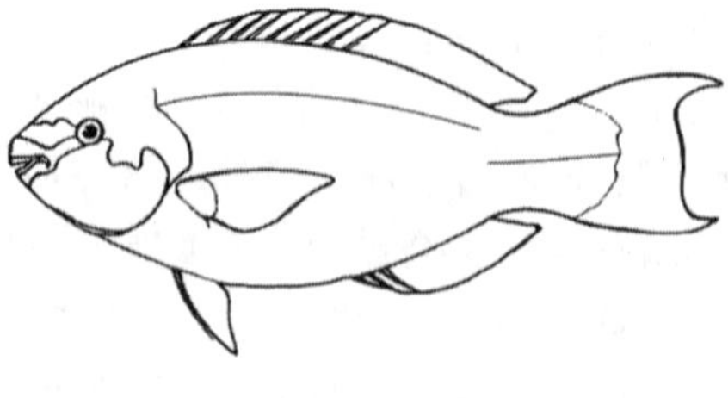

图 7-362　鹦嘴鱼科 Scaridae

体延长或长圆形，较粗壮，侧扁，背缘和腹缘均圆凸，尾柄短而较高。头颇大。吻较长。眼小，圆形，上侧位。眼间隔宽而圆凸。口小，前位。鼻孔每侧 2 个，前鼻孔无触指状突起。上下颌齿愈合成齿板，齿板表面不很粗糙，无颗粒状突起，后部或具犬齿。上唇的内唇不发达，仅见于外唇的后部。每侧上咽骨具扁平齿 1 行。前鳃盖骨边缘无锯齿。体被大圆鳞，颊部具 2～4 行鳞片，鳃盖被鳞片。侧线中断。背鳍具 9 鳍棘、10～11 鳍条。臀鳍具 3 鳍棘、9～10 鳍条。胸鳍具 2 鳍棘、11～15 鳍条。如图 7-362 所示。

记载 10 属 103 种，分布于热带大西洋、印度洋及太平洋，栖息于珊瑚礁或岩礁间。本科种类体色鲜艳，多数种类体色有两性变异。我国产 7 属 36 种。

绵鳚亚目 Zoarcoidei

体延长,背鳍与臀鳍基甚长,背鳍鳍条基骨与髓棘连接,臀鳍鳍条基骨与脉棘连接。背鳍或全部为鳍棘,或鳍棘加鳍条,或鳍条加鳍棘组成;腹鳍如存在,为喉位或颏位,尾鳍与背鳍及臀鳍相连,或近相连,或不明显。体被小圆鳞;侧线或完全或无。

本亚目记载 9 科。

科 415　深海鳚科 Bathymasteridae

体延长,稍侧扁。口中大,口裂斜,腭骨具齿。上颌骨后部伸达眼中部下方。眼中大,上侧位。体被栉鳞。侧线位高,止于背鳍基后端。腹鳍胸位,具 1 棘,5 鳍条。胸鳍大,基部垂直向上。背鳍 1 个,基长,具 2 棘,39～45 鳍条。臀鳍具 1～2 棘,29～34 鳍条。脊椎骨 46～55。如图 7-363 所示。

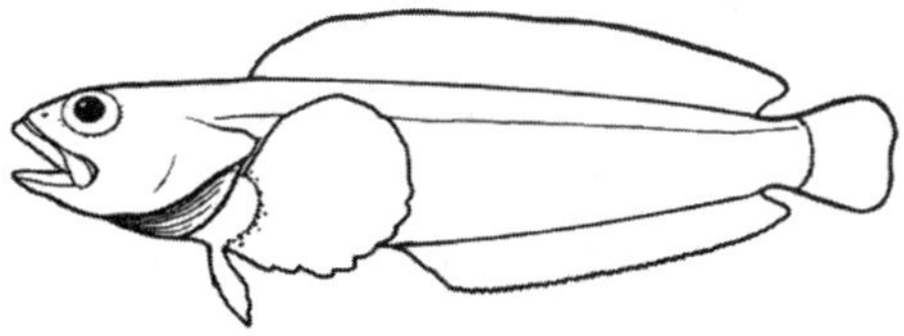

图 7-363　深海鳚科 Bathymasteridae

记载 3 属 7 种,为北太平洋沿岸性种类,最大体长为 380mm。我国不产。

科 416　绵鳚科 Zoarcidae

体颇延长,鳗形,侧扁。头大,光滑无棘。口大。上下颌具尖锥齿,犁骨及腭骨齿有或无。鳃孔宽大。鳃盖膜与峡部相连。具假鳃。鳃耙小。体无鳞,或有细小圆鳞,埋于皮下。侧线退化或稍发达。背鳍 1 个,基底颇长,全由鳍条组成,或仅后部具短鳍棘,与尾鳍相连。臀鳍基部延长,后部与尾鳍相连。胸鳍小或宽大。腹鳍小,喉位,有时腹鳍消失。尾鳍小,不显著。如图 7-364 所示。

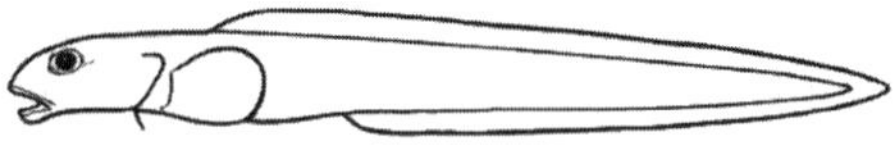

图 7-364　绵鳚科 Zoarcidae

记载 5 属 282 种,分布于太平洋和大西洋的北部、北冰洋及南冰洋,为小型及中等大的底栖鱼类,最大体长可达 1.1m。我国产 2 属 3 种。

科 417　线鳚科 Stichaeidae

体延长,侧扁。吻端至臀鳍起点之距离常等于或小于臀鳍起点至尾鳍之距。头部有或无皮质突起。口小或中大,前位。两颌、犁骨具齿,腭骨齿有或无。鳃盖膜与峡部相连或不连。体被小圆鳞或裸露无鳞。侧线 1～4 条,分支有或无,分支末端常有一小孔。背鳍和臀鳍基底很长,伸达尾鳍基部附近,有时以鳍膜相连。背鳍全由鳍棘组成,臀鳍具棘 0～2。腹鳍喉位,有或无棘,3～4 鳍条,或无腹鳍。尾鳍圆形。如图 7-365 所示。

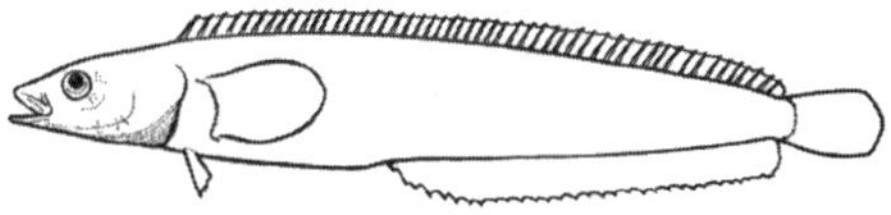

图 7-365　线鳚科 Stichaeidae

记载 37 属 79 种,主要分布于北太平洋,少数在北大西洋。我国产 5 属 7 种。

科 418　隐棘鳚科 Cryptacanthodidae

体甚延长,侧扁,裸露无鳞或被小圆鳞。无侧线或仅有小孔而无侧线管。头背面稍平,眼间隔和眼后部有数个深洼。口大,甚斜,下颌突出。颌齿锥状,犁骨具齿,腭骨或有齿。鳃盖膜与峡部相连。背鳍全为鳍棘,60～80 棘,臀鳍具 0～3 棘,43～52 鳍条,背鳍和臀鳍延伸至尾鳍基,或与尾鳍相连。胸鳍小,无腹鳍(腹鳍骨存在)。脊椎骨 71～88。如图 7-366 所示。

记载 1 属 4 种,分布于北大西洋和北太平洋。我国不产。

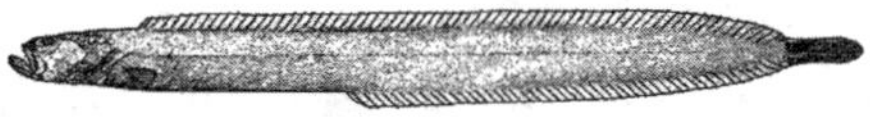

图 7-366　隐棘鳚科 Cryptacanthodidae

科 419　锦鳚科 Pholidae

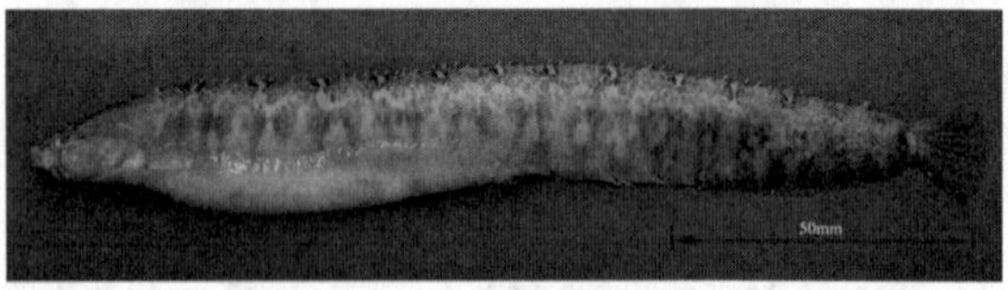

图 7-367　锦鳚科 Pholidae

体细长，甚侧扁，体被小圆鳞。头部无皮瓣。两颌具齿。犁骨和腭骨具齿或无齿。左右鳃盖膜彼此相连，一般不与峡部相连。背鳍长，约为臀鳍基底长的 2 倍，全由鳍棘组成，具 75～100 鳍棘。胸鳍短小，7～17 鳍条，或退化或消失。腹鳍甚小，1 鳍棘 1 鳍条，或腹鳍缺如。背鳍、臀鳍与尾鳍近相连，尾柄不明显。侧线无或不完全。无肋骨。脊椎骨 80～107。如图7-367所示。

记载 3 属 15 种，分布于北大西洋和北太平洋。我国产 1 属 2 种，见于渤海、黄海和东海。

科 420　狼鱼科 Anarhichadidae

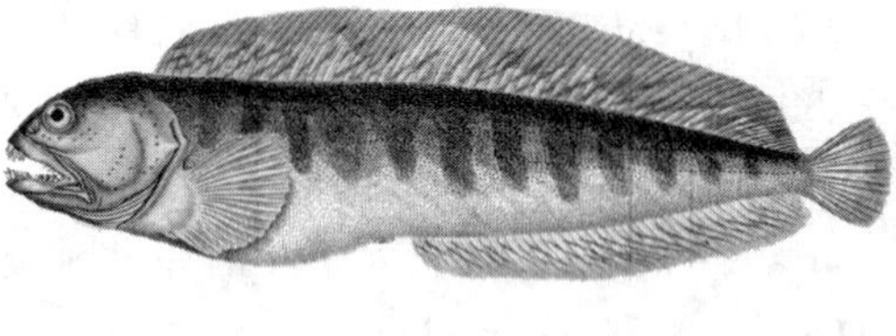

图 7-368　狼鱼科 Anarhichadidae

体延长，裸露无鳞或被微细圆鳞。吻短，口裂宽。颌齿强，锥状，两侧有大臼齿。犁骨和腭骨具齿。鳃盖膜与峡部相连。鳃盖条 7。侧线微弱，仅在前部有 1～2 分支，或缺如。背鳍长，全由鳍棘组成，具 83～250 棘，臀鳍长，有时具 1 棘，鳍条 53 以上，有时多达 188～233。胸鳍宽。无腹鳍。尾鳍短小。脊椎骨 72～89，有的超过 250。如图 7-368 所示。

也称狼鳚科。记载 2 属 5 种，分布于北大西洋和北太平洋，最大体长可达 2.5m。我国不产。

科 421　翎鳚科 Ptilichthyidae

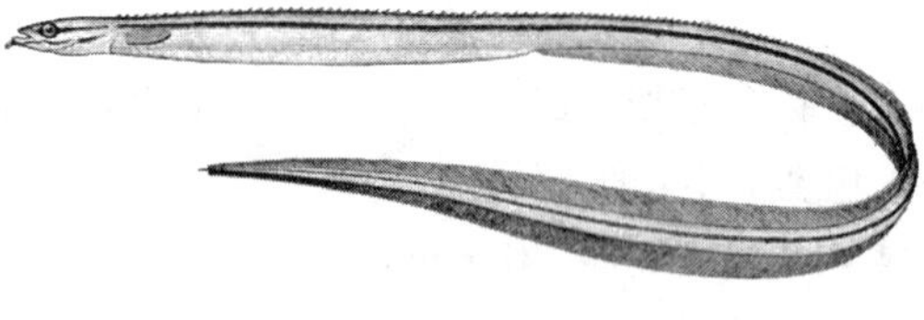

图 7-369　翎鳚科 Ptilichthyidae

体甚延长，裸露无鳞。头小。上颌骨伸达眼前缘，下颌突出。无尾鳍、无腹鳍。背鳍具 90 枚低而游离的鳍棘，137～145 鳍条。臀鳍具 185～196 鳍条。无侧线。脊椎骨 222～240。如图 7-369所示。

记载仅 1 属，吉氏翎鳚 *Ptilichthys goodei* 1 种，分布于北太平洋美洲沿岸和日本北海道至鄂霍茨克海一带，最大体长可达 330mm。我国不产。

科 422　额鳚科 Zaproridae

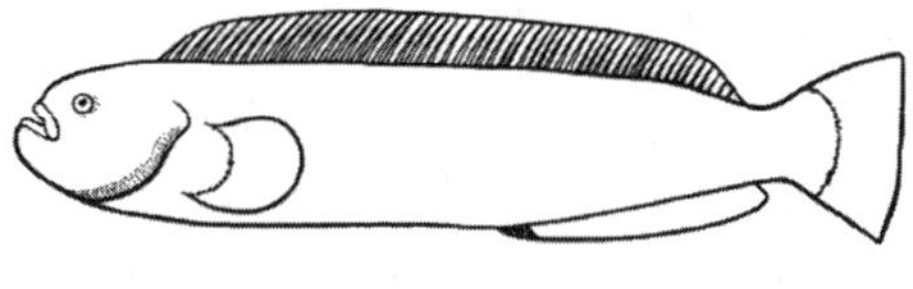

图 7-370　额鳚科 Zaproridae

体高而侧扁，被细小圆鳞。头部具大孔。鳃盖膜彼此相连。无侧线。背鳍全由鳍棘组成，54～58 鳍棘。臀鳍具 3 棘，24～27 鳍条，背鳍与臀鳍均不与尾鳍相连。脊椎骨 61～62。无腹鳍，胸鳍 24～25。如图 7-370 所示。

也称船首鳚科。记载仅 1 属，额鳚 *Zaprora silenus* 1 种，分布于北太平洋，由加利福尼亚至阿拉斯加和北海道，最大体长可达 880mm。我国不产。

科 423　蝮鳚科 Scytalinidae

图 7-371　蝮鳚科 Scytalinidae

体细长，裸露无鳞。头很小。眼甚小，侧上位。口大，上颌骨伸达眼中部下方。鳃盖膜彼此相连。无侧线。背鳍 41～51 鳍条，无鳍棘。臀鳍 36～41 鳍棘，二鳍均与尾鳍相连。无腹鳍。脊椎骨 69～71。如图 7-371 所示。

也称蛇鳚科。记载仅 1 属，蝮鳚 *Scytalina cerdale* 1 种。分布于北太平洋美洲沿岸，最大体长为 150mm。我国不产。

南极鱼亚目 Notothenioidei

体延长，被栉鳞或圆鳞或裸露无鳞。每侧鼻孔 1 个。口大，前位，颌齿细小，有的具犬齿。腭骨无齿，犁骨一般无齿。鳃盖条 5～9。腹鳍喉位，具 1 棘，5 鳍条(极少数为 4 鳍条)。背鳍棘一般不尖锐。侧线通常 2～3 条。无鳔。

本亚目有 8 科。

科 424 牛鱼科 Bovichtidae

口能伸缩。吻不突出。犁骨、腭骨具齿。鳃盖膜明显延长，不与峡部相连。背鳍 2 个，第一背鳍为棘状鳍条。侧线 1 条。如图 7-372 所示。

记载 3 属 10 种，分布于南澳大利亚、新西兰和南美洲南部海域。我国不产。

图 7-372 牛鱼科 Bovichtidae

科 425 拟牛鱼科 Pseudaphritidae

体延长，头部略平扁。眼紧位于头顶，鼻孔斜裂。背鳍 2 个，第二背鳍基长，与臀鳍相似。体色变化较大，背部微红杂色至棕绿色，体侧下部为淡白色。如图 7-373 所示。

图 4-373 拟牛鱼科 Pseudaphritidae

记载仅 1 属，鳞头拟牛鱼 *Pseudaphritis urvillii* 1 种，分布于澳大利亚东南部，包括塔斯马尼亚岛一带的海域、咸淡水及淡水水域，常见体长 170mm，最大可达 360mm。生活于山间溪流及河口，常隐藏在障碍物下。每年 4—8 月，成体降河至河口繁殖，以昆虫、贝类、甲壳类及鱼类等为食。味鲜美，但因个体小，经济价值不大。我国不产。

科 426 油南极鱼科 Eleginopidae

背鳍具 7～8 棘，23～27 鳍条。其余特征不详。如图 7-374 所示。

记载仅 1 属智利油南极鱼 *Eleginops maclovinus* 1 种，分布于智利及阿根廷外海至火地岛。最大体长可达 900mm。

图 7-374 油南极鱼科 Eleginopidae

科 427 南极鱼科 Nototheniidae

体延长，被栉鳞或圆鳞，头部有时一部分无鳞。口中大，能伸缩，口裂斜，下颌略突出。上颌骨后端伸达眼下方。颌齿细小，绒毛状，有时具 1～2行强犬齿。前鳃盖骨和鳃盖骨无棘。鳃盖膜互连。跨越峡部。鳃盖条 6～7。背鳍 2 个，第一背鳍具棘 3～11，柔软，第二背鳍具 25～42 鳍条。臀鳍基长，无棘或仅具 1 棘，腹鳍强，喉位，尾鳍圆形。侧线 1～3 条。脊椎骨 45～59。如图 7-375 所示。

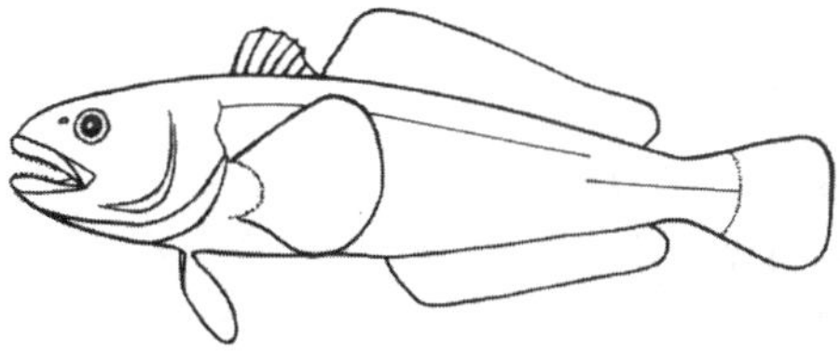

图 7-375 南极鱼科 Nototheniidae

记载13属55种,分布于大西洋及南半球的南部沿岸,我国不产。

科428　裸南极鱼科 Harpagiferidae

体延长,裸露无鳞。头宽大。吻短,约与眼径等长。口大,前位,能伸缩。上颌骨伸达瞳孔下方。颌齿绒毛状,无犬齿。前鳃盖骨和鳃盖骨具强棘。有些种类的头背也具棘。鳃盖条6,鳃耙退化。背鳍2个,相距很近。背鳍鳍棘弱,第二背鳍和臀鳍甚长,无鳍棘。胸鳍大,呈扇形。腹鳍强大,喉位。线二条,下侧线退化呈一行小孔。如图7-376所示。

图7-376　裸南极鱼科 Harpagiferidae

也称棘劫鱼科。记载1属11种,广泛分布于亚南极区及南美洲南部、麦夸里岛等。我国不产。

科429　阿氏龙膽科 Artedidraconidae

体延长,光滑无鳞。口能伸缩,下颌具须。鳃盖骨具钩状棘,鳃盖膜扩大,与峡部相连。背鳍2个,分离,第一背鳍具柔软鳍棘1～7,第二背鳍及臀基长。尾鳍圆形。脊椎骨33～41。如图7-377所示。

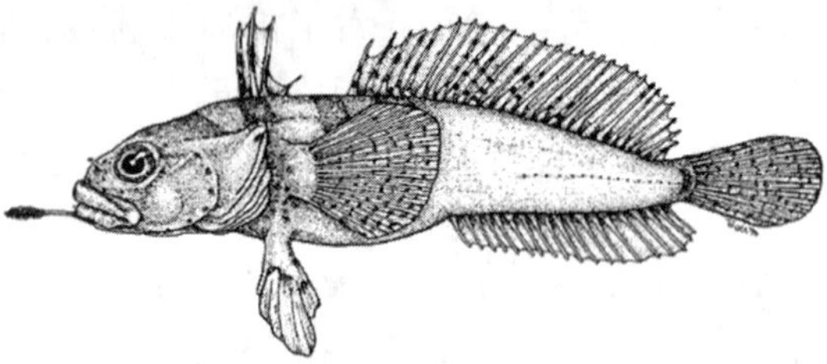

图7-377　阿氏龙膽科 Artedidraconidae

习惯也称劫鱼科,记载4属26种,分布于大西洋的深海鱼类。我国不产。

科430　渊龙膽科 Bathydraconidae

体延长,纺锤形,被鳞或无鳞。头长,甚平扁。吻呈匙状或尖形,口不能伸缩。上颌骨后端伸达或未伸达眼前缘。鳃盖骨具棘或无棘。鳃盖膜与峡部相连或不相连。背鳍基长,由鳍条组成。臀鳍基长,也无鳍棘。胸鳍宽,呈扇形。腹鳍喉位。尾鳍截形、圆形或凹形。侧线1～3条。无鳔。脊椎骨45～79。如图7-378所示。

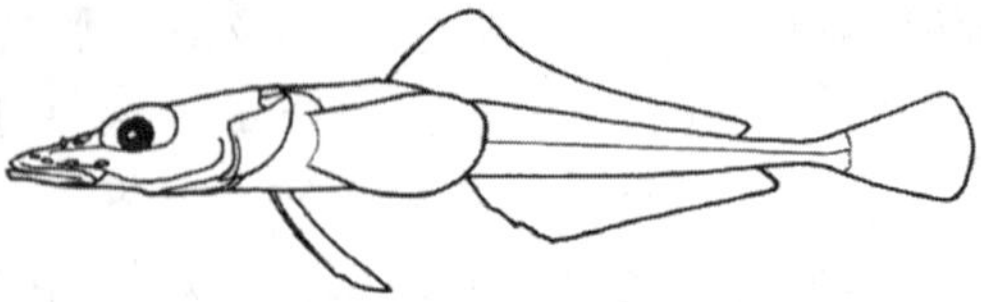

图7-378　渊龙膽科 Bathydraconidae

记载11属17种,小型鱼类,分布于南极海域。我国不产。

科431　冰鱼科 Channichthyidae

体延长,纺锤形,裸露无鳞。头宽大,甚侧扁。吻突出,呈匙状。头部骨骼常能清晰见到。眼大。口大,前位,不能伸缩。上颌骨后端达眼中部下方。颌具细齿。鳃盖骨具棘,棘有时分支。鳃盖膜与峡部相连。鳃盖条5～7。鳃耙退化。背鳍2个,分离,第一背鳍具柔软长棘,第二背鳍和臀鳍基底均长,无鳍棘。胸鳍宽圆。腹鳍长,喉位,鳍棘有或无,尾鳍圆形、截形或凹形。侧线2～3条。无鳔。脊椎骨22～31。如图7-379所示。

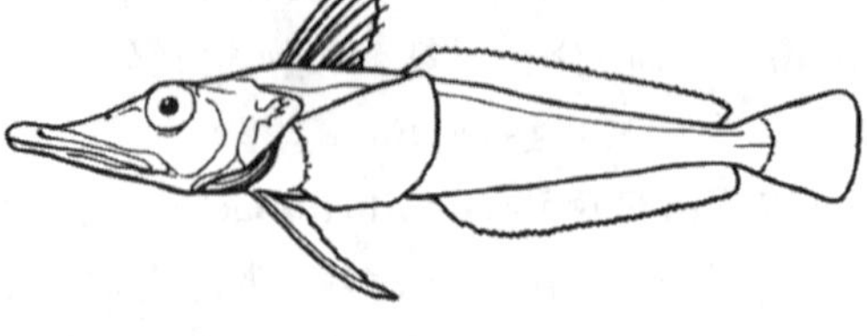

图7-379　冰鱼科 Channichthyidae

记载10属24种,分布于南极及南美海域,最大体长可达750mm。我国不产。

龙鰧亚目 Trachinoidei

体长形,侧扁或平扁。头部有时被骨板。口中大或很大,平裂、斜裂或垂直。上下颌一般具绒毛状齿群,常混杂有大齿或犬齿。犁骨与腭骨有齿或无齿。各鳃盖骨有或无棘及锯齿。体被圆鳞或栉鳞,鳞大或稍小。侧线1~2条。臂鳍1~2个,鳍棘部与鳍条部分离或连续,有时无鳍棘部。腹鳍喉位、胸位,或无腹鳍。

本亚目记载12科。

科432 叉齿龙鰧科 Chiasmodontidae

体延长,侧扁。口甚大。前颌骨和上颌骨细长,后部连接。两颌具尖齿,颌骨具齿,犁骨齿有或无。头、体裸露无鳞,或粗糙而具许多小棘,或具2行或多行较粗大的刺。背鳍鳍棘部与鳍条部分离,具9~13棘,18~29鳍条。臀鳍具1棘,17~29鳍条。胸鳍9~15鳍条。腹鳍具1棘,5鳍条。鳃盖条6~7,脊椎骨33~48。如图7-380所示。

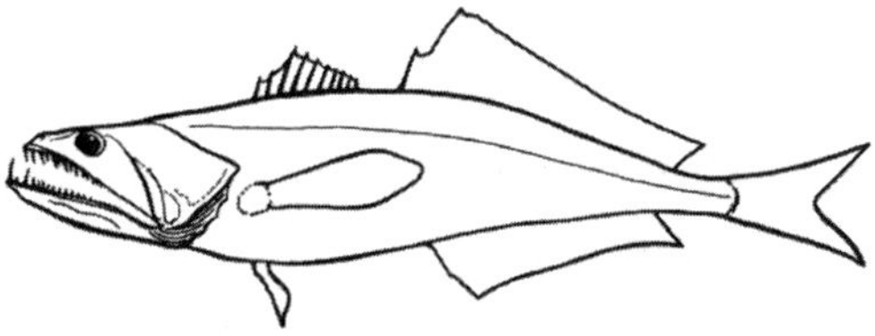

图7-380 叉齿龙鰧科 Chiasmodontidae

记载4属26种,为大洋性深海鱼类,肉食性,能吞食甚至大于本身的食物。我国产3属3种。

科433 鳄齿鰧科 Champsodontidae

体延长,侧扁。头中大。吻较长。口大,斜裂。上颌骨大部分外露。下颌突出。上下颌内行齿细小,绒毛状,外行齿细长,犬齿状,可倒伏;犁骨具2齿丛,腭骨无齿。鳃孔大,前鳃盖骨后下角具一长棘。眶前骨下缘具分叉小棘。头、体均被细小粒状栉鳞。体每侧各具2条侧线,侧线上下均具小分支。背鳍2个,第一背鳍较小,鳍棘细弱,第二背鳍基部较长,具1鳍棘、18~20鳍条。臀鳍与第二背鳍同形,几相对。胸鳍短小,中侧位。腹鳍位于胸鳍稍前方,具1鳍棘、5鳍条。尾鳍分叉。如图7-381所示。

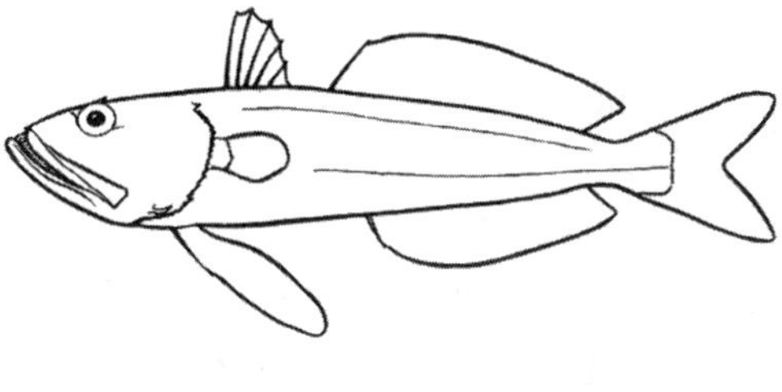

图7-381 鳄齿鰧科 Champsodontidae

记载1属13种,分布于印度-太平洋海域。我国产3种。

科434 毛齿鱼科 Trichodontidae

体甚侧扁而高,裸露无鳞。口中大,口裂近似于直立,唇有繐状皮缘。颌齿刚毛状。前鳃盖骨有5枚尖棘。第一背鳍具8~16棘,第二背鳍具0~1棘,12~20鳍条。臀鳍具0~1棘,28~32鳍条。腹鳍胸位,具1棘,5鳍条。脊椎骨44~52。如图7-382所示。

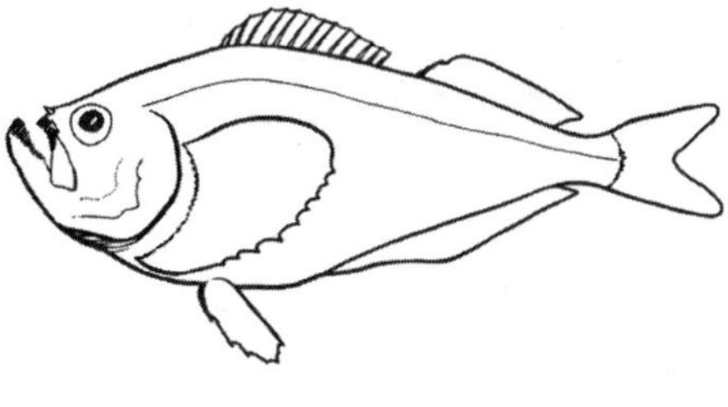

图7-382 毛齿鱼科 Trichodontidae

记载仅2属2种,分布于北太平洋,生活时常将体隐藏在海底,体最大体长为300mm。我国产1属,日本叉牙鱼 *Arctoscopus japonicus* 1种。

科435 拟鲈科 Pinguipedidae

体延长,侧扁,或前部圆筒形,后部稍侧扁。头中大,略平扁,头的背部及腹部有时具数对小孔或无孔。吻较尖,突出。眼中大,上侧位,紧靠头背缘。眼间隔颇窄。口小,前位。上颌稍能伸缩。上颌骨为眶前骨所盖,不外露。无辅上颌骨。两颌齿细小,绒毛状,外行齿稍扩大,有时呈犬齿状;犁骨具齿,排列呈横月型,腭骨齿有或无。唇厚。鳃孔大。前鳃盖骨边缘有或无锯齿,鳃盖骨后上缘常具一扁棘。左右鳃盖膜愈合,不与峡部相连。具假鳃。体被较小栉鳞或圆鳞。侧线完全,中侧位,自鳃孔后上缘伸达尾鳍基。背鳍1个,鳍棘部与鳍条部相连,中间常具一深的缺刻或缺刻不明显,或背鳍2个,第一和第二背鳍基底具一深缺刻,具5~6鳍棘、19~26鳍条。臀鳍和背鳍鳍条部同形,鳍棘颇细弱。胸鳍圆形,下侧位。腹鳍狭长,前胸位,具1鳍棘、6鳍条,内侧鳍条较长。尾鳍截形或圆形,有时上叶数鳍条延长。如图7-383所示。

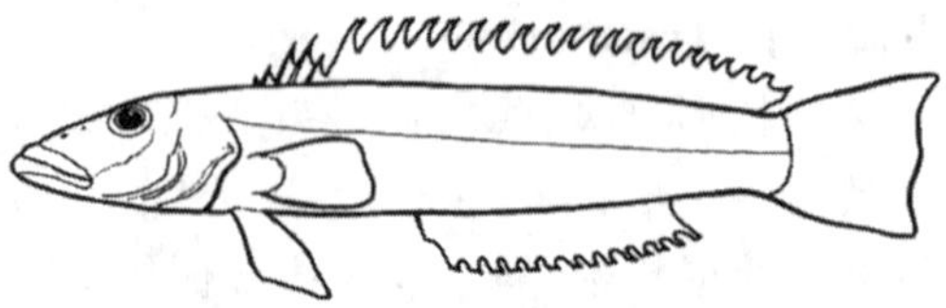

图7-383 拟鲈科 Pinguipedidae

也称虎鳍科、肥足塍科。记载7属81种,分布于非洲及南美的大西洋沿岸以及印度-太平洋(至新西兰和夏威夷岛)、智利海域。我国产2属29种。

科436 冬塍科 Cheimarrhichthyidae

头中大,头侧裸露无鳞。口大,下位,口裂近平直,不能伸缩。背鳍2个,4~5棘,18~21鳍条,前端3~4鳍棘粗短,棘间膜甚低。臀鳍具1~2棘,15鳍条。胸鳍具15鳍条。腹鳍位于胸鳍基底前下方。尾鳍凹形,具13~15分支鳍条。侧线鳞约50。脊椎骨31~33。如图7-384所示。

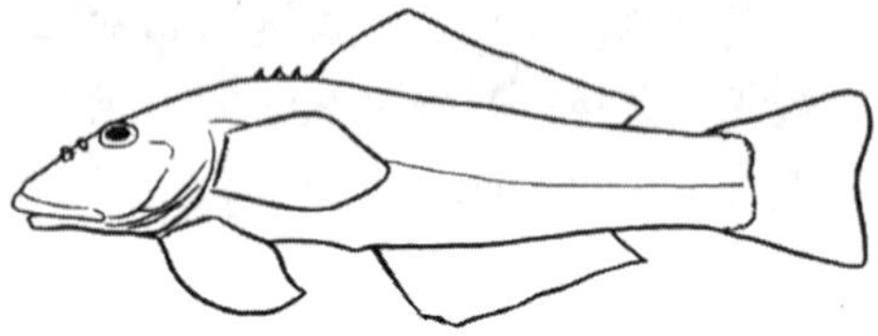

图7-384 冬塍科 Cheimarrhichthyidae
(福氏冬塍 *Cheimarrichthys fosteri*)

也称冬鱼科。记载仅1属,福氏冬塍 *Cheimarrichthys fosteri* 1种,分布于新西兰各河流中,幼鱼时也在海洋中生活,最大体长仅150mm。

科437 毛背鱼科 Trichonotidae

体甚延长,稍侧扁,被中大圆鳞。眼近背面。口大,前位,下颌突出。颌齿绒毛状。犁骨及腭骨均具齿。鳃孔宽,鳃盖膜不与峡部相连,鳃盖条7。侧线完全,位于体中部,侧线鳞具一深的"V"字形沟。背鳍1个,无明显鳍棘,背鳍和臀鳍基底都很长。腹鳍具1棘,5鳍条。如图7-385所示。

图7-385 毛背鱼科 Trichonotidae

也称丝鳍鳍科。记载2属10种,分布于印度-西太平洋,最大体长在150mm左右。我国产1属3种。

科438 无棘鳚科 Creediidae

体延长。吻突出。眼背位,微突出。下唇边缘具1行小须。鳃盖膜不与峡部相连,鳃盖条7。侧线在胸鳍末端和缓或急遽向下弯,并沿臀鳍基部走向。胸鳍后的侧线鳞有延长的后区,常呈三叶状。背鳍连续,具12~43不分支鳍条。腹鳍位于胸鳍基部的前下方,具1棘,3~5鳍条。腹鳍间距甚小。脊椎骨37~59。如图7-386所示。

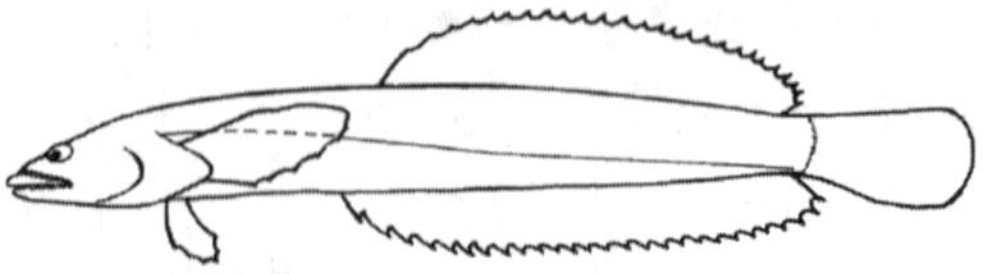

图7-386 无棘鳚科 Creediidae

也称沙鳍科、克丽鱼科。记载7属17种,分布于印度-西太平洋(南非至夏威夷岛和复活节岛)。小型鱼类,最大体长为80mm。我国产1属3种。

科 439 鲈䲢科 Percophidae

体延长,前部稍平扁,后部亚圆筒形。头长而平扁,头背无骨棱或强棘。口大,前位,下颌突出,上颌骨外露,被鳞,后缘有三角形皮瓣。上下颌、犁骨、腭骨均具绒毛状齿。眼大,侧上位,眼间隔狭。鳃孔宽大。鳃盖膜不与峡部相连。体被栉鳞。侧线完全。背鳍 2 个,具 6～7 棘,14～15 鳍条。臀鳍 14～16 鳍条。尾鳍截形。如图 7-387 所示。

图 7-387 鲈䲢科 Percophidae

也称鲈形䲢科、鸭嘴鳍科。记载 11 属 47 种,分布于大西洋、印度-西太平洋及东南太平洋。我国产 5 属 12 种。

科 440 细䲢科 Leptoscopidae

口裂稍斜,上颌骨后端达眼后下方。唇有繸状皮瓣。眼背位或近背位。侧线在体侧中部。体被鳞。腹鳍间距较宽。背鳍和臀鳍基底很长。如图 7-388 所示。

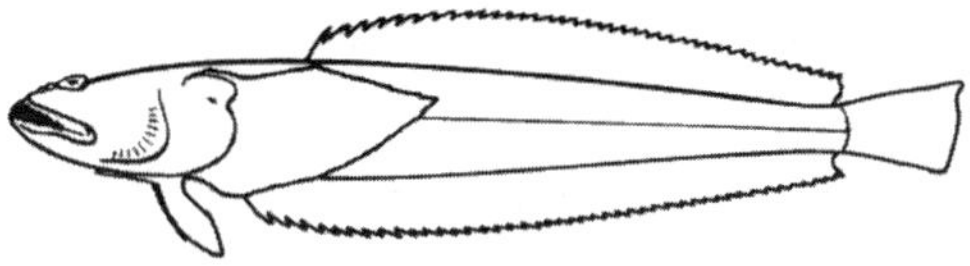

图 7-388 细䲢科 Leptoscopidae

记载 3 属 5 种,分布于澳大利亚及新西兰海域,偶也出现在河口。我国不产。

科 441 玉筋鱼科 Ammodytidae

体细长,稍侧扁,被小圆鳞。腹鳍如有,必为喉位,具 1 棘 3 鳍条。侧线完全,侧中位或近背缘。口稍大,下颌突出。颌齿绒毛状,或无颌齿。犁骨和腭骨均无齿。鳃盖膜分离,不与峡部相连。具假鳃。鳃盖条 6～8。背鳍基底甚长,均由鳍条组成。如图 7-389 所示。

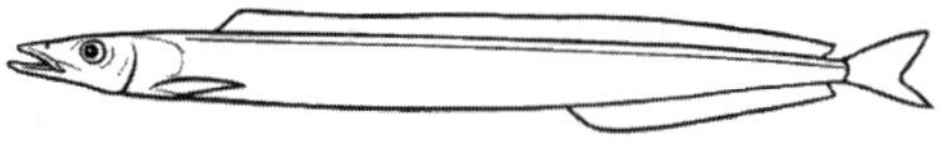

图 7-389 玉筋鱼科 Ammodytidae

记载 7 属 26 种,广泛分布于北极、大西洋、印度洋和太平洋的寒带至热带水域,最大体长可达 300mm。为近海沙底附近的肉食性小型鱼类,集群游动或隐伏于沙内。我国产 3 属 4 种。

本科种类一般都肉味鲜美,20 世纪 80 年代全世界渔获产量曾达 1129742t。主要生产国为日本、英国、挪威及丹麦。

科 442 龙䲢科 Trachinidae

体延长而侧扁,被圆鳞。头小。吻短。眼近上位。口大,甚斜。颌齿绒毛状,腭骨具齿。侧线直,沿体上部纵行。背鳍 2 个,第一背鳍具 5～7 棘,第二背鳍 21～32 鳍条。臀鳍 1～2 棘,24～32 鳍条,背鳍和臀鳍鳍条部基底均很长。腹鳍喉位,具 1 棘 5 鳍条。鳃盖骨棘和背鳍棘基部具毒腺,无鳔。脊椎骨 34～43。如图 7-390 所示。

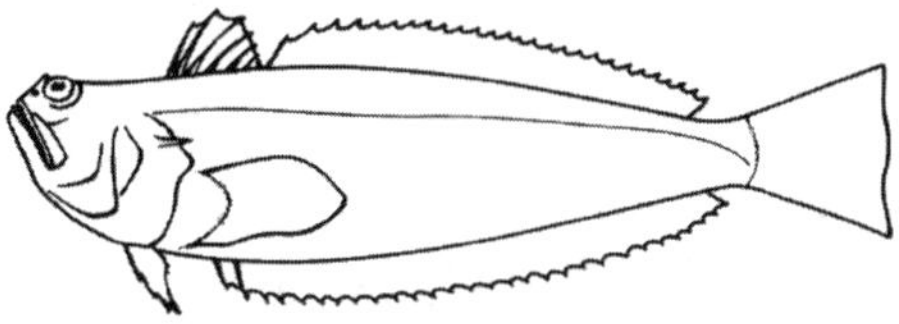

图 4-390 龙䲢科 Trachinidae

记载 2 属 9 种,分布于东大西洋(主要是地中海)及黑海。栖息于海底,常埋入泥沙中,仅露出两眼,伺机捕食小鱼及甲壳类。我国不产。

科 443 䲢科 Uranoscopidae

体长形,稍侧扁。头宽大,部分骨板外露。眼小,位于头背面。口上位,口裂垂直。前颌骨能伸缩。上颌骨宽,无辅上颌骨。上下颌、犁骨及腭骨均具绒毛状齿群。鳃孔宽大,向前延伸。左右鳃盖膜微连,与峡部分离。具假鳃。鳃条骨 6。无鳔。无鳞或被小圆鳞。侧线发达,上侧位。背鳍 1～2 个,鳍棘部很短或无。臀鳍基底较长。胸鳍宽大。腹鳍喉位,具 1 鳍棘、5 鳍条,内侧鳍条最长。尾鳍不分叉,截形或圆形。如图 7-391 所示。

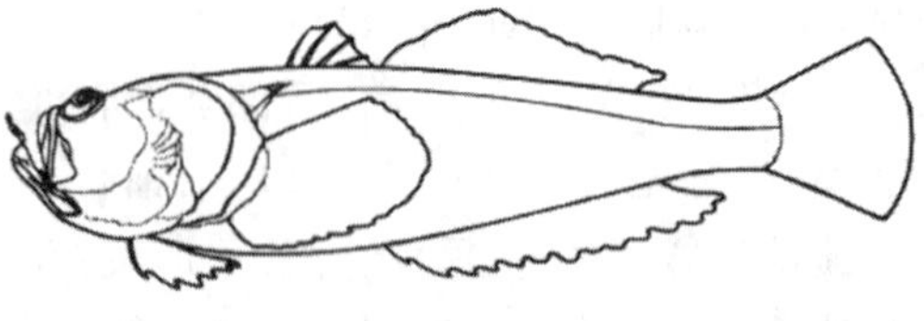

图 7-391　䲢科 Uranoscopidae

记载 8 属 52 种,分布于大西洋、印度洋及太平洋,也常出现在河口,最大体长可达 700mm。我国产 3 属 7 种。

裸鳗䲁亚目

体呈鳗形。吻短钝。颌齿大小不一,腭骨无齿。每侧鼻孔 1 个。下咽骨愈合。尾鳍圆形,或与背鳍、臀鳍相连。脊椎骨 71～101。

本亚目仅 1 科。

科 444　裸鳗䲁科 Pholidichthyidae

也称菲锦鱼科。背鳍 70～79 鳍条,臀鳍 55～62 鳍条。尾鳍圆形。胸鳍 15 鳍条。腹鳍位于胸鳍基部下方或稍前方,具 1 棘,2～3 鳍条,极少缺如。如图 7-392 所示。

记载 1 属 2 种,分布于最西南的菲律宾至所罗门群岛海域。我国不产。

图 7-392　裸鳗䲁科 Pholidichthyidae

䲁亚目 Blennioidei

体延长,背鳍与臀鳍延长。背鳍由鳍棘和鳍条组成,腹鳍如存在,为喉位或颏位。尾鳍显著,末端圆形,一般不与背鳍及臀鳍相连。体无鳞;侧线位于体前部,仅 0～1 侧线管。

本亚目记载 6 科。

科 445　三鳍䲁科 Tripterygiidae

具 3 个背鳍,前二个为鳍棘,第三背鳍为 7 枚以上的鳍条。臀鳍具 0～2 棘或无棘。腹鳍喉位,具 1 棘,2～3 鳍条,鳍棘细化或退化。鳃盖条 6～7。项部无皮须。体被栉鳞,仅前区有鳞沟。如图 7-393 所示。

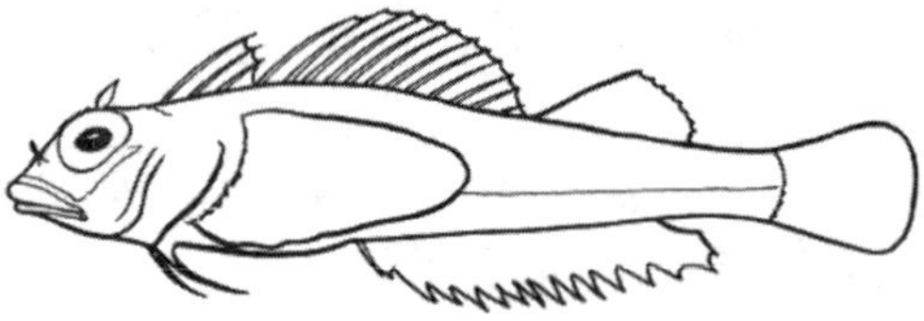

图 7-393　三鳍䲁科 Tripterygiidae

记载 29 属 164 种,广泛分布于大西洋、印度洋及太平洋,主要是热带海域。最大体长可达 250mm。我国产 5 属 32 种。

科 446　指䲢科 Dactyloscopidae

体延长,后部侧扁。头大,眼小,背位。鼻孔每侧 2 个。口裂甚斜,近垂直。前颌骨能伸缩。唇缘縫状。鳃孔宽大,鳃盖膜分离,不与峡部相连。鳃盖上缘有许多指状构造。背鳍基底长,鳍棘部和鳍条部相连或分离,具 7～23 棘,12～36 鳍条。臀鳍 21～41 鳍条。腹鳍喉位,具 1 棘,3 鳍条。侧线连续,侧线鳞 33～73。脊椎骨 10～13＋23～42。如图 7-394 所示。

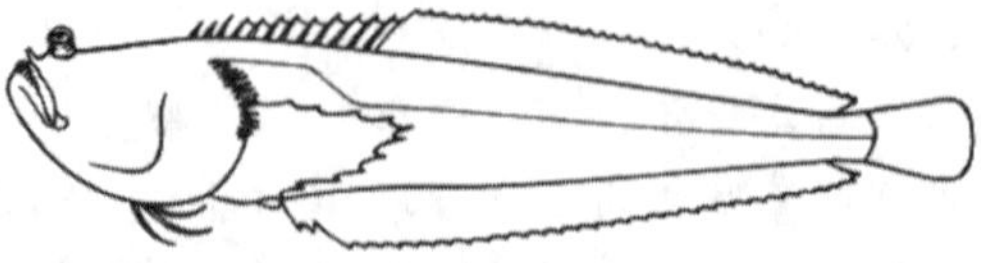

图 7-394　指䲢科 Dactyloscopidae

也称柄眼鱼科。记载 9 属 44 种，分布于南美北部的温带至热带海域，极少出现在咸淡水水域，最大体长为 150mm。我国不产。

科 447 鳚科 Blenniidae

体长椭圆形或鳗形，侧扁。头钝。前颌骨不能伸缩，上下颌具梳状齿，有些无齿根，能活动，有些种类还具犬齿；犁骨或有齿，腭骨无齿。鳃孔短小或大。左右鳃盖膜相连或分离，与峡部相连或不相连。体无鳞。侧线仅存在于体前部。背鳍基长，具 3～17 柔软棘，9～119 鳍条。胸鳍具 10～18不分支鳍条。腹鳍存在(除 *Plagiotremus* 属的 2 种外)，且位于胸鳍之前，具一短小不明显的棘和 2～4 鳍条。臀鳍具 2 棘，第一棘在雌性隐于皮下。胸鳍下侧位。腹鳍具 1 鳍棘、1～3 鳍条，或无腹鳍。尾鳍圆形。如图 7-395 所示。

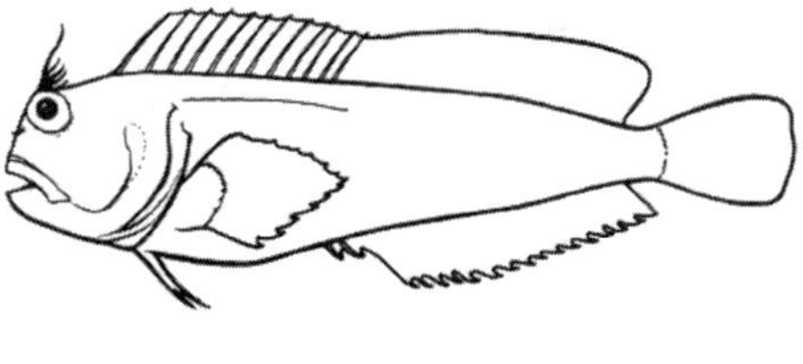

图 7-395 鳚科 Blenniidae

记载 56 属 385 种，分布于大西洋、印度洋、太平洋的热带、亚热带海域，极少数为淡水种和咸淡水种。大部分种类体长在 150mm 以下，最大可达 540mm。我国产 24 属 70 种。

科 448 胎鳚科 Clinidae

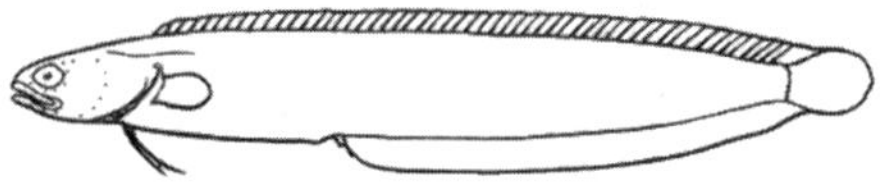

图 7-396 胎鳚科 Clinidae

体延长，后部侧扁，被细小圆鳞，或深植于皮内。鳞片各区均具鳞沟。项部无皮须，而头部其余部分或有皮须。各鳍鳍条均不分支。背鳍基底长，从头后直至尾柄，鳍棘数多，鳍条数少或无，前部 3 枚鳍棘有时比其余诸棘要长些，中间有浅缺刻。臀鳍基底长，具 2 棘。腹鳍位于胸鳍前方，具 1 棘，2～3 鳍条，其第三枚鳍条或甚发达，或细小或无。尾鳍具 13 枚分支鳍条。侧线常在胸鳍后部有弯曲。左右鳃盖膜彼此相连，但不与峡部相连。鳃盖条 6～7。肩带前缘一般有小而明显的钩状突起。如图 7-396 所示。

记载 26 属 89 种，主要分布于大西洋、印度洋和太平洋的温带海域，最大体长可达 600mm。我国产 1 属黄身跳矶鳚 *Springeratus xanthosoma* 1 种，见于台湾海域。

科 449 脂鳚科 Labrisomidae

体延长，较粗壮。口较大，上下颌、犁骨、腭骨均具齿。项背、鼻孔和眼上方具皮须。体被中大或小型圆鳞，鳞不深植于皮下，只前区有鳞沟。背鳍棘数多于鳍条数。如图 7-397 所示。

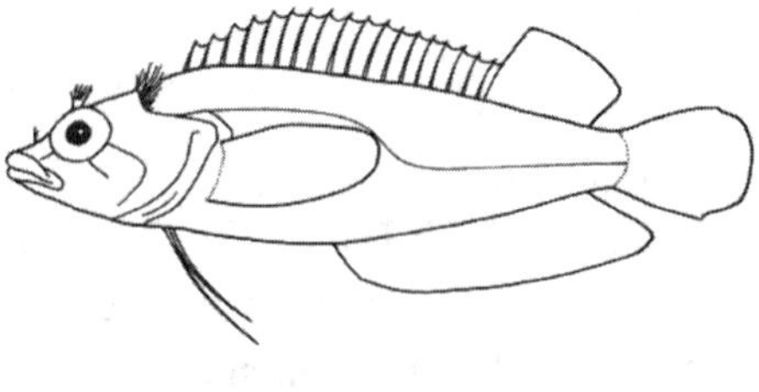

图 7-397 脂鳚科 Labrisomidae

也称唇鳚科。记载 14 属，约 108 种，分布于大西洋和太平洋，大部分为热带性种类。本科有些种类为胎生型，且具外交接器。我国不产。

科 450 烟管鳚科 Chaenopsidae

体延长，侧扁，裸露无鳞。无侧线(一般仅在鳃盖后方有 3 个孔)。头部常有棘或糙状结构。眼上须或鼻须有或无。上颌骨被遮盖。背鳍具 17～28 棘，10～38鳍条。臀鳍具 2 棘，19～38 鳍条。胸鳍具 12～15鳍条。尾鳍与背鳍、臀鳍分离或相连。如图 7-398 所示。

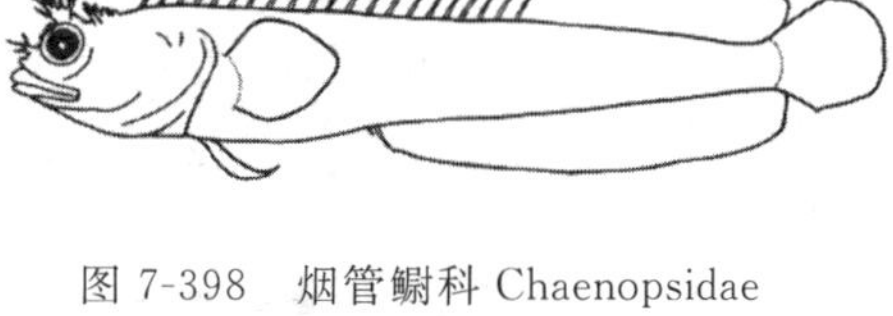

图 7-398 烟管鳚科 Chaenopsidae

也称旗鳚科。记载 14 属 94 种，最大体长 160mm，分布于南美北部的温带海域。我国不产。

鳚鱼亚目 Icosteoidei

体椭圆形，甚侧扁而柔软。骨骼大多为软骨性。口上缘仅由前颌骨组成。成鱼裸露无鳞。幼鱼有腹鳍，1 棘，4～5 鳍条，成鱼则腹鳍消失。背鳍条 52～58，各鳍均无鳍棘。脊椎骨 70。

记载仅 1 科。

科 451　鳚鱼科 Icosteidae

主要特征同亚目。如图 7-399 所示。

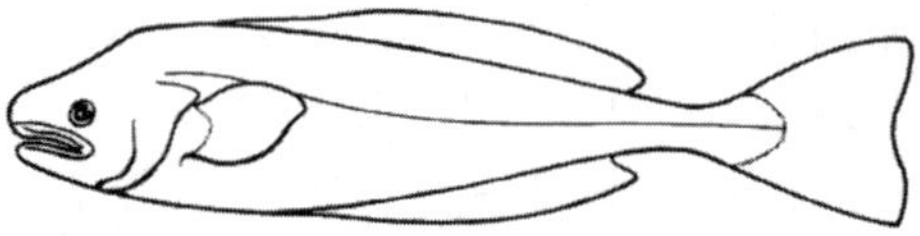

图 7-399　鳚鱼科 Icosteidae
（阿拉斯加鳚鱼 *Icosteus aenigmaticus*）

记载仅 1 属，阿拉斯加鳚鱼 *Icosteus aenigmaticus* 1 种，分布于北美的太平洋沿岸，生活于较深海域，最大体长可达 2m。我国不产。

喉盘鱼亚目 Gobiesocoidei

腹鳍特化成位于胸部的吸盘，两侧均具一短小棘和 4(少数为 5)鳍条。背鳍简单，无鳍棘。头、体无鳞片。上匙骨有一凹窝与匙骨的突起相关节。

记载仅 1 科。

科 452　喉盘鱼科 Gobiesocidae

腹鳍特化成位于胸部的吸盘，两侧均具一短小棘和 4(少数为 5)鳍条。背鳍简单，无鳍棘。头、体无鳞片。鳃盖条 5～7。泪骨后方无其他围眶骨。前颌骨关节突或与升突愈合或缺如。基鳃骨可能缺 1～2 块。生殖突位于肛门之后。鳃 3 对或 3 对半。尾下骨愈合成一板状。无鳔。如图 7-400 所示。

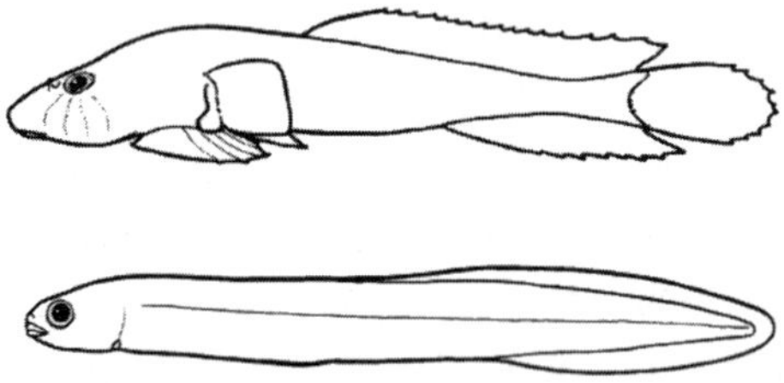

图 7-400　喉盘鱼科 Gobiesocidae

记载 47 属，159 种，分布于大西洋、印度洋、太平洋的浅海及潮间带，属底栖性鱼类，少数也分布于淡水水域。我国台湾产有 6 属 6 种。

鰤亚目 Callionymoidei

头通常宽而平扁。体无鳞。口小。通常具 2 个背鳍，第一背鳍具 1～4 柔软棘。腹鳍具 1 棘，5 鳍条。具基鳃骨。脊椎骨 21～23。

本亚目分 2 科。

1(2)前鳃盖骨无棘；鳃盖骨和下鳃盖骨各有 1 棘；鳃孔中大；无侧线…………蜥鰤科 Draconettidae

2(1)前鳃盖骨具棘；鳃盖骨和下鳃盖骨无棘；鳃孔甚小；有侧线…………鰤科 Callionymidae

科 453　鰤科 Callionymidae

体延长，侧扁，尾稍侧扁。头宽而平扁。眼中大，位于头的背侧。口小，能伸缩。仅上下颌具绒毛状齿。鳃孔小，上侧位。前鳃盖骨具一长棘，主鳃盖骨与下鳃盖骨无棘。体无鳞。具侧线，侧线有时分支。背鳍 1～2 个，第一背鳍具 4 鳍棘，第二背鳍具 6～11 鳍条，臀鳍无棘，具 4～10 鳍条。腹鳍喉位，具 1 鳍棘、5 鳍条，最后一鳍条常具一皮膜与胸鳍基底相连。胸鳍大。如图 7-401 所示。

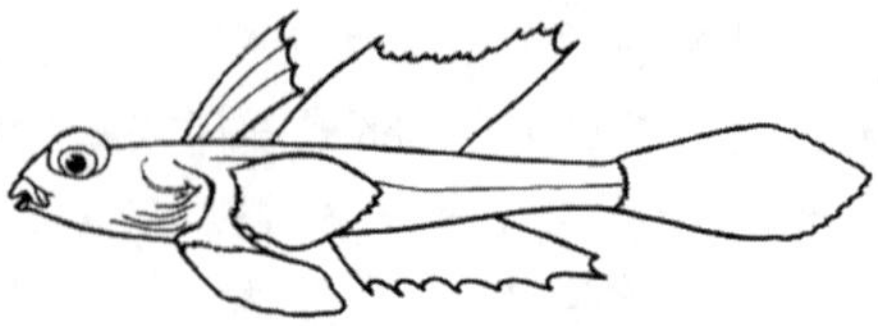

图 7-401　鰤科 Callionymidae

记载 18 属 185 种，底栖性海洋种类，主要分布于印度-西太平洋中的暖温性海域，其中有 2 种能进入江河中，最大体长可达 250mm。我国产 7 属 48 种。

科 454 蜥鰤科 Draconettidae

体延长而圆。前鳃盖骨无棘，鳃盖骨和下鳃盖骨具 1 直的强棘。鼻孔每侧 2 个。头部侧线发达，体侧侧线则退化呈沟状。鳃孔较宽。具基蝶骨和后颞骨。背鳍具 3 棘，12～15 鳍条。臀鳍具 12～13 鳍条。如图 7-402 所示。

图 7-402 蜥鰤科 Draconettidae

记载 2 属 14 种，分布于日本至夏威夷岛以及大西洋、印度洋，小型较深海底栖性鱼类，最大体长仅 97mm，见于水深 376～382 之间。我国不产。

虾虎亚目 Gobioidei

体延长，亚圆筒形，或前部平扁，后部侧扁；或体卵圆形，极侧扁；或鳗形。头部常具感觉管和感觉管孔及感觉乳突。吻圆钝或突出于上颌的前方。眼大，侧位、背位或废退。鼻孔每侧 2 个，前鼻孔一般具短鼻管，后鼻孔一般圆形，有时有须。鳃孔侧位，鳃盖膜一般与峡部相连。鳃盖条 5～6。体被圆鳞或栉鳞，有时鳞片退化或无鳞。侧线系统大多退缩，或无侧线。背鳍 2 个，或鳍棘部消失，仅具 1 背鳍；或鳍棘部与鳍条部连续；背鳍鳍棘如有时，一般为 1～8 枚，细弱而柔韧，有时延长呈丝状。臀鳍一般和第二背鳍相对，同形，常具 1 弱鳍棘。胸鳍较大，中侧位或下侧位；长圆形或扇形，其上部数鳍条有时游离。腹鳍左、右愈合或分离。尾鳍通常截形或圆形。

本亚目有 9 科，检索表如下：

1(2) 头部及体侧有一纵列完整的侧线管；头部腹面、躯干部前方之腹面、胸鳍和腹鳍共同形成一吸盘；左、右腹鳍分离，相距较远…………溪鳢科 Rhyacichthyidae

2(1) 体侧无侧线；头部和躯干部前方之腹面不形成吸盘；左、右腹鳍分离但较接近，或愈合成一吸盘

3(16) 尾柄正常，较宽阔，中间不收缩变细；尾杆骨不细长

4(15) 下唇无游离腹缘，不向下延伸，无包缝

5(14) 下颌前端不呈锥形突出

6 (9) 鳃盖条 6；左、右腹鳍分离，但较接近，不愈合成一吸盘

7 (8) 肩胛骨(Scapula)大，发达，其上部延伸，将胸鳍的支鳍骨(近辐骨 proximal radial)和匙骨(cleithrum)隔开…………沙塘鳢科 Odontobutidae

8 (7) 肩胛骨小，不发达，其上部不延伸，胸鳍的支鳍骨超越肩胛骨并与匙骨相邻或相接…………塘鳢科 Eleotridae

9 (6) 鳃盖条 5；左、右腹鳍大多愈合成一吸盘，也有相互接近，不愈合成一吸盘

10(11) 眼背侧位，位于头的背缘，或眼小，退化；口一般斜裂，不垂直，不呈上位；左、右腹鳍一般相连，愈合成一吸盘；或不相连，不愈合成一吸盘；纵列鳞 22～70，或裸露无鳞…………虾虎鱼科 Gobiidae

11(10) 眼侧位，位于头的中部；口上位或几垂直；左右腹鳍不愈合成一吸盘；纵列鳞 71～120

12(13) 背鳍 1 个，鳍棘部和鳍条部连续，基部长，具 20～22 鳍棘…………蠕鳢科 Microdesmidae

13(12) 背鳍 2 个，鳍棘部和鳍条部不连，具 6 鳍棘…………鳍塘鳢科 Ptereleotridae

14(5) 下颌前端呈锥形突出…………沙鳢科(柯氏鱼科) Kraemeriidae

15(4) 下唇具游离腹缘，向下延伸，具包缝…………峡塘鳢科 Xenisthmidae

16(3) 尾柄极度收缩，变细，尾杆骨颇细长…………辛氏微体鱼科 Schindleriidae

科 455 溪鳢科 Rhyacichthyidae

体前部亚圆筒形，后部侧扁，被栉鳞。头平扁，口小，下位。颌齿甚细小。犁骨无齿。前鳃盖骨光滑。鳃 4，鳃盖条 6，有假鳃。左右腹鳍分离，相距颇远。胸鳍宽大。背鳍 2 个，分离。

第一背鳍具 7 弱棘,第二背鳍具 1 棘,8～9 鳍条。臀鳍具 1 弱棘,8～9 鳍条。尾鳍叉形。头和体侧线发达,侧线鳞 27～40。如图 7-403 所示。

记载 2 属 3 种,淡水种,分布于印澳诸岛、菲律宾、中国、日本及所罗门群岛的溪流中。最大体长 320mm。我国产 1 种,见于台湾东部和南部溪流。

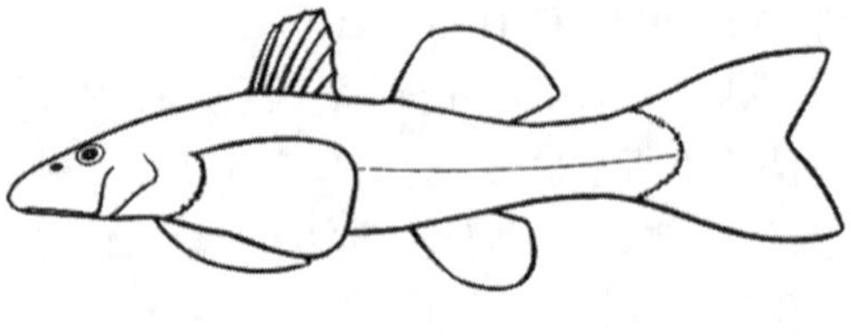

图 7-403　溪鳢科 Rhyacichthyidae

科 456　沙塘鳢科 Odontobutidae

体延长,粗壮,前部圆筒形,后部略侧扁,或体延长,颇侧扁。头宽大,前部略平扁。头部一般无感觉管孔。颊部的感觉乳突皆由单点列的纵行感觉乳突线组成。眼上方有或无细弱骨质嵴,但无细小锯齿。口大,前位。下颌突出,长于上颌。上、下颌齿细尖,多行。犁骨无齿或有 2 稍大的齿丛;腭骨无齿。鳃孔宽大,向前下方延伸,伸达或超过前鳃盖骨下方。前鳃盖骨与鳃盖骨边缘光滑,无棘。鳃盖条 6。体被栉鳞或圆鳞。无侧线。背鳍 2 个,第一背鳍具 6～9 棘;第二背鳍具 1 棘,7～13 鳍条。臀鳍与第二背鳍相对,同形,具 1 棘,6～10 鳍条。胸鳍大,圆形。左右腹鳍相互靠近,分离,不愈合成一吸盘。尾鳍圆形或稍尖长。如图 7-404 所示。

图 7-404　沙塘鳢科 Odontobutidae

记载 6 属 18 种,淡水产中小型底层鱼类,分布于越南北部、中国、韩国、日本及俄罗斯。我国产 5 属 9 种。

科 457　塘鳢科 Eleotridae

体延长,前部近圆筒形,后部侧扁;或体颇侧扁。头平扁或侧扁。眼中大,或小,不突出于头的背缘之外,无游离下眼睑。眼上方有或无骨质嵴。口大。下颌常突出。上、下颌均有细齿,犁骨有或无齿,腭骨常无齿。鳃孔中大。前鳃盖骨后缘有棘或无棘。鳃盖膜与峡部相连。鳃盖条 6。鳃耙较短。体被栉鳞或圆鳞,或部分无鳞,或完全无鳞。无侧线。背鳍 2 个,分离或仅基部以较低的鳍膜相连。第一背鳍具 6～8 鳍棘;第二背鳍大于第二背鳍,基部较长。臀鳍与第二背鳍相对,同形。胸鳍大,基部肌肉不发达,不呈臂状。腹鳍胸位,左右腹鳍相互靠近,但彼此分离,不愈合成吸盘。尾鳍圆形、稍尖、截形或内凹。如图 7-405 所示。

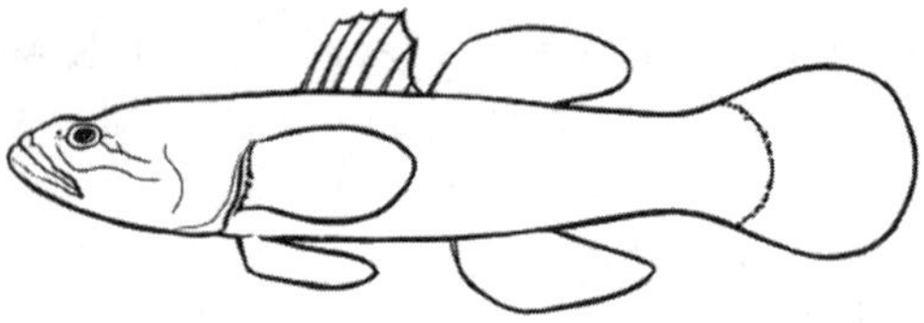

图 7-405　塘鳢科 Eleotridae

记载 34 属 168 种,大部分为热带及亚热带底层小型鱼类,极少数分布在暖温带,栖息于有岩礁的沿岸海域及河口咸淡水滩涂淤泥底质水域。我国产 9 属 15 种。

科 458　峡塘鳢科 Xenisthmidae

体延长,亚圆筒形或侧扁。头中大,平扁。吻稍尖。眼中大。口大,前上位。下颌突出,长于上颌。下唇具游离腹缘,向下延伸,具包缝。无前颌骨突起。头部感觉管孔或有或无,下颌无感觉管孔。背鳍一般 2 个(泰森峡塘鳢 Tyson 无第一背鳍),第一背鳍较低小,具 2～6 棘;第二背鳍有或无棘,8～33 鳍条。臀鳍与第二背鳍相对,同形,有或无鳍棘,具 8～26 鳍条。第二背鳍及臀鳍基部均很长。胸鳍大,扇形,中侧位。左、右腹鳍分离,不愈合成吸盘,有或无鳍棘,具0～5鳍条。尾鳍圆形或内凹。鳃盖条6。头的颊部及鳃盖骨裸露或具细圆鳞,体裸露,或体侧具不明显纵列细鳞45～75。如图7-406所示。

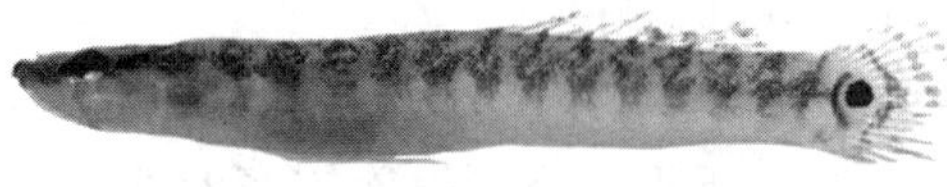

图7-406　峡塘鳢科 Xenisthmidae

记载5属12种,分布于印度-太平洋,为暖水性近岸底层小型鱼类,栖息于珊瑚礁石砾区及退潮后的水潭内。我国仅产多纹峡塘鳢 *Xenisthmus polyzonatus* 1种。

科459　沙鳢科 Kraemeriidae

体细长。舌端分为两叶。上颌颇短,下颌向前突出呈膨大的颏部。下唇先端呈吻状突出。两眼小,颇接近,几位于头的顶部。体一般裸露无鳞。背鳍1个,鳍棘部和鳍条部缺刻不明显,具4～6弱棘,13～19鳍条。臀鳍具1棘,14鳍条。背鳍及臀鳍不与尾鳍相连。胸鳍小,下侧位,具8～10鳍条。腹鳍具1鳍棘,5鳍条;左、右腹鳍分离或相连,无膜盖,不愈合成吸盘。尾鳍长圆形。前鳃盖骨下缘及鳃盖骨下缘呈许多锯齿状缺刻。鳃盖条5。椎骨26～30。如图7-407所示。

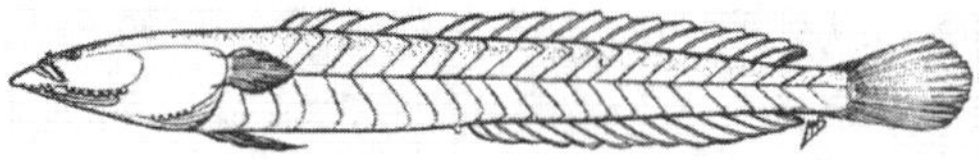

图7-407　沙鳢科 Kraemeriidae

也称柯氏鱼科。记载2属9种,分布于印度洋至太平洋中部各岛屿;中国、日本、菲律宾、印度尼西亚及澳大利亚均产。暖水性沿岸小型鱼类,栖息于岩礁或珊瑚丛中的沙底浅水内,许多种类都埋身于沙内,只露出头部。我国产穴沙鳢 *Kraemeria cunicularia*(穴柯氏鱼)1种,见于海南岛南部沿海。

科460　虾虎科 Gobiidae

体延长,前部亚圆筒形,后部侧扁。头平扁或稍侧扁。吻圆钝,有时突出于上唇前方,包住上唇。颊部稍隆起。眼中大,或小,侧位,无游离下眼睑。鼻孔每侧2个。口中大或小,前位。上下颌齿尖锐,多行,直立,不分叉。犁骨及腭骨一般无齿。前鳃盖骨后缘光滑,或有细锯齿。鳃盖条5。体被栉鳞或圆鳞,有时体裸露无鳞。无侧线。背鳍2个,或第一背鳍退化。第一背鳍具6～10鳍棘,第二背鳍具1鳍棘及数鳍条。臀鳍与第二背鳍相对,同形。胸鳍大,圆形,基部肌肉不发达,无臂状肌柄。左右腹鳍愈合成一吸盘。尾鳍圆形或尖长形。如图7-408所示。

图7-408　虾虎科 Gobiidae

记载244属,约1631种,广泛分布于各大洋热带、亚热带海域,咸淡水和淡水水域。我国产91属332种。

科461　蠕鳢科 Microdesmidae

也称蚓虾虎科。体颇延长,鳗形,侧扁。尾柄较短。头中大,侧扁。头部无感觉管及感觉管孔。颊部具若干短小的感觉乳突线。吻短,稍大于眼径。眼大,侧位,位于头的前半部,不突出于头的背缘。口小,前上位,斜裂。下颌颇突出,长于上颌。上颌骨后延,伸达眼前部下方。两颌齿绒毛状,多行。具犁骨齿,无腭骨齿。鳃盖条5。头部无任何感觉管及感觉管孔。体及头部被许多细小和埋于皮下的圆鳞。无侧线。背鳍1个,鳍棘部和鳍条部连续,基部很长,始于胸鳍上方,止于尾鳍基部,具20～22棘,36～42鳍条。臀鳍与背鳍同形,基部较长,基部长约为背鳍基部长的1/2,有或无鳍棘,具36～39鳍条。胸鳍下侧位,具12～16鳍条。腹鳍小,具1鳍棘,4鳍条;相互接近,左右腹鳍不愈合成一吸盘。尾鳍圆形或稍内凹,具15～17鳍条。

如图 7-409 所示。

记载 8 属 33 种,热带及亚热带近岸小型底栖鱼类,栖息于近岸珊瑚礁砂质底的浅水中,白天自由游泳,最大体长可达 300mm。我国仅产眼带鳚虾虎鱼 *Gunnellichthys curiosus* 1 种,见于台湾沿海。

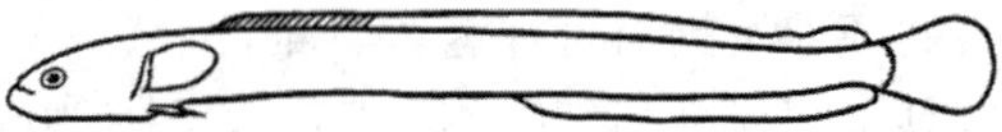

图 7-409　蠕鳢科 Microdesmidae

科 462　鳍塘鳢科 Ptereleotridae

体延长,颇侧扁。头中大,侧扁。项部有或无低皮嵴。吻短。眼位于头侧,不突出于头的背缘。口几垂直,上侧位。颏部有或无须。下颌大都突出,长于上颌。鳃盖条 5。体被小圆鳞。纵列鳞 60~157。无侧线。背鳍 2 个,分离,第一背鳍具 5~7 鳍棘,前部 3 鳍棘有时延长呈丝状;第二背鳍具 1 鳍棘,13~38 鳍条。臀鳍具 1 鳍棘,13~35 鳍条。腹鳍具 1 鳍棘,4~5 鳍条,左右腹鳍不愈合成一吸盘。尾鳍圆形、截形、内凹、矛状或延长呈丝状。如图 7-410 所示。

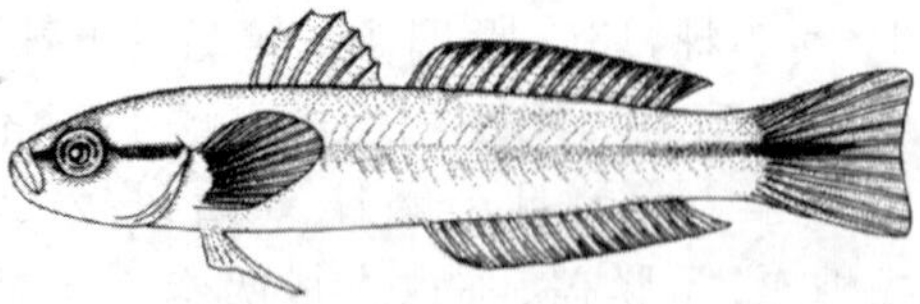

图 7-410　鳍塘鳢科 Ptereleotridae

也称凹尾塘鳢科。记载 4 属 47 种,分布于各大洋热带、亚热带海域,近岸小型底栖鱼类,栖息于河口咸淡水滩涂及近岸浅水珊瑚礁区。我国产 4 属 12 种。

科 463　辛氏微体鱼科 Schindleriidae

为幼年性成熟的小型鱼类,无成年鱼的特征。在性成熟个体中存在某些幼鱼性状,如功能性前肾(proneohros)、透明的身体及较大的鳃盖部的鳃、骨骼很少骨化,具若干尚未发育的软骨和膜骨。具 5 较短的鳍盖条。背鳍 1 个,具 15~20 不分支鳍条;臀鳍具 11~17 鳍条;胸鳍具 11~18 鳍条;无腹鳍;尾鳍截形,略凹,具 13 不分支但分节的鳍条。椎骨 12~24+13~21,脊椎最后部的尾杆骨很细长,棒状。如图 7-411 所示。

图 7-411　辛氏微体鱼科 Schindleriidae

也称辛氏鱼科。记载 1 属 3 种,为大洋性种类。我国产等鳍辛氏微体鱼 *Schindleria pietschmanni* 和早熟辛氏微体鱼 *Schindleria praematura* 2 种,最大体长可达 200mm,见于南海及台湾海域。

钩鱼亚目 Kurtoidei

体方长,甚侧扁,被极细小圆鳞。头部除前鳃盖骨和鳃盖骨外均裸露无鳞。侧线短而退化。口大,前位,能伸缩。颌齿细小,呈绒毛状。犁骨、腭骨均具细齿。前鳃盖骨后下角具棘。雄鱼有由枕骨形成的钩状隆起物,能悬挂雌鱼所产的卵块。

记载仅 1 科。

科 464　钩鱼科 Kurtidae

背鳍鳍棘部和鳍条部相连,具 5~7 枚退化和 2 枚发达的鳍棘,12~14 鳍条。臀鲑具 2 棘,31~47 鳍条。腹鳍具 1 棘,5 鳍条,位于胸鳍基底前下方。鳃盖条 7。鳃盖膜不与峡部相连,具假鳃。如图 7-412 所示。

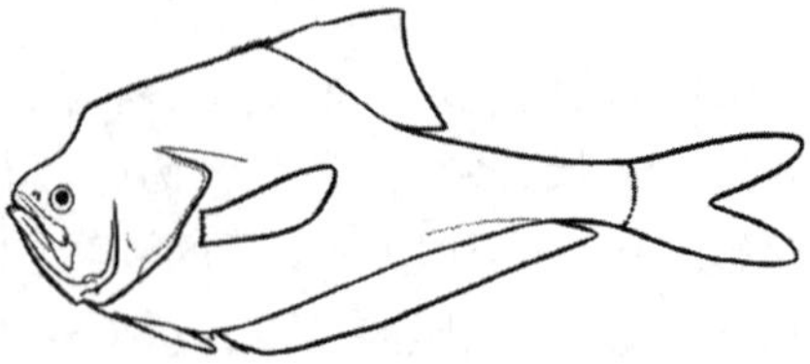

图 7-412　钩鱼科 Kurtidae

记载 1 属 2 种,分布于印度-马来亚地区和澳大利亚一些淡水、咸淡水水域,最大个体长可达 600mm。

我国产印度钩鱼 *Kurtus indicus* 1 种。

刺尾鱼亚目 Acanthuroidei

体卵圆形或长圆形,高而侧扁。头短小。吻略呈圆锥状。口小,前位或亚前位。上下颌齿各 1 行,齿细尖,刚毛状或侧扁,边缘具锯齿或波状,齿头不分叉,或分为 2 叉、3 叉。鳃孔小或中大。前鳃盖骨及鳃盖骨边缘光滑。鳃盖膜与峡部相连。具假鳃。皮肤坚韧,密被细小粗糙鳞片,鳞片有时埋于皮下。侧线完全,上侧位。尾柄两侧具锐棘或盾板,有时无或退化。臀鳍具 2～3 鳍棘,或具 7～9 鳍棘。腹鳍具 1 鳍棘、2～3 鳍条,或具内外 2 鳍棘、3 鳍条。

本亚目记载 6 科。

科 465　白鲳科 Ephippidae

体颇高,近圆形或菱形,侧扁。头短而高,枕嵴隆起。吻短,圆钝。眼大,上侧位。鼻孔每侧 2 个。口小,前位,口裂平直。上下颌约等长。上下颌齿细尖、刷毛状,或扁而具 3 齿尖,多行,呈带状排列;腭骨无齿。前鳃盖骨后缘光滑,或具细弱锯齿。峡部宽。鳃盖膜与峡部相连。具假鳃。鳃耙短细。体被中大或小栉鳞,背鳍及臀鳍大部被小鳞。侧线弧形,与背缘平行,伸达尾鳍基。背鳍 1 个,鳍棘部与鳍条部相连,具缺刻或无缺刻。臀鳍起点约与背鳍鳍条部相对。胸鳍宽短,下侧位。腹鳍具 1 鳍棘、5 鳍条。尾鳍略呈双凹形或楔形。如图 7-413 所示。

图 7-413　白鲳科 Ephippidae

记载 8 属 15 种,分布于热带大西洋、印度洋及太平洋的近岸礁石间。我国产 2 属 5 种。

科 466　金钱鱼科 Scatophagidae

体略呈椭圆形,侧扁而高。头较小,头背高斜。吻中长,宽钝。眼中大,上侧位。鼻孔每侧 2 个,相距颇近。口小,前位,平横。上下颌略等长,上颌骨后端不露出,被眶前骨所盖。上下颌齿细弱,具三齿尖,呈带状排列;犁骨及腭骨均无齿。前鳃盖骨后缘具细锯齿。左右鳃盖膜愈合,与峡部稍连。具假鳃。鳃耙细短。体被细小栉鳞,不易脱落。侧线弧形,与背缘平行,伸达尾鳍基。背鳍 1 个,鳍棘部与鳍条部相连,具凹缺,前方具 1 向前平卧棘。臀鳍起点在背鳍最后鳍棘下方,具 4 鳍棘。胸鳍短圆,下侧位。腹鳍狭长,具腋鳞。尾鳍平截形或浅双凹形。如图 7-414 所示。

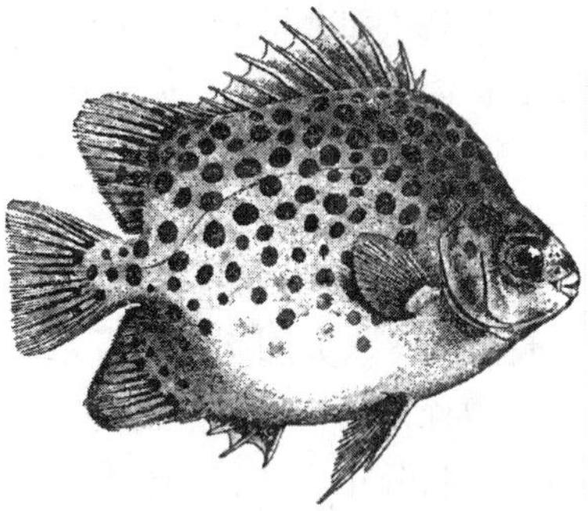

图 7-414　金钱鱼科 Scatophagidae

记载 2 属 4 种,分布于印度洋内湾和太平洋海水、咸淡水中,偶尔也进入淡水水域。我国产金钱鱼 *Scatophagus argus* 1 种,见于东海和南海。

科 467　篮子鱼科 Siganidae

体长椭圆形,侧扁。头短小。吻略尖或呈短管状。眼中大,上侧位,无眶下骨架。鼻孔每侧 2 个。口小,前位或下位,不能伸缩。上下颌各具一行细弱尖齿,犁骨、腭骨及舌上均无齿。鳃孔宽大。前鳃盖骨及鳃盖骨边缘光滑。鳃盖膜与峡部相连。假鳃发达。鳃耙细小。体被细小长薄圆鳞,埋于皮下,头侧具稀疏小鳞。侧线完全,上侧位。背鳍具 13 鳍棘、10 鳍条,前方具一埋于皮下的前向棘,鳍棘部长于鳍条部。臀鳍具 7～9 鳍棘、9 鳍条,鳍条部与背鳍鳍条部约同长,相对。胸鳍中大,斜圆。腹鳍具内外 2 鳍棘,中间具 3 鳍条,内侧鳍棘有膜与腹部相连。尾鳍平直,凹入或分叉。脊椎骨 23。如图7-415所示。

记载 1 属 28 种,分布于热带印度-西太平洋及地中海东部海域,极少数也出现在河口,最大体长可达 500mm。我国产 14 种。

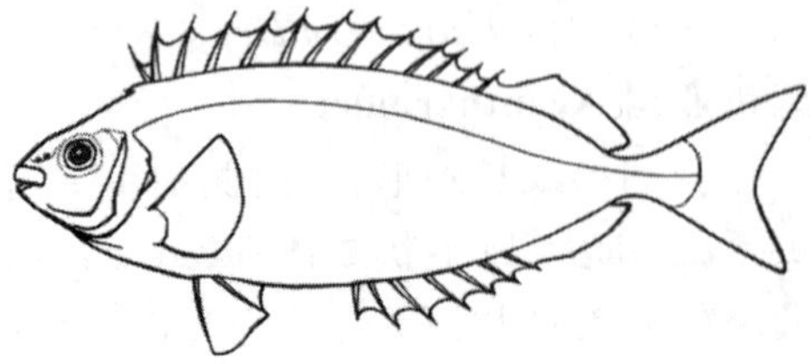

图 7-415 篮子鱼科 Siganidae

科 468 鲯鲭科 Luvaridae

体侧扁,被细小粒状鳞片。鼻孔 1 个,小而圆。口小,前位。上颌骨后部宽,为眶前骨所遮盖。颌齿极细小或无齿,某些幼鱼的腭骨和舌上具齿。前颌骨能伸缩。吻短钝。鳃盖膜与峡部相连。腹鳍退化或消失。背鳍和臀鳍具许多不分支的骨质鳍条。幼鱼的背鳍起点在体前方,具 2 棘,20～22 鳍条,随着长大,逐渐往后移动。肛门在胸鳍基的下方,为鳞状的残留腹鳍所遮盖。尾柄具明显的肉质隆起嵴。尾鳍新月形。脊椎骨 22。如图 7-416 所示。

记载仅 1 属 1 种,分布于各大洋热带及亚热带海域。最大体长可达 1.8m。我国不产。

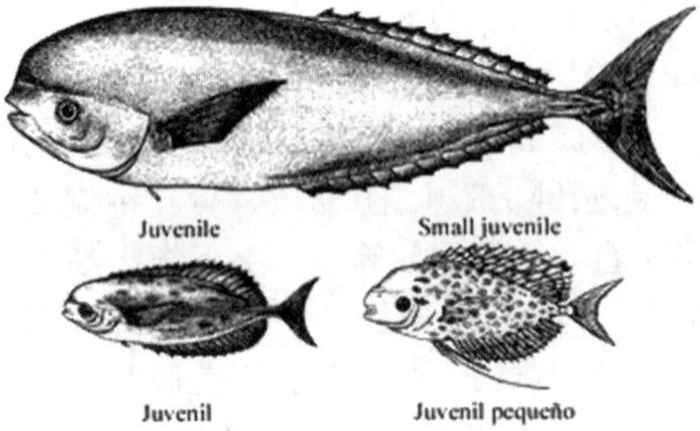

图 7-416 鲯鲭科 Luvaridae

科 469 镰鱼科 Zanclidae

体近菱形,甚侧扁而高,被细小而粗糙鳞片,每一鳞片具 2 行棘。尾柄两侧无锐棘或盾板。吻甚突出,呈管状或锥状,幼鱼的口角具棘,成鱼的眼前上方各具 1 锥形骨棘。颌齿 2 行,刚毛状。犁骨呈绒毛状齿,腭骨无齿。鳃盖膜与峡部相连。鳃盖条 4。侧线完全,前部呈弧形弯曲,沿背缘向后延伸。背鳍 1 个,具 6～8 棘,39～43 鳍条。臀鳍具 3 棘,31～37 鳍条。腹鳍具 1 棘,5 鳍条。尾鳍凹形。脊椎骨 9+13。如图 7-417 所示。

曾称角蝶鱼科。记载仅 1 属角镰鱼 *Zanclus cornutus* 1 种,分布于热带印度洋和太平洋。我国也有分布,见于南海和台湾海域,体长可达 230mm。

图 7-417 镰鱼科 Zanclidae

科 470 刺尾鱼科 Acanthuridae

体椭圆形或卵圆形,高而侧扁。吻不呈管状突出。口小,前位,不能或稍能伸缩。上下颌各具齿 1 行,齿不呈刚毛状,多少侧扁,边缘具细锯齿或呈波状,犁骨与腭骨均无齿。鳃孔小。前鳃盖骨后缘无锯齿。鳃盖膜与峡部相连。鳃盖条 5。假鳃发达。皮肤颇坚韧,被以细小而粗糙的弱栉鳞,鳞排列紧密,牢固。各鳍大多无鳞。尾柄两侧各具一个或多个尖棘或带有锐嵴的盾板。侧线完全,几与背缘平行。腹鳍胸位,腋部无长形尖鳞,具 1 鳍棘、3～5鳍条。尾鳍半月形、截形或内凹。如图 7-418 所示。

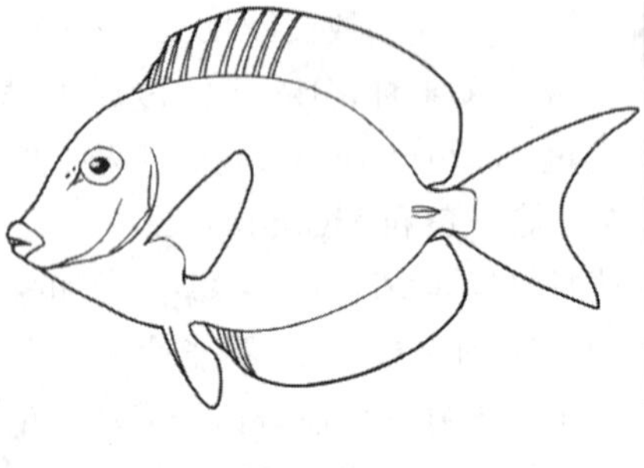

图 7-418 刺尾鱼科 Acanthuridae

记载 6 属 74 种,分布于除地中海外的各热带和亚热带海域。我国产 5 属 52 种,大多数产于台湾海域及南海。

鲭鲈亚目 Scombrolabracoidei

也称长鳍带鰆亚目。体稍延长而侧扁,尾柄短,无隆起嵴。体被大小不一的圆鳞。头中大,大部被鳞。眼大。口中大,口裂斜,前颌骨稍能伸缩,下颌突出。上颌骨外露,后端伸达眼中部的下方。颌齿 1 行,有犬齿,犁骨和腭骨具细齿。前鳃盖骨和鳃盖骨边缘具棘或锯齿。鳃盖条 6。侧线沿背缘走向,止于第二背鳍末端后下方。

记载仅 1 科。

科 471　鲭鲈科 Scombrolabracidae

第一背鳍具 12 棘,第二背鳍具 1 棘,14～16 鳍条,二鳍有膜相连。胸鳍甚长,伸达第二背鳍下方。腹鳍位于胸鳍基底后下方,具 1 棘 5 鳍条。尾鳍叉形。脊椎骨 30。如图 7-419 所示。

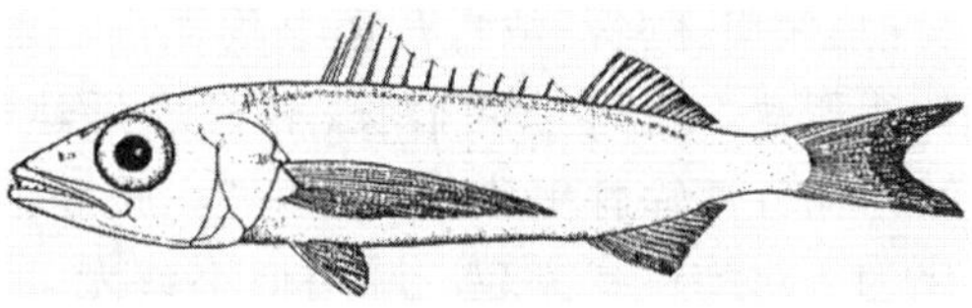

图 7-419　鲭鲈科 Scombrolabracidae
(鲭鲈 *Scombrolabrax heterolepis*)

曾称长鳍带鰆科。记载仅 1 属 1 种,分布于大西洋、印度洋及太平洋深海,我国见于台湾海域,最大体长可达 300mm。

鲭亚目 Scombroidei

体延长或呈带状,侧扁,或纺锤形,稍侧扁,体裸露或具细鳞,或仅部分被鳞,在胸部形成胸甲,或裸露无鳞。尾柄两侧有或无隆起嵴。眼上侧位。口裂大。上下颌具强大犬齿。前颌骨固着于上颌骨,不能向前伸突。鳃孔宽大。鳃盖条 7～8。具假鳃。背鳍 2 个,第一背鳍由鳍棘组成,或背鳍及臀鳍基底均很长,后方有时具小鳍。胸鳍下侧位。腹鳍胸位,有时消失。尾鳍存在或退化。

本亚目记载有 6 科。

科 472　魣科 Sphyraenidae

体延长,亚圆筒形。头尖长,口裂大,宽平。上颌边缘由不活动的前颌骨组成。上颌骨宽广,其上方有一辅上颌骨。下颌突出。齿强大,尖锐,作犬齿状,深插于骨凹中,两颌及腭骨均有齿。犁骨无齿。第三或第四上咽骨分离。体及头部均被圆鳞。侧线发达,平直。第一背鳍具 5 鳍棘。第二背鳍位于体之后方,与臀鳍相似而相对,具 10 鳍条。胸鳍短,较低位。腹鳍腹位或亚胸位。尾鳍分叉。鳃孔宽。鳃盖条 7。鳃耙少或退化。如图 7-420 所示。

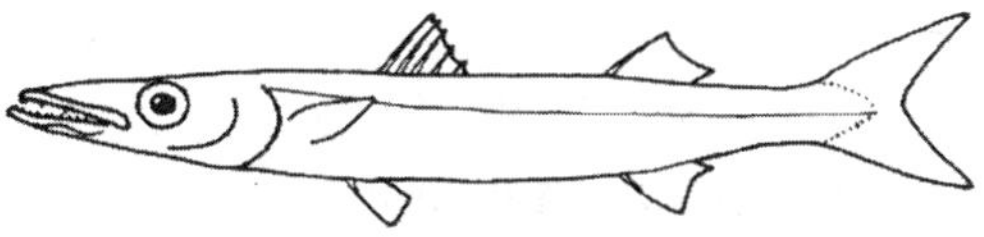

图 7-420　魣科 Sphyraenidae

台湾称金梭鱼科。记载 1 属 26 种,分布于大西洋、印度洋及太平洋的热带及亚热带海域,幼时也常生活于河口。最大体长有时可达 1.8m。我国产 11 种。

科 473　蛇鲭科 Gempylidae

体延长或长纺锤形,侧扁;尾柄较细,两侧有或无隆起嵴。头中大或较小,背面平坦或微凸。吻尖突。口大,前位,斜裂。下颌突出,长于上颌。上颌骨裸露,不为眶前骨遮盖。上下颌齿强大,侧扁,尖锐;腭骨具齿,犁骨一般无齿。鳃孔宽大。前鳃盖骨边缘光滑,鳃盖骨后缘有时具弱扁棘。鳃盖膜不与峡部相连。鳃盖条 6～7。具假鳃。鳃耙退化。体被小圆鳞或骨棘鳞。侧线有时具分支。背鳍 2 个,第一背鳍鳍棘细弱,第二背鳍与臀鳍同形,后方具 1～6 分离小鳍。胸鳍下侧位。腹鳍具 1 鳍棘、5 鳍条，或退化为 1 鳍棘。尾鳍分叉。如图 7-421 所示。

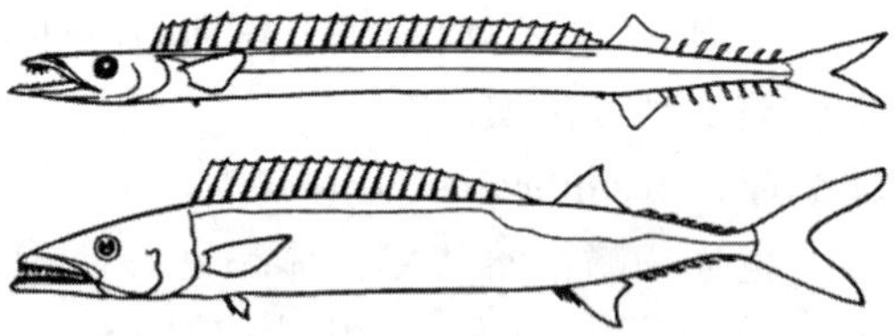

图 7-421　蛇鲭科 Gempylidae

台湾称带鰆科。记载 16 属 24 种，分布于各大洋热带及亚热带深海。我国产 10 属 11 种。

科 474　带鱼科 Trichiuridae

体颇延长，侧扁，呈带状，尾渐细小成鞭状。头长，背面平坦或微凸，或侧扁、高锐突起。口大，下颌突出，上颌骨为眶前骨所盖。上下颌齿强大，尖锐，侧扁，腭骨、犁骨及舌上均无齿。侧线连续，伸达尾端。背鳍基底很长，沿背缘延达尾端。臀鳍常由分离短棘组成，有时消失。腹鳍消失，或退化为一对鳞片状突起。尾鳍很小或无。鳔或有或无。如图 7-422 所示。

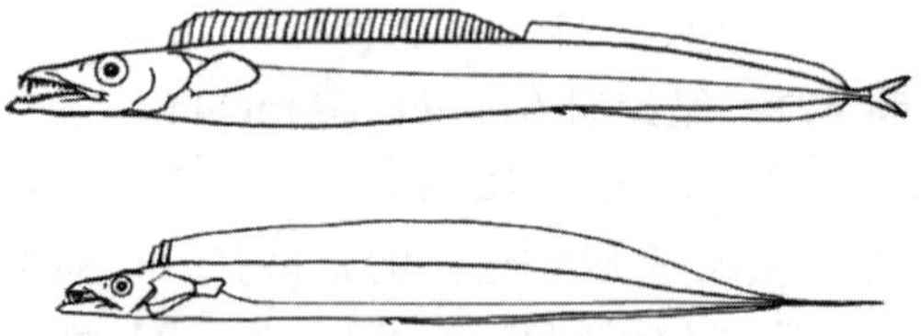

图 7-422　带鱼科 Trichiuridae

记载 10 属 45 种，广泛分布于大西洋、印度洋及太平洋。我国产 6 属 11 种。

科 475　鲭科 Scombridae

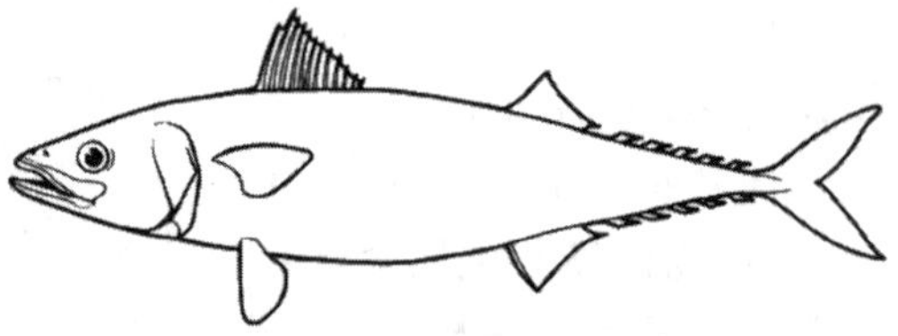

图 7-423　鲭科 Scombridae

体延长，侧扁，或纺锤形，圆筒状，尾柄细短，横切面近圆形，两侧各具 2～3 隆起嵴。头大，锥形，突出。口大或中大。上颌骨为眶前骨遮盖或不为眶前骨遮盖，眶下骨环完整或不发达。上下颌齿或强或弱，犁骨及腭骨具齿或无齿。鳃孔宽大。鳃盖膜分离，不与峡部相连。鳃盖条 7。鳃耙短小或细长。体被小圆鳞，或仅部分被鳞，胸部鳞片特大，形成胸甲。背鳍 2 个，相距远或近，第一背鳍基底长或短，由鳍棘组成；第二背鳍较小，与臀鳍同形，相对。第二背鳍和臀鳍后方各具数个分离小鳍。胸鳍短或长。腹鳍胸位，小或中大，腹鳍间突有或无。尾鳍深叉形。如图 7-423 所示。

记载 15 属 54 种，广泛分布于各大洋热带及亚热带海域。我国产 11 属 23 种。

科 476　剑鱼科 Xiphiidae

图 7-424　剑鱼科 Xiphiidae
（剑鱼 *Xiphias gladius*）

体粗壮，稍侧扁，尾柄细，每侧有一强隆起嵴。上颌与吻部甚延长，呈一扁平状剑状突出的吻部。成鱼无齿。各鳃弓的鳃丝呈网状组织，联结成一片状物。体裸露无鳞。侧线不明显。背鳍 2 个，相距较远。第一背鳍高大，鳍基短，具 38～45 鳍条，始于鳃孔上方。第二背鳍短小，仅 4～5 鳍条，位于尾部后方。臀鳍 2 个，第一臀鳍小，具 12～16 鳍条，第二臀鳍很小，仅 3～4 鳍条，与第二背鳍同形且相对。胸鳍位低，呈镰状。无腹鳍，尾鳍深叉形。如图 7-424 所示。

记载仅 1 属，剑鱼 *Xiphias gladius* 1 种，分布于各大洋热带及亚热带，为大洋性大型经济鱼类。我国有产见于东海、南海，最大体长可达 4.5m。

科 477　旗鱼科 Istiophoridae

体延长，侧扁或稍呈圆筒形；尾柄细短，两侧在尾鳍基部处各具 2 个隆起嵴。头部长。前颌骨与鼻骨延长成枪状吻部。眼小，上侧位。口大，近平直。上颌骨后延，伸达眼后缘下方。上下颌具绒毛状细齿。鳃孔大。前鳃盖骨及鳃盖骨边缘具微弱锯齿。左右鳃盖膜相愈合，不与峡部相连。假鳃发达。鳃耙退化。体被针状小鳞。侧线完全，平直，伸达尾鳍基。背鳍 2 个，第一背鳍长而高，第二背鳍短而低。臀鳍 2 个，第一臀鳍较大，第二臀鳍与第二背鳍同形。胸鳍短或较长，镰刀状，下侧位。腹鳍胸位，退化为 1～3 软棘。尾鳍深叉形。如图 7-425 所示。

图 7-425　旗鱼科 Istiophoridae

记载 4 属 11 种，分布于各大洋热带及亚热带，为大洋性大型经济鱼类。最大体长可达 4m。我国产 4 属 6 种。

鲳亚目 Stromateoidei

体侧扁，高大或略延长。食道具侧囊，侧囊单个、长椭圆形，或成对、肾形，内侧肌肉壁上具许多角质乳头状突起或条状隆起，每一突起上又复生着众多的针状小刺，突起的基底均埋于肉中。体一般被圆鳞。侧线完全，头部侧线分支复杂，躯干部侧线上侧位，与背缘平行。腹鳍胸位或亚胸位，或无腹鳍。

本亚目记载有 6 科。

科 478　无囊鲳科 Amarsipidae

体延长侧扁，前颌骨不能伸缩。上颌骨只上缘被眶前骨所遮盖。颌齿强大，1 行，犁骨具齿。无食道侧囊。体被甚细小鳞片，鳞易脱落。背鳍 2 个，分离，具 10～12 棘，22～27 鳍条。臀鳍具 28～32 鳍条。第二背鳍与臀鳍同形而相对，基底颇长。胸鳍 17～19 鳍条。腹鳍喉位，始于胸鳍前方。体透明无色。脊椎骨 45～47。如图 7-426 所示。

图 7-426　无囊鲳科 Amarsipidae
（卡氏无囊鲳 *Amarsipus carlsbergi*）

也称阿玛鲳科。记载 1 属，卡氏无囊鲳 *Amarsipus carlsbergi* 1 种，分布于印度洋和太平洋的热带海域。我国不产。

科 479　长鲳科 Centrolophidae

体延长或呈长卵圆形，侧扁。头中大或小，侧扁而高。吻圆钝。口小，前位，上下颌齿细小，尖锥形，1 行，犁骨、腭骨、基鳃骨及舌上均无齿。食道侧囊 2 个。前鳃盖骨边缘有或无锯齿，鳃盖骨后缘具 2 柔软扁棘。鳃盖条 7。鳃耙细弱。体被薄圆鳞，易脱落，头部无鳞。背鳍、臀鳍及尾鳍基底一般被细鳞。侧线完全，与背缘平行，头部后上方侧线管具 3 背分支。背鳍 1 个，鳍棘部与鳍条部相连，具独立短小鳍棘 6～8 或 1～4 枚，或无棘，鳍条部基底长，鳍条数多。臀鳍与背鳍鳍条部同形，具 3 鳍棘、15～30 鳍条，鳍棘短小，鳍条部基底长。胸鳍中大，尖长。腹鳍较小。尾鳍内凹或分叉。如图 7-427 所示。

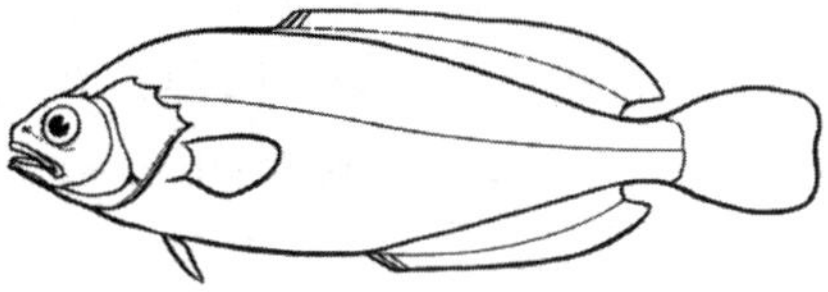

图 7-427　长鲳科 Centrolophidae

记载 8 属 30 种，我国产 2 属 2 种。分布于除印度洋及太平洋中部外的各大洋热带至温带海域。

科 480　双鳍鲳科 Nomeidae

体卵圆形或长椭圆形，侧扁。头中大，侧扁。吻短钝，或较长、圆钝。眼大或中大。口小。上颌不能伸出。上下颌各具一行稀疏细齿，齿锥形或分叉；犁骨、腭骨、基鳃骨常具细齿，个别种类无齿。唇薄。食道侧囊 2 个，肾形，内壁具多条放射状褶，壁与褶上分别具带有小刺的乳头状及环形突起，乳突基底具放射状骨质脚根。鳃孔中大。前鳃盖骨薄，边缘光滑，鳃盖骨无棘。鳃盖膜分离，不与峡部相连。鳃盖条 6。鳃耙细短。体被薄圆鳞，鳞细小或中大，易脱落。侧线完全，上侧位，与背缘平行，头部侧线的鼻管具 2 分支。背鳍 2 个，分离或其间具一深缺刻；第一背鳍具 10～11 鳍棘，第二背鳍具 15 以上鳍条。臀鳍和第二背鳍同形，具 3 鳍棘、15 以上鳍条。胸鳍中大。腹鳍小。尾鳍分叉。尾上骨 3 个，尾下骨 4 个。如图 7-428 所示。

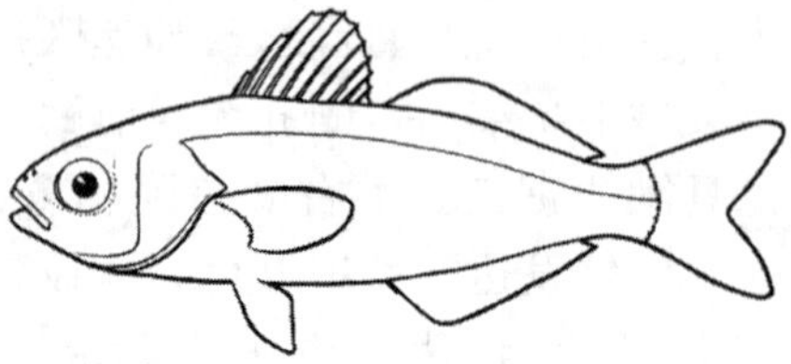

图 7-428　双鳍鲳科 Nomeidae

也称圆鲳科，记载 3 属 17 种，最大体长可达 1m。分布于各大洋热带及亚热带海域。我国产 3 属 9 种。

科 481　无齿鲳科 Ariommatidae

体卵圆形，侧扁。头中大，侧扁。吻钝。眼中大。口小。上颌不能伸出。上下颌各具一行稀疏细齿，犁骨、腭骨、基鳃骨及舌上均无齿。食道侧囊单个，长椭圆形，内壁具大小不等的乳头状突起，乳突基底无骨质脚根。鳃孔中大。前鳃盖骨薄，边缘光滑，鳃盖骨无棘。鳃盖膜分离，不与峡部相连。具假鳃。鳃盖条 6。鳃耙细短。体被细薄圆鳞，易脱落。侧线完全，上侧位，与背缘平行，头部侧线的鼻管具一分支。背鳍 2 个，分离；第一背鳍具 10～12 鳍棘；第二背鳍具 14～15 鳍条。臀鳍和第二背鳍同形，具 3 鳍棘、14～15 鳍条。胸鳍中大。腹鳍小。尾鳍分叉。尾柄横切面近方形，尾上骨及尾下骨各 1 个。如图 7-429 所示。

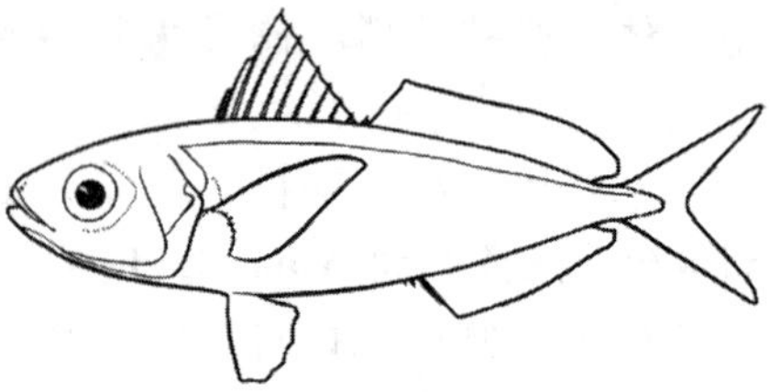

图 7-429　无齿鲳科 Ariommatidae

记载 1 属 8 种，分布于热带和亚热带的南北美洲东部、非洲、亚洲以及克马德克群岛和夏威夷岛沿岸。我国产短鳍无齿鲳 *Ariomma brevimanum* 和印度无齿鲳 *Ariomma indica* 2 种。

科 482　方尾鲳科 Tetragonuridae

体延长而圆，呈圆筒形。口中大，前颌骨不能伸缩，上颌骨几完全被眶前骨所遮盖。颌齿细小，上颌齿弯尖，下颌齿平扁。吻裸露无鳞，颊部被鳞，鳞具嵴，不易脱落。尾柄近尾鳍处有鳞片变形而形成的 2 条侧嵴。尾柄甚长而厚，横切而呈方形。背鳍 2 个，紧相邻，第一背鳍具 10～21 棘，棘短，可折入沟内；第二背鳍和臀鳍同形而相对，具 9～17 鳍条。腹鳍具 1 棘 5 鳍条，位于胸鳍基底后下方，也可折入一浅沟内。尾鳍叉形。侧线鳞 73～114，脊椎骨 40～58。如图 7-430 所示。

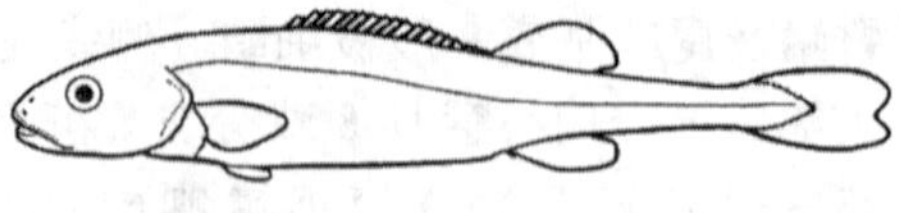

图 7-430　方尾鲳科 Tetragonuridae

记载 1 属 3 种，最大体长可达 700mm，分布于各大洋热带及亚热带海域。本科鱼类属非食用鱼类，有时甚至还为有毒种类，然其本身又是金枪鱼及其他大型鱼类的食物。我国不产。

科 483　鲳科 Stromateidae

体卵圆形，侧扁而高。头小。吻圆钝，凸起。口小，前位或亚前位。上颌不能活动。上下颌齿细小，齿具3峰，1行；犁骨、腭骨、基鳃骨及舌上均无齿。唇薄。食道侧囊单个，长椭圆形；侧囊内壁密具大小不等的乳头状突起，每个乳突具许多细小针状角质刺，乳突基底向外具4～6条放射状骨质脚根。鳃孔小。前鳃盖骨边缘完整，鳃盖骨具柔软扁棘。鳃盖膜或与峡部相连。鳃盖条5～6。无假鳃。鳃耙短小，结节状。体被细小圆鳞，易脱落。侧线完全，上侧位，项部附近的躯干部前端侧线管具一背分支和一腹分支；腹分支具前、后小支。背鳍1个，鳍棘部不发达，幼鱼时鳍棘短，小戟状，成鱼时鳍棘埋于皮下；鳍条部基底长，鳍条亦长、数目多。臀鳍与背鳍同形，相对或几相对，具30～50鳍条。胸鳍尖长。一般无腹鳍，个别种类幼鱼具腹鳍。尾鳍截形或分叉。如图7-431所示。

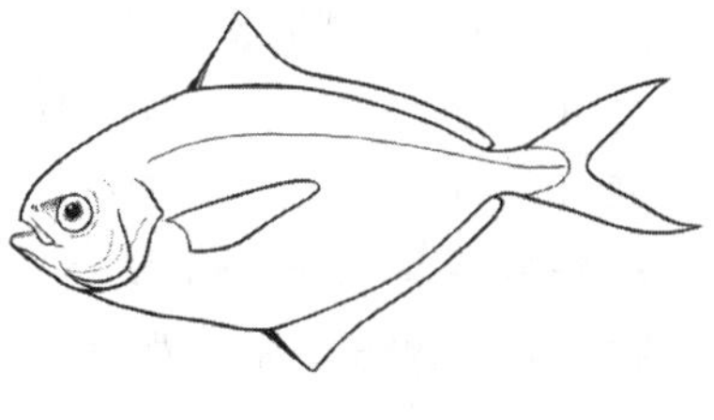

图7-431　鲳科 Stromateidae

记载3属16种，分布于南、北美沿岸、西非、南亚(印度-太平洋)。我国产1属6种。

攀鲈亚目 Anabantoidei

鳃上器官复杂，通常由第一上鳃骨扩张而形成。除个别属外，背鳍及臀鳍具棘。腹鳍胸位，具1棘，5鳍条。

本亚目记载有3科。

科484　攀鲈科 Anabantidae

体甚侧扁而方长，被栉鳞。口较大，口裂斜，下颌突出。上颌口缘由前颌骨所组成。上下颌齿锥状，犁骨和副蝶骨具齿。眶前骨光滑或有锯齿。左右鳃盖膜相连，但不连峡部。鳃耙数少。如图7-432所示。

图7-432　攀鲈科 Anabantidae

记载4属34种，小型淡水鱼类，分布于非洲至印尼、菲律宾、马来西亚、缅甸、泰国、日本及中国等。我国仅产攀鲈 *Anabas testudineus* 1种，见于南部各省，为栖息于河沟池塘的热带、亚热带底层鱼类。

科485　接吻鱼科 Helostomatidae

体长卵圆形，侧扁，被中等大的栉鳞。头顶被圆鳞。口甚小。前颌骨、齿骨、腭骨均无齿。唇厚，有能动、尖端呈黑色的角质细齿，借此刮取藻类。前鳃盖骨和鳃盖骨边缘光滑。鳃耙细长，数目多，可过滤食物。侧线在背鳍鳍条部开始中断为二。背鳍具16～18棘，13～16鳍条，起点在臀鳍起点前上方。臀鳍具13～15棘，17～19鳍条。腹鳍具1棘，5鳍条，第一枚鳍条分叉，稍延长。如图7-433所示。

图7-433　接吻鱼科 Helostomatidae

也称沼口鱼科、吻鲈科。记载仅1属接吻鱼(吻鲈) *Helostoma temminckii* 1种，分布于泰国至马来群岛一带的江河中，最大体长可达300mm，既是观赏鱼类，也是名贵的食用鱼类。我国不产。

科486　丝足鲈科 Osphronemidae

记载13属119种，分布于巴基斯坦和印度至南亚淡水水域。我国产2属4种。

本科种类繁多，通常分4个亚科。

丝足鲈亚科 Osphroneminae，仅1属，体长卵圆形，甚侧扁而高，被栉鳞。口小，颌齿细小，锥状,外行齿较大。犁骨和腭骨无齿。鳃盖骨光滑,前鳃盖骨和下鳃盖骨有细齿。侧线完全。背鳍具11～13棘,11～13鳍条。臀鳍具9～12棘,16～22鳍条。二鳍基底裸露无鳞,鳍条均不分支。腹鳍具1棘,5鳍条,位于胸鳍基部下方,第一枚鳍条呈丝状延长。如图7-434所示。

斗鱼亚科 Macropodinae 分6属,侧线退化或无,背鳍条在10以下。如图7-435所示。

科格斗鱼亚科 Belontinae

背鳍始于胸鳍基底上方,较长于臀鳍基底。鳞片整齐排列,尾鳍圆形。腹鳍具1棘,5鳍条,第一枚鳍条分成2支。侧线中断为二。如图7-436所示。

科梭头鱼亚科 Luciocephalinae

口甚突出,前颌骨有一向上的长突起,向后伸达眼前缘。鳃盖骨光滑,被鳞。鳃孔宽。背鳍和臀鳍均无棘。背鳍具9～12鳍条,位于体后半部,与臀鳍相对。臀鳍具18～19鳍条,有一深凹刻。腹鳍1棘5鳍条,有一鳍条呈丝状延长。如图7-437所示。

科487　鳢科 Channidae

体延长,略呈圆筒状,后部侧扁。各鳍均无鳍棘。背鳍和臀鳍基底甚长。胸鳍存在。具腹鳍或腹鳍消失。口大,能伸缩。两颌、犁骨和腭骨均有细齿,下颌两侧常有犬齿。体及头部被圆鳞。头背部鳞片骨片状。侧线完全,但有中断。如图7-438所示。

记载2属23种,最大体长可达1.2m,分布于热带非洲和南亚的淡水水域。我国产1属8种。

羊鲂亚目 Caproidei

体呈菱形或卵圆形,甚侧扁。头小或中大,头顶无骨质嵴。口一般较小,上颌能伸缩,两颌具细齿,犁骨、腭骨无齿。体被小栉鳞。腹鳍与肛门间无棘状骨板。鳃盖与棘部被鳞。鳃膜与峡部不连。背鳍Ⅷ～Ⅸ-25～35。臀鳍Ⅲ-25～33。背鳍、臀鳍鳍条均为分支鳍条。胸鳍较长,一般长于腹鳍,稍短于头长,有13鳍条。腹鳍Ⅰ-5。尾鳍有10分支鳍条。鳃盖条6。脊椎骨21～23。

本亚目记载仅1科。

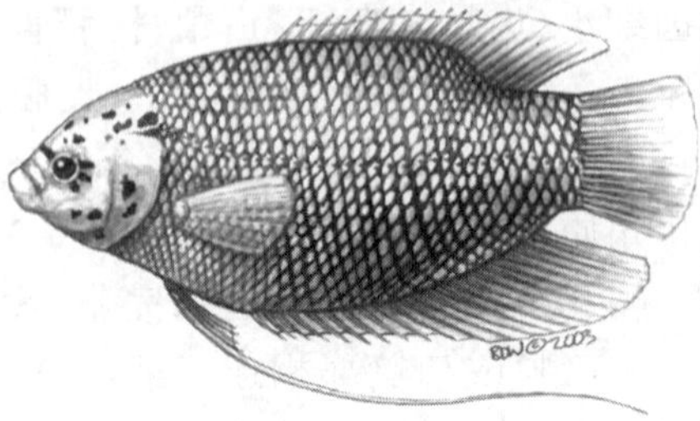

图7-434　丝足鲈科 Osphronemidae-1
(丝足鲈亚科 *Osphroneminae*)

图7-435　丝足鲈科 Osphronemidae-2
(斗鱼亚科 *Macropodinae*)

图7-436　丝足鲈科 Osphronemidae-3
(格斗鱼亚科 *Belontinae*)

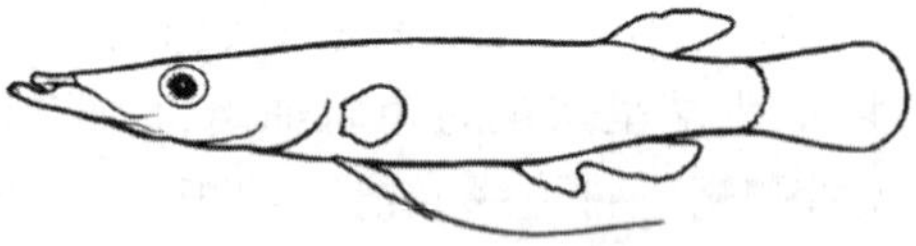

图7-437　丝足鲈科 Osphronemidae-4
(梭头鱼亚科 *Luciocephalinae*)

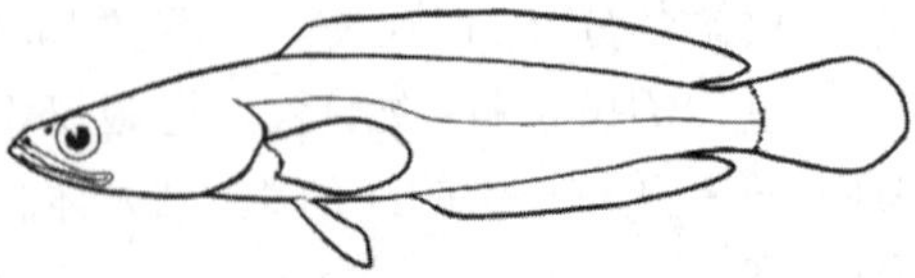

图7-438　鳢科 Channidae

科 488　羊鲂科 Caproidae

体呈菱形或卵圆形,甚侧扁。头小或中大,头顶无骨质嵴。口一般较小,上颌能伸缩,两颌具细齿,犁骨、腭骨无齿。体被小栉鳞。腹鳍与肛门间无棘状骨板。鳃盖与棘部被鳞。鳃膜与峡部不连。背鳍Ⅷ～Ⅸ-25～35。臀鳍Ⅲ-25～33。背鳍、臀鳍鳍条均为分支鳍条。胸鳍较长,一般长于腹鳍,稍短于头长,有 13 鳍条。腹鳍Ⅰ-5。尾鳍有 10 分支鳍条。鳃盖条 6。脊椎骨 21～23。如图 7-439 所示。

图 7-439　羊鲂科 Caproidae

记载 2 属 18 种,分布于大西洋、印度洋及太平洋。我国产 1 属 3 种。

目 59　蝶形目 Pleuronectiformes

体很侧扁,卵圆形、长椭圆形或长舌状。成鱼体左右不对称,两眼同位于头的一侧,两侧鳞、侧线、偶鳍及前部头骨也常不对称。口前位或下位;口大、中等或小形,上缘仅由前颌骨形成,常无辅颌骨。两颌具齿或有眼侧无齿,腭骨及犁骨常无齿。前鳃盖骨后缘游离或隐埋皮下。假鳃发达、退化或已消失。鳃 4 个。鳃裂 4～5 个。鳃耙发达、短小或无。鳃盖膜游离且常互连。鳃峡常为凹刻状。肛门常位偏无眼侧。生殖突常位偏有眼侧。头体被栉鳞或圆鳞,两侧鳞常不相同,少数无鳞。侧线在有眼侧 0～3 条,无眼侧 0～2 条。背、臀鳍长,连或不连尾鳍。背鳍常始于眼上方或吻部,无鳍棘,少数位项背且有鳍棘。胸鳍有或无,常不对称。腹鳍胸位或喉位,常无鳍棘,有 4～6 鳍条,少数达 13 鳍条。常仅有眼侧体色较暗。

鳒亚目 Psettodoidei

背鳍起点约在项部,远在上眼后缘的后上方。背鳍和臀鳍的前部具鳍棘。具一辅上颌骨。腭骨具齿。基蝶骨存在。上颌骨扩大。脊椎骨 24～25。

记载仅 1 科。

科 489　鳒科 Psettodidae

两眼位于头部右侧或左侧。口大,前位,下颌稍突出。具一发达的辅上颌骨。前鳃盖骨后缘明显未被皮膜和鳞覆盖。腹鳍近于对称,胸位,具 1 棘,5 鳍条。具胸鳍,左右对称。如图 7-440 所示。

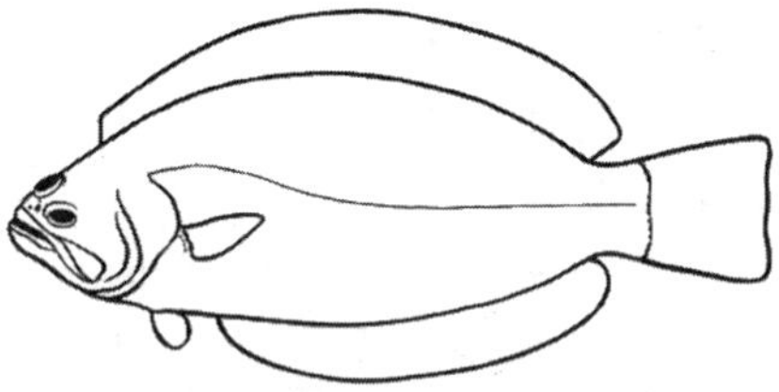

图 7-440　鳒科 Psettodidae

记载 1 属 3 种,最大体长可达 600mm。分布于西非及印度-西太平洋,我国仅产大口鳒 *Psettodes erumei* 1 种,见于南海及台湾海域。

鲽亚目 Pleuronectoidei

背鳍起点在头的前面,至少在上眼上方,鳍条均分节。无辅上颌骨。腭骨无齿。前鳃盖骨后缘游离。无基蝶骨。脊椎骨 26～70。

记载 11 科。

科 490　棘鲆科 Citharidae

两眼通常位于体的左侧。背鳍始于眼上方或吻部;背、臀鳍均无鳍棘,鳍条全部或后部分支。有眼侧胸鳍较无眼侧短(个别属例外),中部鳍条分支而无眼侧均不分支。腹鳍基短,对称,有 1 鳍棘、5 鳍条。尾鳍 21～23,中部 13 或 15 鳍条分支。上眼常比下眼位较前。颌齿尖小,犁骨有或无齿。左右鳃盖膜分离且游离,鳃耙发达,并常散有小刺突。下咽骨、第 3 上鳃骨与第2～4上咽骨有尖齿群。有或无辅颌骨。侧线两侧各1条，在胸鳍上方有一弯弧部。体两侧均被鳞。肛门与生殖突均位偏体有眼侧。如图7-441所示。

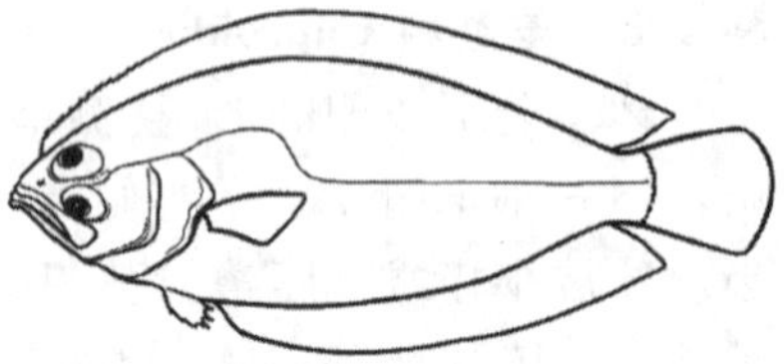

图7-441　棘鲆科 Citharidae

记载4属7种，分布于地中海、印度-西太平洋（日本至澳大利亚）。我国产2属3种。

科491　菱鲆科 Scophthalmidae

体呈菱形或长卵圆形，侧扁。两眼均位于头部左侧。眼间隔宽或窄。口大。颌齿尖细、弯曲，至少前端排列呈带状，左右侧同样发达，无犬齿。犁骨具齿。背鳍和臀鳍大部分鳍条分支。或被鳞。第一脉棘不突出于臀鳍前方。有眼侧的胸鳍稍长，中部鳍条分支。腹鳍不连臀鳍，无眼侧的腹鳍第一枚鳍条正与腹鳍第二枚鳍条或第三枚鳍条相对。鳞如存在，或为小圆鳞，或有眼侧为弱栉鳞，无眼侧为圆鳞，易脱落。左右侧侧线同样发达，在胸鳍上方有一弓状弯曲部，具颞上支。如图7-442所示。

图7-442　菱鲆科 Scophthalmidae

记载4属9种，主要分布在北大西洋、波罗的海、地中海和黑海。我国仅大菱鲆 *Scophthalmus maximus* 1种，为引进种。

科492　牙鲆科 Paralichthyidae

两眼位头左侧，背鳍始于无眼侧鼻孔附近；背、臀鳍不连尾鳍。有眼侧胸鳍较无眼侧鳍长或相等，中部鳍条分支。腹鳍基短，近似对称，距鳃峡大于腹鳍基长；支持腹鳍的腰带骨位匙骨后方。尾鳍17～18，中间13鳍条常分支。被栉鳞或圆鳞。两侧侧线各1条。两颌左右均有尖齿，犁骨与腭骨无齿。鳃耙发达，多长扁形，鳃弓上下肢均有鳃耙，前后缘有些种类具小突起。假鳃发达。前鳃盖骨后缘游离，鳃盖膜互连、游离。肛门位偏体无眼侧。生殖突位偏有眼侧。如图7-443所示。

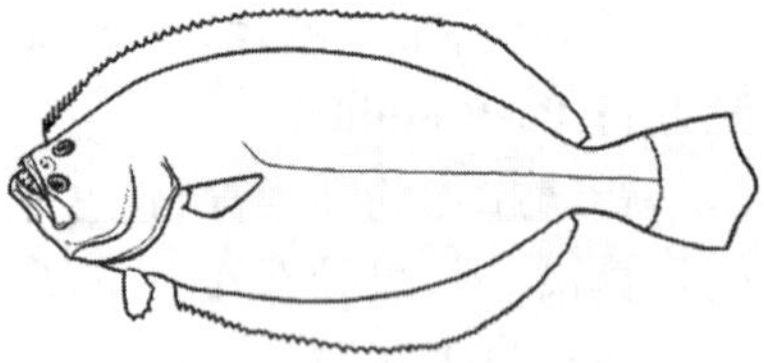

图7-443　牙鲆科 Paralichthyidae

记载14属115种，最大体长可达1.5m，分布于大西洋、印度洋及太平洋沿岸，极少数也生活于淡水水域。我国产4属18种。

科493　鲽科 Pleuronectidae

两眼常位头右侧。口前位，下颌前端常较上颌略长。无辅颌骨。两颌齿多变，一行或多行，尖形、门齿、锥状或颗粒状，犁骨与腭骨无齿。无眼侧鼻孔常位较近头背缘，有些几乎与有眼侧鼻孔相对称。鳃峡深凹刻状。尾舌骨尖钩或钝钩状。前鳃盖骨后缘游离，仅木叶鲽属等不游离。鳃盖膜互连，游离。鳃膜骨条7。假鳃发达。椎骨32～65个。肛门位腹中线或位偏体右侧。无鳍棘。背鳍始于上眼上方或吻部，背、臀鳍常有分支鳍条。有眼侧胸鳍均有分支鳍条；无眼侧有或无胸鳍。腹鳍基短，近似对称或有眼侧鳍基较长；有眼侧腹鳍有6～13鳍条。尾鳍后端圆形、截形、双截形或浅凹形，不连或微连背、臀鳍，中部10～15鳍条分支。有栉鳞或圆鳞，或无鳞而有骨板或突起。有眼侧

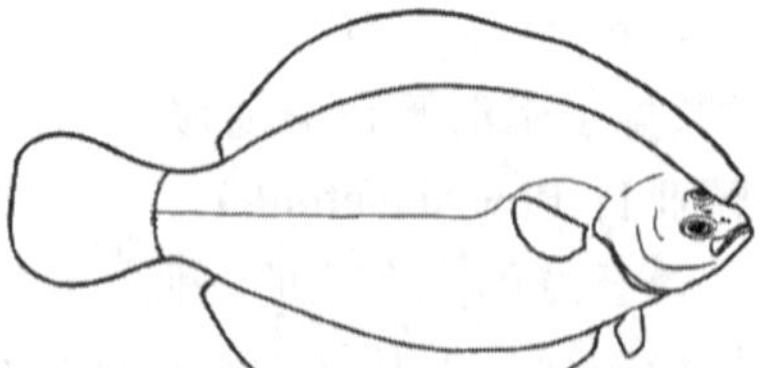

图7-444　鲽科 Pleuronectidae

侧线直线形或前端有弧状弯曲部,无眼侧侧线发达或退化消失。如图 7-444 所示。

记载 29 属 67 种,分布于北极洋、大西洋、印度洋及太平洋海域,也有些生活在咸淡水,极少分布于淡水水域。我国产 12 属 16 种。

科 494　鲆科 Bothidae

两眼常位头左侧。除尾鳍中部外各鳍条均不分支;背鳍始于吻部,背、臀鳍均略不连尾鳍;除个别属外,均有胸鳍。腹鳍基很不对称,左鳍基很长,常始于鳃峡后端,右鳍基短,始于第 3～4 左腹鳍条基稍后上方;支持腹鳍的腰带骨位匙骨前下方(个别属例外)。背、臀鳍及偶鳍均无分支鳍条。体被栉鳞或圆鳞。左侧线发达;前段常有一弯弧部。右侧一般均无。两颌有细尖齿。犁骨与腭骨无齿。鳃耙扁形,数较少,鳃弓上肢常无鳃耙,在下肢常不及 10 个。前鳃盖骨后缘游离。鳃盖膜互连,游离。鳃裂大,5 个。鳃峡凹刻深。有假鳃。肛门位偏体右侧,生殖突位偏体左侧。如图 7-445 所示。

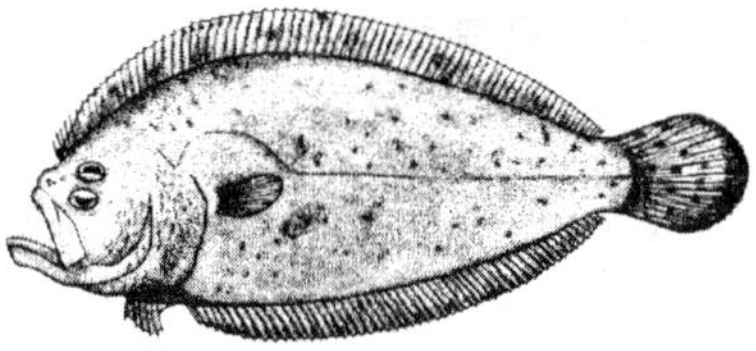

图 7-445　鲆科 Bothidae

记载 21 属 164 种,分布于大西洋、印度洋及太平洋。我国产 14 属 44 种。

科 495　牙鲽科 Paralichthodidae

也称拟牙鲆科。记载仅 1 属莫三比克牙鲽 *Paralichthodes algoensis* 1 种,分布于南非。我国不产。据最新研究,本属已归属鲽科 Pleuronectidae。

背鳍起点位于眼前方。侧线在胸鳍上方有一弯曲部。脊椎骨 30～31。

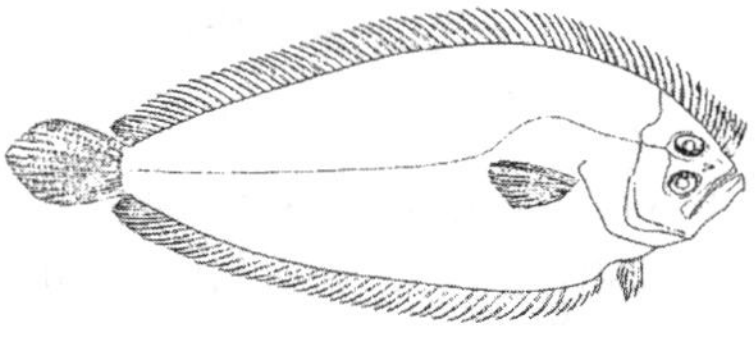

图 7-446　牙鲽科 Paralichthodidae

科 496　瓦鲽科 Poecilopsettidae

体卵圆形或稍延长,甚侧扁。两眼均位于头部右侧。两眼间隔甚窄,雄鱼无吻棘。口较小,近于对称。颌齿呈绒毛状,无眼侧颌齿发达。下咽骨窄,具 2～3 行尖齿。背鳍 56～68,鳍条全部不分支、不被鳞,前部鳍条不延长,有眼侧基部具鳞鞘。臀鳍具 45～58 不分支鳍条,不被鳞。第一脉棘不突出于臀鳍前方。有眼侧胸鳍较长。腹鳍基短,稍不对称。有眼侧被弱栉鳞或圆鳞,无眼侧被圆鳞。有眼侧侧线甚发达,伸及尾鳍,在胸鳍上方有一弓状弯曲部,无颞上支,无眼侧无侧线或侧线痕迹状。如图 7-447 所示。

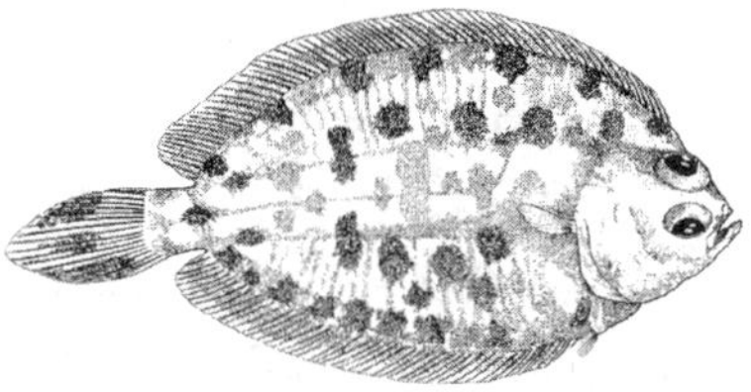

图 7-447　瓦鲽科 Poecilopsettidae

记载 1 属 16 种,分布于大西洋、印度洋及太平洋,大部分分布于深海。我国产 4 种。

科 497　菱鲽科 Rhombosoleidae

左右腹鳍不对称,有眼侧腹鳍延长,接近腹缘正中线,无眼侧而基底短,更往前延伸。背鳍始于上眼前上方,往前伸达吻部及无眼侧鼻孔的上方或后方。嗅小板或有中轴。两侧侧线同样发达。脊椎骨 30～46。如图 7-448 所示。

记载 9 属 19 种,主要分布于澳大利亚及新西兰周围的南太平洋,另有 1 种分布于西南大西洋。我国不产。

图 7-448　菱鲽科 Rhombosoleidae

科 498　无臂鲆科 Achiropsettidae

两眼均位于头部左侧。体极侧扁。胸鳍退化或缺如。各鳍无鳍棘。侧线直形。鳃盖膜分离。如图 7-449 所示。

记载 4 属 6 种,分布于南半球的南极和亚南极海域。我国不产。

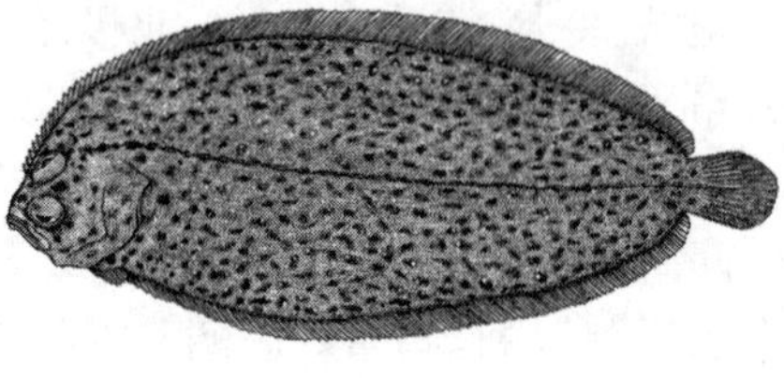

图 7-449　无臂鲆科 Achiropsettidae

科 499　冠鲽科 Samaridae

两眼位头右侧。口前位。左鼻孔邻近头背缘。鳃耙短小,无小刺或无鳃耙。鳞小,不易脱落。右侧线直线形,无左侧线。背鳍始于吻部左鼻孔下方。右胸鳍无分支鳍条,无左胸鳍。腹鳍仅有 5 鳍条,均不分支;右腹鳍基稍长,位腹缘,较左腹鳍略前,由匙骨腹侧的腰带骨支持。尾鳍略不连或微连背、臀鳍。如图 7-450 所示。

记载 3 属 25 种,分布于印度-太平洋的热带和亚热带的深海。我国产 3 属 10 种。

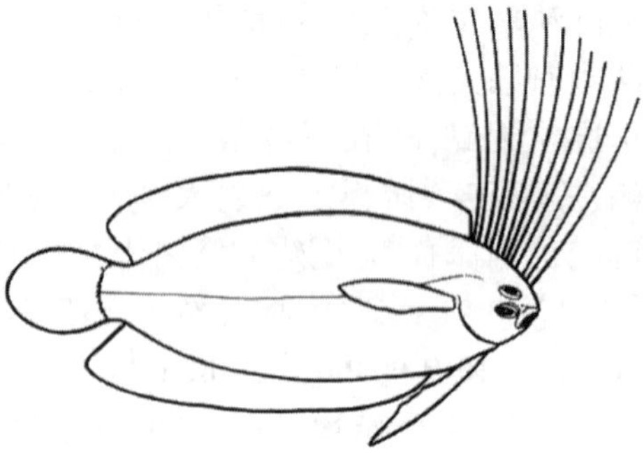

图 7-450　冠鲽科 Samaridae

科 500　无臂鳎科 Achiridae

两眼位于头部右侧。前鳃盖骨边缘具浅沟。背鳍与臀鳍均不与尾鳍相连。右侧腹鳍与臀鳍相连。如图 7-451 所示。

记载 6 属 34 种,分布于美洲两岸(美国至阿根廷)沿海及淡水水域。我国不产。

图 7-451　无臂鳎科 Achiridae

科 501　鳎科 Soleidae

体卵圆形或长椭圆形,很侧扁。两眼均位于头的右侧,上眼邻近头背缘,眼间隔有或无鳞。右侧 2 鼻孔相距较近,后鼻孔位下眼前缘;左侧 2 鼻孔相距较远,后鼻孔位较高。口小,前位或下位,两颌不发达。吻钝圆,吻部有时弯向后下方,呈钩状,包覆下颌。颌齿呈绒毛状,细小或不发达,腭骨无齿。前鳃盖骨边缘不游离,被以皮肤和鳞片。头体两侧被小栉鳞,少数为圆鳞。侧线鳞均为圆鳞。两侧各有一中侧线,呈直线状,有颞上支。背鳍始于眼的前上方。胸鳍发达、短弱或仅一侧有,或两侧均无胸鳍。腹鳍近似对称或左侧无腹鳍,连或不连臀鳍,具 4～5 鳍条。奇鳍分离或相连,有或无分支鳍条。鳍有或无鳞。生殖突常位体右侧。如图 7-452 所示。

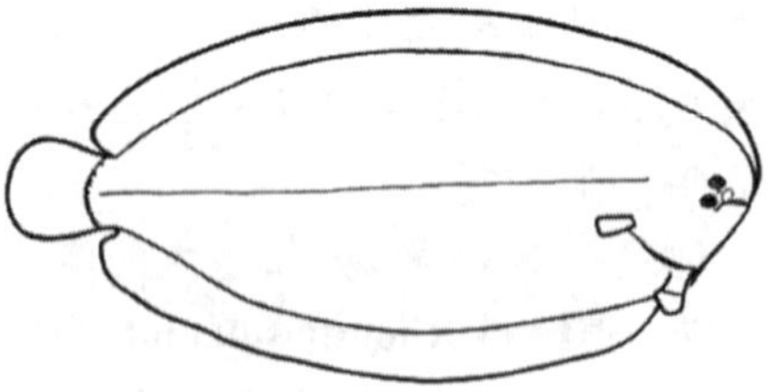

图 7-452　鳎科 Soleidae

记载 39 属 165 种,分布于各大洋的热带至温带海域,主要在欧洲至澳大利亚沿海,非洲的有些种类也能进入淡水中生活。我国产 12 属 24 种。

科 502　舌鳎科 Cynoglossidae

体长舌状,甚侧扁。两眼均位于头的左侧。上眼位于头侧中部,位置较下眼略前。左右鼻孔位置近似对称，左侧后鼻孔常位眼间隔前部。口小，向下后方弯成钩状，包覆下颌。两颌左右不对称，仅无眼侧有小绒状齿群，腭骨无齿。前鳃盖骨边缘不游离，被皮肤和鳞片。鳃盖膜相连，游离。鳃峡深凹刻状。鳃耙微小或无。头体被栉鳞或圆鳞。体左侧有侧线0～3条，右侧0～2条。奇鳍相连，鳍条不分支。背、臀鳍均不被鳞。胸鳍缺如，有眼侧一般连臀鳍，鳍条4，无眼侧无腹鳍。如图7-453所示。

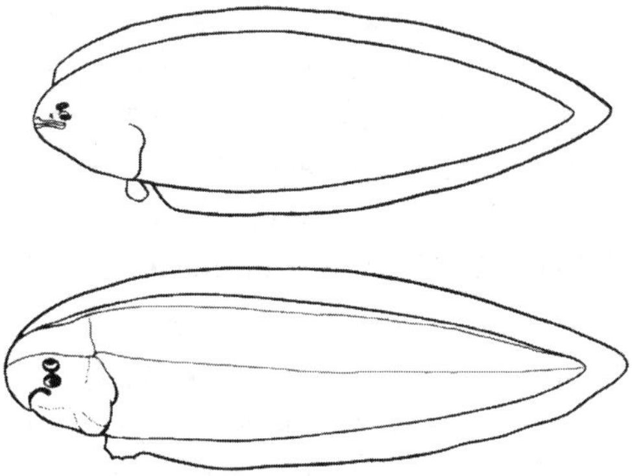

图7-453　舌鳎科 Cynoglossidae

记载3属143种，大部分种类体长在300mm以下，最大体长可达480mm，分布于各大洋热带及亚热带海域，有些种类也进入淡水中生活。我国产3属36种。

目60　鲀形目 Tetraodontiformes

前颌骨与上颌骨相连或愈合。齿圆锥状、门齿状或愈合成喙状齿板。鳃孔小，侧位。体被骨化鳞片、骨板、小刺，或裸露。背鳍1～2个。腹鳍胸位、亚胸位或消失。

本目分为3个亚目。

1(4)　颌齿不愈合成大板状齿；体被鳞或有鳞形成的骨板

2(3)　左右腹鳍各有1大鳍棘…………拟三刺鲀亚目 Triacanthodoidei

3(2)　左右腹鳍愈合成1短鳍棘………..鳞鲀亚目 Balistoidei

4(1)　颌齿愈合成大板状齿；体无鳞或具由鳞变成的小刺…………鲀亚目 Tetraodontoidei

拟三刺鲀亚目 Triacanthodoidei

体侧扁，卵圆形或长圆形。吻稍突出，或显著突出。鳃孔小，侧位；上下颌齿1～2行，圆锥形、楔状或门齿状，不愈合成大板状齿。背鳍通常高大，具2至6鳍棘；左右腹鳍不愈合，各有1大鳍棘。

本亚目记载1科。

科503　拟三棘鲀科 Triacanthodidae

特征与亚目同。如图7-454所示。

记载11属22种，分布于西大西洋、印度-太平洋的热带及亚热带海域，为深海底层鱼类，我国产7属9种。

图7-454　拟三棘鲀科 Triacanthodidae

鳞鲀亚目 Balistoidei

体侧扁，卵圆形或长圆形，或粗短呈箱形，体包在有3～6棱的体甲内，体甲由多角形的板状鳞合成。有尾柄。上下颌齿1～2行，圆锥形、楔状或门齿状，不愈合成大板状齿。吻稍突出。鳃孔小，侧位。鳃4对。体被骨化鳞片或绒毛状小棘，或有鳞形成的多角形骨板。侧线常不明显或退化。背鳍1或2个。臀鳍无鳍棘。腹鳍各具1强鳍棘，有时具1～2鳍条，或退化，愈合成1短小鳍棘，附于腰带骨后端；或全部消失。尾鳍圆形或分叉。无气囊。

本亚目记载4科，各科检索如下：

1(6)　具腰带骨，腹鳍有鳍棘；背鳍2个，有鳍棘；体不被骨板

2(3)　左右腹鳍各有1大鳍棘；背鳍具2至6鳍棘…………三棘鲀科 Triacanthidae
3(2)　左右腹鳍仅共有1短鳍棘；背鳍具2～3鳍棘
4(5)　体被大板状鳞…………鳞鲀科 Balistidae
5(4)　体被绒状或棘状细鳞…………革鲀科 Monacanthidae
6(1)　无腰带骨，无腹鳍；背鳍1个，无鳍棘；体被骨板…………箱鲀科 Ostraciidae

科 504　三棘鲀科 Triacanthidae

体侧扁，尾柄细长。吻正常。口小，上下颌各具2行齿，外行一般各有8～10楔状齿，上颌内行齿有4枚，下颌为2枚，多呈粒状或臼齿状。前颌骨与上颌骨未愈合。前鼻孔不呈管状，后缘隆起，后鼻孔前缘隆起。背鳍2个，第一背鳍具6鳍棘，前4鳍棘明显可见，第一鳍棘粗大，余均细弱，第五鳍棘通常极短，稍突出于皮外，第六鳍棘退化或隐于皮下。第二背鳍19～26鳍条。臀鳍13～22鳍条。左右腹鳍各具1大棘，附在腰带骨上，成鱼无鳍条。尾鳍分叉。鳞片表面有嵴突。侧线通常明显。如图7-455所示。

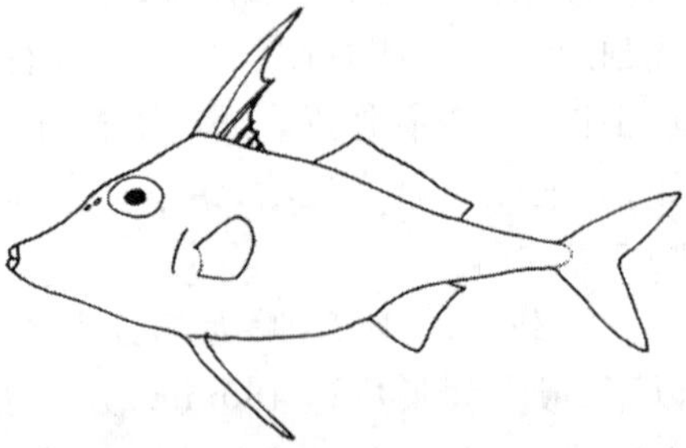

图 7-455　三棘鲀科 Triacanthidae

记载4属7种，分布于印度-太平洋沿岸，为底层性鱼类，最大体长为280mm，我国产2属3种。

科 505　鳞鲀科 Balistidae

体长椭圆形或菱形，侧扁而高。眼小，上侧位，位于头的最后部。口小，前位。上下颌各具1～2行楔状齿。体被大板状鳞。背鳍2个，第一背鳍具3鳍棘，第一鳍棘最强大，其余鳍棘均短小。第二背鳍与臀鳍同形。左右腹鳍愈合成一短棘，附在腰带骨末端，短棘与肛门间常具皮膜。左右腰带骨已愈合。如图7-456所示。

图 7-456　鳞鲀科 Balistidae

记载12属42种，分布于大西洋、印度洋及太平洋，我国产10属20种。

科 506　单角鲀科 Monacanthidae

体侧扁，尾柄宽短。眼中大，上侧位。前颌骨与上颌骨愈合，不能伸缩。口小，前位。上颌齿2行，外行齿每侧3枚，内行齿每侧2枚；下颌齿1行，每侧3枚。鳞小，棘状或绒毛状。背鳍2个，第一背鳍具1～2鳍棘，第一鳍棘常粗大，第二鳍棘小，有时隐于皮下或消失。第二背鳍基底延长，具30～50不分支鳍条。臀鳍与第二背鳍同形，具29～52不分支鳍条。两腹鳍合具1鳍棘，与延长的腰带骨后端相连，有时消失。鳃孔狭小，侧中位。如图7-457所示。

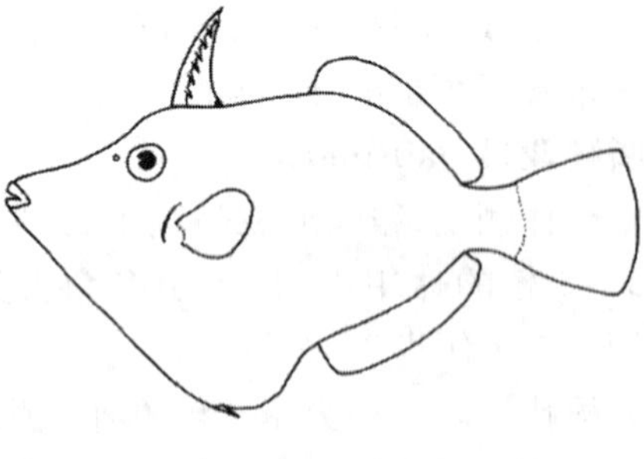

图 7-457　单角鲀科 Monacanthidae

也称单棘鲀科。记载26属105种，分布于大西洋、印度洋及太平洋，我国产15属28种。

科 507　箱鲀科 Ostraciidae

体呈箱形，短而高，或稍延长，体鳞特化为体甲，3～6棱形，具背中棱、背侧棱及腹侧棱或侧中棱。体甲在背鳍及臀鳍基底后方闭合或不闭合。尾柄部裸露。肛门前方无腹皮褶。口小,前位。齿狭长,上下颌齿各 1 行。鳃孔小,斜裂或几垂直,位于眼后方。背鳍 1 个,短小,无鳍棘,或具 9～10 鳍条。臀鳍与背鳍同形。胸鳍下侧位。无腹鳍。尾鳍圆形。如图 7-458 所示。

记载 14 属 38 种,最大体长可达 600mm,分布于大西洋、印度洋及太平洋的热带海域,我国产 5 属 14 种。

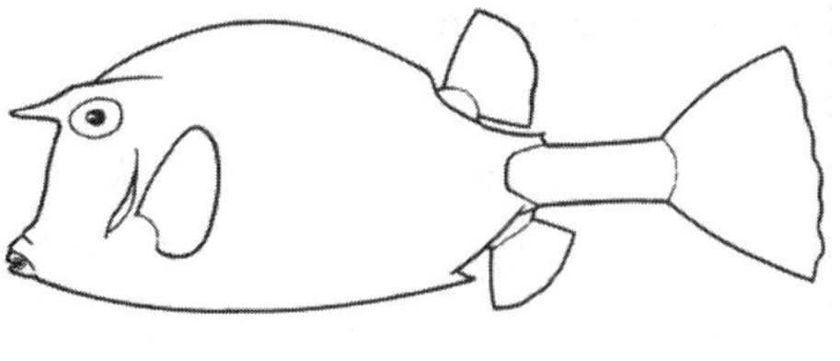

图 7-458 箱鲀科 Ostraciidae

鲀亚目 suborderTetraodontoidei

体粗壮,亚圆筒形或长椭圆形,少数侧扁。吻圆钝。前颌骨与上颌骨愈合。上下颌齿愈合成喙状齿板,中央缝有或无。鳃孔小,侧位,位于胸鳍基底前方。鳃 3 对或 4 对。体被小刺、强棘或裸露。侧线有或无。背鳍 1 个,无鳍棘,位于体的后部。臀鳍与背鳍同形。无腹鳍,除三齿鲀属外均无腰带骨。鳔和气囊有或无。无后颞骨。

本亚目记载 4 科,检索如下:

1(6) 体一般亚圆筒形;尾柄和尾鳍发达;有鳔和气囊
2(3) 有腰带骨,上下颌齿板共 3 枚…………三齿鲀科 Triodontidae
3(2) 无腰带骨,上下颌齿板 2 或 4 枚
4(5) 上下颌齿板具中央缝;体无鳞或具许多小刺…………鲀科 Tetraodontidae
5(4) 上下颌齿板不具中央缝;体具许多粗棘…………刺鲀科 Diodontidae
6(1) 体椭圆形或圆形,甚侧扁;无尾柄和尾鳍;无鳔和气囊…………翻车鲀科 Molidae

科 508 三齿鲀科 Triodontidae

体延长,侧扁。下颌至肛门间有十分发达的腹褶。上下颌齿大,上颌齿板具中缝,下颌齿板无中缝。口小,端位。眼中大。无鳍棘。背鳍和臀鳍均具 11 鳍条。无腹鳍,有腰带骨。尾鳍具 12 主鳍条,呈深叉状。头与腹褶上有小的棘状鳞。有腹肋和背肋。如图 7-459 所示。

记载仅 1 属,三齿鲀 *Triodon macropterus*(长鳍三齿鲀)1 种,分布于印度-西太平洋,我国有产,最大体长可达 480mm,见于台湾海域。

图 7-459 三齿鲀科 Triodontidae
(三齿鲀 *Triodon macropterus*)

科 509 鲀科 Tetraodontidae

体粗短,亚圆筒形或体延长,侧扁。尾柄短小或细长。尾部沿体下部两侧常具一明显皮褶。头及吻宽钝,或稍侧扁。上下颌骨与齿愈合成 4 个齿板,具中央缝。鼻孔每侧 2,鼻瓣呈卵圆形突起,或 1 个,呈叶状突起,或分叉,呈触手状,或消失。鳃孔小,侧位,位于胸鳍前方。体无鳞,或具由鳞变成的小刺。背鳍 1 个,后位,无鳍棘。臀鳍与背鳍同形。胸鳍侧位。无腹鳍。尾鳍圆形、截形或新月形。鳔呈卵圆形、肾形或后部分化成两叶。气囊发达。如图 7-460 所示。

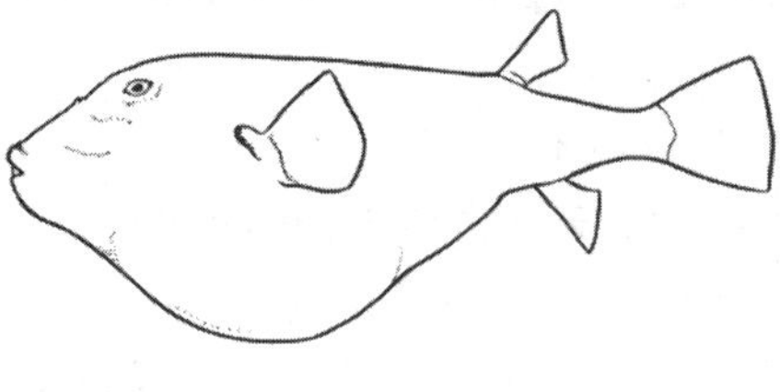

图 7-460 鲀科 Tetraodontidae

也称四齿鲀科。记载 28 属 191 种,分布于大西洋、印度洋、太平洋的热带及亚热带海域,有些可能生活在咸淡水、淡水水域。我国产 10 属 57 种,最大体长可达 900mm。

科 510　刺鲀科 Diodontidae

也称二齿鲀科。体短圆形，稍平扁，头和体背面较宽圆。尾柄锥形，较短小。眼中大或稍大，上侧位。鼻孔每侧 2 个，鼻瓣呈卵圆形突起或呈盘状，或无鼻孔。口前位，中小形，左右前颌骨及齿骨完全愈合，上下颌齿愈合成一大板状齿，无中央缝。鳃孔短小，侧位。头体除吻部及尾柄后部附近外，均具棘。棘甚长或粗短，能前后活动或不活动，棘下具 2～4 棘根。背鳍一个，无鳍棘，位于体的后部。臀鳍与背鳍同形。无腹鳍，有气囊。如图 7-461 所示。

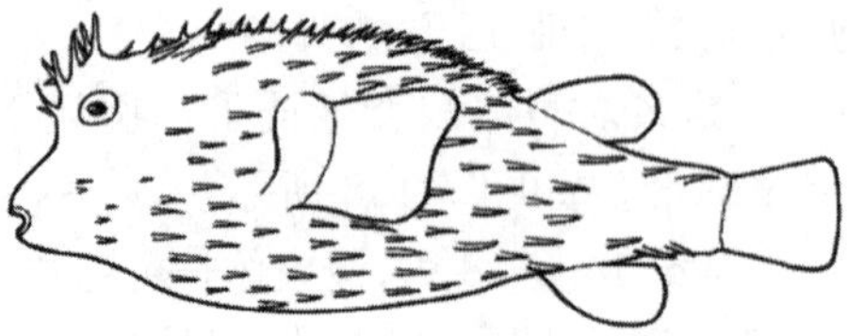
图 7-461　刺鲀科 Diodontidae

记载 7 属 26 种，分布于大西洋、印度洋及太平洋。我国产 3 属 8 种。

科 511　翻车鲀科 Molidae

体高而侧扁，椭圆形或长方形，后端圆形，截形或尖突。无尾柄、尾柄消失或退化。口小，前位。上下颌各具一喙状大齿板，无中央缝。体粗糙，被粒状突起，或光滑，具六角形骨板。背鳍和臀鳍高大，位于体的后部。如图 7-462 所示。

记载 3 属 4 种，分布于大西洋、印度洋和太平洋的热带及亚热带，为大洋性种类。我国产 3 属 3 种。

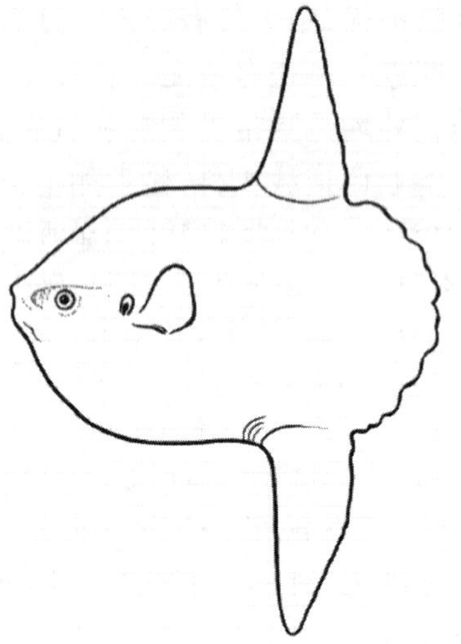
图 7-462　翻车鲀科 Molidae

肉鳍鱼纲 Sarcopterygii

本纲鱼类最早出现在泥盆纪，现生种类很少，与其他硬骨鱼类（辐鳍鱼类）的最主要区别是偶鳍基部有较发达的肌肉及粗壮的中轴骨骼。

腔棘亚纲 Coelacanthimorpha

背鳍 2 个，偶鳍叶状，具一分节的中轴骨，其两侧有羽状排列的支鳍骨。无椎体而具未骨化的弹性脊索。被圆鳞式硬鳞。。

目 61　腔棘鱼目 Coelacanthiformes

原尾型，由三叶组成。无内鼻孔。鳔无肺功能，已骨化。具一对喉板。圆鳞。无鳃盖条。鳞质鳍条不分支。

科 512　矛尾鱼科 Latimeriidae

图 7-463　矛尾鱼科 Latimeriidae

体呈长梭形，躯体粗壮，头大，口宽，颌齿锐利。颅骨具特殊的颅间关节。大型喉板 1 对。体被大而薄的圆鳞，长椭圆形，鳞片露出部分具很多小嵴或疣突，因而体表粗糙，体后部和鳍基部鳞较小。侧线完全。背鳍 2 个，第一背鳍鳍条骨化，呈棘状；第二背鳍与胸鳍、腹鳍、臀鳍外形相似，呈柄状，鳍条着生在很厚的肉质鳍柄上。偶鳍内骨骼呈非对称排列。尾鳍外形近似矛状，3 叶，由一个中心小叶将整个尾鳍平分上下两部。脊索终生存在，其上、下方有小块硬骨。肠内具螺旋瓣。鳔很小，无呼吸功能，只起调节鱼体在水中比重的作用。如图 7-463 所示。

记载 1 属 2 种,分布于南非外海(莫桑比克、马达加斯加岛、科摩罗群岛)及印度尼西亚(西里伯斯海、苏拉威西岛北部)。

肺鱼四足亚纲 Dipnotetrapodomorpha

具真正的鳃盖骨。偶鳍原鳍型,呈肉柄状,内有一多节的主轴骨。头骨和肩带骨已有膜骨加入。有特殊的板状齿。脊索终生存在而不缢缩。无椎体,但有骨化的髓弓和脉弓。具内鼻孔。鳔多泡,1 或 2 叶,有鳔管,可呼吸空气,有特殊的肺循环。

目 62 角齿鱼目 Ceratodontiformes

体侧扁,偶鳍叶状。鳔单个。仔鱼或具外鳃。成鱼不夏眠。

科 513 角齿鱼科 Ceratodontidae

体粗壮,被以大型薄鳞,头骨皆薄而数量减少,其上有鳞。舌颌骨仅存余迹,舌弓与鳃弓比较发达。偶鳍有一中轴骨,其两侧都有支鳍骨,属原鳍型。如图 7-464 所示。

图 7-464 角齿鱼科 Ceratodontidae
(澳洲肺鱼 *Neoceratodus forsteri*)

记载 1 属,澳洲肺鱼 *Neoceratodus forsteri* 1 种,分布于澳大利亚昆士兰南部淡水水域。

科 514 南美肺鱼科 Lepidosirenidae

体延长呈鳗状。鳃片细小,圆鳞。偶鳍鞭条状,只一中轴骨。鳔成对。仔鱼具外鳃。鳃弓 5 对,鳃裂 4 对。如图 7-465 所示。

图 7-465 南美肺鱼科 Lepidosirenidae
(南美肺鱼 *Lepidosiren paradoxa*)

记载 1 属,南美肺鱼 *Lepidosiren paradoxa* 1 种,分布于巴西及巴拉圭淡水水域。

科 515 非洲肺鱼科 Protopteridae

体延长呈鳗状。鳃片细小,圆鳞。偶鳍鞭条状,只一中轴骨。鳔成对。仔鱼具外鳃。鳃弓 6 对,鳃裂 5 对。最大体长可达 1.8m。记载 1 属 4 种,分布于非洲淡水水域。

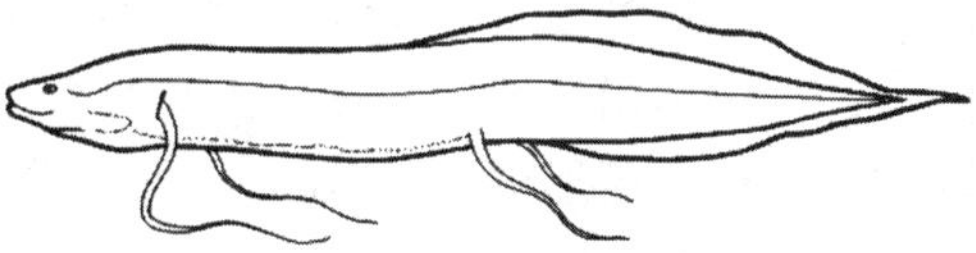

图 7-466 非洲肺鱼科 Protopteridae

第三篇 鱼类生物学

第八章 鱼类种群

种群是物种存在的基本单元,不同的种群有其不同的洄游、分布、集群、生长、发育、繁殖、死亡和数量变动规律等特征,传统方法对同种鱼依其生物学特征的差异,进行种群鉴定。从种群入手,研究各种群的生物学特征,揭示其数量变动规律,为人类合理开发利用生物资源提供理论依据。

对鱼类生物学基础的研究可为渔业资源评估、渔情预报、资源管理与增殖等提供理论依据。鱼类种群研究主要包括种群及其结构、年龄、生长、摄食、发育、繁殖、死亡、集群、分布与洄游,以及种间关系等几个方面,对鱼类资源的研究、开发与管理,实现渔业资源可持续利用等具有重要意义。

一、种群的形成和概念

(一) 种群(英文名 Population,拉丁名为 Populus)的形成

同种个体由于地理、生态、生殖及性心理等方面的隔离机制作用而分成不同的种群。种群的间隔分化可能形成亚种,亚种进一步分化到一定程度可形成新种。

(1) 地理隔离:在历史或现实中,由于自然地理障碍或环境条件迥异,导致同种个体在不同的区域彼此不能相互自由交配产生后代,具有各自独立的基因库,导致群体隔离。

(2) 生态隔离:在同一地域里,受不同的生存条件影响,久而久之积累了不同的遗传性,以适应不同的生存环境,产生群体隔离。

(3) 生殖隔离:群体间性生理造成差别,如生殖器在体制上的不相符,使它们间的繁殖交流受到限制或抑制而导致的群体隔离。

(4) 性心理隔离:不同群体性别间的相互吸引力微弱或缺乏,导致群体间隔离。

(二) 种群的基本概念

1. 定义

简单地说,即为特定时间内占据特定空间的同种有机体的集合群;也即一个在种的分布区内,有一群或若干个群体中的个体,其形态特征相似,生理生态特征相同,特别是具有共同的繁殖习性,即相同遗传性(拥有同一基因库)的种内个体群。

或者说,种群是亚种以下的生物分类类群,是分布在同一环境中,相互之间进行自由交配繁殖,并且进行同一生物学过程的同一物种群体。

2. 特征

空间特征:组成种群的个体在其生活空间中的位置状态或空间布局叫做种群的空间特征或分布型。种群均占据一定的空间,其个体在空间上分布可分为聚群分布、随机分布和均匀分布等三种基本类型。此外,在各自地理范围内还形成地理分布。

数量特征:主要有种群密度、出生率和死亡率、年龄结构和性别比例。种群密度反映了种群在一定时期一定空间内的数量,但仅靠这一特征还不能反映种群数量的变化趋势。要知道种群数量的消长,还需要研究种群的年龄组成和性别比例、出生率和死亡率等其他数量特征等。

种群密度是指单位空间内某种群的个体数量,例如:在某一海域中每立方千米的水体内某一种群鱼的数量。

种群的年龄组成是指一个种群中各年龄组个体数占种群个体总数的百分比例组成。种群的年龄结构大致可以分为增长型(低龄鱼比例较高,高龄鱼比例较低)、稳定型(低龄鱼比例适中)和衰退型(低龄鱼比例低,高龄鱼比例高)等三种类型。种群的年龄结构反映其资源结构的稳定性。

种群的性别比例是指同种鱼雌雄个体数分别在种群中所占的比例的比值。不同鱼种的种群,具有不同的性别比例,大致可以分为雌雄比例相当、雌多于雄和雄多于雌等三种类型。性别比例在一定程度上影响着种群密度。

种群出生率是指种群中单位数量的个体在单位时间内新产生的个体数,出生率常分为最大出生率(Maximum Natality)和实际出生率(Realized Natality)。最大出生率是在理想条件下即无任何生态因子限制,繁殖只受生理因素所限制,产生新个体的理论上最大数量;实际出生率表示种群在某个真实的或特定的环境条件下的增加数量。它随种群的组成和大小及物理环境条件而变化。

死亡率(Mortality rate)是指种群中个体死亡的速率,是种群个体数量衰减的因素。死亡率也分为最低死亡率(Minimum MortalityRate)和实际死亡率(Realized mortality rate,也叫生态死亡率(Ecological mortality))。最低死亡率是种群在最适环境条件下,种群中的个体都是因年老而死亡,即动物都活到了生理寿命后才死亡;实际死亡率是指在某特定条件下丧失的个体数,随种群状况和环境条件而改变。出生率和死亡率也是决定种群大小和种群密度的重要因素。

遗传特征:是指独立的基因库、种群遗传多样性和遗传结构等,种群具有一定的基因组成,即系一个独立基因库,以区别于其他物种,但基因组成同样是处于变动之中。

3. 种族

种族(Race)概念是德国生物学家 Heincke 提出的,20 世纪初,生物学家提出了新的更严谨的定义,将种族等同于亚种的定义。对于这些生物学家来说,种族是一个种中组成其全部或一部分的可辨认的群体。一个“单型”的种就没有种族(或者可以说只有一个种族包含了整个种)。以下情况的种都可视为单型种,即该种所有成员都非常相似,无有意义的方法将其分类。该种的成员有相当的多样性,但是有很高的随机性,从遗传角度来讲毫无意义。该种的成员有相当的多样性,且多样性有一定的规律可循,但是各个群体之间没有明确的界限,而是渐变式地互相融合。这种特征线式的多样性,一般表示各个看似分开的群体之间其实存在相当的基因流。假如一个物种的各群体之间有相当的基因流,该物种很有可能仍然是单型种。一个多型种就是有两个或以上种族的物种,这样的物种通常有多个明显的亚种,一般不会杂交,但可能有较窄的杂交区域,在有机会的情况下会进行杂交。可是假如两个群体在有机会的情况下仍然不可杂交的话,那么这两个群体就属于两个不同的种,而非一种之内的两个种族。虽然这个以概念精确性为目的的尝试得到了许多生物学家(尤其是动物学家)的支持,但是进化论科学家却从多个方面对其进行批评。

族(Tribe):如我国大黄鱼有岱衢族、闽东族、硇洲族即为典型的例子。

宗(Sace):如浙江大黄鱼,主要生殖季节为5~6月的群体叫“春宗”,而主要生殖季节为9~10月的群体叫“秋宗”,这些是典型的例子。

4. 亚种群、种下群、种族、种群和宗的概念及其相互关系

亚种群(Subpopulation):据全国科学技术名词审定委员会所审定的《中国科技术语》记载,亚种群别名种下群,是指生物在物种分布区内非均匀地形成的多少被隔离开并相对独立的群体。全球种群在地理上或者其他方面特征突出的群体,各亚种群之间很少发生个体或遗传交流(《红色名录濒危等级》IUCN,2001);一个亚种群可能或没有限制在一个地区。

种下群(Infraspecific Taxon):根据我国学者徐恭昭对种下群解释,种下群是指任何一种鱼,在其分布区内并非均匀地分布着,而是形成几个被隔离开并具有相对独立的群体。这种群体是鱼类生存与活动的单位,也是我们在渔业上开发利用鱼类资源的单位。它在鱼类生态学和水产资源学中被称为种下群。种下群内部可以充分杂交,从而与邻近地区(或空间)的种下群在形态、生态特性上彼此存在一定差异。各个种下群具有其独立的洄游系统并在一定的水域进行产卵、索饵与越冬。各种下群间或者在地理上彼此形成生殖隔离,或者在同一地理区域内由于生殖特性的不同而形成生殖隔离。例如,分布于我国近海的大黄鱼,其生活于浙江、江苏近海的岱衢族,台湾海峡的闽一粤东族及珠江口以西的硇州族是具有一定地理隔离的种下群,而它们又各自形成由于生殖季节不同而产生的“春宗”与“秋宗”这样的种下群。

由于种下群生物学特性、环境因子以及人为渔捞等因素的影响,其群体的大小和结构也经常发生变动。在鱼类生态学和水产资源学的研究中,最早以“种族”(Race)这一术语作为鱼类生存与活动以及渔业资源的单位。后来,种族一词为“种群”(Population)所取代。由于种群一词的应用范围极其广泛,且各学科甚至不同分支学科在使用时含义也有差别,因而鱼类学中又提出种下群这一术语。目前,在鱼类生态学和水产资源学研究中,种群和种下群这两个术语虽然同时并用且含义相同,但是,使用种下群这一术语的学者越来越多,有日渐取代种群一词的趋势。将“Subpopulation”试译为“种下群”,使人见词就明其义,较为通俗。

5. 群体

定义:鱼类群体(Colony)由可充分随机交配的个体群所组成,具有时间或空间的生殖隔离,一级独立的洄游系统,在遗传离散性上保持着个体群的生态、形态、生理性状的相对稳定,是水产资源评估和管理的基本单元。

多数学者倾向于群体和亚种群是等同的概念,不过更强调其为渔业生产与管理需求而定义的一个水产资源研究单位,是在渔业资源评估、管理问题研究和实践中形成的概念。

二、种群结构及其变化规律

种群结构包括年龄、性比、体长(叉长、肛长、全长等)结构和体重结构等。

1. 年龄结构(Age Structure)

年龄结构是指各个年龄组的个体数占种群个体总数的百分比。按从低龄到高龄各组百分比例绘图,即是年龄金字塔(Age Pyramid),它表示种群的年龄结构分布(Population age distribution)。种群的年龄结构与出生率、死亡率密切相关。通常而言,如果其他条件相等,种群中具有繁殖能力年龄的成体比例较大,种群的出生率就越高;而种群中缺乏繁殖能力的年老个体比例越大,种群的死亡率就越高。

如图 8-1 利用年龄分布图(年龄金字塔)能预测未来种群的动态,A 型表示增长型种群,其年龄锥体呈典型的金字塔型,基部宽阔而顶部狭窄,表示种群中有大量的幼体,而高龄的个体很少。这样的种群出生率大于死亡率,是迅速增长的种群。B 型表示稳定型种群,其年龄锥体大致呈钟型,说明种群中幼龄个体和高龄个体数量大致相等,其出生率和死亡率也大致平衡,种群数量稳定。C 型表示下降型种群,其年龄锥体呈壶型,基部比较狭窄而顶部较宽,表示种群中幼体所占比例很小,而高龄个体的比例较大,种群死亡率大于出生率,是一种数量趋于下降的下降型种群。

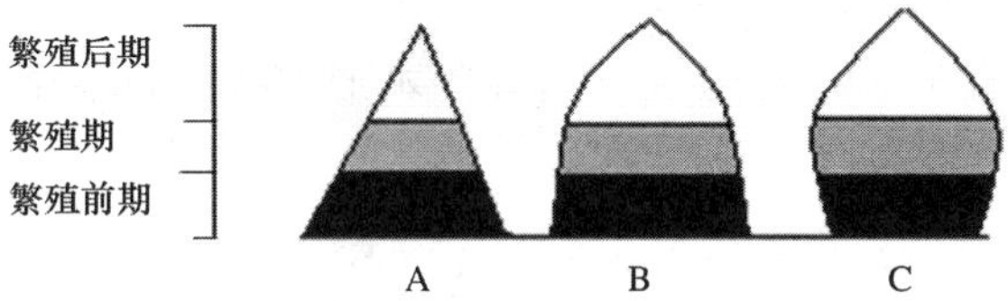

图 8-1　种群年龄锥体的三种基本类型(仿 Odum)

2. 性比

性比(Sex ratio)是反映种群中雄性个体(♂)和雌性个体(♀)比例的参数。受精卵的♂与♀比例,大致为 1∶1,这是第一性比;幼体成长到性成熟这段时间里,由于种种原因,♂与♀的比例会发生变化,至个体开始性成熟为止,♂与♀的比例叫做第二性比;此后,还会有成熟的个体性比叫第三性比。另外,种群性成熟组成,包括补充群体个体比例数和剩余群体个体数比例数,受种群本身生物学特性、季节、渔场生产情况等影响而变化。

3. 体长(叉长、肛长、全长等)结构和体重结构

体长(叉长、肛长、全长等)结构是指种群的各体长(叉长、肛长、全长等)组鱼数量占群体鱼总数的比例组合,而体重结构则为种群的各体重组鱼数量占群体鱼总数的比例组合。两者的结构情况随着鱼类种群的本身生物学特性、资源状况、季节及渔场生产情况等影响的变化而变化。

三、种群的鉴定方法

种群为种以下分类的基本单位,具有非常相似形态特征与生态、生理特征等个体自然组合。种群内的个体能自由交配、繁殖。种群也是渔业资源的计量单位。科学地划分种群是开展资源定性定量研究的前提条件。

1. 形态学方法

鉴定鱼类种群的材料以随机采自产卵群体的个体为佳,通常在生殖季节于产卵场随机采集新鲜、完整的个体为实验标本。利用脊椎骨数、侧线鳞数(或侧线上鳞数或侧线下鳞数)、鳍条数、幽门垂数、鳃耙数(第一鳃弓上鳃耙数)、鳔支管数和鳞相等分节特征(可数性状),以及全长、体长(或叉长、肛长)、头长、体高、吻长、眼径、尾柄长、尾柄高、上颌长、眼后头长、背鳍基长、胸鳍长和腹鳍长等量度特征(可量性状),以如下公式计算两个群体间对应形态特征间的差异系数。

(1) 两群体间差异系数指标法

$$CD=\frac{M_1-M_2}{S_1-S_2}$$

M_1和M_2:特征计量平均值,S_1和S_2:标准差。

当$C.D$值大于等于1.28时,表明两个群体间某形态特征的差异显著,否则差异不显著。

(2) 两群体间形态特征均数差异系数指标法

$$M.diff=\frac{M_1-M_2}{\left(\frac{n_1}{n_2}\times m_{22}+\frac{n_2}{n_1}\times m_{12}\right)^{\frac{1}{2}}}$$

M_1和M_2:特征计量平均值;

m_{12}和m_{22}:均数误差;

n_1和n_2:两个群体的样本数。

当$M.diff$值大于等于3时,表明两个群体间本形态特征的差异显著,否则差异不显著。

(3) 判别函数分析分析法

$$\lambda_1\times S_{11}+\lambda_2\times S_{12}+\lambda_3\times S_{13}+\lambda_4\times S_{14}+\cdots+\lambda_k\times S_{1k}=d_1 \quad (8\text{-}1)$$

$$\lambda_1\times S_{21}+\lambda_2\times S_{22}+\lambda_3\times S_{23}+\lambda_4\times S_{24}+\cdots+\lambda_k\times S_{2k}=d_2 \quad (8\text{-}2)$$

$$\cdots$$

$$\lambda_1\times S_{k1}+\lambda_2\times S_{k2}+\lambda_3\times S_{k3}+\lambda_4\times S_{k4}+\cdots+\lambda_k\times S_{kk}=d_k \quad (8\text{-k})$$

上述方程(8-1)、(8-2)、……与(8-k)组成的方程组可解出λ_1、λ_2、……、λ_k。

d_i表示第i项特征的离均差,S_{ij}表示i,j项种群特征的协方差之和;k为种群特征项;$i,j=1,2,\cdots\cdots,k$。

判断函数为

$$D=\lambda_1\times d_1+\lambda_2\times d_2+\lambda_3\times d_3+\lambda_4\times d_4+\cdots+\lambda_k\times d_k$$

差异显著性检验:

$$F=[n_1\times n_2/(n_1+n_2)]\times(n_1+n_2+k-1)/[k\times D]$$

n_1,n_2为比较样本尾数。根据F值检验

(1) $F\geqslant F_{0.01}$,或$F>F_{0.05}$时,差异为极显著;

(2) $F_{0.01}>F\geqslant F_{0.05}$时,差异为显著;

(3) $F<F_{0.05}$时,差异为不显著。

该方法为对各个指标综合评价,计算出各个特征的总差异性,λ_1、λ_2、…λ_k相当于权重。

2. 生态学方法

利用不同种群鱼类的洄游分布特性不同,以及生长、生殖习性和年龄组成的特性不同,进行比较,或者利用不同种群的鱼类机体的寄生虫种类、数量的不同进行比较,从而判断两个鱼类的群体是否属于同一种群。

3. 生化遗传学的方法

血清凝集反应鉴别鱼类种群的原理:当颗粒性抗原与其相应抗体混合时,在电解质存在的环境下,相应的抗原抗体结合产生大小不等的凝结块,这种现象称为凝集。凝集反应有直接凝集与间接凝集两种。直接凝集反应是颗粒性抗原与相应抗体直接结合出现的凝集现象;间接凝集反应是指将可溶性抗原吸附于一类与免疫无关的载体微球上,形成人工的免疫微球(或致敏载体),再与相应抗体结合出现的凝集现象。

具体操作方法：将群体 A 鱼的血液用针管抽取，注射入家兔或家鸡等动物机体，家兔或家鸡等的肌体在外来血清蛋白的侵袭下取得免疫力，产生抗体血清。把含有抗体血清的血液抽取后沉淀，取得免疫的抗体血清，注入试管中。然后把群体 B 鱼的血液用针管抽取注入之前获得的抗体血清的试管中。然后观察试管中凝集反应，如产生激烈的血清凝集反应则表明群体 A 鱼与群体 B 鱼为同一种群的鱼，否则为不同种群的鱼。

4. 同工酶电泳法

同工酶是催化的化学反应相同而理化性质、免疫学活性都不同的一组酶。如 LDH(乳酸脱氢酶)是具有代表性的同工酶，LDH 有 5 型，都由 M 和 H 构成，只是比例不同。

同工酶电泳法鉴别种群的原理：在同一 pH 值的缓冲液中，由于蛋白质分子量和表面所带电荷不同，其等电点也不同，故在电场中移动的速率不同而使蛋白质分离。由于同工酶理化性质、免疫学活性都不同，因此可以用电泳法分离。两个不同群体的鱼类，如果为同一种群的鱼，其蛋白质分子量和所带电荷相似，其等电点也相似，故在电泳槽的电场中移动的速率相近而使蛋白质难以分离，可通过其酶谱特征判断两者为同一种群。否则，就可判断所取群体鱼为不同种群。

另外，还有线粒体 DNA 酶切技术、多聚链式反应技术、微卫星技术等也可借以鉴别鱼类种群。

5. 渔获量统计分析法

利用处于两个不同海域的两个群体鱼类的渔获量历史统计，分析渔获量的历史变化趋势，如果丰产和减产的特征情况趋势并不一致，甚至相反，则说明两者为不同种群；否则，则为同一种群。

四、种群鉴定取样及生物学取样注意事项

(1) 在生殖场于生殖季节随机采取鱼类样本；

(2) 必须考虑到网具选择性和渔获量的变动因素等；

(3) 取样本鱼必须考虑同一体长范围、性别、年龄和场所差异；

(4) 用生态学方法时，须考虑世代生活条件变异；

(5) 用统计学分析法时要充分考虑到生物学意义；

(6) 要多指标分析相结合，综合判断鉴别。

第九章　鱼类的年龄与生长

第一节　鱼类的年龄

鱼类年龄的研究可有助于研究群体年龄结构、生长规律、资源变动及评估、管理措施制定等,鱼类年龄鉴定是研究鱼类生物学和生态学的基础,也是分析和评估鱼类资源数量变动规律的基本依据之一,是渔业资源评估的基础内容。鱼类年龄的研究,可以查明鱼类寿命的长短、生长和性成熟等特征,以及鱼类种群结构与动态特征等,是鱼类生物学研究的主要内容之一。

一、鱼类年轮形成的原理

鱼类在一年四季中生长速率并不均衡,这是在一些鱼类的某些形质(如鳞片、耳石、脊椎骨、鳍条、肩带骨和鳃盖骨等)上形成年轮的理论依据。例如,骨鳞类的鳞片生长时,它的表层就有环片形成,鱼体生长快,鳞片上形成的环片宽,环片间距亦宽,形成较宽的环片带,称为疏带或宽带;鱼体生长慢,则鳞片上就形成排列紧密而狭窄的环片带,称密带或窄带。一年中形成的疏带和密带,合称为一个生长年带。生长年带数目是和鱼所经历的年数相符。

鱼类是变温动物,例如,对暖温性鱼类而言,由于气候的季节性变化,春夏季水温上升,饵料生物丰富,鱼体新陈代谢旺盛,摄食强度大,生长速率大且均衡,一些鱼类的某些形质也相应地快速生长。而到了秋冬季节,则情况相反。在生长年带中,由春夏季节形成的疏松且宽的环片带,叫"宽带"或"夏轮",直至秋冬,形成紧密而狭窄的环片带,也叫"窄带"或"冬轮";其间的交替是渐进性的,经过冬季后,从狭窄环片带过渡到翌年春季形成的宽阔环片带,其间是飞跃性的,前一个年份形成的窄带与后一个年份形成的宽带之间出现明显的分界,即称为年轮。实际调查发现,鱼类种间、种群间或者同一种群的不同年龄的个体间,年轮在鳞片上形成的时间不太一致,并不是都在冬末春初形成。许多性成熟鱼,年轮往往在产卵后才形成。这是因为性成熟鱼往往先要把大量营养物质转化为性腺发育所需,而且在临近生殖时少摄食或不摄食,以致在生殖前生长缓慢,甚至停止生长,而生殖过后大量摄食,用以补充体质消耗及生长。因此春季繁殖的鱼类,其年轮往往在夏季,甚至秋季才形成。性未成熟鱼的年轮一般在春季形成。如长江长春鳊,性成熟年龄 2～3 龄,1～2 龄鱼在 4 月下旬开始长出新环片,3 龄以上鱼,从 5—8 月开始长出新环片,这与生殖期吻合。在赤道和热带水域,水温没有明显的四季变化,但鱼的鳞片或其他骨质组织上亦有年轮标志。黄鲷在一年中可以形成两个年轮;东海的大黄鱼,春季产卵的群体,其生殖期为 5—6 月,秋季产卵群则为 9—10 月,这些现象表明,年轮形成并不单纯是水温和食铒条件等直接作用的结果,而是有更复杂的机理,一般认为是鱼体内在遗传特性、生理机能与外界生活条件共同作用的结果。

二、鱼类年轮的类型

1. 年轮的类型

(1) 疏密型(Spacing-densitytype):由宽而疏的环片带及窄而密的环片带构成,是疏、密环片带相间排列形成的年轮类型。前一个窄带与后一个宽带的交界处即为年轮。这种类型的年轮比较常见，如小黄鱼、牙鲆、鲬等多数种类的鱼体形质上存在。

(2) 切割型(Cutting type)：由于环片带的走向不同，形成环片的切割现象，即前一周年来的环片带和新一周年开始出现的第一条或开始的几条环片相切割，这便呈现一片明显的交叉切割轮纹交界，即年轮，如鲤科鱼类等存在此类型的年轮。年轮处环片的切割现象一般发生在鳞片的后区(又叫顶区)和侧区。

(3) 环片分歧类型(Ring slice differences type)：年轮处的环片不像其他环片规则地排列，而成不规则的分歧，如石首鱼𫚥、鲷科鱼的某些种类。

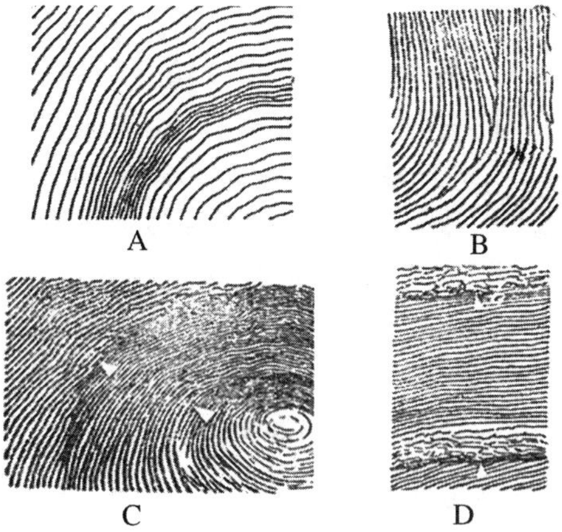

A. 疏密型(小黄鱼，局部放大示意图)　B. 切割型(鲢)　C. 疏密切割型(鳊)　D. 疏密破碎型(吻鉤)

图 9-1　几种鱼类的年轮类型

(4) 环片合并类型(Ring slice merger type)：两个或几个环片合并，或其他粗而厚的环片存在，形状不十分规则。如高龄小黄鱼的鳞片上常有有两条平直的环片，这就是一种年轮的标志。

(5) 环片形成间隙带(颓区型 Overcame area type、明亮型 Brilliant cut type)：在两个年带的交界处，有 1～2 个环片消失，显得薄而透明，在空隙部位常出现不规则的突起。这种间隙带在透射光下观察，是一条长度不等的洁白明亮带，这就是年轮存在的标志。

(6) 环片改变方向和环片变细，类似中断，在鲷鱼及鲱科鱼类中常有发现。

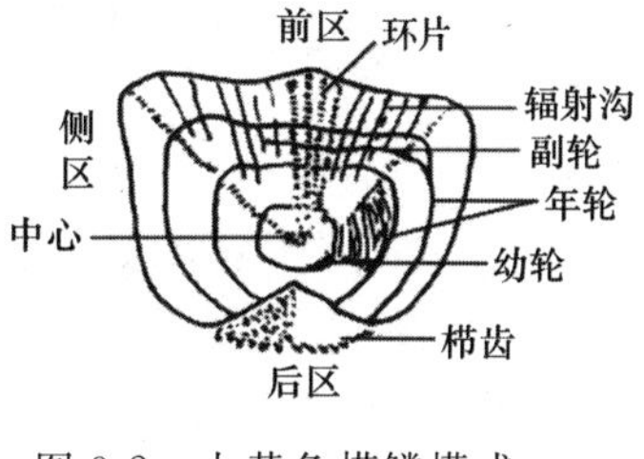

图 9-2　大黄鱼栉鳞模式

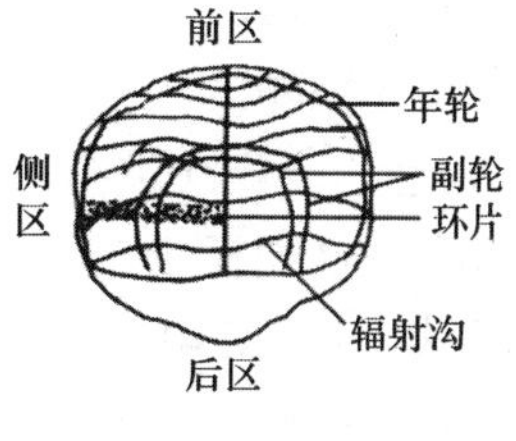

图 9-3　太平洋鲱圆鳞模式

2. 副轮、生殖痕和再生鳞

鱼类的鳞片上常会出现除了年轮标志之外的似年轮而非年轮的轮纹，即为副轮，常与年轮相混淆。如果要精确观测鱼类的年龄，必须要判断并排除副轮。

1) 副轮(Accessory ring)

副轮叫附加轮或假轮，它是鱼类生活中所发生的非周期性的，偶然的变化所引起一些形质上出现的似年轮而非年轮的轮纹，导致鱼类的形质上产生副轮的因素通常是饵料缺乏、机械损伤、鱼病或水温异常等，这些因素使得快速生长的鱼类生长变慢、停滞或停止，从而在形质上的宽环片带里异常地出现密环片带，从而出现异常的轮纹，即为副轮。

2) 副轮的类型

幼轮：在某些鱼的形质上围绕鳞片中心的最内一小环圈，似1龄轮而非1龄轮的轮纹。幼轮的形成往往与幼鱼入河、降海，以及食性转变等情况有关。只要仔细观测与鉴别，幼轮与1龄轮还是可以区别的。具体鉴别方法：一般可以把秋季捕到的当年鱼或早春捕到的不满1龄的鱼的长度，对照根据鳞片推算出的1龄鱼的长度，即可助于判定是幼轮还是1龄轮，从而确定1龄轮在鳞片上的位置。

生殖痕(Reproductive mark)：又叫产卵轮、生殖轮、产卵标志或产卵记号，是指一些鱼类由于生殖行为和生殖机能的影响，在鳞片上发生磨损、腐蚀等，生殖过后在鳞片的受伤部位又重新长出环片，这样就出现了新、老环片交叉、切割和凌乱的痕迹，这种痕迹极易被混淆为年轮。生殖痕常出现在鳞片的侧区，呈现环片的断裂、分歧和不规则形态；或者出现在鳞片的顶区，呈现环片变粗的现象。

再生鳞(Regenrated scale)：鱼的个别鳞片由于机械损伤或其他原因而脱落，在原有部位又长出新鳞片。这样的鳞片中央部分已看不见规则的环片，而全是基片的纤维，这些纤维以各种不同的方向排列，鳞片表层上正常的环片是从鳞片已经重新形成的那一年开始发生的。因此，这样的鳞片是不适用于年龄鉴定的。

3. 鱼类年龄的计算

鱼类年龄的计算一般根据年轮的多少，用统计学的方法，归纳为几个简单的同龄组。记录年龄一般以某些鱼类形质(如鳞片、耳石、脊椎骨、肩带骨和鳍条等形质)上的轮纹数，用阿拉伯数记录，如“0龄鱼”指当年出生的鱼，其硬组织上尚无年轮。“1”表示1龄年轮，“2”表示2龄年轮。为表示周龄年轮外还有新的环片存在的鱼的年龄，则在年轮数的右上角加上“+”表示，即 1^+、2^+、3^+……具体表示如下：

1龄鱼(0^+～1)：指大致生长了一个生长年带的鱼个体，一般在形质上，还没有形成年轮，或者正在形成1龄轮。

2龄鱼(1^+～2)：指大致生长了二个生长年带的鱼个体，一般在形质上，已经形成了一个年轮，或者正在形成2龄轮。

3龄鱼(2^+～3)：指大致生长了三个生长年带的鱼个体，一般在形质上，已经形成二个年轮，或者正在形成3龄轮。

4龄鱼、5龄鱼……依此类推。

在一些研究著作(如丘古诺娃，1952；《长江鱼类》，1976)中，根据年轮的数目划分龄组(或轮组)，则当年鱼划归“0龄组”，刚1周岁的鱼以罗马数字“1”龄表示，已经到了第二年，但不到周岁的鱼以“0^+龄”表示，到了同年的1周岁多，即以“Ⅰ龄”表示，但统计时均划归为“1龄组”，其他依此类推，按照实足年龄统计的方法进行归组。具体归组方法对应如下：

0龄	1龄	2龄	3龄	……
	0^+龄	1^+龄	2^+龄	……
	Ⅰ龄	Ⅱ龄	Ⅲ龄	……

由于各种鱼的年轮形成时期往往要延续几个月，如大黄鱼的个体最早在1月就已经开始形成新年轮，最晚的在7月才形成，而主要的形成期在5—6月，这样在年龄统计时常会产生误差，会将同年出生的鱼划归到不同的年龄组中。因此，对于生殖期长的鱼类，在统计其年龄时，

为避免其误差，统计时往往又把同年出生的鱼划归为同一个世代，以年份表示，如2011年出生的大黄鱼可以划归为“2011世代”。

三、鱼类年龄鉴定的方法

1. 运用鱼类的形质鉴定年龄

在一些鱼类的机体上，某些形质存在年轮，这些形质有鳞片、耳石、脊椎骨、肩带骨、鳃盖骨、鳍条、鳍棘及支鳍骨等。用鳞片鉴定鱼类年龄简单方便，但不同种鱼类用以鉴定的理想材料是不同的，如鳜鱼采用鳃盖骨，鲶鱼用脊椎骨，中华鲟用匙骨，长吻鮠用鳍棘，大黄鱼与小黄鱼以耳石为主（鳞片为辅），带鱼以耳石为主（脊椎骨为辅），鲫以鳞片为主（耳石为辅），鲐以耳石为主（脊椎骨和鳞片为辅），沙丁鱼以鳞片为主，太平洋鲱以鳞片为主（耳石为辅）。

1）运用鳞片鉴定年龄

首先确定鳞片采集的部位，然后进行鳞片处理与观测。

采集：如图9-4所示，一般应先分区采集，然后进行观察比较。一般取鱼体中段近侧线上方到背鳍前半部下方的部位鳞片。有些鱼类的鳞片很容易脱落，通常采胸鳍掩盖部分的鳞片，每尾鱼取10～20枚鳞片。

处理：将鳞片浸在淡氨水或温水中数分钟，然后用软毛刷或软布轻轻擦去表皮及黏液，再放到清水中冲洗，拭干后夹在两载玻片之间，贴上标签。以橡皮圈或透明胶粘带固定两玻片后以备保存或直接观察。若需保存，应将鳞片分别装在大约50mm×80 mm大小的鳞片袋内，鳞片袋上要记录鱼的编号、采集日期等内容。

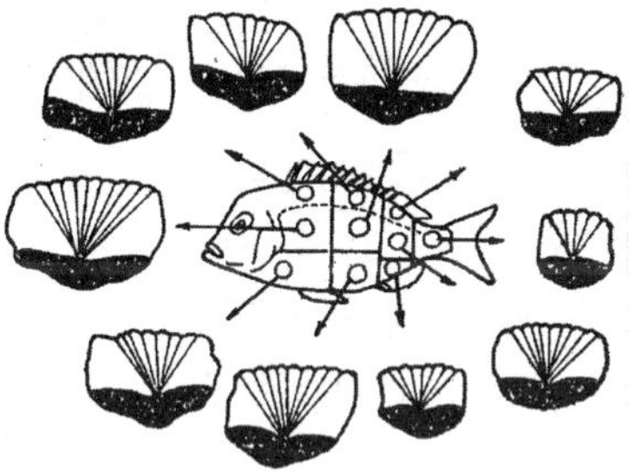

图9-4　鱼体各部位的鳞形比较示图

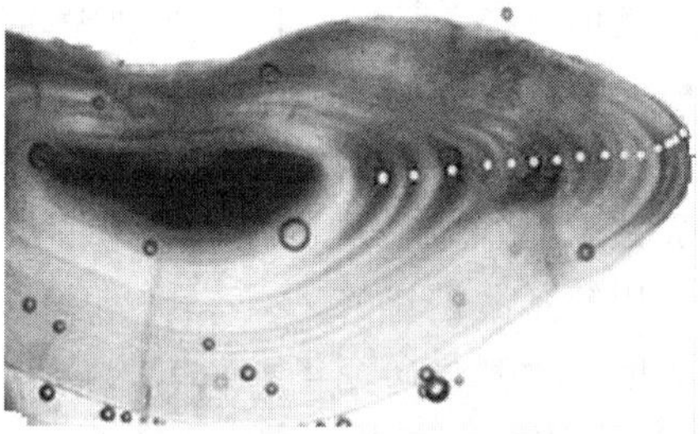

图9-5　鳕鱼鳞片的年轮示图

年龄观测：观察鳞片上的年轮一般采用显微镜、体示显微镜或放大镜，将鳞片放大到一定的倍数以清楚观察环片排列的情况，视野的大小须包括整个鳞片，必要时还要测量鳞径和轮径。也可通过投影仪、照相放大机、幻灯机或显微摄像投影系统观测鳞片上的轮纹。如图9-5所示。

2）运用矢耳石鉴定鱼类的年龄

鱼类的耳石位于内耳中，主要是碳酸钙和纤维质的有机物质构成。鱼类的耳石包括矢耳石、星耳石与小耳石三种。矢耳石的大小厚薄因鱼种及鱼体大小变化很大，如石首鱼科的鱼类矢耳石体积甚大，而带鱼、鲐鱼、鲳鱼及刺鲳等的矢耳石较小。耳石的形状多种多样，有圆形、椭圆形、扇形和方形等。

矢耳石标本的采集与制取：一般取内耳中最大的一块（即矢耳石）作为鉴定年龄的材料。采集耳石时，劈开脑骨，打开脑匣，在脑的后端两侧，用镊子取出耳石。如果鱼的个体较大还可以从鳃盖下方取出，取时把鳃盖翻向一边，用解剖刀剔去听囊处的肌肉，切开听囊处的壁即可取出耳石。取出耳石后，洗去污物，暂放鳞片袋中，并记录鱼的编号、体长、体重、性别及采集日期。用于鉴定年龄的耳石应取自新鲜的鱼,保存在福尔马林等固定液中的鱼耳石变得极脆,而且丧失了它的透明性,因此不适于鉴定年龄之需。小而透明的耳石可直接用以观测年龄,块状耳石需在质粒很细的磨石上磨薄或用锉刀锉薄到透明方可用以观测年龄。

年龄的观测:耳石在入射光下,可看到宽的白色带和窄的暗黑带相间排列,用透射光观测时,则宽带暗黑,窄带光亮透明。年轮处于上个年份的窄年带与下个年份的宽带的交界处。耳石正中通常有一个中心核,它在入射光下呈暗黑,在透射光下明亮(图 9-6)。鉴定高龄鱼的年龄,需要结合脊椎骨、鳞片及其他的形质鉴定材料观测。

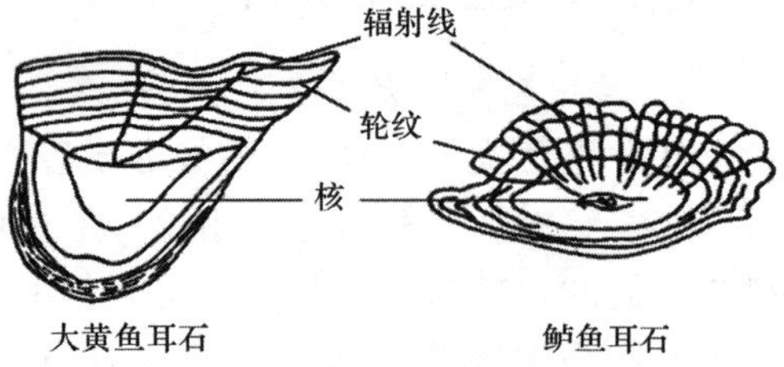

图 9-6　大黄鱼和鲈鱼的耳石年轮示图

3）运用鳍条鉴定年龄的方法

鳍条切片标本的采集与制作:胸鳍、背鳍和腹鳍的鳍棘、软条和胸鳍的支鳍骨等,一般取以各鳍的的第一硬棘或较粗大的鳍条。鳍取下后洗净晾干,一般取离基部 0.5～1cm 处,用锯片截下厚约 2～3mm 一片段,先在砂轮上磨,再在细磨上磨薄,直磨到 0.2～0.3mm,呈透明的程度为止,磨薄洗净后夹杂在两截玻片间观察。在低倍镜下或解剖镜下观察时,可以滴一、二滴苯或二甲苯透明液以利观察。在透射光下,可观察到密而狭窄的半透明带,疏而阔宽的不透明带。两带按顺序交替排列,从密到疏渐次变迁,界限不明;而从疏到密却比较突然,界限分明。狭窄的明带与外侧宽阔的暗带的分界处即为年轮。在入射光下,宽的则是明带,窄的是暗带。如图 9-7 所示。

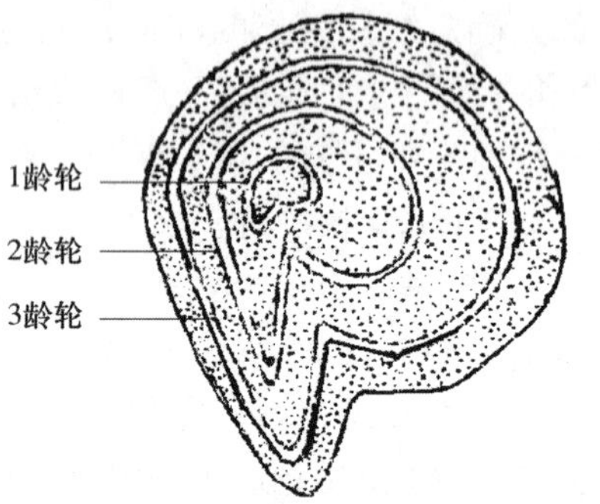

图 9-7　鲢鱼胸鳍第一鳍条横切年轮示图

运用鳍条鉴定年龄,尽管操作较麻烦,不如鳞片简便,但一般常以核对以鳞片鉴定的年龄的正确度。尤其是研究年龄较大的鱼类的年龄时,鳍条为一种必需的对照材料。

4）运用鳃盖骨、匙骨等骨片鉴定年龄的方法

有些鱼类的鳃盖骨、匙骨等骨片是鉴定年龄的主要材料,如鳜、鳟等。

收集骨骼:将新鲜的鱼头用开水烫一、二次或稍煮沸,将骨片理出,放在温水中用软毛刷或擦布清除残留的组织,使它干燥,放在纸袋或匣子里。

加工处理及观察:小的骨片不必加工即可用来测定年龄。有的需用锉刀或刮刀弄落不透明部分,然后用脱脂液(乙醚、汽油、或 1/3 乙醚与 2/3 汽油的混合液)脱脂须经数星期,中间需更换脱脂液数次。有些小型鱼的鳃盖骨薄而透明,须经染色后才可用来鉴定年龄,稀释的紫墨水、印台用墨水或苦味酸洋红都可作为染色剂。在骨片上可看到若干在夏季形成的宽层和若干因冬季生长中止的窄层,宽窄层相间排列。在透射光下,宽层呈暗色,而窄层却光亮透明。内侧的窄层与外侧的宽层的交界处即为年轮。

5）运用脊椎鉴定年龄的方法

硬骨鱼的脊椎骨呈现双凹型,许多鱼类脊椎骨的凹面上有轮纹,用放大镜即可以观察到。通常先取各部位椎骨,进行检视。一般取基枕骨后十余节的椎骨,取出后即以 2%的氢氧化钾溶液浸泡,冬季则浸泡在 0.5%的氢氧化钾溶液中 1～2 天,再放入酒精或乙醚中脱脂;或直接剔除肌肉,待干燥后放入纸袋保存。用放大镜在椎体的斜凹面进行观察。如图 9-8 所示。

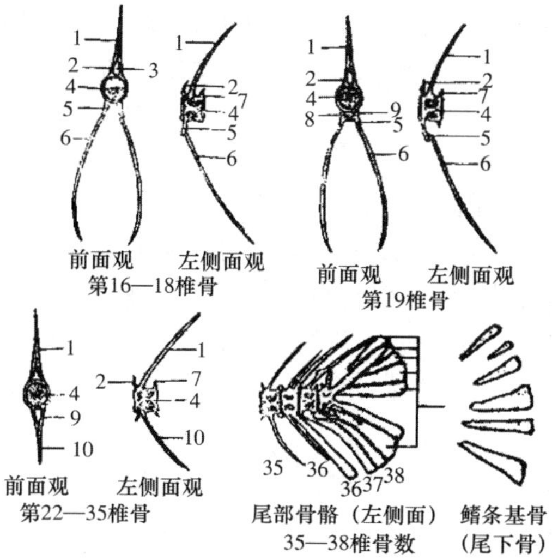

图 9-8　硬骨鱼类脊椎骨图

2. 运用体长的频率分布进行鱼类年龄鉴定方法

利用年轮鉴定鱼类年龄是最为精确的方法，但它同时也存在一些缺点：一方面，年轮的读取需要一定的技巧，这主要取决于鉴定者的经验，不同的鉴定者对同一材料得出相同结果的概率很少超过 90%；另一方面，年轮鉴定方法耗时耗力，分析成本较高。因此，依据鱼类长度分布频率估算鱼类群体年龄同样受到重视。

1）自然长度分布曲线法

利用同年生长的鱼类自然群体的长度(包括体长、肛长、叉长或全长等)一般呈现正态分布的自然规律，通过测量样本鱼的长度，样本数为 100 尾以上，然后对长度按幅度分组，并计算出各组的鱼数及其占总鱼数的百分比例，然后以计算机软件(Excel 或 SPSS 软件等)绘制各年龄组鱼数百分比例值随年龄组变化而变化的曲线图。曲线一般会呈现几个波峰和波谷，处于每相邻的两个波谷之间对应的长度值的鱼即为同年出生的鱼(图 9-9)。这样，就可依此法推定所测定鱼类的年龄。然而，这种方法也存在一定局限性。首先，每种渔具对渔获物都有着一定程度的选择性，在所捕捞渔获物中很难同时包括所有年龄组的个体；其次，鱼群在各个渔场，所处的季节时期并不是按体长或年龄的自然数目成比例的混合分布；再者，高龄鱼进入衰老期，生长缓慢，甚至停止生长，不免出现相邻几个年龄组长度分布的重叠现象，所以不容易根据长

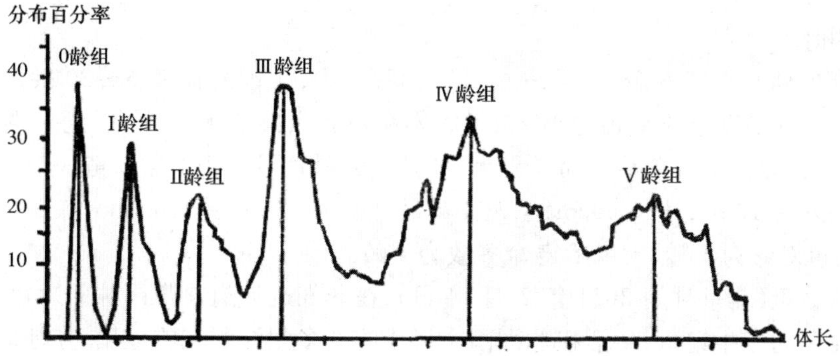

图 9-9　鱼类自然长度分布曲线

度分布曲线来确定高龄鱼的年龄。最后，鱼类在生长发育过程中，饵料是否丰富，水温状况是否适宜，都直接影响鱼体的大小。因此，建议自然长度分布曲线法最好结合其他年龄鉴定方法使用。

2）年龄——体长换算表法

年龄与体长换算表法是应用比较广泛的年龄鉴定方法。早在1934年，Fridrikson就提出利用体长频率数据来获取年龄频率。经过几十年的不断发展和校正，已经成为相对完善的鉴定方法。其主要实现方法：首先，从一个大的鱼类样本中进行二次取样，利用耳石或其他相对可靠的方法对其进行年龄鉴定，记录每尾鱼的年龄和体长数据，并进行分组汇总。以体长组为行，年龄组为列，列出每组中鱼数。举例如下：

	A1	A2
L1	6	2
L2	3	3
L3	1	4

经过转换，可得出每个长度组分属于不同年龄组的频率：

	A1	A2
L1	0.75	0.25
L2	0.50	0.50
L3	0.20	0.80

因此，即可由以上的年龄与体长换算表来确定样本中每一个长度组内各龄鱼所占的百分数，所有长度组的年龄百分数计算完毕，按年龄组对各长度组的百分数累加，即可得到年龄组频率分布。然而，这种以体长频率来判定年龄的方法，只能获得样本的年龄结构，而不能对每一尾具体的鱼赋予年龄值，从而对进一步的分析造成困难。为此，Isermann等开发了一种称为AGEKEY的计算机程序来对每尾鱼的年龄予以赋值，随后，Ogle对此进行了进一步的完善。

二、鱼类的寿命

鱼类的寿命是指鱼类整个生活史所经历的时间，它取决于鱼类的遗传特性、一生的健康状况、生长发育状况和所处的外界环境条件等。

生理寿命(Physiological longevity)是指能正常完成整个生活史所活的时段。

生态寿命(Ecological longevity)是指由于遭遇到不合适外界环境条件，而无法完成整个生活史所活的时段。

绝大部分鱼种的生理寿命介于2～20龄之间；其中，生理寿命在5～20龄之间的鱼种约60%左右，寿命30龄以上的鱼种约小于10%，寿命不到2龄的大约5%。每一种鱼都有其最大的长度和最大年龄，不同鱼种寿命差异大，如某些鲟科鱼可达100龄。鲤一般15龄以上；黑龙江鳇鱼最长寿命16龄，体长60cm；黑龙江鲫最高龄为12龄，体长40cm；大西洋鲱最高年龄23龄；太湖银鱼寿命为1龄；大麻哈寿命多数为4龄。

据新浪科技讯(北京时间2011年7月14日)，在非洲近赤道热带雨林的短暂雨季地区，有一种叫佛泽瑞尾的卵生鳉鱼，生活在非洲雨季形成的许多泥泞积水的池塘，在池塘中交配并将鱼卵排入泥泞的池塘底部，在短短的几个星期内，它们生命历程就结束了。意大利国家研究理事协会神经病理学专家亚历山德·塞勒瑞那(Alessandro Cellerino)和意大利鳉科鱼类研究所斯蒂芬·瓦迪萨利西(StefanoValdesalici)教授对这种鳉鱼研究发现,这种 50mm 长的卵生鳉鱼从出生到发育成熟,交配排卵,直至死亡只有大约 6 个星期的生命历程,它是世界上寿命最短暂的鱼类。这种生命短暂的特性,在相关的鱼类和其他脊椎动物中具有很大的研究价值。他们指出:在佛泽瑞尾鳉鱼短暂的一生中,要排卵三次,繁殖出一百多尾鳉鱼。通过研究观察,它们生长至完全成熟只需四个星期左右,然而在成熟后的两个星期就要面临着生命的终结。

第二节　鱼类的生长

一、研究鱼类生长的意义

(1) 有助于制定合理的养殖计划,确定该种鱼的养殖最佳年限,了解鱼类生长的快与慢的特征。

(2) 有助于揭示鱼类资源数量变动规律情况。

(3) 可根据捕捞鱼类的年龄组成与生长情况分析,判断渔捞对于鱼类资源的影响。

(4) 通过产卵群体的年龄组成分析,可帮助分析产卵群体的类型,为估计鱼类蕴藏量和可能的渔获量预报提供依据。

(5) 研究鱼类的年龄和生长,是研究鱼类其他各种生命机能的前提条件。

二、生长特性

(一) 鱼类生长的阶段性

1. 胚胎阶段

在受精卵孵化前,胚胎由卵黄供应营养,只需合适的环境条件。

2. 稚鱼阶段

(1) 仔鱼前期:从受精卵孵化出来到卵黄囊消失,靠卵黄囊提供营养给仔鱼的生命活动的能量需要。

(2) 仔鱼后期:仔鱼的卵黄囊消失,开始主动摄食,捕食适于口径大小的合适饵料。体表开始出现斑纹色彩。

(3) 幼鱼期:鱼体的外形与成鱼相似,只是性腺未发育。变态发育的鱼已完成变态发育。

(4) 未成年鱼期:此时期的鱼体性腺尚未发育成熟,外形与成年鱼相同。

3. 成年鱼阶段:性腺首次或曾经发育成熟。一生中仅生殖一次的鱼类正在或即将生殖,一生中多次生殖的鱼类每年定期性腺成熟,定期生殖。

4. 老年鱼阶段:处于此阶段的鱼类性腺萎缩,性机能下降。生长速度变慢、停滞或停止。

(二) 鱼类的生长与体重关系

1. 鱼类生长曲线与方程

$$L_t = L_\infty [1 - e^{-k(t-t_0)}] \tag{9-1}$$

$$W_t = L_\infty [1 - e^{-k(t-t_0)}] \tag{9-2}$$

式(9-1)与(9-2)中:

L_∞——体长(或肛长,或叉长)渐近值(单位为 mm);

W_∞——体重渐近值(单位为 g);

L_t——t 龄时的体长(或肛长,或叉长)(单位为 mm);

t——年龄(单位为龄);

W_t——t 龄时的体重(单位为 g);

t_0——体长(或体重)为零时的理想化(单位为龄);

k——生长常数;

e——自然对数底(≈2.7128)。

上述式(9-1)与(9-2)推导如下。

若鱼类的相对生长速度(也即生长常数)定义为:

$$\frac{dL_t}{(dt \times L_t)} = k \tag{9-3}$$

由式(9-3)可得: $$\frac{dL_t}{dt} = k \times L_t \tag{9-4}$$

式(9-3)只适于鱼类早期生长阶段的生长特征描述,当鱼类生长到一定阶段,即不能准确反映其生长特征与规律。为此,经过后人的研究与修正,鱼类生长速度的定义公式如下:

$$\frac{dL_t}{dt} = k \times (L_\infty - L_t) \tag{9-5}$$

于是可得:

$$\frac{dL_t}{(L_\infty - L_t)} = k \times dt \tag{9-6}$$

式(9-6)两边取不定积分可得:

$$\begin{aligned} -\ln(L_\infty - L_t) &= k \times t + C \\ L_t &= L_\infty - e^{-C} \times e^{-kt} \end{aligned} \tag{9-7}$$

令 t_0时,$Lt_0=0$,则可得:

$$e^{-C} = L_\infty \times e^{kt_0} \tag{9-8}$$

将式(9-8)代入式(9-7)可得:

$$L_t = L_\infty - L_\infty \times e^{-kt} \times e^{kt_0} \tag{9-9a}$$

即得: $$L_t = L_\infty \times (1 - e^{-k(t-t_0)}) \tag{9-9b}$$

许多学者经过研究认为,鱼类的体长与体重关系式为:

$$W_t = a \times L_t^b \tag{9-10}$$

式中: W_t——体重(单位为 g);

a、b:均为常数,由鱼种或种群的生长特征决定;

L_t:体长(单位为 mm)。

把式(9-9)代入式(9-110)可得:

$$W_t = W_\infty \times [1 - e^{-k(t-t_0)}]^3$$

水柏年(2003 年)研究得出黄海南部、东海北部小黄鱼的体长、体重生长曲线(图 9-10)及体长与体重关系式依次为式(9-11)、(9-12)及(9-13)。其对应的曲线如图 9-11、图 9-12 所示。

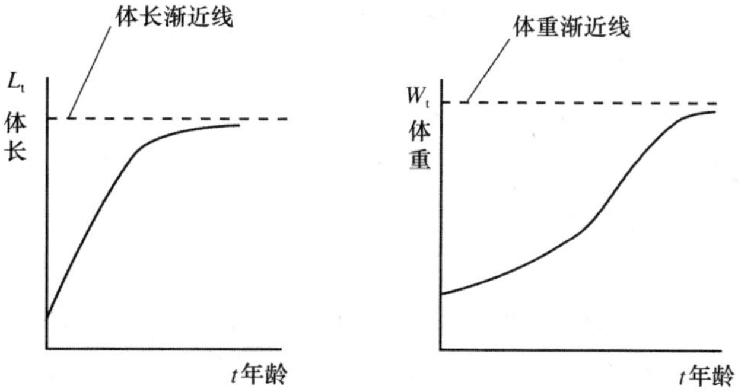

图 9-10　鱼类体长、体重的生长曲线

$$L_t = 366 \times [(1 - e^{-0.11777(1+1.76429)}] \tag{9-11}$$

$$W_t = 1005 \times [1 - e^{-0.11777(1+1.76429)}]^3 \tag{9-12}$$

$$W_t = 3.62 \times 10^{-6} \times L_1^{3.2938} \tag{9-13}$$

式中　L_t——t 龄时的体长(或肛长,或叉长)(单位为 mm);

t——年龄(单位为龄);

W_t——t 龄时的体重(单位为 g);

t_0——体长(或体重)为零时的理想化(单位为龄);

e——自然对数底(≈2.7128)。

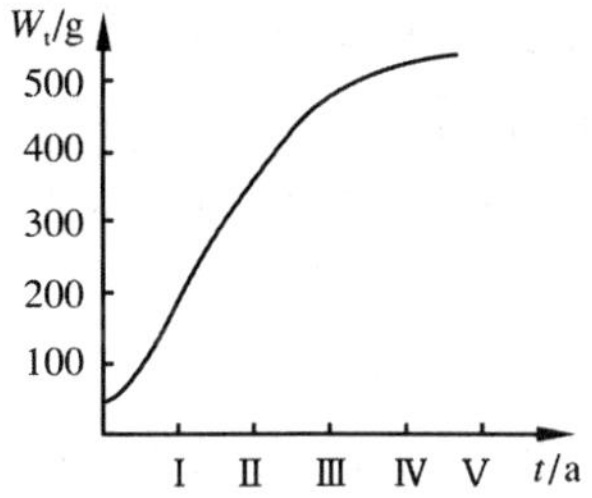

图 9-11　小黄鱼体长生长曲线

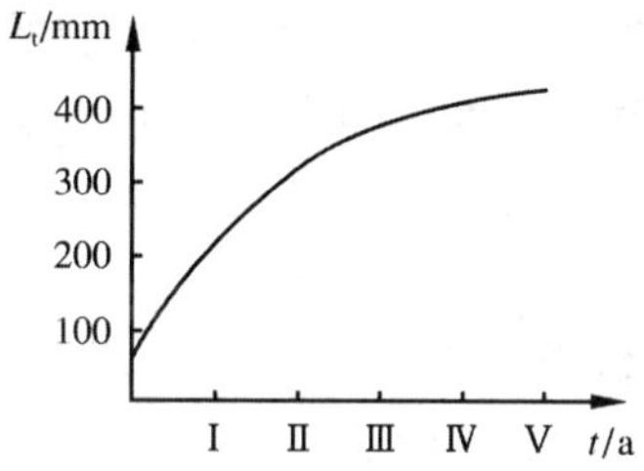

图 9-12　小黄鱼体重生长曲线

2. 生长速度、生长加速度

生长速度方程:

$$\frac{dL}{dt} = K \times L_\infty \times e^{-k(t-t_0)}$$

$$\frac{dW}{dt} = 3W_\infty \times K \times e^{-k(t-t_0)} \times [1 - e^{-k(t-t_0)}]^2$$

生长加速度方程:

$$\frac{d^2L}{dt^2} = -L_\infty \times K \times (e^{-k(t-t_0)})^2$$

$$\frac{d^2W}{dt^2} = 3W_\infty \times K \times 2e^{-k(t-t_0)} \times (1 - e^{-k(t-t_0)}) \times (3e^{-k(t-t_0)} - 1)$$

3. 肥满度

$$K = \frac{W \times 100}{L^3} \tag{9-14}$$

式中： K——肥满度(单位为 g/cm^3 或 g/mm^3)；

W——鱼体纯重(单位为 g)；

L——鱼体长度(单位为 cm 或 mm)。

(三) 鱼类生长的变化特征

(1) 环境条件适宜,鱼类可以正常地生长,只是生长达到一定大小时,生长速度会减慢,直至停滞或停止。

(2) 同种鱼不同生长阶段,生长速度不同。性成熟前,生长较快,以尽早摆脱敌害捕食,如长江流域的草鱼 4 龄前,翘嘴红鲌3 龄前,以及黄尾密鲴 2 龄前均生长较快。性成熟后,营养转化用以性腺发育,生长速度减慢,体重增加。到衰老期生长缓慢,甚至生长停滞、停止或萎缩。

(3) 同种鱼在不同水域生长速度不同。如青、草、鲢、鳙四大家鱼既为广温性鱼类,也为温水性鱼类,其生长的适温范围在 15℃～32℃,最适生长水温为 20℃～28℃。高于或低于适宜水温,都会影响鱼类的生长和生存。上述鱼类在水温降到 15℃以下时,食欲下降,生长缓慢;低于 10℃时,摄食量便很快减少;低于 6℃时,会停止摄食;水温高于 32℃时,食欲同样会降低。因此,长江种群生长快于珠江种群,而珠江种群的生长快于黑龙江种群,因南方水温高,饵料生物丰富,生长期长,长江种群、珠江种群生长优于黑龙江种群。但珠江水温高,性成熟早,生长速度提前减慢,故长江种群的生长总体快于珠江种群。

(4) 同种鱼在不同季节,生长率不同。这是各季节水温、饵料丰富度、鱼类自身生理状况、代谢和摄食强度不同所致。

(5) 鱼类的雌、雄个体生长快慢不同。往往是雌体的生长快于雄体的生长,雌体一般先成熟。但是罗非鱼雄体的生长快于雌体。有人试验结果表明:在相同的条件下,试养个体重量均为 12.6g 的雌、雄鱼苗,经过 72d 的生长后,雄体的重量达到 96.1g,而雌体的重量仅为 64.7g,雄体的生长速度明显快于雌体。

(四) 影响鱼类生长因子

鱼类生长受外源和内源两类因子的制约。外源因子,如食物、温度、溶氧及种内和种间关系等,内源因子与鱼的遗传型及生理状况相关。外因通过内因对鱼体代谢进度和强度施加影响,而鱼类内在代谢进程又受到神经内分泌系统控制下的各种生理机能的影响和制约,其间形成了极为错综复杂的关系。

1. 外源因子

(1) 食物:为最主要因子,在适宜生存环境中,只要食物充足,鱼类可达到最大的生长速度。食物通过数量、质量和颗粒大小来影响鱼的生长。最大食量可得到最大生长率,但生长效率不如最适食量,生长效率为单位食物产生的生长率,即增加值/消耗(G/R)。试验结果表明:杂食性鱼类在摄食热含量高的动物食物时,具有较高的生长率和生长效率,有些草食性和肉食性鱼类,每单位体重所需要的食量的蛋白质含量和瞬时生长率之间呈线性相关。缺少 VB 会引起生长减慢,VE 能促进性腺发育。鱼类摄取的食饵通常有一定的大小限度,并随鱼体生长而增大。有人试验养殖大西洋鲑表明,稚鱼的生长率和饵料直径密切相关。许多鱼类在摄食条件不利时,不仅种群总生长率下降,而且个体间生长差异增大,这是保证种群更广泛利用饵料生物的一种适应。

(2) 水温:作为控制因子,主要对鱼类代谢反应速率(新陈代谢率)起控制作用,在适温范围内代谢强度与温度成正相关。鱼类生长速度的季节性和地区性变化证明了温度的影响作用非常敏感且重要。

(3) 溶氧:通过对鱼类新陈代谢进程的影响而对鱼类的生理、行为和生长发育等起作用。溶氧的作用机理主要是对鱼体内某些生化反应产生和变化速率加以限制,因此溶氧又称为限制因子。

(4) 聚居:鱼类的聚居习性在水域空间和食物资源方面存在竞争,其聚居习性相反地又有利于鱼类的摄食、生殖和防御敌害等。

2. 内源因子

鱼类存在着一个遗传上确定的生长程序和框架,外源因子只有在这个框架内才起作用。定时完成该生长程序取决于神经内分泌系统。为了使这种遗传上规定的生长式型和以外源因子为特征的临时式型同步,以及为部分地接受外源影响,神经系统及内分泌系统可以利用诸如光胚周期等作为定时信号。

三、鱼类生长的测定方法

(一) 直接法

1. 饲养法

把已知年龄的鱼饲养于水池内,在一定的时间内测定其体长、体重等,以及轮纹的变化与年轮的形成季节,研究其生长情况。

2. 标志放流法

将捕获的活鱼,测定了体长、体重,并取得年龄鉴定材料后,每尾鱼做上标志,暂养一段时间后,然后放回捕获水域,记下放流的尾数、时间及水域地点。待重捕时,记录重捕的时间、水域地点及生产情况,把放流时与重捕时的情况相比较,研究得出在此期间体长、体重的增长,以及鳞片上轮纹的变化情况。

(二) 间接法

1. 鱼类生长的逆推法

1) 莱亚法

挪威学者莱亚(Einar lea,1910)提出的鱼类生长测定方法,见示意图 9-13。认为鱼类的体长随年龄而相互成正比生长,即这个比例是直线关系,即以式(3-18)表示。

$$L_n = \frac{S_n \times L}{S} \qquad (9\text{-}15)$$

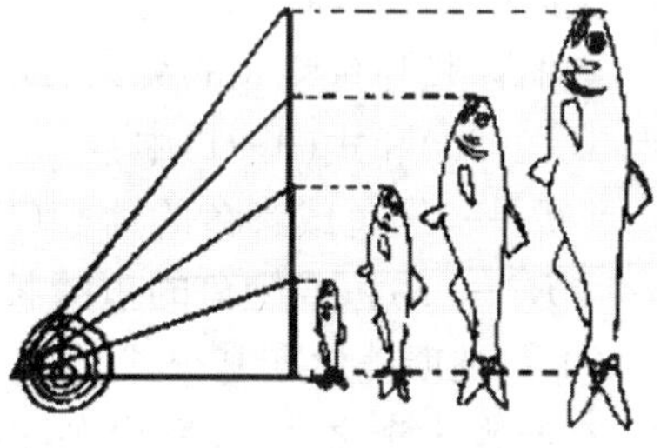

图 9-13 鱼类的体长与鳞片长的关系图

式中: L_n——鱼在以往 n 龄时的体长(单位为 cm 或 mm);

L——鱼被捕时实测体长(单位为 cm 或 mm);

S_n——以往 n 龄半径长(单位为 cm 或 mm);

S——鳞片中心到外缘半径长(单位为 cm 或 mm)。

按照式(9-15),只要测得鳞片的半径、各龄轮的半径和鱼的体长,即可以逆推各龄轮时鱼的对应体长。

2) 罗查·李公式

罗查·李(Rosa Lee,1920,英国学者)提议对莱亚法修正,以式(9-16)表示。其认为体长和鱼鳞径长呈线性相关。

$$L_n=\frac{S_n}{S\times(L-d)}+d \tag{9-16}$$

式中： d——鱼开始产生鳞片时的体长(单位为 cm 或 mm)；

L——鱼被捕时实测体长(单位为 cm 或 mm)；

S_n——以往 n 龄半径长(单位为 cm 或 mm)；

S——鳞片中心到外缘半径长(单位为 cm 或 mm)。

罗查·李认为鱼类的体长和鳞长的直线关系遵循式(9-17)

$$y=a+bx \tag{9-17}$$

式中： x——鳞长(单位为 cm 或 mm)；

y——体长(单位为 cm 或 mm)；

a——线性关系式在 y 轴上的截距；

b——斜率。

$$a=\frac{(\sum x^2\sum y-\sum x\sum(xy))}{(n\sum x^2-(\sum x)^2)}\quad\frac{(\sum y-b\sum x)}{n} \tag{9-18}$$

$$b=\frac{(n(\sum(xy)-\sum x\sum y)}{(n\sum x^2-(\sum x)^2)} \tag{9-19}$$

式中： n——实测体长及其对应鳞长的鱼数。

在实测了一定数量鱼类个体的体长与鳞长数据后，可应用式(9-18)与式(9-19)求得 a、b 值，从而得到体长和鳞长的直线关系式。如式(9-20)和式(9-21)即为应用此法求得两种鱼类的体长与鳞长关系式。

大眼鳜体长与鱼鳞长的关系：$L=3.6258+12.3286R$ (9-20)

鲤的体长与鱼鳞长的关系：$L=3.9308R-4.2611$ (9-21)

式(9-20)和式(9-21)中：

L——鳜鱼或鲤鱼的体长(单位为 cm 或 mm)；

R——鳜鱼或鲤鱼的鱼鳞长(单位为 cm 或 mm)。

3) 蒙纳斯蒂尔斯基公式

在罗查·李之后，又有许多学者进行了有关研究。其中，蒙纳斯蒂尔斯基认为，鱼类的体长遵循公式(9-22)

$$y=ax^b \tag{9-22}$$

对式(9-22)取对数可得：

$$\log y=\log a+b\log x \tag{9-23}$$

在实测了一定数量鱼类个体的体长与鳞长数据后，可应用式(9-23)求得 $\log a$、b 值，见式(9-24)与式(9-25)，从而得到体长和鳞长的直线关系式。再由 $\log a$ 值求得 a，从而确立鱼类体长与鳞长的蒙纳斯蒂尔斯基函数关系式。有人经过研究得出长江青鱼：$L=4.7850R^{0.9984}$。

$$\log a=\frac{(\sum(\log x)^2\times\sum\log y-\sum\log x\times\sum(\log x\times\log y))}{(n\times\sum(\log x)^2-(\sum\log x)^2)} \tag{9-24}$$

$$b = \frac{(n \times \sum(\log y \times \log x) - \sum \log x \times \sum \log y)}{(n \times \sum(\log x)^2 - (\sum \log x)^2)} \tag{9-25}$$

2. 鱼生长指标的计算

1）年增长积量

即一年中体长增长与体重增长的乘积所得值。

2）生长比速

$$C_1 = \frac{(L_2 - L_1) \times 100}{L_1}$$

式中：C_t——生长速度；

L_2——年底或一年中各时段末测定时的长度；

L_1——年初时或一年中各时段初测定的长度。

$$C_1 = \frac{(\log L_2 - \log L_1)}{0.4343 \times (t_2 - t_1)}$$

式中：t_2——结束时间；

t_1——开始时间。

3）生长常数

$$C_1 = \frac{(\log L_2 - \log L_1)}{0.4343 \times (t_2 - t_1)} \times \frac{(t_2 + t_1)}{2}$$

式中：t_2——结束时间；

t_1——开始时间；

L_2——年底或一年中各时段末测定时的长度；

L_1——年初时或一年中各时段初测定的长度。

4）生长指标：

$$\frac{(\log L_2 - \log L_1) \times L_1}{0.4343 \times (t_2 - t_1)}$$

式中：t_2——结束时间；

t_1——开始时间；

L_2——年底或一年中各时段末测定时的长度；

L_1——年初时或一年中各时段初测定时的长度。

第十章 鱼类的摄食

鱼类在漫长的演化过程中,形成了一系列与其栖息环境及其消化器官的形态结构功能等内外因素相适应的习性与特征。摄食饵料是鱼类最重要的生命条件之一,没有饵料的保障,鱼类就不能生存、生长、发育和生殖等。研究鱼类的摄食习性,掌握不同的摄食特点及其与环境条件的关系,揭示鱼类的生物学规律,是鱼类生物学研究的重要课题。

通过研究和掌握鱼类的摄食规律,在水产养殖时,利用生态学原理,确立养殖对象在养殖环境中的食物链和食物网的地位,调控竟食生物和敌害生物的存在数量,繁育饵料生物。在捕捞时,利用捕捞对象的饵料生物生物量和生物密度的调查,研究渔业资源的变动规律及渔场的动态,对鱼群侦察、渔业资源及渔情预报等具有十分重要的意义。

一、鱼类的摄食类型和摄食方式

(一) 摄食类型

1. 按食物性质分

(1) 植食性:主要饵料是植物,如遮目鱼主食蓝藻、绿藻、浮游硅藻和底栖藻。斑鰶主食硅藻,还食少量有孔虫、沙壳纤毛虫等。鲻鱼食底栖藻及有机碎屑等。鲮鱼主食硅藻,次食有机碎屑,兼食少量桡足类、沙蚕及有孔虫等,幼鱼阶段主食桡足类。草鱼、长春鳊和团头鲂的成鱼主食水生高等植物,但草鱼体长不到 30mm 时却主食小的水生动物。

(2) 动物食性:主要饵料为水生动物,多数鱼类属动物食性。根据食物对象的不同,又可分为温和肉食性和凶猛肉食性。其中温和肉食性鱼类,如小黄鱼、鲳鱼、鲸鲨、姥鲨、真鲷和二长棘鲷等,而凶猛肉食种类,如鲈、带鱼、狗鱼和大黄鱼等。

(3) 杂食性:其食物组成比较广泛,往往摄取两种或两种以上性质的食物,有动物性食物,也有植物性的食物,亦食部分水底腐殖质,如鲤、鲫等。

2. 按食物生态类群分

(1) 浮游生物食性:主要以浮游生物为食,如鲢鱼、鳙鱼等主要是靠致密的鳃耙过滤水中的浮游生物,即鲢鱼主要以浮游植物为食,而鳙鱼主要以浮游动物为食。

(2) 底栖生物食性:主要摄食底栖的软体动物、水生昆虫、环节动物、维管束植物和藻类等,如青鱼主要摄食螺、蚬、蚌等软体动物,铜鱼摄食水生的昆虫、蚯蚓等。

(3) 游泳动物食性:摄食游泳的头足类、鱼类等。如带鱼主要捕食毛虾、乌贼及其他鱼类,而大白鲨的首选猎物是金枪鱼、鲨鱼、鳍足类、海豚和海龟等大型海洋动物,大白鲨偏好于捕猎海象、斑海豹、海狮及海獭等。

3. 按食物种类的广狭分

(1) 广食性:以多种饵料为食,食性广泛,如鲐主要摄食浮游桡足类、端足类、介形类、毛虾、磷虾、虾蛄及小鱼等。而鲮鱼以刮食沉积在底泥表面的底栖硅藻和有机碎屑为主,也食一些丝状藻类、多毛类、软体类和小型虾类等。鲻鱼为杂食性,食性也很广,以硅藻和有机碎屑为主,也食小鱼小虾和水生软体动物等。

(2) 狭食性:有的鱼类摄食的饵料种类较少,如点带石斑鱼以小鱼及小型底栖无脊椎动物为主食，真鲷以底栖甲壳类、软体动物、棘皮动物、小鱼及虾蟹类为主食。

(3) 单食性：以一种植物或动物为食物的习性，多数单食性动物为无脊椎动物，特别是昆虫。单食性鱼种很少，鱼类取食行为是在进化过程中形成发展的，环境中的某种食物充足便演化出特化的单食性鱼类。

(二) 摄食方式

1. 滤食性

滤食性鱼类是利用细密的鳃耙滤食浮游生物、有机碎屑、细菌凝聚体等小型颗粒食物，如鲢、鳙是我国特有的滤食性鱼类，体长 10mm 以下的鲢鱼苗，主要吞食轮虫、枝角类、桡足类及其无节幼体等浮游动物；长至 11～13mm 开始摄食部分浮游植物；长到 30mm 以上主要食浮游植物为生。鳙也是典型滤食浮游生物的大型经济鱼类，从鱼苗到成鱼阶段都以浮游动物为主食，也滤食有机碎屑、细菌凝聚体及大型浮游植物群体(如微囊藻、鱼腥藻)等。

2. 捕食性

是指鱼类猎捕水生动物的食性，如鳜鱼、黄颡、鳡鱼、鲈鱼和乌鳢等，都是一些性情凶猛，攻击性强的捕食性鱼类，主食小鱼、小虾、蛙类和鼠类等。

3. 刮食性

通常用其发达的下颌角质边缘齿在水底刮取藻类、有机碎屑和腐殖质，并能清扫食物残饵。主食固着藻类、植物碎屑、大型浮游动物及腐渣腐泥，能净化水质，减少污染，亦称“生态鱼”、“环保鱼”。例如，细鳞斜颌鲴是一种经济价值较高的底层鱼类，食性杂，营刮食性，有水中“清道夫”之称。

4. 寄生食性

鱼类中也有营寄生生活的种类，如角鮟鱇雄体寄生在母体身上，雄体很小，且其消化系统极其退化，雄体与雌体建立血液循环关系，由雌体提供营养与氧气，带走废物与废气等。

5. 吸食性

一些鱼类的吻特别长，营吸食生活，如海龙吸食浮游生物、糠虾及海虱等其他小型的海洋生物；而海马主要吸食小型甲壳动物，如桡足类、蔓足类的藤壶幼体、虾类的幼体、萤虾、糠虾和钩虾等。

鱼类不同的摄食方式、种类与其摄食方式的特点相联系，当摄食不同食物时，鱼类也以不同的摄食方式获取，这是鱼类生态适应特点之一。

二、食物的选择性和食性的转换

研究鱼类对食物的选择性，一般根据栖息环境中各种饵料生物的数量比例与鱼类吞食各种饵料生物的数量比例来判断，即将这两方面的情况加以对照分析，即可得出某种鱼对饵料有无选择性。通过几种方法计算，即得出选择性指数，以此评价鱼类对饵料的选择性。

(一) 食物的选择性指数

1. $$E=\frac{r_i}{p_i} \tag{10-1}$$

式中：E——食物的选择性指数；

r_i——鱼胃肠中某种食物数量百分比；

p_i——自然界中某种食物数量所占百分比。

若选择指数大于 1，那就表明该饵料被鱼所选择；如果小于 1，就是被鱼所放弃。但是利用选择性指数,必须考虑造成误差的一些因子,如采样工具的性能问题等。

2. $$E=\frac{r_i-p_i}{p_i} \tag{10-2}$$

一些学者采用式(10-2),其中:

E——食物的选择性指数;

r_i——鱼胃肠中某种食物数量百分比;

p_i——自然界中某种食物数量所占百分比。

若 $E=0$,表示对这种成分没有选择性;$E>0$,表示有选择性;$E<0$,则表示对这种食物不喜好。

3. $$E=\frac{r_i-p_i}{r_i+p_i} \tag{10-3}$$

另有一些学者利用式(10-3),求得食物的选择性。

若 $E=0$,表示没有选择性;$0<E<+1.0$,表示有选择性;当 $0>E>-1.0$,则表示对这种食物不喜好。

4. 饵料在食物结构中的地位

根据鱼类饵料选择性指数大小,可把各种饵料在食物结构中进行地位定性。

(1) 主要食物:构成食物组成的主要部分,它完全满足生活的需要;

(2) 次要食物:经常在鱼肠中见到,但数量不多,它不能完全供应鱼类全部生活之需;

(3) 偶然食物:是偶然被鱼所摄取的饵料;

(4) 应急食物:由于环境条件改变,缺乏主要食物而不得已摄取的食物,譬如,有时在鱼胃内能发现罕见摄取的棘皮动物(如蛇尾类动物),这显然是由于缺乏食物而被摄食的。

(二) 鱼类食性的转换

鱼类的食性在整个过程中并不是固定不变的,而往往随发育阶段、生活季节、栖息水域、昼夜变化而变化。

1. 鱼类因发育阶段不同而引起的食性转换

随着年龄、体长的增长,鱼类处于不同发育阶段,其摄食器官也随之发育,摄食能力逐步增强,摄取食物的系列变化与不同的发育阶段相适应。一般可分为 3 个阶段:

(1) 在卵黄囊吸收完毕后的仔鱼后期,有一个摄食小型浮游动物,如一些无脊椎动物的幼虫和轮虫等饵料的阶段。

(2) 进入稚幼鱼期的第二个阶段,食性向成鱼期食性的过渡阶段。

(3) 成鱼食性阶段,例如,乌鳢体长在 3.0cm 以内时,以桡足类、枝角类和摇蚊幼虫为食;体长 3.0～8.0cm 阶段,则以水生昆虫的幼虫和小虾为主,其次为小型鱼类;至成鱼阶段主要捕食鱼、虾类等。

也有一些鱼类食性的过渡阶段不十分明显,如鲢鱼开始以摄食小型浮游动物为主,随着鳃耙、牙齿和肠管的发育,食物中浮游植物的比例逐渐增大,而后以摄食浮游植物为主。有些鱼类的食物系列比较复杂,如鲈的仔鱼开口时摄食轮虫,可直至孵出后 75d 左右;孵出后 30d 起食甲壳类幼体及浮游甲壳类,可到 125d 左右;孵出后 50～70d 起吃小虾;孵出后 75d 左右起以小鱼为主,兼食小虾;孵出后 130d 左右起以鱼、虾类为主食。

2. 鱼类食性因季节变化而变化

水域中的理化因子存在季节变化,由此必然影响到饵料生物的生长繁殖,饵料生物种类和数量组成也呈现季节变化，从而导致鱼类食性的季节变化，如鳊在早春主要摄食藻类和浮游动物，以后随着水生植物的生长及雨季淹没陆生植物，鳊转而以植物为主要食物。这种现象在杂食性鱼类尤为明显，它们在不同季节的主要食物与该季节内饵料生物的消长相互吻合。

3. 鱼类的食性因栖息水域不同引起变化

不同栖息场所中生物组成的情况存在差异，因而鱼类在不同栖息场所的食物组成就不会相同。有些鱼类，特别是洄游性鱼类在更换栖息场所时，食性会发生变化。如中华鲟在长江中上游生活时，主要摄食水生昆虫幼虫及植物碎屑等，当洄游至长江口咸淡水中时，主要摄食虾、蟹和小鱼。

4. 鱼类食性的昼夜变化

鱼类食饵的昼夜变化，如烟台海域鲐渔汛盛期，夜间摄食强度高于白天。白天主食桡足类、鲐鱼卵、箭虫和十足目的幼体，次食细长脚蛾 、太平洋鳞虾和小鱼等，而夜间以细长脚蛾 、太平洋磷虾和鳀等小鱼为主。据分析，这种差别与浮游生物的昼夜垂直移动及鲐鱼的栖息水层有密切相关，如细长脚蛾 和太平洋磷虾等均有昼沉夜浮的垂直移动习性，而鲐鱼在渔汛盛期多栖息于水域的上层，因此晚上能摄食到较多的细长脚蛾 和太平洋磷虾，但白天却较少摄食到。

(三) 鱼类食量的变化

研究鱼类的食性同时，必然牵涉到其食量大小的研究，这对于养殖投喂量的确定，以及渔业资源的相关研究具有重要意义。鱼类摄食量的多少受多种因素的影响，即与鱼体不同种类及其大小、季节、摄食时间、水域环境条件、鱼类生理状态、饵料的热量及捕捉时所消耗的能量等有关。

1. 与鱼的种类及其大小有关

多数凶猛肉食性鱼类的食量惊人，通常在能捕到食物时猛吃，直至将胃充满，然后逐渐消化。如狗鱼每天要吃与其体重相当的食物，捕获猎物的重量及大小与其本身的重量、体长相当。多数温和肉食性鱼类摄食比较均匀，以浮游生物为食的鱼类常不断地摄食，其胃通常不存在排空现象。

2. 受水域环境条件的直接影响

鱼类所生活的水域中温度、溶氧、pH 值及氨氮浓度等环境条件因子直接关系到鱼类的新陈代谢率。水域环境条件好，鱼类的新陈代谢速率快，摄食量也大，否则相反。

3. 受鱼类生理状态的变化直接影响

处于生长旺盛期的未成年鱼摄食量显著大于成熟鱼；生殖后或临近性腺第一次成熟时，需要大量摄食，以提供足够的能量给机体生理需求；当生殖腺发育良好，接近生殖时，鱼类减少食量或停食；在鱼类越冬期，摄食量很少或停食，此时主要依靠秋季索饵时积蓄的营养与能量。

4. 受饵料的热量和鱼类捕捉时所消耗的能量影响

某种饵料对特定的某种鱼的价值大小根据饵料系数来判断，饵料系数是指鱼所摄食的饵料与增重量的比值，是鱼类对食物吸收率的基本指标。饵料系数越小，对应的饵料营养价值越高。摄食同量食物的不同种类，由于营养生物学上的差异，饵料系数可能会有很大的差别。各种鱼类的饵料系数会因饵料生物密度增加而增大；会因不同季节环境条件的变化而变化；会因生长的阶段及体重等变化而变化，如凶猛肉食性鱼类会因鱼体的增重而摄食量增加，也会随年龄的增长而增大。

三、鱼类食性的稳固性和可塑性

鱼类食性的稳固性是指在环境食物因素改变的情况下，鱼类仍具有保持原来营养特性的能力。可塑性则是指在环境因素的影响下，鱼类改变自己营养特性的能力。各种鱼类的食性既有稳固性，又有可塑性。有的种类两者都较高，如三角鲂为草食性鱼类，其食性的稳固性较高，但在湖泊中也摄食淡水壳菜，有时甚至达到较高的比例，说明其可塑性显著。有些鱼则稳固性较高，可塑性较低。例如，印度洋中西部水域大眼金枪鱼食物组成包括鱿、鲐、沙丁鱼、乌贼、蟹、蛇鲭、乌鲂、刺鲷、虾、鳞鲀、水母和杂鱼等饵料，其中主要食物为鱿、鲐及虾类，具有食性的稳定性。另外一些鱼类食性的可塑性较高，稳固性较低，杂食性鱼类大多属于此类。它们的食性可因季节、环境等因素变化而发生变化，但当各种饵料生物大量繁殖的时候，它们的主要食物仍表现出一定的稳固性。例如青海湖裸鲤在夏秋季保持杂食性的特点，而在其他月份可塑性很大，出现分别以动物性和植物性为主的食性类群，但其数量比例在各月份均有变化。

四、鱼类食性的研究

在自然水域中，摄食饵料种类、摄食强度及季节变化、摄食时间和方式和摄食过程中鱼类的相互关系如何等关系到自然水域中鱼类资源的变化，渔场的预测及水产养殖的研究等。一般而言，鱼类食性的研究和分析的方法，可以根据各项工作性质要求来确定项目。通常情况下，鱼类的食性研究分为四部分，包括材料收集、胃含物的处理、材料数据整理及数字材料的图表整理等。研究方法因鱼类的食性和摄食方式不同而有所区别。

(一) 食性分析材料的收集

对鱼类摄食情况的分析，观察的材料越多，则所了解的材料可以越接近于客观实际。收集食性分析材料可在船上或岸上进行，最好取自拖网、围网等主动性网具的渔获物，而尽量少用在水中滞留时间较长的被动性网具(如刺网、张网等)的渔获物，因为这些网具捕到的鱼由于留在水中时间较久，食物的一部分已经被消化或者从口中翻出，对这样的材料进行食性分析往往得不到正确的结果。标本采集后一般需进行以下几项工作。

1. 生物学测定

根据不同的研究目的，分析材料可取 10～100 ind. 鱼。在取出胃肠之前，先要作生物学测定，并记录在统一设计的表格，包括记录其被捕时的海区、日期、编号、体长(或叉长或肛长)、全长、重量、性别及性腺成熟度等内容。然后取鉴定年龄和生长速度的材料(鳞片或耳石、鳍条、鳃盖骨等骨片)。年龄鉴定材料要单独放在鳞片袋内，标上鱼的编号、采集日期等内容。

2. 肠胃摄食强度(饱满度)测定

进行了生物学测定之后立即进行肠胃充塞度的测定，即解剖胃后目测胃中食物占胃空间比例的方法，观察肠胃内食物的饱满程度，估计其摄食强度。目前经常采用的方法是将饱满程度分为五级或六级，判断的标准依次如下。

1) 五级分法

0 级：空胃；

1 级：胃中含少量残留食物，占胃空间不到一半；

2 级：胃中含适量食物，占胃空间一半多，但未饱满；

3 级：胃中充满了食物，但不膨大；

4 级：胃中充满食物，且膨胀。

2) 六级分法

00 级:胃和肠内均无食物残留;

0 级:胃、肠内有少量残食,肠中残食所占空间约占肠管的 1/4;

1 级:胃内有少量食物,肠内有较多食物,约占肠管的 1/2;

2 级:胃内有适量食物,肠中有较多食物,约占肠管的 3/4;

3 级:胃、肠内充满食物,但消化道壁不膨胀;

4 级:胃、肠中充满了食物,且胃肠壁膨胀。

有的情况下可对整个消化道分段测定饱满度,划分标准和上面相同,只是对食道、胃、肠或前肠、中肠、后肠(鲤科等无胃鱼类)分别测定等级。? 如果全年进行胃肠饱满度的测定,就能看出鱼类周年不同季节的摄食强度和生殖季节前后的摄食变化。进行昼夜连续测定,则能看出昼夜摄食强度的变化。

3. 样本固定

目测肠、胃摄食强度之后,将研究样本取出进行固定。体长 20cm 以下的鱼(小型鱼、仔鱼和幼鱼)可以整条固定,较大的鱼则取其胃肠道进行固定。

一般将胃肠道从食道到肛门的一段全部剪下,必要时在食道及肠子末端用线扎紧,以免食物溢出。每一份肠胃标本贴上一个硫酸纸标签,标签号码必须同生物学测定的记录号码相一致,以便对照分析。将肠胃连同标签纸放入小瓶,或包扎于纱布之中,用 5%～10%的福尔马林溶液进行固定。如有可能,最好现场就将新鲜标本称重,福尔马林溶液固定后会失重。

以上几项工作都要在现场进行测定和处理,然后将材料带回实验室进行室内分析研究。

4. 采集水生生物样本

采集鱼类食性样本时,必须在同一地点采集水生生物样本(底牺生物、游泳生物、浮游生物及周从生物等)。这些材料一方面对揭露饵料基础、饵料基础的利用程度、饵料生物的选择性问题及食饵相互关系等是必须的,另一方面,对取得饵料生物平均标准重量时也是极为重要的。

(二) 胃肠道内含物的处理

研究胃肠道内含物的主要任务是鉴定食物团的组成饵料和各种饵料成分的比例,通过这些分析,能够在数量上表示鱼类在不同年龄、不同性别、不同季节和各种不同地理位置等的食性。已固定的鱼(幼鱼、小型鱼)或胃肠,在分析的前一天必须放在盛有清水的容器中洗去福尔马林,更换几次水为佳。固定的鱼用剪刀或解剖刀把鱼剖开,并用镊子小心地把胃肠道取出。胃肠内含物的基本处理方法如下。

1. 胃肠道长度测量

胃肠道在解剖之前洗掉内脏的残碎物等,然后测量肠道的长度,这样做一是为了得到肠道的长度与鱼体长度之比,二是为了确定所研究的肠道是否完整或者仅是其中的一部分。测量肠道的长度时,应该避免把肠道拉长。

2. 食物团称重

胃和肠的内容物要分别进行称重。用刮刀或解剖刀取出每一段中的内含物,根据食物团的多少放于盘、培养皿或载玻片上。仔稚鱼胃肠道的内含物最好置于载玻片上,在放大镜下用弯形针或昆虫针将内含物挤出。胃和肠内的食物团置于滤纸上将水分吸掉,直到滤纸上不再留有稍为明显的水分痕迹,然后在电子天平上称重,这就是食物团的实际重量。

有些鱼类固定后,在肠道内除食物之外,经常还有一些固定了的黏液。在称量食物团之前，必须除去这些物质。但实际操作时，有时会感到困难，有些食物与黏液粘在一起，可用25%～30%浓度的苛性钾或苛性钠溶液处理食物团。或目测估计黏液占整个食物团的百分数，然后从肠道内含物总重量中扣除其占有的体积重量。

3. 饵料消化程度的测定

消化道内含物称重之后，置样品于解剖镜下进行观察，首先按下列情况测定消化道各段食物的消化程度：

(1) 饵料生物完整，没有任何破损的迹象；

(2) 饵料生物稍微消化，还可以作种属的鉴定和计数；

(3) 饵料生物被消化了一半，生物体已有部分破损，但还可以根据剩下部分鉴定其种属和计数；

(4) 生物体已被消化以至完全破损，但根据其身体某些部分(骨、眼、肢、尾支、介壳和耳石等)尚可鉴定出它的种属；

(5) 完全不能鉴定的物质。

根据消化道各段的消化程度用数字进行记录，如某鱼消化道第一段(食道)内食物很完整，属第1级；第二段(胃)的食物稍微消化，属第2级；第三段(肠)的食物已被消化得很厉害，但根据残渣仍可作种属的鉴定，属第4级，则这条鱼食物团消化程度的记录数字为124。又例如，“045”即表示消化道第一段内无食物；第二段的食物已被消化得很厉害，但尚能根据残渣鉴定；第三段的食物消化得更厉害，已无法鉴定。

4. 饵料成分的定性和定量分析

定性分析就是确定食物中包括哪些种类，定量就是统计各种饵料生物的数量及百分比例。饵料成分鉴定到属或种，并测定个体的大小和它的发育阶段，这对于查明仔鱼和幼鱼的发育阶段，揭示鱼类食饵相互关系是十分重要的。

5. 重量更正

根据整个食物团的实际重量和各种饵料成分的实际重量可以得出有关鱼类被捕获时索饵程度，这对研究鱼类的营养节律性和索饵洄游规律都十分必要。为了解决鱼类营养的其他问题，如测定日摄食量、饵料消化率等，还必须知道被吃下的真正重量。为此，就要应该用更正重量法或还原重量法以评价摄食情况。

为了还原被鱼类吃下的饵料生物的重量，可以利用水生生物样品中所测定的饵料生物平均重量的资料，上述的水生生物样品是与收集鱼类营养样品同时采集的。最好是同“活体”的平均重量，也即用活体生物的重量，而不是对固定了的生物称重所得的“湿”重量。也不要用消化道中未被消化的完整的个体来求平均“活”重。一般应从同一水域、同一时间、同一地点所采集的水生生物样品中，取出足够数量同一体长、同一年龄的个体称重所得。

(三) 食性研究材料的整理

鱼类消化道内含物分析的结果可以用各种方式表示，常用的是以下几种基本方法：

(1) 计算各饵料成分个数。

(2) 测定饵料成分的出现频率。

(3) 测定饵料成分的容积。

(4) 测定饵料成分的重量。

此外，还有一些其他的方法，而所有方法的基础是正确的定性。在应用这些数字整理方法时，必须考虑研究的目的和任务去选择适当的方法，往往也要考虑到工作的条件。为解决个别的、局部的问题，经常运用一些比较简便的、费力小的方法已经足够。

1. 出现频率法

这是最为简单和最为常用的测定饵料成分的方法。某种饵料成分的出现频率是以含有某种饵料成分的样本鱼胃数占样本鱼总胃数的百分比，而每尾鱼胃肠内该饵料成分的数量不必加以考虑。计算出现频率时，只取含有食物的肠，空肠不计算在内。计算公式如式(10-4)。

$$\text{出现频率}(\%)=\frac{\text{含有某种饵料成分的胃数}}{\text{总胃数}}\times 100 \tag{10-4}$$

为了统计鱼类摄食情况，有时需要统计鱼的摄食率，统计及计算公式如式(10-5)。

$$\text{摄食率}(\%)=\frac{\text{已摄食个体数}}{\text{总鱼数}}\times 100 \tag{10-5}$$

2. 个体数量法

$$\text{个体数量百分比}=\frac{\text{含某种饵料的个体数}}{\text{各种饵料个体总数}}\times 100 \tag{10-6}$$

个体数量法还有一种简便、迅速但很粗糙的方法，就是对饵料生物按“少”、“中等”、“多”三级统计，或以“＋”、“＋＋”、“＋＋＋”符号表示。也有以更详细的“零星”、“少”、“中等”、“多”、“大量”五级来表示。这在研究浮游生物食性的鱼类时有应用，这个方法只能提供某种成分占优势的大概的概念。计算公式如式(10-6)所示。

3. 体积法

该方法需首先测定整个食物团的体积与各饵料的体积，然后求出各饵料成分的体积百分比。在研究浮游生物食性鱼类营养时常采用体积法，即先在量器里装水，大约装到一半，标出水位高度，然后把食物团在滤纸上以吸水纸吸干，直至纸上不再留有水分，但食物团还处于潮湿状态，把吸干的胃肠的内含物放到量器里，被排开的水的体积就等于食物团的总体积。

以后，把大型的生物体(如软甲亚纲、箭虫、水母等)从食物团中拣出且计数，并用上述方法测定它们的体积。从整个食物团的体积中除去大型生物体的体积，就得出其他小型生物体的体积。通过测定各种饵料成分的体积，并求各饵料成分的体积百分比。计算公式如式(10-7)所示。

$$\text{体积百分比}=\frac{\text{某种饵料的体积}}{\text{食物团总体积}}\times 100 \tag{10-7}$$

4. 重量法

这是较为准确和完善的方法。前已述及，个体数量法不能全面反映鱼类的摄食状况，不能正确反映各饵料生物个数的基础上，以各种生物的重量进行换算，然后求出更正重量后的百分比，这个方法也称为还原重量法。应用这一方法时，按每一种饵料成分的大小和年龄来计数全部的个体(完整的或者是残渣)，把它们还原为活重。还原重量通常总是大于实际重量。计算公式如式(10-8)所示。

$$\text{重量百分比}=\frac{\text{该成分的更正重量}}{\text{食物团更正重量}}\times 100 \tag{10-8}$$

此外，还可计算食物饱满指数，公式如式(10-9)所示。

$$\text{食物充塞度指数}=\frac{\text{食物团实际重量}}{\text{鱼纯体重}}\times 100 \tag{10-9}$$

为了研究鱼类食性组成的周年和季节变化，在统计分析时，常以更替率来表示各类群和各种类在各月和各季节的变化情况，其计算公式如式(10-10)所示。

$$更替率(\%)=\frac{增补率(\%)+减少率(\%)}{2}=1-相同率(\%) \quad (10\text{-}10)$$

式(10-10)中,三项指标计算公式如式(10-10a),(10-10b),(10-10c)所示。

增补率(%)=新增种类的重量百分比(%)+原有种类的种类百分比(%) (10-10a)

减少率(%)=消失种类的重量百分比(%)+原有种类所减少的种类百分比(%) (10-10b)

相同率(%)=两份样品中相同种类的重量百分比的相同值的总和(%) (10-10c)

更替率有以类群(纲)为单位来统计其类群更替率,也有以种类(种)为单位来统计其种类更替率。

第十一章　鱼类的繁殖

繁殖是鱼类生物学过程中的重要环节，是保证种群增殖和种的延续的重要生命过程。鱼类的繁殖具有水生动物在水中生活而产生的一系列特点。鱼类的繁殖方式有卵生、卵胎生和胎生三种，其繁殖具有共同的特点，且各自具有一定的本身特点，也需要独特适宜的环境条件，这些条件是鱼类长期以来对环境适应的要求。研究鱼类的繁殖及其生长发育等情况，关系到渔业资源调查、研究、评价及增养殖技术的研究，对捕捞、养殖等生产与管理具有重要的实际指导意义。

第一节　鱼类的性成熟和繁殖力

一、性成熟与生长

鱼类的初次性成熟年龄因鱼种的不同而有较大的差异。在正常的生活环境里，鱼类一般在 3-4 龄时开始性成熟，但捕捞强度过大、营养条件恶化、鱼体生病等情况出现时，初次性成熟的年龄会发生变化。同种个体的性成熟年龄有变化，大黄鱼第一次性成熟可以是 2～5 龄。作为判断性成熟开始的指标，常是鱼体大小，而不是年龄。如浙江沿海的大黄鱼雌鱼初次性成熟的体长 280mm，体重 300g；而雄鱼初次性成熟的体长 250mm，体重 200 g。水柏年(2000)研究得出：据邱望春、蒋定和在 1959 年时研究，小黄鱼初次性成熟的雌体最小体长为 140 mm ～150 mm；而 1993 ～1995 年取样测得首次性成熟的雌体最小体长为 110 mm ～120 mm。另外，上世纪 50 年代时生殖群体的平均年龄为 5.3 龄，80 年代为 1.2 龄，1988 年时仅为 0.7 龄。鱼类性成熟时雌、雄性成熟年龄通常不同，一般雄鱼比雌鱼低，其对应的体重和体长也是雄鱼小于雌鱼。在同一个生殖季节，雄鱼也往往早于雌鱼，先进入产卵场。因此，产卵季节的早期，产卵场的雄鱼比例高，产卵后期则雌鱼比例高。

通常性早熟的鱼类，其生命周期短。如香鱼一年性成熟，产卵后即死亡，小沙丁鱼和蓝圆鲹一年或二年性成熟，但可连续繁殖几年。又如鳀鱼性成熟早，黄海鳀鱼 1 龄即达性成熟，最小叉长为 6.0cm，纯体重为 1.8g，鳀鱼属于连续多峰产卵型鱼类，产卵期长。而性成熟晚的鱼类，生命周期就长，如中华鲟性成熟的年龄，雌鱼为 14～26 龄，雄鱼为 9～18 龄。

研究鱼类性成熟的特点，是进行鱼类资源评估和预测鱼类资源数量变动的重要依据之一。分析初次性成熟的年龄是划分补充群体和剩余群体的依据。每个世代性成熟的速度与数量决定着生殖群体的补充量增加的速度与数量，也影响着产卵汛的捕捞群体数量增加的速度与数量，并在一定程度上影响补充量。性成熟越早，补充群体的数量增加越块。因此，性成熟问题的研究不仅在理论上，而且在生产实践上具有很重要的意义。

二、影响鱼类性成熟的因素

决定鱼类性成熟的因素很复杂，影响鱼类性成熟的因素有很多，既有鱼类本身的因素，也有外界环境的因素等。

(一)环境因素

1. 温度

鱼类性成熟的进程与生长直接相关,生长好,性成熟也较早。而生长与温度息息相关,所以同一种鱼在低纬度的南方,一般说来性成熟要比北方早。在不同鱼类的生殖腺成熟发育过程中,对温度的要求随季节不同有所不同。例如,鲤、鲫等到了秋冬水温降低,身体的生长虽然停顿或缓慢下来,但性腺却加速生长,这时体内的大量物质转化为生殖细胞中的营养物质。而另一些鱼类(如青、草、鲢、鳙)在秋冬低水温时期,生殖细胞的发育与鱼体的生长情况一致,都处于缓慢发展的状态中。

2. 食物

在自然情况下,食物对性腺成熟的影响,主要是由于食物的数量不足,质量不好。但很少会发生食物过多而影响性成熟的情况。在人工养殖条件下,因为鱼摄食过多,脂肪大量积累,往往导致卵的质量下降或造成产卵困难。鱼类在性腺发育过程中,卵巢增重约占鱼体重的20%左右,因此需要从外界摄取充足的营养物质,特别是蛋白质和脂肪,以提供卵子生长的物质基础。

3. 水流

鱼类具有顶流游泳的习性,喜好感受流的刺激。流水对某些鱼类的性腺发育成熟及产卵特别重要。一定强度和方向的流的刺激对鱼类的性成熟具有重要的影响,当水流适宜时,鱼类的性成熟速度会加快,鱼类性腺达到最佳状态。主要是鱼类的侧线受流水刺激,通过中枢神经使下丘脑 LRH 大量合成并释放,再触发脑垂体分泌 GTH,诱导发情产卵,如淡水的青、草、鲢、鳙“四大家鱼”的天然产卵场因降暴雨而湖泊、河流等水位猛涨,水流湍急刺激下,在水温等诸多环境因子适宜情况下,亲鱼性成熟度经数小时即可从Ⅳ期卵巢发育成Ⅴ期,立即产卵,因此一些鱼类在人工或自然繁殖季节必须受到适当的流的刺激。

4. 光照

鱼类按照性成熟和光照的关系分为长光照型和短光照型两类。受光照时间长的春夏季产卵的鱼类,如鲤、鲫、鳊、鲂等,如果对这些鱼类提前把日照时间比原先的(自然状态)延长一些,就能提早性成熟和产卵。例如,对在光照时间短的秋冬季节产卵的鲑类,则要提前把日照时间比自然状态缩短一些,才能促其提早产卵。

5. 盐度

固定生活在海水或淡水中的鱼类,其繁殖时仍需与正常生长要求相同的盐度。而溯河性或降海性鱼类,在性腺成熟的过程中,盐度起重要作用。如鲥和暗纹东方鲀的性腺发育成熟和繁殖必须在盐度低于 0.5 的淡水中进行;一些栖息于河口或半咸水的鱼类,如鲮鱼的性腺必须在盐度高于 3 的水体中才会发育成熟;鳗鲡在淡水生活阶段,性腺发育停滞,必须在盐度为 18 以上的环境中才能达到性成熟;已经查明松江鲈进入河口区及海水中才能达到性成熟的原因,除了盐度外,还和碘的摄取有关。

6. 其他

除了上述的几个原因外,水质(溶氧、硬度等)、水色、生活空间的大小、异性的存在等都对性成熟产生一定的影响。所有以上因素虽有主次之分,但不是一个单因子决定的,而是许多因子综合作用的结果。

(二) 鱼类自身因素

鱼体本身神经系统和内分泌腺脑垂体的作用。脑垂体分泌的促性腺激素是直接控制性腺发育成熟的首要生理因素。许多外界环境因素对性腺发育成熟的影响，都是通过脑垂体的分泌作用完成的，内分泌腺的分泌作用又受到神经的管制。

三、性腺发育

鱼类的性腺由体腔背部两个隆起脊(又叫生殖褶)发育而成，生殖褶由上皮细胞转化成为原始性细胞时，性腺呈现线状，雌雄难辨。当性腺进一步分化为卵原细胞或精原细胞时，就会以不同的方式发育为卵子或精子。大多数鱼种性腺中精、卵发育同步，一个生殖季节中仅生殖1次，而一部分鱼种在一个生殖季节中，性腺中的精、卵子发育不同步，分批成熟分批产出。

(一) 鱼类卵细胞的发育与成熟过程

1. 卵原细胞分裂期

卵原细胞反复进行有丝分裂，细胞数目不断增加，经过若干次分裂后，卵原细胞停止分裂，开始生长，向初级卵母细胞过渡。此阶段的卵细胞为第Ⅰ时相卵原细胞，以第Ⅰ时相卵原细胞为主的卵巢称第Ⅰ期卵巢。

2. 卵母细胞生长期

此期分为小生长期和大生长期。小生长期是卵母细胞的生长期，开始时，细胞质呈微粒状，细胞核卵形，占卵母细胞的大部分，其内壁四周排列着许多小核(或称核仁)，中央为粒状的染色质，有时细胞质中可见卵黄核。卵母细胞进一步发育，卵膜外出现了一层滤泡膜，由单层上皮细胞组成，内有长形的核。小生长期发育到单层滤泡为止，这时的卵母细胞称为卵母细胞成熟的第Ⅱ时相，以第Ⅱ时相卵母细胞为主的卵巢称为Ⅱ期卵巢。性未成熟的鱼，常有相当长的时期停留在Ⅱ期。

大生长期是营养物质生长的阶段。卵母细胞由于卵黄及脂肪的积贮而体积大大增加。卵黄沉积可分两个阶段：①卵黄开始沉积阶段。卵膜变厚，出现放射状纹。滤泡膜的上皮细胞分裂为2层。卵黄粒(球)间的细胞质呈网状结构。卵黄开始沉积阶段的卵母细胞称为成熟的第Ⅲ时相卵母细胞，以第Ⅲ时相卵母细胞为主的卵巢称为Ⅲ期卵巢。②卵黄充塞阶段。滤泡膜仍为2层，但在滤泡膜与卵膜之间出现一层漏斗管状细胞。卵黄粒围绕空泡沉积并几乎充塞全部的细胞质部分，卵黄颗粒形状不一。在此时期的一些浮性卵中，出现了形状大小不一的油球。当卵黄充满整个卵母细胞时，营养生长结束。这时的卵母细胞已达到了成熟的第Ⅳ时相，以第Ⅳ时相卵母细胞为主的卵巢为第Ⅳ期卵巢。一般春季产卵的鱼类在前一年冬季即可进入本期，卵巢发育处于第Ⅳ期的时间长短因鱼的种类而异，总的来讲，比停留在Ⅲ期的时间短。

3. 成熟期

此期是完成了营养物质增长的卵母细胞进行核的成熟变化的时期。本期进行减数分裂和均等分裂2次成熟分裂。成熟变化开始时，卵黄粒融合，细胞核出现极化现象。小核开始溶解于核浆内。此后，核膜溶解，染色体进行第一次成熟分裂，即减数分裂，释放出第一极体，此时的卵母细胞称为次级卵母细胞。接着开始第二次成熟分裂，此时的次级卵母细胞变成了成熟的卵细胞，并产生第二极体。鱼类卵母细胞的第一次成熟分裂和第二次成熟分裂的初期在体内进行，由体内产出到受精以前处于分裂中期，至精子入卵后排出第二极体，完成第二次成熟分裂。

卵细胞进行成熟变化的同时，滤泡上皮细胞分泌物质将滤泡膜与卵膜间的组织溶解吸收，于是成熟的卵排出滤泡外，成为卵巢内流动的成熟卵，这一过程称排卵；此时的卵处于成熟的第Ⅴ时相，此时的卵巢属第Ⅴ期。在适合的条件下，处于游离状态的卵子从鱼体内自动产出的过程称为产卵。

卵母细胞由Ⅳ期到Ⅴ期的成熟过程是很快的,往往在数小时或数十小时内完成。卵子过早或过晚排出,均会影响受精率。因此,在人工繁殖时准确把握卵的成熟时机,及时进行人工授精,是人工繁殖成功的关键。

(二) 鱼类精子的发生与成熟

1. 繁殖期

大型精母细胞(初级精原细胞)进行多次有丝分裂成大量小型精原细胞(次级精原细胞)。精原细胞进行有丝分裂比卵原细胞旺盛,产生精原细胞数量多。精原细胞近圆形,核圆形,直径 9μm~12μm,胞质内有大量的膜状结构和不活跃的高尔基复合体。

2. 生长期

初级精母细胞的形状和精原细胞相近,但核内染色质变为线状。核渐变为椭圆形,中心粒长出很短的轴丝变成基粒。高尔基复合体活性增高,四周聚集了许多液泡。初级精母细胞开始进入成熟分裂的前期,DNA 立刻加倍,这是精子发生中 DNA 的最后复制。

3. 成熟期

初级精母细胞体积增大,进行 2 次成熟分裂。第一次为减数分裂,产生两个体积较小的次级精母细胞(直径 4μm~5μm),染色体数目减半;第二次为有丝分裂,产生两个体积更小的精母细胞(直径 3μm)。

4. 精子形成期(变态期)

这是雄性生殖细胞发育中特有的时期。首先精母细胞的核变成椭圆形,大部分原生质逐渐向细胞核的后面(将来变成尾部)聚集。与中心粒脱离的高尔基复合体向细胞核的前方移动,将来形成精子的顶器。两个中心粒在细胞核后方作前后排列,分别形成前结与后结。精子尾部的轴丝即从后结长出。线粒体逐渐分化为间节处的螺旋丝。当精细胞之间的细胞间桥完全消失之后,便成为成熟精子。

(三) 卵巢、精巢的形态结构和分期

1. 卵巢目测的分期

依据性腺体积、色泽、卵子成熟与否等标准,一般将鱼类卵巢发育过程分为 6 期,种类不同划分标准略有差别。国外也有采用五期和七期来划分。鱼类卵巢结构见图 11-11 所示。

Ⅰ期卵巢:性腺紧贴于体腔膜上,透明细线状,肉眼不能分辨雌雄,看不到卵粒,表面无血管或甚细弱。

Ⅱ期卵巢:为性腺正发育中的性未成熟或产后恢复阶段的鱼所具有。卵巢多呈扁带状,有许多细血管分布于组织中,经过成熟产卵之后退化到Ⅱ期的卵巢的血管更发达,未曾产卵的卵巢里肉眼尚看不清卵粒。

Ⅲ期卵巢:卵巢体积增大,肉眼可看清卵粒,但卵粒不能从卵巢隔膜上分离剥落出来,卵母细胞开始沉积卵黄,但也有较早期的卵母细胞,卵母细胞的直径不断增大,卵质中尚未完全充塞卵黄,卵膜变厚,这时有些鱼类在原生质中出现油球。

Ⅳ期卵巢:整个卵巢很大,占据腹腔的大部分空间,卵巢多呈淡黄或深黄色,结缔组织和血管十分发达,卵巢膜有弹性。卵粒内充满卵黄,卵粒大而饱满。许多学者主张将Ⅳ期卵巢分为$Ⅳ_1$、$Ⅳ_2$、$Ⅳ_3$等 3 个小期,这在进行人工繁殖时非常重要。实验证明,性腺处于$Ⅳ_1$期时,卵母细胞的油滴细小分散于卵质内的卵黄粒之间,以解剖镜观察,油滴不明显,卵粒增大,此时人工催情不能得到成熟卵;性腺处于$Ⅳ_2$期时,卵母细胞中的油滴变大,并向核周围集中,卵黄粒更大且互相融合；性腺处于Ⅳ$_3$期时，卵母细胞中的油滴汇合，不少鱼类此时汇合成一个油滴，卵黄粒融合明显，核偏向动物极。只有在Ⅳ$_2$、Ⅳ$_3$期，细胞核处于偏心至极化时，才能催情获得比较成熟的卵粒。各种鱼类的卵发育情况各异，因此分小期的特征也有不同。

Ⅴ期卵巢：性腺完全成熟，卵巢松软，卵已排于卵巢腔中，提起亲鱼时，卵子从生殖孔自动流出，或轻压腹部即有成熟卵流出。成熟卵的颜色因鱼的种类而异。海水鱼类Ⅴ期卵一般是透明的。此时鱼类即将产卵或正在产卵。

Ⅵ期卵巢：刚产完卵后的卵巢，可分为一次性产卵和分批产卵两种类型。一次性产卵的鱼种在产卵后，其卵巢体积大大缩小，组织松软，表面血管充血，暗红色，少数未产出的卵母细胞很快退化吸收，卵巢即退化到Ⅱ期再发育。分批产卵的鱼种产卵后，其卵巢退化到Ⅲ期，向Ⅳ期发育，为下一批卵子产出作准备。

在卵巢分期观察中，有时会发现它介于相邻两期之间，则写上述两期的数序，在中间加短线，如Ⅲ-Ⅳ，或Ⅳ-Ⅲ期表示，比较接近于哪一期，就把那一期的数字写在前面，如写Ⅲ-Ⅳ期时，表明卵巢比较接近Ⅲ期。分批产卵的鱼类在刚产完卵后性腺回到Ⅲ期时，则以Ⅵ-Ⅲ期。

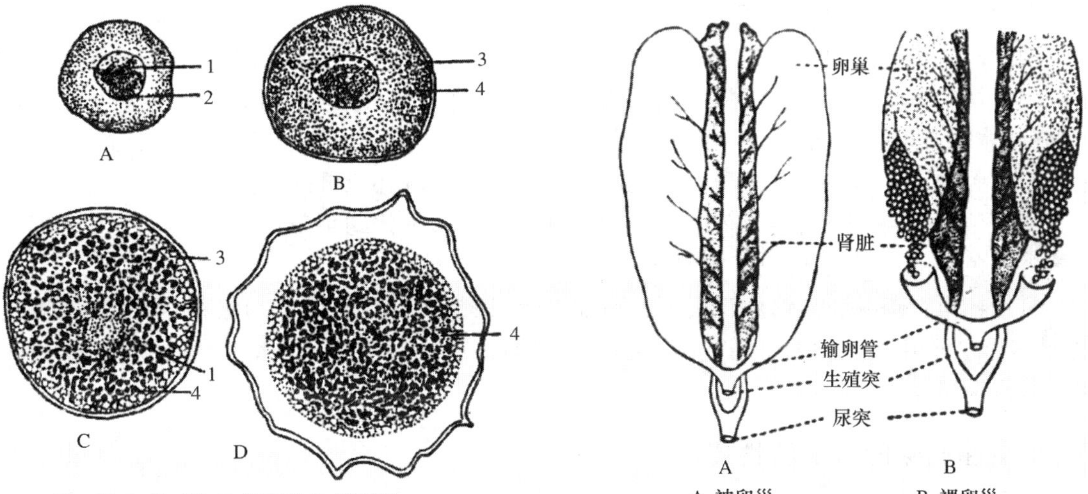

A. 第二期　B. 第三期　C. 第四期　D. 第五期
1. 细胞核　2. 核仁　3. 空泡　4. 卵黄

A. 被卵巢　B. 裸卵巢

图 11-1　卵母细胞发育各时期(左图)及卵巢类型(右图)

此外，成熟系数也是衡量性腺发育程度的一个标志，性腺重量和鱼胴体重量相比的百分比，即为成熟系数，其计算公式如11-1所示。

$$\text{成熟系数}=\frac{\text{性腺重}}{\text{鱼体纯重}}\times 100\%\text{(11-1)}$$

式(11-1)中：

性腺重：性腺总重量，单位为g；鱼体纯重：去除内脏后鱼体的重量，单位为g。

一般地，成熟系数越高，性腺发育越好。成熟系数的周年变化能明显表示性腺发育的变化和成熟的程度。据王广军等(2006)研究大眼鳜成熟系数(见图11-2)得出：其周年变化规律，卵巢和精巢基本一致，每年5、6月份成熟系数最

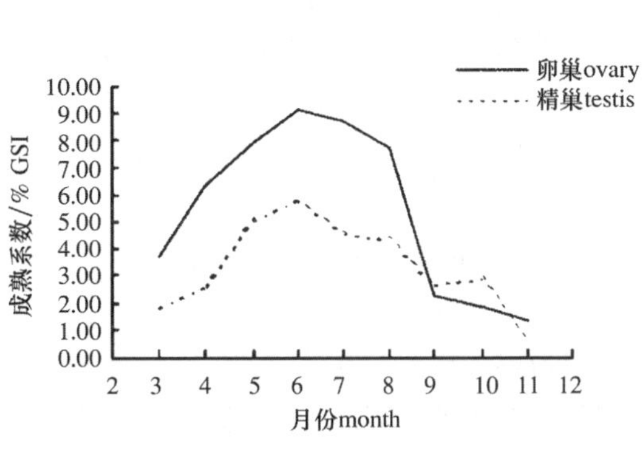

图 11-2　大眼鳜成熟系数周年变化情况

高,8 月份后急剧下降,9 月份大幅度下降,到冬末春初逐步上升。

2. 精巢的分期

鱼类精巢的结构见图 11-3 所示。

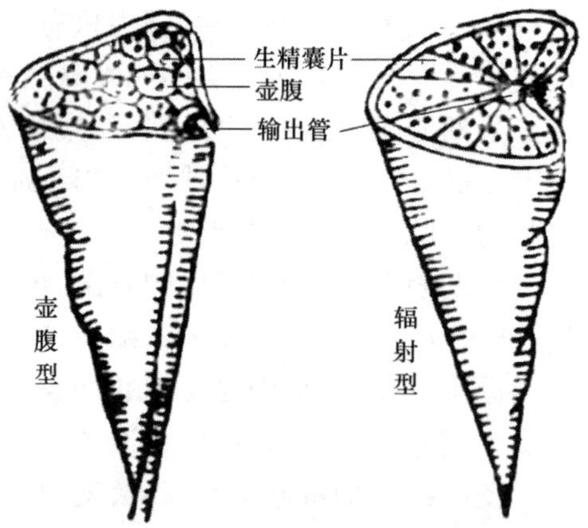

图 11-3　两种精巢结构解剖

Ⅰ期精巢:生殖腺很不发达,呈细线状,紧贴于体腔膜上,肉眼无法区别雌雄。切片观察可见分散状分布的精原细胞。精原细胞外包有精囊细胞(精胞)。

Ⅱ期精巢:呈现线状或细带状,半透明或不透明,血管不显著。组织切片观察可见精原细胞增多,排列成束群,构成实心的精细管,管间为结缔组织所分隔。

Ⅲ期精巢:圆杆状,挤压雄鱼腹部或剪开精巢均无精液流出。实心的精细管中央出现管腔,管壁是一层至数层同型的、成熟等级一致的初级精母细胞,管壁外面为精囊细胞所包围。

Ⅳ期精巢:呈现乳白色,表面有血管分布。此期的早期阶段挤压雄鱼的腹部,没有精液流出,至晚期轻轻压挤鱼的腹部,有少量白色精液流出。精巢组织切片可见初级精母细胞(体积大、染色深)、次级精母细胞(体积较小、染色更深)和精子细胞(体积最小,染色最深)。初级精母细胞、次级精母细胞和精子细胞集于精细管的管壁上。当官腔中出现为数不多的精子时,表示精巢已经发育到Ⅳ期的晚期。

Ⅴ期精巢:各精小管(也叫精小囊)中充满精子,提起雄体的头部或轻轻挤其压腹部时,粘稠的乳白色精液从泄殖孔流出,此时正在产卵或即将产精。

Ⅵ期精巢:体积缩小,切片观察可见精细管壁只剩精原细胞、少量初级精母细胞和结缔组织,囊腔和壶腹中有残留的精子。精巢一般退回第Ⅲ期再向前发育。精巢的成熟度也可用成熟系数来衡量。

四、鱼类性成熟的年龄和性周期

(一) 鱼类性成熟的年龄及其变动

鱼类发育到初次生殖,即标志其进入性成熟期。性成熟年龄因种而异,即使是同种鱼,也会因各种原因而有变动。一般地,雄鱼比雌鱼的性成熟年龄要早。鱼类性成熟年龄大体上可分为 3 种类型:

1. 低龄性成熟类型

通常这类鱼性成熟年龄为 1 龄或 1 龄以下,性成熟个体体长较小,它们生活在高温水域,或者自出生至性成熟的生活环境条件有很大的变动,或者整个生命周期较短。低龄性成熟有利于种的延续,如洄游性的香鱼 1 龄即达性成熟。

2. 中等年龄性成熟类型

大多数鱼类属此类型,性成熟年龄为 2～3 龄或 4～5 龄。

3. 高龄性成熟类型

性成熟年龄在 10 龄左右或更高,这类鱼性成熟的体长较长,多生活于较高纬度,或年生长量较低,如鲟形目鱼类大多属此类型,而又如黑龙江鳇在 15～20 龄时才性成熟。

首次达到性成熟的指标除年龄外,体长或体重也很重要。国际上规定,鱼类必须至少有一次生殖机会,其相应的体长(或叉长,或肛长等)、体重叫生物学最小型。个体提前达到生物学最小型，即称为性成熟提前，否则将延后。

(二) 鱼类的性周期

各种鱼类达到一定年龄就能正常产卵或排精，即称其为性成熟，此年龄称为性成熟年龄。当性成熟的鱼第一次产卵或排精后，性腺即定期地按季节周期性地发生变化，称为性周期。鱼类性腺发育、成熟与精卵产出等过程，都有严格的周期性，这是鱼类在进化过程中的一种适应，其实质是每批卵母细胞从形成到发育成熟所经历的周期。鱼类的性腺未成熟前，没有性周期，鱼类达到性成熟之后，一般每年重复 1 次。热带或亚热带的鱼类一般性腺一年成熟 2～3 次，性周期相对较短。按鱼类性周期的长短可分为 3 种类型：

1. 短性周期类型

性周期远不足 1 年，多属热带和亚热带鱼类。例如，食蚊鱼 2 次生殖之间相隔数月。

2. 一年性周期类型

大多数鱼类的性周期为 1 年，性腺由排出性产物至下一批性产物的成熟，大体要经历 1 年时间。例如，青鱼、草鱼、鲢鱼、鳙鱼在自然条件下，性周期大多为 1 年。

3. 二年性周期类型

大部分鲟形目鱼类的性周期长达 2 年，甚至更长，即性腺至少隔年成熟一次。

五、鱼类的繁殖力

鱼类的个体繁殖力一般是指雌鱼在一个生殖季节排出卵子的数量。通常以Ⅳ期卵巢中所怀有卵黄积累的卵粒计数，通常在统计怀卵数量时，只统计成熟的卵粒数，不计算较小的卵母细胞。但也有认为凡是开始积累卵黄的第Ⅲ时相的卵母细胞和充满卵黄的第Ⅳ时相卵母细胞数量总计即为繁殖力，即小型和中型卵都应计入。

鱼类的个体繁殖力可区分为个体绝对繁殖力和个体相对繁殖力。个体绝对繁殖力是指一个生殖季节里一尾雌鱼的所排出的卵子总数，以怀卵总量计。个体相对繁殖力是指单位体重(单位为 kg 或 g)或单位体长(或叉长，或肛长等)的怀卵量计。卵的计数一般都采用重量取样法，即先称卵巢全重，然后在卵巢的不同部位取样，每份样品的重量视卵巢的大小而定，一般在 1～5g 左右。用几份样品卵数的平均值计算出卵巢中的卵数，即求得个体绝对繁殖力；据此绝对繁殖力除以鱼体纯体重或体长(叉长或肛长)，即得到个体相对繁殖力。

水柏年(2000)研究得出：小黄鱼的个体绝对繁殖力的变动范围为 4118～218238 ind.，平均为 44943 ind.；个体相对体长的繁殖力为 25.0～909.3ind./mm，平均为 248.5 ind./mm；个体相对体重的繁殖力为 79.2～1633.7 ind./g，平均为 664.0 ind./g。其它各种鱼类的怀卵量极不相同，卵生而且亲体对卵无任何保护的种类怀卵量大，例如海洋中的翻车鱼多达 3×10^{8} ind.；草、青、鲢、鳙大的个体产卵量在 1×10^{6} ind 以上；大型的鲟超过 1×10^{6} ind。不少鱼类的怀卵量为几万以至几十万粒。筑巢产卵或以其他方式护卵、护幼的鱼，怀卵量较少，如高体鳑鲏怀卵仅 50～60ind，斗鱼 200～500ind，黄鳝 500～1000ind。软骨鱼的怀卵量或怀仔量都不多，少的只 2～3ind；多的也不过 20～30ind。怀卵量多的鱼，后代达到性成熟的个体数量并不很多，有人估计海洋中的鳕每产 1×10^{6} ind，达到性成熟的不过 1 尾左右。与之相反，软骨鱼及有护卵、护幼的一些种类，怀卵量虽不多，但受精率、孵化率与成活率都比较高。

同种鱼类的繁殖力也因各种因素的影响而发生变化，当营养良好，环境条件优越，鱼体生长快，个体的怀卵量将提高，反之则下降。对大黄鱼(春宗)的研究表明，在它的生命周期中，个体绝对繁殖力的状况可分三个阶段：青年期：2～4 龄，繁殖力较低；盛年期：从 5 龄起，繁殖力明显出现升高的现象,直到14龄左右;衰老期:大致在15龄以后,繁殖力逐渐下降。这种现象可能存在于大多数鱼类,只是阶段转变的具体年龄可能不同。

第二节 鱼类的繁殖习性

一、鱼类的繁殖方式与受精方式

(一) 鱼类的繁殖方式

鱼类的繁殖方式有卵生、卵胎生和胎生三种类型。

1. 卵生

为大多数鱼类的生殖方式。鱼类将卵或受精卵产至体外,胚胎发育在体外进行,胚胎发育过程中完全依靠卵内的营养物质。少数卵生鱼类,卵子产出后又受到亲体的保护,但受精卵并不在母体的生殖系统中发育,与母体更无营养关系。大多数硬骨鱼类和少数软骨鱼类均为卵生,如虎鲨尽管体内受精,却把受精卵排出体外孵化,为卵生,如图11-4所示。

图 11-4 卵生的虎鲨

2. 卵胎生

受精卵在雌体生殖道内发育,发育中主要依靠卵黄营养,与母体没有营养关系,母体生殖道只提供氧、水分等,最终由母体产出。很多鲨鱼及多种热带鱼类属此种生殖方式,如锥齿鲨、星鲨、鲸鲨、棘鲨、食蚊鱼、剑尾鱼等。

3. 胎生

一些板鳃鱼类的胚体在母体输卵管特化而成的子宫内,其发育所在的壁上有一些突起与胚体连接,形成类似胎盘的构造,胚胎与母体通过这一构造有血液循环上的联系,胚胎发育所需的营养等不仅靠本身的卵黄,而且也通过胎盘依靠母体来供给。母体通过胎盘将营养与氧气等输送给胚体,同时将二氧化碳、排泄物等由血液循环带走排出体外,如柠檬鲨行胎生(见图11-5)。

图 11-5 尚连着脐带的柠檬鲨

(二) 鱼类的受精方式

鱼类的受精方式有两种,绝大部分卵生鱼类行体外受精,即亲体把精卵排入水中,卵在水中受精;少数卵生鱼类,如一些鲨、鳐类和海产杜父鱼类行体内受精,而所有卵胎生和胎生鱼类则行体内受精。

二、鱼类的生殖群体

(一) 生殖群体

鱼类的生殖群体由补充群体与剩余群体组成,为了生殖集合成群,往往为生殖集合准备或正处于生殖洄游阶段,或群体正处在生殖状态中。

(二) 鱼类的性比

通常情况下,鱼类的性比大体上接近1∶1。有些鱼类的性比则有很大的差距,例如鲫鱼群雌雄比可达10∶1,河鲈和食蚊鱼也有这种现象。在生殖时,性比有不同的情况。有研究表明,湖北梁子湖的蒙古红鲌产卵鱼群中雌雄比是(6～15)∶1,团头鲂是(8～9)∶1。许多筑巢产卵的鱼类,如乌鳢、斗鱼生殖时,都是一雌一雄。产黏性卵的鲤、鲫、麦穗鱼等在产卵时也是成对地追逐。在产卵场,鳇鱼的性比也是1∶1。

三、鱼类的繁殖季节

鱼类性腺的发育和成熟产卵与水温有着密切的关系,因而产卵期与季节有关。热带鱼类在终年气候温暖的条件下,多数可以常年产卵。自然分布在我国所处低纬度带的鱼类,它们的生殖季节有两种类型:

(一) 春夏季产卵类型

我国亚热带和温带地区的气候特点是四季变化比较明显,分布在该纬度带的鱼类,大多数在温暖的春夏季产卵。纬度带偏低的地区产卵较早,偏高纬度带则较晚。这类型的鱼卵一般较小,孵化较快,仔稚鱼生活在水温较高、饵料丰富的环境中,如条纹斑竹鲨卵胎生,每年3—6月为繁殖期;又如海鳗卵生,海鳗产卵期约为4—7月。

(二) 秋冬季产卵类型

属此类型的鱼大多是起源于高纬度带的冷水性鱼类,有的在秋季产卵,如大麻哈鱼、乌苏里白鲑等;有的在冬季产卵,如江鳕和河鲈等。也有一些温水性鱼类在秋季产卵,如中华鲟等,它们的仔稚鱼进入海中觅食。冷水性鱼类的卵径较大,孵化期较长,如香鱼每年于9月上旬至11月下旬为产卵期,分批产卵,繁殖期内约产卵2～3次,又如鲻鱼在福建沿海的生殖期为12月至翌年1月的冬季。

鱼类生殖季节持续时间的长短与产卵鱼群的组成状况及产卵时期外界条件的变化(如水温升降、洪水大小等)有关。一般从生殖季节开始至结束,持续1～2个月左右,但大多数个体进行生殖的盛期一般集中在15～20d左右。

四、鱼类的产卵类型

按鱼类在一个性周期中产卵的批数划分,可区分为一批产卵和分批产卵两种类型:

(一) 一批产卵类型

此类型鱼类卵巢中卵母细胞的发育基本同步,即至生殖季节同时成熟。其中有些种类一批成熟一次产出,如草、青、鲢、鳙是典型的一批产卵鱼类,卵一次集中产出。如大黄鱼在一个生殖季节中卵子同一批排出。但是,有些种类的卵母细胞虽一批成熟,但是要断续、反复多次产出,如麦穗鱼、鳑鲏等都属于这一类型。

(二) 分批产卵类型

此类型鱼类卵巢中卵母细胞的发育不是同步的,卵母细胞分批成熟分批产出,例如鲤、鲫等是典型的分批产卵鱼类,当第一批卵母细胞在早春成熟产出后,发育较迟的卵母细胞加速发育,当雨季到来水位上涨时,又进行第二次生殖,第二批卵母细胞成熟产出,有的情况下还可能有第三批或更多的批次。据水柏年(2000)从小黄鱼卵巢中卵子直径分布百分比入手研究得出:小黄鱼在一个生殖季节中小黄鱼卵巢中的卵子发育不是同步的,而是分批发育成熟,分批产出体外,属分批产卵类型,而且第一批排出的卵子数占总排卵量的22%～29%。

五、鱼类的产卵场

鱼类的产卵场与其产卵方式、卵的性质,以及对外界环境条件的要求有密切的关系。外界环境条件中除了水温外，水流、光线、盐度、底质或卵的附着物外，还有仔鱼的营养条件等都与鱼类的产卵要求能否满足有关。在这些产卵条件中，有一些是主要的或必不可少的，例如，当水域中不存在卵附着物时，鲤鱼的性腺即使已充分成熟，也不会产卵；草、青、鲢、鳙在达到自然产卵时，所要求的外界条件十分严格，池塘培育的亲鱼不经催产，性腺终将退化吸收。

根据鱼类对于产卵场条件的要求，可以分成以下类别：

(一) 草上产卵鱼类

这类鱼产黏性卵，卵产出后粘附或缠绕在植物性附着物上发育，而不致脱落到水底窒息死亡，鲤、鲫、团头鲂等属于此类，产卵场所植物性附着物的存在是产卵的主要条件。

(二) 石砾产卵鱼类

这类鱼产出的卵粒，有的沉于水质澄清、有石砾底质的场所，例如大麻哈鱼产卵至水底后，又用沙砾掩盖卵粒，以防水流的冲击。有的为黏性卵，卵粘附在石砾上孵化，如中华鲟等。

(三) 砂底产卵鱼类

这类鱼选择砂质底为产卵场所。卵具黏性或黏性弱，可粘附于植物根部或表面覆有砂粒，在底部发育，如棒花鱼和一些红点鲑。

(四) 喜贝性产卵鱼类

将卵产在软体动物的外套腔内或蟹类等动物的甲壳内，卵能在呼吸条件差的情况下发育，如鳑鲏鱼类和某些鲷类等。

(五) 水层性产卵鱼类

产浮性卵的海洋鱼类，在广阔的海洋水层中产卵，卵在水中自由漂流；淡水中产漂浮性卵的鱼类，如草、青、鲢、鳙在大江河的急流中产卵，卵产出后在水层中漂流孵化。

六、生殖行为和筑巢习性

体内受精的鱼类，雌、雄进行交配，例如软骨鱼在生殖时，雄鱼用鳍脚交尾授精。体外受精的鱼类，有的也出现类似交配的动作，如泥鳅在生殖时，雄鱼卷绕雌鱼；有的一雌一雄追逐嬉戏，雄鱼并用头部冲撞雌体，至极度兴奋时雌鱼产卵，雄鱼排精；有的雌、雄成群追逐产卵排精，完成生殖。

有些鱼类具有筑巢或选择特定场所产卵的习性，例如黄颡鱼、棒花鱼、罗非鱼等，产卵前在水底挖掘巢穴；乌鳢在水草中营筑环状的巢；斗鱼在产卵前由雄鱼不断从水面吞入空气，然后吐出气泡，聚集成气泡浮巢；黄鳝也用吐出的泡沫筑巢；刺鱼雄鱼用肾脏分泌的黏液，将水草根茎碎片胶合成鸟巢状巢，有进、出口可供亲鱼出入；沙鳢在背风湖湾内选择石洞、破瓦罐或蚌壳作为产卵的巢穴。

七、护卵和护幼

许多鱼类在产卵以后，有护卵、护幼的习性。营筑巢产卵的鱼类，亲体大多护卵、护幼。这对卵和仔稚鱼成活率的提高有很大作用。担任保护的亲鱼性别因种类而不同，有的是由雌鱼或雄鱼一方担当，也有双亲共同担负。

刺鱼将卵产在巢中后，由雄鱼护巢。当其他雄鱼或别的鱼接近鱼巢时，圆尾斗鱼即出现猛烈驱逐的护巢行为。仔鱼孵出后仍受雄鱼保护，直到幼体能自由游动和自力防卫时为止。

棒花鱼筑巢产卵后，雄鱼在附近护巢。当其它鱼接近时，雄鱼即加以驱赶，但并不追逐。

海龙和海马的雄鱼腹侧形成育儿囊，雌鱼产卵时由突出的输卵管将卵排入育儿囊时，雄鱼进行排精。受精卵在囊中发育，孵化后在囊中生活一段时间，然后离开雄鱼。

八、鱼类的变态发育

一般鱼类的幼小个体在形态上与成鱼有点差异，随着生长发育的进展，这些差异，例如体形、身体各部比例、鳍条长短和斑纹、色泽等逐步发生变化，以至发育到与成体相同，也就是不存在变态发育。但是，有一些种类则不同，它们的幼鱼和成鱼的形态差别极大，甚至可被误认为是另外的种类。当发育至某一时期时发生急剧的变化，变为成鱼的形态，这称之为变态。鱼类在变态时，形态、生理发生急剧的变化，对外界环境条件的要求也较高。比较显著的鱼类变态举例如下：

1. 鳗鲡目的变态

鳗鲡目鱼类在仔鱼期要经过一个无色透明的柳叶状态阶段，鱼体经过变态后成为棍棒形。初孵化的仔鱼体长约 3 mm，全身透明，稍后仔鱼变为柳叶状，又称柳叶鳗或叶状幼体（见图 11-6）。

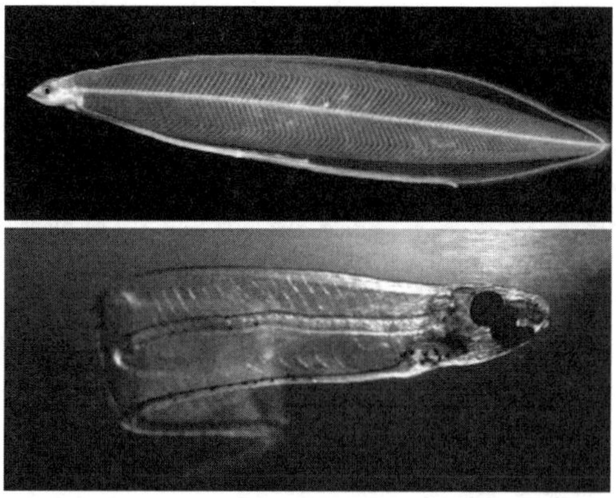

图 11-6　柳叶状鳗鲡仔鱼图

2. 鱵科鱼的变态

这类鱼成体所具有的长针状下颌在仔鱼后期初是完全没有的，一般从仔鱼期后至稚鱼期阶段，针状下颌急速地发育，变态成成鱼形态。

3. 鲽形目鱼的变态

鲽形目鱼类在仔鱼后期之前如同普通鱼左右对称的形态，当仔鱼后期终了时发生变态，头颅骨发生扭曲，一侧的眼移到头顶乃至另一侧，鱼体变态成左右不对称的体形，最终口、齿、体色、鳍等左右均不对称。如褐牙鲆变态发育，1 日龄的前期仔鱼全长为 3.04 mm，体长呈条形，具长条形的卵黄囊；9 日龄的后期仔鱼全长为 4.22 mm，卵黄囊消失，头后上部出现冠状幼鳍原基；17 日龄的后期仔鱼全长为 8.25 mm，冠状幼鳍鳍条出现，左右两眼对称，位在同一水平；28 日龄的稚鱼全长为 12.16 mm，体高明显增加，冠状幼鳍缩小，右眼转到头顶；35 日龄的稚鱼全长为 13.70mm，体高进一步增大，冠状幼鳍消失，右眼转到左侧。

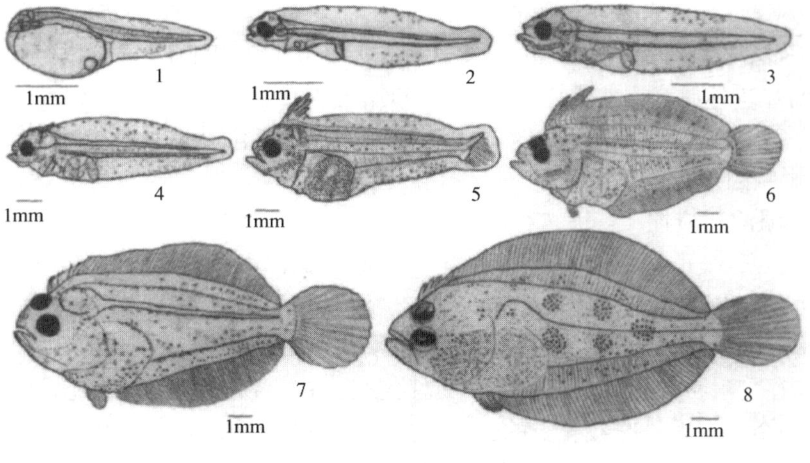

图 11-7　褐牙鲆变态发育图

第十二章　鱼类的生活与环境

在自然水域环境中，生活着各种生物，而鱼类是其中的一大类群。鱼类作为水环境中的生物主体类群之一，对水环境有一定要求和适应性，同时鱼类对水环境又有一定影响，从而形成了一个十分复杂的生态系统。它们互为条件，互相作用，彼此改变，关系密切，不断处在矛盾和平衡过程中。在水域中生活着的各种鱼类是水域生态环境的重要组成部分，同时每时每刻既受环境的影响，又影响着环境。鱼类与生态环境之间存在着既对立又统一的关系。一方面，鱼类只能生活于适宜的水域环境中，如果水域环境条件不能满足其正常生活条件要求，鱼类就会感到不适，不能健康正常地生活、生长、发育、繁殖和洄游等生命活动，甚至得病或死亡；同时生活在水域中的鱼类又给环境因生活、生长、繁殖及摄食等产生一定的影响，这体现了鱼类与水域环境对立的一面。另一方面，只要水域环境条件能够满足鱼类各种正常的生命活动要求，鱼类就能够正常生存与生活，正常地进行生命活动；同时鱼类正常的生命活动又促进了水域生态系统的物质循环和能量流动健康正常，为生态平衡的维持做出一定的贡献，这又体现了鱼类与水域环境之间相统一的一面。研究与认识鱼类与水域环境的这种对立统一关系，掌握与应用鱼类对环境的适应、影响及水域环境因子影响鱼类生理行为的规律，对渔业生产具有重要意义。

第一节　鱼类与非生物环境因子的关系

鱼类生活在水中，受到很多环境因子的影响，这些环境因子包括非生物环境因子与生物环境因子两大类。其中，非生物环境因子有水温、盐度、水流、水压、溶氧、光照、pH 值、氨氮、硫化氢及电等，这些因子对鱼类均起着不同的影响作用。

一、鱼类与水温的关系

鱼类是变温动物，其体温几乎随着水温的变化而变化。游速快、脂肪厚的鱼类体温与水温的温差较大。如金枪鱼体温高出水温 14℃，副金枪鱼体温高出水温 12℃，黄鳍金枪鱼体温高出水温 7℃；而鳗鱼体温高出水温 2.7℃。一般地，鱼类的体温与水温差不超过 0.5℃～1℃，鱼类对水温的变化非常敏感，对 0.03℃～0.05℃的水温变化就有反应。水温是对鱼类最重要、最敏感的影响因子。

（一）鱼类对水温的适应性

美国生态学家 V. E. Shelford 于 1913 年提出谢尔福德耐性定律(Shelford's law of tolerance)，即生物对其生存环境的适应有一个生态学最小量和最大量的界限，生物只有处于这两个环境因子值限度范围之间才能生存，这个最小到最大的限度称为生物的耐受性范围。生物对环境的适应存在耐性限度的法则称为耐受性定律。在生物的生长和繁殖所需要的众多生态因子中，任何一个生态因子在数量上的过多、过少或质量不足，都会成为限制因子。即对具体生物来说，各种生态因子都存在着一个生物学的上限值和下限值(或称“阈值”)，它们之间的幅度就是该种生物对某一生态因子的耐性范围，又称耐性限度。

水温对鱼类生命活动的影响:(1)不同温区对鱼类生命活动的影响。在适当的水温范围内,鱼类的生理活动能正常进行。超出这个范围,鱼类就会不适、昏迷或死亡。对鱼类而言,水温范围大致可以划分为5个温区,即致死低温区、亚致死低温区、适宜温度区、亚致死高温区和致死高温区。亚致死低温区或亚致死高温区是指适宜温度区与致死温度区之间的水温范围。(2)水温对鱼类生长、发育和繁殖的影响。在适宜温度区范围内,当水温上升时,鱼的体温随之而升高,体内的新陈代谢加快,即温度每升高10°C,新陈代谢的速度加快2~3倍[范霍夫定律,雅可比亨利克·范霍夫(Jacobus HenricusVan't Hoff)提出]。水温影响到鱼类各项生理活动的强度。

鱼类的能耐水温:为鱼类能忍耐的最高水温与最低水温的幅度。在能耐水温范围内,适于鱼类生活、生长、发育与生殖,新陈代谢良好,促进鱼类正常发育的水温叫适温。超过能耐水温范围,导致鱼类50%死亡或昏迷的相应水温叫致死温度。例如,太平洋鲑属冷水鱼类,其生存水温为0℃~22℃,短时间能耐受水温24℃,最适水温为16℃~18℃。大黄鱼属于暖温性鱼类,适温范围在8℃~32℃间,最适的生长温度为20℃~28℃。

(二)水温对鱼类新陈代谢率的影响

生物体从环境摄取营养物转变为自身物质,同时将自身原有组成转变为废物排出到环境中的不断更新的过程叫新陈代谢。代谢率即为机体内通过有氧和无氧代谢活动,将化学能转化为热和机械功的速率,或者叫物质进行代谢的速率。新陈代谢率即为新陈代谢速率,包括静止代谢率和活动代谢率两种类型。静止代谢率(Resting metabolism rate,缩写RMR)是指仅用来维持呼吸、血液循环等基本生理功能时燃烧热量的速率。活动代谢率(Activity metabolism rate)是指鱼类运动时所进行的新陈代谢速率,以代谢量比标准代谢量(静止代谢量)增加多少来确定。一般运动时,代谢量要比静止时增几倍至十几倍。

静止代谢率和活动代谢率分别与水温的关系:在一定的水温范围内,静止代谢率随着水温的升高,鱼类的静止代谢率加快,直至温度升高到一定的大小时,鱼类的静止代谢率为零。另外,在一定的水温范围内,随着水温的升高,活动代谢率增大,到一定的时候,随着水温的升高,活动代谢率降低,直至为零。活动代谢与静止代谢间的差距即为代谢差距,即代谢差距=活动代谢率-静止代谢率。当代谢差距值为0时,鱼类冬眠、昏迷或死亡。静止代谢率与活动代谢率差距最大时的相应水温叫最适温度。

(三)水温对鱼类生殖的影响

在生殖适温范围内,水温升得快,性腺成熟加速,生殖提早、加速,鱼类生殖期缩短。生殖适温以外的温度对胚胎发育有不良的影响,抑制了胚胎的正常发育,甚至死亡。水温对鱼类产卵期的到来具有决定性意义,例如草、青、鲢、鳙在春季水温18℃以上才开始产卵,升温越快,生殖越快,生殖期提早结束。大马哈鱼的产卵水温则在12℃以下。这表明一定的水温对于鱼类产卵是一种刺激,春季产卵的鱼类要求升温,而秋冬产卵的鱼类则要求降温,鱼类到达性成熟的时间等都受水温的直接影响。

(四)水温对鱼类生长的影响

环境条件季节性变化,水温也季节性变化,鱼类的生长也季节性变化。按鱼类对温度的适应情况可将所有鱼类分为以下几类。

1. 热带性鱼类

对水温的要求较高,适于在较高的水温中生活,如金枪鱼、遮目鱼、鲣、鲔、鲭、罗非鱼及一些珊瑚礁鱼。例如,罗非鱼在水温30℃左右时摄食旺盛,生长最快;25℃~35℃时,生长正常;

17℃～13℃以下时，不能生存。

2. 温水性鱼类

这类鱼的适温不高，生活于温带水域，属于这种类型的鱼种数较多，如鲻、鲮、斑鰶、小黄鱼和小沙丁鱼等。

3. 冷水性鱼类

在低温条件下才能正常生活的鱼类，如大马哈鱼、虹鳟、江鳕等。

另外，还有一种鱼类生态类型分法：根据鱼类对水温的适应范围又可细分为冷温性鱼类、温水性鱼类、暖温性鱼类和暖水性鱼类。鱼类生态类型对水的适温范围如表12-1所示。

表12-1　鱼类生态类型适温范围一览表

生态类型	适温范围	分布区域	鱼类举例
冷温性鱼类	5℃～10℃	34°N以北	黄海鲱、鳕鱼、鲆鲽、绵鳚等
温水性鱼类	10℃～20℃	以温带为主，兼亚热带	小黄鱼、银鲳、竹筴鱼和带鱼等
暖温性鱼类	15℃～25℃	亚热带	大黄鱼、鲐、蓝圆鲹、鳓鱼和乌鲳？等
暖水性鱼类	20℃～30℃	热带、亚热带	遮目鱼、金色小沙丁鱼、罗非鱼和鲱鲤等

根据鱼类的耐温能力不同，鱼类又可分为广温性鱼类和狭温性鱼类两种类型。其中，广温性鱼类包括大部分温水性鱼类，即大部分生活在沿岸、近海海域及内陆水域，适应于水温多变的环境；而狭温性鱼类包括热带、亚热带鱼类及冷水性鱼类，则生活在水温变化幅度很小的水域中，否则就会导致鱼体生活不适或得病，甚至死亡。

（五）温跃层

所谓温跃层是指海洋水域中垂直方向上水温剧烈变化的水层。温跃层对大多数鱼类在水中分布水层的影响较大。

1. 温跃层类型

(1) 季节性温跃层：是指表层水受热升温，在风浪的搅动和热传递等的作用下，使得水温在垂直方向上形成剧变的水层。

(2) 永久性温跃层：是指由两种不同性质的海流、水系或水团相交汇而形成的垂直方向上的水温剧变的水层。这种温跃层终年存在，只是水域或水层变化而产生。例如，黄海冷水团与外海高盐水的交汇形成的温跃层。

2. 温跃层存在的判断

水温在垂直方向上变化强度，用 $\Delta T/\Delta Z$ 来表示，其中 ΔT 为某一水层的温差，ΔZ 为某一水层的深度差，其单位为℃/m。在浅海区，若 $\Delta T/\Delta Z \geqslant 0.2$℃/m，则此水层存在温跃层；在深海区若温度的变化率达到 $\Delta T/\Delta Z \geqslant 0.05$℃/m，则此水层存在温跃层。

二、鱼类与盐度的关系

盐度对鱼类生态、生理作用的直接效应是引起有渗透调节能力的鱼体进行渗透压的调节，而无渗透调节能力的鱼类表现为不适、麻醉、昏迷或死亡。间接影响则表现为对鱼体与环境间物质交换与能量流动的影响(De Silva et al.,1976)。自20世纪50年代末开始，盐度一直是鱼类生理学和实验生物学研究的重要指标。盐度是影响鱼类生长、代谢等各种生理活动的重要环境因素，其变化迫使鱼类自身通过一系列生理变化，来调整体内外渗透压的动态平衡，致使其生长存活与摄食、呼吸代谢、酶和激素水平与胚胎发育等相关生理指标产生相应变化。盐度对鱼类的生理行为影响并不十分敏感，对盐度 0.2 的大小变化会有反应。

(一) 鱼类的适盐类型

1. 按适盐范围分

(1) 广盐性鱼类：鱼类的生理行为对盐度变化不敏感，分布于盐度变化较大的水域，河口性鱼类、沿岸性鱼类、溯河或降海性鱼类属此类型，如梅童鱼、鲈鱼、刀鲚及中华鲟等。

(2) 狭盐性鱼类：鱼类的生理行为对盐度变化较敏感，分布于盐度比较恒定的水域，淡水鱼类、外海鱼类、大洋性鱼类属此类型。

2. 按适盐高低分

(1) 高盐性鱼类：其适盐范围在 34 以上，分布于外海、大洋、深海海域的鱼类属此类型，如金枪鱼、黄鳍马面鲀、长颌水珍鱼等。

(2) 中盐性鱼类：其适盐范围为 17～33，分布于近海混合水区的鱼类属此类型，如大黄鱼、小黄鱼、银鲳和鳓鱼等。

(3) 低盐性鱼类：其适盐范围为 31 以下，分布于沿岸或河口区的鱼类属此类型，如龙头鱼、银鱼等。

(二) 鱼类的渗透压及渗透调节

1. 渗透压

渗透压是指限制渗透作用的力量，随盐度的增大而增大。渗透压包括内渗透压和外渗透压(简称内压和外压)两种类型，内渗透压即为鱼类体液限制外界环境中离子与小分子向体内渗透的力量，而外渗透压即为限制鱼体中离子与小分子向外界环境中渗透的力量。渗透压的大小可以渗透液的冰点下降值的大小表示，如人血液的冰点－0.56℃，其渗透压可用 0.56 表示，而盐度 35 的海水冰点为－1.91℃，其渗透压以 1.91 表示。

2. 鱼类的渗透压类型及渗透调节

1) 渗透压类型

高渗型：其特点是内压高于外压，如淡水鱼类、海水软骨鱼类(有的人也把它归为等渗型)。

低渗型：其特点是内压低于外压，如海水硬骨鱼类。

等渗型：其特点是内压几乎与外压相等，或者有人认为内压略高于外压，如海水软骨鱼类。

2) 渗透调节

海水软骨鱼类的渗透调节：海产板鳃类由于血液中有大量的尿素和氧化三甲胺而使其渗透压略高于海水，甚至还要有少量水渗入体内，才能满足肾的排泄需要。原尿中的尿素和氧化三甲胺可大部分被肾小管重吸收。靠尿素和氧化三甲胺在血液中的积累，进入体内的水分增加，尿量增加，尿素丢失，进入体内的水减少，尿量也减少，不断循环维持渗透压平衡。板鳃类虽不饮水，但随食物也有少量的水和离子进入体内，其中 2 价、3 价离子主要由肾排出，1 价离子通过直肠腺排出。

海洋硬骨鱼类的渗透压调节：肾比较退化，肾小球小，甚至消失，几乎没有滤过作用；肾小管短，重吸收作用强，以尽量减少水分丢失。吞饮海水以补充丢失的水，同时大量离子也被吞饮。其中二价离子 Ca^{2+}、Mg^{2+}、SO_4^{2-} 形成不溶性盐类，随粪便排出；一价离子被消化道吸收经鳃上皮的泌盐细胞排出多余的盐(Na^+、Cl^-、NH_4^+ 和 HCO^-)；一部分二价离子由肾小管分泌，于是带出一部分水。

淡水鱼类的渗透压调节：淡水鱼类面临的问题是排出多余的水，补充丢失的盐。有发达的肾，数目多，肾小球滤过作用强，排出多余的水，肾小管重吸收作用特别强，鳃呼吸上皮可直接从水中吸收无机盐，其肠道可从食物中吸收无机盐。

洄游鱼类的渗透压调节：鱼类由淡水进入海水后，由排水保盐状态转入排盐保水状态，因此，在淡水中的渗透压调节机制被抑制，而在海水中的渗透压调节机制被启动。具体调节机制：①大量饮水；②鳃主动向海水排出离子，如血浆的皮质醇浓度升高，提高了鳃上 ATP 酶活性和由鳃排出的 Na^+ 增加；③肾小球的滤过率减少，肾小管吸水能力增大，尿量减少。鱼类由海水进入淡水后，由排盐保水状态转为排水保盐状态，海水中的渗透压调节机制受到抑制，而淡水中的渗透压调节机制被激活，从而维持体内高的渗透压。具体调节机制：①停止吞饮水，Ca^{2+}、Mg^{2+}、SO_4^{2-} 吸收和排出减少；②神经垂体激素使肾小球滤过率增大，肾小管对水的吸收降低，吸盐加强，排出大量稀薄的尿；③肾上腺素、催乳素分泌增加，明显减少鳃对 Na^+、Cl^- 的排出量；④启动了离子主动转运系统，包括 Na^+/NH_4^+，Na^+/H^+ 和 Cl^-/HCO^- 的转运交换，从低渗水环境中吸收 Na^+、Cl^-。

3）鱼类对盐度缓慢变化的忍耐性

有些鱼类在盐度缓慢变化时，表现出很大的忍耐性。这在生产上广泛应用，如鲮鱼苗淡水驯化，即采取逐步降低盐度的办法，经过一段时间驯化就可在淡水中养殖；又如罗非鱼引进后经盐度略高的淡水驯养后，再以半咸水驯养，在适应了较高盐度的水环境后再在海水养殖。

（三）盐度对鱼类的生长、繁殖和代谢的影响

1. 盐度对鱼类摄食和生长的影响

1）盐度对鱼类摄食量的影响

鱼类生长过程需要一系列物质循环与能量转换，表现为鱼体大小和质量的增加。鱼体的生长较少受到盐度的明显制约，如狭盐性的草鱼，在盐度为 0.5 和 6 时摄食量较高，盐度为 5 时摄食量最高，盐度为 9 时摄食量显著降低，盐度为 12 时停止摄食。

2）盐度对鱼类代谢率的影响

盐度对狭盐性和广盐性淡水鱼类及海水鱼类的影响不同，如盐度对淡水狭盐性鱼类的生理生态特征影响，呈现为低盐(0～5)维持，增盐降低的特征；当盐度超过等渗盐度后，鱼类食欲下降，吸收率、转化率和生长率显著下降，直至死亡。鱼类最大摄食率、吸收率、转化率和生长率出现在淡水鱼食欲下降的盐度之间。但是，盐度对狭盐性海水鱼类的摄食率、吸收率、转化率和生长率的影响呈现倒钟型曲线变化。例如，黄鳍犬牙石首鱼在盐度为 37 时食物吸收率最高，在极端盐度为 29 和 45 时最低。溯河性广盐性、海水广盐性和咸淡水广盐性鱼类在较大的盐度范围内，往往都能存活并有较好的摄食率、吸收率、转化率和生长率，但不同鱼类的最佳生长盐度却有所不同。

3）盐度与鱼类生长率的关系

鱼类的食物转化率和生长率与盐度的差异密切相关，如大西洋鳕在夏季盐度为 7 时摄食量较少，其生长率比盐度为 28 时低。又如欧洲鲽在中盐度(5 和 15)条件下比在 0 和 35 条件下生长快。

2. 盐度对鱼类繁殖的影响

盐度对繁殖的影响直接表现在对性腺发育、产卵洄游和生殖潜能激发等的影响上，鱼类学家认为，决定鱼类产卵期和产卵洄游的主要外界因子是水温及可使鱼类达到性成熟的热总量。适盐在 32～38 的海水鱼种，当产卵洄游经过盐度 26 等盐线附近时，其总能量的分配模式会发生改变，激发生殖潜能；而鱼类通过低摄食高转化效率，即使食物资源不充足，也能达到性成熟的热总量。

(四) 盐度对疾病的影响

由于海水或淡水的病原适盐范围较窄，与鱼类的适盐范围有差异，因此病原在鱼类的一些盐度范围内因盐度不适而难以生存或繁殖，从而难以引起鱼病的发生。如花鲈在盐度大于 20 的水域常常会出现严重的水霉病，而在盐度低于 20 的水域则未出现此病。

(五)盐度影响鱼类的分布

盐度是河口、近岸和近海鱼类群落分布影响的重要因子。黄颡鱼和杜氏叫姑鱼在自然水域的资源数量与盐度成正相关，杜氏叫姑鱼比黄颡鱼更少穿过盐度梯度为 10 的水域，这些鱼类为适应盐度变化，需消耗更多的能量，以避免穿过高盐度梯度的行为。

三、鱼类与酸碱度的关系

鱼类生活的水域酸碱度，即以其 pH 值表示，其大小对鱼的生长、发育和繁殖等有着直接或者间接的影响。这是由于其大小直接关系到鱼类的血液中的红细胞与血液中溶氧结合度，pH 值大小适中，即结合度高。

鱼类最适宜在中性或微碱性的水体中生长，其 pH 值为 7.8～8.5，但在 pH 值为 6～9 时，仍属于安全范围，如鲢鱼、鳙鱼、草鱼、鲤鱼和团头鲂等温水性鱼类，喜偏碱性水，其适宜的 pH 值范围为 7.5～8。但是，如果 pH 值低于 6 或高于 9，就会对鱼类造成不良影响。如果 pH 过高或过低，不仅会引起水中一些化学物质的含量发生变化，甚至会使化学物质转变成有毒物质，对鱼类的生长和浮游生物的繁殖不利，还会抑制光合作用，影响水中的溶氧状况，妨碍鱼类的呼吸。

pH 值对鱼类繁殖也有影响。pH 值不适宜，亲鱼性腺发育不良，妨碍胚胎发育。若 pH 值在 6.4 以下或 9.4 以上，则不能孵出鱼苗。若 pH 值过低，可使鱼卵卵膜软化，卵球扁塌，失去弹性，在孵化时极易提前破膜。若 pH 值在 5～6.5 之间，又遇适宜的温度条件(22℃～32℃)，养殖的鱼种还极易得“打粉病”。

四、鱼类与水流的关系

水流作为鱼类生活环境中的一种非生物因子，能够刺激鱼类的感觉器官，使其产生相应的活动方式及行为机制，进而影响鱼类的摄食、生长、生殖及新陈代谢等生命活动。因此研究水流对鱼类游泳行为的影响，分析鱼类对水流的适应特征，有助于了解自然条件下鱼类活动规律，有利于捕捞技术研究，也可为改善人工流水养殖工艺提供基础数据。

(一) 鱼类对流反应

(1) 流速太小，对鱼类不起反应，鱼类处于慢游或漫游状态。

(2) 当流速达到一定的大小时，鱼类的活动增强，便顶流游泳，以利于定向和摄食。

(3) 流速过大，鱼也保持顶流状态，但会被水流倒冲走。

(4) 在寒冷的水域，鱼类行动迟钝，一般呈漂游状态。

(5) 在光照条件下，鱼类能顶流游泳；但在黑暗中随流漂浮。这是鱼类的顶流游泳需要以视觉作辅助之故。

(二) 潮汐、潮讯与鱼类分布关系

1. 潮汐与鱼类分布关系

白天落潮，夜间涨潮，由于鱼类通常昼沉夜浮，更多的鱼类分布在浅海、近岸与内湾。白天涨潮，夜间落潮，则情况相反。

2. 潮讯与鱼类分布的关系

大潮汛时,深层鱼、底层鱼起浮,中上层鱼群为避大潮流而倒游往深水处;小潮汛时,鱼类分布受影响则小。

(三) 水流对鱼类生长的影响

水流能刺激鱼类的感觉器官,使其产生相应的活动方式及反应机制,如顶流游泳。有些学者研究认为,水流的刺激可对鱼类的新陈代谢系统发生作用,影响鱼类的生长与发育。传统的理论认为水流是阻碍因子,但现在研究者认为低速游泳可增加生长率,促进蛋白质的合成效率。

(四) 水流对生殖的影响

水流对某些鱼类的性腺发育成熟及产卵显得特别重要。水流除对亲鱼有刺激作用外,还提高了水中的溶氧。江河中的青鱼、草鱼、鲢鱼与鳙鱼等四大家鱼往往在产卵季节,因降暴雨而水位猛涨,水流湍急,亲鱼经数小时后即可完成性腺成熟度从Ⅳ期向Ⅴ期的过渡立即产卵。鱼类的侧线器官接受水流的刺激,通过中枢神经使下丘脑 LRH 的大量合成和释放,再触发脑垂体分泌一种叫 GTH 的物质,随后诱导鱼类发情生殖。

五、鱼类与溶解氧的关系

溶解氧是指溶解在水里游离态氧气,用每升水里氧气的毫克数表示。水中溶氧的来源有几个途径,即空气中溶入、水生植物光合作用产生和随淡水径流注入等,溶解氧密度大小跟空气里氧的密度、大气压、水温、盐度、氯度和水质等有密切的关系。在水温 20℃与气压 100kPa 下,纯水里大约溶解氧含量为 9mg/L,0℃的淡水中溶解氧的饱和值为 10.2 mg /L;海水中溶解氧饱和值为 9 mg /L。一般鱼类适宜的溶氧量为 3mg/L 以上,当水中溶氧量小于 3 mg/L 时,鱼类不摄食,停止生长;溶氧量小于 2mg/L 时,鱼类就会浮头;溶氧量为 0.6 ～0.8 mg/L 时,鱼类就开始死亡。

1. 溶氧需求大小的类型

根据鱼类正常生活对水中溶氧需求可分为几种类型,溶氧需求大的,范围为 7～11 mg /L,如鲑、鳟等;溶氧需求多的,范围为 5～9 mg /L,如红鳕等;溶氧需求少的,为 4 mg /L,如斜齿鳊等;耐氧的,为 2～0.5 mg /L,如野鲤等。

2. 海洋中溶解氧的垂直分布特征

表层　　近饱和层
↓　　↓
10～50m　　过饱和层
↓　　↓
往深DW溶解氧减少层
↓　　↓
100m 深　　溶解氧更少层
↓　　↓
再往深　　溶解大增层
↓　　↓
某些水层或海底　　缺氧层

3. 溶解氧对鱼类影响

溶解氧是鱼类赖以生存的必要条件,而水中溶氧含量的多寡对养殖鱼类摄食饲料利用率和生长均有很大影响。有研究表明:水缺氧会引发鱼类呼吸中枢的兴奋,鱼将提高呼吸活动应对溶氧不足而出现"浮头",甚至会死亡。资料表明,溶氧量 5mg/L 以上时鱼类摄食正常;当溶氧量降为 4mg/L 时,鱼类摄食量下降 13%;而当溶氧量下降到 2mg/L 时,其摄食量下降 54%;再下降到 1mg/L 以下时,鱼类停止吃食。不但如此,池中溶氧量充足还可以改善鱼类栖息的生活环境,降低氨氮、亚硝酸态氮、硫化氢等有毒物质的浓度。但并不是水中溶氧量越高越好,当池水中溶氧量过饱和度达 150%以上,溶氧量达 14.4mg/L 以上时,易引起鱼类气泡病。因此,适宜的溶氧量,对于养殖鱼类生存、生长、饲料利用率等至关重要。

六、鱼类与光的关系

众所周知,地球上所有的生命都依靠太阳辐射形式的能量流来维持。太阳辐射也是水域温度和绿色植物合成有机物质所需的基本能源,因而是水环境中的首要因子。实验证明,鱼类对光很敏感,对光照强度 0.01～0.001Lux 变化刺激就会有反应。

1. 依据光的垂直分布强弱将水体划分层次

(1) 真光层:0～80m 水层,动植物繁茂;

(2) 弱光层:80～400m 水层,植物很少,只有少量硅藻分布;

(3) 无光层:400m 以深水层,只有动物而无植物存在。

2. 各光照层鱼类特征

(1) 真光层鱼类:在此水层分布的鱼有发达的眼,视觉正常。

(2) 弱光层鱼类:在此水层分布的鱼具有较大而发达的眼,以弥补光照强度不足。

(3) 无光层鱼类:在此水层分布的鱼具有特别发达的眼,并往往具有发光器;有的鱼类眼退化或无眼,而代之以发达的感觉器官,如侧线器官、触觉器官等。

3. 鱼类的趋光性和避光性

鱼类对光刺激的反应有好奇性、适宜照度、索饵集群、条件反射、强制运动、迷惑和本能等种种假说。鱼类的趋光过程大致可以分为两个阶段:第一阶段是鱼受光刺激后,游近光源周围;第二阶段是鱼滞留在光源下游动。趋光性鱼类在过了一段时间后,会因对光的适应、疲劳及环境的变化等而离开光源游走。某些无趋光性成鱼,其幼鱼也有趋光反应,如香鱼、鳗鲡等幼鱼。同一种鱼类,其趋光性因发育阶段、雌雄性别、摄食量和鱼鳔结构不同而异,如幼鱼期比成鱼期趋光明显,摄食量少时容易被光诱集,有的鱼类(如竹刀鱼)在怀卵期的趋光性减弱。此外,鱼群被诱集后的起浮程度与鱼鳔结构有关。索饵鱼比生殖的鱼趋光性强。

趋光性有刺激相称性、保目标性和保留性三种类型。刺激相称性是由于两眼受光面的光量之差引起的刺激。而保目标性和保留性是鱼眼受光面部分受光量之差引起的刺激。鱼类为保持受光量没有差异而产生趋光。鱼眼对不同波长光的敏感曲线是不相同的,底层鱼类感受光谱范围很窄,约为 410～650mμ,而上层鱼类则具有较宽的光谱范围,约为 400～750mμ。

鱼类有一定的适宜照度范围,并且在这种照度的水层内集群。鱼类的适宜集群照度随环境条件的变化而改变,如竹刀鱼在水上灯照射下,集群于光源下方约 2m 处,并滞留相当长的时间。而在水下灯照射下,尽管光照强度小于水上灯,鱼类能围绕并游向光源,但滞留不久即离开光源。趋光性强的鱼也是集群性强的鱼种,如沙丁鱼、蓝圆鲹、鲐、竹刀鱼及玉筋鱼等。在夜间,鱼为了防御、索饵或发现同伴而长时间滞留于光源下,从而产生集群反应。

鱼类的趋光性与水温及月光有关。一般情况下，水温越高，趋光性越弱；反之，趋光性增强。月光明亮，趋光集群效果较差，如果增强光的照度，可以提高集群效果。

所谓趋光性是指动物对光刺激产生定向运动的特性。朝着光源的定向运动叫正趋光性，背离光源的定向运动叫负趋光性，也叫避光性。

(1) 正趋光性鱼类：如鳀、鲱、沙丁鱼、脂眼鲱、青鳞鱼、燕鳐、竹刀鱼、银汉鱼、竹荚鱼、蓝圆鲹、鲐、鲣、颌针鱼、鲬、鲆及鲀类等具有正趋性。

(2) 负趋光性鱼类：如海鳗、大黄鱼成鱼、泥鳅、鲶和鲈等鱼类具有负趋光性。

(3) 趋光性强弱特征：不同鱼种趋光性不同；同一鱼种不同种群趋光性不同；同一种群鱼，幼鱼比成鱼趋光性强，鱼类在春夏季比秋冬季趋光性强，饥饿、消瘦的鱼比饱食、肥壮的鱼趋光性强，索饵的鱼比生殖的鱼趋光性强。

4. 鱼类的昼夜垂直上下移动规律

(1) 一般打麻将而言，大多数鱼类均具有昼沉夜浮的习性，但马面鲀、鲂鮄等却例外，具有昼浮夜沉的习性。

(2) 昼夜垂直上下移动原因：①因浮游生物昼夜垂直上下移动，鱼类为追逐饵料生物也昼夜垂直上下移动；②每种鱼类均有其适宜的光照强度范围，鱼类为寻求合适的光照层而昼夜垂直上下移动；③浮游植物的光合作用产生毒素，鱼类为逃避毒素而昼夜垂直上下移动。

5. 光对鱼类摄食的影响

一般而言，鱼类在白天，尤其习惯于在清晨和傍晚摄食，但在黑夜则停止摄食。另外，鲱鱼、海鳗、黄鳝等习惯于夜间摄食。据研究认为，这与昼夜光照强度变化有关。

6. 鱼类的胚胎发育与光照的关系

(1) 某些鲑科鱼类胚胎发育在无光照条件下将会起延缓和破坏作用。因而卵子埋没于泥沙之中。据 Willer and Schnigenbng 研究(1927)得出，大马哈鱼受精卵发育在有光处比无光处慢 4～5d。

(2) 浮性卵都在光照充足条件下才能正常发育，在暗处则延缓发育。据 Jojhansenhe and Kroghy 研究(1914)得出，比目鱼受精卵发育在有光条件下比无光快 1.5～2d。

(3) 光色对鱼类胚胎发育影响：有人试验得出，鳟鱼受精卵在紫光下发育得最快，在绿光下最慢。

(4) 光照强弱与鱼类体色关系：在幽黑的环境里，鱼体有深暗的颜色；在明亮的环境里，鱼体具有鲜亮的颜色。

7. 鱼类的适光性

(1) 不同鱼类对光的适应强度不同；

(2) 同一鱼种在不同的生长阶段适光强度不同，如幼鲱在 20Lux 光照下开始趋光，400Lux 光照下最适宜，6500Lux 光照下活力不强，开始不适。

七、鱼类与其他气体的关系

1. CO_2 气体

(1) CO_2 来源：主要来源于各种水生生物的呼吸及有机物氧化分解而来。除游离形式存在外，还有以碳酸盐和碳酸氢盐的形式存在。

(2) CO_2 密度昼夜变化特征：如在精养的小水体中，白天时因被水生植物利用而降低；晚上则因光合作用减弱而增加。CO_2 密度垂直变化具有与溶氧相反的变化特征。

(3) 鱼类对CO_2密度变化非常敏感,海水鱼类比淡水鱼类更甚。有人将海马在CO_2密度分压为42mmHg的水中试验得出,20～30min内,不会从血液中释放CO_2,且相反吸收CO_2,呼吸系数便低于零;数小时以后,恢复从机体释放CO_2的能力,但已不能完全恢复正常状态。若在上述分压为42mmHg的水中存在2～3h后,再重新置入自然海水,虽能从临近死亡的状态活过来,但24h内会死亡。而鲢、鳙鱼幼苗在含氧充足情况下,CO_2的密度超过80mg/L时,呼吸困难;超过100mg/L时,出现昏迷;超过200mg/L时,引起死亡。因为游离CO_2过高时,血液中CO_2不能释放出而致浓度升高,使血液中血红蛋白氧饱和张力比正常的要高,因而尽管吸入大量的氧气,血液仍然含氧不足。所以,通常天然水不会出现CO_2含量达到有害程度,而密封条件下运输活体时,可能会出现CO_2中毒现象。

(4) 对pH值的影响:CO_2密度过高也会降低pH值,从而影响鱼类和其他水生动物的生存。

2. H_2S气体

(1) H_2S的来源:溶氧不足时,含硫的有机物经厌气性细菌分解产生;或富含硫酸盐的水质经硫酸盐细菌还原作用而生成。多数在水体极度被污染的情况下易生成。

(2) H_2S对鱼类的毒害作用:H_2S易与血红蛋白中的铁化合而使血红细胞失去载氧能力。据1976年我国环保部门资料记载,虹鳟幼鱼的致死密度阈值为0.0087mg/L。

3. NH_3气体

(1) NH_3气来源:缺氧时,含氧有机物分解而成;含氧化合物被硝化细菌还原而成;水生生物新陈代谢产生等。

NH_3在水中存在形式:

$$NH_3 + H_2O \leftrightarrow NH_3 \cdot H_2O \leftrightarrow NH_4^+ + OH^-$$

NH_3气对鱼类具有剧毒作用。密度达到一定值的水体可致使鱼患氨中毒症,即使其浓度较低也会抑制鱼类生长。

八、鱼类与声的关系

鱼类除能感受机械振动、次声振动和声振动外,还可能感受超声振动,而且许多鱼类还能发声。按所发声音的性质,有的是机械声,如游动、摄食、呼吸等动作时发出的声音,还有一些是生物声,具有一定的生态意义,如恐吓声、认识声和信号声等。

1. 鱼类的感声器官感声刺激

(1) 侧线器官:能感受5～25Hz的水流、机械振动和次声振动。

(2) 内耳下部的球状囊和瓶状囊:能感受16～13000Hz的振动。

(3) 某些鱼类以侧线器官及内耳同时感受18～30Hz振动刺激。

(4) 不同鱼类感声刺激的能力是有差异的,如鱥能感受16～7000Hz声振动;黑虾虎鱼能感受44～800Hz声振动。

2. 鱼类的发声

(1) 以鳔发声,如石首鱼以鳔和鼓肌(发声肌)发声,当鼓肌收缩时,压迫内脏,使鳔壁共振发声。例如,大黄鱼与小黄鱼能发出"沙沙","呜呜"、"咯咯"的叫声,音调高,可在水面上听到。

(2) 以胸鳍鳍条与肩带骨相配合发声,如鲇形目鱼。

(3) 借咽喉齿和颌齿发声,如鲀科鱼类。在养殖上,如能利用鱼类对声音的反应,建立条件反射后,可以定点投喂,节约饵料,便于管理,也更利于养成后集中捕捞。

九、鱼类与电流的关系

1. 鱼类对电流的反应

鱼类对电流的反应灵敏,但反应的灵敏度因种而异。通常皮肤感受器发达的鱼对电流的反应更为灵敏。例如,叉尾鮰对电流的反应比金鱼强烈。

鱼类对直流电场作用的反应类型:在电场中十分不适而力图逃出电场,这是鱼力求占有其体轴与电流平行的位置,并且呼吸节律加速,个体较大的同种鱼比较小的反应更快。鱼的头部转向阳极,并向其游去,对电流方向,甚至极微小的变化也有很敏锐反应。鱼在电场中发生电麻痹,严重时会死亡。电场强度的增高,与鱼类血液中形成乙酰胆素有关,能导致鱼类即心脏活动失调而死亡。

2. 鱼类放电

一些鱼类身体存在大型的发电器官,会放电的鱼类大约百余种。放电电压最大的是电鳗,达到 650V ～860V,电鲇为 400V ～450V,电鳐为 70V ～80V。放电目的是攻击、自卫或发信号。攻击或自卫时,放强电;为了发出信号时,则放弱电。

十、鱼类与底质及悬浮物的关系

1. 水域的底质对鱼类影响

底质对沿岸、近海海域鱼类生殖、索饵、越冬有影响,而对大洋性鱼类没什么影响。如大马哈鱼生殖水域为沙砾底,大黄鱼生殖水域为软泥或泥沙底质,鲮鱼或鲻鱼索饵水域为底栖硅藻丰富的港湾浅滩。往往鱼类越冬水域在藻坑多凹处。

2. 悬浮颗粒在许多方面对鱼类产生不同的影响

水体中的悬浮颗粒(粒径为几微米至十余微米)过多时,透明度降低,不利于饵料生物繁殖生长。悬浮颗粒过多的水域水质浑浊,长期生活在此种水域的鱼眼睛也会变得很小,这是一种适应现象。水质浑浊,其中悬浮颗粒过多,会沉积鳃上,易使鱼呼吸困难,甚至窒息死亡。

十一、鱼类与压力及深度的关系

水深每增加 10m 时,压强大约增加一个大气压。例如,处于 5320m 深海的鱼类,生活在相当于大约 533 个大气压的深海区。长期在高压下,鱼类骨骼和肌肉疏松。腱疏松而易于分离,口极大,胃的伸缩力强。鱼一旦被捕到水面,气体膨胀,令肌肉及血管破裂,内脏翻出,眼球由眶内脱出。

十二、鱼类与水污染的关系

1. 水域污染物的主要来源及危害

污染来源是化工、石油、冶金、造纸、纺织、印染和农药等厂矿的工业废水,以及农业生产产生的污染废水等大量排放。主要有害物质为硫化物、氰化物、各种重金属离子(汞、铜、锌、铅、铬等),酚、醛、有机氟农药制品,以及其他有机物和各种营养盐等。例如,铜、铅等重金属能促使鱼鳃分泌大量黏液并凝固,盖于鳃上,危害鱼呼吸,甚至窒息。

2. 污染对鱼类生活的影响

水域污染破坏了包括鱼类在内的食物链,如 D. D. T 达到 100ppt 浓度时,纤细菱形硅藻的光合作用强度降低 94%;9.4ppt 时就观察到叶绿体被破坏。又如石油及石油制品对光合作用及对叶绿素也有破坏作用。污染不仅严重影响一切海洋生物的幼体、成体的正常生长，危及种族的繁衍，而且导致水产品质量低劣，甚至失去食用价值，同时给人类健康带来很大威胁。有机物和大量营养盐污染导致“赤潮”或“水华”，这主要与氮、磷、铁和锰等微量元素及有机物大增有关。

第二节　鱼类与生物环境因子的关系

在水域环境因子中，生物因子对鱼类的影响有多种形式，包括种内关系和种间关系两大类。同种鱼类的不同个体或群体之间的关系，分为种内互助和种内斗争。种间关系为鱼类与其他不同种生物之间的关系，包括互利共生、寄生、共栖、竞争和捕食关系。

一、种内关系与种间关系

(一) 种内关系

1. 种内互助

种内互助为同种个体在生活过程中互相协作，以维护生存的现象。很多鱼类的群聚生活方式就是常见的种内互助现象。群聚生活方式的个体之间没有明确分工，成群聚集在一定区域内，沿着一定的路径漫游或洄游，从而使种群在适于栖息的区域内分布得均匀一些。鱼类的群聚生活有利于生殖、捕食和御敌等。

2. 种内斗争

种内斗争为同种个体之间由于食物、栖所或其他生活条件的矛盾而发生斗争的现象。如果鱼类个体间斗争能力的差异小，种内斗争趋向于争夺型；若个体间斗争能力的差异大，种内斗争就趋向于竞争型。

(二) 鱼类的种间关系

1. 共生

两种生物共同生活在一起，相互依赖，彼此有利的关系。如，小牧鱼共生在海蜇伞状体下，平时生活在各条口腕周围，每当外物或敌害接近时，立即躲入其中，触动了海蜇，引起海蜇伞状体收缩，将小鱼包蔽其中，保护起来，且瞬间沉没于深处；而小鱼则成了海蜇的“眼睛”，相互有利。

2. 寄生

一种生物生活于另一种生物体内或体表，并从后者获得营养物及生活条件的关系，对另一方有害。如，盲鳗常寄生于其他个体大的鱼体内，巴西产的毛鼻鲇寄生在个体较大的鲇鱼鳃腔内等。

3. 共栖

鱼类与其他生物之间的一种关系，对一方有益而对另一方无害的种间关系。如，鲫鱼吸附于鲨鱼体表，在鲨鱼体上“免费搭车旅行”，并摄取鲨鱼的残剩食物，对鲨鱼无伤害。

4. 竞争

鱼类与另一种生物生活在一起，相互争夺资源、空间以及其他生存条件的关系。如，带鱼和蓝点马鲛均喜食鳀鱼，两者间存在食物竞争。

5. 捕食

为一种鱼类以别的鱼类或动物为食的现象，如带鱼捕食鳀鱼、乌贼等。

二、鱼类与其他生物之间的物质循环和能量流动关系

(一) 食物关系

1. 食物链

在水域中,从植物、细菌或有机物开始,经植食性动物到肉食性动物,形成摄食与被摄食的链接式关系称为食物链。简单地说,大鱼吃小鱼,小鱼吃虾,虾吞水蚤,水蚤食微藻,微藻吸收阳光及无机盐等进行光合作用制造有机物质,维持着这个弱肉强食的生物之间的关系叫食物链。

2. 食物网

绝大多数动物会摄食许多种不同的生物,生物也会被不同的动物摄食。许多简单的食物链相交织而成复杂的网状食物关系,叫食物网。食物网是食物链的扩大化与复杂化,为各种生物的营养层次多变情况下形成错综复杂的网络状营养关系。

如图 12-1 所示,食物链与食物网反映了水域生态系统中摄食与被摄食的关系。在食物链

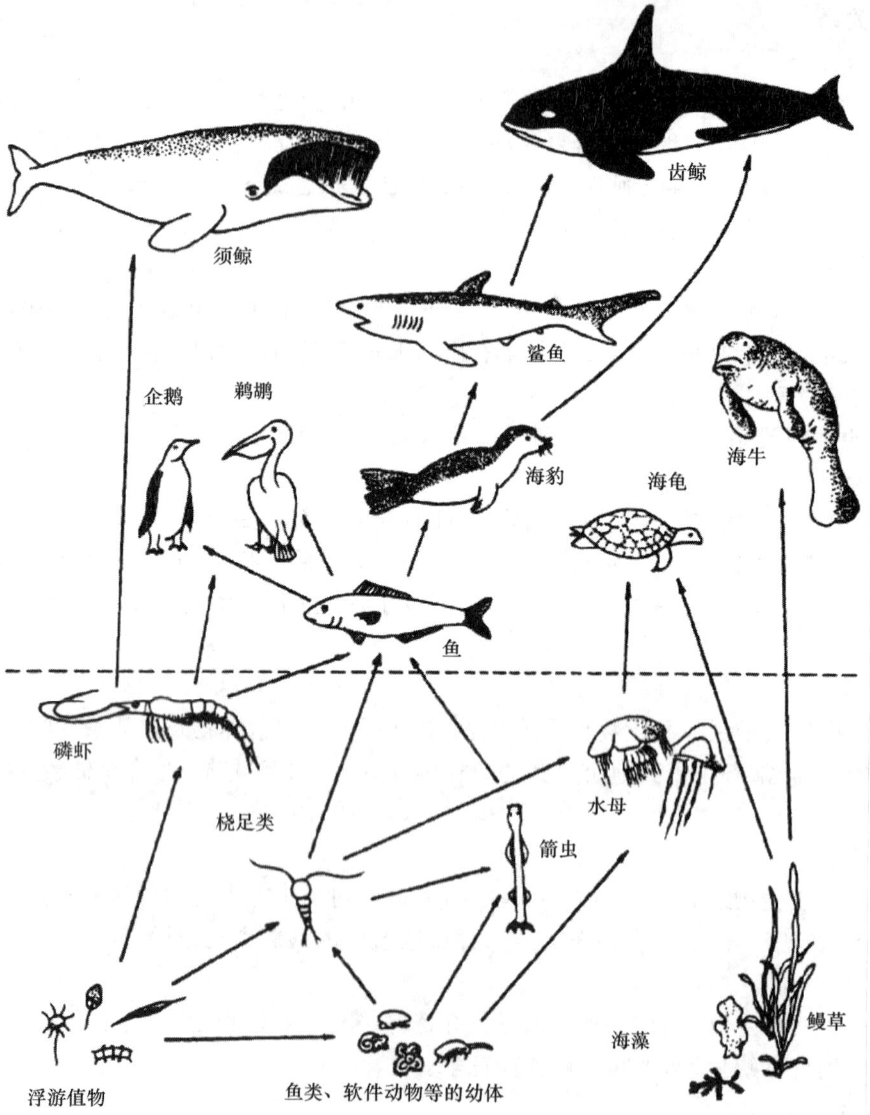

图 12-1　食物链与食物网图

中，能利用无机物制造营养物质的生物被称为生产者，其中绝大部分是植物，如水草、藻类等。那些不能自行产生营养物质，只能以其他生物或有机物为食的动物被称为消费者。吃植物的消费者是初级消费者，吃初级消费者的生物是次级消费者，依此类推。

各种生物的尸体、碎屑、粪便排入水中，作为分解者的微生物将废物分解转化成无机盐类，供植物重新循环利用。如图 12-2 所示。

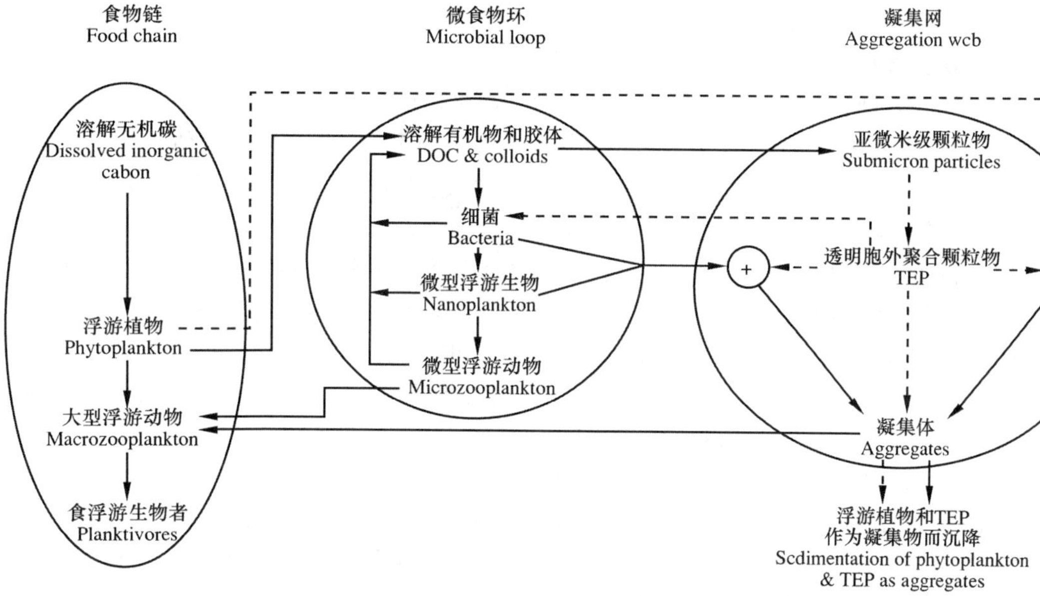

图 12-2 海洋生态系统物质循环模式图

（二）食物链与数目金字塔

食物是生物获取能量的主要来源，而能量维持着生命的基本活动，能量沿着食物链从生产者流向消费者。能量在生物之间流动的过程中，以呼吸、排泄等各种生命活动形式被消耗。通常生物只能利用食物中 10% ～20%的能量。例如，1 尾肉食性的鲨鱼长到 1t 重，需要消耗掉 10t ～20t 的中等鱼类，这些中等鱼类则需要消耗掉 100t ～200t 的小型鱼类，这些小型鱼类则要消耗 1000t ～2000t 的浮游生物。可以想象吃掉 1 尾鲨鱼，将会消耗数量多么庞大的其他生物。

“数目金字塔”(Pyramid of numbers)定律：水域中存在很多个体大小不同的生物体，其数量的多少和个体大小恰成反比关系，即个体越小数量越多，个体越大则数量越少，这种大小和数量构成一个金字塔图形，塔的基础代表许多小生物体数量，塔尖代表少数个体大的生物体的数量。

如图 12-3，表示各层级间物质数量转化的关系。塔层间的物质转化率叫生态效率，指在限定的时间和空间内，处于某一食物链级次的动物往上一级次输送的能量与该动物本身所消耗的下一级次生物的能量之比。一般而言，初级生产者与一、二级消费者之间的生态效率为 2%～34%。Kozlovski (1968)的结论：营养层级愈高，吸收效率愈增加；但净生产效率反而会愈低；同时，粗生产效率也下降；生态

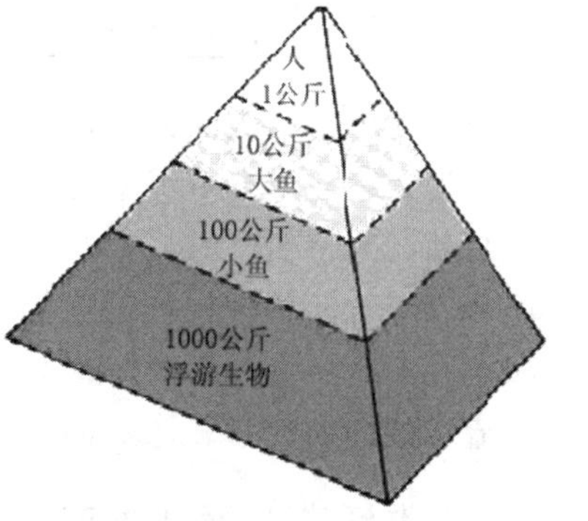

图 12-3 数目金字塔模式图

效率则是保持恒定的,相邻两个营养层间的生态效率约在10%左右,但是Kozlovski的10%通则并不是个定律。Odum(1957)测定,生产者与草食动物间的生态效率是17%,但是在草食动物与肉食动物间则只有5%,水域的生态效率较高,营养层次可以有4～5个。食物链级次的效率,就是饵料生物向摄食者的转换效率。转换效率往往依饵料生物种类、捕食者种类的大小、水温高低等变化。这样,食物链每升高一个级次,能量就有损失;级次数目越多,总体效率就越低。

(三) 海洋生物生产力

海洋中生物通过同化作用生产有机物的能力,为海洋生态系统的基本功能之一。通常以单位时间(年或天)内单位面积(或体积)所生产的有机物的重量(或有经济价值的水产品的数量)来表示。海洋生物同化有机物,在多数情况下,需经过初级生产者、初级消费者、次级消费者及三级甚至四级消费者,直至终级消费者等不同的环节,才能转化为人类食用的各种水产品,其中肉食性鱼类一般要经过三、四级的转化。各级生产力的转化通常是通过海洋食物链和海洋食物网的渠道来完成的。海洋生物生产力包括海洋初级生产力和海洋动物生产力。

如表12-2所示,大洋占整个海洋总面积的90%。可是,至少在热带海域,大洋的生产力与陆地沙漠一样地低。近陆地的大陆棚区,上下层水的交换频繁,下层营养盐向上层补充的效率高,江河径流又带来了丰富的营养盐,因而生产力比大洋约高一倍。海洋中生产力最高的水域是上升流区,平均约等于沿岸水域的3倍,但其面积仅占整个海洋的1‰。大洋、沿岸和上升流三类海域的平均初级生产力分别为50 gc/(m^2・a)、100 gc/(m^2・a)、300gc/(m^2・a)。据赖瑟在1969年的统计,上述3类海域面积所得的初级生产量每年分别为163×10^8 t、36×10^8 t和1×10^8 t有机碳,整个海洋每年光合作用固定下来的碳约200×10^8 t。

表12-2　　海洋生物生产力

项目	大洋区	大陆架	上升流区	合计
面积($10^7 km^2$)	326	36	0.36	362.4
占总面积(%)	90	9.9	0.1	100
初级生产力($gC/m^2/a$)	50	100	300	.
总初级产量(10^9/tC/a)	16.3	3.6	0.1	20
营养级数	5	3	1～2(1.5)	/
生态效率(%)	10	15	20	/
平均鱼类生产力($mgC/m^2/a$)	0.5	340	3600	/
总鱼类产量(10^6 tC/a)	0.2	12	12	24.2

从食物链的级次分析,大洋的主要终级水产品为金枪鱼等,整个食物链约为5级。沿岸水域约为3级。上升流海域的食物链最短,高产种类(如秘鲁鳀等)多以浮游植物为食,稚鱼期以浮游动物为食,食物链约为1.5级。大洋、沿岸水域和上升流水域的平均生态效率分别约为10%、15%、20%。根据这些数值推算出三类海域的鱼类生产量,大洋区约为160×10^4 t,沿岸和上升流海域各为1.2×10^8 t,大洋的鱼类生产量仅为上升流海域的1/75。这显然是由于上升流水域的食物链级次少而生态效率高,而大洋区则级次多、生态效率低所致。

三、人类活动对海洋生产力的影响

随着科学技术的发展,人类的活动对自然海域的影响,越来越产生重大作用。如不合理的强度捕捞，则会造成渔捞过度，致使世界海洋传统性渔场和传统性捕捞对象的资源普遍衰退。农业污水、工业污水、海洋工程和海岸工程等已严重地影响了近岸生物的生活环境条件，从而直接或间接地影响了近岸海域的生产力。

人们有意识地改善某一海域的环境条件及其生物区系的主要成员，采取海洋生产农牧化，开展生态系统修复及生物资源保护，科学地可持续开发利用与发展生物资源，以显著地提高海域的生产力，如加强藻场建设、海洋牧场建设与海洋生态修复等，运用人工上升流，将深层水的营养盐带到表层，可以提高初级生产力，获得较多的终级水产品；对生态位重要的典型生物种类及经济价值较高的海洋生物，进行人工栽培养殖和种苗放流增殖，亦能提高海域的生物生产力。

第十三章　鱼类的集群、分布与洄游

一般地，大多数海洋鱼类都具有集群和洄游的习性，集群(Schooling)是鱼类在水中的存在方式，是鱼类对复杂环境的一种适应性行为，随着时空变化，水域中各种相关环境因子发生变化，鱼类的集群方式和组成结构等会发生变化。洄游(Migration)是鱼类运动的一种特殊形式，是一些鱼类的定期性、定向性、集群性的长距离水平移动。洄游也是一种周期性运动，随着鱼类生命周期各个环节的变化，每年重复进行。洄游是长期以来鱼类对外界环境条件变化的适应结果，也是鱼类内部生理变化发展到一定程度，对外界刺激的一种必然反应。通过洄游，更换各生活时期的生活水域，以满足不同生活时期对生活条件的需要，顺利完成生活史中各重要生命活动。洄游的距离随种类而异，为了寻找适宜的外界条件和特定的产卵场所，有的种类要远游几千公里的距离。

研究、认识和掌握海洋经济鱼类的集群、分布和洄游的规律，有利于渔业科学技术及渔业生产工作者研究鱼类的生理和行为，以及掌握渔场和渔汛等。

第一节　鱼类的集群

鱼类的集群是内在生理要求和种的生存繁衍的需要，是一些生理状况相同又有共同生活需要的个体集合成群，以便共同生活的现象。在不同的生活阶段和不同的环境条件下，其集群的规模、形式和结构会发生变化。

一、鱼类集群的一般规律

1. 基本种群(Elementary population)

同时同地出生的同种鱼，生物学状态完全相同，生物学过程基本一致的个体集合成群。大多数鱼类以基本种群的形式存在水域环境中。

2. 分化改组

由于多种原因，鱼类的生长发育和性腺成熟往往不同步，因此基本种群到一定时候会发生分化改组，长得快的鱼归入先前出生的鱼群体中，长得慢的鱼归入后来出生的群体中，剩余的鱼维持原群。鱼类进行集群的分化改组后产生的新集合体就叫鱼群(Shoal)，鱼群中的个体年龄不一定相同，但生物学状况相近，行动统一，长时间集合在一起。同一鱼群的鱼类有时会因追逐饵料或逃避敌害而临时分成若干个小群(School)，一有机会这些小群又会自然汇合。

二、集群的概念及其类型

鱼类的集群是鱼类生理上的要求和生活上的需要，鱼类的聚集成群是一种本能。集群是大多数鱼类较为普遍的行为，在整个生命中都会出现阶段性的集群，尤其洄游性鱼类集群行为会更加明显。集群时，有的平时成群行动，有的产卵期行动特别明显，有的生活史初期成群行动。各时期集群的习性略有差异，如丝鳍粗单角鲀、鰕虎鱼科鱼类，早期发育阶段成群生活，而成鱼群大多不很稳定。一般认为因受阴影、饵料生物、声音等影响，一些鱼类有跟随漂浮物的习性，具有这种习性的鱼类不少于100种。在大洋区的中上层鱼类，往往集聚于漂流藻、漂浮渔网、其他漂浮物及鲸等下面水层里，如鲯鳅、鲹、鳞鲀、黄鳍金枪鱼和白卜鲔等。集群鱼类因其聚集的性质、目的、形式和特点不同而分成生殖集群、索饵集群、越冬集群和临时性集群。

(1) 生殖集群：鱼类由于外界环境因子的变化(如水温降低或升高)刺激，鱼体内部机体的变化(如性腺发育到一定的程度)时为生殖而开始集合成群，在洄游和生殖时群体一直保持集群状态。其特点是个体的体长基本一致，性腺发育程度基本一致，但其年龄则不一定完全相同。密度大，且稳定。

(2) 索饵集群：鱼类由于外界环境因子的变化(如适口饵料短缺)刺激，鱼体内部机体的变化(如机体处于饥饿状态)，鱼类为索饵而开始集合成群，在洄游和索饵时群体一直保持集群状态。其特点是群体为食性相同的同种鱼，个体的体长相近，密度有大有小，其大小取决于饵料密度大小、分布范围大小和环境条件等。集群的鱼群形态稳定，如远东拟沙丁鱼、银汉鱼、鲐鱼、鲣鱼、竹荚鱼和黄条鰤等摄食时常常集群。

(3) 越冬集群：鱼类由于外界环境因子的变化(如水温降低)刺激，鱼体内部机体的变化(如身体肥满度达到一定的程度)，鱼类为索饵而开始集合成群，在洄游和越冬时群体一直保持集群状态。其特点是个体的肥满度基本一致，大小不一定相同，群体密集，群体大。

(4) 临时性集群：由于风暴潮而致使海浪增大，或者碰到地震而产生强大的地震冲击波，引发大海啸而卷起不寻常水流所致，或者碰到敌害，或者碰到忌食生物等导致鱼类临时性集合成群或避离，这种临时性集群会因海洋环境的恢复正常而解散。不少鱼类，尤其是底栖鲫鱼、鲤鱼等一生或大部分时间分散生活，或者只按家族形成聚集。底栖鱼类形成这种生活方式，显然有利于个体找到适宜的栖居地和摄取到足够的食物。

三、集群的作用和生物学意义

鱼类集群的数量由于种群不同、个体大小不同，数尾数百尾，甚至成千上万尾集群。生活在同一环境中的同种鱼类，集群生活表现了同种鱼类之间的互助关系，这对鱼类的生存起着十分有利的作用。

1. 防御作用

长期以来，饵料鱼群中的个体比单个个体在广阔的大海中被发现和捕食的概率要小得多。因为鱼类群体中的某一尾或几尾同种个体在受到惊吓后会散发出特殊异味或发出不同声音，其他同种鱼类嗅到或听到后会四散奔逃。这种信息是鱼类从事一切生命活动中必不可缺的先天条件。如淡水中上层的鲢鱼、鳙鱼会成群结队生活在一起，以抵御其他鱼类侵袭。在一般情况下，个体小的鱼类极易形成集群，以抵御较大鱼类或食肉性鱼类。当遭到攻击时，小鱼会瞬间四散奔逃。因此，鱼类集群可以更好地防卫敌害的袭击。另外，英国人在水族箱中做过试验，得出单独行动的绿鳕稚鱼平均每26s便被鳕鱼吃掉1尾，而结群的绿鳕稚鱼平均每2min15s才被鳕鱼吃掉1尾，因为群间信号能有利于整个鱼群脱离危险。同时集群的鱼类能使凶猛鱼类很难将注意力集中到某一尾鱼身上，捕食者进攻时可能会误将鱼群当做一个危险的庞然大物而退却。鱼群通常跟着游在最前面的那尾鱼，如果全群的一侧受到威胁，整个鱼群便会受影响而掉头离开，即使敌害攻溃了鱼群，它所能吃掉的鱼也很有限。

2. 有利于索饵

鱼类群体中的某一尾或几尾同种个体在发现饵料后会散发出特殊信息，其他同种鱼类收到同类个体发出的信息后会聚过来摄食。因此，鱼类的集群有利于群体摄食。

3. 有利于生殖

鱼体集群有利于体内受精的鱼类交配,或有利于体外受精的鱼类排入水中的精卵结合。因此,鱼类集群有利于群体生殖。

4. 其他方面

有利于鱼类个体游泳,得益于集团互利效应,降低游泳耗能,发挥能量效应等。有人认为鱼群对于捕食者产生混乱效应,中枢神经系统的决策困难和外周神经系统的识别困难,鱼群能够提高整体的视觉、嗅觉、听觉防御灵敏度,能够产生更加有效的防御对策,混乱敌害视线而躲避。据2011年4月7日安徽卫视《超级新闻场》电视新闻报道:菲律宾东内格罗斯省29岁的摄影师史蒂夫·德·尼夫(Steve·De·Neef)在水下拍摄到菲律宾宿务岛(Cebu)海域的一个庞大沙丁鱼群伪装成一只约24m长海豚的模样穿梭海中,以逃避捕食者的威胁,见图13-1。

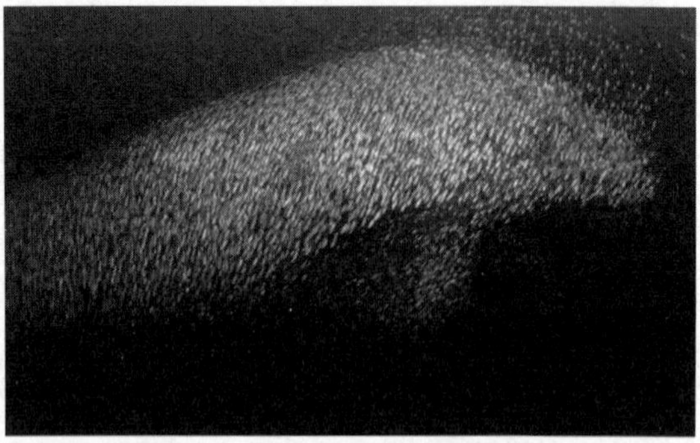

图13-1 沙丁鱼群伪装成海豚模样图

四、集群行为机制及结构

(一) 机制

同种鱼的个体,多数集群行动,也有各个体随机分散行动的。鱼类集群行动时,各个体朝着同一方向游泳,保持着一定的间隔距离,等速统一行动,也有集合在一起不统一行动的鱼群。

1. 视觉在集群行为中的作用

鱼群的行动,视觉起着主要作用,依靠视觉识别同伴而结群以保持鱼群的统一行动。如竹荚鱼鱼群受光的影响比较大,其在光明处向同一方向等间距行动,在暗处分成许多小群,黑暗处则散群。

2. 侧线感觉在集群行为中的作用

侧线管内充满黏液,它的感觉器神经丘即浸润在黏液中。当水流冲击身体时,水的压力通过侧线管上的小孔进入管内,传递于黏液,引起黏液流动,并使感觉顶产生摇动,从而把感觉细胞获得的外来刺激通过感觉神经纤维传递到神经中枢。由于侧线具有许多重要的感觉机能,所以,它在鱼类的索饵、洄游、集群、生殖及防御等各种生活过程种均有一定的作用。

实验证明:侧线既是鱼类寻找饵料、发现敌害及同种个体间相互联系的感觉器官,也是它们判别自己是否接近礁石、岸壁等各种障碍物的感觉器官。Hofer(1908)以狗鱼为实验对象,首次肯定了侧线的感觉水流机能,以及辨别和定位障碍物的机能。当用橡皮管等直接喷水到狗鱼侧线上时,会出现特殊的运动性反应,包括背鳍的展开和身体向另一侧略微弯曲。当增加刺激强度时,狗鱼所有的鳍均会进行运动,并且会改变自身的位置,但在破坏侧线器官后这些反应便会全部消失。另外,还观察到狗鱼在黑暗的环境下也不会碰到实验室水槽壁,并可在0.5～1cm处察觉到一把4cm宽的尺子,但同样在切除侧线后这些反应消失。

3. 嗅觉在集群行为中的作用

鱼类的嗅觉器官是其重要的化学感受器之一,由鼻孔、鼻腔和位于鼻腔内的嗅囊构成,具有重要的生理机能,在鱼类的生活中,诸如摄食、御敌、生殖和集群等行为上起着主要的作用。

(二) 结构

鱼群的大小、形状等称作外部结构,群体种类、体长组成、游泳方式、游泳速度和鱼体间隔等称作内部结构。在游泳、觅食、休息及逃避等不同状态下,鱼群的外部形态结构是不断变化的,有时并没有固定的形态形态,不同的季节、地理位置、发育阶段等时空和生理因素都能引起外部形态结构变化。一般用鱼群的长、宽、厚来衡量大小,鱼群中个体的数量也影响着鱼群的大小。鱼群的内部结构,首先,存在两种鱼类以上的混合鱼群的情况,但大多数为同种鱼的集合群;其次,鱼群聚集的一个特征是鱼体的长度,一般认为体长是趋中的。由于集群鱼的游泳速度一般为每秒 2～3 倍个体长度的大小,因此平均体长决定了鱼群的速度,并且鱼能够根据体长自动分群。最后,鱼群中个体的间距不是刚性的,但存在最适角度和最适距离而不断的调整。

第二节 鱼类的分布与洄游

一、种群内个体的分布

海洋中动物的分布有均匀分布、随机分布和成群分布等三种形式,分别介绍如下。

1. 均匀分布(Uniform distribution)

种群的个体是等距分布,或个体间保持一定的均匀的间距。均匀分布形成的原因主要是由于种群内个体之间的竞争。如海星的分布,有时每个个体和其邻居之间的距离是相等的,其腕足刚好碰不到。但是这种均匀分布的方式很少见。

2. 随机分布(Random distribution)

指的是每一个个体在种群分布领域中各个点出现的机会是相等的,并且某一个体的存在不影响其他个体的分布。随机分布比较少见,只有在环境资源分布均匀一致、种群内个体间没有彼此吸引或排斥时才容易产生。

3. 集群分布(Clumped distribution)

种群个体的分布很不均匀,常成群、成簇、成块或成斑块地密集分布,各群的大小、群间的距离、群内个体的密度等都不相等,但各群大都是随机分布。其形成原因:①环境资源分布不均匀,丰富与贫乏镶嵌;②动物的社会行为使其集合成群。集群分布是最广泛存在的一种分布格局,在大多数自然情况下,种群个体常是成群分布。

二、鱼类的洄游

(一) 鱼类洄游概念

海洋中的鱼类,游动是一个共同的生活习性,鱼类在水中游动的目的是多种多样的。有时为了追逐食物,鱼会突然快速向目标方向游去,经过一阵追逐,一旦追捕到食物后,便会停下来,在一旁饱食一顿;有时为了临时躲避敌害的袭击,快速向另一方向游去以躲避敌害,当它游出危险区感到已经安全后,便会停下来,或钻入海藻丛和岩缝中,暂避一时,这种游动叫不定向游动。鱼类所作集群性、定向性、周期性与长距离移动叫洄游,洄游是鱼类从一个生活环境向另一个生活环境转移的集体行为,鱼类通过洄游,找到与自身生理、生态要求相适应的生活环境场所。

如图 13-2 所示,成鱼每年在越冬场越冬后,产卵洄游去产卵场,或者先索饵洄游去索饵场索饵，达到一定的肥满度和性腺成熟度后再行产卵洄游去产卵场生殖，生殖后的成鱼再行索饵洄游去索饵场育肥，大多寒、温带水域的鱼类在索饵场的水温降到一定的程度即进行越冬洄游，这叫鱼类生活年周期。在成鱼产卵后，受精卵孵化出的仔鱼顺流漂到育肥场去育肥，待达到一定的大小，具有了一定的游泳能力后即开展索饵洄游去索饵场育肥，达到一定的大小即补充到成体群中，这个过程是不可逆的。

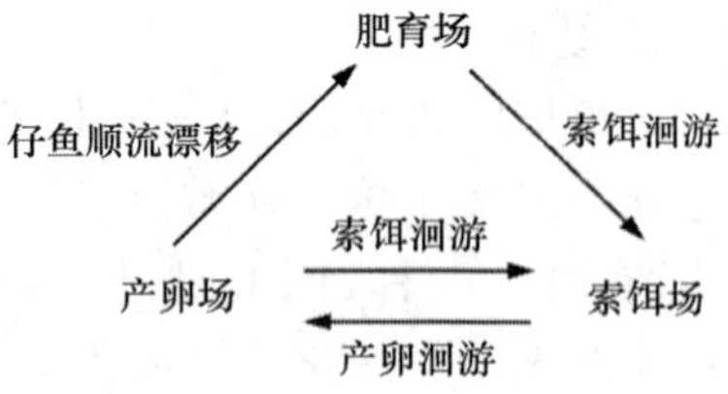

图 13-2　鱼类洄游循环模式

以往，有的学者把鱼类昼夜垂直上下移动也称作洄游，但现在大多数学者认为昼夜垂直上下移动因一般移动距离较短，且移动的原因可能是在某一海域鱼类为追逐适宜的光照强度、饵料生物，或为躲避藻类光合作用产生的毒素等所作出的各水层之间的上下垂直移动，因而不应归类为洄游。

关于鱼类的洄游路线的研究，近年来海洋生物学家研究发现，在北太平洋低纬度区，存在一条世界海洋中规模最大的鱼类索饵觅食洄游路线，它从美国西海岸的加利福尼亚半岛开始向西，经夏威夷群岛，横贯整个太平洋，延伸至日本海岸，全长 8000 km 以上。在这条宽广的水道上，有丰富的营养物质和各种生物，北太平洋特有的鲑鱼、鲱鱼、沙丁鱼和金枪鱼等都会沿着这条主干道觅食洄游，偶尔也有抹香鲸、大海龟等光顾。各种鱼类在这条觅食洄游路线上，都能找到丰富的食物，这条觅食洄游路线，被称为北太平洋的生物主干道。大型鱼类有鲑鱼、鲱鱼、鲭鱼、沙丁鱼、比目鱼、鳕鱼及金枪鱼等成群结队沿着这条宽广的生物主干道洄游。这条生物主干道还使我们了解到，鱼类等生物不仅在浅海区有它的洄游路线，如产卵、避寒、觅食等洄游路线。即使在广阔的太平洋海域，也存在规模更大的洄游路线，可以认为是超级洄游路线，供大规模的鱼群在这条生物主干道上洄游觅食。一旦偏离了洄游路线，就像失群的牛羊进入荒漠一样，游上几百千米也找不到食物，有可能落荒饿死。

(二) 鱼类洄游的类型

1. 依洄游的主要动力分

(1) 主动洄游：鱼类借自身能力所进行的集群性、定向性、周期性的长距离移动，如向陆洄游、离陆洄游、溯河洄游和降海洄游等。

(2) 被动洄游：鱼类随水流集群性、定向性、周期性的长距离移动，在运动中几乎不消耗自身能量。例如，青、草、鲢和鳙在长江中上游产卵场产卵后，受精卵和仔稚鱼随水流顺流而下，当幼鱼还未到达一定游泳能力时，分散在各支流或河湾摄食生长。又如美洲鳗鲡仔鳗随墨西哥暖流带到欧洲海岸一带。

2. 依洄游所跨水域分

(1) 完全洄游：在江河与海洋之间进行的集群性、定向性、周期性的长距离移动，包括降海洄游和溯河洄游两种类型。

(2) 不完全洄游：在江河上下游之间或者海洋的深浅海之间进行的集群性、定向性、周期性的长距离移动。如大黄鱼、小黄鱼、带鱼等海洋鱼类的离陆洄游和向陆洄游，又如青、草、鲢和鳙在长江的上下游之间进行的成鱼产卵洄游和幼鱼的索饵洄游等。

3. 依洄游目的分

(1) 产卵洄游：一些鱼类由于外界水温发生上升或下降的变化，机体内部尤其是性腺发育到一定成熟程度，而作出的集群性、定向性、周期性的长距离移动称为产卵洄游。生殖洄游又称生殖洄游，这是在鱼类性腺成熟后，由于其体内性激素刺激引起鱼类排卵繁殖要求而进行的集群洄游。产卵场的环境条件一般要求有利于其后代的发育、生长及防御敌害，往往是从较深的海域向浅海港湾与河口区洄游，因为那里风浪较小，浮游生物饵料丰富，环境适宜。多数海洋鱼类都要进行洄游，如大黄鱼、小黄鱼、鲐鱼、蓝圆鲹和带鱼等。长江口及浙江近海，特别是舟山群岛海域因饵料十分丰富，很多经济鱼类往往会洄游到此海域繁殖后代。生殖后往往随即进行索饵洄游，在冬季来临时又进行越冬洄游，但是，并不是所有洄游鱼类都要经历三个洄游环节，有些冷水性鱼类，如白鲑只进行生殖洄游和索饵洄游，没有越冬洄游。白鲑多在晚秋和初冬产卵，冬季也不停食。生活在浅水湖泊的一些鱼类摄食和产卵都在湖区内进行，有时只进行游向河床深处的越冬洄游。幼鱼则只有摄食洄游，冬季依旧摄食，不存在越冬洄游。

(2) 索饵洄游：索饵洄游又称摄食洄游或育肥洄游，是指鱼类为追逐或寻找饵料生物而进行的集群性、定向性、周期性的长距离移动。鱼类的饵料大多数是浮游生物、小鱼、小虾和贝类等，这些生物的数量往往随着海洋环境的变化而变化。因此，鱼类为了寻找饵料丰富的海域，不得不作长距离洄游。

索饵洄游在越冬后至生殖前后，以及至越冬前这两个时期表现得最为明显。有些早春产卵的鱼类由越冬场直接游向产卵场，它们在产卵前很少摄饵；另外一些鱼类由越冬场出发后一边索饵一边游向产卵场。而几乎所有的洄游鱼类在产卵后都进行强烈的索饵洄游，稚幼鱼也在第一个生长季节中成群索饵。鱼类通过索饵洄游摄取大量食物，以供躯体的生长、生殖腺发育所需，并为产卵活动或越冬积累营养。舟山群岛附近是营养饵料十分丰富的海域，一些鱼类往往会游来索饵或越冬。又如小黄鱼和带鱼在产卵场附近或适温洄游途中捕食饵料。再如，以小鱼为饵料的大鱼往往因为小鱼的洄游而长途追逐，有时要辗转几千公里。在横跨太平洋的赤道北部，就有一平行赤道的赤道上升流带，绵延几千公里，那里的营养饵料如浮游生物、小鱼、小虾和水母等特别丰富，北太平洋的大马哈鱼和金枪鱼等大鱼群，会沿着这条几千公里长的路线，进行索饵洄游，它们成群结队，从美国西海岸出发，沿着这条饵料丰富的大道洄游几千公里，直到亚洲东海岸外，一路觅食。因此在研究鱼类洄游时，必须研究鱼类食性饵料的性质和变化情况，以便掌握鱼类索饵洄游的规律。

(3) 越冬洄游：越冬洄游又称季节洄游或适温洄游，是指因水温的下降而引起的鱼类集群性、定向性、周期性的长距离移动。因为鱼类是变温动物，对于水温的变化非常敏感，而每一种鱼类都有一定的适温范围，当水温下降到不能适合鱼类生活要求时，就会迫使鱼类洄游到水温合适的海区。鱼类的越冬洄游很像大雁和燕子等候鸟一样，每到秋天要一群群飞向南方过冬，进行大规模的迁徙。

当冬季来临后，水温逐步下降，环境温度的变化成为影响暖水性鱼类生存的主要因素。它们必须离开原来索饵育肥的水域，集群游向水温适宜的栖息场所过冬，这就产生了越冬洄游。越冬洄游前，鱼类往往要摄食足够的饵料，也要求机体肥满度达到一定的程度，为越冬期间机体生命活动需要做好准备，以便顺利越冬。因为多数鱼类在冬季要减少或停止摄食，也有一些鱼类会一边向暖水区洄游，一边继续沿途摄食，以补充能量。我们往往可以通过研究鱼类的洄游规律，来进行渔情预报，在某种鱼类的洄游路线途中或洄游终点的聚集海区进行捕捞。

例如，东海-粤东群系带鱼在每年的春、夏季，于浙江近海的台州大陈至舟山海礁一带海域产卵，产卵后亲鱼主群越过长江口，北上到黄海中南部索饵。到了秋末冬初季节，索饵的带鱼鱼群又将集群南下，1—2 月份到达浙江中南部外海越冬，3—4 月份随水温上升再游向浙江近海产卵。从浙江近海产卵场洄游到黄海中南部索饵场，再洄游到浙江中南部外海越冬场，至翌年又洄游到浙江近海产卵场，这样的洄游每年周而复始。如图 13-3 所示。

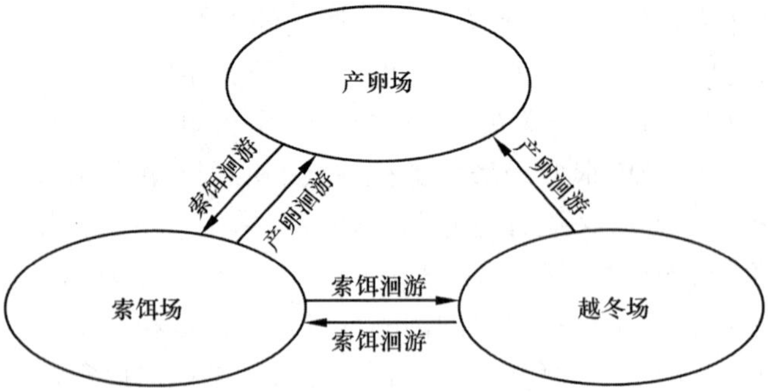

图 13-3　鱼类洄游周期示意图

三、洄游路线定点定向

鱼类洄游根据什么能准确无误地沿一定的方向和路线达到目的地呢？关于这一问题，至今尚无定论。但一般认为有以下几种原因。

1. 历史遗传因素

鱼类洄游习性是漫长演化史上对海洋环境适应的结果，这种习性潜在遗传物质上，并具有世代遗传的特性。鱼类自身在其物种的发展历史上就决定了它们洄游的一系列特性，这是主要原因之一。不同种类或种群的洄游特性存在显著的遗传性，这包括它们对于产卵场、越冬场和索饵场环境条件的要求及洄游的各项特点。例如，大麻哈鱼、鳗鲡等洄游特性世代遗传，是种的特性之一。

2. 鱼体内在因素

鱼类所表现的洄游特点和它们体内的生理状况有着密切的关系。例如，随着生殖腺的发育，鱼类体内形成和分泌促性腺激素和性激素，促使鱼体生理发生重大变化，引起生殖要求而进入生殖洄游。鱼类在产卵后，体内生长合成代谢机制加强，摄食强度增强，鱼类乃进入索饵洄游。所以，鱼类生理周期的变化和洄游有着密切的关系。同时，在洄游中鱼体内渗透压的调节机制也发生改变。

鱼的自身因素对于洄游的影响也是很复杂的，而且常与外界其他因素有着密切的联系。这方面最明显的是性激素对于产卵洄游的巨大影响，当生殖腺成熟时，内分泌激素促使鱼体代谢作用发生变化，并引起鱼类的洄游。例如，大麻哈鱼由于性激素的作用，改变了体形和体色，迫不及待地自海中进入淡水。在洄游中，鱼体的血液化学、渗透压调节机制的改变也都与洄游有关。如果鱼生长发育得很不好，虽然已到生殖年龄，鱼类也不会产生生殖洄游。所以鱼类的生理活动状态对于洄游的影响是很重要的。

3. 外界环境因素

环境因素(如温度、水流和盐度等)对于鱼类洄游具有特别重大的影响。这些因素对鱼类洄游具有综合作用，在某种洄游或某种特定状况下，一种因素可能起主导的作用。例如，水温下降对于越冬洄游有重要影响，而水温上升对于索饵洄游具有重要作用。

1) 水流

鱼类的侧线器官有感受流的强度大小和方向的机能，鱼类的洄游通过侧线的感流而进行定点定向，沿着一定的路线准确无误地到达洄游目的地。这种感受被鱼类作为洄游时的“引导”，但仔鱼的被动洄游则是随波逐流，并不通过水流进行定点定向。例如，我国的四大家鱼

(青、草、鲢、鳙)及大麻哈鱼等在产卵洄游中,水流对它们具有"引导"作用,它们的鱼卵和仔鱼的被动洄游完全取决于水流。在海洋中浮性鱼卵和仔鱼的被动洄游也主要受海流的作用,鱼卵和仔鱼往往被海流携带很远并扩大了栖息分布区域。各种海流中有不同类群的鱼类生活着,即使在成鱼时期,由于海流特有的温度、浮游生物组成和理化因子条件,也和鱼类的洄游密切相关。

2) 温度

水温对于鱼类的洄游影响很大,首先,鱼类的生长、发育和性成熟与温度有密切的关系,产卵洄游的开始是与温度条件有关的,其原因是成熟鱼类要求适宜温度,同时温度也是鱼类产卵的主要条件之一,鱼卵、仔鱼、稚鱼和幼鱼等都需要在一定的温度条件下发育。鱼类的索饵洄游与温度的关系更表现在由于温度的变化,导致饵料生物的变动,间接影响到鱼类的摄食活动。而越冬洄游,温度起着决定性作用,这时水温下降的早晚和快慢直接影响到越冬洄游的启动时间和洄游速度。我国很多海洋鱼类从秋季开始的越冬洄游,往往是随着当年温度下降结束索饵,向南向东洄游。当寒流提前,越冬洄游提前,降温越快,越冬洄游越快。

3) 水化学因素

水化学成分,尤其是盐度为影响鱼类洄游的一个最重要因素。一般地,溯河或降海洄游鱼类进出淡水河流前,都要先在河口咸淡水区内度过一些时间,经过渗透调节以便适应在淡水或海洋中生活,并调整自身体内的化学因素。例如,鳗鲡在向产卵场洄游时,"引导"因素可能是与水中盐度增高和温度有关。此外,水中的 pH 值、溶解氧、二氧化碳等化学因子的含量在不同程度上影响着鱼类的洄游。另外,美国鱼类学家哈斯勒(A・D・Hasler)在 19 世纪 50—70 年代,经过长期研究,认为大马哈鱼的洄游与气味变化有关,凭着其灵敏的嗅觉,能分辨其出生的河道与其他河道间极细微的气味差别,以便定向洄游。

四、洄游的机制与原因

洄游是鱼类在漫长的进化岁月里自然选择的结果,通过遗传而巩固下来。鱼类洄游的起始,既取决于鱼自身的状态,也取决于周围环境条件的影响。例如鱼性腺成熟所分泌的性激素刺激神经系统兴奋而产生生殖要求。环境条件的变化则是开始生殖洄游的天然刺激信号。温带地区达到一定丰满度的鱼,温度下降的天然刺激就成为开始越冬洄游的信号。多数鱼类如果性腺发育不良,即使已经达到生殖年龄,外界环境刺激强烈,仍不会产生生殖洄游的要求。没有达到一定丰满度或含脂量的鱼,尽管外界水温下降剧烈,仍继续索饵或边洄游边索饵。如欧洲鳀鱼,当含脂量为 14%以下时,即使水温剧降,越冬季节已经到来也不开始洄游,而是继续摄食。当含脂量为 14%～17%时,才开始洄游,但行动缓慢。含脂量达到 22%时,到了越冬季节,则不论水温下降幅度的大小,就立即开始越冬洄游。环境条件中以水温、水流、水化学等的影响最为显著。水温回升快,开始生殖洄游就早。水温的变化会影响饵料生物的发生和分布,从而影响鱼类的索饵洄游。秋末水温下降的早晚与快慢直接影响越冬洄游的开始时间和洄游速度。水流是造成被动洄游和主动洄游的主导因素。水流把鱼卵和仔、稚鱼携带远离出生地,形成成鱼回归性洄游。水的化学成分,特别是盐度的变化,引起鱼体内渗透压的改变,导致血液成分与性质的变化,进而诱发鱼的生理变化,促使降海或溯河洄游的发生。

鱼类洄游的成因至今仍然没有彻底阐明,许多解释也还仅是假说,有待验证。洄游作为很多鱼类或不同地理种群间的一项重要行为特征,应该是在进化过程中形成的。从生物进化的观点来看,物种在进化过程中总是会将有利于物种延续的特性或行为保留下来。例如,在追逐食物、躲避敌害或离开不利环境的过程中，通过自然选择，就会由不定向的、无规律的移动，转为有方向的、周期性的运动。洄游有相当强的遗传性。事实上，绝大多数洄游也都是和鱼类寻求最基本的生活条件，诸如理想的繁殖场所、丰富的饵料生物、适宜的生存温度等密切相关。在洄游形成过程中，即可能有历史因素的作用，也可能受到环境因素的影响，还可能与鱼体本身的遗传因素、鱼体内部一系列生理变化、能量学因素等相关。

五、研究鱼类洄游的方法

研究鱼类的洄游分布是渔场调查的重要内容。掌握鱼类洄游分布规律，在渔业生产上具有特别重要的意义。研究鱼类洄游分布的方法有渔获物统计分析法、标志放流法、探捕法、运用仪器直接侦察法及鱼类生物学指标的研究等。

鱼类的洄游问题是人类长期关注的一个自然问题，仍有很多待解之谜。生物学指标法主要是通过对研究对象一些生物学特征指标变化的研究，探讨洄游鱼类的洄游机制。近些年来，鱼类学家们继续不断地从生态学、生理学、遗传学、形态学(感觉器官)等方面，对鱼类的洄游问题积极开展进一步深入的探索。例如，通过对鳗鲡耳石日轮和耳石上锶/钙比值变化的研究，推测鳗鲡游历过程中的环境变化(海水、淡水生活环境的转变)，就是一项新的探索。目前，研究鱼类洄游的方法主要有渔获物统计分析法和标志放流法。

1. 渔获物统计分析法

长期收集各渔区生产渔船渔捞记录，按渔区、鱼种、旬月的渔获物产量进行统计，并绘制各渔区的旬月渔获量分布图。根据旬月渔获量分布图分析鱼类洄游和分布范围，并结合所记录的渔场生态环境因素、渔期和鱼体的各指标(体长、体重、年龄、性腺成熟度、肠胃饱满度、丰满度和含脂量等)测定记录，综合起来进行研究，大体上推知鱼群的洄游路线，亦可了解鱼类整个生活史中的各个阶段所要求的生活条件和栖息场所。其次，在各渔区、水域中定期试捕，结合渔场和非渔场等多方面的资料，可以发现鱼类周年的运动规律。

渔获物统计分析法是一项传统的方法，虽然工作量大，但只要渔获物渔捞记录可靠、翔实、丰富，研究结果就可靠可信。长期以来，有不少学者采用此法。

2. 标志放流的方法

标志放流法主要包括切断标志法(切断部分鳍条)、外部标志法(将标牌或标签挂夹在尾柄、背鳍等部位)、内部标志法(如通过在鱼体内植入电磁波发射器对其洄游线路进行跟踪)和同位素标志法(同位素标志重捕示踪)等。标志放流法是研究鱼类洄游的主要方法之一，一般是利用特制的标牌或标签结附在人工培育的幼鱼或捕获的鱼体上，放流到自然水域中。当标志鱼重捕时，将放流和重捕时的各项资料加以对比，以分析鱼类洄游规律。鱼类标志放流技术在鱼类遗传育种、引种驯化，以及种群的密度、死亡、补充、生长和生产力等研究中得到了广泛应用。另外，在种群鉴别、资源评估、洄游和分布等领域中成为一种重要研究手段。

1) 切断标志法

切断标志法也是一种传统的标志放流法，如切断一个或几个鳍的部分鳍条，一般是剪下鱼体部分鳍条作为标志，在放流时将切断的形状、部位、时间和地点分别作好记录，作为重捕时的检查依据，此法自 1879 年开始一直到现在仍被广泛采用。例如，鲑鱼作标志即采用切去其脂鳍的办法，以后重捕时检查有无脂鳍，这种方法对鱼体刺激较大，但在河口标志鲑鱼尚无大害，因它们很快地向上游洄游，且产卵后大多死亡。有的鱼类鳍切除后能再生长，经过一段时间后已分不清尾鳍是否被切，可见切鳍法并不完全可靠。但切鳍法是一种常用的标志技术，作业简单而迅速，适合于其切除后不会再长出的大部分鱼类。

2）外部标志法

在鱼体的某些特定部位，如尾柄、背部、鳃盖部挂上或夹上防锈蚀的金属标牌（如银牌、镍牌）和塑料标牌。牌上刻有编号、放流单位（标志放流日期、地点要写在记录本上），标志牌要尽可能地小，以免妨碍鱼类运动。标牌的形状视所标志的位置而有所不同，一般有如下几种：管子形，它是应用一根管壁很薄，直径 1mm 的尼龙管，内放标签纸，并印好放流单位和号码，加热压成薄片，在开口的一端捻成细丝，结挂在鱼体上，然后放流之，这种标签法比较轻便；扣子形，是由两片圆形薄片用金属丝对穿着；夹扣形，则是用具有韧性的金属制成，夹挂在鱼体之上；针带形，是系于尾柄上，一端稍长圆形，中央有孔；钓钩形，钩上刻有放流单位和号码，利用延绳钓，故意使钓钩上端脆弱易断，就成为标志鱼，待重捕时能发现口中的钓钩。标志牌常挂于尾柄、背鳍、鳃盖等处，应力求减少阻力。

挂牌标志法是最古老、使用最广泛的鱼类标志方法。依据固着在鱼体上的不同方式，可将常用的挂牌标志分为穿体标志（包括盘状标志、管形标志、带状标志）、箭形标志（包括箭头标志、T 形标志）、内锚标志。前两类标志常常固着在鱼体背部，后者则固着在鱼体腹部。挂牌标志由于费用低廉、易被发现及回收简便而使用广泛。

3）内藏可视标志法

内藏可视标综合了传统的内标和外标的优点，将标完全埋于体内，但在体外可通过肉眼检视。目前，常用的内藏标志：①有内藏可视橡胶标（Visible implant elastomer tag，VIE 标），是某种橡胶材料和颜料的混合物，有红、蓝、绿和黄等颜色，该标志物在注入鱼体时呈液态，大约 1h 后可变成固态。②内藏可视字母数字标（Visible implant alphanumeric tag，VIA 标），它由很薄的塑料片制作，该标可分为不同的颜色，上面写有字母、数字、符号，以便区分不同的个体，一般植入鱼体比较透明的组织，以便肉眼检视。内藏可视标常用的标志部位是脂眼睑、头部薄且色素较少的软组织和脂鳍，它的优点是不需要处死鱼，或回收标就能鉴定标志鱼。此法缺点是标志鱼不易发现，遗漏较多。

4）编码金属标

编码金属标（CWT）是由直径 0.25mm 的磁性金属丝制作，标上刻有编码，可区分不同个体。该标是通过标志枪注入鱼体内，注入的伤口小，易愈合，很少引起鱼体组织的损伤，与体外标相比，几乎不影响鱼类的捕食、游泳和生境选择。它有不同大小规格，可应用于个体很小的鱼类。标志鱼的检测有自动检测仪和便携式检测仪两种设备，自动检测仪虽然价格贵，但可大批量处理渔获物。能自动分拣、计数标志与非标志鱼。便携式检测仪通过手工操作，检测速度慢，但价格低，多用于少量渔获物的检测，缺点是需要确认不同个体时，还得把标从鱼体取出，并在解剖镜下读出编码。

5）被动整合雷达标

被动整合雷达标（Passive integrated transponder，PIT 标）是由电子电路构建的一个独特的标志系统。细小的 PIT 标不带能量，但可受外部扫描仪强烈信号的激发。将其信号传送到扫描仪上，再经过信号处理转换成字母数字编码。标志方法是采用带有 12 号针头的注射器注射标志。位置是胸鳍后方、腹鳍前方的腹中央区域。PIT 标比编码金属标和内藏可视标大得多，适用于较大规格的鱼。

6）入墨法

入墨法是通常注射着色液于鱼体背部皮下来标记鱼类，注入着色液长度约 1～2cm，着色液颜色有不同选择。研究发现，入墨标志容易褪色，在石斑鱼、真鲷和牙鲆的放流中都有这种现象。因此，该方法没有得到广泛应用。

7) 烙印法

烙印法包括热烙印(Heat branding)和冷烙印(Cold branding)两种方法，一般用的比较多的是冷烙印。烙印的过程比较简单，将一冷金属模板接触动物身体几秒钟，这些轻微创伤的组织数天后就会形成模板形状的伤疤。烙印部位一般选择在鱼体上易于观察且比较明亮的区域，如体侧和头部。烙印技术为鱼类提供了优良的短期标志，而且这些标志能够在鱼体上保留几个月，这种技术适用于短期研究(短期标志回捕评估或者鱼类区域性活动的研究)。但是这种方法使用范围有限，只适用于无鳞或细鳞鱼类，且鱼体上烙印的清晰度和持续时间也与海水温度有关。

8) 同位素标志法

用同位素进行标志，重捕时用示踪原子探测器检出标志鱼。同位素不仅可用作外部标志，也可作为内部标志。用放射性周期较长(一般 1～2 年)，对鱼类无害的放射性同位素，如 P^{31}、P^{32} 等。利用示踪原子探测器即可发现标志鱼，此法一般多用于集体放流。

9) 化学标志法

通常是在鱼体表面下注射一种特殊的化学物质，这些物质能够被人们识别。主要有两种方法：一种是普通元素标志，另一种是荧光色素可见标志(Visible implant elastomer tag，VIE标)，现在使用较多的是后者。荧光色素可见标志的保持率可能与鱼种有关，实验表明：罗非鱼经过 110d 的饲养，荧光物质保持率为 78%，草鱼经过 238d 的饲养，保持率为 80%。与挂牌法相比较，VIE 标是一种更为有效的标志方法，它主要是通过渔民回收标志鱼，因此标志位置需要较为醒目，这样才能提高其保持率和可视性。

10) 微卫星标记

微卫星呈共显性遗传，容易检测，在亲代和子代之间遵从孟德尔遗传分离和自由组合规律，加之其突变率较低，因而成为个体识别和家系识别中一类重要的分子标记。目前，采用单个或多个微卫星位点进行标记，区分不同家系，已经在一些水产养殖经济动物中得到了广泛应用。如大西洋比目鱼、大马哈鱼、美国龙虾等。

微卫星分子标记技术作为一种新的标志技术，在国外已有广泛的应用。Lucas 等采用 5 个微卫星多态性位点标志家系。评价其生长的遗传力，由 14 条雄和 6 条雌亲本鲍鱼构建 84 个家系，产生的子一代 500 条鲍鱼中有 465 条能识别其双亲，另 35 条由于扩增效果差而无法识别。Vandeputte 等用 8 个微卫星多态性位点鉴定 10 条雌和 24 条雄亲本鲤鱼产生的 550 条子代，识别率达 95.3%。可见该标志方法可靠，而且不会对鱼体造成任何伤害。

3. 标志放流注意事项

标志放流后，根据重捕情况及重捕鱼的比例，应当了解下列事宜：

(1) 了解各区域鱼类的相互关系，如在某处捕获了标志鱼，那么显然鱼群是由放流处游来的，进一步可以探讨鱼群的洄游路线、洄游时间和洄游速度；

(2) 从重捕鱼的数量和放流数量之间的比例，可推估渔获量和蕴藏量之间的关系；

(3) 从标志放流时和重捕时的记录比较，测定鱼类的年龄和标志鱼类体长、体重的增加率；

(4) 总共标志放流了多少鱼，最后合计重捕了多少鱼，未捕到的鱼显然是死去或其他原因，由此可以推算整个鱼群的死亡率。

六、研究鱼类洄游的意义

掌握鱼类的洄游规律，在渔业生产上具有极其重要的意义。每年到了一定季节，一些鱼类特别是一些有重要经济价值的鱼类会集群洄游，其洄游路线和集群产卵、索饵、越冬的地点往往就形成了集中捕捞的场所，形成渔汛或渔场。目前，人类对鱼类生存环境的严重破坏已是不争的事实，大量水环境受到污染，水电建设使很多河流被阻断，已知的洄游鱼类和那些未知的可能有洄游特性的鱼类的生存受到严重威胁，甚至有些鱼类已消失。鱼类洄游规律的掌握对鱼类资源的合理利用、水污染的防控、水电科学利用和开发等都具有重要的指导意义。随着科学技术的发展和研究的深入，我们终将逐步揭开鱼类洄游本质的神秘面纱。

目前，标志放流的方法还不十分完善，尚不能保证将标志鱼全部收回，许多标志牌在鱼体上遗失，或是鱼体加挂标志后会引起鱼类行动的变化，从标志鱼的重捕中常会得出失真的资料。但尽管有这些不足之处，通过标志放流仍可得到十分重要的资料，要进行大规模的标志放流工作，必须继续改进标志放流方法，并在技术上结合影响洄游的外界因素(年龄组成、体长组成、生长发育等情况)，进一步结合试捕、渔获物统计及标志放流的资料，作出综合性分析，才能对研究鱼类的洄游和指导生产作出正确的结论。

第四篇 鱼类学实验

实验一　鱼类的外部形态观察与测定

一、实验目的

通过不同体形鱼类的外部形态观察，熟悉鱼类的体形、外部器官的位置及形态，了解鱼类体形的多样性，认识体形与生活环境、生活习性的相互关系。经过对几种代表性标本鱼的分节特征和量度特征的测定，掌握鱼类外形特征测定的基本方法。通过本实验，达到初步认识鱼类多种体形，掌握鱼体形态特征描述及测定的一般方法；认识鱼类分类学所习见的某些外部形态术语的含义，以便为鉴定鱼类分类奠定基础。

二、实验材料和工具

1. 实验材料

建议采集实验需用的样本鱼为尖头斜齿鲨、狭纹虎鲨（或宽纹虎鲨）、路氏双髻鲨（或垂头双髻鲨）、光虹（或赤虹）、中国团扇鳐和许氏犁头鳐等软骨鱼类；花鲈、银鲳、鲐鱼、蓝点马鲛、大黄鱼、小黄鱼、带鱼、白姑鱼、鮸鱼、海鳗、金线鱼、短尾大眼鲷、蓝圆鲹、牙鲆、木叶鲽、半滑舌鳎、条鳎、海龙、海马、中华鲟、青鱼、草鱼、鲤鱼、鲢鱼、鳙鱼、鲫鱼、黄颡鱼、团头鲂、鳊鱼、鳗鲡及黄鳝等鱼类中部分常见样本。根据样本鱼提供条件等决定采用哪些种类鱼作为实验样本。

2. 实验工具

尖头镊子、分规、直尺、量鱼板、放大镜和解剖盘等。

三、实验内容和方法

（一）观察鱼类的体形

根据学校提供标本的条件，选择性采集一些体形具有代表性的鱼类样本用以体形观察。参照实验表1，实验图1所示，依据各种鱼的主轴（头尾轴）、纵轴（背腹轴）和横轴（左右轴）的长度比例关系说明鱼类的体形的类型变化，并说明各种鱼属何体形。

实验表 1　　鱼类的体轴及体形

体轴 鱼种	主轴长度 （mm）	纵轴长度 （mm）	横轴长度 （mm）	体形	说　　明 （以体轴长度间的比例关系，说明体形； 分析鱼类栖息水层与运动能力）

(二) 观察鱼的头部器官

头部器官包括口、须、眼、鼻孔和鳃裂(鳃孔)等，对其进行观察并描述。

1. 对尖头斜齿鲨、狭纹虎鲨(或宽纹虎鲨)、路氏双髻鲨(或垂头双髻鲨)、光虹(或赤虹)、中国团扇鳐及许氏犁头鳐等软骨鱼类中部分样本，观察其口位，其上下颌有无齿，齿的形状、排列和行数如何？鼻孔位于何处？大小怎样？数目多少？眼有无瞬褶或瞬膜？眼后方有无喷水孔？头部两侧是否具鳃盖？各有几个鳃孔？对各种软骨鱼类样本的其他头部器官作进一步观察。

2. 对鲤鱼、草鱼、鲢鱼、鳙鱼、鲫鱼、黄颡鱼、团头鲂、鳊鱼、鳗鲡及黄鳝等淡水鱼类中部分样本，观察其有无颌齿？有无须？有几种类型的须？有几对？须位于何处？头部有无鳞片？鳗鲡的前鼻孔位置及形状如何？眼的大小如何？是否被皮膜所遮盖？观察黄鳝的鳃特点怎样？对各种样本鱼类的其他头部器官作进一步观察。

3. 对花鲈、银鲳、大黄鱼、小黄鱼、带鱼、白姑鱼、鮸鱼、海鳗、龙头鱼、金线鱼、短尾大眼鲷、鲐鱼、蓝圆鲹、蓝点马鲛、牙鲆、木叶鲽、半滑舌鳎、条鳎、海龙及海马等海水硬骨鱼类中部分样本，观察鲐鱼眼的位置及大小如何？有无脂眼睑？颌齿大小与形态如何？木叶鲽的两眼位置怎样？颌齿是否对称？左右侧的体色是否相同？棘箱鲀的口的大小及齿的形状如何？鳃孔大小变异情况如何？鮟鱇的头部大小如何？各种鱼口的大小和位置怎样？口四周边缘有哪些结构？颌齿形状及行数如何？鳃孔位置及结构怎样？分别对各种海水硬骨鱼类样本的头部器官进行观察。

(三) 观察样本鱼类的鳍

1. 观察软骨鱼类的背鳍、臀鳍的位置、数目与形态？腹鳍的形态怎样？有无部分特化为交接器？尾鳍属何类型？各鳍的着生位置及特化情况怎样？并进行分析与说明。

2. 观察淡水硬骨鱼类的背鳍、臀鳍的硬棘有否分节？棘有无纵缝？属何类型？腹鳍位置在何处？背鳍、臀鳍的鳍式如何编写？鳗鲡的背鳍、臀鳍和尾鳍的大小及形状怎样？

3. 观察海水硬骨鱼类有几个背鳍？背鳍、臀鳍后方有几个小鳍？胸鳍、腹鳍的位置和形态如何？尾鳍的形态如何？木叶鲽、半滑舌鳎、条鳎等腹鳍是否对称？背鳍、臀鳍的大小、鳍条类型及性质如何？左右侧的体色是否相同？棘箱鲀、海龙、海马等鳞片变异情况如何？并说明与生活相适应的形态特征。观察各鳍的鳍条类型，计数并编写鳍式。鮟鱇等背鳍与胸鳍有无变异结构？腹鳍位于何处？

以花鲈(或鲫鱼)为例，观察并计数硬骨鱼类的各鳍的鳍条类型及数量，编列鳍式。

(四) 观察鱼类的鳞片

1. 观察与认识软骨鱼类的鳞片

实验前取一小块鲨鱼皮肤，洗净后放入烧杯，加少许水和适量的氢氧化钠溶液，给水加热至鱼皮全部溶散(或皮肤煮软后)，用玻璃棒轻轻搅动，再用清水冲洗几次，注意勿让下沉的白色小颗粒被水冲走。用吸管吸取一小部分的白色小颗粒置于培养皿中，用低倍镜观察即可见到盾鳞形态。

2. 观察硬骨鱼类的硬鳞外部形态

以中华鲟样本的硬鳞为例，观察硬鳞的外部形态，认识其构造等。观察其鳞片的排列方式如何。

3. 观察认识骨鳞的几种类型

观察认识最常见的两种骨鳞的类型，即圆鳞和栉鳞的外形区别，观察侧线鳞的特点。观察认识腹部棱鳞、侧线棱鳞、腋鳞、绒毛状鳞、骨板状鳞及骨环状鳞等。

观察花鲈(或鲫鱼)样本鱼类的鳞片类型，计数侧线上鳞、侧线鳞和侧线下鳞的数目，请编写鳞式。

四、观察鱼体外部分区，并测定其量度特征

1. 以花鲈(或鲫鱼)、尖头斜齿鲨和鳐为例，划分鱼体的头部、躯干部及尾部三部分，见实验图1、实验图2、实验图3。

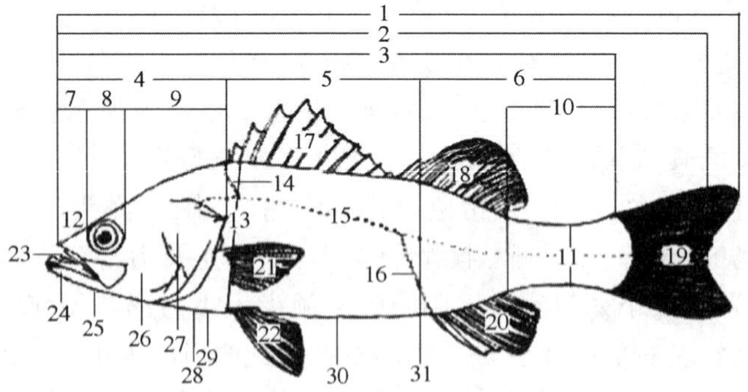

1. 全长 2. 叉长 3. 体长 4. 头长 5. 躯干长 6. 尾长 7. 吻长 8. 眼径 9. 眼后头长 10. 尾柄长 11. 尾柄高 12. 鼻孔 13. 体高 14. 侧线上鳞 15. 侧线 16. 侧线下鳞 17. 第一背鳍 18. 第二背鳍 19. 尾鳍 20. 臀鳍 21 胸鳍 22. 腹鳍 23. 口 24. 颐部 25. 峡部 26. 颊部 27. 鳃盖 28. 喉部 29. 胸部 30. 腹部 31. 肛门

实验图1 花鲈外形分区测量图

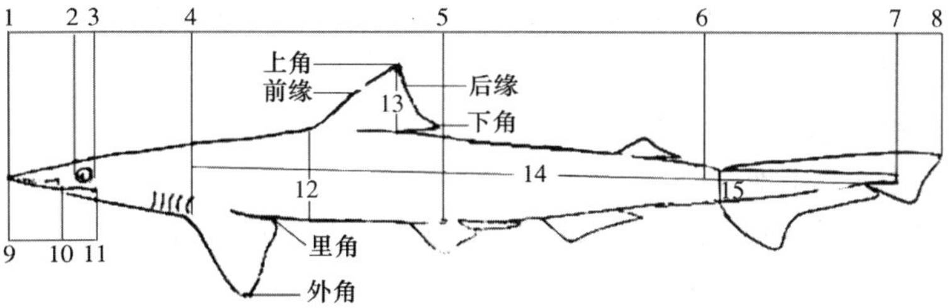

1～8.全长 1～7.体长 1～5.肛长 1～4.头长 1～2.吻长 2～3.眼径 3～4.眼后头长 4～5.躯干长 5～7.尾长 9～10.口前吻长 10～11.口长 12.体高 13.背鳍高 14.侧线 15.尾柄高

实验图 2 尖头斜齿鲨外形分区测量示意

2. 测定鱼类的各量度特征,并记录于实验表 2 中。

1) 鱼类一般量度特征界区的说明

全长:自吻端至尾鳍末端的水平直线长度。

体长(或标准长):自吻端至尾鳍基部最后 1 枚椎骨的末端或至尾鳍基部的水平直线长度。

叉长:由吻端至尾叉顶端的水平直线长度。

头长:硬骨鱼类为自吻端至鳃盖骨后缘的水平直线长;板鳃类头长则以吻端至最后一个鳃孔后缘的水平直线长。

吻长:自吻端或上颌前缘至眼前缘的水平直线长。

眼径:眼水平方向前后缘的最大距离。

眼间距:头背部两眼间的最小距离。

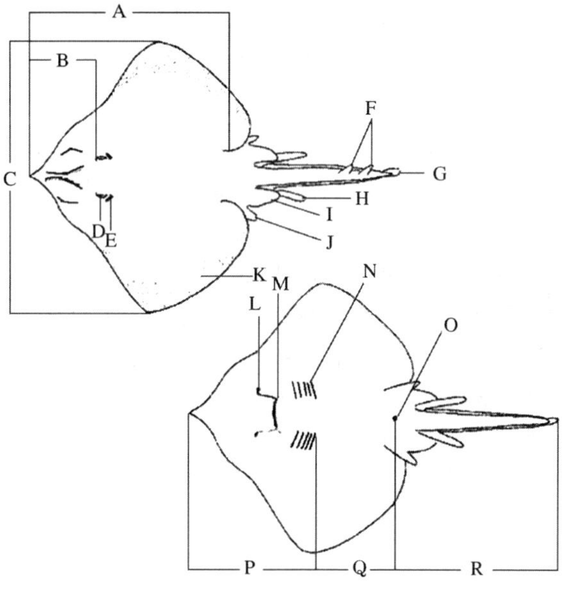

A.体盘长 B.吻长 C.体盘宽 D.眼 E.喷水孔 F.背鳍 G.尾鳍 H.鳍脚 I.腹鳍后角 J.腹鳍前角 K.胸鳍 L.鼻孔 M.口 N.鳃裂 O.肛门 P.头长 Q.腹部长 R.尾长

实验图 3 鳐的外形分区测量示意

眼后头长:硬骨鱼类为自眼后缘至鳃盖骨后缘的水平直线长,板鳃类头长则以眼后缘至最后一个鳃孔后缘水平直线长。

口裂长:由上颌前端至口角的距离。

口长:上颌正中至口角处的水平直线长。

躯干长:自鳃盖骨后缘(或最后一个鳃孔)至肛门(或生殖腔)后缘的水平直线长。

体高:鱼体最高处的垂直距离。

体宽:鱼体左右侧的最大距离。

尾部长:自肛门(或泄殖腔)后缘至脊椎骨末端的水平直线长。

尾柄长:自臀鳍基底后缘至尾鳍基部(最后一枚椎骨末端)的水平直线长。

尾柄高:尾柄部最短的垂直高度。

尾鳍长:尾鳍基部至尾鳍末端的水平直线长。

体周长:指背鳍前最高处绕体一周的长度。

2) 鲨、鳐类上述之外的测量指标

口前吻长:自头腹面下颌前端至上颌前缘的水平距离长。

唇褶长:口角裂状沟,上颌口角处为上唇褶,下颌口角处为下唇褶,上、下唇褶的对应长度长度即为上唇褶长与下唇褶长。唇褶有无及其长度是分类特征之一。

背鳍:①背鳍长——背鳍前缘长度或称背鳍前缘长。②背鳍高——背鳍上角至背鳍基底的垂直高度。③背鳍上角——背鳍向背上方的角。④背鳍下角——背鳍向后方的角。⑤背鳍后缘——背鳍向后方的边缘。⑥背鳍下缘——背鳍下角末端至背鳍基底终点间的距离。

胸鳍:①胸鳍基底长——胸鳍基底起点至终点的距离。②胸鳍前缘——胸鳍基底起点于胸鳍外角的前缘长。③胸鳍后缘——胸鳍外角沿后缘至里缘的界缘。④胸鳍里缘——自胸鳍里角后端至胸鳍基底距离。⑤胸鳍外角——胸鳍斜向后外方的角度。⑥胸鳍里角——胸鳍斜向后内方的角度。

腹鳍:①前瓣和里瓣——有些鳐类腹鳍呈足趾状,其外侧部分为腹鳍前瓣,里侧部分为腹鳍里瓣(如鳐科)。②前缘、后缘和里缘——腹鳍前瓣的外缘部分为腹鳍前缘,里瓣外缘部分为腹鳍后缘,里侧的里缘部分为腹鳍的里缘。

体盘长:自吻端至胸鳍基底终点的水平直线长。

体盘宽:两胸鳍外缘的最大水平距离(即体盘左右最宽处的距离)。

腹部长:最后一鳃裂后缘至泄殖孔的前缘的水平直线长。

鼻孔间距:两鼻孔间最短距离。

喷水孔间距:两喷水孔间最短距离。

实验表 2　　　　　　　　　　鱼类外形量度特征测量记录(单位 mm)

量度特征 / 鱼种	体长	叉长	肛长	全长	头长	吻长	躯干长	尾长	眼后头长	尾柄长	尾柄高	体高	体盘宽	体盘长	背鳍高	口前吻长	口长

五、实验报告内容及要求

(1) 绘一条花鲈(或鲫鱼)的简图,标出各量度特征的界区,并说明各界区名称。

(2) 测量各种标本的量度特征,并填写实验表 1、实验表 2。

六、回答下列问题

(1) 试述鱼类的体形与栖息环境的的关系,并说明鱼类头部器官的各种形态特征与其生活习性的关系。

(2) 鲆鲽类的躯干部和尾部如何划分比较合适?

(3) 在生产实践上,为什么测体长和叉长比测全长更重要些?带鱼为什么测肛长而比测体长和全长更有代表意义?鲐鱼、蓝点马鲛和银鲳为什么测叉长比测全长、体长及肛长更具代表意义?

实验二　鱼类的消化、呼吸、循环及尿殖器官系统解剖观察

一、实验目的

通过尖头斜齿鲨和鲤鱼机体内部构造的解剖与观察，了解鱼类消化系统的形态、位置和构造；比较其不同食性器官构造的差异，与食性相适应的形态构造特征及相互关系。比较两者的呼吸系统和循环系统的形态构造，认识其构造与呼吸及循环的不同功能特征的相适应关系。比较两者的尿殖器官系统的分布位置、形态和构造特征，认识两种鱼类的尿殖器官系统的结构与其功能的适应性关系；并进一步学习、认识与掌握软骨鱼类与硬骨鱼类的内部器官系统的解剖观察方法和技能。

二、实验材料和工具

1. 实验材料

尖头斜齿鲨、鲤，或选择其他具代表性的典型软骨鱼类与硬骨鱼类。

2. 实验工具

解剖盘、解剖刀、解剖剪、尖头镊子和圆头镊子等。

三、解剖方法和观察内容

(一) 解剖方法

1. 尖头斜齿鲨

左手握鱼，右手持解剖剪，先自泄殖腔孔前方剪一横切口，然后将解剖剪的钝头插入此切口，沿腹中线向前剪，注意鱼体腔中的剪刀头略微向上翘，以不损伤内脏为准，把整个腹壁打开，暴露腹腔内器官系统。用解剖剪在左侧口角向后沿鳃间隔中线剪至最后鳃裂，再横向右侧剪一刀，翻开以暴露口咽腔。

2. 鲤

左手握鱼，右手持解剖剪，先在肛门前方剪一小的横切口，然后将解剖剪钝头插入，沿腹中线向前剪开直至鳃盖下方，再自胸鳍前缘向左侧背方体壁剪上去，沿脊柱下方向前剪到鳃盖后缘，将左体壁全部剪去，呈现内脏。用剪刀从下颌中部向后剪至鳃孔下方，再沿鳃孔上方经眼下缘向前剪断口上缘骨骼，除去口咽腔侧壁，观察口咽腔。

(二) 观察内容

1. 尖头斜齿鲨

1) 消化管及消化腺

(1) 消化管：包括口咽腔、食道、胃、肠和肛门。

① 口咽腔：由上下颌所围成的腔；后部两侧有 5 对内鳃裂的开孔。颌齿以结缔组织附颌骨上；齿侧扁，边缘无锯齿，齿头向外弯斜，外缘近基底处有一凹缺，两行在使用(齿直立，为正式齿)。内侧数列齿，齿尖朝向腹下方，其外被一黏膜褶，为后补齿。口咽腔内壁黏膜上附生根

据盾鳞及分散突出的乳白色圆颗粒状味蕾，腹面有突出的舌。

② 食道：为口咽腔后方的管道，内壁有许多纵行褶皱，后端与胃的贲门部相接。

③ 胃：位于肝脏的背面，前端与食道相接且较膨大，叫贲门部；后部弯向左侧，呈现较细的部分，叫幽门部。

④ 肠：可分小肠和大肠两部分。小肠又分十二指肠和回(瓣)肠，十二指肠肠管较细短而稍弯曲，胰管开口于此；而回肠管径较粗，内有纵行画卷型螺旋瓣，亦称瓣肠，胆管开口于回肠前左侧背方。大肠可分结肠和直肠，其前方为结肠，管长较细；后方为直肠，较粗短，末端开口于泄殖腔腹壁。泄殖腔孔位于两腹鳍之间，孔的后方两侧有一对小的腹孔，与腹腔相通。

⑤ 肛门：肛门为肛肠的延伸开口，与漏斗型输卵管及输尿管等共同开口于泄殖腔。

(2) 消化腺：主要包括肝脏和胰脏。

① 肝脏：位于胃的腹面，分左右两叶，右叶长，左叶稍短，几乎占整个腹腔，前端在横隔后方，借肝冠韧带与横隔相连；前腹面借镰状韧带与腹壁相连，呈灰黄色。左叶肝脏埋藏着绿色椭圆形胆囊，胆管开口于回肠螺旋瓣前端右侧背壁。

② 胰脏：位于胃幽门部和回肠之间的系膜上，呈淡黄色的腺体，分背腹两叶，背叶小，腹叶狭长，胰管开口于十二指肠。另外，有一个长条形暗红色腺体，位于胃幽门部与回肠之间，叫脾脏，属淋巴组织，是造血器官，不属消化腺。

2) 尿殖器官

(1) 肾脏：是体腔外器官，除去腹腔背壁中央一层薄膜，即可见一对暗红色长条形器官，从腹腔前部延伸到近泄殖腔处，前端稍膨大，为头肾，无泌尿机能。后部狭长，发生上为中肾。

(2) 中肾管(吴氏管)：雄体此管已转变为输精管，紧贴中肾腹面；幼体时管径较细，成体时管腔变粗大而弯曲，前端盘曲为副睾，并有输精小管与精巢前部相连；后端扩大成贮精囊，此囊基部向腹外方突出一薄壁的盲囊，为精囊。雌体中肾管行使输送尿液的原始机能，为输尿管而无副中肾管，后端开口于泌尿乳突。

(3) 副中肾管：雄体成为输尿管，位于中肾(肾脏)后部内侧，贮精囊背侧的一对细管，后端开口于尿殖窦，尿殖乳突末端以尿殖孔开口于泄殖腔。

(4) 精巢：一对，呈乳白色的长条形器官，由精巢系膜悬系在腹腔背壁，前端以输精小管与肾脏前部的副睾相连。

(5) 卵巢：一对长条形器官，由卵巢系膜悬系在腹腔背壁；性成熟个体可见卵巢内有大形卵粒。

(6) 输卵管：位于肾脏腹面的一对管道，幼体管径颇细，成体则粗大且壁增厚。左右输卵管向前，沿腹腔背壁，在肝脏前缘弯曲，左右输卵管在肝脏前方中央连合成一共同开口，称输卵管腹腔口，此腔口后方管径细窄，受精作用在此进行；不远处膨大为卵壳腺，腺体后方稍狭，后部膨大为子宫，其末端亦开口于泄殖腔内。

3) 呼吸与循环器官

(1) 呼吸器官。

① 鳃裂：由发达的鳃间隔分隔成头后外侧的 5 对外鳃孔(裂)，开口于口咽腔的为内鳃裂。内外鳃裂间的通道为鳃裂道或称鳃囊。

② 鳃弓：为 5 对弧形软骨，支持鳃间隔，第 1～4 对鳃弓的前后外侧面上都附生有鳃片。

③ 鳃间隔：前后两鳃片附板状鳃间隔上，故有板鳃鱼类之称。鳃间隔每侧 5 片，长有鳃丝并延伸到体表。

④ 鳃片:鳃间隔两侧附有呈丝状的表皮突起,即鳃片。每一侧的鳃片称一个半鳃,2 个半鳃合成一个全鳃;每侧共有 9 个半鳃,最前面附生于舌弓的鳃间隔上只一个半鳃,1～4 鳃弓上有 4 个全鳃,第 5 鳃弓无鳃。

⑤ 鳃小片:从鳃片上取下 2～3 根鳃丝,在低倍显微镜下观察,每一鳃丝两侧有许多薄片状突起,为鳃小片,是气体交换的场所。相邻鳃丝的鳃小片彼此嵌合排列。

(2) 循环器官。

4) 心脏

在两胸鳍的腹中央剪断肩带,向前剪开围心腔,心脏外有薄膜,为围心膜,剥去此膜即可观察心脏。从围心腔取出心脏,在腹面中央纵剖开,冲洗内积淤血,可见静脉窦与心耳间有两个瓣膜,称窦耳瓣;在心耳和心室间的两个瓣膜为耳室瓣;在心室和动脉圆锥之间的两个瓣膜为半月瓣。

5) 动脉系统

从鱼体口角左侧用解剖剪向前剪断一侧的下颌、舌弓、鳃间隔中央、鳃弓和鳃片,打开左侧口咽腔,小心剥离顶壁的黏膜,仔细分离出各血管。腹面沿动脉圆锥向前用镊子清理通入鳃区的血管;最后剖开腹腔,注意不能损坏各器官之间的系膜,因血管通过系膜到达各器官;紧贴脊柱下方有粗大的背主动脉,汇集头部来的血管后进入腹腔,注意其分支所到达的器官,一般依此来命名血管,包括腹侧主动脉、入鳃动脉、出鳃动脉、颈总动脉、鳃下动脉、背主动脉和尾动脉等。

6) 静脉系统

包括颈下静脉、前主静脉窦、古维尔氏管、后主静脉、腹侧静脉、肝门静脉和肾门静脉等。

(1) 颈下静脉:除去围心腔背面的心包壁层,可见心耳背方两侧有一对血管,各开口于古维尔氏导管的两角,来自下颌、喉部和鳃的血液流入其中,前端膨大成一对舌窦。

(2) 前主静脉窦:经过剔去口咽腔背壁的黏膜,有一对较粗的血管,来自鳃的 4 对静脉、舌静脉和眶窦流入,并向后开口于古维尔氏管的两侧角。

(3) 古维尔氏管:在静脉窦末端左右翼各成一个大的开口,在此延长而成古维尔氏管,所有全身的静脉血均经此管流进心脏。

(4) 后主静脉:在古维尔氏管两侧后方各有一条粗大的后主静脉窦,用镊子撕开横隔膜后两侧的腹膜,便可见一对粗大壁薄的后主静脉窦,向后渐变窄而成后主静脉,来自生殖腺、生殖导管、节间静脉和肾静脉的静脉血流进其中。

(5) 腹侧静脉:沿腹腔的两侧壁,剔去腹膜,可见其下成对纵行的腹侧静脉,来自胸鳍、腹鳍和体后方的血液流入其中。

(6) 肝门静脉:来自胃、肠、胰和脾等器官的血液,集中成较粗短的肝门静脉,在进心脏前须先进入肝脏内,并分支成许多毛细血管网,又再度集中成较粗的肝静脉,流入心脏的静脉窦。

(7) 肾门静脉:尾椎脉弓的中下方具一条稍粗的尾静脉,向前至肾脏后,然后分成两条血管入肾脏,即肾门静脉;它收集尾部血液,在肾脏内分成许多毛细血管网,又逐渐重新集中,经肾静脉流进后主静脉。

2. 鲤

1) 消化器官

(1) 消化管。包括口咽腔、食道和肠,如实验图 4 所示。

口咽腔:鲤没有颌齿、腭齿及犁齿,而具发达的(下)咽齿。咽齿着生在口咽腔后方第 5 对鳃弓,角鳃骨扩大形成的咽骨上,咽齿与基枕骨突起下面的角质垫(咽磨)组成咀嚼面。鲤咽齿每侧3行,呈臼齿状,大多具沟槽。口咽腔底部中央有突出的舌,其后方是着生于鳃弓前面两侧的鳃耙,鳃耙具滤食作用。

食道和肠:鲤食道甚短,接续口咽腔,管壁肌肉层为横纹肌,内壁具纵褶;背后方有鳔管开口,并以此作为与肠的分界点。肠较长,为体长的2~3倍,盘旋多折;前部较粗,后部渐细。肠内壁有网纹状的黏膜皱褶,后部皱褶渐少;末端以肛门开口于体外。

(2) 消化腺。包括肝胰脏和胆囊。

① 肝胰脏:因胰脏组织弥散分散在肝组织中而得名。形态不规则,体积较大,且散布在肠管周围的系膜上。

② 胆囊:为椭圆形深绿色囊,位于腹腔前右侧,并被肝胰脏所包盖。胆囊前部有一粗短的胆管,开口于肠始处的右侧腹面。

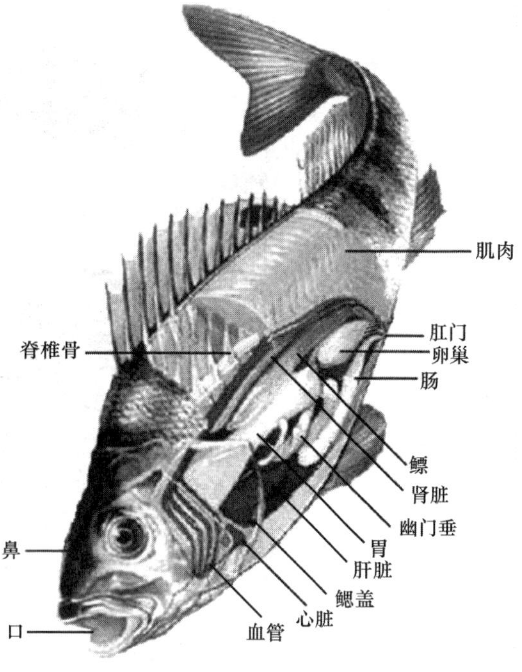

实验图4　鲤鱼的内部器官系统构造图示

此外,肠系膜上还有一深红色长条形腺体,叫脾脏,属淋巴组织,有造血功能,并不是消化腺。

2)尿殖器官

(1) 肾脏:中肾一对,扁平长条形暗红色器官,位于腹腔背壁,紧贴在脊椎骨下方;腹面有一薄层腹膜所覆盖,除去此膜,方可见整体。在肾脏前端,围心腔腹腔隔膜的前背方有头肾,较膨大,侧视三角形,为暗红色腺体,无泌尿机能,已变为拟淋巴组织的造血器官。

(2) 输尿管和膀胱:每侧肾脏后部外缘有一对细管,为输尿管,向后延伸开口于膨大囊状的膀胱,末端粗短以尿道通入尿殖窦,以尿殖孔开口于体外,位于肛门后方。

⑶生殖腺:一对,位于鳔腹面的两侧,在消化管背面,雌性叫卵巢,雄性叫精巢;性未成熟时为透明细线状,性成熟个体的卵巢或精巢可充满整个腹腔,此时卵巢呈黄色,内有明显的卵子,精巢呈乳白色,且圆筒状。

(4) 生殖导管:由包围卵巢或精巢的腹膜向后延伸成一对较短而细的输卵管或输精管,雄性输精管在后端合并,开口于尿殖窦,然后由尿殖乳突开口于体外。雌性有很短的输卵管,后端左右管合并入尿殖窦,以尿殖孔开口于体外。

3)呼吸器官与循环器官

(1) 呼吸器官。如实验图5所示,用解剖剪从鱼左侧口角插入,沿头腹缘向后剪至鳃孔开口的腹端,再从鳃孔背缘向前剪至口缘,去掉鳃盖,即可见容纳鳃的鳃腔;剪下最外一片鳃片观察。

① 鳃盖和鳃盖膜:鳃盖位于头后部两侧,由前鳃盖骨、(主)鳃盖骨、间鳃盖骨和下鳃盖骨组成;鳃盖膜是从鳃盖内侧一直扩展到鳃盖后缘外的薄膜,内有鳃条骨支持;此膜配合鳃盖开启或关闭鳃孔 。

② 鳃:第1~4对鳃弓的两侧面均附有2片鳃片,故有4对全鳃。两鳃片彼此分开,仅基

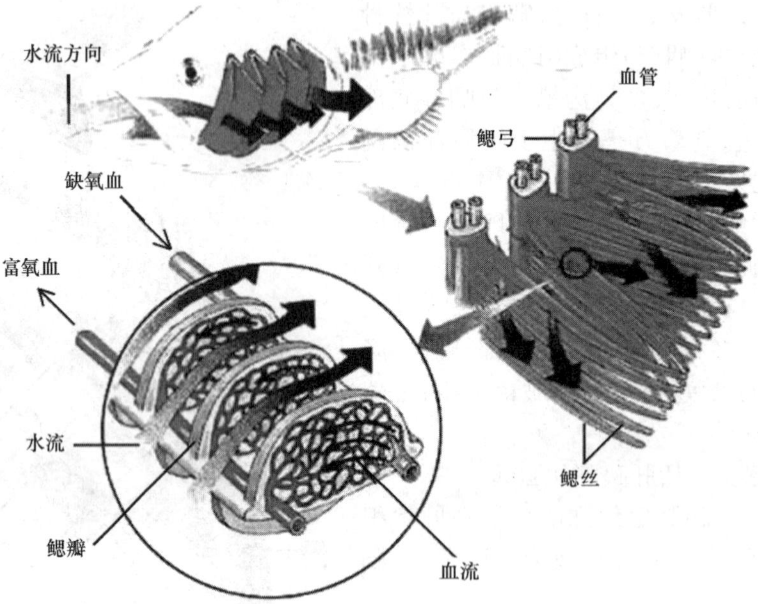

实验图 5　鲤鱼的鳃构造及气体交换图示

部有退化的鳃间隔相连;并借此将两鳃片基部连系于鳃弓上。鳃片由许多并列的鳃丝组成,在解剖镜下观察,可见每一鳃丝两侧有许多横行薄片状的鳃小片,其上密布微血管,管壁很薄,只有两层细胞组成,适于气体交换。

③ 伪鳃:位于鳃盖内侧前上方,为上皮组织的薄膜所遮盖,小心除去薄膜,可见平扁近椭圆形且具鳃丝的伪鳃。

④ 鳃裂道和内、外鳃裂:两鳃弓之间的空隙为鳃裂道,通口咽腔的开孔为内鳃裂,外端出口处为外鳃裂。

⑤ 鳔:位于肾脏腹面腹腔背部。鳔分前后 2 室,前室两端钝圆,后室后端较尖,前端钝圆,前端腹面通出一条细长的鳔管,开口于食道背方。两鳔室之间细狭,内有小孔相通。鳔内有血管分布。鳔通过充气与放气,进而扩大与缩小体积,从而扩大或缩小鱼的体积,最终以增大与减小鱼在水中的浮力,使得有鳔鱼类在水中上浮与下沉。因此,鱼鳔具鱼体比重调节的功能。

(2) 循环器官。

4) 心脏

剖开头腹面的峡部可见围心腔。剥去围心膜,暴露心脏。基本构造与鲨鱼同,但在心室前方无动脉圆锥,而有腹侧主动脉基部膨大,壁增厚的动脉球,新鲜标本呈粉红色。心脏包括静脉窦、心耳、心室三部分。在心室与动脉球交界处有 2 个半月瓣。

5) 动脉系统

(1) 腹侧主动脉:由动脉球向前延伸的一条较粗而短的血管,位于鳃弓腹面中央。观察时小心勿损伤其腹方的鳃下动脉和背方的颈下静脉。

(2) 入鳃动脉:从腹侧主动脉分出 4 对入鳃动脉,第 3、4 对的入鳃动脉基部合一,与腹侧主动脉相连;每一对入鳃动脉分别进入对应的鳃弓中去,在鳃内又分出无数的毛细血管分布到各鳃丝与鳃小片中。

(3) 出鳃动脉:从鳃小片与鳃丝部分的毛细血管汇集而入出鳃动脉,前后共 4 对,第 1、2

对及第3、4对出鳃动脉在鳃弓背面分别相互会合而组成2对鳃上动脉，前后2对鳃上动脉在背部中央处会合而成一条背主动脉。

(4) 鳃下动脉：始自第2、3对出鳃动脉腹端，汇合成一管；沿腹侧主动脉的腹面伸达心脏后称冠动脉，供给心脏的血液。

(5) 颈总动脉：一对，始自第1出鳃动脉的背部前方发出，向前延伸，然后即分出内外2支，外支为颈外动脉，沿舌颌骨向下分支，分别到达上颌、下颌、口盖黏膜及眼眶等处；内支为颈内动脉，穿过翼蝶骨的小孔进入脑颅骨骼内，左右颈内动脉在前脑区域的底部相互连接成环状，称为头动脉环，为硬骨鱼类所特有。

(6) 背主动脉：左右鳃上动脉在背部正中线上汇合成一条粗大血管，叫背主动脉，向后穿过枕骨大孔，进入腹腔，紧贴脊柱下方，一直向后延伸，进入尾部脉弓后称尾动脉。背主动脉弓主要分支如下。①锁下动脉——在第1、2节脊椎骨处的背主动脉发出一对血管，分布到肩带及胸鳍各部；②腹腔肠系膜动脉——紧接锁下动脉后方，由背主动脉发出的一条粗大血管，沿食道向下延伸，到达腹腔各内脏器官，主要有脾肠动脉，分布到食道、肠、肝胰脏、鳔、胆囊及脾脏上；③节间动脉——背主动脉在头部后方，按每个体节向背面及腹面分别发出成对的动脉，分布于腹面的体壁及背部肌肉中，也有分支到达背鳍，并有分支到达肾脏，称肾动脉。④髂动脉——分支到达腹鳍肌肉的血管。⑤臀鳍动脉——背主动脉后方发出的分支，分布到臀鳍。

6) 静脉系统

(1) 古维尔氏管：连在静脉窦后背方的一对粗短血管，接受前、后主静脉回心脏的血液。

(2) 前主静脉：连于古维尔氏管前方的一对静脉，汇集来自头部的血液。

(3) 颈下静脉：连接在右侧古维尔氏管上的单条血管，汇集来自上、下颌及舌弓肌肉的血管。

(4) 后主静脉：位于肾脏背面的一对血管，尾静脉向前分为2支，右侧一支为右后主静脉，在肾脏处不分支，不形成肾门静脉，且较左侧支粗，收集来自尾部和肾脏的血液至古维尔氏管。肾脏在左侧的肾门静脉析散成毛细血管后，再由毛细血管收集汇入左后主静脉，向前通入左侧古维尔氏管。

(5) 尾静脉：左右后主静脉在尾部合一成尾静脉，位于尾椎骨脉弓中尾动脉的腹面。

(6) 肝门静脉和肝静脉：收集来自肠、脾、胆囊等器官的血液汇集到较粗的一条肝门静脉，在肝脏内细化成毛细血管网，然后再汇集到肝静脉回心脏。此外还有来自胸鳍的锁下静脉和来自生殖腺的生殖腺静脉等，均连接到后主静脉。

四、实验报告内容及要求

(1) 绘出尖头斜齿鲨与鲤鱼的消化器官系统的形态简图，并比较说明两种鱼各对应器官的异同点。

(2) 绘出尖头斜齿鲨与鲤鱼生殖腺的形态图，比较说明两者的异同点。

(3) 绘出尖头斜齿鲨和鲤的心脏简图。

五、回答下列问题

(1) 讨论两种鱼类的消化系统的构造与其食性的关系。通过哪些消化器官的形态特征能推测鱼的食性？

(2) 通过比较样本鱼的各部分形态特征，试分析其各自的生活与生态习性，比较其异同。

实验三　鱼类的骨骼、肌肉、神经系统及感觉器官的解剖观察

一、实验目的

通过解剖观察样本鱼的骨骼、肌肉、神经系统及感觉器官，认识鱼类的头骨、脊柱等中轴骨骼及其各鳍鳍条、支鳍骨、肩带和腰带等附肢骨骼；认知鱼类的头部、躯干部、尾部等肌肉类型；认识大脑、脊髓等中枢神经系统，以及了解脑神经、脊神经等植物性神经；认识样本鱼的感觉器官形态结构；掌握鱼类的骨骼、肌肉、神经系统及感觉器官的解剖技能。

二、实验材料和工具

1. 实验材料

鲈鱼、鲤鱼、鲢鱼和鲫鱼。

2. 实验工具

解剖盘、解剖刀、解剖剪、尖头镊子、圆头镊子、解剖针和放大镜等。

三、解剖方法和观察内容

(一) 肌肉系统的解剖及观察

1. 解剖

用解剖刀沿鲈鱼的头部后方身体背面正中线的皮肤划开一道口，用镊子小心将头部后方的左侧皮肤从前向后逐渐提起，同时用解剖刀将皮肤与肌肉割离。

2. 观察

(1) 头部侧面浅肌：包括舌颌提肌、下颌收肌、鳃盖开肌及鳃盖提肌与鳃盖收肌等。

(2) 头部腹面浅肌：包括颏舌骨肌、鳃条骨舌肌等。

(3) 体侧肌肉：包括大侧肌、上棱肌、下棱肌等。

(4) 眼肌：包括上斜肌、下斜肌、上直肌、下直肌、内直肌和外直肌等。

(5) 附肢肌肉：以背、臀鳍肌肉为例，包括背鳍倾肌、背鳍竖肌、背鳍降肌各一对，每一鳍条或棘的基部共有六条肌肉。

见实验图6所示。

(二) 骨骼系统的解剖及观察

1. 解剖

(1) 用解剖刀紧贴鲤鱼鳃盖骨的边缘，将鳃盖膜与主鳃盖骨分离，沿着鳃盖骨的边缘，向前腹方移动，直到切断齿骨腹缘的肌肉。另将舌弓的茎舌骨与鳃盖内方舌颌骨的关节面切开，接着再切断头部腹面胸鳍前方的部位，这样就可以将舌弓的大部分和鳃弓一起，从脑颅腹面取出，然后把舌弓和鳃弓上的肌肉、鳃耙、鳃丝等一些软组织剔除。

(2) 用解剖刀沿鲤鱼背鳍两侧，从头部后方直剖到尾鳍起点，将肌肉与骨骼分离，躯干部与尾部两侧大块肌肉切除后，再将标本浸泡在浓度10%的福尔马林溶液中24h后取出，继续

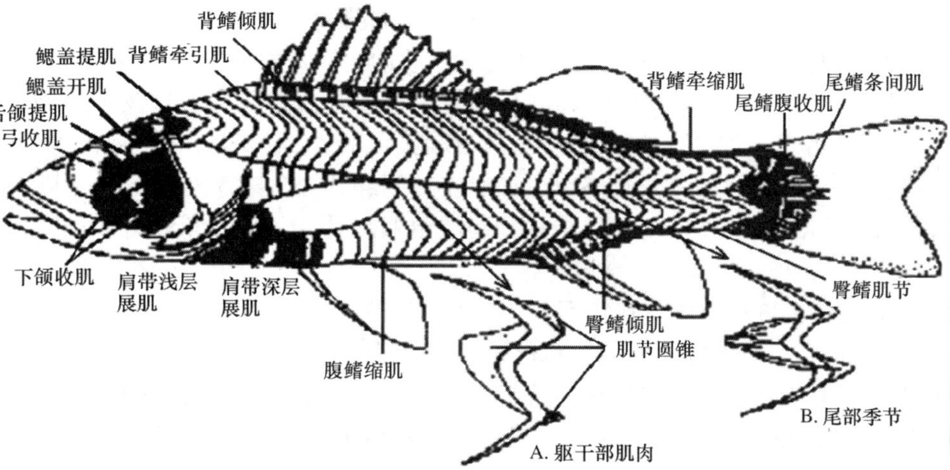

实验图 6　鲈鱼肌肉系统

小心将骨骼表面的皮肤、肌肉剔除。

(3) 将眼球、嗅囊从骨骼凹窝内取出，去除嗅囊周围的组织时小心鼻囊后方的薄片状鼻骨及嵌藏在眼眶周围皮肤内的片状围眶骨。

(4) 小心剔除紧靠头骨后方第 1～3 脊椎骨两侧肌肉，不要损坏两侧的韦伯氏器。

(5) 将整条骨骼基本剔除干净，然后以浓度 30％的双氧水浸泡 2～3d 后取出，用清水洗净、晾干后即可进行观察。

见实验图 7 所示。

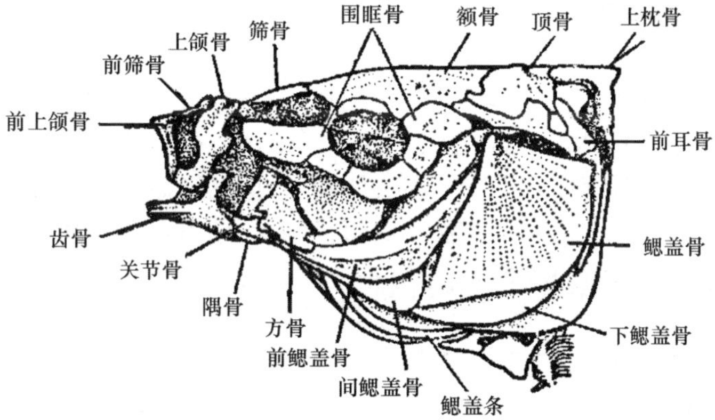

实验图 7　鲤鱼的头骨

2. 观察

(1) 头骨：由脑颅和咽颅所组成。

脑颅：可分为嗅区、眼区、耳区和枕区等四个区。嗅区骨骼为包围在鼻囊周围的骨骼，包括鼻骨、前筛骨、中筛骨、犁骨和侧筛骨。眼区骨骼为包围在眼球周围的骨骼，包括额骨、眶蝶骨、翼蝶骨、副蝶骨和围眶骨。耳区骨骼为包围在内耳周围的骨骼，包括顶骨、蝶耳骨、翼耳骨、上耳骨、前耳骨、鳞片骨和后颞骨。枕区骨骼为包围在脑颅最后端枕骨大孔周围的骨骼，包括上枕骨、外枕骨、基枕骨。

咽颅：包括 7 对咽弓。第 1 对支持上、下颌，叫颌弓；第 2 对叫舌弓，第 3～7 对叫鳃弓。颌弓为组成口缘和支撑咽腔前部的骨骼，分为上颌和下颌两部分。上颌共由 7 对骨骼组成，即前颌骨、上颌骨、腭骨、翼骨、中翼骨、后翼骨和方骨。下颌由 4 对骨骼组成，即齿骨、米克氏软骨、关节骨和隅骨。舌弓由 11 对骨骼组成，此外还有单一的基舌骨和尾舌骨及 3 对鳃条骨，即茎舌骨、上舌骨、角舌骨、下舌骨、基舌骨、尾舌骨、续骨、舌颌骨、主鳃盖骨、前鳃盖骨、间鳃盖骨、下鳃盖骨和鳃条骨。鳃弓由 5 对骨骼组成，围绕口咽腔的后部，第 5 对变异为下咽骨，鲤鱼的下咽骨扩大，上具咽齿；其余 4 对的结构从背到腹由咽鳃骨、上鳃骨、角鳃骨、下鳃骨和基鳃骨组成。

(2) 脊柱：约有 36 枚脊椎骨连接而成，其中躯椎 16 枚，余为尾椎。

躯椎具有髓弓 、棘突、椎体横突与肋骨相关节。尾椎在椎体腹面突出为脉弓和脉棘。第 1～3 脊椎骨两侧有 4 对小骨，借韧带相连，为韦伯氏器官，即带状骨(又名闩骨)、舟状骨、间插骨与三脚骨，在前面的闩骨和舟状骨与内耳的淋巴腔相连，三脚骨与鳔壁相接触，韦伯氏器官连接内耳与鳔，可在鳔与内耳之间传导声波。

(3) 肋骨：鲤鱼仅有腹肋，肋骨一端与躯椎的椎体横突相关节。

(4) 肌间骨：按节排列，位于躯干部轴上肌各肌隔内及尾部轴上肌和轴下肌各肌隔内，为细刺状弧形小骨。

(5) 带骨及支鳍骨：带骨包括支持胸鳍的肩带和支持腹鳍的腰带，其中肩带由上匙骨、匙骨、后匙骨、肩胛骨、乌喙骨和中乌喙骨组成，而腰带仅有一块无名骨组成。支鳍骨分为偶鳍支鳍骨和奇鳍支鳍骨，每一肩带基部具有 4 块排列成一列的支鳍骨，腹鳍仅有一块支鳍骨，位于无名骨后缘。在奇鳍支鳍骨中，背鳍、臀鳍支鳍骨于每一根鳍条下方有二节支鳍骨，即鳍间骨和鳍条基骨；尾鳍的支鳍骨下列各骨组成即尾杆骨、尾上骨、尾下骨。

(三) 神经系统的解剖和观察

1. 解剖

将新鲜的鲤鱼标本先用剪刀在脑颅背后方横剪一刀，用剪刀圆头一端插入切口，除去部分头骨，用 10%～20%福尔马林液注入，然后放入 5%～10%福尔马林液中浸泡 4～5d。用剪刀钝头插入切口，将脑颅背面骨片一小块一小块地剔除，用脱脂棉吸去覆盖在脑上面的脂肪和血液，直到脑各部完全暴露为止。先观察脑的背面，然后切断脊髓和脑神经，将整个脑腹面翻过来，小心嵌藏在前耳骨凹窝中的脑垂体，用镊子轻轻提取。

2. 观察

(1) 中枢神经系统：如实验图 8 所示，包括脑与脊髓，而脑包括端脑、间脑、中脑及小脑与延脑等部分，脊髓横切面包括外围的白质和内部的灰质。

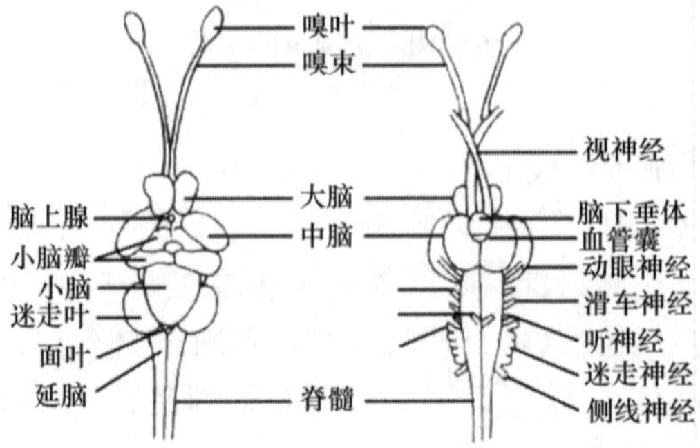

实验图 8　鲤鱼的脑与脑神经

(2) 外周神经系统：如实验图 8 所示，包括脑神经与脊神经。其中，感觉神经包括嗅神经(Ⅰ)、视神经(Ⅱ)及听神经(Ⅷ)；运动神经包括动眼神经(Ⅲ)、滑车神经(Ⅳ)及外展神经(Ⅵ)；混合神经包括三叉神经(Ⅴ)、面神经(Ⅶ)、舌咽神经(Ⅸ)及迷走神经(Ⅹ)。

(四) 感觉器官的解剖与观察

1. 解剖方法

去除鲤鱼一侧皮肤，在上、下轴肌的肌隔内有一条白色的管子即为其侧线管。内耳包埋在脑颅的听囊内，去除听囊的膜壁，就可以看到内耳。在观察嗅觉器官时，用解剖剪小心插入鼻孔，然后剪开就可以看到嗅囊。而观察视觉器官时，用解剖刀小心将眼球周围的皮肤剪去，然后用镊子将其外围的结缔组织剥离，剪断所附眼肌，切断神经，将眼球完整也从眼眶取出，置于培养皿中，用解剖刀纵切成两半，加水以便观察。

2. 观察

(1) 皮肤感觉器官：包括感觉芽、丘状感觉器(神经丘)与侧线器官。而感觉芽最简单的感觉器，是分散在表皮细胞间的一些感觉细胞；丘状感觉器(神经丘)：比较复杂，又称为陷器；这些感觉器官只有在经过特殊处理后，做成装片才能在显微镜下观察；而侧线器官为高度特化的皮肤感觉器官，是水生两栖动物及鱼类所特有的感觉器官，用放大镜或肉眼可以直接观察。

(2) 听觉器官：如实验图 9 所示，鱼类的平衡觉和听觉器官是一对内耳，也称膜迷路。每侧的内耳包括一个椭圆囊、一个球状囊(球囊后方有一突出的瓶状囊)和 3 个彼此垂直的半规管(管的一端膨大成壶腹)。囊内有石灰质的耳石 3～5 块，以球状囊中的耳石最大。椭圆囊、球囊和壶腹内的感觉上皮，分别形成听斑和听嵴，与听神经的末梢相联系，是鱼类平衡和听觉器官中的主要感受部位。膜迷路上部的椭圆囊和半规管是鱼体平衡机制的中心，而球状囊和瓶状囊内的听斑能感受声波，并通过听神经将外界的声波传到脑，产生听觉。

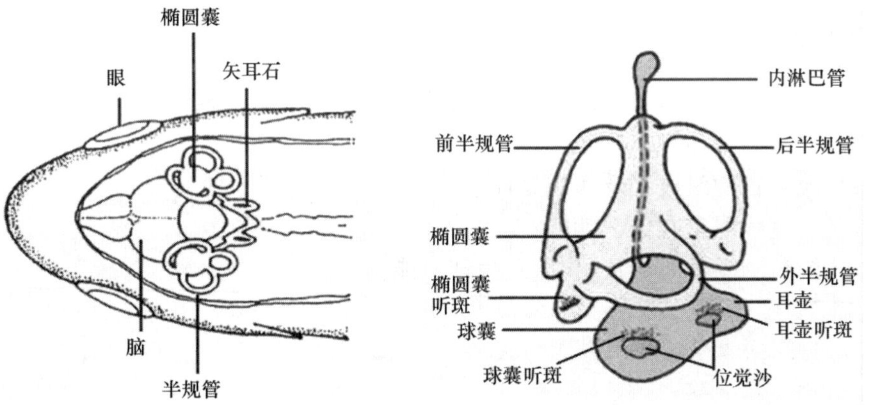

实验图 9　鲤鱼的内耳及其结构

(3) 嗅觉器官：鱼的嗅觉器官为嗅囊，是一对凹陷的构造，由一些多褶的嗅觉上皮组成。嗅觉上皮的细胞分化为支持细胞和感觉细胞二种，支持细胞形状特别粗壮，感觉细胞为线状或杆状，其游离一端有纤毛，基部有神经通到端脑的嗅叶上。位于头的背部，眼的前方。

(4) 视觉器官：鱼的眼睛多呈椭圆形，其内部构造由被膜及调节器组成。鱼类的眼球由巩膜、脉络膜及视网膜等三层被膜组成。巩膜为眼球最外层，软骨鱼类为软骨质，硬骨鱼类多为纤维质，其作用是保护眼球。

巩膜在眼球前方部分是透明的角膜，光线透过角膜落到晶状体上。脉络膜为紧贴在巩膜内的一层，富有血管和色素，它由银膜、血管膜及色素膜三层组成。脉络膜向前延伸到眼球前方部分为虹膜，其中央的孔为瞳孔。许多硬骨鱼类在脉络膜的银膜与血管膜之间有一围绕视神经的脉络脉，是由许多血管聚集而成，对心脏来的血液的压力起缓冲作用，减少对视网膜的机械损伤。眼球的最内层为视网膜，由数层神经细胞组成，是产生视觉作用所在的部位，它有两种视觉细胞，即圆柱细胞（或杆状细胞）及圆锥细胞。圆柱细胞是收纳光线强烈的刺激，行光觉作用；圆锥细胞是收纳光波长短的刺激，司色觉作用。最后一层神经细胞的轴突合后结成视神经入脑，视神经通过的地方呈圆形，此区的视网膜不发生感觉，故有盲点之称。见实验图 10 所示。

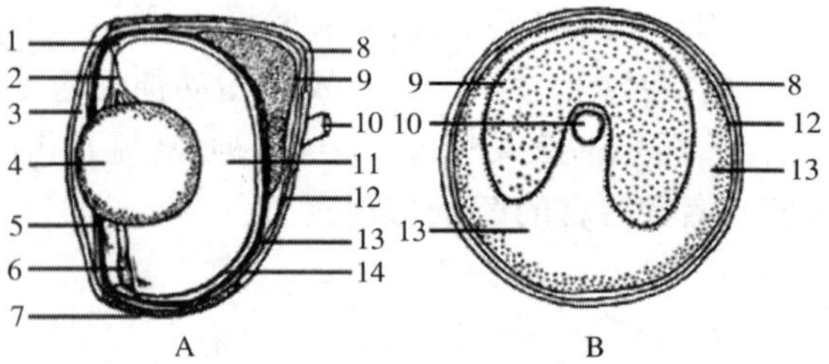

A. 眼球纵剖面　　B. 眼球内侧面观

A. 眼球纵剖面　B. 眼球内侧面观

1. 视网膜　2. 悬韧带　3. 角膜　4. 晶状体　5. 虹膜　6. 晶状体缩肌　7. 软骨环　8. 巩膜　9. 脉络膜　10. 视神经　11. 玻璃液　12. 银膜　13. 脉络腺　14. 镰状突

实验图 10　真骨鱼的眼构造

四、实验报告内容与要求

（1）绘制鲤鱼头部及躯干部侧面肌肉图；
（2）绘制鲤的脑颅背面观图；
（3）绘制鲤鱼的肩带图；
（4）绘制鲤的韦伯氏器图；
（5）绘制鲤鱼脑的背腹面、侧线器官与视觉器官图。

五、回答下列问题

（1）鱼类的哪些肌肉与有关器官的配合，使鱼能在水中自由游泳？
（2）鲤鱼咽齿齿式如何？
（3）韦伯氏器官的组成以及作用是什么？
（4）鱼类的侧线器官有什么功能？
（5）叙述鲤鱼脑垂体的形状、构造及生理机能。

实验四　软骨鱼类常见种类的观察与分类

一、实验目的

通过软骨鱼类的代表种样本观察与分类，了解和掌握软骨鱼纲的总目、目、科、属和种的主要特征，熟悉检索表的应用，巩固软骨鱼类的分类知识，掌握软骨鱼类的分类技能，以及检索表的编写方法。

二、实验材料和工具

1. 实验材料

建议样本鱼有扁头哈那鲨、狭纹虎鲨(或宽纹虎鲨)、锥齿鲨、弧形长尾鲨、条纹斑竹鲨、皱唇鲨、灰星鲨(或白斑星鲨)、尖头斜齿鲨、角鲨、黑印真鲨、阔口真鲨、路氏双髻鲨、短吻角鲨、日本扁鲨、斑纹犁头鳐、许氏犁头鳐、中国团扇鳐、何氏鳐、斑鳐、孔瑶(或美鳐)、光魟(或赤红)、鸢鲼、聂氏无刺鲼、日本单鳍电鳐和黑线银鲛等软骨鱼类。当然，可以根据学校提供标本的条件，选择其中部分样本鱼，或以其他同类样本鱼替换使用。

2. 实验工具

解部盘、大镊子、圆头镊子、分规、直尺和放大镜等。

三、实验内容及方法

(一) 观察各种鱼鳃的形态和构造，鳃的数量和位置

通过观察鱼的形态特征，鉴别板鳃亚纲中鲨形总目(侧孔总目)与鳐形总目(下孔总目)的鱼类。通过背鳍和臀鳍的形态特征，结合鳃裂数量、瞬膜和瞬褶构造，鼻口沟有无等特征区分两个总目中各目的鱼类。

1. 鲨形总目的各目的主要特征

六鳃鲨目：鳃孔6～7个，有喷水孔，背鳍1个硬棘，颌两接型(六鳃鲨科同)。

虎鲨目：背鳍2个，各具1硬棘；具臀鳍，鳃孔5个，无吻软骨，具鼻口沟。

鲭鲨目(鼠鲨目)：背鳍2个无硬棘，具臀鳍；鳃孔5个，位于胸鳍基前方，或最后2个在胸鳍基上方；无瞬膜和瞬褶。

须鲨目：具鼻口沟，或鼻孔开口于口内；前鼻瓣具1鼻须，或喉部具1对皮须；眼小，无瞬膜。

真鲨目：眼具瞬膜或瞬褶；椎体具辐射状钙化区，4个不钙化区有钙化辐条侵入。

角鲨目：背鳍2个，硬棘或有或无；鳃孔位于胸鳍基底前方，无臀鳍。

扁鲨目：体平扁，吻短宽；胸鳍扩大，前缘游离，向头侧伸延；眼上位，口宽大，亚前位；无臀鳍。

锯鲨目：吻很长，剑状突出，边缘具大小相间的锯齿；头腹面具一对皮须，无臀鳍。

2. 鳐形总目的各目主要特征

锯鳐目：吻特别延长，作剑状突出，边缘具约等大的坚硬吻齿；尾柄粗大，尾鳍发达。

鳐形目:头侧与胸鳍间无发电器官,无吻鳍或头鳍。

鲼形目:体盘宽大,圆形、斜方形或菱形;无吻软骨,一般具鼻口沟;胸鳍前延,伸达吻端。

电鳐目:头侧与胸鳍间具大型发电器官,尾鳍发达。

(二) 根据样本鱼的特征认识目、科、属的特征

1. 鲨形总目的各目所属的科、属分类及其主要特征

六鳃鲨目:我国仅六鳃鲨科1科,包括六鳃鲨属、七鳃鲨属和哈那鲨属三属。六鳃鲨科最显著的特征为通常有6对或7对鳃裂,位置均在胸鳍基底之前,且第一对鳃裂不与喉部相连接。身体呈圆柱形,腹部没有隆脊。吻部较为短钝,某些鱼种会稍长些。鼻孔在腹位靠近吻端处,无鼻口沟,眼睛无瞬膜。上下颌的牙齿构造明显不同,上颌齿细长而内弯,较尖;下颌齿则为宽扁的梳状,仅有几个小齿尖。另外,六鳃鲨仅有一个小型背鳍,位于腹鳍基底后方,比胸鳍小,短短的臀鳍又比背鳍更小。尾鳍延长,上叶远大于下叶。

扁头哈那鲨(学名 Notorynchus cepedianus)是哈那鲨属唯一的物种,有7个鳃裂,呈灰色或褐色,身上有斑点。上颚有锯齿状的尖齿,下颚的牙齿则呈梳状。卵胎生,成长的扁头哈那鲨长达3m。

虎鲨目:世界仅虎鲨科1科,虎鲨属1属。我国有狭纹虎鲨和宽纹虎鲨两种。狭纹虎鲨体延长,前部粗大,后部渐细小;背部轮廓稍圆凸,腹面平坦;头圆锥状而稍住上扬,吻短宽而钝圆。眼椭圆形,上侧位,无瞬膜,眶上隆棘较低。口裂位于眼前下方,上下颌齿同型,前部齿细小,具3~5尖头,后部齿宽扁,臼齿状,中央具隆棘。鳃裂5对,喷水孔小,位于眼下方。鼻孔缘无触须,但具明显之口鼻沟,前鼻瓣往后延伸达口裂。盾鳞粗厚,呈十字形。背鳍2个,各具一硬棘,第一背鳍起点于胸鳍基部后端;第二背鳍略小于第一背鳍,距尾鳍之距离远于距臀鳍之距离;臀鳍略小于第二背鳍,基底末端至尾鳍下叶起点之距离大于臀鳍基底长之两倍。体淡黄色,腹面白色,体背具黑褐色且宽窄相接之横带。

鲭鲨目:我国有4科、5属、8种。(1)锥齿鲨科,齿大锥形;吻软骨愈合;背鳍、腹鳍和臀鳍几等大。(2)鲭鲨科,第二背鳍和臀鳍都很小;尾鳍近新月形;尾柄每侧具1~2个侧突。(3)姥鲨科,鳃弓密具角质细长鳃耙;鳃孔延伸至头背面;齿小,数多。

锥齿鲨牙齿呈锥形,基底分叉,侧齿头或有或无。第一背鳍位于体腔后半部上方,接近腹鳍。第二背鳍、臀鳍、腹鳍约与第一背鳍等大。尾鳍宽大,下叶前部三角形突出,一般都可以生长至1.7~3m。身体呈褐色,上半部有一些暗色斑汶。泳鳔很原始,是鲨鱼中非常罕见的,但可以提供精准的浮潜控制。

须鲨目:我国有3科、7属、18种。(1)须鲨科,具鼻口沟和鼻须。(2)橙黄鲨科,喉侧具一对皮须;无鼻须。(3)鲸鲨科,侧具2皮嵴;口巨大,前位;鼻孔开口于口内;具海绵状鳃耙。条纹斑竹鲨躯体呈圆柱形或稍平扁,体侧具一隆脊;头侧不具皮瓣,吻窄圆。眼椭圆形,上侧位,无瞬膜。鼻孔下侧位,鼻孔缘具短而尖凸之须,具鼻褶,具口鼻沟。喷水孔中大,约等于眼径。鳃裂小,第四及第五鳃裂重叠,内鳃不具滤器。口裂小,腹位,近于平直。齿具中央齿尖,侧边小齿尖或有或无。背鳍2个,小而上角钝圆,后端平直,下角不尖突,第一背鳍起点与腹鳍基底末端相对或稍后;第二背鳍起点在腹鳍与臀鳍间;胸鳍与腹鳍略小,同大或胸鳍略大;臀鳍小,起点远于第二背鳍后角之后,基底长短于尾鳍下叶基底长,而与尾鳍下叶之起点仅以一窄凹洼分隔,其间距远短于臀鳍基底长;尾鳍上叶略往上扬,上叶略发达,腹缘明显;尾鳍下叶低平而延长,但前部不突出,后部具缺刻。体呈灰褐色,体侧具12~13条暗色横纹,体侧及各鳍另具许多淡色之斑点,体长可达83cm。

真鲨目：我国有5科25属60余种。(1)猫鲨科，眼椭圆形，具瞬褶；齿小数多；第一背鳍位于腹鳍上方或后方。(2)拟皱唇鲨科，体柔软；眼狭长，具瞬褶；喷水孔大；上下颌具同形，数逾200行；第一背鳍底长，等于或长于尾鳍。(3)皱唇鲨科，眼椭圆形，具瞬褶；具喷水孔；齿细小数多，第一背鳍位胸鳍与腹鳍之间上方。(4)真鲨科，眼椭圆形或圆形，具瞬膜；喷水孔细小或消失；第一背鳍大，位体腔上方；第二背鳍小或很小。(5)双髻鲨科，头的额骨区向左右两侧突出；眼圆形，瞬膜发达；喷水孔消失；鼻孔具里外鼻沟。

皱唇鲨体较长，前部粗大，后部渐细，一般体长4m左右。口大，唇褶发达、牙细小，排列紧密，体背及上侧呈灰褐色略带暗紫色，体侧有9～13条暗褐色横纹，并布有不规则的黑色斑点，体下侧面及腹面银白色。背鳍2个，无硬棘，第1背鳍位于胸鳍与腹鳍之间的上方；尾鳍宽长，尾椎轴稍上翘。

尖头斜齿鲨体呈纺锤型，躯干略修长。头宽而纵扁。尾基上下方各具一凹洼。吻宽而呈抛物线状。眼大，圆形，眼眶后缘不具缺刻，瞬膜发达。前鼻瓣短而呈窄三角形；无口鼻沟或触须。唇沟发育完全，中等长。口裂宽大，深弧形，口闭时下颌齿不明显露出；上下颌齿同型，宽扁三角形，外缘凹入，边缘平滑，齿尖向外倾斜，无小齿尖。背鳍2个，背鳍间无隆脊，第一背鳍中大，起点与在胸鳍内角相对或稍后，后缘凹入，上角钝尖，下角尖突；第二背鳍小，起点与臀鳍后端相对，后缘凹入，后角尖突；胸鳍约略等大于第一背鳍，后缘凹入，外角尖突，内角圆突，鳍端伸达第一背鳍基底前部；尾鳍窄长，尾椎轴上扬，下叶前部显著三角形突出，中部低平延长，与后部间有一深缺刻，后部小三角形突出，尾端尖突。体背侧灰褐色；腹侧白色。背鳍及臀鳍具暗色缘，其余鳍淡褐色。

角鲨目：我国有3科10属15种。(1)角鲨科，两背鳍前方均具棘。(2)铠鲨科，第二背鳍前方无棘，有时第一、二背鳍前方均无棘；上下颌齿异型。(3)棘鲨科，两背鳍小而无棘；齿上下颌同型。

扁鲨目：我国仅扁鲨科，日本扁鲨和星云扁鲨2种。

日本扁鲨体平扁，延长，普通体长1m以内，大者可达1.5m。头宽扁，头长小于头宽，约为全长的1/5，头侧具薄膜突起；尾颇宽，向后渐狭，尾柄下侧具一皮褶，伸达尾基后方，尾长比头和躯干稍长。吻宽短，广圆，稍突出于颌前方，前缘中部略凹入，腹面在上颌上方具深沟。眼小，卵圆形，背位，无瞬褶；眼间隔比喷水孔间隔为小。鼻孔小，位于吻端两侧，外鼻瓣简单，薄膜状，后缘细裂不显著，里鼻瓣具2个平扁须状突起，在外侧者较宽大，边缘薄膜状，细裂；在里侧者狭小，口亚前位。上下颌牙同型，基底宽大，齿头狭尖，边缘光滑，三角形，向后延伸；3行在使用，上下颌每侧每行9～10牙。喷水孔比眼稍大，横椭圆形；喷水孔至眼的距离与眼径相等(幼体)，或大与眼径1.5倍(成体)；鳃孔5个，很宽大，侧腹位，下部转入于腹面，最后一个位于胸鳍基底前方。

锯鲨目：我国仅锯鲨科1科，锯鲨属和六鳃锯鲨2属，全球计有15属96种以上，台湾海域也有5属8种之多，体态差异也较大。

2. 鳐形总目的各目、科、属分类及其主要特征

通过体盘形态、吻的形态、尾部和尾鳍形态、背鳍形态等，比较区分和识别鳐形总目中各目的鱼类。

锯鳐目：仅锯鳐科1科，锯鳐属1属，世界共有6种，而我国仅有小齿锯鳐和尖齿锯鳐2种。

鳐形目：分为2亚目，6科。(1)圆犁头鳐科，吻宽短，圆形，第一背鳍起点前于腹鳍起点。

(2)尖犁头鳐科,体盘犁形;腹鳍距胸鳍有一很大距离;第一背鳍起点后于腹鳍起点。(3)犁头鳐科,位盘犁形;腹鳍接近胸鳍;第一背鳍位腹鳍后方。(4)团扇鳐科,体盘宽大,团扇形;胸鳍前延,伸达吻端。(5)鳐科,背鳍2个;腹鳍前部分化为足趾状构造。(6)无刺(鳍)鳐科,吻端有一丝状突起;无背鳍;腹鳍前部分化出两节"腿足"状构造。

许氏犁头鳐体扁平,体盘近于三角形,长度大于宽度;背部中央线之颗粒状突起仅存痕迹。吻长而钝尖,吻长约为体盘长之0.2~0.25倍。眼间隔窄,小于眼径。口平横,有唇褶,口裂长为口前吻长之0.28~0.30倍;牙小,排列为铺石状,两颌牙均相同。胸鳍窄,腹鳍靠近胸鳍,尾纵扁,不具下叶。体表被小盾鳞。背面棕色,无斑纹;吻侧及腹部色淡;吻的前部腹面上有暗色斑。

中国团扇鳐体平扁,呈团扇形,一般体长30~50cm、体重200~500g。体盘宽大于体盘长。尾平扁,粗大而长,每侧具一皮褶。吻端钝圆,吻软骨短。口横裂状,牙细小而多呈铺石状排列,有唇褶。眼小。有喷水孔,约与眼径等大。体背部中央自头后至第2背鳍前方有一纵行结刺,每侧肩区也有2对结刺。体背面棕褐色,腹面白色。背鳍2个,靠近尾部。

鲼形目:分为魟亚目、鲼亚目和牛鼻鲼亚目3个亚目,共8科。(1)六鳃魟科,鳃孔6对;前鼻瓣短,不与对侧联合成一口盖;无鼻口沟。(2)扁魟科,尾鳍发达;有尾刺;有鼻口沟及口盖。(3)魟科,尾细长如鞭,常具尾刺;无尾鳍;体盘宽不超过体盘长的1.3倍。(4)燕魟科,尾细短;无尾鳍;体盘宽超过体盘长的1.5倍。(5)鲼科,吻鳍与胸鳍在头侧相连或分离;上下颌齿各7行。(6)鹞鲼科,吻鳍与胸鳍在头侧分离;上下颌齿各1行;具尾刺。(7)牛鼻鲼科,吻鳍前部分化成两瓣;上下颌齿5~10余纵行,中央齿最大。(8)蝠鲼科,胸鳍前部分化为头鳍,位于头前两侧,齿细小数多;具鳃耙。

光魟体盘菱形,前缘斜直,与吻端约成60°;体盘宽比体盘长约大1.2~1.3倍。吻尖而稍突,吻长约等于体盘长的2/9。眼大,突起;眼径几与喷水孔等大。口小,口前吻长比口宽大2.4~2.7倍。口底具显著乳突3个,尾细长如鞭,尾长比体盘长大1.4~1.8倍;在尾刺后方的背侧面具一皮褶,约与尾刺相等,而腹侧面则有比较明显延长的皮褶,约为尾长的2/5。幼体及成鱼之体背皆无棘而完全光滑,体灰褐而带黄色;眼前和眼下、喷水孔附近褐色;尾的前部灰褐色,后部暗褐色。腹面近边缘区灰褐色带黄色,中央区白色。

电鳐目:本目有3科10属约38种。(1)电鳐科,背鳍2个;前鼻瓣宽短,伸达口前。(2)单鳍电鳐科,背鳍1个;前鼻瓣宽大,伸达下唇,或短小,仅伸达口前。

日本单鳍电鳐眼小而突出;喷水孔边缘隆起;前鼻瓣宽大,伸达下唇;皮肤柔软。背鳍一个。头侧与胸鳍间有大型发电器。体盘亚圆形。腹鳍外角不突出,后缘平直。尾具侧褶。背部赤褐色,具少数不规则暗斑。鳃孔5个,狭小,直行排列。齿细小而多。

(三) 比较几种软骨鱼类的形态特征

比较皱唇鲨与灰星鲨(或白斑星鲨)、虎鲨和角鲨、斑鳐和孔鳐(或美鳐)、犁头鳐与团扇鳐等相近鱼类的形态特征区别。比较瞬褶与瞬膜的区别,观察魟的口底乳突、鳐的趾状分化。

四、实验报告填写内容及要求

(1) 绘出表示皱唇鲨、灰星鲨、孔鳐和赤魟等的主要特征的简图,并描述上述标本鱼中10种代表鱼类的分类地位和主要特征。

(2) 编列出六鳃鲨目、虎鲨目、真鲨目、角鲨目、锯鲨目和扁鲨目的检索表。

五、回答下列问题

(1) 什么叫瞬膜、瞬褶、头鳍、吻鳍和趾状分化？

(2) 试分别叙述鲨形总目和鳐形总目的各目分类依据。

实验五　鲟形目、海鲢目、鼠鱚目、鲱形目、鲑形目和灯笼鱼目中常见种类的观察与分类

一、实验目的

认识鲟形目、海鲢目、鼠鱚目、鲱形目、鲑形目和灯笼鱼目中常见鱼类的基本特征，识别常见的鱼类，掌握其分类的方法与技能。

二、实验工具与材料

1. 实验材料

建议样本鱼有中华鲟（或白鲟）、海鲢、大海鲢、鼠鱚、金色小沙丁鱼、寿南小沙丁、脂眼鲱、鳓、斑鰶、日本鳀、凤鲚、刀鲚、黄鲫、赤鼻棱鳀、鲥鱼、大银鱼、太湖新银鱼、长条蛇鲻、长蛇鲻、龙头鱼和杂斑狗母鱼等。当然，可以根据学校提供标本的条件，选择其中部分样本鱼，或以其他同类样本鱼替换使用。

2. 实验工具

解剖盘、大镊子、尖头镊子、分规、直尺和放大镜等。

三、实验内容与方法

1. 各目样本鱼区分

根据鱼体有无硬鳞、骨板数目、有无假鳃及偶鳍基部的腋鳞分布情况、有无侧线、脂鳍和口裂上缘骨骼组成情况等一些特征，认识鲟形目、海鲢目、鼠鱚目、鲱形目、鲑形目和灯笼鱼目的各标本鱼的特征，巩固鱼类鉴定技能。

2. 中华鲟、海鲢、大海鲢和鼠鱚特征的观察

根据有无骨板认识中华鲟，依据有无假鳃与有无偶鳍基部的腋鳞，以及鱼体的其他形态特征鉴别海鲢、大海鲢及鼠鱚。依据上颌骨后缘是否过眼后缘，以及鳃盖膜是否相连的特征将鲱形目中鲱科与鳀科鱼类分开，认识样本鱼的分类特征。根据有无脂鳍及背鳍鳍条等特征区分鲑形目与灯笼鱼目鱼类。

中华鲟身体呈纺锤形，头尖吻长，口前有4条吻须，口位在腹面，有伸缩性，并能伸成筒状，体被覆五行纵行排列骨板，背面一行，体侧和腹侧各两行，每行有棘状突起。介于软骨与硬骨之间，骨骼的骨化程度普遍地减退，中轴为未骨化的弹性脊索，无椎体，随颅的软骨壳大部分不骨化。尾鳍为歪尾型，偶鳍具宽阔基部，背鳍与臀鳍相对。腹鳍位于背鳍前方，鳍及尾鳍的基部具棘状鳞，肠内具螺旋瓣，肛门和泄殖孔位于腹鳍基部附近，输卵管的开口与卵巢远离。

海鲢体细长，状似狗鱼，被银色细鳞，背鳍与臀鳍具沟槽，可平伏其中。牙小而尖锐，腭下具喉板，体长达90cm，重可达13.6kg。幼体透明，如鳗。海鲢的身体很强劲，并长有带凹口的异形尾须状尾。肉食性。

大海鲢体长形，侧扁，体长可达1m。腹部圆，无棱。吻略钝，头腹面有长条形喉板。眼大，具脂眼睑。口大，上翘，下颌突出；上颌骨宽，向后伸达眼后缘的下方。两颌、犁骨、腭骨、翼骨

及舌均具绒毛状小齿。鳃孔大，体被大圆鳞。背鳍位于体的中部，最后鳍条向后延伸到臀鳍基的后上方，呈丝状。臀鳍位于背鳍的后下方，鳍基比背鳍基长。胸鳍位低，腹鳍位于胸鳍与臀鳍之中间，尾鳍深分叉。体背部深绿色，体侧和腹部白色，各鳍淡黄色。

鼠鱚体长圆柱形，一般长 16.4～19.6cm，最大个体长 38cm。头圆锥形，吻的腹面有一小须，眼中等大，全被脂膜覆盖；眼间隔略凸。鼻孔小，口小，下位。两颌、犁骨和腭骨无牙。唇缘有许多须。有假鳃，鳃盖膜与鳃峡相连。头、体被小栉鳞。胸鳍和腹鳍的基部有细长的肉质突起；尾鳍后缘微向内凹。背部淡棕色，腹部白色，各鳍末端灰黑色。

3. 鲱科样本鱼类的观察识别

主要根据腹部形态、有无棱鳞、臀鳍鳍条数及腋鳞分布情况，口开的位置、上颌有否凹刻等认识鲱科中各亚科鱼类的形态特征。

金色小沙丁鱼体圆柱形，略侧扁，长 129～168mm。头中等大，背部宽。眼中等大，脂膜发达，覆盖着眼的大半。口小，上、下颌等长，腭骨和舌上有细牙。鳃孔大，有假鳃。体被近似六角形的圆鳞，纵列鳞 46～49，无侧线。背鳍条 17～18；臀鳍条 16～19，无侧线。尾鳍深叉形，尾鳍基部有 2 个显著的长鳞。体背侧青绿色；体侧上方有一条淡黄色光泽的纵带，因而得名金色小沙丁鱼。腹部白色，背鳍和尾鳍淡黄色，其边缘为黑色；胸鳍微呈淡黄色。

寿南小沙丁又名锤氏小沙丁，其体延长而侧扁，腹部略圆，具棱鳞，17～18＋13～14 个。脂性眼睑发达，几完全覆盖住眼睛。口小，前位；上下颌约等长；上颌骨末端达眼前缘下方。鳃盖光滑；下枝鳃耙数 51～54。体被细薄圆鳞，极易脱落；鳞片上之垂直条纹仅多且不中断或上下对应条纹在中央部位重叠；鳞片后缘之小孔少于 20 个以下；背鳍和臀鳍基部有发达之鳞鞘；胸鳍和腹鳍基部具腋鳞 1 片。背鳍位于体中部前方，具软条 17～18；臀鳍位于体之后半部，具软条 18～19；腹鳍软条 8；尾鳍深叉。体背部青绿色，体侧下方和腹部银白色；鳃盖末缘具明显黑斑。背鳍淡黄，前端基部不具黑点；尾鳍淡黄，上下叶不具黑缘，末端不具大块黑斑；胸鳍淡黄，余鳍淡色。

脂眼鲱体呈圆筒形，腹缘无棱鳞。口小，开于吻端。上下颌等长。具细齿，但易脱落。被圆鳞，易脱落。胸鳍和腹鳍基部具腋鳞。腹鳍在背鳍基部后方。背鳍鳍条 16～21 枚，臀鳍 9～13 枚，腹鳍软条 8 枚，尾鳍深叉。体背部绿褐色，体侧下方和腹部银白色。背鳍、胸鳍、尾鳍淡黄色，余鳍淡色。眼完全为脂性眼睑所覆盖。体长可达 25cm。

鳓体长椭圆形，侧扁。头后部略凸。腹缘有锯齿状棱鳞。头前端尖，吻上翘。眼略大。两颌、腭骨和舌上密布细小牙齿。体被中等大的圆鳞，无侧线。尾鳍分叉深。全身银白色。仅吻端、背鳍、尾鳍和体背侧为淡黄绿色。

斑鰶鳃盖的后方有一块大黑绿斑而得名。体长 121～186mm，最大 265 mm。体略长而侧扁。腹部有锯齿状棱鳞。吻稍钝，口小，无牙，上颌较下颌略长。鳞近六角形，头部无鳞，无侧线。背鳍最后一鳍条延长为丝状，向后约达到尾柄的中部，尾鳍叉形。头、体背侧为黑绿色，体侧上方有 8～9 纵行小绿点，体侧下方和腹部为银白色。斑鰶体背中间偏前，较大，最后鳍条延长为长丝状。胸鳍较大，侧下位，鳍条向下渐短。腹鳍小，基底与背鳍基底前部近相对。臀鳍基底较长，位于背鳍基底末端与尾鳍基之间近中间下方，鳍条短小。尾鳍深叉形。体被圆鳞，腹缘有较强的锯齿状棱鳞。

4. 鳀科样本鱼类的观察识别

根据体形、腹部形态、有无棱鳞、上颌骨后端的位置和胸鳍变化将鳀科的 4 个属鱼类分开。

日本鳀体细长，腹部圆形，无棱鳞。头稍大，吻钝圆，突出，口裂大，上颌长于下颌。眼大，被薄脂眼睑。体被薄圆鳞,胸鳍腋部有1根长鳞,尾鳍基部每侧有2个大鳞。背部青蓝色,体侧白色。

凤鲚头短,侧扁。吻短,圆突。口大,下位,口裂倾斜。上颌骨后延伸达或伸过胸鳍基底。下缘具细锯齿。两颌具绒毛状牙一行,犁骨、腭骨均有细小牙。鳃孔大。鳃盖条9～10。鳃耙细长,体被圆鳞。腹缘棱鳞16～17+22～26。背鳍起点与腹鳍起点相对,臀鳍低而延长,与尾鳍相连。腹鳍短小。胸鳍上部6枚游离鳍条延长成丝状,后超过臀鳍起点。尾鳍不对称,上叶长于下叶。

刀鲚体长、甚侧扁,向后渐细尖呈镰刀状,故而得名。一般体长18～25cm、体重10～20g。吻短圆,口大而斜,下位。体侧两边被大而薄的圆鳞,腹具棱鳞,无侧线。胸鳍上部有丝状游离鳍条6枚;背鳍、臀鳍各1个,臀鳍长,直至尾尖与尾鳍相连,尾鳍小而成尖刀形。头及背部浅蓝色,体侧微黄色,腹部灰白色。各鳍基部均呈米黄色,尾鳍边缘黑色。

黄鲫体扁薄,背缘稍隆起,一般体长15cm,体重20～30 g。头短小、眼小。吻突出,口裂大而倾斜。上颌稍长于下颌,两颌、犁骨、腭骨和舌上均有细牙、体被薄圆鳞,易脱落,腹缘有棱鳞,无侧线,胸鳍上部有一鳍条延长为丝状,背鳍前方有一小刺,臀鳍长,尾鳍叉形,不与臀鳍相连。吻和头侧中部呈淡黄色,体背青绿色,体侧为银白色。背鳍、胸鳍和尾鳍均为黄色,臀鳍浅黄色。

赤鼻棱鳀体甚侧扁,腹部在腹鳍前后均有一排锐利的棱鳞,腹鳍前15～16枚,腹鳍后10枚,共约25～26枚。头略小,侧扁。吻钝,吻长明显短于眼径。口大倾斜,上颌骨末端尖但短,仅达前鳃盖骨后缘;第一鳃弓下枝鳃耙数28～31。体被圆鳞,鳞中大,易脱落,无侧线;背鳍前方具1枚小棘,胸、腹鳍基部具腋鳞。背鳍起始于体中部,具12软条;臀鳍长,具28～34分枝之软条;尾鳍叉形。体背部青灰色,具暗灰色带,侧面银白色;吻常为赤红色。背鳍、胸鳍及尾鳍黄色或淡黄色;腹鳍及臀鳍淡色。

5. 通过观察大银鱼、长蛇鲻和龙头鱼来认识银鱼科、狗目鱼科和龙头鱼科的特征

大银鱼个体小,常见个体体长为15cm左右,体细长。头部上下扁平,吻尖,呈三角形。下颌长于上颌。背鳍起点至尾鳍基部的距离大于至胸鳍基部,体透明。两侧腹面各有一行黑色色素点,性成熟时雄鱼臀鳍成扇形,基部有一列鳞片,胸鳍大而尖。

长蛇鲻体长,呈圆筒状,一般体长19～30cm、体重100～300 g。头略平扁,口大,两颌具多行细牙,腭骨及舌上亦具细牙。体被较小圆鳞。体背侧棕色,腹部白色,侧线发达平直,侧线鳞明显突出。背鳍1个,位于吻端和脂鳍的中间;脂鳍很小;臀鳍小于背鳍;尾鳍深叉形。背、腹、尾鳍均呈浅棕色,胸鳍及尾鳍下叶呈灰黑色。

龙头鱼为中小型海产鱼类。体长而侧扁,一般体长15～26cm、体重75～150 g。眼很小,前位、口裂甚大,由前颌骨形成口裂上缘。两颌牙密生、细尖,能倒伏、体柔软,大部光滑无鳞,侧线上有一行较大的鳞直抵尾叉。头及背面浅棕色,腹部乳白色,侧线发达、明显,从头盖骨直达尾鳍叉中央。背鳍1个,仅有鳍条,无鳍棘,背鳍后有一小脂鳍;胸鳍和腹鳍发达,约等长;尾鳍三叉形,中叶较短。

四、实验报告填写内容及要求

(1) 写出上述标本鱼中任意10种鱼类的分类地位和主要特征。

(2) 以中华鲟、鼠鱚、海鲢、金色小沙丁鱼、凤鲚和赤鼻棱鳀为例练习排列一个检索表。

五、回答下列问题

(1) 什么叫硬鳞？什么叫腹部棱鳞？什么叫脂眼睑？什么叫脂鳍？什么叫腋鳞？

(2) 如何区分中华鲟与白鲟？如何区分海鲢与大海鲢？如何区分金色小沙丁与寿南小沙丁？如何区分刀鲚与凤鲚？如何区分长蛇鲻与长条蛇鲻？

(3) 鲚属鱼类的胸鳍上方的游离鳍条与黄鲫属胸鳍上方的游离鳍条有何不同？如何区分日本鳀与赤鼻棱鳀？

实验六　鳗鲡目、鲤形目、鲇形目、颌针鱼目、鳕形目、海龙目和鲻形目中常见种类的观察与分类

一、实验目的

观察与识别鳗鲡目、鲤形目、鲇形目、颌针鱼目、鳕形目、海龙目和鲻形目中常见鱼类的基本特征，掌握其科、属、种的分类方法与技能。

二、实验工具与材料

1. 实验材料

建议样本鱼有日本鳗鲡、花鳗鲡、海鳗、星康吉鳗、网纹裸胸鳝、青鱼、草鱼、鲢鱼、鳙鱼、编鱼、团头鲂、鲤鱼、鲫鱼、泥鳅、鲶鱼、中华海鲶、胡子鲶、鮰鱼、铜鱼、翘嘴红鲌、鳡鱼、飞鱼、乔氏吻鱵鱼、扁颌针鱼、秋刀鱼、狭鳕、毛烟管鱼、红烟管鱼、舒氏海龙、斑海马、油魣、大眼魣、鲮鱼、鲻鱼、四指马鲅、五指马鲅和六指马鲅等。可以根据学校提供标本的条件，选择其中部分样本鱼，或以其他同类样本鱼替换使用。

2. 实验工具

解剖盘、大镊子、尖头镊子、量鱼板、分规、直尺和放大镜等。

三、实验内容与方法

1. 鳗鲡目、鲤形目、鲇形目、颌针鱼目、鳕形目和海龙目常见鱼类区分

根据体形、鳞的形态、吻的变化和侧线形态将鳗鲡目、鲤形目、鲇形目、颌针鱼目、鳕形目和海龙目鱼类分开。

鳗鲡目：一般无腹鳍，体形细长似蛇。鳃孔狭窄，鳍无硬刺或棘，背鳍、臀鳍和尾鳍相连，各鳍均无硬棘。背鳍与臀鳍均长，一般在后部相连续；胸鳍有或无。体无鳞，鳞片退化埋于皮下，有的种类有细小圆鳞。有鳔种类具鳔管。脊椎骨数多，可多达 260 个。

鲤形目：体前端 4～5 椎骨已特化与内耳联系，形成韦伯氏器；口常能伸缩，无齿，头无鳞，除少数鳅科外，其他种类无脂背鳍；下咽骨镰刀状且有齿 1～4 行，但双孔鲤科无齿；鳃膜条骨 3，右顶骨互连，有肌间骨，有的种类有圆鳞，有的种类有须。

鲇形目：两颌多具发达的须，多的可达 4 对。鱼体大多裸露无鳞，有的被以骨板。头骨无顶骨、下鳃盖骨等。上颌骨一般退化变小，无齿，仅作为上颌须的须基。第 2～4 节椎骨愈合为复合椎骨，第 1、5 节椎骨常分别固连或愈合于其前后。齿发达，眼小，胸鳍及背鳍常有用于自卫的硬刺，刺基分别与喙骨或背鳍基板形成特殊的制动装置，一旦竖起，外力不易使之复原。脂鳍常存在。

颌针鱼目：体细长，被圆鳞，各鳍均无硬棘，背鳍一个，胸鳍位高，侧线位低，接近腹缘，且与腹缘平行，有些种类下颌延长如针状。

鳕形目：体长形。背鳍 1～3 个，臀鳍 1～2 个，常有胸鳍；腹鳍 0～17，多为喉位或颏位，尾鳍担鳍骨正型，真正尾鳍条很少或无；除长尾鳕科，外均无硬鳍刺。下颏中央常有一须。多有

圆鳞。额骨连上枕骨,将顶骨挤到两侧。无眶蝶骨、基蝶骨及中喙骨。鳔不通食道,前端侧突向前连,或不连耳部。嗅球紧邻或远离前脑。前翼骨无齿。

海龙目:口前位,口裂上缘仅由前颌骨或前颌骨与颌骨共同组成管状吻。无颅顶骨和后耳骨。咽骨退化。鳃常呈簇状。背鳍、臀鳍及胸鳍均不分枝,只有腹鳍与尾鳍部分分枝,若有第1背鳍存在,必为棘鳍,腹鳍如存在,必为腹位或前腹位。

2. 鳗鲡目常见的四科鱼类区分

根据有无鳞、舌的形态、牙的形态、鳃孔的形态及有无胸鳍等特征将鳗鲡目常见的四个科分开,并观察各科代表鱼的特征。

日本鳗鲡:体细长如蛇,全长可达1.5m,前部近圆筒状,后部稍侧扁。头尖,眼小,吻部平扁,口大,唇厚,下颌稍长于上颌。鳞小,埋于皮下。黏液腺发达,体表光滑。体背呈暗绿色,腹侧为白色,背鳍起点距肛门较距鳃孔为近,背、臀鳍起点间距短于头长,但长于头长之半,胸鳍短。

花鳗鲡:头较长,呈圆锥形。口较宽,吻较短,尖而呈平扁形,位于头的前端,下颌突出较为明显。舌长而尖,前端游离。口裂稍微倾斜,后延可以到达眼后缘的下方。上下颌及犁骨上均具细齿。唇较厚,上、下唇两侧有肉质的褶膜。眼睛较小,位于头的侧上方,为透明的被膜所覆盖,距吻端较近。鼻孔有两对,前、后分离,前鼻孔呈管状,位于吻端的两侧;后鼻孔呈椭圆形,位于眼睛的前缘。鳃发达,鳃孔较小而平直,沿体侧向后延伸至尾基的正中。体表极为光滑,有丰富的黏液。背鳍、臀鳍均低而延长,并与尾鳍相连。胸鳍较短,近圆形,紧贴于鳃孔之后。无腹鳍。肛门靠近臀鳍的起点。尾鳍的鳍条较短,末端较尖。鳞较为细小,各鳞互相垂直交叉,呈席纹状,埋藏于皮肤的下面。身体背部为灰褐色,侧面为灰黄色,腹面为灰白色。胸鳍的边缘呈黄色,全身及各个鳍上均有不规则的灰黑色或蓝绿色的块状斑点。体内的鳔有1个室,较厚。肠却较短,仅为其体长的0.3~0.4倍。脊椎骨有112~119枚。

海鳗:体呈长圆筒形,尾部侧扁。尾长大于头和躯干长度之和。头尖长,眼椭圆形。口大,舌附于口底。3行上颌牙强大锐利,犁骨中间具10~15个侧扁大牙。体无鳞,具侧线孔140~153个。背鳍和臀鳍与尾鳍相连。体黄褐色,大型个体沿背鳍基部两侧各具1暗褐色条纹。脊椎骨142~154个。

星康吉鳗:俗称星鳗、鳝鱼。口宽大、舌端游离、牙细小且排列紧密,无犬牙。两颌牙细小,每侧2行,犁骨牙丛状。侧线完全,侧线和体的感觉孔呈白色点。体形圆筒状,呈蛇形,但尾部侧扁。背鳍与臀鳍及尾鳍相连。胸臀狭小,腹鳍消失。背后侧灰褐色,腹下部灰乳色。侧线孔和侧线上方有星状斑点。

网纹裸胸鳝:两颌牙强大,每侧牙均为3行。下颌第一行牙不向外倾斜;犁骨牙3行,中央1行3尖头。其犬齿的基部有如锯齿状的凹痕,牙齿锐利。体无鳞,有胸鳍。体背呈淡褐色,体侧及腹面颜色则偏向白色,体侧具14~22条褐色横带,各横带间之距离相等。头部无横带,有许多褐色小点散布其上。体长可达60cm。

3. 根据口周围须的形态、体形、鳞的形态等特征认识鲤科和鳅科鱼类

鲤鱼:俗称鲤拐子、毛子等,隶属于鲤科。身体侧扁而腹部圆,肥厚。口呈马蹄形,须2对,吻须短,颌须长。背鳍基部较长,背鳍和臀鳍均有一根粗壮带锯齿的硬棘。体侧金黄色,尾鳍下叶橙红色。野生种体金黄色,养殖鱼背部黄绿色,腹部淡黄色;各鳞形成网目状斑纹,各鳍微黄色,尾鳍浅叉形,背鳍硬棘3~4枚,背鳍软条17~23枚,臀鳍硬棘2~3枚,臀鳍软条5~6枚,脊椎骨36~37个,体长可达120cm。

泥鳅：体细长，前段略呈圆筒形；后部侧扁，腹部圆，头小。口小、下位，马蹄形。眼小，无眼下刺。须5对。鳞极其细小，圆形，埋于皮下。体背部及两侧灰黑色，全体有许多小的黑斑点，头部和各鳍上亦有许多黑色斑点，背鳍和尾鳍膜上的斑点排列成行，尾柄基部有一明显的黑斑。其他各鳍灰白色。

4. 鲤科中各亚科的区分

根据体形、背鳍前方有无硬刺、腹棱形态、眼的位置和有无鳃上器官等特征，将鲤科中雅罗鱼亚科、鲌亚科、鲤亚科和鲢亚科的鱼类分开，并细致观察各亚科的主要特征。

5. 鲇形目中三科鱼类常见鱼类区分

根据有无脂鳍、背鳍的形态、有无硬刺以及须的形态等特征将鲇形目中鲇科、鳗鲇科、海鲇科鱼类分开。进一步观察各科代表鱼的主要特征。

鲇鱼：体上没有鳞，身体表面多黏液，有扁平的头和大口，上下颌有四根须，利用此须能辨别出味道。体色有青灰色与牙黄色两种，牙黄色的鲇鱼身上有花斑。

胡子鲇：体延长，后部侧扁，头宽扁，口下位，眼小，须4对。体无鳞，侧线明显，较平直。背鳍很长，约占体长的2/3，臀鳍也很长，均无硬刺，并不与尾鳍相连。胸鳍具锯状硬棘。尾鳍圆形，体棕黑色，腹部较浅。

中华海鲇：体延长，头部平扁较宽，体后部侧扁。眼小，体无鳞。背鳍始于胸鳍基后上方，具1枚不分枝鳍条和7枚分枝鳍条，第1鳍条丝状延长，几伸达脂鳍起点，脂鳍发达。体背褐绿色，腹部银白色，各鳍灰黑色。

6. 颌针鱼目的各科样本鱼分类

观察各科样本鱼的主要特征，根据口大小及形态、鳞片大小、胸鳍有否变化，牙齿形态等特征认识颌针鱼目中鱵科、颌针鱼科、竹刀鱼科样本鱼特征。

乔氏吻鱵鱼：体延长，略呈扁柱形，标准体长为头长之4.0～4.5倍，为体高之10.7～12.8倍。鼻乳突呈丝状。下颌远较上颌突出，成扁平长喙，喙长约为头长之1.8倍；上颌短小，呈三角形，中央隆起而呈弧状，被鳞；两颌具单尖头齿。第一鳃弓上鳃耙47～67。体被圆鳞，侧线下位，近腹缘，于胸鳍基底之下方有2条向上延伸之分支。背鳍与臀鳍相对，后位，臀鳍起点在背鳍第4～5软条之下方，臀鳍具13～16软条；背鳍具13～16软条，胸鳍小于头长，胸鳍基底至腹鳍基底之間距为腹鳍基底至尾鳍下叶起点之1.25～1.50倍，标准体长为胸鳍长之7.3～8.7倍；腹鳍白色，后位尾鳍深开叉，下叶长于上叶。体背呈浅灰藍，腹部白色。

扁颌针鱼：体细长，甚侧扁，略呈带状，长可达140cm；截面圆楔型，体高为体宽的2～3倍；两颚突出如长喙，具带状排列之细齿，且具一行排列稀疏的大犬齿；锄骨无齿；头背部平扁，头盖骨背侧之中央沟发育不良；主上腭骨之下缘于嘴角处完全被眼前骨所覆盖；尾柄侧扁，其高远小于宽，无侧隆起棱；背鳍1枚，与臀鳍对在于体之后方，臀鳍鳍条数多于背鳍，背鳍具23～25枚软条，臀鳍具25～27枚软条，背鳍起点在臀鳍第5～7软条基底之上方，两者之前方鳍条均延长成镰刀状，此外背鳍后方数鳍条亦略延长；腹鳍基底位于眼前缘与尾鳍基底间之中央略前；尾鳍深开叉，下叶长于上叶；鳞细小，无鳃耙。体背翠绿色至暗绿色，腹部银白色；体侧具8～13条暗蓝色横带；各鳍淡翠绿色，边缘黑色；两腭齿亦呈绿色。

秋刀鱼：体延长而纤细，体形细圆，棒状，侧扁。两颚向前延伸短喙状，下颚较上颚突出。背鳍与臀鳍位于身体之后方，均无硬棘，其后方均具小离鳍；背鳍具10～12枚软鳍条及6～7枚小离鳍，臀鳍具12～14枚软条及7枚小离鳍；腹鳍位于体中央之略后方，尾鳍深开叉，脊椎骨约63个。体被细圆鳞，侧线下位，近腹缘。

7. 观察鳕鱼的背鳍、臀鳍等的特征

狭鳕：体长形，后部侧扁；体长可达900mm，体长为体高的6.6～10.2倍，为头长的4.1～4.6倍，为眼径的3.9～4.8倍。眼侧上位，眼间隔小于眼径。口大，前位，斜形。下颌前端较上颌长，下颏须约等于瞳孔的1/2。鳃膜条骨7块，头体有小圆鳞。侧线前部侧上位，到第二背鳍降为侧中位且呈断续状态。背鳍12～14，12～18，20～21；臀鳍19～23，21～23；第一臀鳍始于第二背鳍稍前方；胸鳍18～20，腹鳍6，始于胸鳍稍前方，第二鳍条突出为丝状；尾鳍凹叉状。外行鳃耙6+32～34；椎骨50～52块。额骨1块，下鳃盖骨与后匙骨很厚。体背侧橄榄色，腹侧银色，两侧各有2～3纵行暗黄斑。背鳍与胸鳍暗橄榄色，臀鳍与腹鳍灰色。

8. 观察认识海龙目鱼类标本

以烟管鱼、海龙和海马为代表，观察管口鱼亚目和海龙亚目的特征；观察烟管鱼科和海龙科的特征；观察骨环与骨板的特征差异。

毛烟管鱼：体细而延长，体面密被小棘，故呈粗糙狀，背中央有一列狭长的棱鳞，两眼间隔凹入。吻突出形成长管状，吻部背面的2条棱近于平行，至吻之前半部互相接近。口开在吻管顶端，眼大，两眼间隔凹入。背鳍软条13～15枚，臀鳍软条14～15枚，背鳍与臀鳍相对。尾鳍叉形，中间有鳍条延长成丝状伸出。一般体长45～70cm，体长最大可达2m；成体体重300～500g。体具绒毛状小棘，在背鳍和臀鳍前后方各有一行细长鳞。背侧深绿色，腹部灰白色。

舒氏海龙：体细长方柱形，全体9～13cm，表面灰棕色，有数个不明显浅棕色横斑，全体每一骨环上有细密的“扇形”图案状花纹，头颌下无棘刺。躯干部具7条纵棱，有骨环18～20个，尾部4条纵棱，有尾鳍。

斑海马：中型个体，体长最长可达18～20cm。躯干部体环11节，尾部40～41节。体上各骨环略呈突起状，除头部眼上方及颊部下方的小棘发达外，其余各棱棘均不明显。背鳍发达，鳍条20～21枚。胸鳍短宽略似扇形，鳍条17～18。身体一般为黑褐色，也有灰白色或淡黄色，小苗多呈金黄色。与其他种海马最显著的区别是两边体侧第1、4、7节背方小棘基部各有一黑色大斑点，身体呈灰白色时更为明显，故称三斑海马。

9. 观察油魣、鲮鱼、鲻鱼、四指马鲅等样本鱼，认识鲻形目鱼类的科、属特征

油魣：体延长，胴体呈圆筒形。吻长，口裂大，下颌突出，稍长于上颌。第一背鳍的位置稍后于腹鳍。体背部灰褐色，腹部银白色。成体一般体长25～40cm。

鲮鱼：体形似鲻，呈圆筒形，前端扁平，尾部侧扁。头短宽，前端扁平，吻短钝，口亚下位，上颌略长于下颌，上颌骨在口角处急剧下弯，后端显著露出于眶前骨之外；下颌前端有一突起，与上颌凹陷相嵌合；上下颌边缘具有绒毛状细齿。眼较小，稍带红色；脂眼睑不发达，仅存在于眼的边缘。鳞中等，除吻部外全体被鳞；胸鳍腋鳞不存在；无侧线。第一背鳍短小，由4根硬棘组成，位于体正中稍前；第二背鳍在体后部，与臀鳍相对；胸鳍位置较高，贴近鳃盖后缘；尾鳍分叉浅，呈微凹形。头、背部深灰绿色，体两侧灰色，腹部白色，各鳍灰白色。

鲻鱼：体延长，前部近圆筒形，后部侧扁，一般体长20～40cm，体重500～1500g，全身被圆鳞，眼大，眼睑发达，牙细小成绒毛状，生于上下颌的边缘。背鳍2个，臀鳍有8根鳍条，尾鳍深叉形。体、背、头部呈青灰色，腹部白色，鲻鱼外型与梭鱼相似，主要区别是鲻鱼肥短，梭鱼细长；鲻鱼眼圈大而内膜与中间带黑色，梭鱼眼圈小而眼睛液体呈红色。

四指马鲅：体延长，略侧扁，一般体长30～50cm，体重800～1300g，口大，下位，吻圆钝，上颌长于下颌，两颌牙细小成绒毛状并延伸至颌的外侧，只在口角具唇。体被大而薄的栉鳞，体背部灰褐色，腹部乳白色、背鳍2个，间隔较大；胸鳍位低，下方有4条游离的丝状鳍条。其长

度约与胸鳍鳍条相等，因而得名四指马鲅；尾鳍深叉形，背鳍、胸鳍和尾鳍均呈灰色，边缘浅黑色。

四、实验报告填写内容及要求

（1）写出上述标本鱼中任意10种鱼类的分类地位和主要特征。

（2）以日本鳗鲡、星康吉鳗、网纹裸胸鳝、青鱼、泥鳅、中华海鲇、翘嘴红鲌、秋刀鱼、狭鳕、红烟管鱼、舒氏海龙、海马、油魣、鲮鱼和四指马鲅等为例练习排列一个种的检索表。

五、回答下列问题

（1）什么叫假棘？什么叫棘？什么是腹棱？哪些鱼腹部有腹棱？哪些鱼的腹棱完全？哪些鱼的腹棱不完全？什么叫骨板？什么叫骨环？在标本鱼中什么鱼类有这样的鳞片？

（2）如何区分海鳗与星康吉鳗、青鱼与草鱼、鲤与鲫、鲢与鳙、鳗鲇与海鲇、扁颌针鱼与秋刀鱼、海龙与海马及鲮鱼与鲻鱼？

实验七　鲈形目的常见种类观察与分类

一、实验目的

通过实验，观察常见的鱼类，认识鲈形目鱼类的基本特征，使学生了解和掌握鲈形目各亚目之间的主要特征，以及鲈亚目主要科、属和种的分类特征。掌握其分类的方法与技能。

二、实验工具与材料

1. 实验材料

建议样本鱼有花鲈、松鲷、鳜、青石斑鱼、宽带石斑鱼、青石斑鱼、短尾大眼鲷、长尾大眼鲷、黑鳍大眼鲷、发光鲷、细条天竺鱼、大甲鲹、竹荚鱼、黄条鰤、蓝圆鲹、沟鲹、乌鲳、银鲳、刺鲳、金线鱼、罗非鱼、带鱼、小带鱼、鲐鱼、蓝点马鲛、弹涂鱼、攀鲈、乌鳢、日本方头鱼、鲯鳅、大黄鱼、小黄鱼、黄姑鱼、鮸、白姑鱼、皮氏叫姑鱼、画眉笛鲷、红鳍笛鲷、真鲷、黑鲷、黄鲷、花尾胡椒鲷、条尾鲱鲤、玉筋鱼、扁舵鲣、东方狐鲣、金枪鱼类、刺鳅、尖吻鲈、眼镜鱼、军曹鱼、棘头梅童鱼、黑鳃梅童鱼、长体银鲈、黄鳍鲷、红鳍裸颊鲷、海鲫、六带拟鲈、红狼牙鰕虎鱼、圆尾斗鱼、绵鳚和鲱鱼衔等。可以根据学校提供标本的条件，选择其中部分样本鱼，或以其他同类样本鱼替换使用。

2. 实验工具

解剖盘、镊子、放大镜、直尺和分规等。

三、实验内容与方法

1. 根据臀鳍的棘数将鲈亚目内实验样本鱼种分为几组。

2. 根据鱼的体形、口裂和尾鳍形状，以及鳔的形态（形状与侧枝），颏孔与颏须形态，牙齿形态，背鳍与臀鳍鳍条的基部小鳞形态体色等特征认识石首鱼科的各属、种样本鱼类的形态特征。

3. 根据臀鳍的棘数及是否游离的状态等区分。

(1) 臀鳍具 1 棘：条尾鲱鲤，此外，此鱼有一对较长的颏须。

(2) 臀鳍具 2 棘：皮氏叫姑鱼、黄姑鱼、白姑鱼、鮸鱼、大黄鱼、小黄鱼、棘头梅童鱼和黑鳃梅童鱼等。

皮氏叫姑鱼：与白姑鱼相似，体长而侧扁，尾柄细长，一般体长 7～15cm，体重 10～20g，吻钝圆而突出，口小，下位，上颌牙外行稍大，排列稀疏，内行及下颌牙都很细小。颌下有 5 个小孔，头部被圆鳞，体被栉鳞，背侧灰褐，腹面银白色，背鳍较长，前部有一较深缺刻，臀鳍第二棘长而粗，尾鳍楔形。

黄姑鱼：外形与小黄鱼相似，一般体长 20～30cm、体重 300～700g。体延长，侧扁，头钝尖，吻短钝且微突出，无颏须也无犬牙，上颌牙细小，下颌内行牙较大，颏部有 5 个小孔。体背部浅灰色，两侧浅黄色，胸、腹及臀鳍基部带红色，有多条黑褐色波状细纹斜向前方，尾鳍呈楔形。黄姑鱼为暖水性中下层鱼。具有发声能力，特别是 6 月下旬～7 月的生殖盛期。

白姑鱼：体呈椭圆形，一般体长 20cm 左右、体重 200～400g。口大，上颌与下颌等长，上颌牙细小，排列成带状向后弯曲，下颌牙两行，内侧牙较大、锥形，排列稀疏。颏部有 6 个小孔，无颏须。体被栉鳞，鳞片大而疏松，体侧灰褐色，腹部灰白色。尾鳍楔形，胸鳍及尾鳍均呈淡黄色。

鮸鱼：形似鲈鱼，体色发暗，灰褐并带有紫绿色，腹部灰白。背鳍鳍棘上缘黑色，鳍条部中央有一纵行黑色条纹。胸鳍腋部上方有一睛斑。其余各鳍灰黑色。体形为两侧扁平向后延长状，背、腹部浅弧形。

大黄鱼：体侧扁，尾柄长约为尾柄高的 3 倍余。头较大，具发达黏液腔，下颌稍突出，唇橘红色，头颅内有 2 块白色矢耳石。侧线鳞 56～58，背鳍起点至侧线间具鳞 8～9 枚。背鳍具 9～11鳍棘，27～38(一般为 31～33)鳍条。臀鳍具 2 鳍棘，7～10 鳍条，第 2 鳍棘等于或稍大于眼径。体黄褐色，腹面金黄色，各鳍黄色或灰黄色。鳔较大，前端圆形，具侧肢 31～33 对，每一侧肢最后分出的前小枝和后小枝等长。椎骨 26～27 个，有时 25 个。

小黄鱼：体长圆形，侧扁，尾柄长为其高的 2 倍。头大，口宽而倾斜，上下颌略相等。下颌无须，颏部有 6 个细孔。上下颌具细牙，上颌外侧及下颌内侧牙较大，但无犬牙；腭骨及犁骨无牙。头及身体被栉鳞，鳞较大，侧线上鳞 5～6 个；背鳍及臀鳍鳍条膜上有 2/3 以上被小圆鳞。臀鳍鳍条少于 10。鳔侧管 2 小分支平行但不相等，呈一长一短管状。小黄鱼外形与大黄鱼极相似，但体形较小，一般成体体长 16～25cm、体重 200～300g。背侧黄褐色，腹侧金黄色。大、小黄鱼的主要区别是：大黄鱼的尾柄长与尾柄高比值大于小黄鱼；大黄鱼的鳞较小，而小黄鱼的鳞片较大而稀少；大黄鱼臀鳍第二鳍棘等于或大于眼径，而小黄鱼则小于眼径；大黄鱼颏部具 4 个不明显的小孔，小黄鱼具 6 个小孔；大黄鱼的下唇长于上唇、口闭时较圆，小黄鱼上、下唇等长、口闭时较尖。

棘头梅童鱼：体延长，侧扁，头钝圆，枕骨棘突为 2 尖头；体侧有圆形小发光颗粒。口裂大，端位，倾斜，吻不突出，口闭时下颌稍突出，上颌骨后缘达眼眶后缘之后；上下颌齿细小呈绒毛状，上颌后列齿较多，前端中央无齿，左右侧齿中断不连续，下颌前端中央一凸起有一小撮细齿；吻缘孔 5 个，半圆形的中央缘孔在吻缘叶上方，内、外侧缘孔沿吻缘叶侧裂，吻缘叶完整不被分割，吻上孔不明显；颏孔 4 个，孔细小呈四方排列。鼻孔 2 个，长圆形后鼻孔较圆形前鼻孔大。眼眶下缘达前上颌骨顶端水平线。前鳃盖后缘具锯齿，鳃盖具 2 扁棘；具拟鳃；鳃耙细长，最长鳃耙与鳃丝等长。头及躯体皆被圆鳞，背鳍软条部及臀鳍基部有列鞘鳞，尾鳍布满小圆鳞。耳石为黄花鱼型，印迹项区圆形，尾端亦为圆形。胸鳍基上缘点及腹鳍基起点到吻端距离约相等，位鳃盖末端下方；背鳍基起点在胸鳍和腹鳍基起点之后，尾鳍尖形。体侧上半部紫褐色，下半部银白带金黄色，发光体粒为金黄色；上下颌前端具褐色斑；背鳍褐色；尾鳍黑褐色，末缘较深；臀、腹及胸鳍为金黄色；眼顶部有一黑斑；口腔内白色，下颌口缘粉红色；鳃腔白色有黑点。

黑鳃梅童鱼：体侧扁，前高后渐细，尾柄细长，头大而钝圆，额头突起，头部约占全身三分之一。吻部宽圆，口裂大而斜，下颌比上颌长。黏液腔发达，枕骨棘棱显著，有前、后二棘，呈马鞍形，中央颏孔及内侧颏孔成四方形排列。前鳃盖骨边缘有细锯齿，背鳍棘部与鳍条部间有一凹刻，棘较细弱，尾鳍尖形。体被薄小圆鳞，鳞细小易脱落，体质软，体上部金黄色或灰褐色、下腹侧金黄色、腹部呈白色。我国出产的有棘头梅童鱼和黑鳃梅童鱼两种。前者比后者个大，一般体长 9～14cm、体重 15～50g；黑鳃梅童鱼一般体长 7.5～9.5cm、体重 9～20g，其鳃腔上有一深黑色斑块而棘头梅童鱼则无黑斑块、此为二者的显著区别。

(3) 臀鳍前有 2 游离棘：沟鲹、蓝圆鲹、竹荚鱼、黄条鰤等。

沟鲹:棱鳞存在于侧线直线部的全部。腹部有一深沟,腹鳍可收藏其中。腹鳍深黑色,其长等于或长于头长。雄性成鱼的第二背鳍与臀鳍中部数鳍条延呈丝状。幼鱼体侧有4~5条暗色横带。体长一般15~20cm,大者可达30cm。体甚侧扁略称卵圆形。除胸部和腹面部分裸露无鳞外,身被小圆鳞。头部除颊、前鳃盖和鳃盖上缘被小圆鳞外,其它部分无鳞。幽门盲囊呈香蕉状。体背呈蓝灰色,腹部银白色。棱鳞存在于侧线直线部的全部。腹部有一深沟,腹鳍可收藏其中。

蓝圆鲹:体纺锤形,稍侧扁。脂眼睑发达,前后均达眼中部,仅瞳孔中央露出一长缝。上颌后端较钝圆。体被小圆鳞,侧线,侧线直线部的全部或绝大部分上具棱鳞。胸鳍长与头长之比随鱼体的大小而异,背鳍前部上顶有一白斑。

竹荚鱼:体粗壮微扁,呈纺锤形,一般体长20~40cm,体重150~400g,头大,前端细尖似圆锥形,眼大位高,口大,上下颌等长,各具一行细牙,体被细小圆鳞,体背呈青黑色或深蓝色,体两侧胸鳍水平线以上有不规则的深蓝色虫蚀纹,腹部白而略带黄色,背鳍2个相距较远,第一背鳍鳍棘9~10枚,第二背鳍和臀鳍相对,其后方上下各有5个小鳍;尾鳍深叉形,基部两侧有两个隆起脊;胸鳍浅黑色,臀鳍浅粉红色,其他各鳍为淡黄色。

黄条鰤:上颌骨宽,其后上角较圆。侧线上无棱鳞。幽门盲囊呈指形,约120~213个。从吻至尾柄有一明显的黄色纵带。体形较大,体长300~500mm,大者可达lm多。

(4) 臀鳍具3棘,有花鲈、宽带石斑鱼、短尾大眼鲷、黑鳍大眼鲷、真鲷、黑鲷和金线鱼等。

花鲈:体长,侧扁,背腹面皆钝圆;头中等大,略尖。吻尖,口大,端位,斜裂,上颌伸达眼后缘下方。前鳃盖骨的后缘有细锯齿,其后角下缘有3个大刺,后鳃盖骨后端具1个刺。鳞小,侧线完全、平直。背鳍两个,仅在基部相连,第1背鳍为12根硬刺,第2背鳍有1根硬刺,后连11~13根软鳍条。体背部灰色,两侧及腹部银灰。体侧上部及背鳍有黑色斑点,斑点随年龄的增长而增多。

宽带石斑鱼:体长椭圆形,侧扁而粗壮,标准体长为体高之2.9~3.4倍。头背部斜直,眶间区平坦或微凸。眼小,短于吻长,口大,上下颌前端具小犬齿或无,两侧齿细尖,下颌约2~3列。鳃耙数8~11+15~18。前鳃盖骨后缘具3~7显著锯齿,下缘光滑。鳃盖骨后缘具3扁棘。体被细小栉鳞,侧线鳞孔数56~65,纵列鳞数91~106。背鳍鳍棘部与软条部相连,无缺刻,具硬棘XI,软条12~14;臀鳍硬棘III枚,软条8;腹鳍腹位,末端延伸不及肛门开口;胸鳍圆形,中央之鳍条长于上下方之鳍条,且长于腹鳍,但短于后眼眶长;尾鳍圆形。幼鱼体呈淡紫灰色或淡褐色,腹侧偏白色;体侧具2条镶黑缘之白色宽斜带;背及尾鳍具黑点及线纹。成鱼体一致为灰色,体侧白带逐渐消失,黑缘则转为线纹或斑点。

短尾大眼鲷:体为长椭圆形,侧扁,一般体长20cm、体重100~200g。吻短,眼甚大,约占头长的一半,故得名大眼鲷。口大而倾斜上翘,前鳃盖骨边缘有细锯齿,前腮盖隅角处有一强棘。两颌、犁骨、颚骨有牙皆细小,体被细小而粗糙的栉鳞,鳞片坚固不易脱落。侧线位高与背线平行、背鳍与臀鳍均长而大,胸鳍较短,尾鳍浅叉形。全身浅红色,腹部色浅,尾鳍边缘深红色,背鳍、臀鳍及腹鳍鳍膜间均有黄色斑点。

黑鳍大眼鲷:眼巨大,约为头长之半。体长100~200mm,体长为体高的1.9~2倍,为头长2.3~2.6倍。背鳍鳍棘部与鳍条部相连。背鳍起于眼后上方,第一鳍棘短,向后渐增长,最后鳍棘为最长,各鳍棘平卧可迭折于背部沟中。臀鳍与背鳍鳍条部相对,起于背鳍第八鳍棘下方,胸鳍短。腹鳍长大,等于或稍长于头长,幼鱼的腹鳍特别延长,约为头长1.5倍。尾鳍圆,鲜活时体赤色,体侧具6~7黑斑块。背鳍鳍棘膜间浅灰色,腹鳍鳍膜黑色。液浸标本体为灰棕色。腹鳍长而大，长于或等于头长。全身红色，成鱼背鳍鳍棘膜浅灰色，腹鳍鳍膜黑色。幼鱼背鳍与臀鳍棘部及鳍条的前半部和腹鳍均黑色，而且显着扩大，体侧具暗斑。背鳍Ⅹ-12，臀鳍Ⅲ-13，胸鳍17，腹鳍Ⅰ-5；尾鳍17。侧线鳞58～63；鳃耙6＋17。头长为吻长3.9～4.2倍，为眼径2.6～3.0倍，为眼间隔3.9～4.6倍。尾柄长为尾柄高1.4～1.7倍。体近卵圆形，甚侧扁，背缘狭窄，腹部钝圆。尾柄短，头短而纵高。眼巨大，侧上位，稍靠近吻端。眼间隔狭。鼻孔2个，紧相邻，位于瞳孔前缘，前鼻孔甚小，圆形，具瓣膜，后鼻孔宽大，长椭圆形。口大，近垂直。上颌能活动向前伸出，上颌骨后端宽大，延伸至瞳孔下方。两颌具绒毛牙，外列1行为小圆锥牙。犁骨与腭骨具绒毛牙。舌上无牙。眶前骨甚狭窄，边缘有细锯齿。前鳃盖骨具锯齿，隅角处具1棘。鳃盖骨狭窄，有2扁平棘。鳃耙细扁而密。体被小栉鳞，栉状齿强，排列整齐不易脱落。头部除上下颌外皆密布细栉鳞。

真鲷：体侧扁，呈长椭圆形，一般体长15～30cm，体重300～1000g，自头部至背鳍前隆起。体被大弱栉鳞，头部和胸鳍前鳞细小而紧密，腹面和背部鳞较大。头大，口小，左右额骨愈合成一块，上颌前端有犬牙4个，两侧有臼齿2列。前部为颗粒状，后渐增大为臼齿；下颌前端有犬牙6个，两侧有颗粒状臼齿2列，前鳃盖骨后半部具鳞，全身呈现淡红色，体侧背部散布着鲜艳的蓝色斑点。尾鳍后缘为墨绿色，背鳍基部有白色斑点。

黑鲷：黑鲷体侧扁，呈长椭圆形。头大，前端钝尖，第一背鳍有硬棘11～12，软条12。两颌前部各有3对门状犬齿，其后为很发达的臼齿，上颌侧部4～5列，下颌侧部3～4列，锄骨部各有3对门状犬齿，其后为很发达的臼齿，上颌侧部4～5列，下颌侧部3～4列，锄骨及口盖骨上无齿。两眼之间与前鳃盖骨后下部无鳞。侧线上鳞6～7枚，体青灰色，侧线起点处有黑斑点，体侧常有黑色横带数条。

金线鱼：体呈椭圆形，稍延长，侧扁，长可达35cm，被小型栉鳞。背腹缘皆钝圆，口稍倾斜，上颌前端有五颗较大的圆锥形齿，上下颌两侧皆有细小的圆锥齿。全体呈浅红色，腹部较淡，体两侧有6条明显的黄色纵带。胸鳍长，末端达臀鳍起点；背鳍长，其中下部有一条黄色纵带；尾鳍叉形，其上叶末端延长成丝状，但幼鱼期较无明显的延长。背鳍及尾鳍上缘为黄色，臀鳍中部有2条黄色纵带。

4. 按鱼类体形分组

根据鱼的体形可将一些鱼类分组，如长椭圆形的鱼：花鲈、宽带石斑鱼、短尾大眼鲷和金线鱼等。而体侧扁而高的鱼：如黑鳍髭鲷、真鲷、黑鲷等。

黑鳍髭鲷：体呈长椭圆形，侧扁，背狭，腹面钝圆。体高以第一背鳍起点处为最高，背缘自头后部起至尾柄前，曲度大，成“弓”字形。腹缘曲度较小。头大，前端尖钝，吻长，唇厚。眼中等大。吻端、下颏部生有细小髭。体被栉鳞，小而强，侧线高位连续与背缘并行。背鳍鳍基部强大，其起点自鳃盖后角尖的上方，第四鳍棘最长，背鳍的鳍条部呈圆形；臀鳍小，以第二背鳍基为最长，腹鳍与胸鳍等长，尾鳍后缘呈双截形。体上部黑褐色，腹部淡褐色，背鳍鳍棘部及腹鳍的外缘深黑色。体侧有黑色宽带三条：第一条自头后部向后下方弯曲，直达臀鳍的起点前；第二条自背鳍四至六鳍棘之间，向后下方弯曲与第一条并行直达尾柄；第三条甚窄，位于背鳍鳍条部的下方。

5. 根据体色、尾鳍的形态、眼的颜色等特征可认识花鲈、宽带石斑鱼、短尾大眼鲷、黑鳍大眼鲷、真鲷及黑鲷形态特征

观察鲹科鱼类的侧线棱鳞、鲳科鱼类口伸出形状、鲷科鱼类鳞排列形式、石鲈科鱼类的颏孔与颏髭、鲷科鱼类颗粒状臼齿、石首鱼科鱼类颏孔及头部黏液腔等特征观察分类。

6. 根据腹鳍的变化可将实验观察的鱼类分成几组

(1) 成鱼无腹鳍或仅有腹鳍痕迹的鱼：如带鱼、小带鱼、银鲳、灰鲳等。

根据体形区分带鱼与小带鱼、银鲳与灰鲳分开。根据两眼间隔凹陷或凸出的特征可区分带鱼与小带鱼，根据鱼的体色区分开银鲳与灰鲳。

带鱼：侧扁如带，呈银灰色，背鳍及胸鳍浅灰色，无腹鳍，带有很细小的斑点，尾黑色。带鱼头尖口大，到尾部逐渐变细，好像一根细鞭，头长为身高的 2 倍，成体全长 1m 左右，腹部有游离的小刺，游动时不用鳍划水，而是通过摆动身躯来向上游动，脂肪较多且集中于体外层。头窄长，口大且尖，牙锋利，眼大位高，尾部细鞭状。体表银灰色，无鳞，但表面有一层银粉，侧浅在胸鳍上方向后显著弯下沿腹线直达尾端。

小带鱼：背鳍与臀鳍很长，并彼此连续，分界难辨，腹鳍退化或不存在。无尾鳍。牙齿锐长。眼间隔突出。

银鲳：体呈卵圆形，侧扁，一般体长 20～30cm，体重 300g 左右。头较小，吻圆钝略突出。口小，稍倾斜，下颌较上颌短，两颌各有细牙一行，排列紧密。体被小圆鳞，易脱落，侧线完全。体背部微呈青灰色，胸、腹部为银白色，全身具银色光泽并密布黑色细斑。背鳍与臀鳍呈镰刀状；无腹鳍，尾鳍深叉形。

灰鲳：体呈菱形。背鳍和臀鳍显著延长，尾鳍分叉，下叶延长。背部青灰色，腹部灰白色，皆具银灰色光泽。

(2) 腹鳍喉位的鱼：如绵鳚、鲱鱼衔，根据体形及腹鳍的形态将该两种鱼区分开。

绵鳚：体延长，略成鳗形，一般体长 20～30cm，体长可达 90cm 上下，但一般最多 45cm。体重 70～150g，眼小，口大，上颌较下颌略长，吻钝圆。唇厚，背、臀、尾鳍相连，近鳃处或有小的腹鳍。全身鳞甚细小，深埋于皮下、体呈淡黄黑色，背缘及体侧有 13～18 个纵行黑色斑块及灰褐色云状斑，背鳍和臀鳍基部甚长，且与尾鳍相连，背鳍特别长，起于鳃盖边缘直至尾端；胸鳍宽圆，腹鳍很小，喉位；尾鳍尖形、不分叉，背鳍自第 4～7 根鳍条上具一黑斑。

(3) 腹鳍胸位及附近的鱼：如鲐、蓝点马鲛、扁舵鲣和金枪鱼。

鲐：体稍侧扁。尾柄细短，截面近圆形。尾鳍基部左右侧各具 2 条隆起脊。脂眼睑发达。上、下颌各有细牙 1 行。体被细小圆鳞，胸鳍基部鳞片较体侧者大。侧线完全，波状。侧线鳞 210～220 枚。背鳍 2 个，第 1 背鳍具 9～10 鳍棘；第 2 背鳍及臀鳍后方各有 5 个游离小鳍。胸鳍和腹鳍短小，两鳍间具一小鳞突。尾鳍深叉形。背部的深蓝色不规则斑纹向下扩展达侧线以下，侧线下有一列蓝褐色圆斑。有鳔。

蓝点马鲛：体长而侧扁，呈纺锤形，一般体长为 25～50cm、体重 300～1000g，最大个体长可达 1m、重 4.5kg 以上。尾柄细，每侧有 3 个隆起脊，以中央脊长而且最高。头长大于体高，口大，稍倾斜，牙尖利而大，排列稀疏。体被细小圆鳞，侧线呈不规则的波浪状，体侧中央有黑色圆形花斑。背鳍 2 个，第一背鳍长，有 19～20 个鳍棘，第二背鳍较短，背鳍和臀鳍之后各有 8～9 个小鳍；胸鳍、腹鳍短小无硬棘，尾鳍大，深叉形。

扁舵鲣：背鳍 X-12＋8，臀鳍Ⅱ-13＋17，胸鳍 24～25，腹鳍Ⅰ-5，尾鳍 26，鳃耙 9＋31。体长为体高 4.4～4.7 倍，为头长 3.4～3.5 倍。头长为吻长 3.7 倍，头长为眼径 6.1～7.0 倍。尾柄长为其高 15～16 倍。体呈纺锤形，肥胖。尾部短，尾柄细而强，两侧各具一中央隆起嵴及 2 条小的侧隆起嵴。体横断面较侧扁。成鱼体高约与头长相等。头较大，圆锥形。吻颇短。口中等大，端位，稍向上斜裂。上颚骨后缘伸达眼前缘下方。上下颌约等长，两颌各具细小而尖锐细齿一列，犁骨有时有数枚细小齿。腭骨及舌上无齿。舌平扁，白色，有两叶皮瓣。前鳃盖骨及鳃盖骨后缘圆形。鳃盖膜分离,不连于峡部。鳃耙细长,数多,鳃盖条9。体除胸甲及侧线有鳞外,其余部分裸露,胸甲鳞片在胸鳍基部附近较大,止于胸鳍末端附近。不向体后方延伸。侧线完全,呈微波曲状。背鳍2个,分离颇远,第一背鳍基底甚短,呈三角形,第一鳍棘最长,约与第一背鳍基底等长,第二背鳍甚小,其后有小鳍8个。臀鳍小,起点在第二背鳍后部下方,其后有小鳍7个。胸鳍略呈三角形,紧贴附于体侧凹陷处,鳍条末端几伸达第一背鳍基底末端下方。腹鳍胸位,两腹鳍之间有一大腹鳍间突,与腹鳍等长,腹鳍可折叠于其下。尾鳍呈新月形。

四、实验报告填写内容及要求

(1) 写出上述标本鱼中任意10种鱼类的分类地位和主要特征。

(2) 从提供的标本鱼中任选10种鱼类,编列一个种的检索表。

五、回答下列问题

(1) 根据哪些特征可推测本次实验鱼类的生态分布水层,哪些是上层鱼类?哪些是中下层鱼类?哪些是底层鱼类?捕食方式怎样?

(2) 如何区分下列各组鱼:蓝圆鲹与竹荚鱼,大黄鱼与小黄鱼,真鲷与黄鲷,黑鳃梅童鱼与棘头梅童鱼,带鱼与小带鱼,银鲳与灰鲳等。

(3) 请准确找出下列特征:绵鳚的背鳍棘、腹鳍和鳞;小带鱼的腹鳍痕迹;鲐与蓝点马鲛尾柄上的棱脊。

实验八　鲽形目、鲀形目、鮟鱇目的常见种类观察与分类

一、实验目的

通过实验，观察识别鲽形目、鲀形目、鮟鱇目中常见鱼类，认识其基本形态特征，使学生能了解和掌握各目的主要特征及其下属各各科、各属分类的方法与技能。

二、实验工具与材料

1. 实验材料

建议提供的样本鱼有牙鲆、漠斑牙鲆、高眼鲽、黄盖鲽、木叶鲽、石鲽、半滑舌鳎、条鳎、绿鳍马面鲀、黄鳍马面鲀、短吻三刺鲀、角箱鲀、黑鳃兔头鲀、铅点东方鲀、条纹东方鲀、红鳍东方鲀、假睛东方鲀、黄鮟鱇和黑鮟鱇等。可以根据学校提供标本的条件，选择其中部分样本鱼，或以其他同类样本鱼替换使用。

2. 工具

解剖盘、镊子、放大镜、直尺和分规等。

三、实验内容与方法

1. 观察认识鲽形目、鲀形目及鮟鱇目基本形态特征

鲽形目：体形平扁，成鱼的两眼全移到头的一侧，平时平卧海底，有眼的一侧朝上，体色较深；无眼的一侧向下，体色一般为白色。仔鱼的身体原为左右对称，眼在头的两侧，与一般鱼类相同，在发育过程中逐渐失去对称，两眼移到一侧，这种变化显然是和底栖生活相适应的。

鲀形目：颞颥骨不分叉，与翼耳骨相连。无肋骨、顶骨、鼻骨及眶下骨。上颌骨常与前颌骨相连或愈合。牙圆锥状、门齿状或愈合成喙状牙板。鳃孔小，侧位。体被骨化鳞片、骨板、小刺或裸露。背鳍 1 或 2 个；腹鳍胸位或亚胸位，或消失。腰带愈合或消失。鳔和气囊或有或无。

鮟鱇目：第一背鳍棘游离，呈引诱食饵之钓具。体平扁或侧扁，粗短或延长。头大，平扁或侧扁。眼中大或较小，位于头的背面或头侧。口宽大或小，通常上位。上颌由前颌骨组成，常可伸缩；下颌一般突出。假鳃有或无。鳃盖骨细小。体无鳞，皮肤裸露或具硬棘，或被细小棘刺。背鳍由鳍棘部和鳍条部组成，鳍棘部常具 1～3 独立鳍棘，位于头的背侧，第一鳍棘常形成瓣膜状或球茎状吻触手；胸鳍具 2～4 长形鳍条基骨，下方最后一鳍条基骨末端颇扩大，形成假臂；腹鳍如存在，为喉位。鳔如存在，无鳔管。

2. 观察认识黄鮟鱇与黑鮟鱇基本形态特征

黄鮟鱇：体前半部平扁呈圆盘形，尾部柱形，一般体长 40～60cm、体重 300～800g。头特别大而平扁，口宽大，口内有黑白斑纹，下颌有可倒伏的尖牙 1～2 行。体柔软、无鳞，背面褐色，腹面灰白色。头及全身边缘有许多皮质突起。背鳍前部有 6 根相互分离的鳍棘，第一棘位于吻背面且顶端有皮质穗；胸鳍宽大在身体两侧成臂状；臀鳍有 8～11 根鳍条。各鳍均为深褐色。

黑鮟鱇：体裸露无鳞，头大，口宽大，牙尖锐，口内有黑白斑纹。在头体上方及体侧边缘均

有大小不一的皮质突起。体柔软,无鳞,头和体的边缘有许多皮质突起。体前半部平扁,圆盘形,尾部细小。背紫褐色,腹面淡色。背鳍的前三枚鳍棘在头顶前方分离呈丝状,其末端有一根发光的皮瓣。头顶上又有一根钓竿,这根钓竿不时会发出星星的闪光来引诱小鱼,此为第一个背鳍逐渐向头部延伸,当小鱼在闪光点附近游动时,鮟鱇鱼就摇动它的钓具,引鱼上钩,送入口内。胸鳍宽大,臂状。

3. 观察鲽形目样本鱼身体的两侧鳞片分布类型及特征

比较各科、属标本鱼类的外形特征差异。具体比较、总结标本鱼的体色、分节特征、量度特征。

4. 观察鲀形目样本鱼身体的两侧鳞片分布类型及特征

比较各科、属标本鱼类的外形特征差异。具体比较、总结标本鱼的体色、分节特征、量度特征。

5. 观察鮟鱇目各科、属标本鱼类的外形特征差异

具体比较总结标本鱼的体色、分节特征、量度特征。

四、实验报告填写内容及要求

(1) 写出上述标本鱼中 10 种鱼类的分类地位和主要特征。

(2) 从提供的标本鱼中任选 10 种鱼类,编列一个种的检索表。

五、回答下列问题

(1) 根据哪些特征可推测本次实验鱼类的生态分布水层,区分哪些是中下层鱼类?哪些是底层鱼类?其捕食方式怎样?主要食物对象是什么?

(2) 区分下列各组鱼:牙鲆与漠斑牙鲆,高眼鲽与黄盖鲽,绿鳍马面鲀与黄鳍马面鲀,条纹东方鲀与红鳍东方鲀等。

(3) 请准确找出并确定下列特征:鲽形目标本鱼的有眼侧与无眼侧的鳞片类型,找出一些标本鱼的须状鳞、侧线的条数及分布特征;找出并确认河鲀类的腹部刺状鳞。

实验九　鱼类的鉴定分类与形态测定设计性实验

一、实验目的

在老师指导下，学生自己独立设计本实验，并自主开展本设计性实验。由老师或学生从生产渔船或水产品市场采集多种鱼类，拿回实验室进行鉴定、分类，并进行形态特征观察及量度特征的测定，使学生进一步掌握鱼类的鉴定分类方法与技能，巩固形态特征的观察，以及鱼类形态特征的测定方法，巩固检索表的编列技能。通过自我设计、检索资料和独自进行实验，进一步提高和巩固学生的独立实验能力。

二、实验工具与材料

1. 实验材料

由实验老师或学生自己购买、采集的鱼类样本。

2. 工具

解剖盘、镊子、放大镜、直尺和分规等。

三、实验内容与方法

(1) 把所有的样本鱼进行鉴定、分类。

(2) 把各种类鱼进行主要形态特征的测定，描述所鉴定的各种鱼类的主要生物学特征。

(3) 把所鉴定出的各种鱼类编列一个检索表。

四、实验报告填写内容及要求

根据实验内容，教师提出要求，学生按要求填写实验报告。

该实验由学生自己设计，教师课前检查实验设计方案，并提出指导性的意见。实验时，加强课堂现场辅导。实验后，老师评价、考核实验效果。

五、回答下列问题

(1) 哪些是没有讲过的鱼类，根据哪些特征鉴定出种名及分类地位？

(2) 学生自主思考，提出鱼类生态、形态及生理等问题，尽可能自主解答，教师仅作辅导。

参考文献

[1] 上海水产学院.鱼类学(上,下)[M].北京:农业出版社,1962.

[2] 杨永章等.鱼类学[M].北京:中国农业出版社,1961.

[3] 上海水产学院.鱼类学与海水鱼类养殖[M].北京:中国农业出版社,1982.

[4] 伍汉霖,金鑫波,倪勇.中国有毒鱼类和药用鱼类[M].上海:上海科学技术出版社,1978.

[5] 朱元鼎,孟庆闻.中国软骨鱼类的侧线管系统及罗伦瓮和罗伦管系统的研究[M].上海:上海科学技术出版社,1979.

[6] 孟庆闻,苏锦祥,李婉端.鱼类比较解剖[M].北京:科学出版社,1987.

[7] 王以康.鱼类分类学[M].上海:上海科学技术出版社,1958.

[8] 朱元鼎.中国软骨鱼类志[M].北京:科学出版社,1960.

[9] 中国科学院动物研究所等.南海鱼类志[M].北京:科学出版社,1962.

[10] 朱元鼎等.东海鱼类志[M].北京:科学出版社,1963.

[11] 朱元鼎等.中国石首鱼类分类系统的研究和新属新种的叙述[M].上海:上海科学技术出版社,1963.

[12] 中国科学院海洋研究所等.中国经济动物志——海产鱼类[M].北京:科学出版社,1964.

[13] 中国科学院海洋研究所等,中国海洋鱼类原色图集[M].上海:上海人民出版社,1975.

[14] 《福建鱼类志》编写组.福建鱼类志(上,下)[M].福州:福建科学技术出版社,1984.

[15] 成庆泰,郑葆珊等.中国鱼类系统检索[M].北京:科学出版社,1987.

[16] 《东海深海鱼类》编写组.东海深海鱼类[M].上海:学林出版社,1988.

[17] 孟庆闻等.鱼类学(形态、分类)[M].上海:上海科学技术出版社,1989.

[18] 唐启升,叶懋中等.山东近海渔业资源开发与保护[M].北京:中国农业出版社,1990.

[19] 冯昭信.鱼类学[M].北京:中国农业出版社,1997.

[20] 朱元鼎.中国软骨鱼类志[M].北京:科学出版社,1960.

[21] 水柏年.小黄鱼年龄与生长研究[J].浙江海洋学院学报,2000,19(1):58-69.

[22] 水柏年.黄海南部、东海北部小黄鱼的年龄与生长研究[J].浙江海洋学院学报,2003,22(1):16-20.

[23] 冯昭信.鲈鱼骨骼系统的形态观察[J].大连水产学院学报,1982(1).

[24] 松原喜代松,落合　明,岩井　保.鱼类学(上),恒星社厚生阁,1979.

[25] 王义康.鱼类学讲义[M].北京:中国科学技术出版社,1958.

[26] 王义强.鱼类生理学[M].北京:中国农业出版社,1961.

[27] 伍献文,刘健康等.鱼[M].北京:中华书局,1952.

[28] 齐孟鹗等.渤海、黄海、东海几种主要发声鱼类(石首鱼科)群体发声的研究[J].海洋科学集刊,1984(21):253-264.

[29] 秉志.鲤鱼解剖[M].北京:科学出版社,1960.

[30] 秉志.关于鱼脑几点[J].科学,1958,36(2):65-69.

[31] 林浩然.五种不同食性鲤科鱼类的消化道[J].中山大学学报(自然科学版),1962,3:65-78.
[32] 孟庆闻等.白鲢的系统解剖[M].上海:上海科学技术出版社,1960.
[33] 孟庆闻等.鱼类学(上)[M].北京:中国农业出版社,1961
[34] 夏康农等.脊椎动物比较解剖学[M].北京:商务印书馆,1955.
[35] 经济鱼类激素应用研究协作组.一种新的高效能的鱼类催产剂[J].中国科学,1976,4:388-393.
[36] 刘筠等.草鱼产卵类型的研究[J].水生生物学集刊,1978,6(3):247-260.
[37] 沙学绅等.鳙鱼的习性及早期发育形态[D].鱼类学论文集(第二辑),81-88,1981.
[38] 齐孟鹗等.梅童鱼的群体发声[J].海洋与湖沼,1982,13(6):491-495.
[39] 田明诚等.大黄鱼的形态特征的地理变异与地理种群问题[J].海洋科学集刊,1963,2,69-97.
[40] 华东师范大学等.动物生态学[M].北京:人民教育出版社,1982.
[41] 成庆泰.我国鱼类学三十年来的研究概况[D].鱼类学论文集(第一辑),1981:147-158.
[42] 苏锦祥等.鱼类学与海水渔业养殖[M].北京:中国农业出版社,1982.
[43] 杜金瑞等.厦门沿海地区鲻鱼食性的研究[J].水产学报,4(2):207-216
[44] 伍汉霖.中国有毒及药用鱼类新志[M].北京:中国农业出版社,2002.
[45] 李玉和,董金堂.渤海湾习见浮化鱼卵的分类检索表[M].北京:海洋出版社,1989.
[46] 李明德等.渤海梭鱼的年龄与生长[J].海洋学报,1982,4(4):508-517.
[47] 李明德等.梭鱼的食性与生长,梭鱼、鲻鱼研究文集[M].北京:中国农业出版社,1982.
[48] 孟庆闻等.鱼类比较解剖[M].北京:科学出版社,1987.
[49] 罗秉征.浙江近海大黄鱼的季节生长[J].海洋与湖沼,1966,8(2):121-139.
[50] 罗秉征等.带鱼不同出生季节的鉴别[J].海洋与湖沼,1982,13(5):451-460.
[51] 李明德等.渤海鱼类生物学[M].北京:中国科学技术出版社,1991.
[52] 易伯鲁等.长江家鱼产卵场的自然条件和促使产卵的主要外界因素[J].水生生物学集刊,1964,5(1):1-15.
[53] 郑文莲等.浙江岱衢洋大黄鱼个体生殖力的研究[J].海洋科学集刊,1962,2:59-78.
[54] 吴鹤洲.浙江近海大黄鱼性成熟与生长关系[J].海洋与湖沼,1965,7(3):220-234.
[55] 洪秀云.渤、黄海带鱼年龄生长的研究[J].水产学报,1980,4(4):361-370.
[56] 徐恭昭等.浙江近海大黄鱼的性成熟特性[J].海洋科学集刊,2,50～58,1962.
[57] 徐昭恭等.大黄鱼耳石的轮及形成周期及其年龄鉴定问题[J].海洋科学集刊,1962,2:1-13.
[58] 黄海水产研究所.海洋水产资源调查手册[M].上海:上海科学技术出版社,1981.
[59] 陈佩熏等.鲤鱼鳞片年龄的标志及其形成时期[J].水生生物学集刊,1959,3:255-261.
[60] 张孝威等.十年来我国四种主要海产经济鱼类生态的调查研究[J].海洋与湖沼,1959,11(4):233-243.
[61] 张孝威等.青鳞鱼早期发育阶段形态和习性的观察[D].鱼类学论文集(第一辑),1981:57-64.
[62] 杨纪明等.浙江、江苏近海大黄鱼的食性及摄食的季节变化[J].海洋科学集刊,1962,2:14-30.

[63] 杨纪明等.烟台及其附近海区鲐鱼的摄食习性[D].太平洋西部渔业研究委员会第七次全体会议论文集,1962:10-26.
[64] 薛延耀.海洋生物发光的比较生化[J].海洋与湖沼,1964,6(4):423-431.
[65] 尾崎久雄.鱼类血液与循环生理[M].上海:上海科学技术出版社,1982.
[66] E.A. 巴浦凌娜.鱼眼构造和机能特性[J].水产快报,113-129.
[67] H.B.普契科夫.鱼类生理学[M].上海:上海科学技术出版社,1954.
[68] H.B.普契科夫.鱼类的白血球在消化和排卵过程中的作用[D].鱼类生理学会论文集,1958:145-152.
[69] B. P 普罗塔索夫.鱼类的行为[M].北京:科学出版社,1978.
[70] 中国科学院海洋研究所.中国经济动物志,海产鱼类[M].北京:科学出版社,1962.
[71] 王中元等.中国浅海滩涂渔业区划[M].杭州:浙江科学技术出版社,1991.
[72] 何大仁等.普通鲻鱼生物学的初步研究[J].海洋与湖沼,1962,4(1-2):103.
[73] 何大仁等.棱鲻胚胎及早期仔鱼的发育研究[J].福建省水产学会会讯,1963.
[74] 何大仁等.厦门杏林湾普通鲻鱼的性周期研究[D].中国海洋湖沼学会1963年学术年会论文摘要,1964.
[75] 李福振.厦门杏林湾普通鲻鱼的年龄与生长[D].中国海洋湖沼学会1963年学术年会论文摘要,1964.
[76] Fishbase. org[J/OL]. http://fishbase. org/search. php.
[77] World register of marine species[J/OL]. http://www. marinespecies. org/index. php.
[78] Catalog of fish[J/OL]. http://research. calacademy. org/ichthyology/catalog.
[79] Fishes of the world (2004, Forth Editon) Joseph S. Nelson.
[80] Living marine resources of Arab emirates, 1997.
[81] Commercial marine and brackish-water resources of the northern coast of south America,1993.
[82] ADW[J/OL]. http://animaldiversity. ummz. umich. edu/animal_names/
[83] 孟庆闻、苏锦祥、缪学祖.鱼类分类学[M].北京:中国农业出版社,1995.
[84] 伍汉霖等.拉汉世界鱼类系统名典[M].基隆:水产出版社,2012.

本书图片资料二维码